After Effects CS6影视特效与栏目包装实战全攻略

张刚峰　张艳钗　编　著

清华大学出版社
北　京

内 容 简 介

本书是一本专为影视动画后期制作人员编写的全案例型图书，所有的案例都是作者多年设计工作的积累。本书的最大特点是案例的实用性强，理论与实践结合紧密，并通过精选最常用、最实用的近80个影视动画案例进行技术剖析和操作详解。

全书按照由浅入深的写作方法，从基础内容开始，以大量的实例为主，全面详细地讲解了影视后期动画的制作技法，具体内容包括在影视制作中应用最为普遍的基础动画设计、蒙版遮罩动画、文字动画设计、色彩控制与素材抠像、音频特效的应用、超级粒子动画、摇摆器与运动跟踪、光线特效制作、电影特效制作、个人写真、公司形象演绎、主题宣传片制作、电视栏目包装及视频渲染与输出设置。

本书配套的两张多媒体DVD教学光盘，包含书中所有案例的素材、结果源文件和制作过程的多媒体交互式语音视频教学文件，以帮助读者迅速掌握使用After Effects CS6进行影视后期合成与特效制作的精髓，并跨入高手的行列。

本书内容全面、实例丰富、讲解透彻，可作为影视后期与画展制作人员的参考手册，还可作为高等院校和动画专业以及相关培训班的教学实训用书。

图书在版编目(CIP)数据

After Effects CS6影视特效与栏目包装实战全攻略/张刚峰，张艳钗编著．--北京：清华大学出版社，2013（2016.6 重印）

ISBN 978-7-302-30726-6

Ⅰ.①A…　Ⅱ.①张…　②张…　Ⅲ.①图像处理软件　Ⅳ.①TP391.41

中国版本图书馆CIP数据核字(2012)第283647号

责任编辑：章忆文　杨作梅
装帧设计：刘孝琼
责任校对：李玉萍
责任印制：王静怡

出版发行：清华大学出版社
　　网　　址：http://www.tup.com.cn，http://www.wqbook.com
　　地　　址：北京清华大学学研大厦 A 座　　**邮　　编**：100084
　　社 总 机：010-62770175　　**邮　　购**：010-62786544
　　投稿与读者服务：010-62776969，c-service@tup.tsinghua.edu.cn
　　质 量 反 馈：010-62772015，zhiliang@tup.tsinghua.edu.cn
印 装 者：北京嘉实印刷有限公司
经　　销：全国新华书店
开　　本：210mm×285mm　　**印　张**：18.25　　**字　　数**：550 千字
（附 DVD2 张）
版　　次：2013 年 2 月第 1 版　　**印　　次**：2016 年 6 月第5 次印刷
印　　数：8501～10000
定　　价：65.00 元

产品编号：048337-01

前 言

1．软件简介

After Effects CS6 是Adobe公司最新推出的影视编辑软件，其特效功能非常强大，可用于高效且精确地制作多种引人注目的动态图形和震撼人心的视觉效果。

After Effects软件还保留有Adobe软件优秀的兼容性。在After Effects中可以非常方便地调入Photoshop和Illustrator的层文件；Premiere的项目文件也可以近乎完美地再现于After Effects中；甚至还可以调入Premiere的EDL文件。

目前After Effects已经广泛应用于数字和电影的后期制作，而新兴的多媒体和互联网也为After Effects软件提供了宽广的发展空间。相信在不久的将来，After Effects软件必将成为影视领域的主流软件。

2．本书内容介绍

本书首先对After Effects CS6软件的工作界面和基本操作进行了介绍，然后按照由浅入深的写作方法，从基础内容开始，以大量的实例为主，全面详细地讲解了影视后期动画的制作技法，具体内容包括在影视制作中应用最普遍的基础动画设计、蒙版和遮罩、文字动画设计、色彩控制与素材抠像、音频特效的应用、超级粒子动画、摇摆器与运动跟踪、光线特效表现、电影特效制作、个人写真表现、电视栏目包装的制作以及影视后期的输出设置。对读者迅速掌握After Effects 的使用方法以及影视特效的专业制作技术非常有益。

本书各章内容具体如下。

第1章主要讲解视频编辑入门知识，图像的分辨率、色彩深度、图像类型，视频编辑的镜头表现手法，电影蒙太奇表现手法及数字视频基础知识，同时还讲解了非线性编辑的流程，以及After Effects的图像格式。

第2章从基础知识入手，让零起点读者轻松起步，迅速掌握动画制作核心技术，掌握After Effects动画制作的技巧。

第3章主要讲解蒙版和遮罩的使用方法，蒙版图层的创建，图层模式的应用技巧，矩形蒙版工具的使用，蒙版图形的羽化设置，蒙版节点的添加、移动及修改技巧。

第4章主要讲解与文字相关的内容，包括文字工具的使用，字符面板的使用，创建基础文字和路径文字的方法，文字的编辑与修改，机打字、坠落字、炫金字等各种特效文字的制作方法和技巧。

第5章主要讲解色彩控制与素材抠像应用技巧，包括Hue/Saturation(色相/饱和度)特效的应用方法、4-Color Gradient(四色渐变)特效的参数调节以及Color Key(色彩键)抠像的运用。

第6章主要讲解音频特效的使用方法，Audio Spectrum(声谱)、Audio Waveform(声波)、Radio Waves(无线电波)特效的应用，通过固态层创建音乐波形图，音频参数的修改及设置。

第7章主要讲解粒子的应用方法、高斯模糊特效的使用、粒子参数的修改以及粒子的替换，并利用粒子制作出各种绚丽夺目的效果。

第8章主要讲解摇摆器和运动草图的使用，运动跟踪与稳定的使用。合理地运用动画辅助工具可以有效提高动画的制作效率并达到预期的动画效果。

第9章主要讲解运用软件自带的特效制作各种光线的方法。

第10章主要讲解电影特效中几个常见特效的制作方法。

第11章主要讲解利用Linear Wipe(线性擦除)特效制作个人秀效果。

第12章通过Fractal Noise(分形噪波)、Bevel and Emboss(斜面和浮雕)和Lens Flare(镜头光晕)特效制作ID表现以及Logo演绎等效果。

第13章通过两个具体的实例，详细讲解宣传片的制作方法与技巧，让读者可以快速掌握宣传片的制作精髓。

第14章通过电视台标艺术表现、财富生活频道两个大型专业动画，全面细致地讲解了电视栏目包装的制作过程，再现全程制作技法。

第15章讲解影片的渲染和输出的相关设置。

书中每个实例都添加了实例说明、学习目标等，对所用到的知识点进行了比较详细的说明。当然，对于制作过程中需要注意之处或使用的技巧等，都在文中及时给予了指出，以提醒读者注意。

对于初学者来说，本书是一本图文并茂、通俗易懂、细致全面的学习手册。对电脑动画制作、影视动画设计和专业创作人士来说，本书是一本最佳的参考资料。

本书由张刚峰、张艳钗编著，同时参与本书编写工作的还有崔鹏、翟文龙、张彩霞、崔倩倩、崔东洋、张朋杰、王红启、石改军、石珍珍、张永飞、陈留栓、杨晶、尹金曼等同志，在此感谢所有创作人员对本书付出的努力。当然，在创作过程中，由于时间仓促，错误在所难免，希望广大读者批评指正。如果在学习过程中发现问题，或有更好的建议，欢迎发邮件到wyh6776@sina.com与我们联系。

编　者

目录 contents

contents 目录

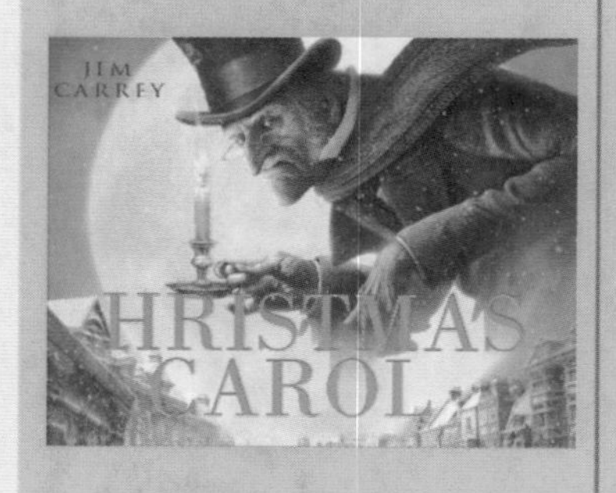

DREAM HOUSE
IN THEATERS SEPTEMBER 30

BRIDE WARS

Tale of

COTILLARD DAMON FISHBURNE LAW PALTROW WINSLET
NOTHING SPREADS LIKE FEAR
CONTAGION

contents 目录

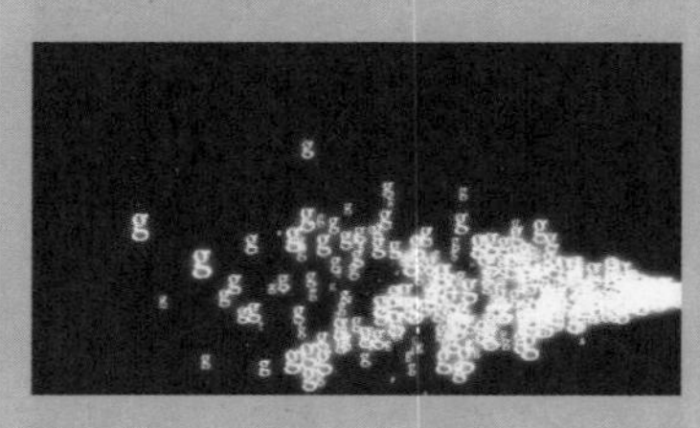

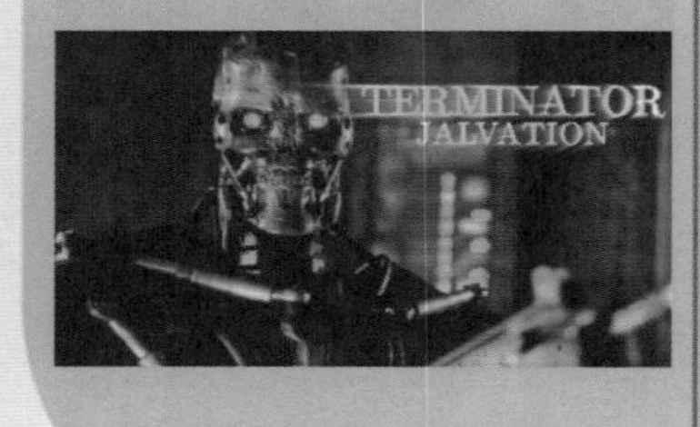

目录 contents

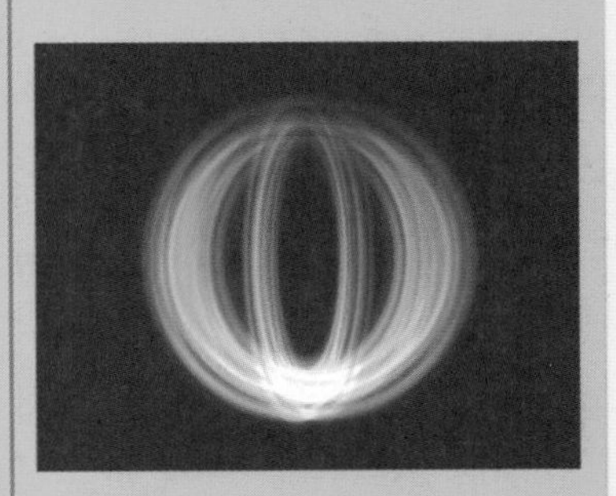

contents 目录

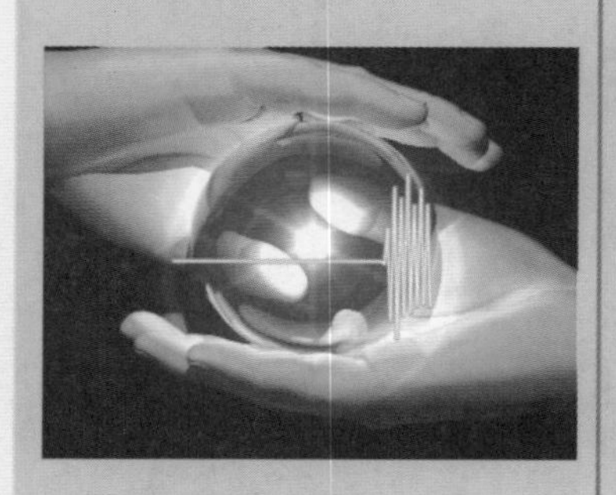

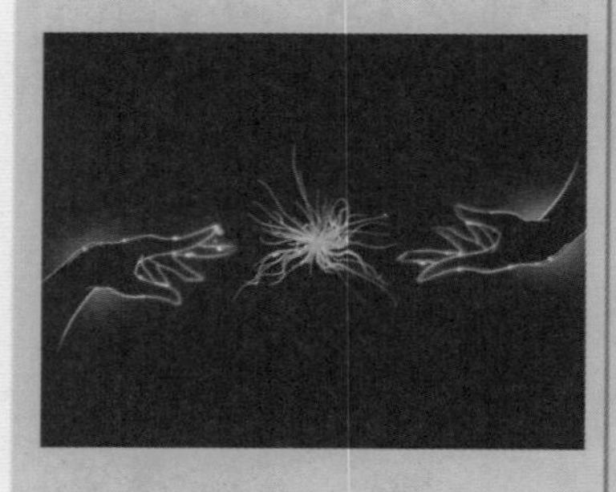

AE

第1章 视频编辑入门

内容摘要

本章主要讲解视频编辑入门知识，图像的分辨率、色彩深度、图像类型，视频编辑的镜头表现手法，电影蒙太奇表现手法及数字视频基础知识，同时还讲解了非线性编辑的流程及After Effects图像格式。

教学目标

- 了解影视制作必备常识
- 掌握影视镜头的表现手法
- 掌握电影蒙太奇的表现手法
- 了解帧、频率、场和电视制式的概念
- 了解屏幕、图像和设备分辨率的区别

1.1 影视制作必备常识

1.1.1 图像的分辨率

分辨率是指单位长度内所含像素点的数量，可以分为以下几个类型。

1．屏幕分辨率

屏幕分辨率又称为屏幕频率，是指打印灰度级图像和分色所用的网屏上每英寸的点数，它是用每英寸上有多少行来测量的。

2．图像分辨率

图像分辨率是指每英寸图形含有多少点和像素，分辨率的单位为dpi，例如200dpi代表该图像每英寸含有200个点和像素。

在数字化图像中，分辨率的大小会直接影响图像的品质，分辨率越高，图像就越清晰，所产生的文件也就越大，在工作中所需的内存和CPU时间就越多。

3．设备分辨率

设备分辨率是指每单位输出长度所代表的点数和像素。它与图像分辨率的不同之处是，图像分辨率可以更改，而设备分辨率不可以更改。如常见的PC显示器、扫描仪、数码相机等设备，各自都有固定的分辨率。

1.1.2 色彩深度

色彩深度是指存储每个像素色彩所需要的位数，它决定了色彩的丰富程度，常见的色彩深度有以下几种。

1．真彩色

组成一幅彩色图像的每个像素值中，有R、G、B三个基色分量，每个基色分量直接决定其基色的强度。这样合成产生的色彩就是真实的原始图像的色彩。平常所说的32位彩色，就是在24位之外还有一个8位的Alpha通道，表示每个像素的256种透明度等级。

2．增强色

用16位来表示一种颜色，它所包含的色彩远多于人眼所能分辨的数量，能表示65536种不同的颜色。因此大多数操作系统都采用16位增强色选项。这种色彩空间是根据人眼对绿色最敏感的特性建立的，所以其中红色分量占4位，蓝色分量占4位，绿色分量占8位。

3．索引色

用8位来表示一种颜色。一些较老的计算机硬件或文件格式只能处理8位的像素。3个色频在8位的显示设置上所能表现的色彩范围实在是太少了，因此8位的显示设备通常会使用索引色来表现色彩。其图像的每个像素值不分R、G、B分量，而是把它作为索引进行色彩变换，系统会根据每个像素的8位数值去查找颜色。8位索引色能表示256种颜色。

1.1.3 图像类型

平面设计软件制作的图像大致可以分为两种：位图图像和矢量图像。下面对这两种图像进行逐一介绍。

1．位图图像

位图图像的优点：位图能够制作出色彩和色调变化丰富的图像，可以逼真地表现自然界的景象，同时也可以很容易地在不同软件之间交换文件。

位图图像的缺点：它无法制作真正的3D图像，并且图像在缩放和旋转时会产生失真的现象，同时文件较大，对内存和硬盘空间容量的需求也较高，用数码相机和扫描仪获取的图像都属于位图。

2．矢量图像

矢量图像的优点：矢量图像也可以说是向量式图像，即用数学的矢量方式来记录图像内容，其以线条和色块为主。例如一条线段的数据只需要记录两个端点的坐标、线段的粗细和色彩等，因此它的文件所占的容量较小，也可以很容易地进行放大、缩小或旋转等操作，并且不会失真，精确度较高并可以制作3D图像。

矢量图像的缺点：不易制作色调丰富或色彩变化太多的图像，而且绘制出来的图形不是很逼真，无法像照片一样精确地描写自然界的景象，同时也不易在不同的软件间交换文件。

1.2　镜头的一般表现手法

镜头是影视创作的基本单位，一个完整的影视作品，是由一个一个的镜头组成的，离开独立的镜头，也就没有了影视作品，所以说，镜头的应用技巧也直接影响影视作品的最终效果。那么在影视拍摄中，常用镜头是如何表现的呢，下面来详细讲解常用镜头的使用技巧。

1.2.1　推镜头

推镜头是拍摄中比较常用的一种拍摄手法，它主要利用摄像机前移或变焦来完成，即逐渐靠近要表现的主体对象，使人感觉一步一步走近要观察的事物，近距离观看某个事物。它可以表现同一个对象从远到近的变化，也可以表现一个对象到另一个对象的变化，这种镜头的运用，主要是突出要拍摄的对象或是对象的某个部位，从而更清楚地看到整体与局部的关系。

如图1.1所示为推镜头的应用效果。

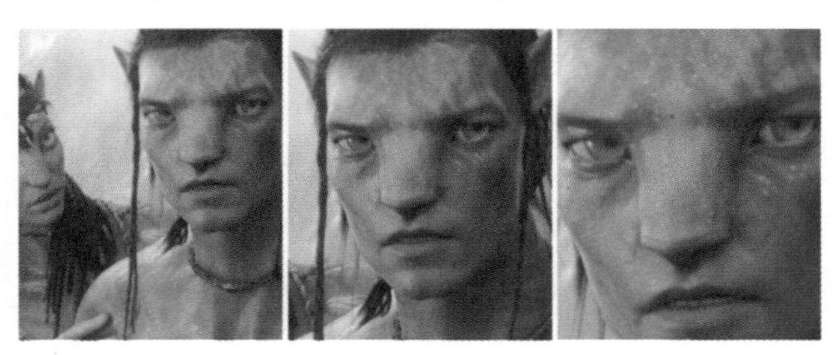

图1.1　推镜头的应用

1.2.2　移镜头

移镜头也叫移动拍摄，它是将摄像机固定在移动的物体上做各个方向的移动来拍摄不动的物体，使不动的物体产生运动效果，摄像时将拍摄画面逐步呈现，形成巡视或展示的视觉感受。这种拍摄手法可以将一些对象连贯起来加以表现，形成动态效果而组成影视动画，可以表现出逐渐显示的效果，并能使主体逐渐明了。比如我们坐在奔驰的车上，看窗外的景物，本来是不动的，但却感觉是景物在动是一个道理。这种拍摄手法多用于静物表现动态时的拍摄。

如图1.2所示为移镜头的应用效果。

图1.2　移镜头的应用效果

1.2.3　跟镜头

跟镜头也称为跟拍，就是在拍摄过程中找到兴趣点，然后跟随进行拍摄，比如在一个酒店中，开始拍摄的只是整个酒店中的大场面，然后跟随一个服务员在桌子间走来走去的镜头。一般跟镜头要表现的对象在画面中的位置保持不变，只是跟随它所走过的画面有所变化，就如一个人跟着另一个人穿过大街小巷一样，周围的事物在变化，而本身的跟随是没有变化的。跟镜头也是影视拍摄中比较常见的一种方法，它可以很好地突出主体，表现主体的运动速度、方向及体态等信息，给人一种身临其境的感觉。

如图1.3所示为跟镜头的应用效果。

图1.3　跟镜头的应用效果

1.2.4　摇镜头

摇镜头也称为摇拍，是指在拍摄时相机不动，只摇动镜头作左右、上下、移动或旋转等运动，让人从对象的一个部位到另一个部位逐渐观看，比如一个人站立不动，通过转动脖子来观看事物，我们常说的环视四周，其实就是这个道理。

摇镜头也是影视拍摄中经常用到的，比如电影情节里进入一个洞穴中，然后上下、左右或环周拍摄应用的就是摇镜头。摇镜头主要用来表现事物的逐渐呈现，即让一个又一个的画面逐个进入镜头来完成整个事物发展的观察。

如图1.4所示为摇镜头的应用效果。

图1.4 摇镜头的应用

1.2.5 旋转镜头

旋转镜头是指被拍摄对象呈旋转效果的画面，镜头沿镜头光轴或接近镜头光轴的角度旋转拍摄。摄像机快速作超过360度的旋转拍摄，被拍对象与摄像机处于同一载体上作360度的旋转拍摄，这种拍摄手法多表现人物的晕眩感觉，是影视拍摄中常用的一种拍摄手法。

如图1.5所示是旋转镜头的应用效果。

图1.5 旋转镜头的应用效果

1.2.6 拉镜头

拉镜头与推镜头正好相反，它主要是利用摄像机后移或变焦来完成，即逐渐远离要表现的主体对象，使人感觉正一步一步远离要观察的事物，远距离观看某个事物的整体效果。它可以表现同一个对象从近到远的变化，也可以表现一个对象到另一个对象的变化，这种镜头的应用，主要是为了突出要拍摄对象与整体的效果，从而更清楚地看到局部到整体的关系，把握全局，比如常见影视中的峡谷内部拍摄到整个外部拍摄，应用的就是拉镜头，再如观察一个古董，从整体通过变焦看到细部特征，应用的也是拉镜头。

如图1.6所示为拉镜头的应用效果。

图1.6 拉镜头的应用

1.2.7 甩镜头

甩镜头是指快速地摇动镜头转移到另一个景物，从而将画面切换到另一个内容，而中间的过程则产生模糊一片的效果，这种拍摄可以说明一种内容的突然过渡。

如冰河世纪结尾部分松鼠撞到门上的一个镜头，通过甩镜头的应用，可以表现出人物撞到门上而产生的撞击效果的程度和眩晕效果。

如图1.7所示为甩镜头的应用效果。

图1.7 甩镜头的应用效果

1.2.8 晃镜头

晃镜头的应用相对于前面的几种要少一些，它主要应用在特定的环境中，让画面产生上下、左右或前后等的摇摆效果，主要用于表现精神恍惚、头晕目眩、乘车船等的摇晃效果，比如表现一个喝醉酒的人物场景时，就要用到晃镜头，还有比如坐船或车由于道路不平所产生的颠簸效果。

如图1.8所示为晃镜头的应用效果。

图1.8 晃镜头的应用效果

1.3 电影蒙太奇表现手法

蒙太奇是法语Montage的音译，原为建筑学用语，意为构成、装配。到了20世纪中期，电影艺术家将它引入到了电影艺术领域，意思转变为剪辑、组合剪接，即影视作品创作过程中的剪辑组合。在无声电影时代，蒙太奇的表现技巧和理论只局限于画面之间的剪接，在出现了有声电影之后，影片的蒙太奇表现技巧和理论又包括了画面蒙太奇和声音蒙太奇技巧与理论，含义便更加广泛了。“蒙太奇”的含义有广义和狭义之分。狭义的蒙太奇专指对镜头画面、声音、色彩诸元素编排组合的手段，其中最基本的意义是画面的组合。而广义的蒙太奇不仅指镜头画面的组接，也指影视剧作开始直到作品完成整个过程中艺术家的一种独特艺术思维方式。

1.3.1 蒙太奇技巧的作用

蒙太奇组接镜头与音效的技巧是决定一个影片成功与否的重要因素。在影片中的表现有下列内容。

1．表达寓意，创造意境

镜头的分割与组合，声画的有机组合，相互作用，可以给观众在心理上产生新的含义。单个的镜头、单独的画面或者声音只能表达其本身的具体含义，而如果使用蒙太奇技巧和表现手法，就可以使得一系列没有任何关联的镜头或者画面产生特殊的含义，表达出创作者的寓意，甚至还可以产生特定的含义。

2．选择和取舍，概括与集中

一部几十分钟的影片，是在很多素材镜头中挑选出来的。这些素材镜头不仅内容、构图、场面调度均不相同，甚至连摄像机的运动速度都有很大的差异，有些时候还存在一些重复。编导就必须根据影片所要表现的主题和内容，认真对素材进行分析和研究，慎重大胆地进行取舍，重新进行镜头的组合，尽量增强画面的可视性。

3．引导观众注意力，激发联想

虽然每一个单独的镜头都只能表现一定的具体内容，但组接后就有了一定的顺序，可以严格地规范和引导、影响观众的情绪和心理，启迪观众进行思考。

4．可以创造银幕(屏幕)上的时间概念

运用蒙太奇技巧可以对所表现的现实生活和空间进行裁剪、组织、加工和改造，使得影视时空在表现现实生活和影片内容的领域极为广阔，延伸了银幕(屏幕)的空间，达到了跨越时空的作用。

5．可以使得影片的画面形成不同的节奏

蒙太奇可以把客观因素(信息量、人物和镜头的运动速度、色彩声音效果，音频效果以及特技处理等)和主观因素(观众的心理感受)综合研究，通过镜头之间的剪接，将内部节奏和外部节奏、视觉节奏和听觉节奏有机地结合在一起，使影片的节奏丰富多彩、生动自然而又和谐统一，产生强烈的艺术感染力。

1.3.2 镜头组接蒙太奇

这种镜头的组接不考虑音频效果和其他因素，根据其表现形式，我们将这种蒙太奇分为两大类：叙述蒙太奇和表现蒙太奇。

1．叙述蒙太奇

叙述蒙太奇在影视艺术中又被称为叙述性蒙太奇，它是按照情节发展的时间、空间、逻辑顺序以及因果关系来组接镜头、场景和段落。表现了事件的连贯性，推动情节的发展，引导观众理解内容，是影视节目中最基本、最常用的叙述方法。其优点是脉络清晰、逻辑连贯。叙述蒙太奇的叙述方法在具体的操作中还分为连续蒙太奇、平行蒙太奇、交叉蒙太奇以及重复蒙太奇等几种具体方式。

(1) 连续蒙太奇。这种影视的叙述方法类似于小说叙述手法中的顺序方式。一般来讲它有一个明朗的主线，按照事件发展的逻辑顺序，有节奏地连续叙述。这种叙述方法比较简单，在线索上也比较明朗，能使所要叙述的事件通俗易懂。但同时也有自己的不足，一个影片中过多地使用连续蒙太奇手法会给人拖沓冗长的感觉。因此我们在进行非线性编辑的时候，需要考虑到这些方面的内容，最好与其他的叙述方式有机结合，互相配合使用。

(2) 平行蒙太奇。这是一种分叙式表达方法。将两个或者两个以上的情节线索分头叙述，但仍统一在一个完整的情节之中。这种方法有利于概括集中，节省篇幅，扩大影片的容量，由于平行表现，相互衬托，可以形成对比、呼应，产生多种艺术效果。

(3) 交叉蒙太奇。这种叙述手法与平行蒙太奇一样，平行蒙太奇手法只重视情节的统一和主题的一致，以及事件的内在联系和主线的明朗。而交叉蒙太奇强调的是并列的多个线索之间的交叉关系和事件的统一性和对比性，以及这些事件之间的相互影响和相互促进，最后将几条线索汇合为一。这种叙

述手法能造成强烈的对比和激烈的气氛，加强矛盾冲突的尖锐性，引起悬念，是控制观众情绪的一个重要手段。

(4) 重复蒙太奇。这种叙述手法是让代表一定寓意的镜头或者场面在关键时刻反复出现，造成强调、对比、呼应、渲染等艺术效果，以达到加深寓意之效。

2．表现蒙太奇

这种蒙太奇表现在影视艺术中也被称作对称蒙太奇，它是以镜头序列为基础，通过相连或相叠镜头在形式或者内容上的相互对照、冲击，从而产生单独一个镜头本身不具有的或者更为丰富的含义，以表达创作者的某种情感，也给观众在视觉上和心理上造成强烈的印象，增加感染力。激发观众的联想，启迪观众思考。这种蒙太奇技巧的目的不是叙述情节，而是表达情绪、表现寓意和揭示内在的含义。这种蒙太奇表现形式又有以下几种。

(1) 隐喻蒙太奇。这种叙述手法通过镜头(或者场面)的队列或交叉表现进行分类，含蓄而形象地表达创作者的某种寓意或者对某个事件的主观情绪。它往往是将不同的事物之间具有某种相似的特征表现出来，目的是引起观众的联想，让他们领会创作者的寓意，领略事件的主观情绪色彩。这种表现手法就是将巨大的概括力和简洁的表现手法相结合，具有强烈的感染力和形象表现力。在我们要制作的节目中，必须将要隐喻的因素与所要叙述的线索相结合，这样才能达到我们想要表达的艺术效果。用来隐喻的要素必须与所要表达的主题一致，并且能够在表现手法上补充说明主题，而不能脱离情节生硬插入，因而要求这一手法必须运用得贴切、自然、含蓄和新颖。

(2) 对比蒙太奇。这种蒙太奇表现手法就是在镜头的内容上或者形式上造成一种对比，给人一种反差感受。通过内容的相互协调和对比冲突，表达作者的某种寓意或者某些话所表现的内容、情绪和思想。

(3) 心理蒙太奇。这种表现技巧是通过镜头组接，直接而生动地表现人物的心理活动、精神状态，如人物的回忆、梦境、幻觉以及想象等心理，甚至是潜意识的活动，这种手法往往用在表现追忆的镜头中。

心理蒙太奇表现手法的特点是：形象的片段性、叙述的不连贯性。多用于交叉、队列以及穿插的手法表现，带有强烈的主观色彩。

1.3.3 声画组接蒙太奇

在1927年以前，电影都是无声电影。画面上主要是以演员的表情和动作来引起观众的联想，达到声画的默契。后来又通过幕后语言配合或者人工声响如钢琴、留声机、乐队的伴奏与屏幕结合，进一步提高了声画融合的艺术效果。而真正达到声画一致，把声音作为影视艺术的表现元素，则是利用录音、声电光感应胶片技术和磁带录音技术，把声音作为影视艺术的一个有机组成部分合并到影视节目之中。

1．影视语言

影视艺术是声画艺术的结合物，离开二者之中的任何一个都不能称为现代影视艺术。在声音元素里，包括了影视的语言因素。在影视艺术中，对语言的要求是不同于其他艺术形式的，它有着自己特殊的要求和规则。

我们将它归纳为以下几个方面。

1) 语言的连贯性，声画和谐

在影视节目中，如果把语言分解开来，会发现它不像一篇完整的文章，段落之间也不一定有严密的逻辑性。但如果我们将语言与画面相配合，就可以看出节目整体的不可分割性和严密的逻辑性。这种逻辑性，表现在语言和画面上是互相渗透、有机结合的。在声画组合中，有些时候是以画面为主，说明画面的抽象内涵；有些时候是以声音为主，画面只是作为形象的提示。根据以上分析，影视语言有以下特点和作用：深化和升华主题，将形象的画面用语言表达出来；语言可以抽象概括画面，将具体的画面表现为抽象的概念；语言可以表现不同人物的性格和心态；语言还可以衔接画面，使镜头过渡流畅；语言还可以代替画面，将一些不必要的画面省略掉。

2) 语言的口语化、通俗化

影视节目面对的观众是多层次化的，除了特定的一些影片外，都应该使用通俗语言。所谓的通俗语言，就是影片中使用的口头语、大白话。如果语言不通俗、费解、难懂，会让观众在观看时分心，这种听觉上的障碍会妨碍到视觉功能，也就会影响观众对画面的感受和理解，当然也就不能取得良好的视听效果。

3) 语言简练概括

影视艺术是以画面为基础的，所以，影视语言必须简明扼要，点明则止。剩下的时间和空间都要用画面来表达，让观众在有限的时空里自由想象。

解说词对画面也必须是亦步亦趋，如果充满节目，会使观众的听觉和视觉都处于紧张状态，顾此失彼，这样就会对听觉起干扰和掩蔽的作用。

4) 语言准确贴切

由于影视画面是展示在观众眼前的，任何细节对观众来说都是一览无余的，因此对于影视语言的要求是相当精确的，每句台词，都必须经得起观众的考验。这不同于广播的语言，即使不够准确还能够混过听众的听觉。在视听画面的影视节目前，观众既能看清画面，又能听见声音效果，互相对照，稍有差错，就能够被观众轻易发现。

如果对同一画面可以有不同的解说和说明，就要看你的认识是否正确和运用的词语是否妥帖。如果发生矛盾，则很有可能是语言的不准确表达造成的。

2．语言录音

影视节目中的语言录音包括对白、解说、旁白、独白等。为了提高录音效果，必须注意解说员的声音素质、录音的技巧以及方式。

1) 解说员的素质

一个合格的解说员必须充分理解剧本，对剧本内容的重点做到心中有数，对一些比较专业的词语必须理解，读的时候还要抓住主题，确定语音的基调，即总的气氛和情调。在台词对白上必须符合人物形象的性格，解说时语言要流利，不能含混不清，多听电台好的广播节目可以提高这方面的鉴赏力。

2) 录音

录音在技术上要求尽量创造有利的物质条件，保证良好的音质音量，尽量在专业的录音棚进行录制。在进行解说录音的时候，需要对画面进行编辑，然后让配音员观看后配音。

3) 解说的形式

在影视节目中，解说的形式多种多样，需要根据影片的内容而定。大致可以分为三类，第一人称解说、第三人称解说以及第一人称解说与第三人称解说交替的自由形式等。

3．影视音乐

在电影史上，默片电影一出现就与音乐有着密切的联系。早在1896年，卢米埃尔兄弟的影片就使用了钢琴伴奏的形式。后来逐渐完善，将音乐渗透到影片中，而不再是外部的伴奏形式。再到后来有声电影出现后，影视音乐更是发展到了一个更加丰富多彩的阶段。

1) 影视音乐的特点和作用

一般音乐都是作为一种独特的听觉艺术形式来满足人们的艺术欣赏要求。而一旦成为影视音乐，它将丧失自己的独立性，成为某一个节目的组成部分，服从影视节目的总体要求，以影视的形式表现。

影视音乐的目的性：影视节目的内容、对象、形式的不同，决定了各种影视节目音乐的结构和目的的表现形式各有特点，即使同一首歌或者同一段乐曲，在不同的影视节目中也会产生不同的作用和目的。

影视音乐的融合性：融合性是指影视音乐必须和其他影视因素结合，因为音乐本身在表达感情的程度上往往不够准确。但如果与语言、音响和画面融合，就可以突破这种局限性。

2) 音乐的分类

按照影视节目的内容划分：可分为故事片音乐、新闻片音乐、科教片音乐、美术片音乐以及广告片音乐。

按照音乐的性质划分：可分为抒情音乐、描绘性音乐、说明性音乐、色彩性音乐、戏剧性音乐、幻想性音乐、气氛性音乐以及效果性音乐。

按照影视节目的段落划分：可分为片头主体音乐、片尾音乐、片中插曲以及情节性音乐。

3) 音乐与画面的结合形式

音乐与画面同步：表现为音乐与画面紧密结合，音乐情绪与画面情绪基本一致，音乐节奏与画面节奏完全吻合。音乐强调画面提供的视觉内容，起着解释画面、烘托气氛的作用。

音乐与画面平行：音乐不是直接的追随或者解释画面内容，也不是与画面处于对立状态，而是以自身独特的表现方式从整体上揭示影片的内容。

音乐与画面的对立：音乐与画面之间在情绪、气氛、节奏以至在内容上的互相对立，使音乐具有寓意性，从而深化影片的主题。

4) 音乐设计与制作

专门谱曲：这是音乐创作者和导演充分交换对影片的构思创作意图后设计的，其中包括音乐的风格、主题音乐的特征、主题音乐的特征、主题音乐的性格特征、音乐的布局以及高潮的分布、音乐与语言、音响在影视中的有机安排、音乐的情绪等要素。

音乐资料改编：根据需要将现有的音乐进行

改编，但所配的音乐要与画面的时间保持一致，有头有尾。改编的方法有很多，如将曲子中间一些不需要的段落舍去，去掉重复的段落，还可以将音乐的节奏进行调整，这在非线性编辑系统中非常容易实现。

影视音乐的转换技巧：在非线性编辑中，画面需要转换技巧，音乐也需要转换技巧，并且很多画面转换技巧对于音乐同样是适用的。

切：音乐的切入点和切出点最好选择在解说和音响之间，这样不容易引起注意。

淡：在配乐的时候，如果找不到合适长度的音乐，可以取其中的一段，或者头部或者尾部，在录音的时候，可以对其进行淡入处理或者淡出处理。

1.4 数字视频基础

1.4.1 视频基础

视频，是由一系列单独的静止图像组成的。连续播放静止图像，利用人眼的视觉残留现象，在观者眼中就产生了平滑而连续活动的影像。

- 帧：是扫描获得的一幅完整图像的模拟信号，是视频图像的最小单位。
- 帧率：是指每秒钟扫描多少帧。对于PAL制式电视系统，帧率为25帧；而NTSC制式电视系统，帧率为30帧。
- 场：是指视频的一个扫描过程。有逐行扫描和隔行扫描两种，对于逐行扫描，一帧即是一个垂直扫描场；对于隔行扫描，一帧由两行构成：奇数场和偶数场，用两个隔行扫描场表示一帧。

1.4.2 电视制式简介

电视的制式就是电视信号的标准。它的区分主要在帧频、分辨率、信号带宽以及载频、色彩空间的转换关系上。不同制式的电视机只能接收和处理相应制式的电视信号。但现在也出现了多制式或全制式的电视机，为处理不同制式的电视信号提供了极大的方便。全制式电视机可以在各个国家的不同地区使用。目前各个国家的电视制式并不统一，目前世界上有三种彩色电视制式。

1．PAL制式

PAL制式即逐行倒相正交平衡调幅制，它是西德(现为联邦德国)在1962年制定的彩色电视广播标准，它克服了NTSC制式色彩失真的缺点。中国、新加坡、澳大利亚、新西兰和西德、英国等一些西欧国家使用PAL制式。根据不同的参数细节，它又可以分为G、I、D等制式，其中PAL-D是我国大陆采用的制式。

2．NTSC制式(N制)

NTSC制式是由美国国家电视标准委员会于1952年制定的彩色广播标准，它采用正交平衡调幅技术(正交平衡调幅制)；NTSC制式有色彩失真的缺陷。美国、加拿大等大多西半球国家以及中国台湾、日本、韩国等采用这种制式。

3．SECAM制式

SECAM是法文“顺序传送彩色信号与存储恢复彩色信号制”的缩写；是由法国在1956年提出，1966年制定的一种新的彩色电视制式。它也克服了NTSC制式相位失真的缺点，采用时间分隔法来逐行依次传送两个色差信号。目前法国、东欧国家、中东部分国家使用SECAM制式。

1.4.3 视频时间码

一段视频片段的持续时间和它的开始帧和结束帧通常用时间单位和地址来计算，这些时间和地址被称为时间码(简称时码)。时码用来识别和记录视频数据流中的每一帧，从一段视频的起始帧到终止帧，每一帧都有一个唯一的时间码地址，这样在编辑的时候利用它可以准确地在素材上定位出某一帧的位置，方便地安排编辑和实现视频和音频的同步。这种同步方式叫做帧同步。“动画和电视工程师协会”采用的时码标准为SMPTE，其格式为“小时:分钟:秒:帧”，比如一个PAL制式的素材片段表示为00:01:30:13，意思是它持续1分钟30秒零13帧，换算成帧单位就是2263帧，如果播放的帧速率为25帧/秒，那么这段素材可以播放约一分零三十点五秒。

电影、电视行业使用的帧率各不相同，但它们都有各自对应的SMPTE标准。如PAL的帧率为25fps或24fps，NTSC制式的帧率为30fps或29.97fps。早期时的黑白电视的帧率为29.97fps而非30fps，这样就会产生一个问题，即在时码与实际播放之间产生

0.1%的误差。为了解决这个问题，于是设计出帧同步技术；这样可以保证时码与实际播放时间一致。与帧同步格式对应的是帧不同步格式，它会忽略时码与实际播放帧之间的误差。

1.4.4　压缩编码的种类

视频压缩是视频输出工作中不可缺少的一部分，由于计算机硬件和网络传输速率的限制，视频在存储或传输时会出现文件过大的情况，为了避免这种情况，在输出文件的时候就会选择合适的方式对文件进行压缩，这样才能很好地解决传输和存储时出现的问题。压缩就是将视频文件的数据信息通过特殊的方式进行重组或删除来达到减小文件大小的过程。压缩可以分为以下几种方式。

- 软件压缩：通过电脑安装的压缩软件来压缩，这是使用较为普遍的一种压缩方式。
- 硬件压缩：通过安装一些配套的硬件压缩卡来完成，它具有比软件压缩更高的效率，但成本较高。
- 有损压缩：在压缩的过程中，为了达到更小的空间，将素材压缩时，会丢失一部分数据或画面色彩，以达到压缩的目的。这种压缩可以更小地压缩文件，但会牺牲更多的文件信息。
- 无损压缩：它与有损压缩相反，在压缩过程中，不会丢失数据，但一般压缩的程度较小。

1.4.5　压缩编码的方式

压缩不是单纯地为了减少文件的大小，而是要在保证画面的同时来达到压缩的目的，不能只管压缩而不计损失，要根据文件的类别来选择合适的压缩方式，这样才能更好地达到压缩的目的，常用的视频和音频压缩方式有以下几种。

1．Microsoft Video 1

这种压缩方式主要针对模拟视频信号进行压缩，是一种有损压缩方式；支持8位或16位的影像深度，适用于Windows平台。

2．IntelIndeo(R)Video R3.2

这种压缩方式适合制作在CD-ROM上播放的24位的数字电影，和Microsoft Video 1相比，它能得到更高的压缩比、质量以及更快的回放速度。

3．DivX MPEG-4(Fast-Motion)和DivX MPEG-4(Low-Motion)

这两种压缩方式是Premiere Pro增加的算法，它们是压缩基于DivX播放的视频文件。

4．Cinepak Codec by Radius

这种压缩方式可以压缩彩色或黑白图像。适合压缩24位的视频信号，制作用于CD-ROM上播放或网上发布的文件。和其他压缩方式相比，利用它可以获得更高的压缩比和更快的回放速度，但压缩速度较慢，而且只适用于Windows平台。

5．Microsoft RLE

这种方式适合压缩具有大面积色块的影像素材，例如动画或计算机合成图像等；它使用RLE(Spatial 8-bit run-length encoding，空间8位运行长度编码)方式进行压缩，是一种无损压缩方案，适用于Windows平台。

6．Intel Indeo 5.10

这种方式适合所有基于MMX技术或Pentium II以上处理器的计算机。它具有快速的压缩选项，并可以灵活设置关键帧，具有很好的回放效果。适用于Windows平台，作品适于网上发布。

7．MPEG

在非线性编辑中最常用的是MJPEG算法，即Motion JPEG。它是将视频信号50场/秒(PAL制式)变为25帧/秒，然后按照25帧/秒的速度使用JPEG算法对每一帧进行压缩。通常压缩倍数在3.5～5倍时可以达到Betacam的图像质量。MPEG算法是适用于动态视频的压缩算法，它除了对单幅图像进行编码外还利用图像序列中的相关原则，将冗余去掉，这样可以大大提高视频的压缩比。目前MPEG-I用于VCD节目中，MPEG-II用于 VOD、DVD节目中。

其他的方式还有Planar RGB、Cinepak、Graphics、Motion JPEG A、Motion JPEG B、DV NTSC、DV PAL、Sorenson、Photo-JPEG、H.263、Animation、None等。

1.5　非线性编辑流程

一般非线性编辑的操作流程可以简单地分为导入、编辑处理和输出影片三大部分。根据非线性编辑软件的不同，又可以细分为更多的操作步骤。以After Effects CS6来说，可以简单地分为5个步骤，具体说明如下。

1. 总体规划和准备

在制作影视节目前，首先要清楚自己的创作意图和表达的主题，应该有一个分镜头稿本，由此确定作品的风格。它的主要内容包括素材的取舍、各个片段持续的时间、片段之间的连接顺序和转换效果，以及片段需要的视频特效、抠像处理和运动处理等。

确定了自己创作的意图和表达的主题手法后，还要着手准备需要的各种素材，包括静态图片、动态视频、序列素材、音频文件等，并利用相关的软件对素材进行处理，达到需要的尺寸和效果，还要注意格式的转换，注意制作符合After Effects CS6所支持的格式。使用DV拍摄的素材可以通过1394卡进行采集转换到电脑中，并按照类别放置在不同的文件夹目录下，以便于素材的查找和导入。

2. 创建项目并导入素材

前期的工作做完以后，接下来制作影片，首先要创建新项目，并根据需要设置符合影片的参数。例如，若编辑模式是使用PAL或NTSC制式来编辑视频，则基数应设置为25；设置视频画面的大小：比如PAL制式的标准默认尺寸是720×576像素，NTSC制式为720×480像素；指定音频的采样频率等参数设置。

新项目创建完成后，根据需要可以创建不同的文件夹，并根据文件夹的属性导入不同的素材，如静态素材、动态视频、序列素材、音频素材等。并进行前期的编辑，如素材入点和出点、持续时间等。

3. 影片的特效制作

创建项目并导入素材后，就开始了最精彩的制作部分，即根据分镜头稿本将素材添加到时间线并进行剪辑编辑，然后添加相关的特效处理，比如视频特效、运动特效、键控特效、视频切换特效等，制作完美的影片效果，接着添加字幕效果和音频文件，完成整个影片的制作。

4. 保存和预演

保存影片是将影片的源文件保存起来，默认的保存格式为.atp，并同时保存After Effects CS6当前所有窗口的状态，比如窗口的位置、大小和参数，便于以后进行修改。

保存影片源文件后，可以对影片的效果进行预演，以此检查影片的各种实际效果是否达到了设计目的，以免在输出成最终影片时出现错误。

5. 输出影片

预演只是查看效果，并不生成最后的文件，要制作出最终的影片效果，就需要将影片输出为一个可以单独播放的最终作品，或者转录到录像带、DV机上。After Effects CS6可以生成的影片格式有很多种，比如bmp、gif、tif、tga等格式的文件，也可以输出Animated GIF、avi、Quick Time等视频格式文件，还可以输出像Windows Waveform音频格式的文件。常用的是“.avi”文件，它可以在许多多媒体软件中播放。

1.6 After Effects CS6的操作界面简介

After Effects CS6的操作界面越来越人性化，最近几个版本将界面中的各个窗口和面板合并在了一起，不再是单独的浮动状态，这样在操作时可以免去拖来拖去的麻烦。

1.6.1 启动After Effects CS6

选择“开始”｜“所有程序”｜After Effects CS6命令，便可启动After Effects CS6 软件。如果已经在桌面上创建了After Effects CS6 的快捷方式，则可以直接用鼠标双击桌面上的After Effects CS6快捷图标来启动该软件，如图1.9所示。

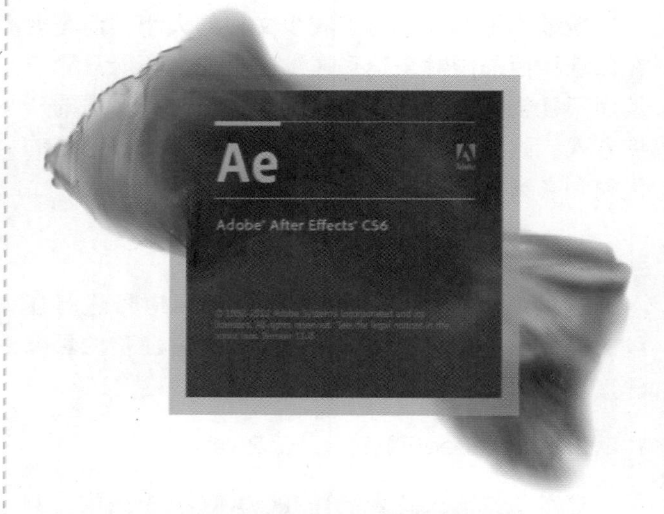

图1.9 After Effects CS6的启动画面

等待一段时间后，After Effects CS6 被打开，After Effects CS6的工作界面如图1.10所示。

图1.10 After Effects CS6的工作界面

1.6.2 After Effects CS6的工作界面介绍

After Effects CS6在界面上更加合理地分配了各个窗口的位置，根据制作内容的不同，可以将界面设置成不同的模式，如动画、绘图、特效等，执行菜单栏中的Window(窗口)|Workspace(工作界面)命令，可以看到其子菜单中包含多种工作模式子选项，包括All Panels(所有面板)、Animation(动画)、Effects(特效)等模式，如图1.11所示。

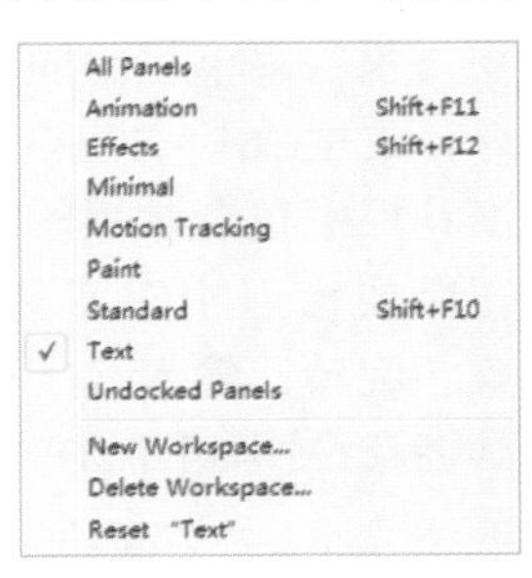

图1.11 多种工作模式

执行菜单栏中的Window(窗口)|Workspace(工作界面)|Animation(动画)命令，操作界面则切换到动画工作界面中，整个界面以“动画控制窗口”为主，突出显示了动画控制区，如图1.12所示。

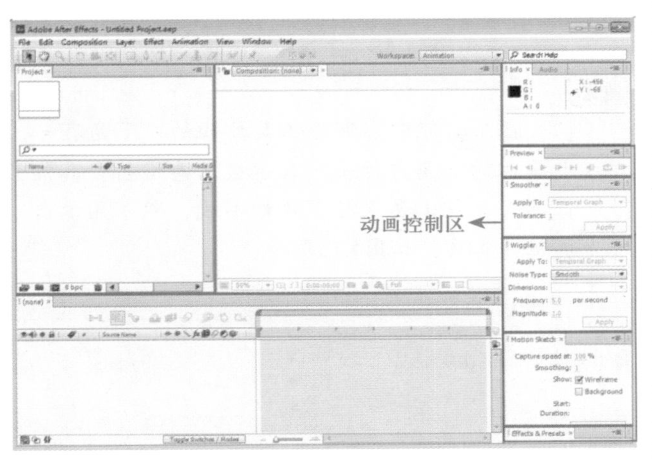

图1.12 动画控制界面

执行菜单栏中的Window(窗口)|Workspace(工作界面)|Paint(绘图)命令，操作界面则切换到绘图控制界面中，整个界面以“绘图控制窗口”为主，突出显示了绘图控制区域，如图1.13所示。

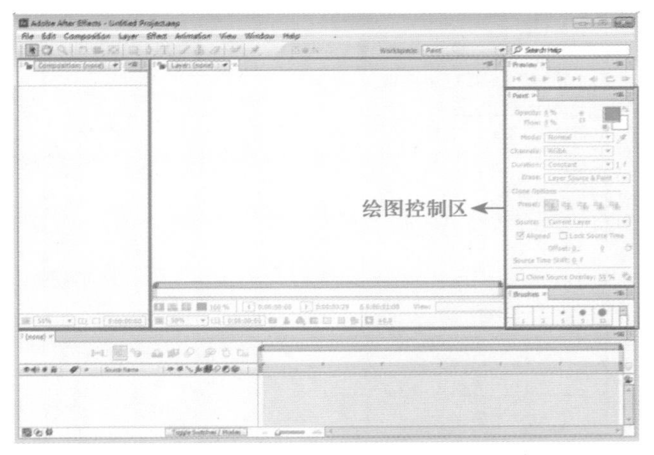

图1.13 绘图控制界面

1.6.3 自定义工作界面

不同的用户对于工作模式的要求也不尽相同，如果在预设的工作模式中，没有找到自己需要的模式，用户也可以根据自己的喜好来设置工作模式。

(1) 可以从Window(窗口)菜单中，选择需要的面板或窗口，然后打开它，根据需要来调整窗口和面板，调整的方法如图1.14所示。

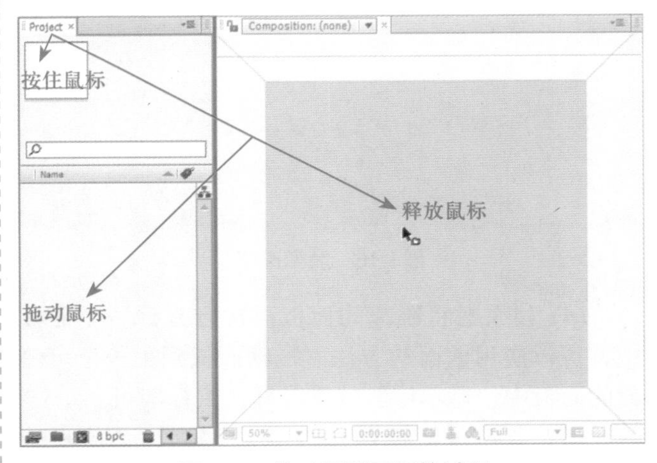

图1.14 拖动调整面板的过程

提示

在拖动一个面板向另一个面板靠近时，会显示出不同的停靠效果，确定后释放鼠标，面板即可在不同的位置停靠。

(2) 当另一个面板中心显示停靠效果时，释放鼠标，两个面板将合并在一起，如图1.15所示。

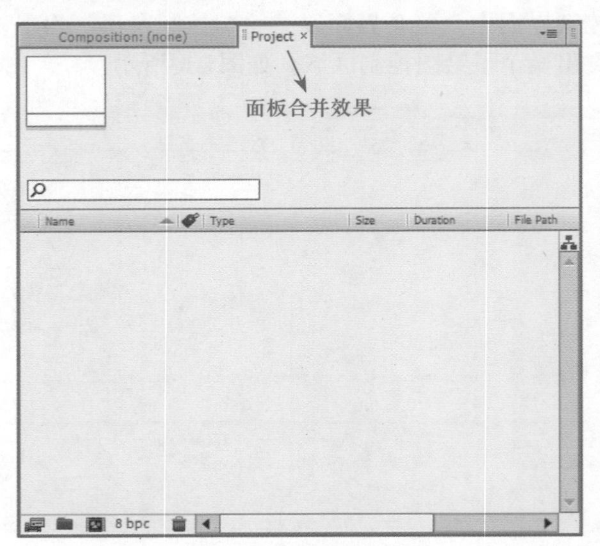

图1.15　面板合并效果

(3) 如果想将某个面板分离出来，可以在拖动面板时，按住Ctrl键，释放鼠标后，就可以将面板脱离出来，脱离的效果如图1.16所示。

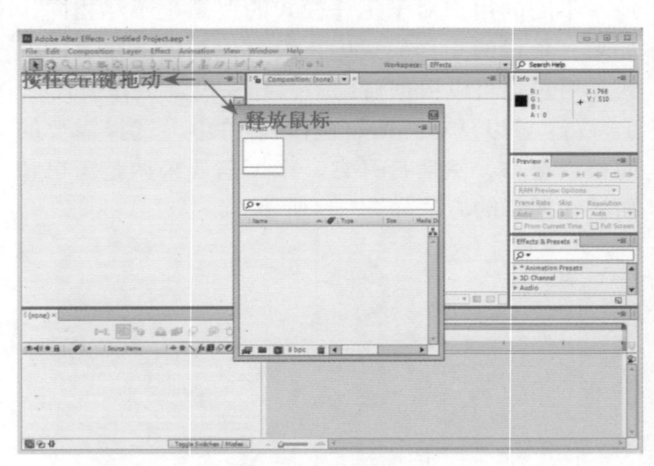

图1.16　脱离面板

(4) 如果想将脱离的面板再次合并到一个面板中，可以应用前面的方法，拖动面板到另一个可停靠的面板中，显示停靠效果时释放鼠标即可。

(5) 当界面面板调整满意后，执行菜单栏中的Window(窗口) | Workspace(工作界面) | New Workspace(新建工作界面)命令，在打开的New Workspace(新建工作界面)对话框中，输入一个名称，单击OK(确定)按钮，即可将新的界面保存，保存后的界面将显示在Window(窗口) | Workspace(工作界面)命令后的子菜单中，如图1.17所示。

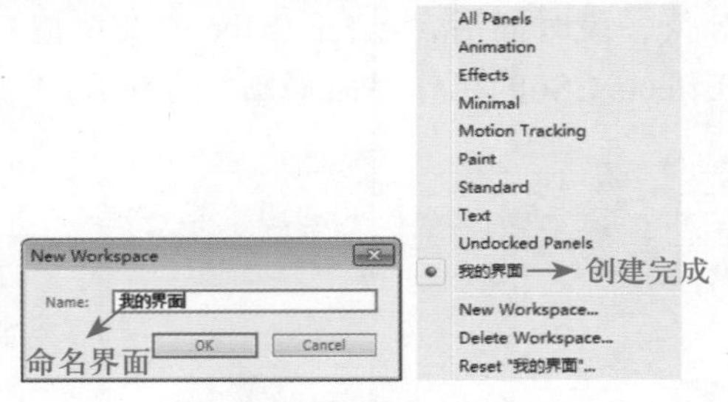

图1.17　保存自己的界面

提示

如果对保存的界面不满意，可以执行菜单栏中的Window(窗口) | Workspace(工作界面) | Delete Workspace(删除工作界面)命令，从打开的Delete Workspace(删除工作界面)对话框中，选择要删除的界面名称，单击Delete(删除)按钮来删除。但需要注意的是，当前使用的工作界面是不能直接删除的，需要切换至其他工作界面后再删除。

1.6.4　工具栏的介绍

执行菜单栏中的Window(窗口) | Tools(工具)命令，或按Ctrl + 1组合键，可以打开或关闭工具栏，工具栏中包含常用的编辑工具，使用这些工具可以在合成窗口中对素材进行编辑操作，如移动、缩放、旋转、输入文字、创建遮罩、绘制图形等。工具栏及说明如图1.18所示。

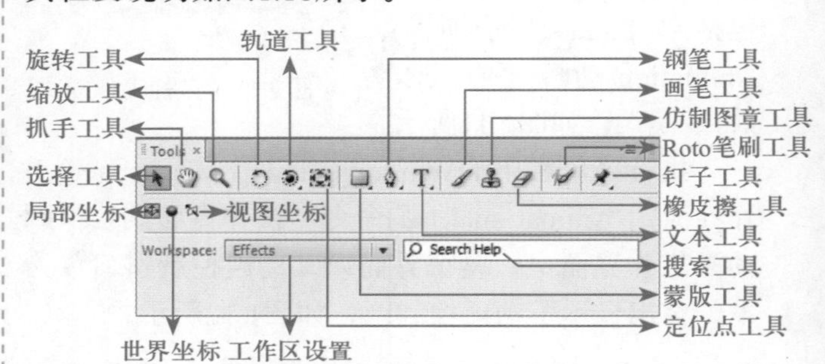

图1.18　工具栏及说明

提示

在工具栏中，有些工具按钮的右下角有一个黑色的三角形箭头，表示该工具还包含其他工具，在该工具上按下鼠标不放，即可显示出其他的工具，如图1.19所示。

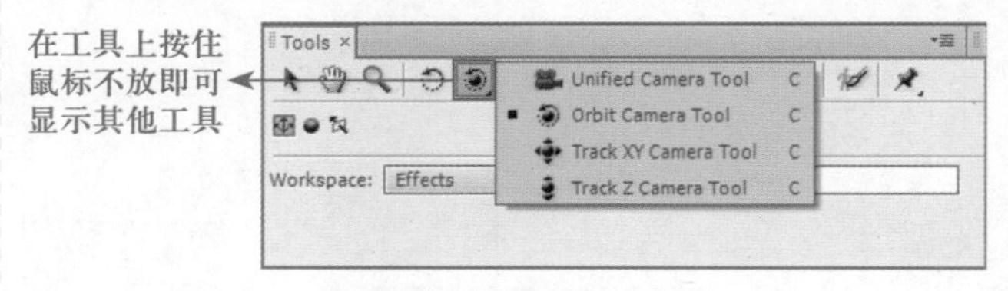

图1.19　显示其他工具

1.7　常用面板介绍

After Effects CS6延续了以前版本面板排列的特点，用户可以将面板单独浮动，也可以合并起来。下面来讲解这些面板的基本性能。

1.7.1　Align & Distribute(对齐与分布)面板

执行菜单栏中的Window(窗口)|Align & Distribute(对齐与分布)命令，可以打开或关闭对齐与分布面板。

“对齐与分布”面板中的命令主要用于对素材进行对齐与分布处理，面板及说明如图1.20所示。

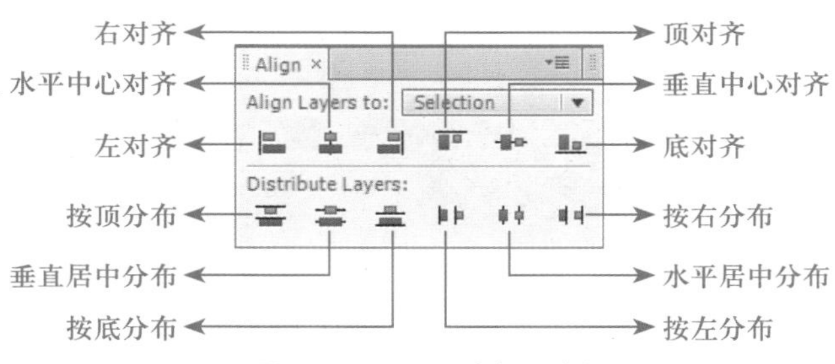

图1.20　Align(对齐)面板

1.7.2　Info(信息)面板

执行菜单栏中的Window(窗口)|Info(信息)命令，或按Ctrl + 2组合键，可以打开或关闭“信息”面板。

“信息”面板主要用来显示素材的相关信息，在“信息”面板的上半部分，主要显示如RGB值、Alpha通道值、鼠标在合成窗口中的X和Y轴坐标位置；在“信息”面板的下半部分，根据选择素材的不同，主要显示选择素材的名称、位置、持续时间、出点和入点等信息。“信息”面板及说明如图1.21所示。

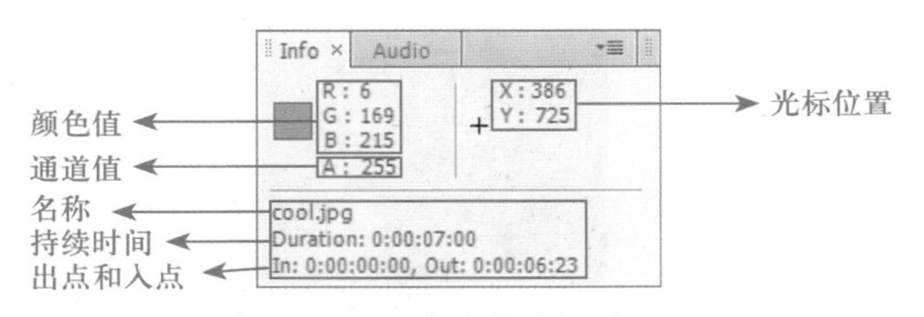

图1.21　Info(信息)面板

1.7.3　Preview(预览)面板

执行菜单栏中的Window(窗口)|Preview(预览)命令，或按Ctrl + 3组合键，将打开或关闭“预览”面板。

“预览”面板中的命令，主要用来控制素材图像的播放与停止，进行合成内容的预览操作，还可以进行预览的相关设置。“预览”面板及说明如图1.22所示。

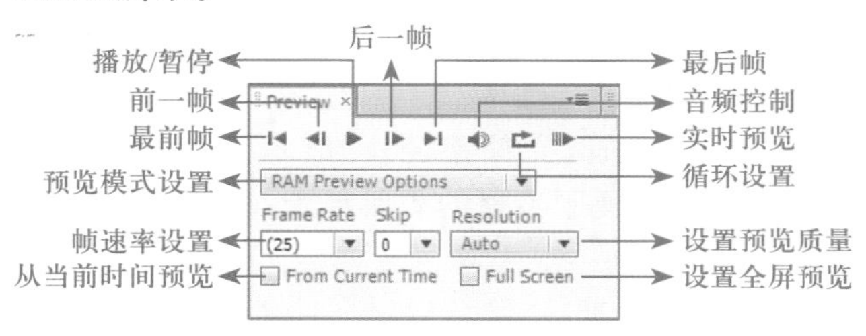

图1.22　Preview(预览)

1.7.4　Project(项目)面板

Project(项目)面板位于界面的左上角，主要用来组织、管理视频节目中使用的素材，视频制作所使用的素材都要先导入Project(项目)面板中。在此面板中可以对素材进行预览。

可以通过文件夹的形式来管理Project(项目)面板，将不同的素材以不同的文件夹分类导入，以方便视频编辑，文件夹可以展开也可以折叠，这样更便于Project(项目)的管理，如图1.23所示。

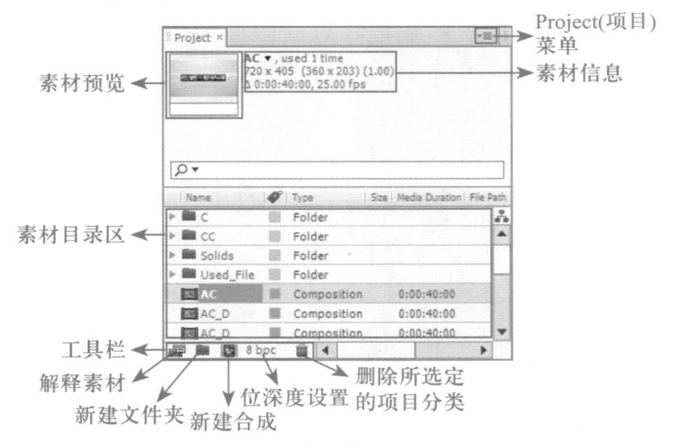

图1.23　导入素材后的Project(项目)面板

在素材目录区的上方表头，标明了素材、合成或文件夹的属性显示。

- Name(名称)：显示素材、合成或文件夹的名称，单击该标签，可以将素材以名称方式进行排序。
- Label(标记)：可以利用不同的颜色来区分项目文件，单击该图标，可以将素材以标记的方式进行排序。如果要修改某个素材的标记颜色，可以直接单击该素材右侧的颜色按钮，在弹出的快捷菜单中选择适合的颜色。

- Type(类型)：显示素材的类型，如合成、图像或音频文件。单击该标签，可以将素材以类型的方式进行排序。
- Size(大小)：显示素材文件的大小。单击该图标，可以将素材以大小的方式进行排序。
- Media Duration(持续时间)：显示素材的持续时间。单击该标签，可以将素材以持续时间的方式进行排序。
- File Path(文件路径)：显示素材的存储路径，以便于素材的更新与查找，方便素材的管理。
- Date(日期)：显示素材文件创建的时间及日期，以便更精确地管理素材文件。
- Comment(备注)：单击此处可以激活文件并输入文字对素材进行备注说明。

提示

属性区域的显示可以自行设定，从Project(项目)菜单中的Columns(列)子菜单中，可以选择打开或关闭属性信息的显示。

1.7.5 Timeline(时间线)面板

时间线面板是工作界面的核心部分，视频编辑工作的大部分操作都是在时间线面板中进行的。它是进行素材组织的主要操作区域。当添加不同的素材后，将产生多层效果，然后通过层的控制来完成动画的制作，如图1.24所示。

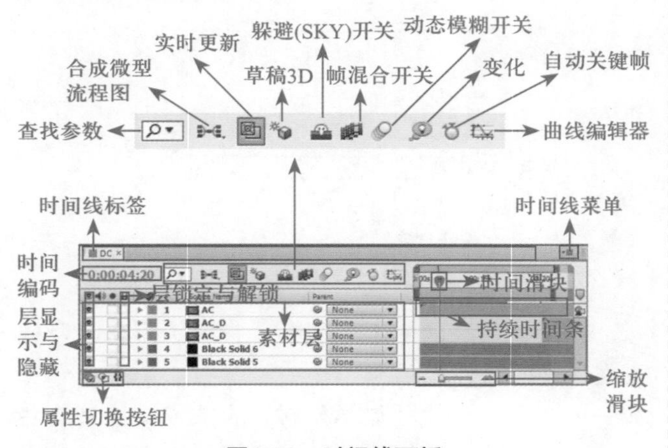

图1.24　时间线面板

在时间线面板中，有时会创建多条时间线，多条时间线将并列排列在时间线标签处，如果要关闭某个时间线，可以在该时间线标签位置单击关闭按钮，如果想再次打开该时间线，可以在项目面板中双击该合成对象。

时间滑块下方有一条线，是用于显示是否预览缓存的，当进行预览后会变成绿色，小键盘数字“0”是快速预览键。

1.7.6 Composition(合成)窗口

Composition(合成)窗口是视频效果的预览区，在进行视频项目的安排时，它是最重要的窗口，在该窗口中可以预览每一帧的编辑效果，如果要在节目窗口中显示画面，首先要将素材添加到时间线上，并将时间滑块移动到当前素材的有效帧内，才可以显示，如图1.25所示。

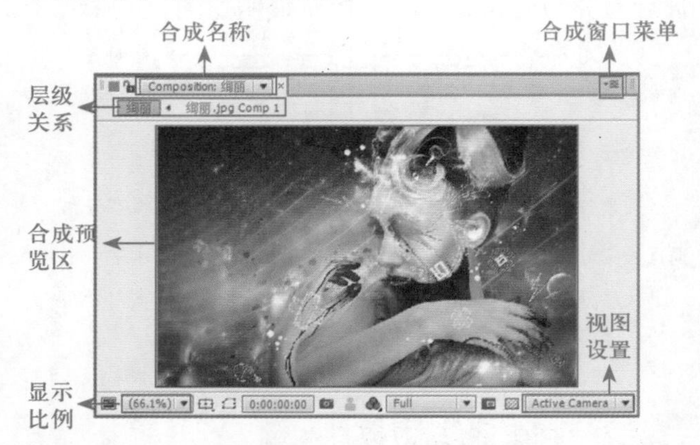

图1.25　Composition(合成)窗口

1.7.7 Layer(层)窗口

在层窗口中，默认情况下是不显示图像的，如果要在层窗口中显示画面，有两种方法可以实现。一种是双击Project(项目)面板中的素材；另一种是直接在时间线面板中，双击该素材层。层窗口如图1.26所示。

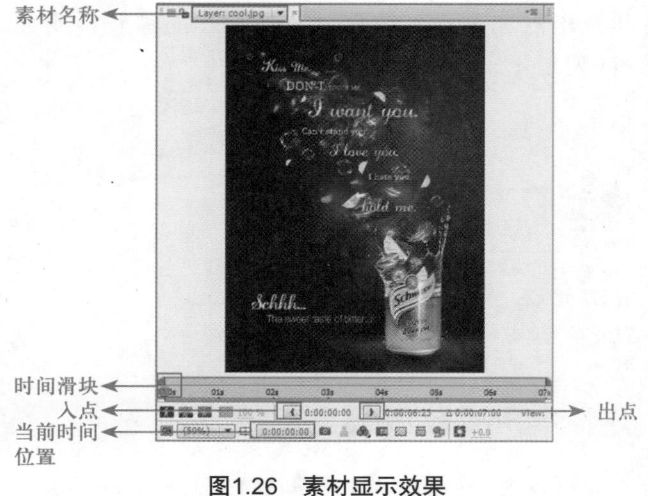

图1.26　素材显示效果

层窗口是进行素材修剪的重要部分，一般素材的前期处理，比如入点和出点的设置，处理的方法有两种：一种是可以在时间布局窗口，直接通过拖动改变层的入点和出点；另一种是可以在层窗口中，移动时间滑块到相应位置，单击“入点”按钮设置素材入点，单击“出点”按钮设置素材出点。在处理完成后将素材加入到轨道中，然后在Composition(合成)窗口中进行编排，以制作出符合要求的视频文件。

1.7.8　Effects & Presets(效果和预置)面板

Effects & Presets(效果和预置)面板中包含了Animation Presets(动画预置)、Audio(音频)、Blur & Sharpen(模糊和锐化)、Channel(通道)和Color Correction(色彩校正)等多种特效，是进行视频编辑的重要部分，主要针对时间线上的素材进行特效处理，一般常见的特效都是利用Effects & Presets(效果和预置)面板中的特效来完成的。Effects & Presets(效果和预置)面板如图1.27所示。

图1.27　Effects & Presets(效果和预置)面板

1.7.9　Effect Controls(特效控制)面板

Effect Controls(特效控制)面板主要用于对各种特效进行参数设置，当一种特效添加到素材上面时，该面板将显示该特效的相关参数设置，可以通过参数的设置对特效进行修改，以便达到所需要的最佳效果，如图1.28所示。

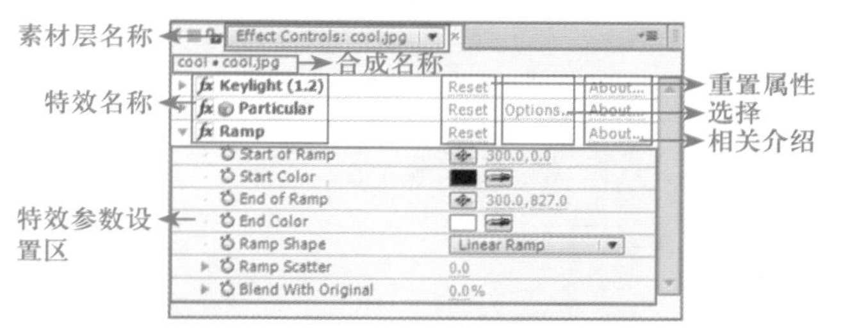

图1.28　Effect Controls(特效控制)面板

1.7.10　Character(字符)面板

通过工具栏或是执行菜单栏中的Window(窗口) | Character(字符)命令可以打开Character(字符)面板，Character(字符)面板主要用来对输入的文字进行相关属性的设置，包括字体、字号、颜色、描边、行距等参数。Character(字符)面板如图1.29所示。

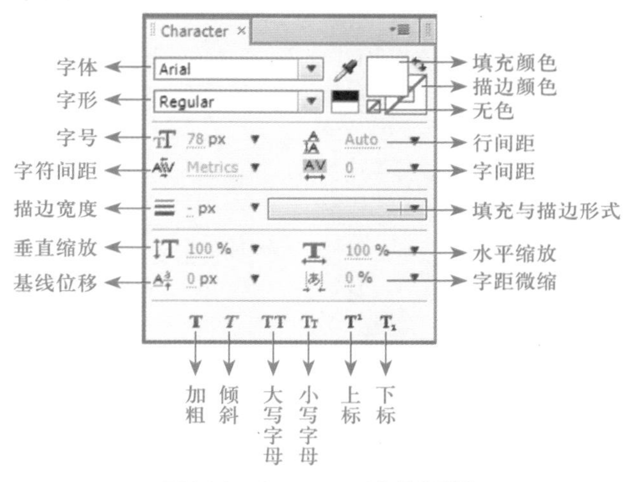

图1.29　Character(字符)面板

1.8　After Effects CS6的参数设置

为了方便用户，After Effects CS6提供了软件参数的设置，用户可以根据自己的需要来进行适当的参数改变，以满足不同的用户需要，通过执行菜单栏中的Edit(编辑) | Preferences(参数设置)命令中的子菜单选项，可以对系统进行参数修改。

1.8.1　General(常规)设置

执行菜单栏中的Edit(编辑) | Preferences(参数设置) | General(常规)命令，将打开General(常规)设置界面，相关设置说明如图1.30所示。

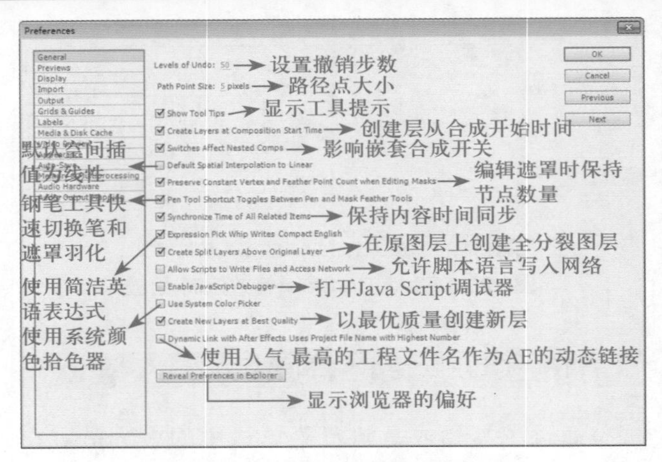

图1.30　General(常规)设置界面

1.8.2　Previews(预览)设置

执行菜单栏中的Edit(编辑)｜Preferences(参数设置)｜Previews(预览)命令，可以打开Previews(预览)设置界面，该界面中的选项主要用于对视频预览与音频预览的默认设置，相关设置说明如图1.31所示。

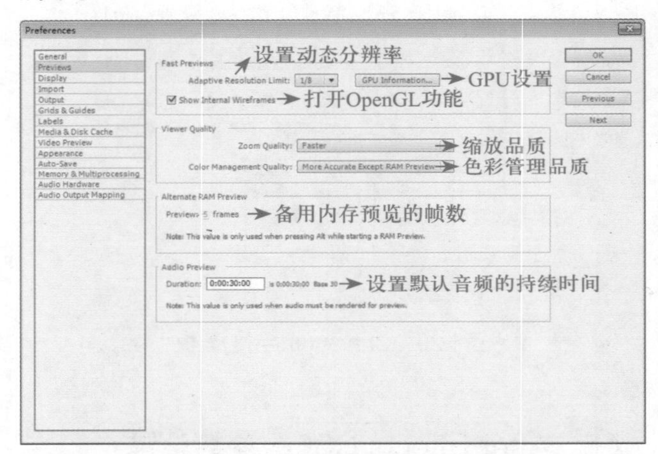

图1.31　Previews(预览)设置界面

提示

备用内存预览的帧数仅在启动一段内存预览过程中按Alt键可用；设置默认音频的持续时间仅在音频因预演而必须被渲染时使用。

1.8.3　Display(显示)设置

执行菜单栏中的Edit(编辑)｜Preferences(参数设置)｜Display(显示)命令，打开Display(显示)设置界面，该界面中的选项主要用于设置素材显示，相关设置说明如图1.32所示。

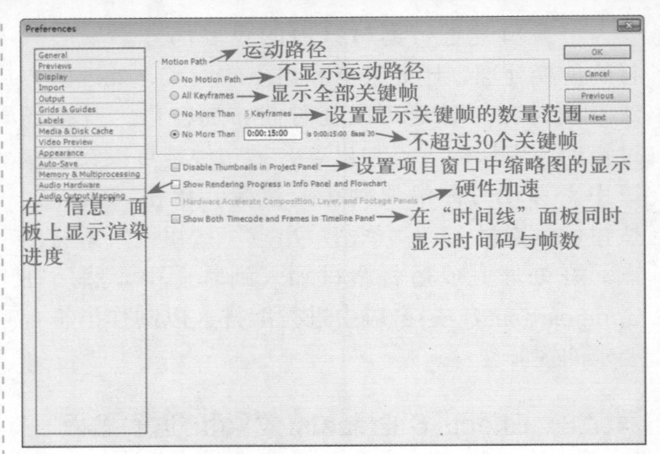

图1.32　Display(显示)设置界面

1.8.4　Import(导入)设置

执行菜单栏中的Edit(编辑)｜Preferences(参数设置)｜Import(导入)命令，将打开Import(导入)设置界面，该界面中的选项主要用于设置素材导入，相关设置说明如图1.33所示。

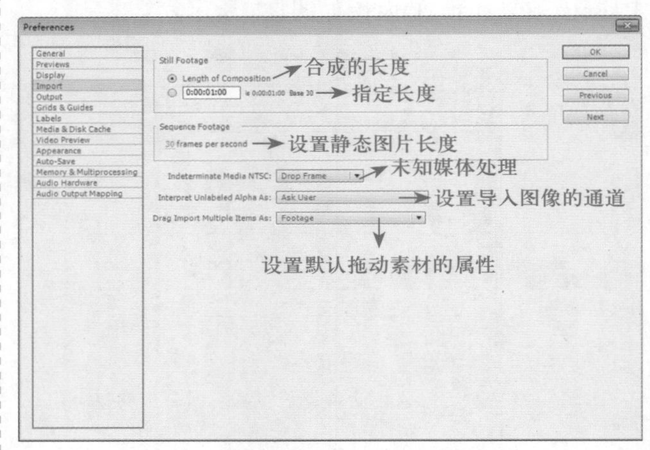

图1.33　Import(导入)设置界面

1.8.5　Output(输出)设置

执行菜单栏中的Edit(编辑)｜Preferences(参数设置)｜Output(输出)命令，将打开Output(输出)设置界面，该界面中的选项主要用于设置素材输出，相关设置说明如图1.34所示。

1.8.6　Grids & Guides(网格与参考线)设置

执行菜单栏中的Edit(编辑)｜Preferences(参数设置)｜Grids & Guides(网格与参考线)命令，打开Grids & Guides(网格与参考线)设置界面，该界面中的选项主要用于设置网格与参考线，相关设置说明如图1.35所示。

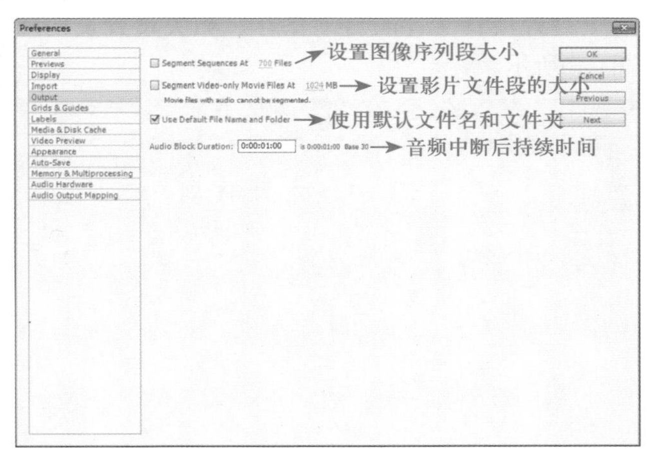

图1.34　Output(输出)设置界面

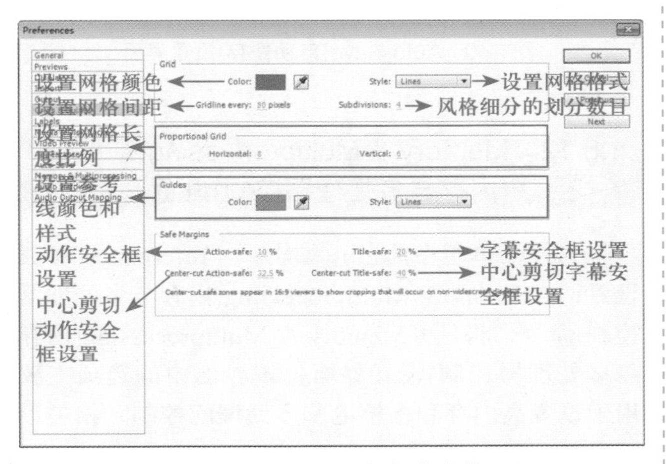

图1.35　Grids & Guides(网格与参考线)设置界面

提示

在安全框中，如果未使用宽屏显示器，可在16:9视图内进行中心裁切。

1.8.7　Labels(标签)设置

执行菜单栏中的Edit(编辑) | Preferences(参数设置) | Labels(标签)命令，将打开Labels(标签)设置界面，该界面中的选项主要用于设置各种类型的文件颜色，可以从右侧的下拉列表中选择适当的颜色，以及对素材属性、标签颜色进行设置，通过单击颜色块或使用吸管工具可以改变相应的颜色设置，如图1.36所示。

1.8.8　Media & Disk Cache(媒体与磁盘缓存)设置

执行菜单栏中的Edit(编辑) | Preferences(参数设置) | Media & Disk Cache(媒体与磁盘缓存)命令，将打开Media & Disk Cache(媒体与磁盘缓存)设置界面，该界面中的选项主要用于设置计算机的磁盘缓存，如图1.37所示。

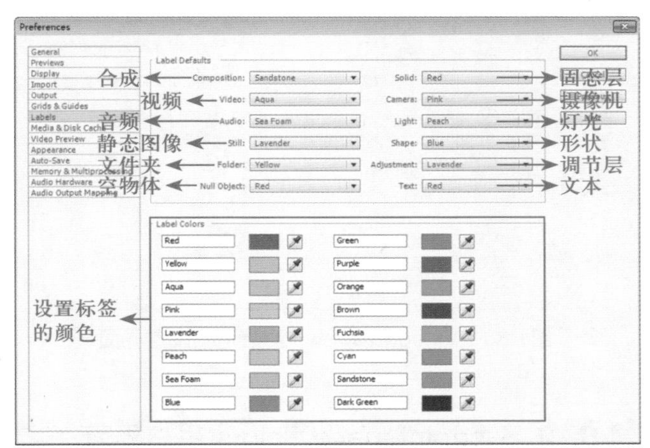

图1.36　Labels(标签)设置界面

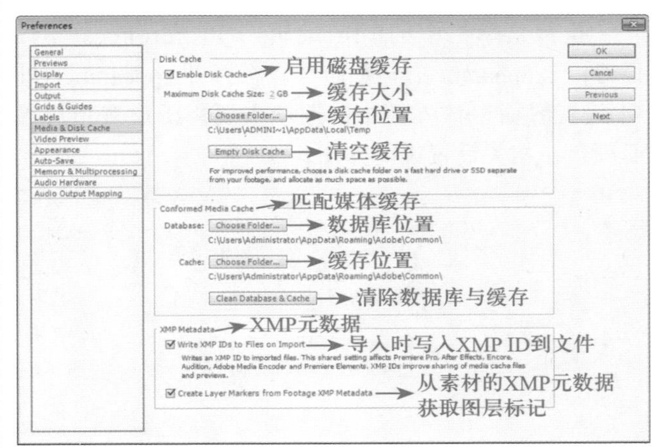

图1.37　Media & Disk Cache(媒体与磁盘缓存)设置界面

1.8.9　Video Preview(视频预览)设置

执行菜单栏中的Edit(编辑) | Preferences(参数设置) | Video Preview(视频预览)命令，将打开Video Preview(视频预览)设置界面，该界面中的选项主要用于设置视频预览及输出设备，相关设置说明如图1.38所示。

提示

只有改变默认的输出设备后，下面的参数才会被激活，才能进行调整。如果需要在输出设备上显示当前帧，请按数字小键盘的斜杠符号“/”进行操作。

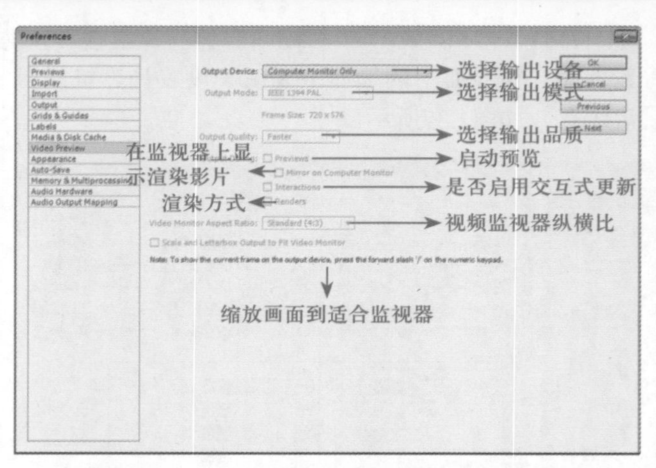

图1.38　Video Preview(视频预览)设置界面

1.8.10　User Interface Colors(用户界面颜色)设置

执行菜单栏中的Edit(编辑)|Preferences(参数设置)|Appearance(外观)命令，将打开Appearance(外观)设置界面，该界面中的选项主要用于设置用户界面颜色，相关设置说明如图1.39所示。

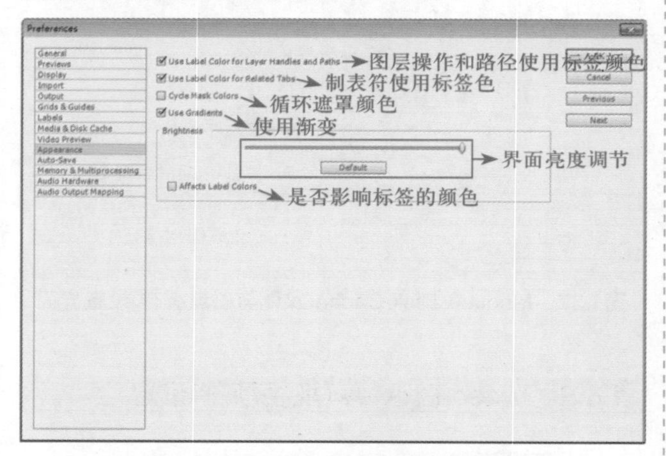

图1.39　Appearance(外观)设置界面

提示

拖动滑块就能进行界面颜色的调节，而单击默认(Default)按钮则可恢复至默认灰色，建议使用默认灰色，对于设计师而言，灰色界面能更好地保护眼睛对色彩的感觉，不易出现偏色感觉。

1.8.11　Auto-Save(自动保存)设置

执行菜单栏中的Edit(编辑)|Preferences(参数设置)|Auto-Save(自动保存)命令，将打开 Auto-Save(自动保存)设置界面，该界面中的选项主要用于设置项目文件的自动保存，相关设置说明如图1.40所示。

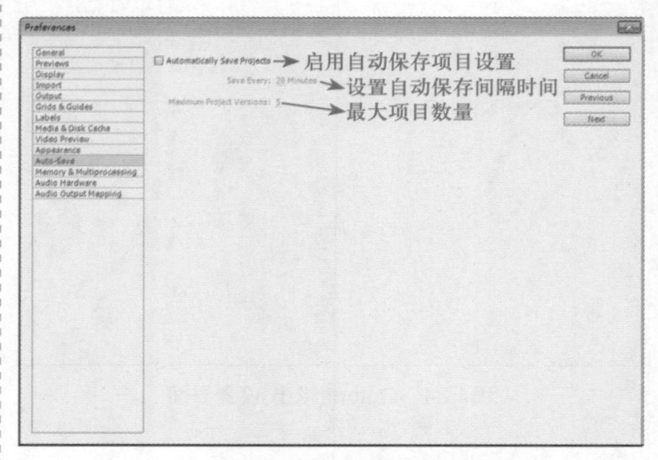

图1.40　Auto-Save(自动保存)设置界面

1.8.12　Memory & Multiprocessing(内存与多处理器控制)设置

执行菜单栏中的Edit(编辑)|Preferences(参数设置)|Memory & Multiprocessing(内存与多处理器控制)命令，将打开Memory & Multiprocessing(内存与多处理器控制)设置界面，该界面中的选项主要用于设置高内存和多核电脑多处理的控制，相关设置说明如图1.41所示。

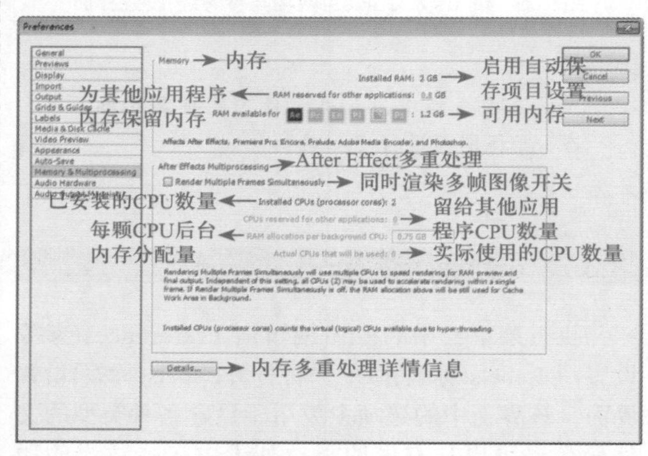

图1.41　Memory & Multiprocessing(内存与多处理器控制)设置对话框

提示

内存设置是个共享设置，会影响列表中带图标的软件，After Effects多重处理在渲染多帧图像时将使用多处理器(CPU)来高速渲染内存预览与最终输出。相对于该设置，所有的处理器可被用于加速渲染单帧图像。所安装的处理器核心以超线程来计算实际有效逻辑。

1.8.13 Audio Hardware(音频硬件)设置

执行菜单栏中的Edit(编辑) | Preferences(参数设置) | Audio Hardware(音频硬件)命令，将打开Audio Hardware(音频硬件)设置界面，该界面中的选项主要用于设置音频硬件，相关设置说明如图1.42所示。

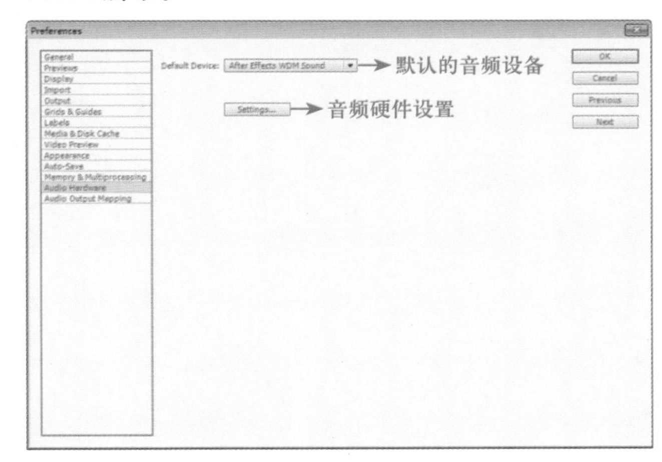

图1.42 Audio Hardware(音频硬件)设置界面

1.8.14 Audio Output Mapping(音频输出映射)设置

执行菜单栏中的Edit(编辑) | Preferences(参数设置) | Audio Output Mapping(音频输出映射)命令，将打开Audio Output Mapping(音频输出映射)设置界面，该界面中的选项主要用于设置音频输出，相关设置说明如图1.43所示。

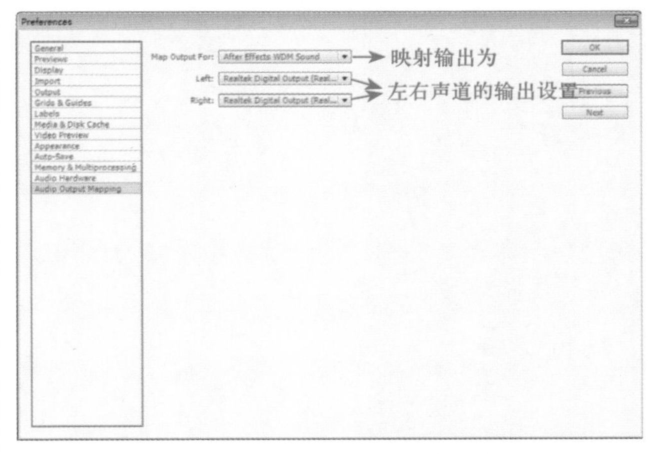

图1.43 Audio Output Mapping(音频输出映射)设置界面

AE

第2章 基础动画控制

内容摘要

本章主要讲解基础动画的控制。After Effects最基本的动画制作离不开位置、缩放、旋转、透明度和定位点的设置，本章从基础入手，让零起点的读者轻松起步，迅速掌握制作动画的核心技术和技巧。

教学目标

- 了解位置参数及动画制作
- 了解缩放参数及动画制作
- 了解旋转参数及动画制作
- 了解透明度参数及动画制作
- 了解定位点参数及动画制作

2.1 Position(位置)——位移动画

本例主要讲解利用Position(位置)属性制作位移动画的方法，完成的动画流程画面如图2.1所示。

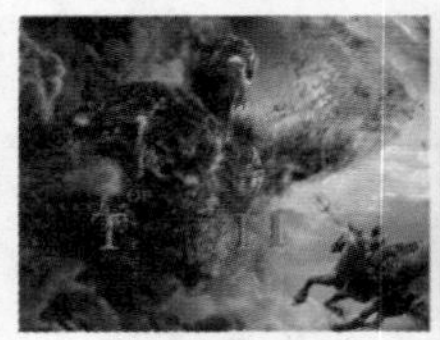

图2.1 动画流程画面

了解Position(位置)属性。

操作步骤

(1) 执行菜单栏中的File(文件)|Open Project(打开项目)命令，选择配书光盘中的“工程文件\第2章\位置动画\位置动画练习.aep”文件，将文件打开。

(2) 选择文字层，在Effects & Presets(效果和预置)面板中展开Stylize(风格化)特效组，双击Color Emboss(彩色浮雕)特效，为文字添加Color Emboss(彩色浮雕)特效。

(3) 在Effect Controls(特效控制)面板中修改Color Emboss(彩色浮雕)特效参数，设置Direction(方向)的值为–56，如图2.2所示，合成窗口效果如图2.3所示。

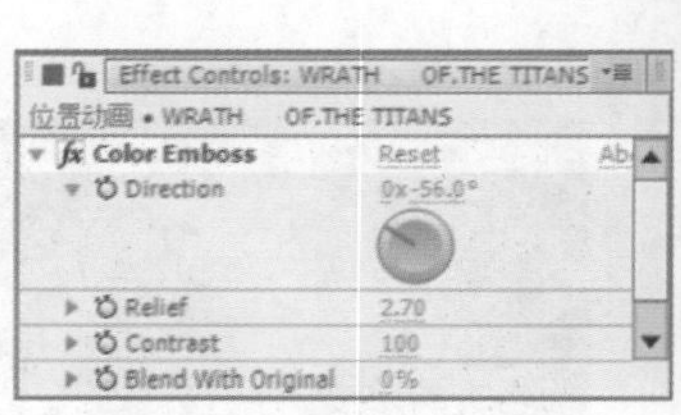

图2.2 添加特效

图2.3 彩色浮雕的效果

(4) 选择文字层，在Effects & Presets(效果和预置)面板中展开Stylize(风格化)特效组，双击Roughen Edges(粗糙边缘)特效。

(5) 在Effect Controls(特效控制)面板中，修改Roughen Edges(粗糙边缘)特效的参数，从Edge Type(边缘类型)右侧下拉列表中选择“Rusty(生锈)”选项，设置Border(边框)值为11，如图2.4所示，合成窗口效果如图2.5所示。

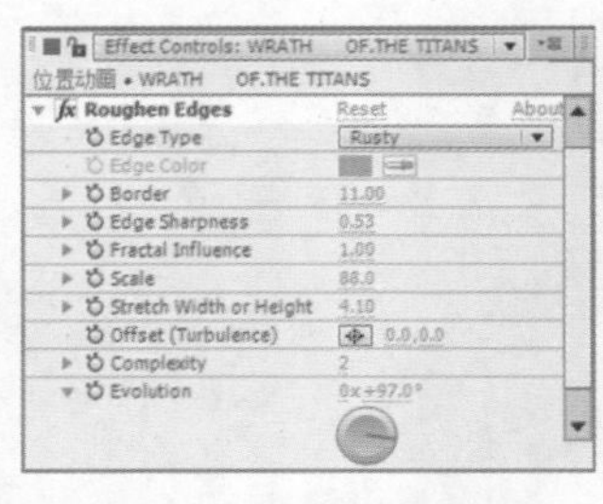

图2.4 设置粗糙边缘参数

图2.5 粗糙边缘效果

(6) 将时间调整到00:00:00:00帧的位置，展开文字层，单击Text(文字)右侧的三角形按钮，从菜单中选择Position(位置)命令，设置Position(位置)的值为(916，0)，展开Range Selector1(范围选择器 1) 选项组，设置Start(开始)的值为0，单击Start(开始)左侧的码表按钮，在当前位置设置关键帧。

(7) 将时间调整到00:00:02:24帧的位置，设置Start(开始)的值为100，系统会自动设置关键帧，如图2.6所示，合成窗口效果如图2.7所示。

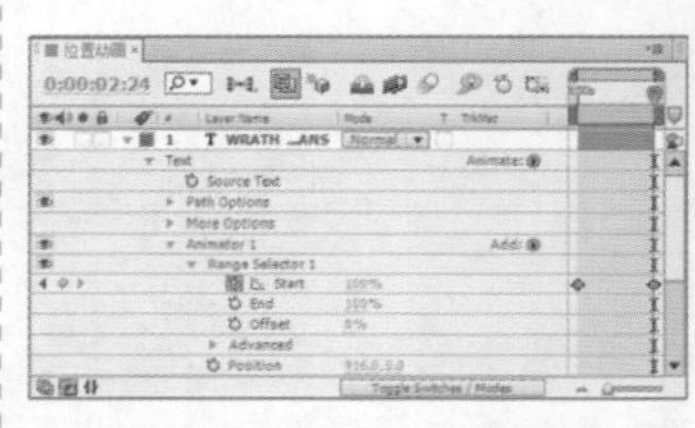

图2.6 设置开始关键帧

图2.7 设置关键帧后的效果

(8) 展开Advanced(高级)选项组，设置Randomize Order(随机顺序)为On(打开)，Random Seed(随机种子)的值为58，如图2.8所示。

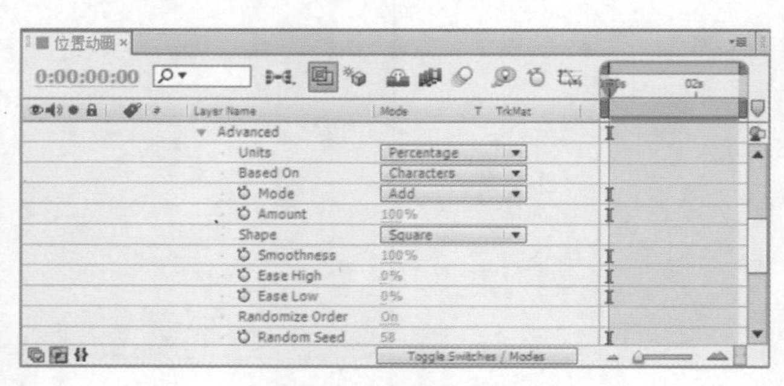

图2.8 设置高级参数

(9) 这样就完成了利用Position(位置)属性制作位移动画的操作，按小键盘上的“0”键，即可在合成窗口中预览动画。

2.2　Scale(缩放)——缩放动画

实例说明

本例主要讲解利用Scale(缩放)属性制作缩放动画的方法，完成的动画流程画面如图2.9所示。

图2.9　动画流程画面

学习目标

了解Scale(缩放)属性。

操作步骤

(1) 执行菜单栏中的File(文件)|Open Project(打开项目)命令，选择配书光盘中的“工程文件\第2章\缩放动画\缩放动画练习.aep”文件，将文件打开。

(2) 执行菜单栏中的Layer(图层)|New(新建)|Text(文本)命令，新建文字层，此时，Composition(合成)窗口中将出现一个闪动的光标，在时间线面板中将出现一个文字层，输入“2 MAY7”。在Character(字符)面板中，设置不同的字体和大小，并设置不同的描边和填充颜色，参数如图2.10所示，合成窗口效果如图2.11所示。

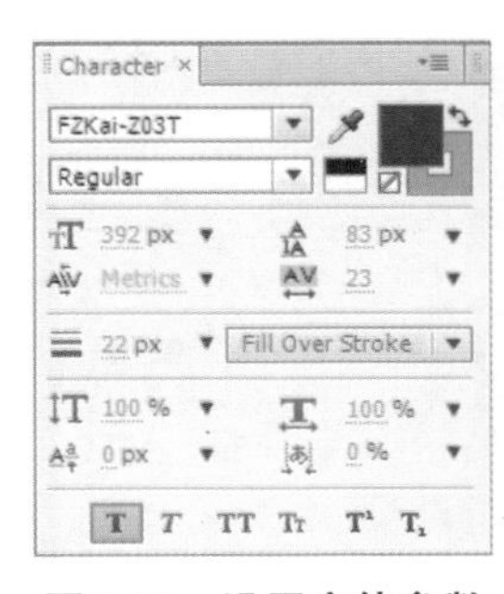

图2.10　设置字体参数

图2.11　设置字体后的效果

(3) 选择文字层，在Effects & Presets(效果和预置)面板中展开Stylize(风格化)特效组，双击Color Emboss(彩色浮雕)特效。

(4) 在Effects & Presets(效果和预置)面板中修改Color Emboss(彩色浮雕)特效参数，设置Direction(方向)的值为336，如图2.12所示，合成窗口效果如图2.13所示。

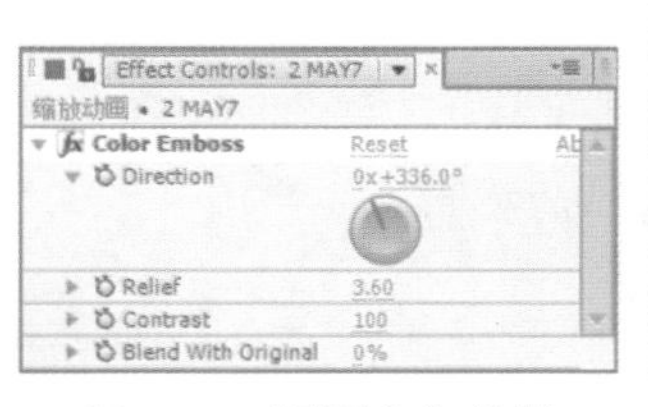

图2.12　设置方向参数

图2.13　彩色浮雕的效果

(5) 展开文字层，单击Text(文字)右侧的三角形按钮，从菜单中选择Scale(缩放)命令，设置Scale(缩放)的值为(800，800)，单击Animator 1(动画1) 右侧的三角形按钮，从菜单中选择Property(特性)|Opacity(透明度)选项，设置Opacity(透明度)的值为0，调整时间到00:00:00:00帧的位置，展开Range Selector1(范围选择器 1) 选项组，设置Start(开始)的值为0%，单击Start(开始)左侧的码表按钮，在当前位置设置关键帧。

(6) 调整时间到00:00:02:24帧的位置，设置Start(开始)的值为100，系统会自动设置关键帧，如图2.14所示，合成窗口效果如图2.15所示。

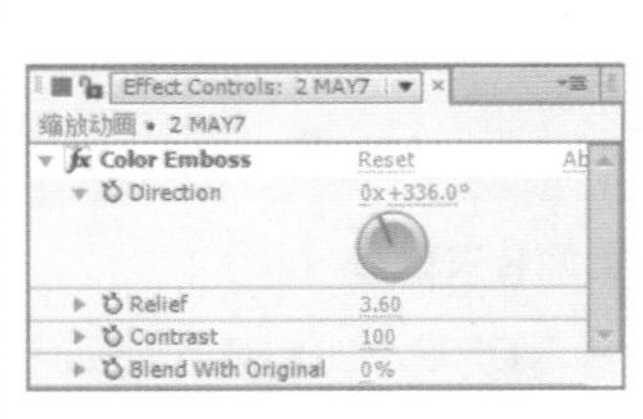

图2.14　设置开始关键帧

图2.15　设置关键帧后的效果

(7) 这样就完成了利用Scale(缩放)属性制作缩放动画的操作，按小键盘上的“0”键，即可在合成窗口中预览动画。

2.3　Rotation(旋转)——行驶的汽车

实例说明

本例主要讲解利用Rotation(旋转)属性制作位移旋转动画的方法，完成的动画流程画面如图2.16所示。

图2.16 动画流程画面

学习目标

1. 了解Position(位置)属性。
2. 学习Rotation(旋转)的使用。

操作步骤

(1) 执行菜单栏中的File(文件) | Open Project(打开项目)命令，选择配书光盘中的“工程文件\第2章\旋转动画\旋转动画练习.aep”文件，将文件打开。

(2) 在时间线面板中，选择“车轮”层，将时间调整到00:00:00:00帧的位置，设置Anchor Point(定位点)的值为(32，31.5)，设置Position(位置)的值为(1145，306.5)，设置Rotation(旋转)的值为0，单击Position(位置)和Rotation(旋转)左侧的码表按钮，在当前位置设置关键帧，如图2.17所示，合成窗口效果如图2.18所示。

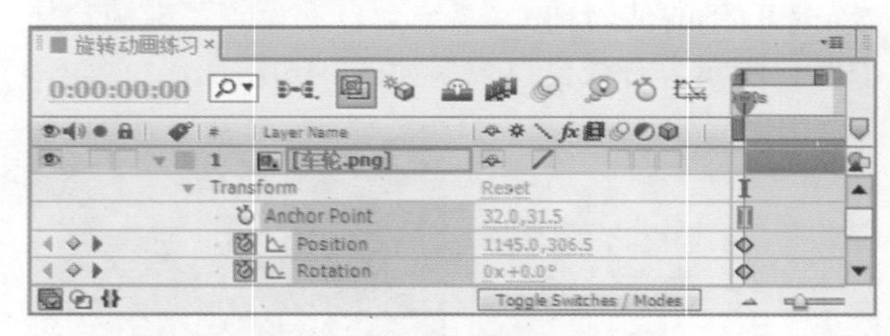

图2.17 设置位置旋转关键帧

图2.18 设置车轮参数后的效果

(3) 将时间调整到00:00:03:23帧的位置，设置Position(位置)的值为(–129，306.5)，Rotation(旋转)的值为–5x，系统会自动设置关键帧，如图2.19所示，合成窗口效果如图2.20所示。

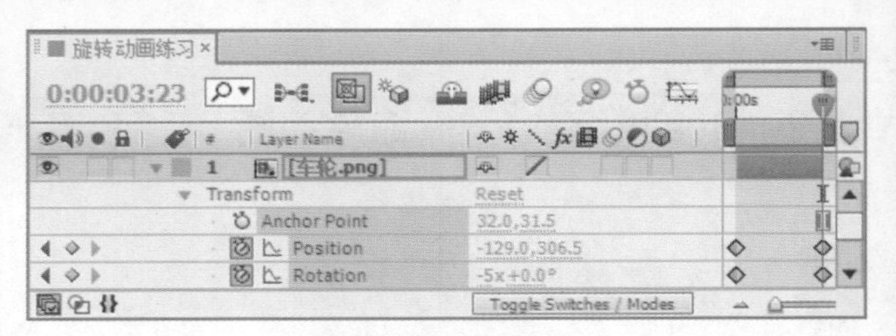

图2.19 设置参数

图2.20 00:00:03:23帧效果

(4) 在时间线面板中，选择“车轮”层，将时间调整到00:00:00:00帧的位置，按Ctrl+D组合键复制出一个新的图层，将该图层重命名为“车轮2”，设置Position(位置)的值为(889，308.5)，并为其设置关键帧，如图2.21所示。

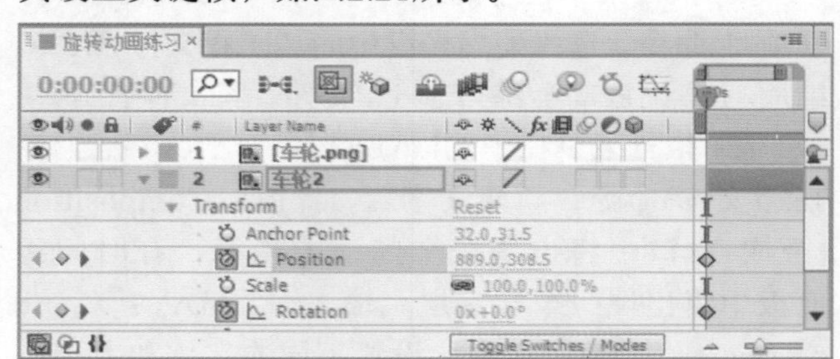

图2.21 生成车轮2图层

(5) 将时间调整到00:00:03:23帧的位置，设置Position(位置)的值为(–385，308.5)，如图2.22所示。

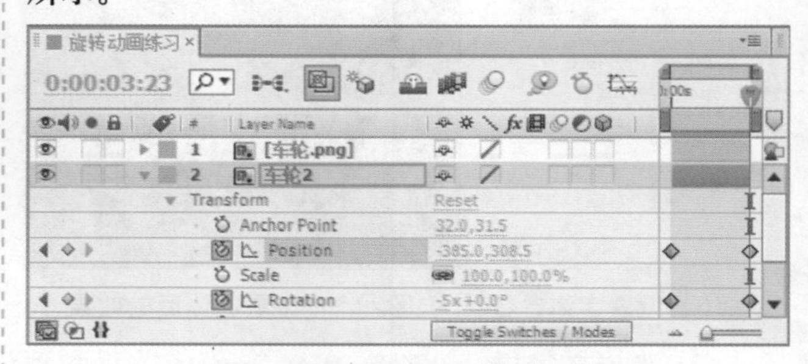

图2.22 设置车轮2关键帧参数

(6) 在时间线面板中，选择“汽车”层，将时间调整到00:00:00:00帧的位置，设置Anchor Point(定位点)的值为(201，94)，Position(位置)的值为(1011，246.5)，单击Position(位置)左侧的码表按钮，在当前位置设置关键帧，如图2.23所示。

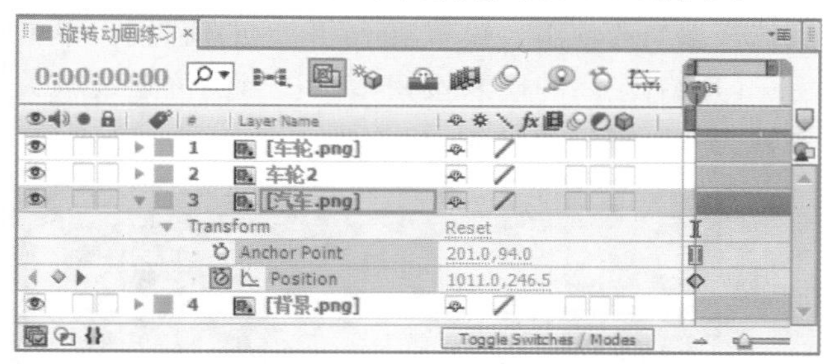

图2.23　设置汽车位置0帧关键帧

(7) 将时间调整到00:00:03:23帧的位置，设置Position(位置)的值为(–263，246.5)，系统会自动设置关键帧，如图2.24所示。

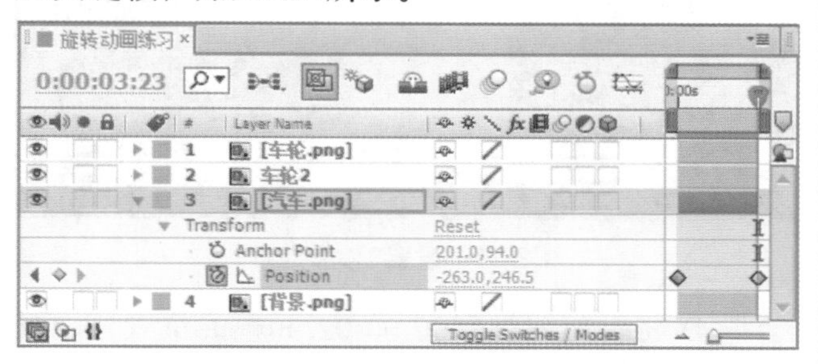

图2.24　设置00:00:03:23帧关键帧

(8) 这样就完成了利用Rotation(旋转)属性制作旋转动画的操作，按小键盘上的“0”键，即可在合成窗口中预览动画。

2.4　Opacity(透明度)——透明度动画

实例说明

本例主要讲解利用Opacity(透明度)属性制作透明度动画的方法，完成的动画流程画面如图2.25所示。

图2.25　动画流程画面

学习目标

了解Opacity(透明度)属性。

操作步骤

(1) 执行菜单栏中的File(文件) | Open Project (打开项目)命令，选择配书光盘中的“工程文件\第2章\透明度动画\透明度动画练习.aep”文件，将文件打开。

(2) 执行菜单栏中的Layer(图层) | New(新建) | Text(文本)命令，新建文字层，此时，Composition (合成)窗口中将出现一个闪动的光标，在时间线面板中将出现一个文字层，输入“HRISTMAS CAROL”。在Character(字符)面板中，设置文字字体为FZNew ShuSong-Z10T，字号为119px，字体颜色为红色(R:255，G:0，B:0)，描边的颜色为褐色(R:153，G:147，B:45)，参数如图2.26所示，合成窗口效果如图2.27所示。

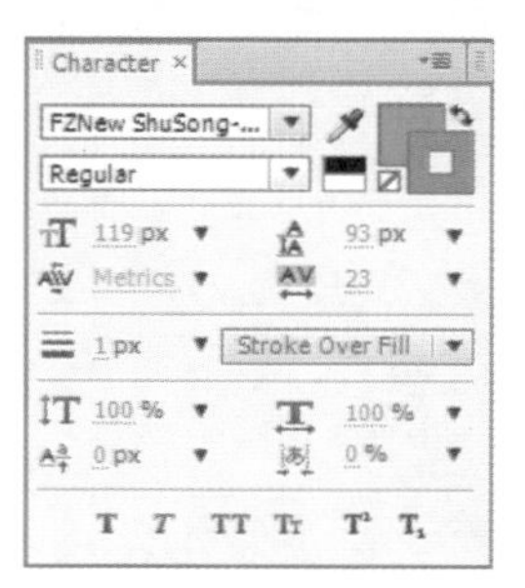

图2.26　设置字体参数　　图2.27　字体效果

(3) 展开文字层，单击Text(文字)右侧的三角形按钮，从菜单中选择Opacity(透明度)命令，设置Opacity(透明度)的值为0，调整时间到00:00:00:00帧的位置，展开Range Selector1(范围选择器 1) 选项组，设置Start(开始)的值为0%，单击Start(开始)左侧的码表按钮，在当前位置设置关键帧。

(4) 调整时间到00:00:02:24帧的位置，设置Start(开始)的值为100，系统会自动设置关键帧，如图2.28所示，合成窗口效果如图2.29所示。

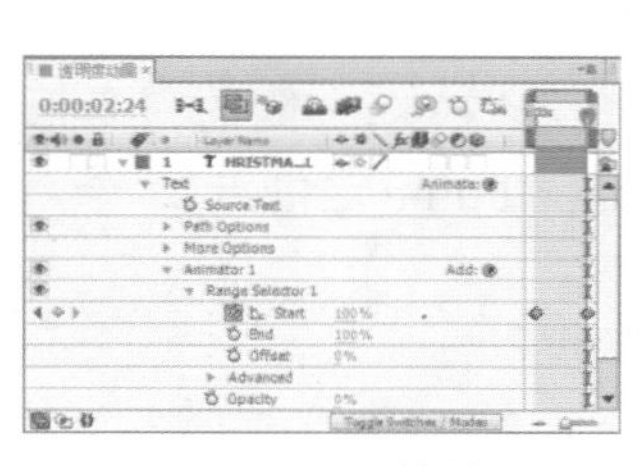

图2.28　设置开始关键帧　　图2.29　设置开始关键帧后的效果

(5) 这样就完成了制作“透明度动画”的操作，按小键盘上的“0”键，即可在合成窗口中预览动画。

2.5 Anchor Point(定位点)——文字位移动画

实例说明

本例主要讲解利用Anchor Point(定位点)属性制作文字位移动画的方法，完成的动画流程画面如图2.30所示。

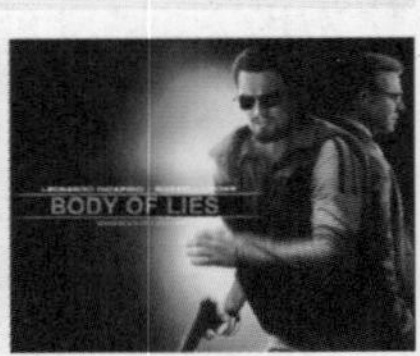

图2.30 动画流程画面

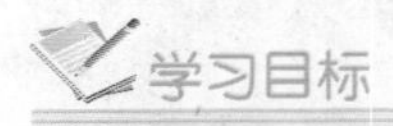

学习目标

了解Anchor Point(中心点)属性。

操作步骤

(1) 执行菜单栏中的File(文件)｜Open Project(打开项目)命令，选择配书光盘中的“工程文件\第2章\文字位移\文字位移练习.aep”文件，将文件打开。

(2) 执行菜单栏中的Layer(层)｜New(新建)｜Text(文本)命令，新建文字层，此时，Composition(合成)窗口中将出现一个闪动的光标，在时间线面板中将出现一个文字层，输入“BODY OF LIES”。在Character(字符)面板中，设置文字字体为Arial，字号为41px，字体颜色为红色(R:255，G:0，B:0)。

(3) 将时间调整到00:00:00:00帧的位置，展开BODY OF LIES层，单击Text(文本)右侧的三角形按钮，从菜单中选择Anchor Point(定位点)命令，设置Anchor Point(定位点)的值为(−661，0)，展开Text(文本)｜Animator1(动画1)｜Range Selector1(范围选择器1)选项组，设置Start(开始)的值为0，单击Start(开始)左侧的码表按钮，在当前位置设置关键帧，合成窗口效果如图2.31所示。

图2.31 设置0秒关键帧

(4) 将时间调整到00:00:02:00帧的位置，设置Start(开始)的值为100，系统会自动设置关键帧，如图2.32所示。

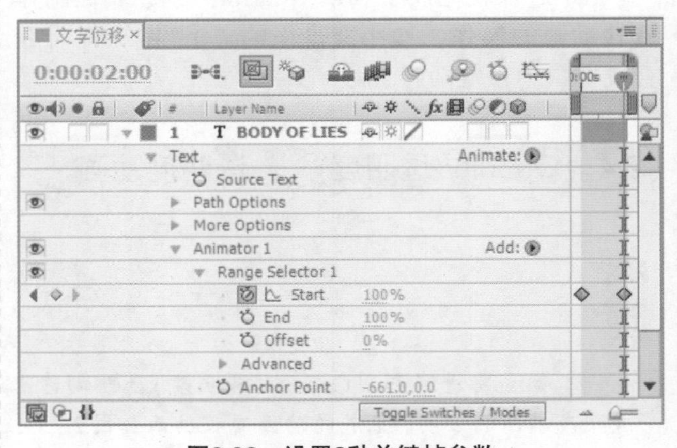

图2.32 设置2秒关键帧参数

(5) 这样就完成了利用Anchor Point(定位点)属性制作文字位移动画的操作，按小键盘上的“0”键，即可在合成窗口中预览动画。

AE

第3章 蒙版和遮罩

内容摘要

本章主要讲解遮罩图层的创建；图层模式的应用技巧；矩形蒙版工具的使用；遮罩图形的羽化设置；遮罩节点的添加、移动及修改技巧。

教学目标

- 遮罩图层的创建
- 图层模式
- 遮罩工具的使用
- 关键帧的使用方法

3.1 扫光文字

本例主要讲解利用轨道蒙版制作扫光文字效果，完成的动画流程画面如图3.1所示。

图3.1 动画流程画面

1. **了解Pen Tool(钢笔工具)的使用。**
2. **掌握遮罩动画的制作。**

操作步骤

(1) 执行菜单栏中的File(文件)|Open Project(打开项目)命令，选择配书光盘中的“工程文件\第3章\扫光文字练习.aep”文件，将文件打开。

(2) 执行菜单栏中的Layer(图层)|New(新建)|Text(文本)命令，新建文字层，此时，Composition(合成)窗口中将出现一个闪动的光标，在时间线面板中将出现一个文字层，输入“DREAM HOUSE”。在Character(字符)面板中，设置文字字体为文鼎CS大宋，字号为84px，字体颜色为红色(R:189，G:0，B:0)，如图3.2所示。在合成窗口中效果如图3.3所示。

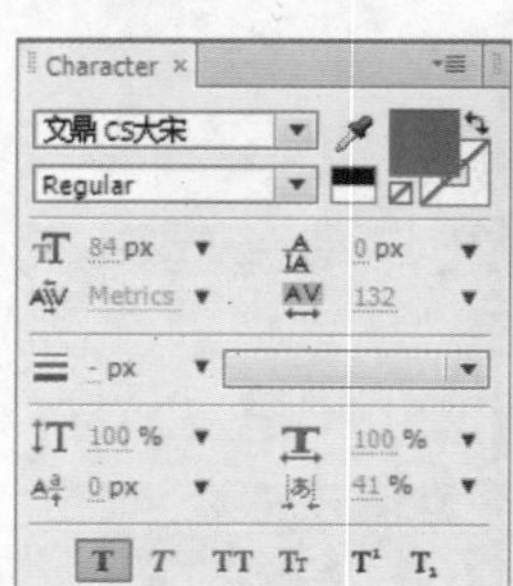

图3.2 设置字体参数

图3.3 合成窗口中的效果

(3) 选择文字层，按Ctrl+D组合键，复制一个文字层，如图3.4所示。选择复制出来的文字层，将其字体颜色修改成白色，如图3.5所示。

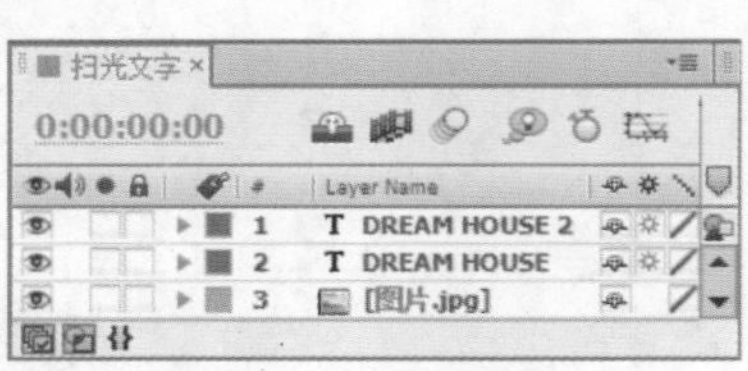

图3.4 复制文字层

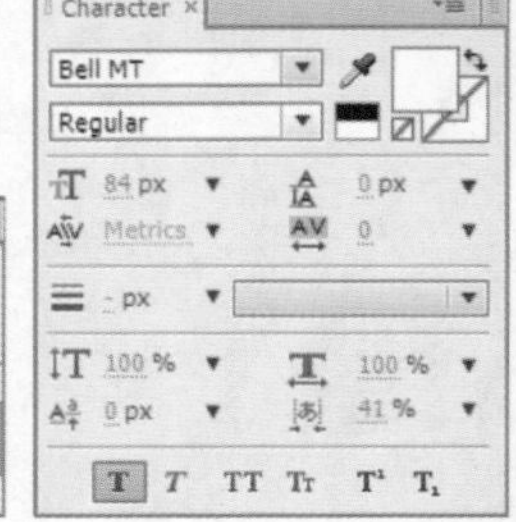

图3.5 修改颜色为白色

(4) 按Ctrl+Y组合键，打开Solid Settings(固态层设置)对话框，设置固态层Name(名称)为“蒙版”，Color(颜色)为白色。

(5) 按G键，选择Pen Tool(钢笔工具)，在合成窗口中绘制矩形蒙版，如图3.6所示。

图3.6 绘制矩形蒙版

(6) 修改羽化值。在时间线面板中展开Masks(遮罩)选项组，设置Mask Feather(遮罩羽化)的值为(12，12)，如图3.7所示。

图3.7 设置Mask Feather(遮罩羽化)的值

(7) 在时间线面板中，调整时间到00:00:00:00帧的位置，展开“Masks(遮罩)”|Mask 1(遮罩1)选项组，单击Mask Path(遮罩形状)左侧的码表按钮，在此位置设置关键帧。

(8) 调整时间到00:00:02:00帧的位置，在Composition(合成)窗口中，双击蒙版，从左往右拖动，系统会自动添加关键帧，如图3.8所示，合成窗口效果如图3.9所示。

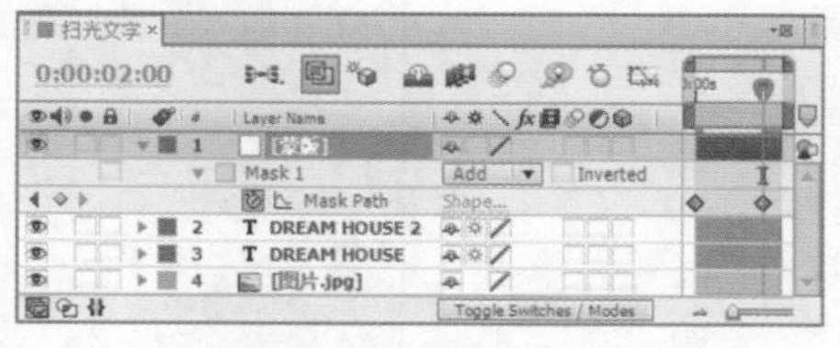

图3.8 设置2秒关键帧

图3.9　拖动遮罩

(9) 在时间线面板中单击窗口左下角的按钮，打开层模式属性，单击复制出来的文字2层右侧的Track Matte(轨道蒙版)下方的 None 按钮，在弹出的菜单中选择“Alpha Matte(蒙版)”选项，如图3.10所示，合成窗口效果如图3.11所示。

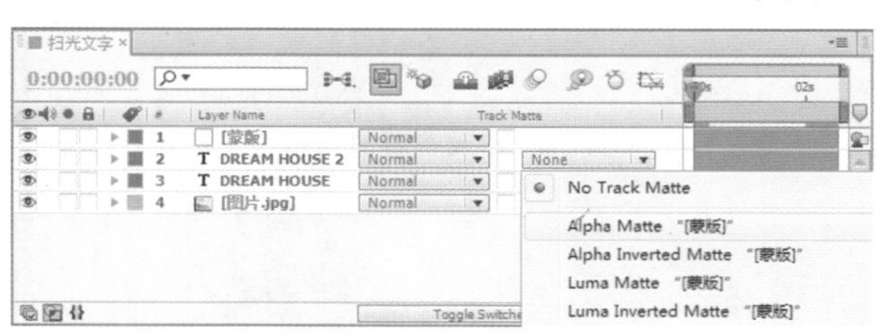

图3.10　设置跟踪模式

图3.11　设置模式后的效果

(10) 这样就完成了扫光文字的整体制作，按小键盘上的“0”键，即可在合成窗口中预览动画。

3.2　幸福时刻

实例说明

本例主要讲解利用矩形蒙版工具制作文字倒影的效果，完成的动画流程画面如图3.12所示。

图3.12　动画流程画面

学习目标

1. **了解Rectangle Tool(矩形工具)。**
2. **学习文字倒影的制作。**

操作步骤

(1) 执行菜单栏中的File(文件)|Open Project(打开项目)命令，选择配书光盘中的“工程文件\第3章\幸福时刻\幸福时刻练习.aep”文件，将文件打开。

(2) 执行菜单栏中的Layer(图层)|New(新建)|Text(文本)命令，新建文字层，此时，Composition(合成)窗口中将出现一个闪动的光标，在时间线面板中将出现一个文字层，输入“BRIDEWARS”。在Character(字符)面板中，设置文字字体为Bell MT，设置不同的字号和大小，如图3.13所示，合成窗口效果如图3.14所示。

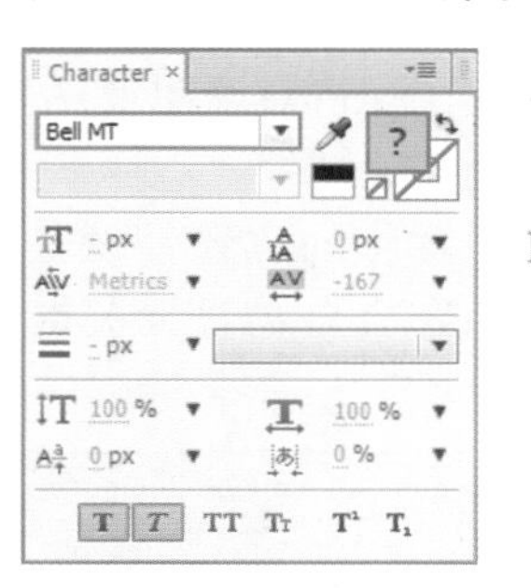

图3.13　设置字体参数　　图3.14　设置字体后的效果

(3) 选择“BRIDEWARS”，按Enter键，将该层重命名为“文字”，为“文字”层添加Color Emboss(彩色浮雕)特效。在Effects & Presets(效果和预置)面板中展开Stylize(风格化)特效组，然后双击Color Emboss(彩色浮雕)特效。

(4) 在Effect Controls(特效控制)面板中，修改Color Emboss(彩色浮雕)特效的参数，设置Direction(方向)的值为–62，Relief(浮雕)的值为2，Contrast(对比度)的值为140，如图3.15所示，合成窗口效果如图3.16所示。

图3.15　设置彩色浮雕参数　　图3.16　彩色浮雕的效果

(5) 为“文字”层添加Drop Shadow(投影)特效。在Effects & Presets(效果和预置)面板中展开Perspective(透视)特效组，然后双击Drop Shadow(投影)特效。

(4) 在Effect Controls(特效控制)面板中，修改Drop Shadow(投影)特效的参数，设置Direction(方向)的值为239，Softness(柔化)的值为13，如图3.17所示，合成窗口效果如图3.18所示。

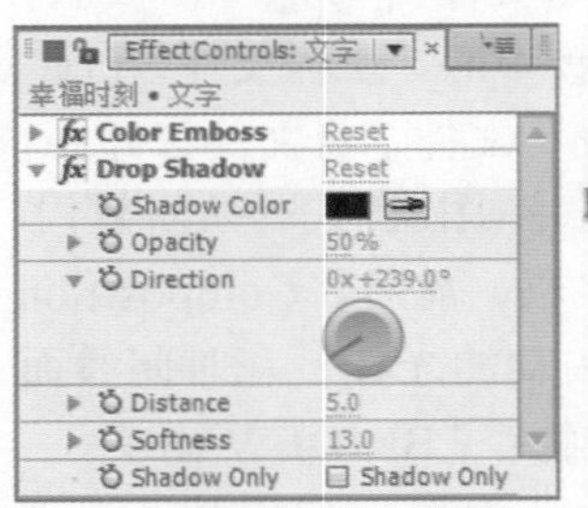
图3.17　设置投影参数

图3.18　投影的效果

(5) 选择“文字”图层，将时间调整到00:00:00:15帧的位置，按T键打开Opacity(透明度)属性，设置Opacity(透明度)的值为0，单击Opacity(透明度)左侧的码表按钮，在当前位置设置关键帧。

(6) 将时间调整到00:00:01:15帧的位置，设置Opacity(透明度)的值为100，系统会自动设置关键帧，如图3.19所示。

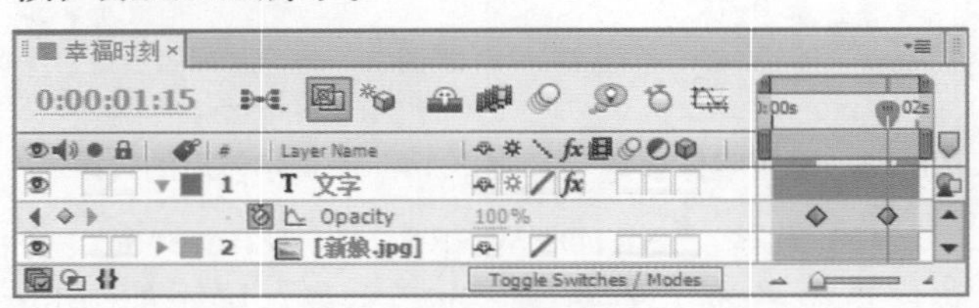
图3.19　设置透明度关键帧

(7) 选择“文字”层，按Ctrl+D组合键，复制出一个新图层，将该图层更改为“文字倒影”。

(8) 选中“文字倒影”层，单击Scale(缩放)左侧的Constrain Proportions(约束比例)按钮，取消约束，按S键打开Scale(缩放)并设置值为(127，–127)，按P键打开Position(位置)属性，设置Position(位置)的值为(14，242)，如图3.20所示。

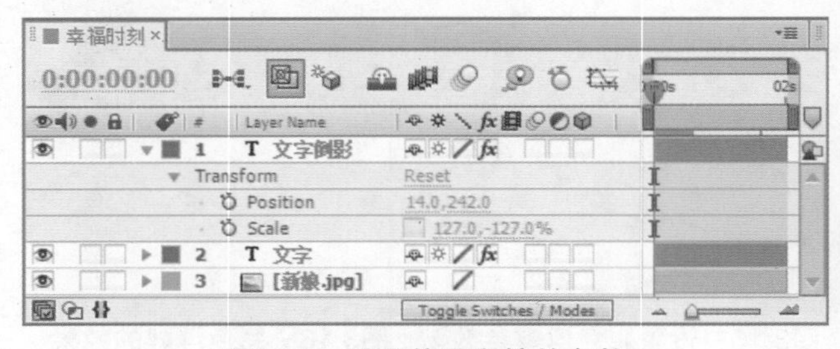
图3.20　设置位置和缩放参数

(9) 选中“文字倒影”层，在工具栏中选择Rectangle Tool(矩形工具)，在“文字倒影”层上绘制一个矩形路径，选中Mask1(遮罩1)右侧的Inverted(反转)复选框，按F键打开Mask Feather(遮罩羽化)属性，单击Mask Feather(遮罩羽化)左侧的Constrain Proportions(约束比例)按钮取消约束，设置Mask Feather(遮罩羽化)的值为(0，48)，如图3.21所示，合成窗口效果如图3.22所示。

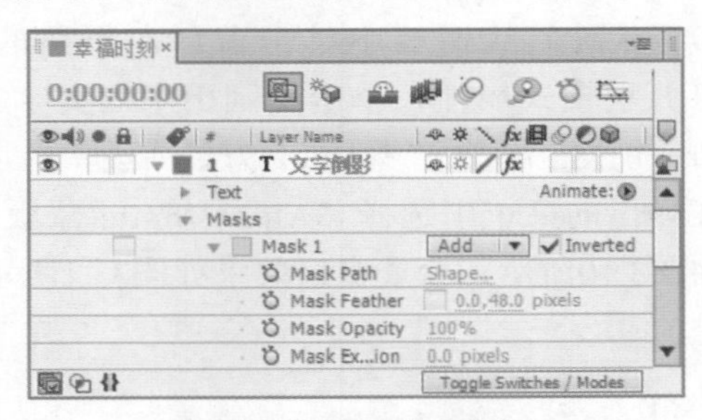
图3.21　设置遮罩参数

图3.22　绘制路径

(10) 这样就完成了幸福时刻的操作，按小键盘上的“0”键，即可在合成窗口中预览动画。

3.3　影视经典

实例说明

本例主要讲解利用Track Matte(轨道蒙版)属性制作影视经典的效果，完成的动画流程画面如图3.23所示。

图3.23　动画流程画面

学习目标

1．了解Track Matte(轨道蒙版)的使用方法。
2．学习Wiggler(摇摆器)的使用方法。

操作步骤

(1) 执行菜单栏中的File(文件)|Open Project(打开项目)命令，选择配书光盘中的“工程文件\第3章\影视经典\影视经典练习.aep”文件，将文件打开。

(2) 执行菜单栏中的Composition(合成)|New Composition(新建合成)命令，打开Composition Settings(合成设置)对话框，设置Composition Name(合成名称)为“载体”，Width(宽)为“720”，Height(高)为“576”，Frame Rate(帧速率)为“25”，并设置Duration(持续时间)为00:00:02:15秒。

(3) 执行菜单栏中的Layer(图层)|New(新建)|Solid(固态层)命令，打开Solid Settings(固态层设置)对话框，设置Name(名称)为“条横”，颜色为白色。

(4) 在时间线面板中，选中“条横”层，按Ctrl+D组合键复制两个新的层，并分别命名为“条横2”和“条横3”，选中“条横”、“条横2”和“条横3”层，按P键打开Position(位置)属性，分别设置“条横”的位置为(568，288)，(360，288)，(140，288)，按S键打开缩放属性，分别单击缩放左侧的按钮，取消约束，分别设置缩放的值为(10，100)、(21，100)、(12，100)，如图3.24所示，合成窗口效果如图3.25所示。

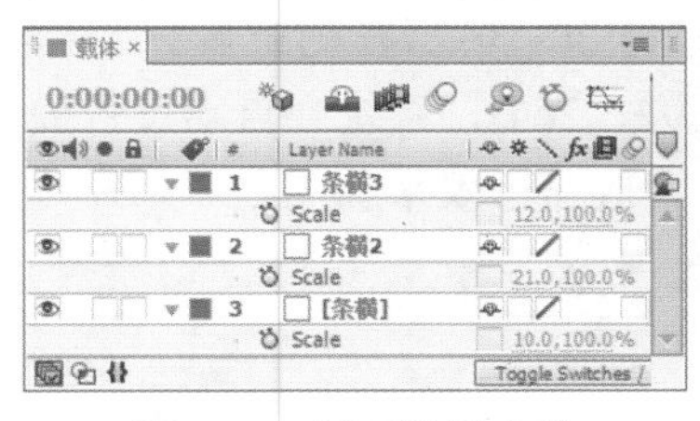

图3.24　设置缩放参数

图3.25　设置缩放参数后的效果

(5) 打开“影视经典”合成，在Project(项目)面板中，选择“载体”合成，将其拖动到“影视经典”合成的时间线面板中。

(6) 选中“载体”合成，按P键打开Position(位置)属性，将时间调整到00:00:00:00帧的位置，设置Position(位置)的值为(360，288)，单击Position(位置)左侧的码表按钮，在当前位置设置关键帧。

(7) 将时间调整到00:00:02:00帧的位置，添加延迟帧，如图3.26所示，合成窗口效果如图3.27所示。

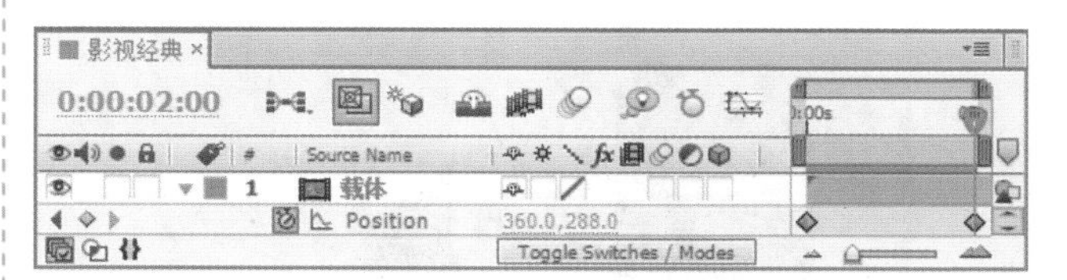

图3.26　设置关键帧

图3.27　设置位置关键帧后的效果

(8) 选中“载体”合成，按U键打开关键帧，选中所有关键帧，执行菜单栏中的Window(窗口)|Wiggler(摇摆器)命令，打开Wiggler(摇摆器)面板，从Dimensions(尺寸)菜单中选择X选项，设置Magnitude(数量)的值为200，单击Apply(应用)按钮，如图3.28所示，设置摇摆器后的关键帧如图3.29所示。

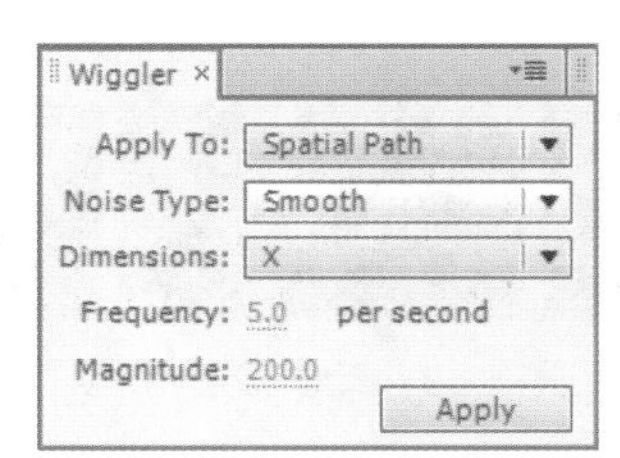

图3.28　设置摇摆器参数

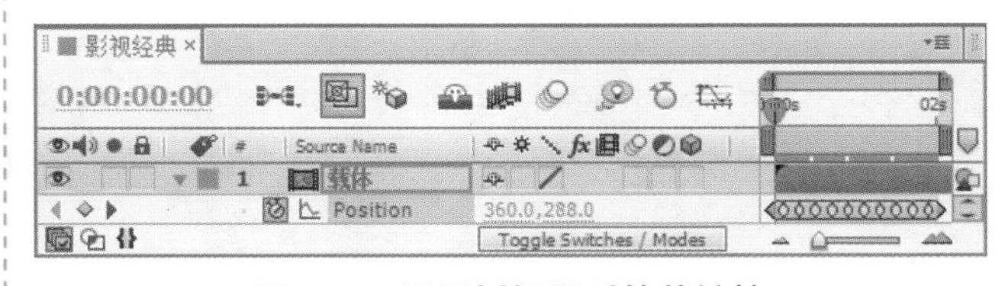

图3.29　设置摇摆器后的关键帧

(9) 在时间线面板中，设置“浪漫鼠”层的Track Matte(轨道蒙版)为“Alpha Matte‘载体’”，如图3.30所示，合成窗口效果如图3.31所示。

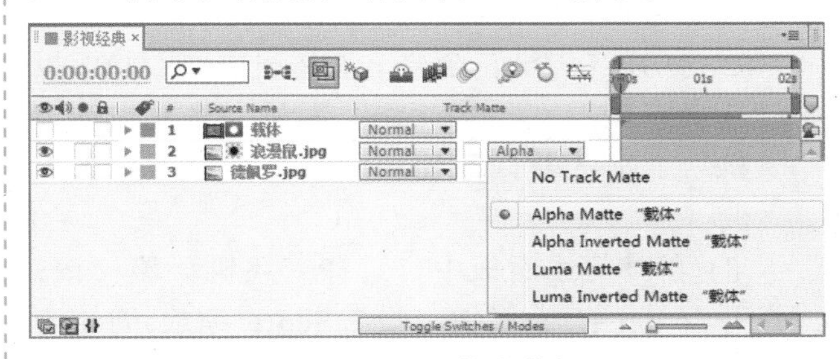

图3.30　设置轨道蒙版

图3.31　设置蒙版后的效果

(10) 这样就完成了影视经典的整体制作，按小键盘上的“0”键，即可在合成窗口中预览动画。

3.4　雷达扫描

实例说明

本例主要讲解利用Mask(遮罩)工具制作雷达扫描的效果。完成的动画流程画面如图3.32所示。

图3.32　动画流程画面

学习目标

1. **了解Mask(遮罩)属性的使用。**
2. **掌握遮罩羽化的使用。**

操作步骤

(1) 执行菜单栏中的File(文件)｜Open Project(打开项目)命令，选择配书光盘中的“工程文件\第3章\雷达扫描\雷达扫描练习.aep”文件，将文件打开。

(2) 打开“飞机”合成，在Project(项目)面板中，选择“图层 1/飞机.psd”素材，将其拖动到“飞机”合成的时间线面板中，将该层重命名为“飞机”。

(3) 在时间线面板中，选择“飞机”层，按S键打开Scale(缩放)属性，设置Scale(缩放)的值为(18，18)，按A键打开Anchor Point(定位点)属性，设置Anchor Point(定位点)的值为(160，120)，按R键打开Rotation(旋转)属性，设置Rotation(旋转)的值为–5，将时间调整到00:00:00:00帧的位置，按P键打开Position(位置)属性，设置Position(位置)的值为(–6，264)，单击Position(位置)左侧的码表按钮，在当前位置设置关键帧，如图3.33所示，在工具栏中选择Rectangle Tool(矩形工具)，在图层上绘制一个路径，选中Inverted(反转)复选框，合成窗口效果如图3.34所示。

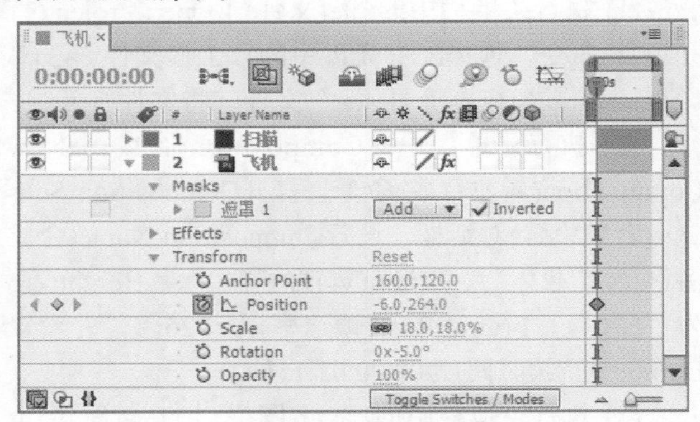

图3.33　设置位置参数

图3.34　绘制路径

(4) 将时间调整到00:00:19:24帧的位置，设置Position(位置)的值为(692，264)，系统会自动设置关键帧，如图3.35所示，合成窗口效果如图3.36所示。

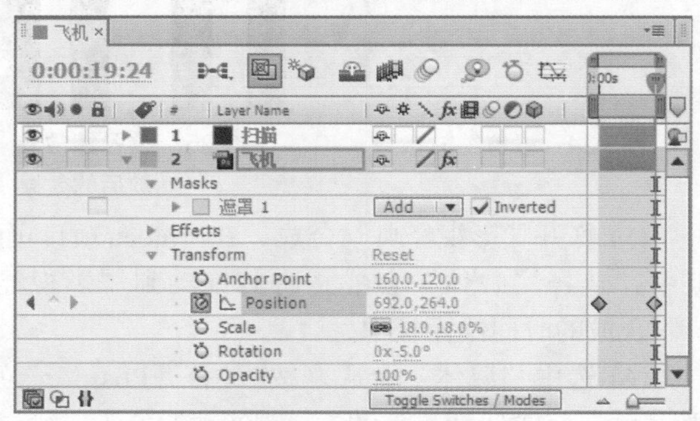

图3.35　设置位置关键帧

(5) 为“飞机”层添加Tint(色调)特效。在Effects & Presets(效果和预置)中展开Color Correction(色彩校正)特效组，然后双击Tint(浅色调)特效。

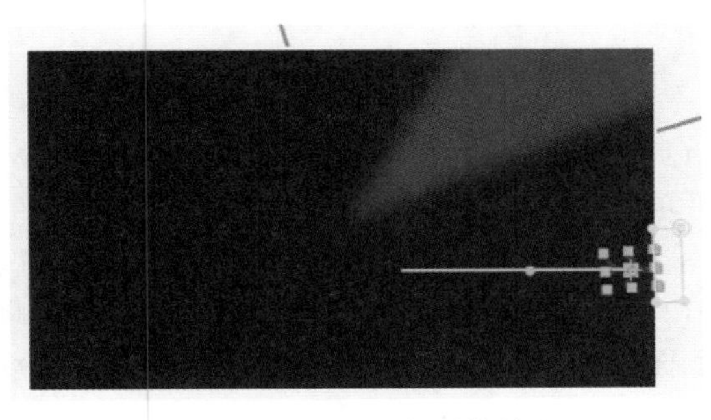

图3.36　设置关键帧后的效果

(6) 在Effect Controls(特效控制)面板中，修改Tint(色调)特效的参数，设置Map Black To(映射黑色到)为墨绿色(R:22，G:53，B:2)，Map White To(映射白色到)为墨绿色(R:22，G:53，B:2)，如图3.37所示。

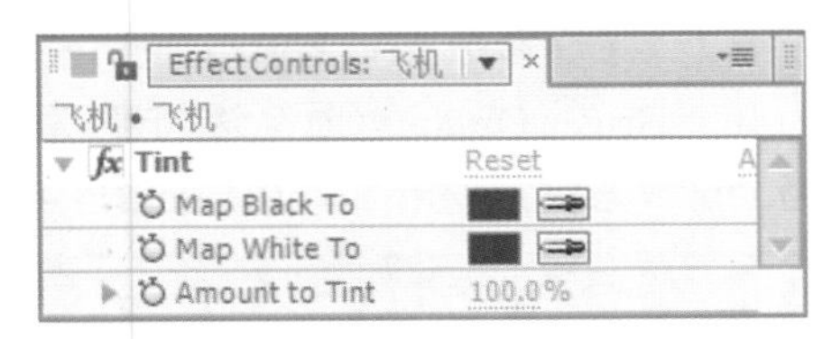

图3.37　设置浅色调参数

(7) 在时间线面板中，设置“飞机”层的Track Matte(轨道蒙版)为“Alpha Matte‘扫描’”，如图3.38所示。

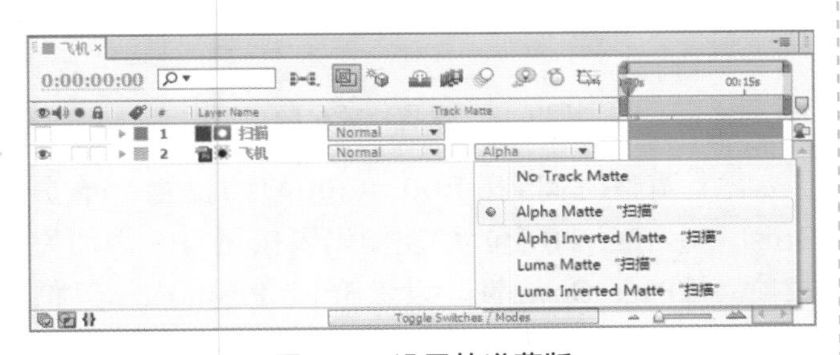

图3.38　设置轨道蒙版

(8) 打开“雷达扫描”合成，在Project(项目)面板中，选择“飞机”合成、“图层 1/土地和坐标.psd”素材和“图层 2/土地和坐标.psd”，将其拖动到“雷达扫描”合成的时间线面板中。

(9) 在时间线面板中，设置“飞机”层的Mode(模式)为Add(相加)。执行菜单栏中的Layer(图层)|New(新建)|Solid(固态层)命令，打开Solid Settings(固态层设置)对话框，设置Name(名称)为“扫描蒙版”，Width(宽)为1920，Height(高)为1080，Color(颜色)为墨绿色(R:29，G:59，B:2)。

(10) 在“扫描蒙版”层的工具栏中选择Pen Tool(钢笔工具)按钮，在图层上绘制一个路径，按F键打开Mask Feather(遮罩羽化)属性，设置Mask Feather(遮罩羽化)的值为(60，60)，将时间调整到00:00:00:00帧的位置，按R键打开Rotation(旋转)属性，设置Rotation(旋转)的值为0，单击Rotation(旋转)左侧的码表按钮，在当前位置设置关键帧，如图3.39所示，合成窗口效果如图3.40所示。

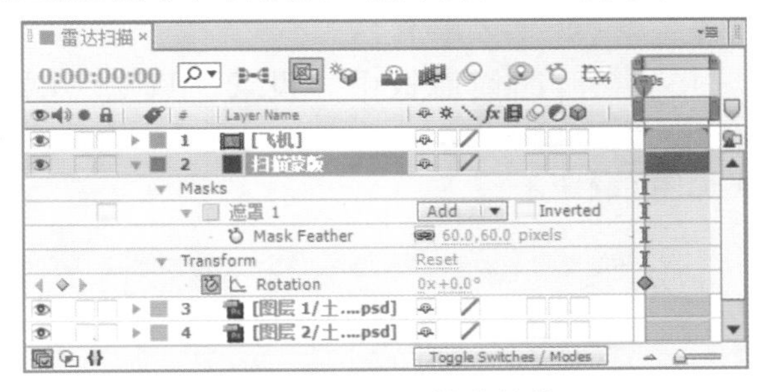

图3.39　设置旋转关键帧

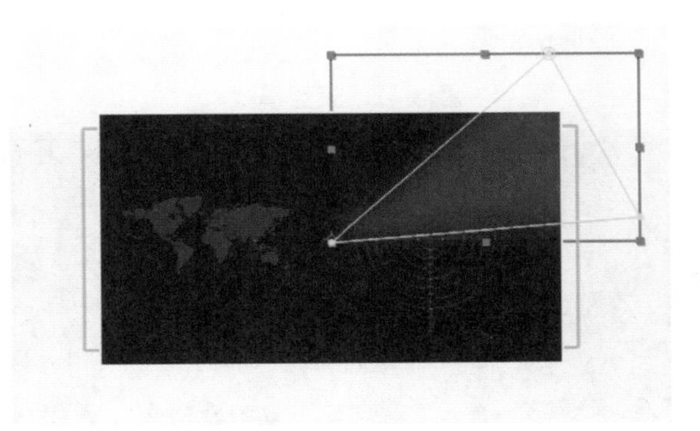

图3.40　绘制路径

(11) 将时间调整到00:00:19:24帧的位置，设置Rotation(旋转)的值为“2x+343”，设置“扫描蒙版”层的Mode(模式)为Add(相加)，如图3.41所示，合成窗口效果如图3.42所示。

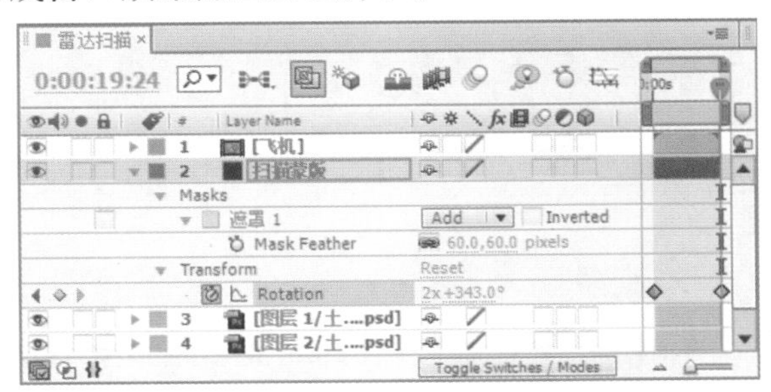

图3.41　设置相加模式

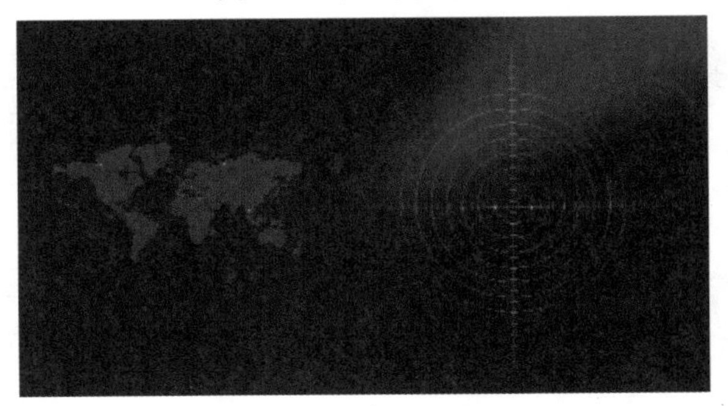

图3.42　设置相加模式后的效果

(12) 执行菜单栏中的Layer(图层)|New(新建)|Solid(固态层)命令，打开Solid Settings(固态层设置)对话框，设置Name(名称)为“底层”，Width(宽)为1920，Height(高)为1080，Color(颜色)为墨绿色(R:29，G:59，B:2)。

(13) 在时间线面板中，设置“底层”层的Mode(模式)为Add(相加)，如图3.43所示，合成窗口效果如图3.44所示。

图3.43　设置模式

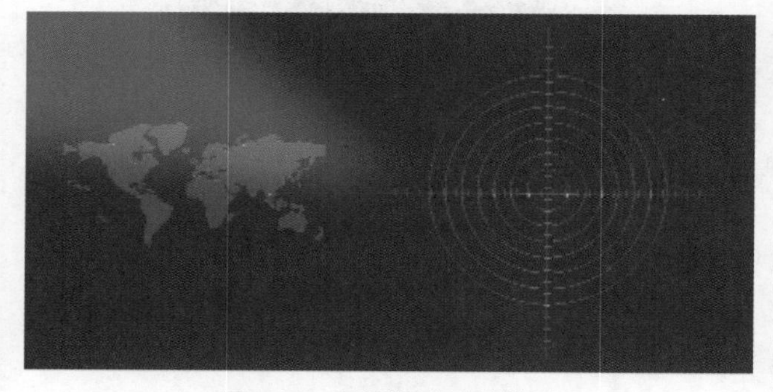

图3.44　设置模式后的效果

(14) 这样就完成了雷达扫描的整体制作，按小键盘上的“0”键，即可在合成窗口中预览动画。

3.5　手写字

实例说明

本例主要讲解利用Write-on(书写)特效制作手写字的效果，完成的动画流程画面如图3.45所示。

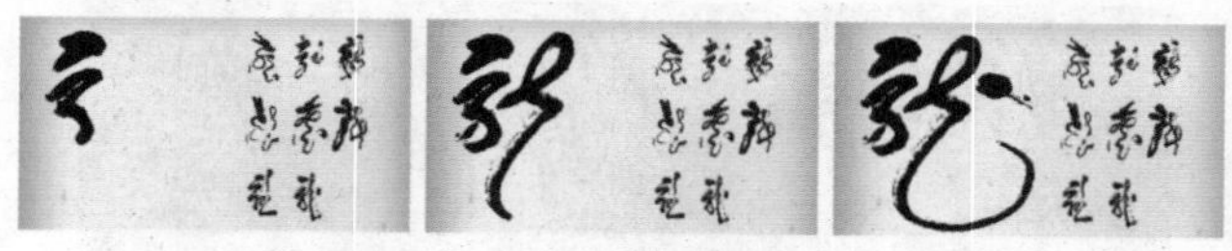

图3.45　动画流程画面

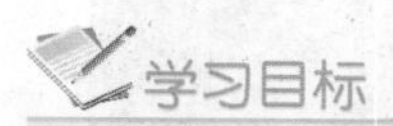

学习目标

1. 了解Write(书写)特效。
2. 学习手写字的制作方法。

操作步骤

(1) 执行菜单栏中的File(文件)|Open Project(打开项目)命令，选择配书光盘中的“工程文件\第3章\手写字\手写字练习.aep”文件，将文件打开。

(2) 选择“龙”层，在Effects & Presets(效果和预置)面板中展开Generate(生成)特效组，然后双击Write-on(书写)特效。

(3) 按两次Ctrl+D组合键，将其复制两层，单击“龙”层左侧眼睛按钮，将第2层和第3层隐藏，如图3.46所示。

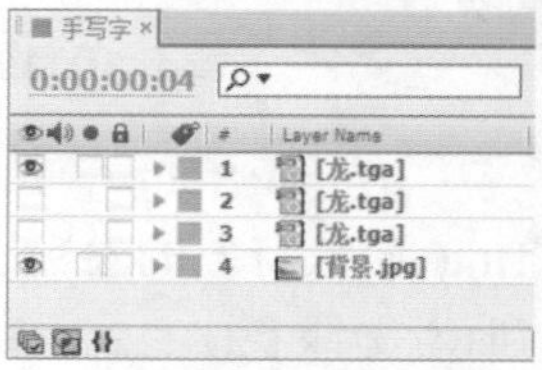

图3.46　隐藏图层

(4) 在Effect Controls(特效控制)面板中，修改Write-on(书写)特效参数，设置Brush Size(画笔大小)的值为40，Brush Opacity(画笔透明度)为100%，Brush Position(画笔位置)为(33，50)，如图3.47所示。

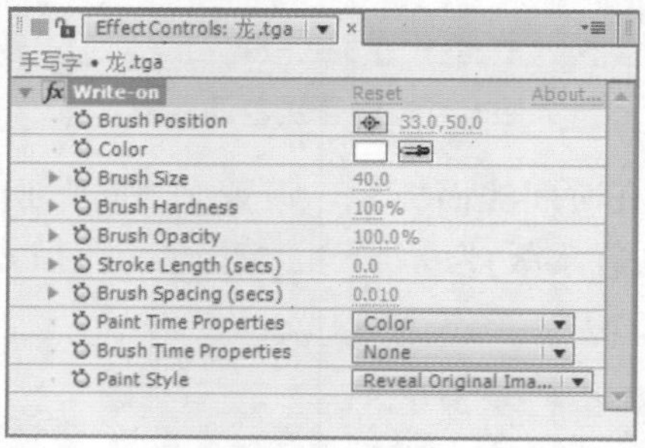

图3.47　设置特效参数

(5) 调整时间到00:00:00:00帧的位置，单击Brush Position(画笔位置)左侧码表按钮，添加关键帧。按Page Down键，设置Brush Position(画笔位置)的值为(109，37)，按Page Down键，设置Brush Position(画笔位置)的值为(137，53)，按Page Down键，设置Brush Position(画笔位置)的值为(117，54)，按Page Down键，设置Brush Position(画笔位置)的值为(65，83)，如图3.48所示。

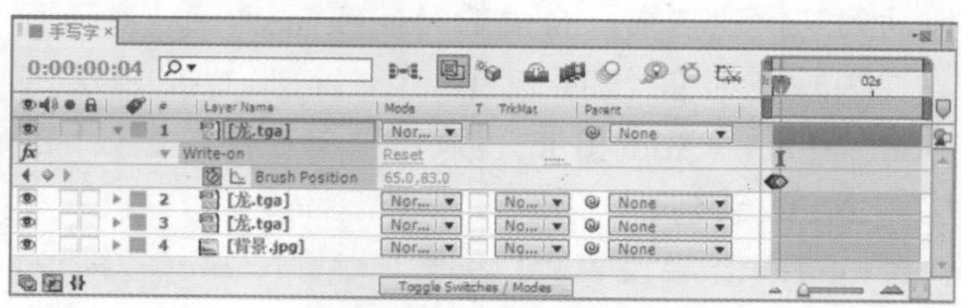

图3.48　添加关键帧

(6) 在Effect Controls(特效控制)面板中，修改Write-on(书写)特效参数，在Paint Style(书写样式)右侧的下拉列表中选择Reveal Original Image(在原始图像上)，如图3.49所示。合成窗口效果如图3.50所示。

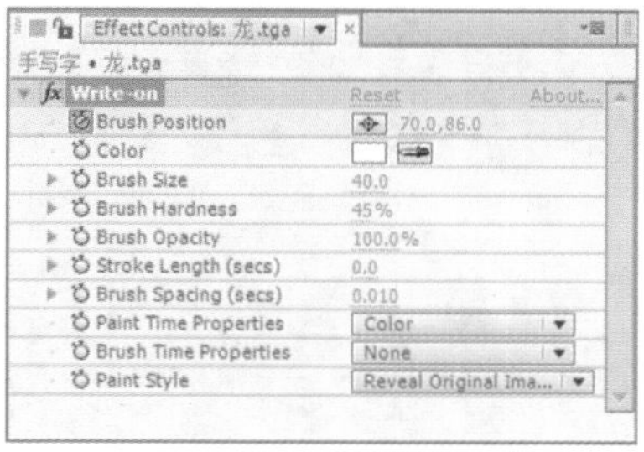

图3.49　设置书写特效参数

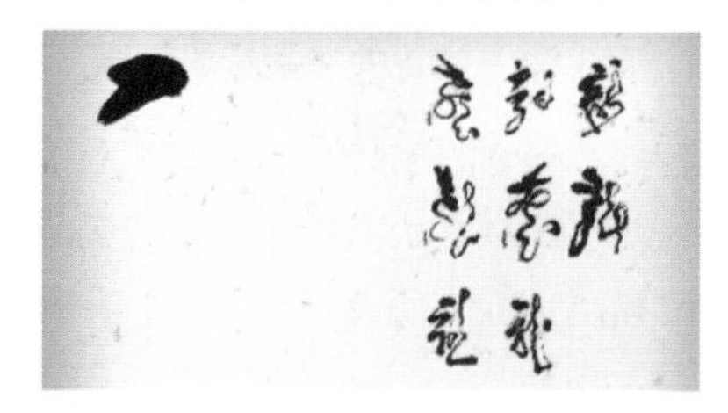

图3.50　合成窗口效果

(7) 调整时间到00:00:00:04帧的位置，显示第2层“龙”层，按“[”键，为第2层“龙”层设置入点，如图3.51所示。

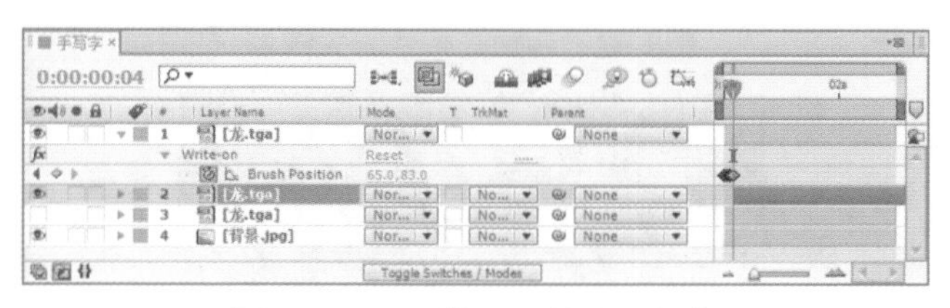

图3.51　显示第二层并设置入点

(8) 和步骤5一样，配合Page Down键，沿文字的笔画顺序开始描字，在Effect Controls(特效控制)面板中，修改Write-on(书写)特效参数，在Paint Style(书写样式)右侧的下拉列表中选择Reveal Original Image(在原始图像上)，如图3.52所示，合成窗口效果如图3.53所示。

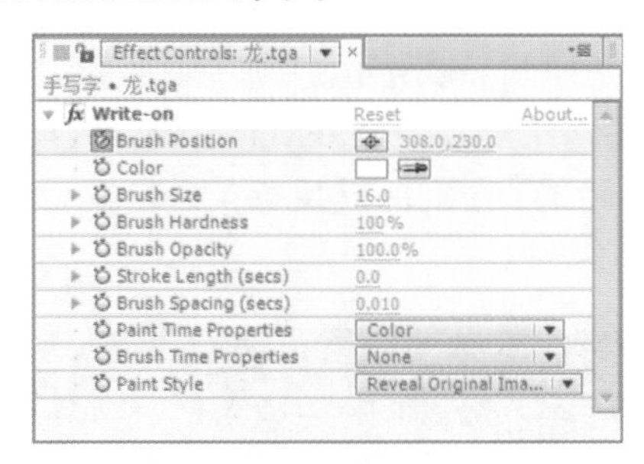

图3.52　设置书写特效参数

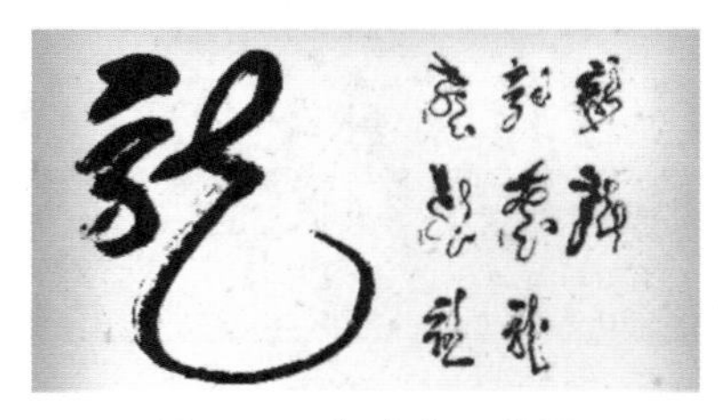

图3.53　合成窗口效果

(9) 显示第3层“龙”层，将时间针调整到第2层最后一个关键帧，按“[”键，为第3层“龙”层设置入点，沿文字的笔画顺序开始描字，合成窗口效果如图3.54所示。

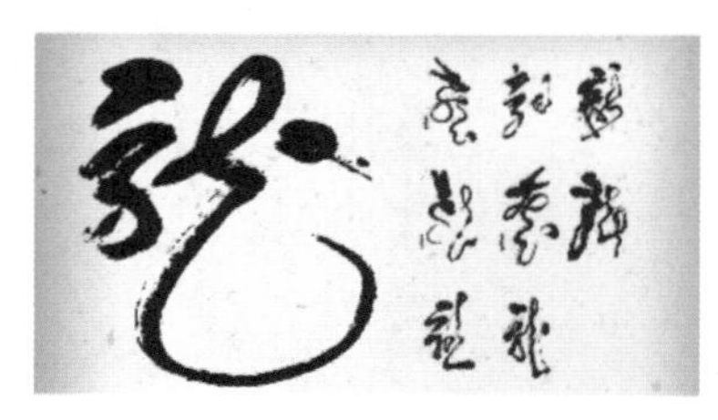

图3.54　合成窗口效果

(10) 这样就完成了手写字的整体制作，按小键盘上的“0”键，即可在合成窗口中预览动画。

3.6　光晕文字

实例说明

本例主要讲解利用Lens Flare(镜头光晕)特效制作光晕文字的效果，完成的动画流程画面如图3.55所示。

图3.55　动画流程画面

学习目标

1. 了解Lens Flare(镜头光晕)特效。
2. 学习光晕文字的制作方法。

操作步骤

(1) 执行菜单栏中的File(文件)|Open Project(打开项目)命令，选择配书光盘中的“工程文件\第3章\光晕文字\光晕文字练习.aep”文件，将文件打开。

(2) 执行菜单栏中的Layer(图层)|New(新建)|Text(文本)命令，新建文字层，此时，Composition(合成)窗口中将出现一个闪动的光标，在时间线面板中将出现一个文字层，输入“NOTHING SPREADS LIRE FEAR”。在Character(字符)面板中，设置文字字体为Bell MT，字号为44px，字体

颜色为红色(R:196，G:0，B:0)，如图3.56所示。合成窗口中的效果如图3.57所示。

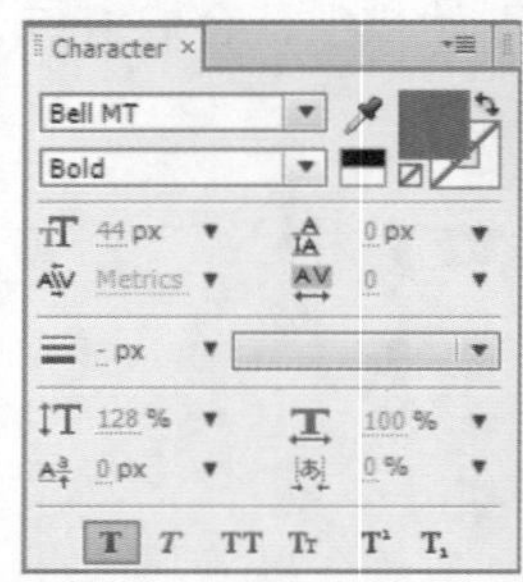
图3.56　设置字体参数

图3.57　设置字体后的效果

(3) 按Ctrl+Y组合键，打开Solid Settings(固态层设置)对话框，新建一个Name(名称)为“光晕”，设置Width(宽)为720，Height(高)为576，Color(颜色)为黑色的固态层。

(4) 为“光晕”层添加Lens Flare(镜头光晕)特效。在Effects & Presets(效果和预置)面板中展开Generate(生成)特效组，然后双击Lens Flare(镜头光晕)特效，如图3.58所示。

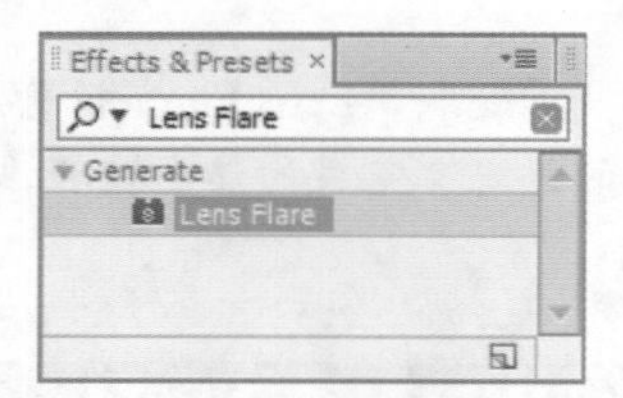
图3.58　添加特效

(5) 单击时间线面板左下角的Nor...按钮，打开层混合模式，单击“光晕”层右侧的按钮，从弹出的下拉菜单中选择Add(相加)模式，如图3.59所示。

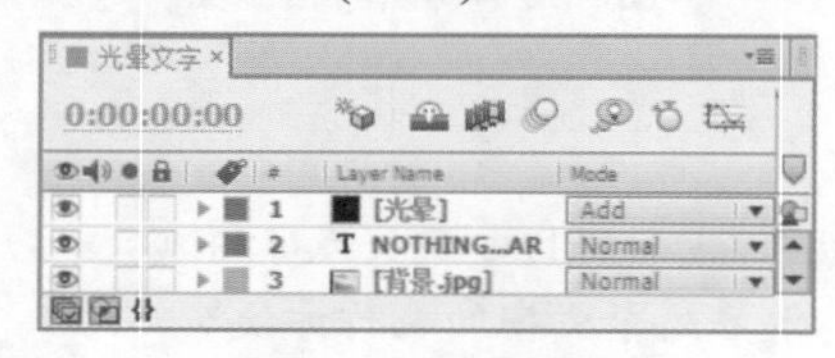
图3.59　Add(相加)模式

(6) 调整时间到00:00:00:00帧的位置，在Effect Controls(特效控制)面板中，修改Lens Flare(镜头光晕)特效的参数，设置Flare Center(光晕中心)的值为(12，230)，并单击Flare Center(光晕中心)左侧的码表按钮，在此位置设置关键帧，如图3.60所示，合成窗口效果如图3.61所示。

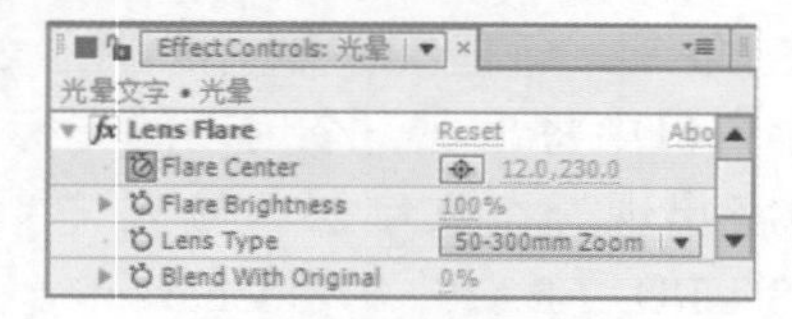
图3.60　设置关键帧

图3.61　设置关键帧后的效果

(7) 调整时间到00:00:01:00帧的位置，设置Flare Center(光晕中心)的值为(706，230)，系统自动建立关键帧，如图3.62所示，合成窗口效果如图3.63所示。

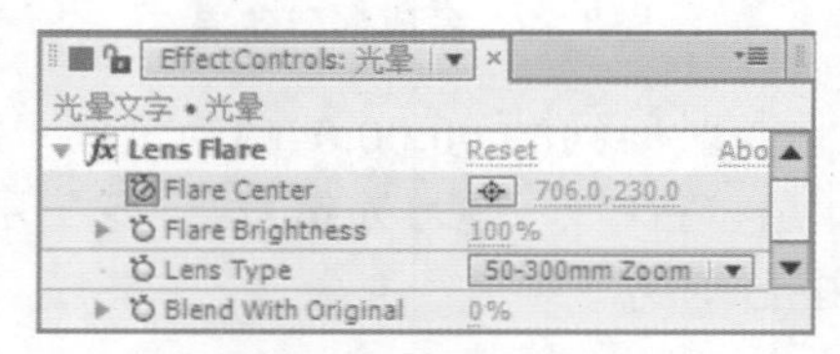
图3.62　添加光晕中心关键帧

图3.63　光晕效果

(8) 选择文字层，单击工具栏中的Rectangle Tool(矩形工具)，在合成窗口中沿文字形状绘制一个矩形，如图3.64所示。

(9) 按两次M键，展开Mask1(遮罩1)，选中Add(相加)右侧的Inverted(反转)复选框，如图3.65所示。

图3.64　绘制矩形

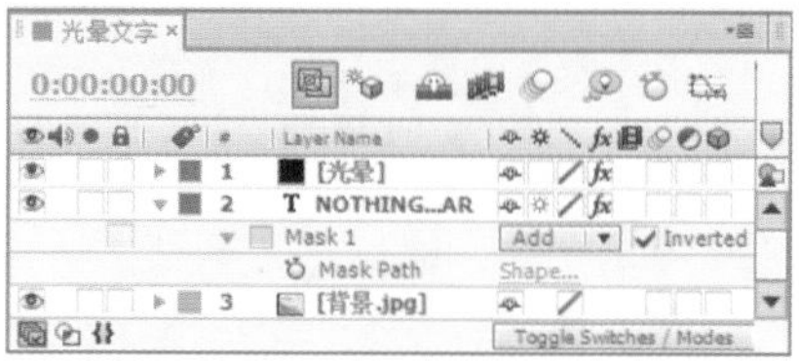

图3.65　选中Inverted(反转)复选框

(10) 调整时间到00:00:00:03帧的位置，单击Mask Path(遮罩形状)左侧的码表按钮，在此位置设置关键帧，如图3.66所示，合成窗口效果如图3.67所示。

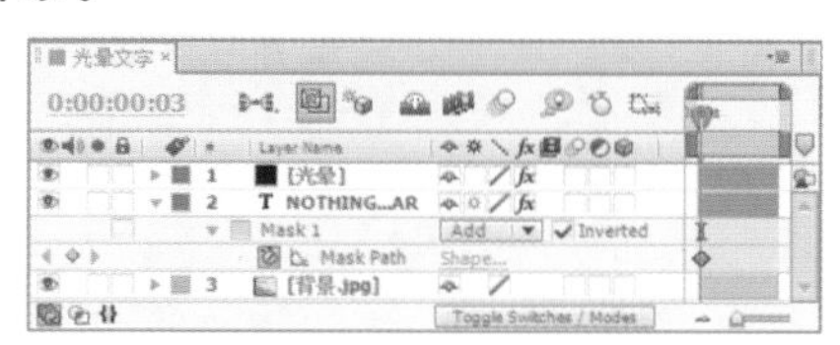

图3.66　设置关键帧

图3.67　设置关键帧后的形状

(11) 调整时间到00:00:00:24帧的位置，在合成窗口修改矩形遮罩，遮罩形状如图3.68所示，合成窗口效果如图3.69所示。

图3.68　添加遮罩形状关键帧

图3.69　修改矩形遮罩

(12) 这样就完成了光晕文字的整体制作，按小键盘上的“0”键，即可在合成窗口中预览动画。

AE

第4章

文字动画设计

内容摘要

本章主要讲解与文字相关的内容，包括文字工具的使用，字符面板的使用，创建基础文字和路径文字的方法，文字的编辑与修改，机打字、坠落字、炫金字等各种特效文字的制作方法和技巧。

教学目标

- 了解文字工具
- 掌握文字属性设置
- 掌握各种文字特效动画的制作

4.1 机打字效果

实例说明

本例主要讲解利用Character Offset(字符偏移)属性制作机打字的效果，完成的动画流程画面如图4.1所示。

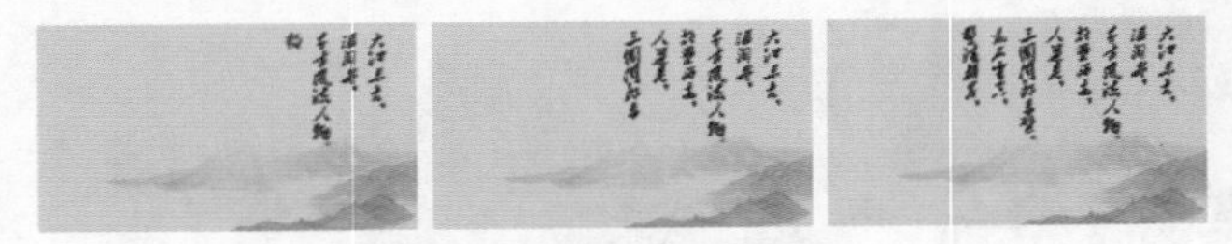

图4.1 动画流程画面

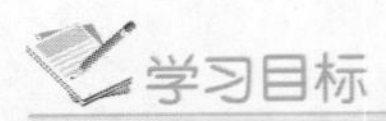

学习目标

1. 了解Character Offset(字符偏移)属性。
2. 掌握Opacity(透明度)的应用。

操作步骤

(1) 执行菜单栏中的File(文件) | Open Project(打开项目)命令，选择配书光盘中的“工程文件\第4章\机打字效果\机打字练习.aep”文件，将文件打开。

(2) 选择工具栏中的Vertical Type Tool(直排文字工具)，输入“大江东去，浪淘尽，千古风流人物。故垒西边，人道是，三国周郎赤壁。乱石穿空，惊涛拍岸，卷起千堆雪。江山如画，一时多少豪杰。”在Character(字符)面板中，设置文字字体为草檀斋毛泽东字体，字号为32px，字体颜色为黑色，参数如图4.2所示，合成窗口效果如图4.3所示。

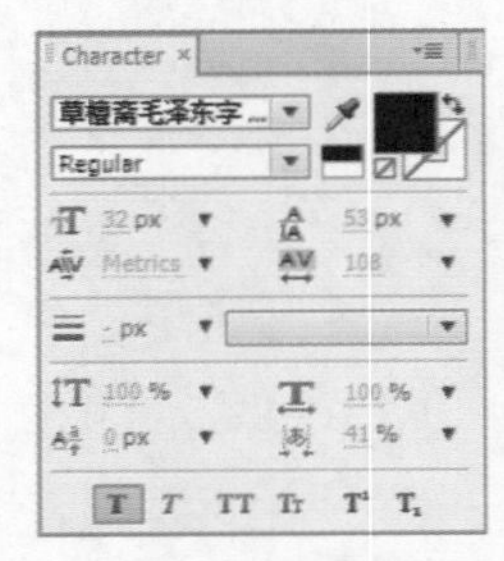

图4.2 设置字体参数

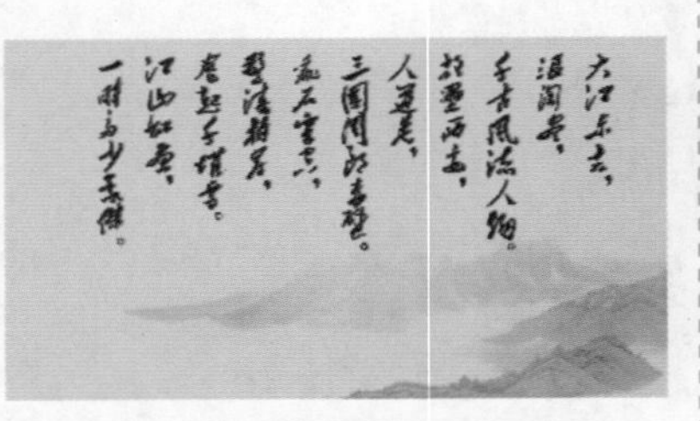

图4.3 设置字体参数后的效果

(3) 将时间调整到00:00:00:00帧的位置，展开文字层，单击Text(文字)右侧的三角形按钮，从菜单中选择Character Offset(字符偏移)命令，设置Character Offset(字符偏移)的值为20，单击Animator 1(动画1)右侧的三角形按钮，从菜单中选择Property(特性) | Opacity(透明度)选项，设置Opacity(透明度)的值为0%。设置Start(开始)的值为0，单击Start(开始)左侧的码表按钮，在当前位置设置关键帧，合成窗口效果如图4.4所示。

图4.4 设置0帧关键帧后的效果

(4) 将时间调整到00:00:02:00帧的位置，设置Start(开始)的值为100，系统会自动设置关键帧，如图4.5所示。

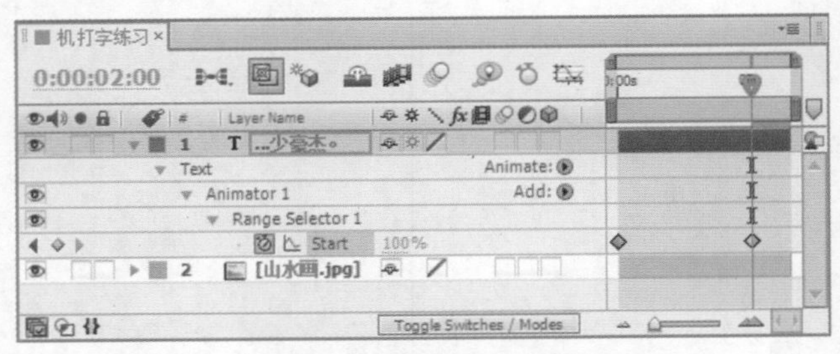

图4.5 设置文字开始参数

(5) 这样就完成了机打字动画效果的整体制作，按小键盘上的“0”键，即可在合成窗口中预览动画。

4.2 路径文字

实例说明

本例主要讲解利用Path(路径)选项制作路径文字的效果，完成的动画流程画面如图4.6所示。

图4.6 动画流程画面

学习目标

1. 了解Path Options(路径选项)属性。
2. 学习路径文字的动画制作。

操作步骤

(1) 执行菜单栏中的File(文件)｜Open Project(打开项目)命令，选择配书光盘中的“工程文件\第4章\路径文字\路径文字练习.aep”文件，将文件打开。

(2) 选择文字层，单击工具栏中的Pen Tool(钢笔工具)按钮，在合成窗口中沿图像边缘绘制一条曲线，如图4.7所示。

图4.7　绘制路径

(3) 选择文字层，在Effects & Presets(效果和预置)面板中展开Stylize(风格化)特效组，双击Color Emboss(彩色浮雕)特效。

(4) 展开Text(文本)选项组中的Path Options(路径选项)，单击Path(路径)右侧的 None 按钮，在弹出的菜单中选择“Mask1(遮罩1)”命令，如图4.8所示。

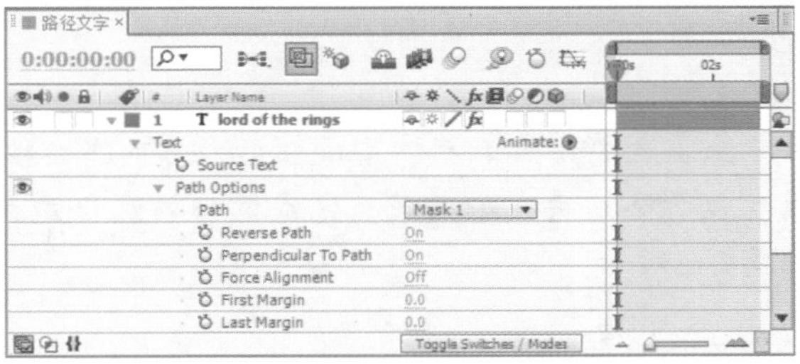

图4.8　选择“Mask1(遮罩1)命令”

(5) 调整时间到00:00:00:00帧的位置，在时间线面板中展开Path Options(路径选项)选项组，单击First Margin(首字位置)左侧的码表按钮，在当前位置建立关键帧，设置First Margin(首字位置)的值为940，如图4.9所示。

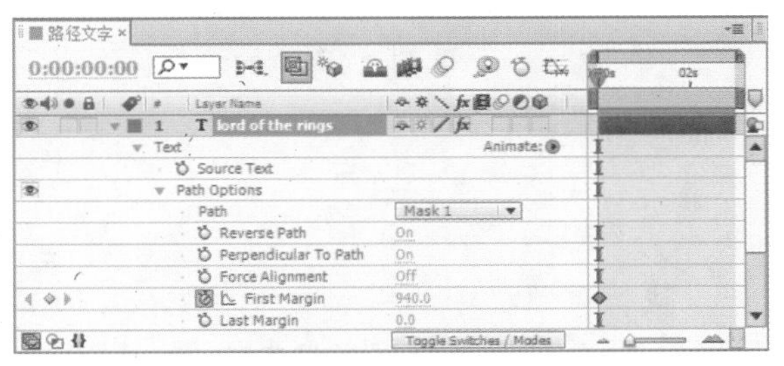

图4.9　建立关键帧并修改First Margin(首字位置)的值

(6) 调整时间到00:00:02:24帧的位置，设置First Margin(首字位置)的值为–348，系统自动建立关键帧，如图4.10所示。

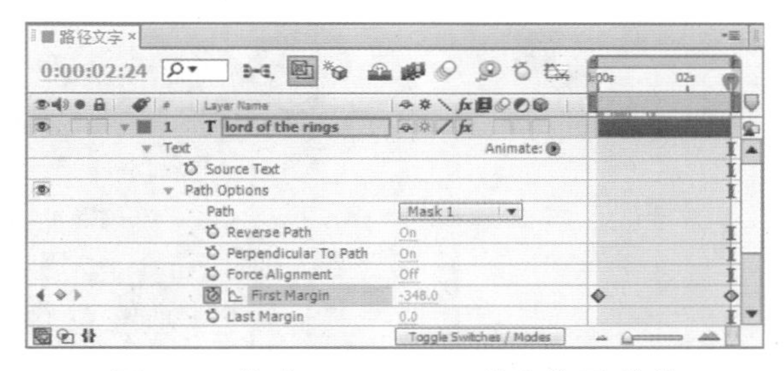

图4.10　修改First Margin(首字位置)的值

(7) 这样就完成了路径文字的整体制作，按小键盘上的“0”键，即可在合成窗口中预览动画。

4.3 金刚旋转文字

实例说明

本例主要讲解利用文本属性制作旋转动感文字的效果，完成的动画流程画面如图4.11所示。

图4.11　动画流程画面

学习目标

1. 了解Rotation(旋转)属性。
2. 了解Opacity(透明度)的使用。

操作步骤

(1) 执行菜单栏中的File(文件)｜Open Project(打开项目)命令，选择配书光盘中的“工程文件\第4章\金刚旋转文字\金刚旋转文字练习.aep”文件，将文件打开。

(2) 执行菜单栏中的Layer(图层)｜New(新建)｜Text(文本)命令，新建文字层，此时，Composition(合成)窗口中将出现一个闪动的光标，在时间线面板中将出现一个文字层，输入“TRANSFORMERS”。在Character(字符)面板中，设置文字字体为Abduction，字号为56px，字体颜色为黑色，描边为白色，描边宽度为2px，参数如图4.12所示，合成窗口效果如图4.13所示。

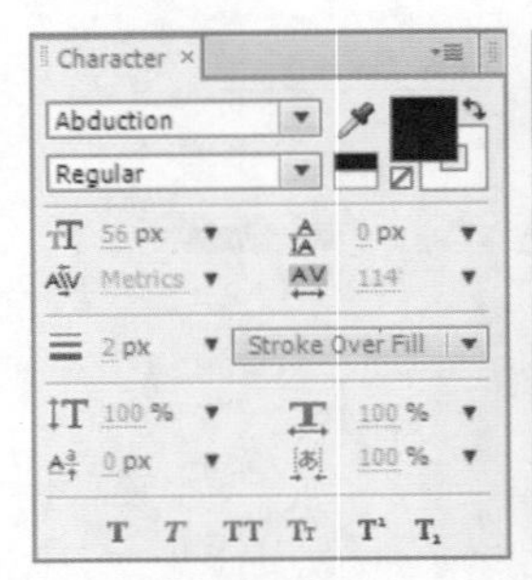

图4.12　设置字体参数　图4.13　设置字体参数后的效果

(3) 展开“TRANSFORMERS”层，单击Text(文字)右侧的三角形按钮，从菜单中选择Rotation(旋转)命令，设置Rotation(旋转)的值为(4x+0)，单击Animator 1(动画1)右侧的三角形按钮，从菜单中选择Property(特性)|Opacity(透明度)选项，设置Opacity(透明度)的值为0，在More Options (更多选项)选项组中，从Anchor Point Grouping(定位点分组)右侧的下拉菜单中选择Character(字符)，设置Grouping Alignment(分组对齐)的值为(–46，0)，如图4.14所示。

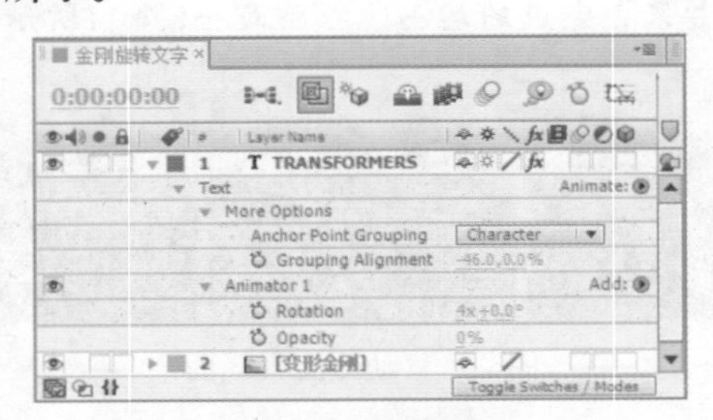

图4.14　设置旋转和透明度参数

(4) 调整时间到00:00:00:00帧的位置，展开Range Selector1(范围选择器 1)选项组，设置End(结束)的值为68%，Offset(偏移)的值为–55%，单击Offset(偏移)左侧的码表按钮，在当前位置设置关键帧，如图4.15所示。

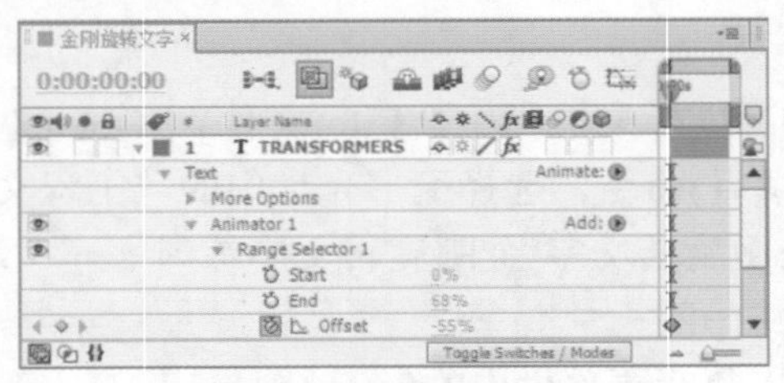

图4.15　设置偏移关键帧

(5) 调整时间到00:00:02:00帧的位置，设置Offset(偏移)的值为100，系统会自动设置关键帧，如图4.16所示，合成窗口效果如图4.17所示。

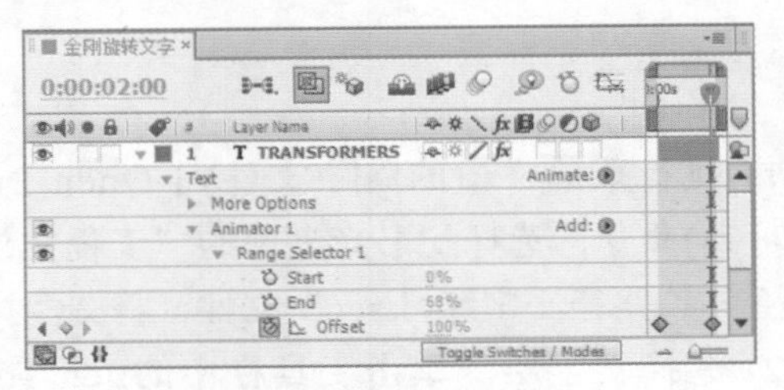

图4.16　修改偏移的值为100

图4.17　设置关键帧后的效果

(6) 这样就完成了金刚文字旋转的整体制作，按小键盘上的“0”键，即可在合成窗口中预览动画。

4.4　坠落文字

实例说明

本例主要讲解利用Character Offset(字符偏移)属性制作坠落文字的效果。完成的动画流程画面如图4.18所示。

图4.18　动画流程画面

学习目标

1. 学习Position(位置)属性的使用。
2. 学习Opacity(透明度)属性的使用。

操作步骤

(1) 执行菜单栏中的File(文件)|Open Project(打开项目)命令，选择配书光盘中的“工程文件\第

4章\坠落文字\坠落文字练习.aep”文件，将文件打开。

(2) 执行菜单栏中的Layer(图层)｜New(新建)｜Text(文本)命令，新建文字层，此时，Composition(合成)窗口中将出现一个闪动的光标，在时间线面板中将出现一个文字层，输入“Every thing is gonna be alright”。在Character(字符)面板中，设置文字字体为STHupo，字号为43px，字体颜色为白色，如图4.19所示，合成窗口效果如图4.20所示。

图4.19　设置字体参数　图4.20　设置字体参数后的效果

(3) 选择文字层，在Effects & Presets(效果和预置)面板中展开Generate(生成)特效组，双击Ramp(渐变)特效。

(4) 在Effect Controls(特效控制)面板中修改Ramp(渐变)特效参数，设置Start of Ramp(渐变开始)的值为(64，140)，Start Color (开始色)为绿色(R:42，G:255，B:132)，End of Ramp(渐变结束)的值为(698，237)，End Color (结束色)为蓝色(R:0，G:255，B:255)，如图4.21所示，合成窗口效果如图4.22所示。

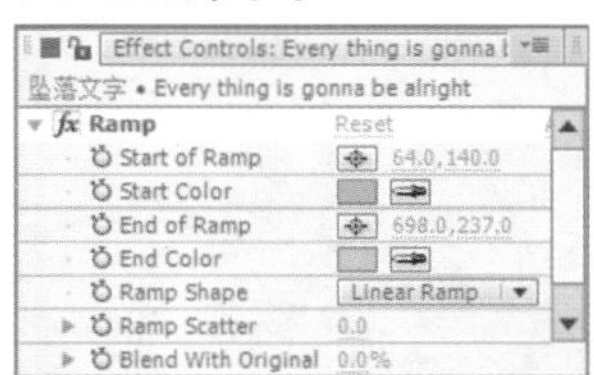

图4.21　设置渐变参数　图4.22　设置渐变参数后的效果

(5) 执行菜单栏中的Layer(图层)｜Layer Styles(图层样式)｜Bevel and Emboss(斜面和浮雕)命令，此时在文字层出现Layer Styles(图层样式)选项，展开Layer Styles选项下的Bevel and Emboss(斜面和浮雕)选项，设置Size(大小)的值为2，如图4.23所示，合成窗口效果如图4.24所示。

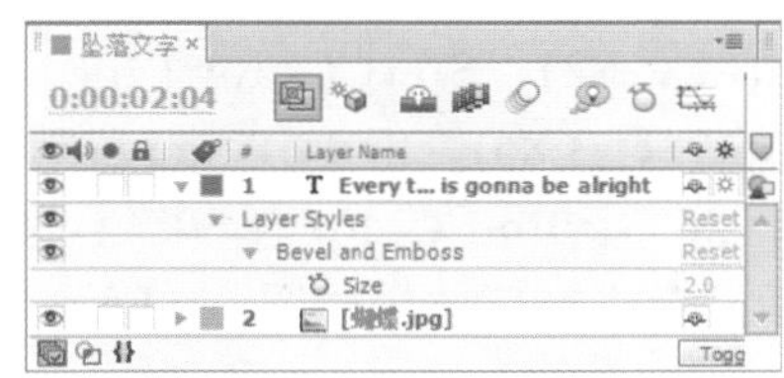

图4.23　设置斜面和浮雕参数

图4.24　设置斜面和浮雕参数后的效果

(6) 将时间调整到00:00:00:00帧的位置，展开“Every thing is gonna be alright”层，单击Text(文字)右侧的三角形按钮，从菜单中选择Character Offset(字符偏移)命令，设置Character Offset(字符偏移)的值为44，单击Animator 1(动画1)右侧的三角形按钮，从菜单中选择Property(特性)｜Opacity(透明度)和Property(特性)｜Position(位置)选项，设置Opacity(透明度)的值为0%，Position(位置)的值为(0，–570)，如图4.25所示。

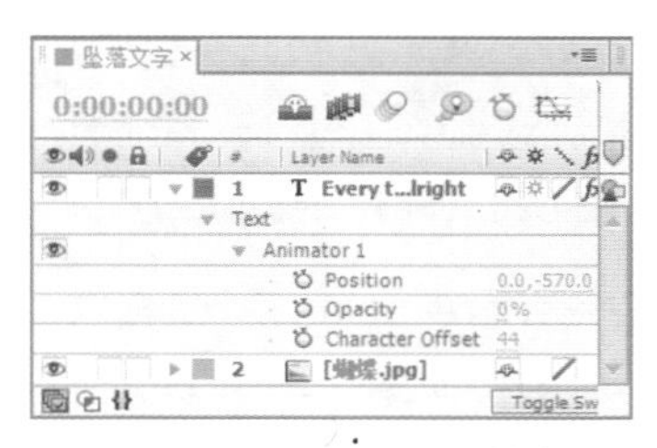

图4.25　设置00:00:00帧参数

(7) 展开Text(文字)｜ Animator 1(动画1)｜Range Selector 1(范围选择器1)｜Advanced(高级)选项组，在Shape(形状)右侧下拉列表中选择Ramp Up(上倾斜)选项，设置Randomize Order(随机顺序)为On(打开)，Random Seed(随机种子)的值为22，展开“Range Selector 1(范围选择器1)”选项组，设置Offset(偏移)的值为–52，单击Offset(偏移)左侧的码表按钮，在当前位置设置关键帧，如图4.26所示。

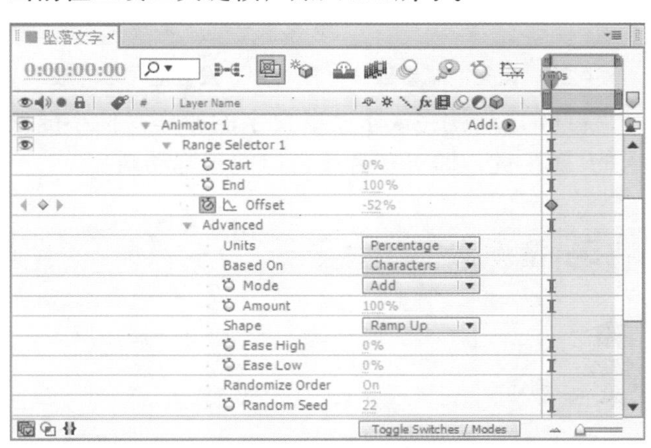

图4.26　设置高级参数

(8) 将时间调整到00:00:02:00帧的位置，设置Offset(偏移)的值为100，系统会自动设置关键帧，如图4.27所示，合成窗口效果如图4.28所示。

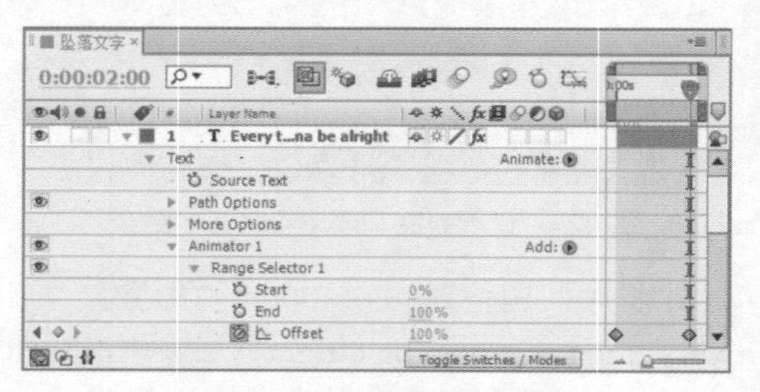

图4.27　设置偏移关键帧

图4.28　设置关键帧后的效果

(9) 为文字层添加Echo(拖尾)特效。在Effects & Presets(效果和预置)面板中展开Time(时间)特效组，然后双击Echo(拖尾)特效。

(10) 在Effect Controls(特效控制)面板中，修改Echo(拖尾)特效的参数，设置Number Of Echoes(重影数量)的值为15，Starting Intensity(开始强度)为0.44，Decay(衰减)的值为0.9，如图4.29所示，合成窗口效果如图4.30所示。

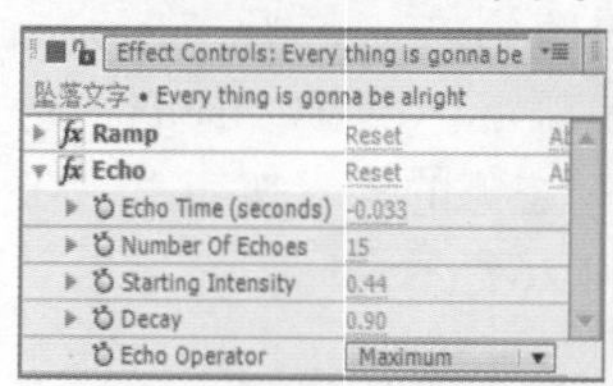

图4.29　设置拖尾参数

图4.30　设置拖尾后的效果

(11) 这样就完成了坠落文字的操作，按小键盘上的“0”键，即可在合成窗口中预览动画。

4.5　清新文字

实例说明

本例主要讲解利用Scale(缩放)属性制作清新文字的效果，完成的动画流程画面如图4.31所示。

图4.31　动画流程画面

学习目标

1. 了解Scale(缩放)属性的使用。
2. 了解Opacity(透明度)属性的使用。
3. 了解Blur(模糊)属性的应用。

操作步骤

(1) 执行菜单栏中的File(文件)|Open Project(打开项目)命令，选择配书光盘中的“工程文件\第4章\清新文字\清新文字练习.aep”文件，将文件打开。

(2) 执行菜单栏中的Layer(图层)|New(新建)|Text(文本)命令，新建文字层，此时，Composition(合成)窗口中将出现一个闪动的光标，在时间线面板中将出现一个文字层，输入“Fantastic Eternity”。在Character(字符)面板中，设置文字字体为Chopin Script，字号为94px，字体颜色为白色，参数如图4.32所示，合成窗口效果如图4.33所示。

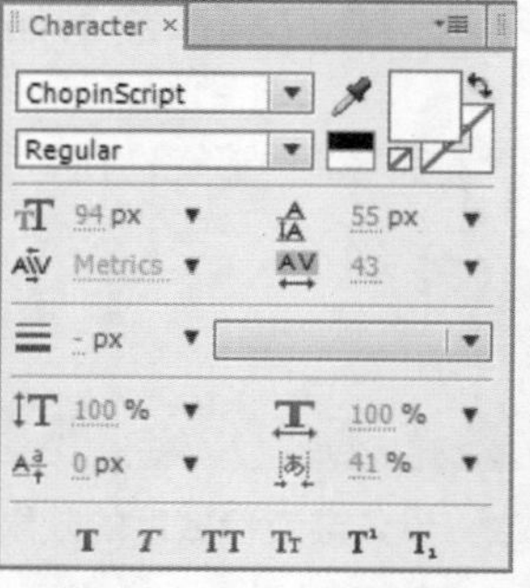

图4.32　设置字体参数

图4.33　设置字体参数后的效果

(3) 选择文字层，在Effects & Presets(效果和预置)面板中展开Generate(生成)特效组，双击Ramp(渐变)特效。

(4) 在Effect Controls(特效控制)面板中修改Ramp(渐变)特效参数，设置Start of Ramp(渐变开始)的值为(88，82)，Start Color (开始色)为绿色(R:156，G:255，B:86)，End of Ramp(渐变结束)的值为(596，267)，End Color (结束色)为白色，如图4.34所示，合成窗口效果如图4.35所示。

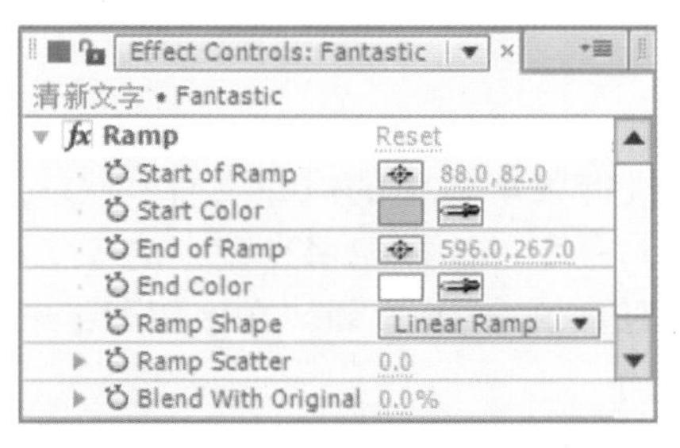

图4.34 设置渐变参数

图4.35 渐变参数效果

(5) 选择文字层，在Effects & Presets(效果和预置)面板中展开Perspective(透视)特效组，双击Drop Shadow(阴影)特效。

(6) 在Effect Controls(特效控制)面板中修改Drop Shadow(阴影)特效参数，设置Shadow Color(阴影色)为暗绿色(R:89，G:140，B:30)，Softness(柔化)的值为18，如图4.36所示，合成窗口效果如图4.37所示。

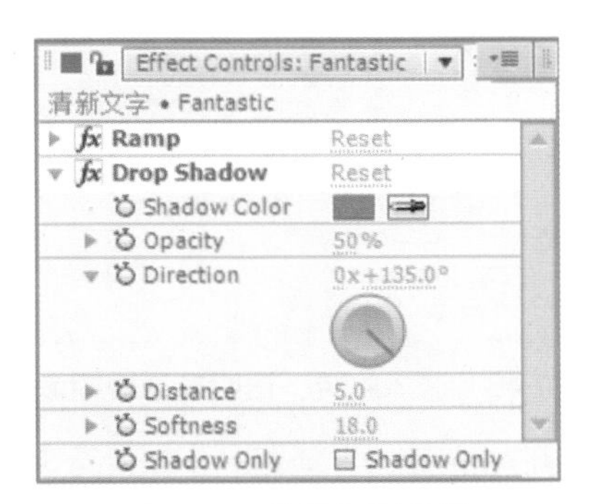

图4.36 设置阴影参数

图4.37 阴影效果

(7) 在时间线面板中展开文字层，单击Text(文本)右侧的三角形按钮◉，在弹出的菜单中选择Scale(缩放)命令，设置Scale(缩放)的值为(300，300)，单击Animator 1(动画1)右侧的三角形按钮◉，从菜单中选择Property(特性)｜Opacity(透明度)和Property(特性)｜Blur(模糊)选项，设置Opacity(透明度)的值为0%，Blur(模糊)的值为(200，200)，如图4.38所示，合成窗口效果如图4.39所示。

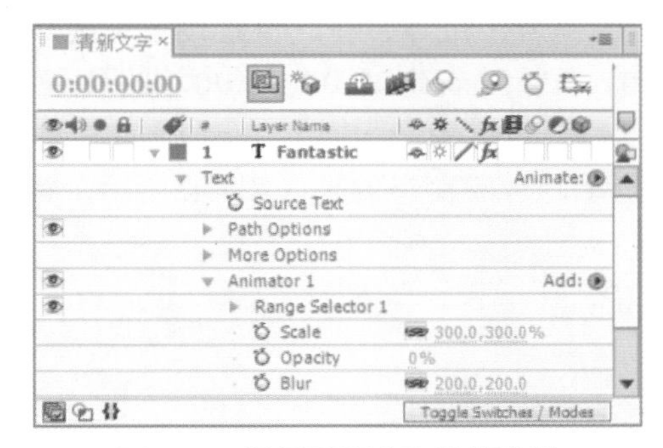

图4.38 设置透明度和模糊参数

图4.39 设置参数后的效果

(8) 展开Animator1(动画1)选项组｜Range Selector1(范围选择器1)选项组｜Advanced(高级)选项，在Units(单位)右侧的下拉列表中选择Index(索引)，在Shape(形状)右侧的下拉列表中选择Ramp Up(上倾斜)，设置Ease Low(低柔和)的值为100%，设置Randomize Order(随机顺序)为On(开启)，如图4.40所示，合成窗口效果如图4.41所示。

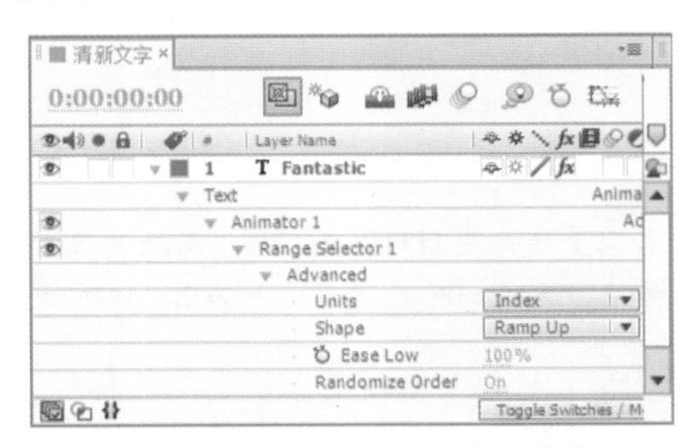

图4.40 设置Advanced(高级)参数

图4.41 设置Advanced参数后的效果

(9) 调整时间到00:00:00:00帧的位置，展开Range Selector1(范围选择器1)选项，设置End(结束)的值为10，Offset(偏移)的值为–10，单击Offset(偏移)左侧的码表按钮，在此位置设置关键帧。

(10) 调整时间到00:00:02:00帧的位置，设置Offset(偏移)的值为23，系统自动添加关键帧，如图4.42所示，合成窗口效果如图4.43所示。

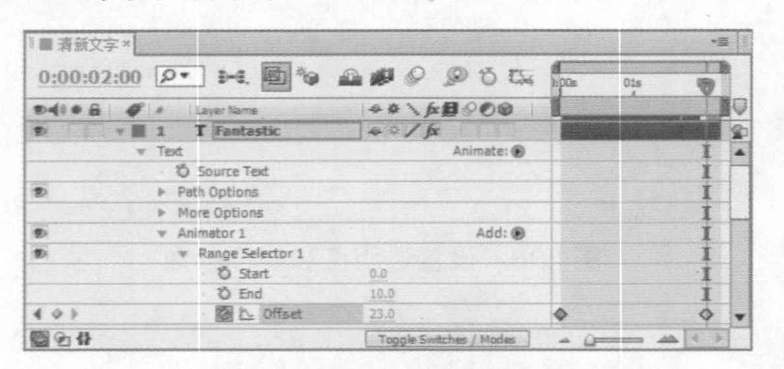

图4.42　添加偏移关键帧

图4.43　设置关键帧后的效果

(11) 这样就完成了清新文字的整体制作，按小键盘上的“0”键，即可在合成窗口中预览动画。

4.6　卡片翻转文字

实例说明

本例主要讲解利用Scale(缩放)属性制作卡片翻转的效果，完成的动画流程画面如图4.44所示。

图4.44　动画流程画面

学习目标

1. 学习Enable Per-character 3D属性的使用。
2. 掌握Scale(缩放)属性的使用。
3. 掌握Rotation(旋转)属性的使用。
4. 掌握Blur(模糊)属性的使用。

操作步骤

(1) 执行菜单栏中的File(文件) | Open Project(打开项目)命令，选择配书光盘中的“工程文件\第4章\卡片翻转文字\卡片翻转文字练习.aep”文件，将文件打开。

(2) 在时间线面板中展开文字层，单击Text(文本)右侧的Animate:动画按钮，在弹出的下拉菜单中依次选择Enable Per-character 3D(启用逐字3D化)和Scale(缩放)命令，如图4.45所示。

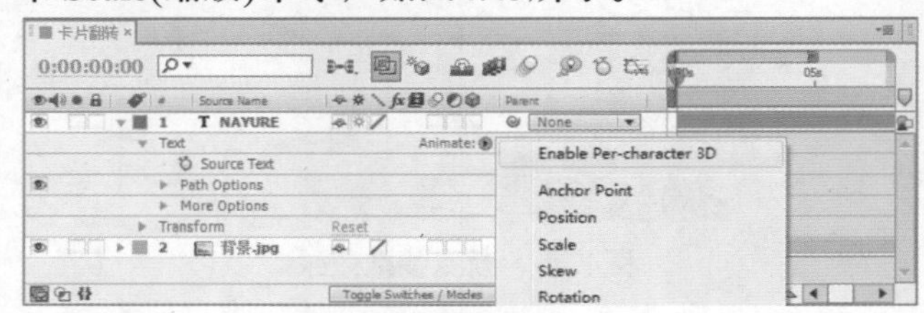

图4.45　选择启用逐字3D化和缩放

(3) 此时在Text选项中出现一个Animator1(动画1)选项组，单击Animator1(动画1)右侧的Add:按钮，在弹出的菜单中依次选择Property(特性) | Rotation(旋转)、Opacity(透明度)、Blur(模糊)命令，如图4.46所示。

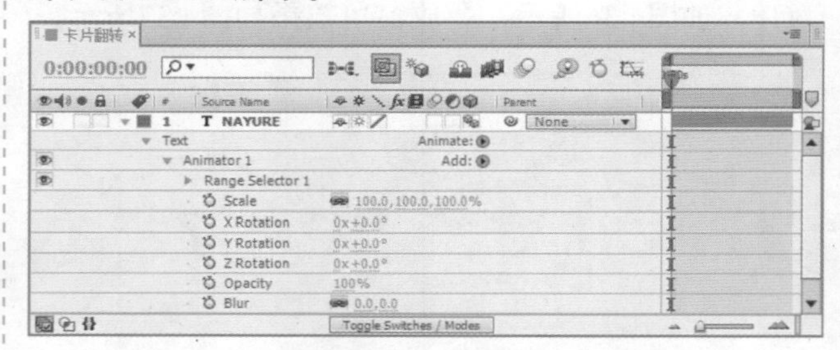

图4.46　选择旋转、透明度、模糊命令

(4) 展开Animator1(动画1) | Range Selector1(范围选择器1) | Advanced(高级)，在Shape(形状)右侧的下拉列表中选择Ramp Up(上倾斜)，如图4.47所示。

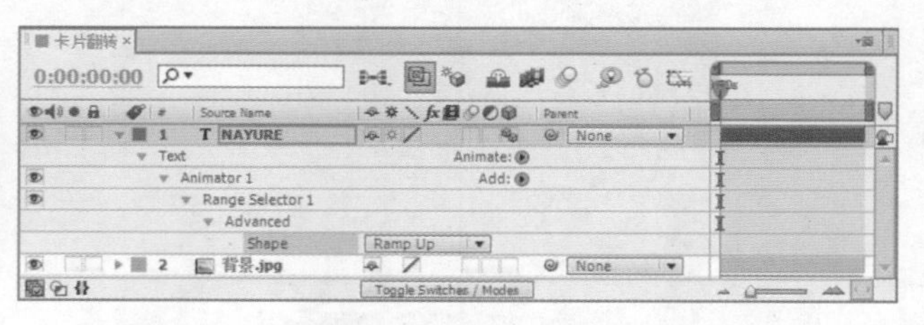

图4.47　设置Advanced(高级)选项组中的参数

(5) 在Animator1(动画1)选项下，设置Scale(缩放)的值为(400，400，400)，Opacity(透明度)的值为0%，Y Rotation(Y轴旋转)的值为–1x，Blur(模糊)的值为(5，5)，如图4.48所示。

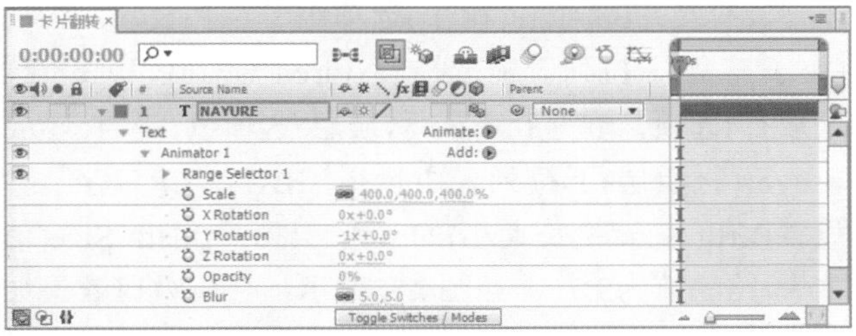

图4.48　设置透明度、旋转、模糊参数

(6) 调整时间到00:00:00:00帧的位置，展开Range Selector1(范围选择器1)选项，设置Offset(偏移)的值为–100，单击Offset(偏移)左侧的码表按钮⏱，在此位置设置关键帧，如图4.49所示。

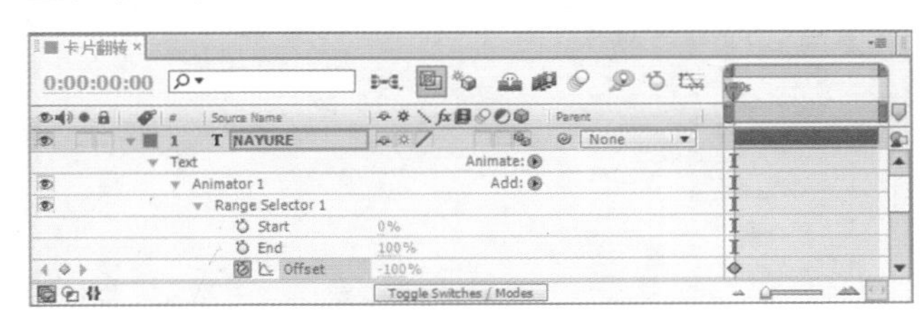

图4.49　设置参数并添加关键帧

(7) 调整时间到00:00:05:00帧的位置，设置Offset(偏移)的值为100，系统自动添加关键帧，如图4.50所示。

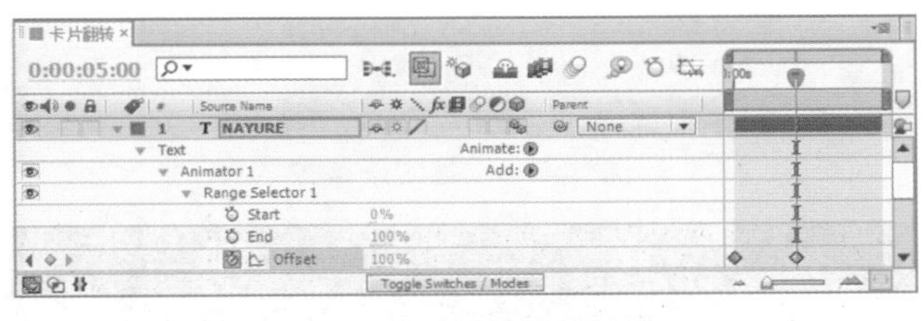

图4.50　添加偏移关键帧

(8) 选择文字层，在Effects & Presets(效果和预置)面板中展开Generate(生成)特效组，双击Ramp(渐变)特效，如图4.51所示。

(9) 在Effect Controls(特效控制)面板中修改Ramp(渐变)特效参数，设置Start of Ramp(渐变开始)的值为(112，156)，Start Color (开始色)为淡蓝色(R:154，G:100，B:86)，End of Ramp(渐变结束)的值为(606，272)，End Color (结束色)为黄色(R:51，G:76，B:100)，如图4.52所示。

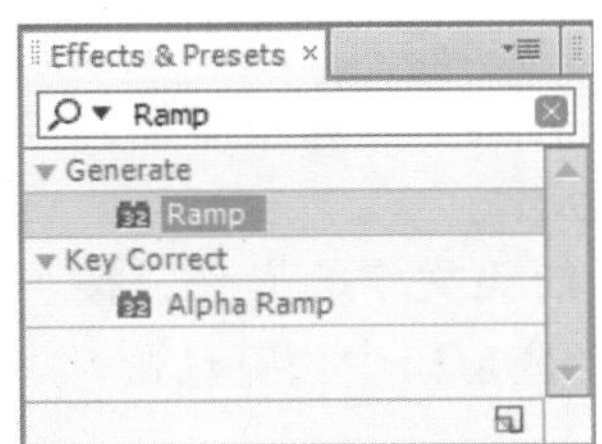

图4.51　添加渐变特效

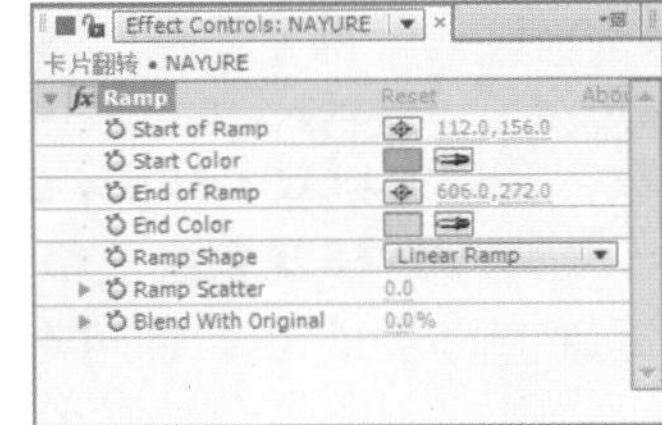

图4.52　设置渐变参数

(10) 这样就完成了卡片翻转文字的整体制作，按小键盘上的“0”键，即可在合成窗口中预览动画。

4.7　飘洒纷飞文字

实例说明

本例主要讲解利用CC Particle World(CC 粒子仿真世界)特效制作飘洒纷飞文字的效果。完成的动画流程画面如图4.53所示。

图4.53　动画流程画面

学习目标

1．学习CC Particle World (CC 粒子仿真世界)特效的使用。

2．掌握Glow(辉光)特效的使用。

操作步骤

(1) 执行菜单栏中的Composition(合成)｜New Composition(新建合成)命令，打开Composition Settings(合成设置)对话框，设置Composition Name (合成名称)为“飘洒纷飞文字”，Width(宽)为“720”，Height(高)为“405”，Frame Rate(帧率)为“25”，并设置Duration(持续时间)为00:00:06:00秒。

(2) 执行菜单栏中的Layer(图层)｜New(新建)｜Text(文本)命令，新建文字层，此时，Composition(合成)窗口中将出现一个闪动的光标，在时间线面板中将出现一个文字层，输入“BUTTERFLY”。在Character(字符)面板中，设置文字字体为ImperatorSmallCaps，字号为57px，字体颜色为紫色(R:254，G:83，B:255)，打开文字层的三维开关，如图4.54所示，合成窗口效果如图4.55所示。

(3) 按Ctrl + Y组合键，打开Solid Settings(固态层设置)对话框，设置Name(名称)为粒子，Color(颜色)为黑色。

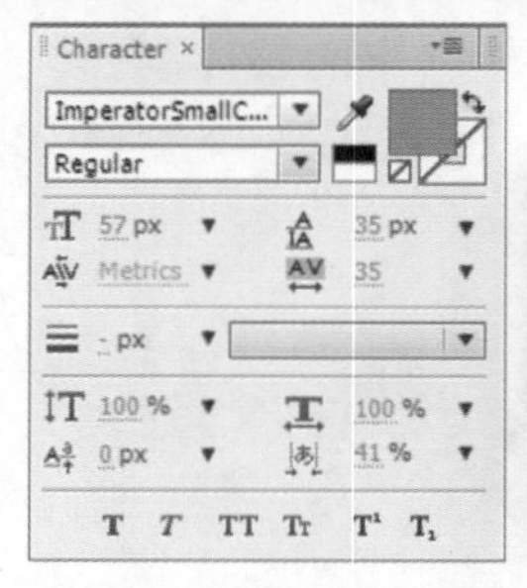

图4.54　设置字体参数

图4.55　设置字体后的效果

(4) 为“粒子”层添加CC Particle World (CC 粒子仿真世界)特效。在Effects & Presets(效果和预置)面板中展开Simulation(模拟仿真)特效组，然后双击CC Particle World (CC 粒子仿真世界)特效。

(5) 在Effect Controls(特效控制)面板中，修改CC Particle World (CC 粒子仿真世界)特效的参数，设置Longevity(寿命)的值为1.29，将时间调整到00:00:00:00帧的位置，设置Birth Rate(生长速率)的值为3.9，单击Birth Rate(生长速率)左侧的码表按钮，在当前位置设置关键帧。

(6) 将时间调整到00:00:05:00帧的位置，设置Birth Rate(生长速率)的值为0，系统会自动设置关键帧，如图4.56所示。

Effect Controls: 粒子
飘洒纷飞文字 • 粒子

CC Particle World	Reset
Grid & Guides	
Birth Rate	0.0
Longevity (sec)	1.29
Producer	

图4.56　设置生长速率关键帧

(7) 展开Producer(产生点)选项组，设置Radius X(X 轴半径)的值为0.625，Radius Y(Y 轴半径)的值为0.485，Radius Z(Z 轴半径)的值为7.215，展开Physics(物理性)选项组，设置Gravity(重力)的值为0，如图4.57所示。

Effect Controls: 粒子
飘洒纷飞文字 • 粒子

CC Particle World	Reset
Grid & Guides	
Birth Rate	0.0
Longevity (sec)	1.29
Producer	
Position X	0.00
Position Y	0.00
Position Z	0.00
Radius X	0.625
Radius Y	0.485
Radius Z	7.215
Physics	
Animation	Explosive
Velocity	1.00
Inherit Velocity	0.0
Gravity	0.000

图4.57　设置产生点和物理性参数

(8) 展开Particle(粒子)选项组，从Particle Type (粒子类型)下拉列表中选择Textured QuadPolygon(纹理放行)选项，展开Texture(材质层)选项组，从Texture Layer(材质层)下拉列表中选择“BUTTERFLY”，设置Birth Size(生长大小)的值为11.36，Death Size(消亡大小)的值为9.76，如图4.58所示，合成窗口效果如图4.59所示。

(9) 为“粒子”层添加Glow(辉光)特效。在Effects & Presets(效果和预置)面板中展开Stylize(风格化)特效组，然后双击Glow(辉光)特效。

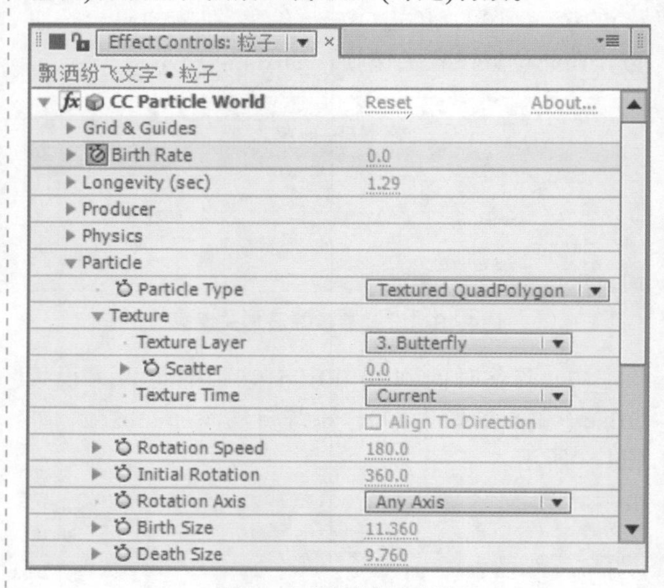

图4.58　设置粒子参数

图4.59　添加辉光后的效果

(10) 执行菜单栏中的Layer(图层) | New(新建) | Camera(摄像机)命令，新建摄像机，打开Camera Settings(摄像机设置)对话框，设置Name(名称)为“Camera 1”，如图4.60所示，调整摄像机参数，合成窗口效果如图4.61所示。

(11) 这样就完成了飘洒纷飞文字的操作，按小键盘上的“0”键，即可在合成窗口中预览动画。

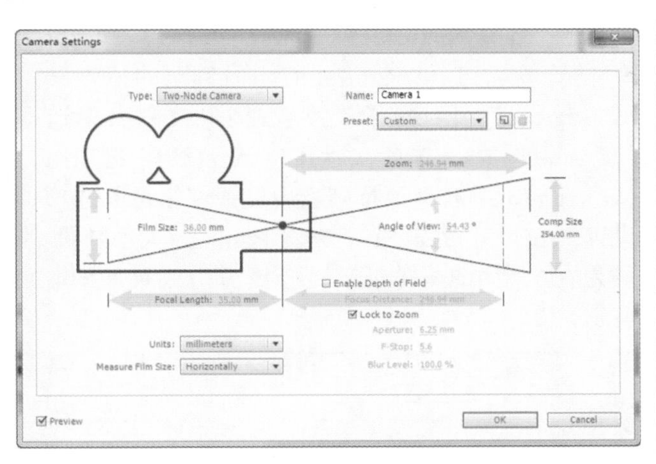

图4.60　设置摄像机

图4.61　设置摄像机后的效果

4.8　炫金字母世界

实例说明

本例主要讲解利用Particular(粒子)特效制作炫金字母世界的效果。完成的动画流程画面如图4.62所示。

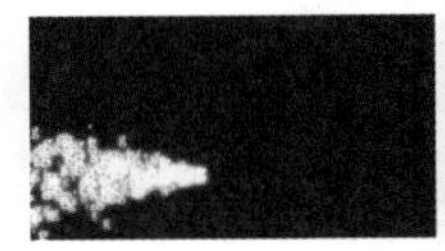
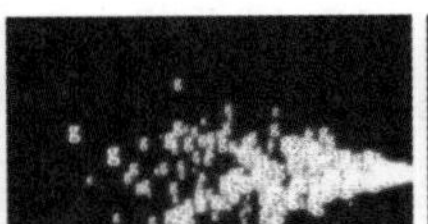
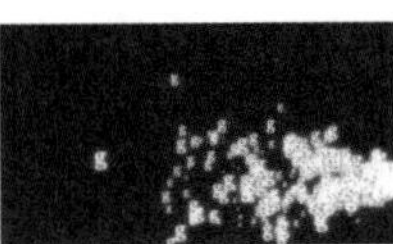

图4.62　动画流程画面

学习目标

1. 掌握Particular(粒子)特效的使用。
2. 掌握Glow(辉光)特效的使用。

操作步骤

(1) 执行菜单栏中的Composition(合成)｜New Composition(新建合成)命令，打开Composition Settings(合成设置)对话框，设置Composition Name(合成名称)为“字母”，Width(宽)为“20”，Height(高)为“40”，Frame Rate(帧率)为“25”，并设置Duration(持续时间)为00:00:06:00秒。

(2) 执行菜单栏中的Layer(图层)｜New(新建)｜Text(文本)命令，新建文字层，此时，Composition(合成)窗口中将出现一个闪动的光标，在时间线面板中将出现一个文字层，输入“g”。在Character(字符)面板中，设置文字字体为GBInnMing-Bold，字号为48px，字体颜色为白色，如图4.63所示，合成窗口效果如图4.64所示。

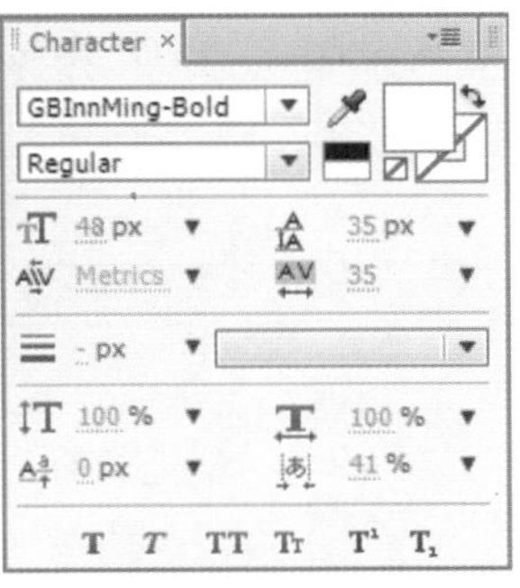

图4.63　设置字体参数

图4.64　合成文字效果

(3) 执行菜单栏中的Composition(合成)｜New Composition(新建合成)命令，打开Composition Settings(合成设置)对话框，设置Composition Name(合成名称)为“炫金字母世界”，Width(宽)为“720”，Height(高)为“405”，Frame Rate(帧率)为“25”，并设置Duration(持续时间)为00:00:06:00秒。

(4) 在Project(项目)面板中，选择“字母”合成，将其拖动到“炫金字母世界”合成的时间线面板中，单击“字母”关闭按钮，如图4.65所示。

(5) 执行菜单栏中的Layer(图层)｜New(新建)｜Solid(固态层)命令，打开Solid Settings(固态层设置)对话框，设置Name(名称)为“数字流”，Color(颜色)为黑色。

(6) 为“数字流”层添加Particular(粒子)特效。在Effects & Presets(效果和预置)面板中展开Trapcode特效组，然后双击Particular(粒子)特效，如图4.66所示。

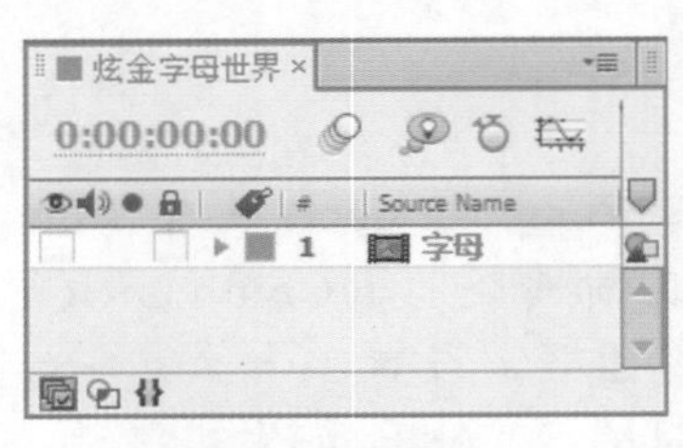

图4.65　隐藏图层

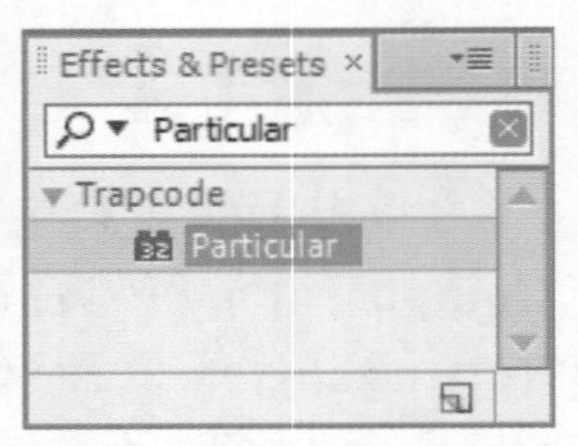

图4.66　添加粒子特效

(7) 在Effect Controls(特效控制)面板中，修改Particular(粒子)特效的参数，展开Emitter(发射器)选项组，设置Particles/sec(每秒发射粒子数)的值为500，Velocity Random(随机速度)的值为82，Velocity from Motion(运动速度)的值为10，将时间调整到00:00:00:00帧的位置，设置Position XY(XY轴位置)的值为(–136，288)，单击Position XY(XY轴位置)左侧的码表按钮，在当前位置设置关键帧。

(8) 将时间调整到00:00:04:00帧的位置，设置Position XY(XY轴位置)的值为(1396，288)，系统会自动设置关键帧，如图4.67所示，合成窗口效果如图4.68所示。

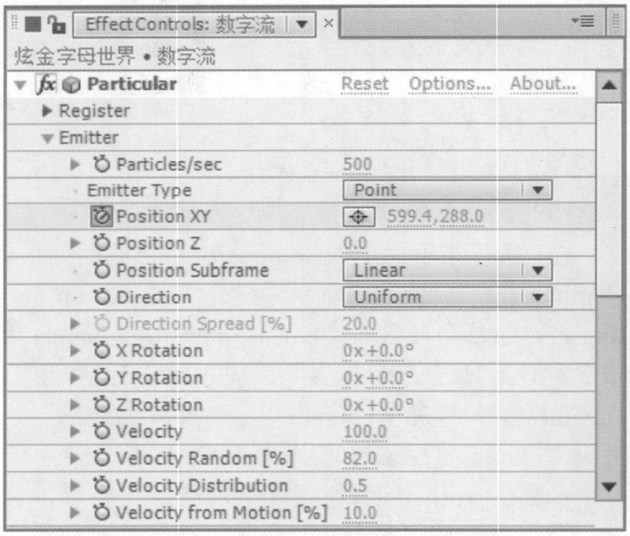

图4.67　设置Emitter(发射器)参数

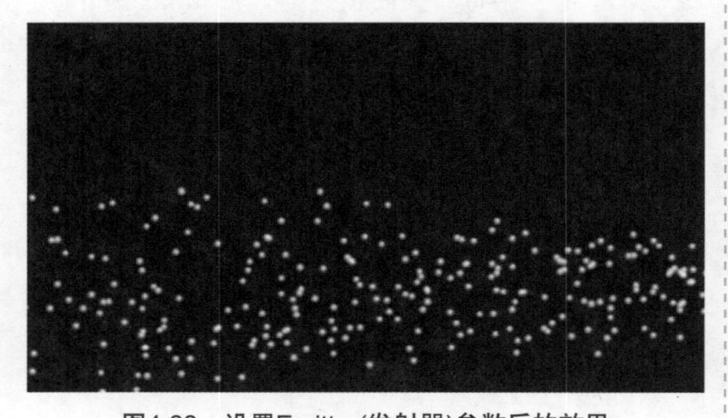

图4.68　设置Emitter(发射器)参数后的效果

(9) 展开Particle(粒子)选项组，设置Life(生命)的值为1，Life Random(生命随机)的值为50，从Particle Type(粒子类型)右侧下拉列表中选择“Sprite(幽灵)”选项，展开Texture(纹理)选项组，从Layer(图层)右侧下拉列表中选择“字母”选项，设置Size(尺寸)的值为5，Size Random(大小随机)的值为100，如图4.69所示，合成窗口效果如图4.70所示。

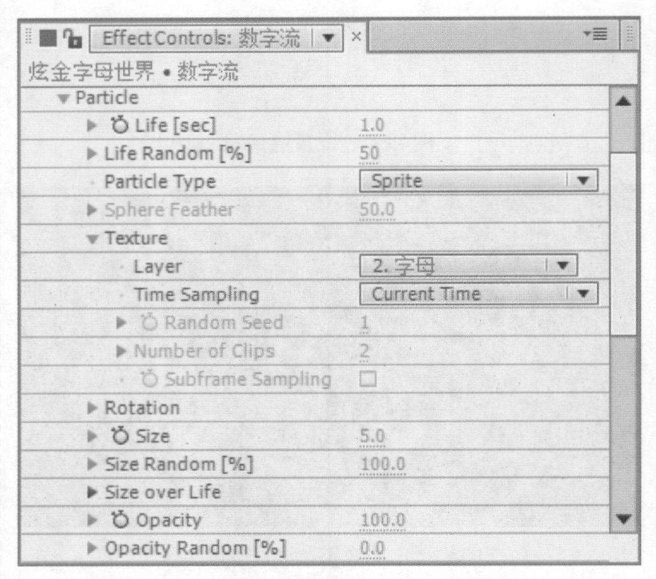

图4.69　设置Particle(粒子)参数

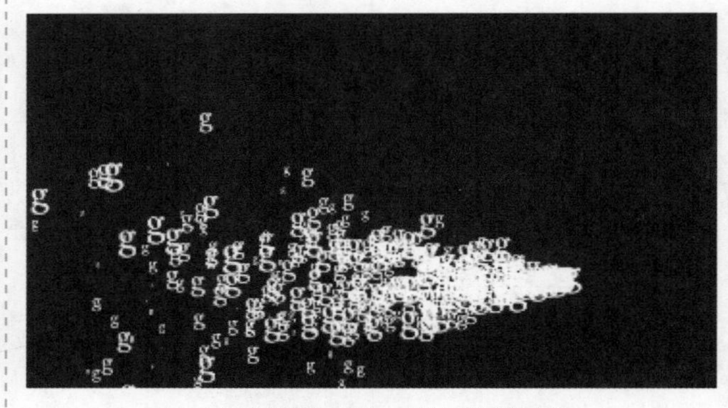

图4.70　设置Particle(粒子)后的效果

(10) 为“数字流”层添加Glow(辉光)特效。在Effects & Presets(效果和预置)面板中展开Stylize(风格化)特效组，然后双击Glow(辉光)特效。

(11) 在Effect Controls(特效控制)面板中，修改Glow(辉光)特效的参数，设置Glow Threshold(辉光阈值)的值为40，Glow Radius(辉光半径)的值为15，Glow Intensity(辉光强度)的值为2，从Glow Color(辉光色)右侧下拉列表中选择“A & B Colors(A和B颜色)”选项，设置Color A(颜色A)为橘色(R:255，G:138，B:0)，Color B(颜色B)为棕色(R:119，G:104，B:7)，如图4.71所示，合成窗口效果如图4.72所示。

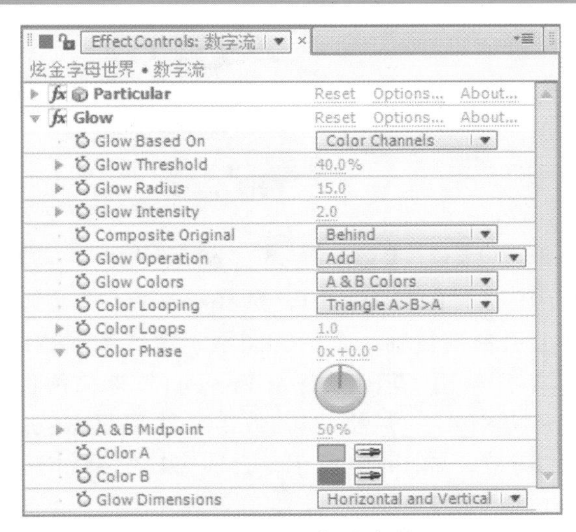

图4.71　设置辉光参数

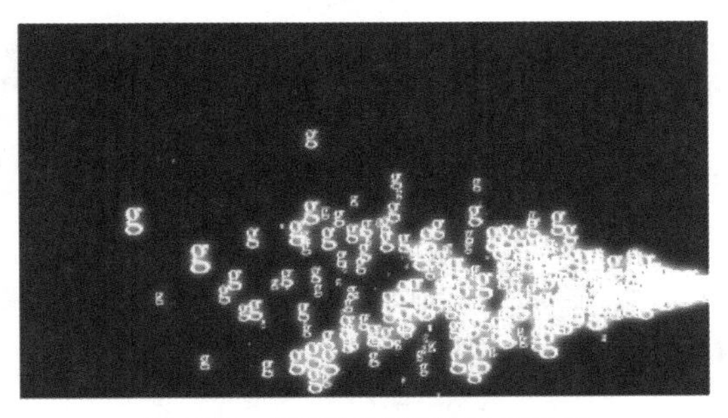

图4.72　设置辉光特效后的效果

(12) 这样就完成了炫金字母世界的操作，按小键盘上的“0”键，即可在合成窗口中预览动画。

4.9　银河爆炸破碎

实例说明

本例主要讲解利用Shatter(碎片)特效制作银河爆炸破碎的效果。完成的动画流程画面如图4.73所示。

图4.73　动画流程画面

学习目标

1．学习Shatter(碎片)特效的使用。

2．掌握CC Pixel Polly(CC 像素多边形)特效的使用。

操作步骤

(1) 执行菜单栏中的File(文件)|Open Project(打开项目)命令，选择配书光盘中的“工程文件\第4章\银河爆炸破碎\银河爆炸破碎练习.aep”文件，将文件打开。

(2) 执行菜单栏中的Layer(图层)|New(新建)|Text(文本)命令，新建文字层，此时，Composition(合成)窗口中将出现一个闪动的光标，在时间线面板中将出现一个文字层，输入“ALIENS ATTIC”。在Character(字符)面板中，设置文字字体为“草檀斋毛泽东字体”，字号为“62px”，字体颜色为红色(R:255，G:0，B:0)，如图4.74所示，合成窗口效果如图4.75所示。

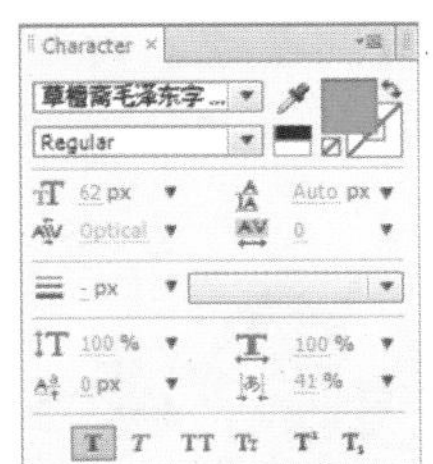

图4.74　设置字体参数

图4.75　设置字体参数后的效果

(3) 为ALIENS ATTIC层添加Drop Shadow(阴影)特效。在Effects & Presets(效果和预置)面板中展开Perspective(透视)特效组，然后双击Drop Shadow(阴影)特效，如图4.76所示，合成窗口效果如图4.77所示。

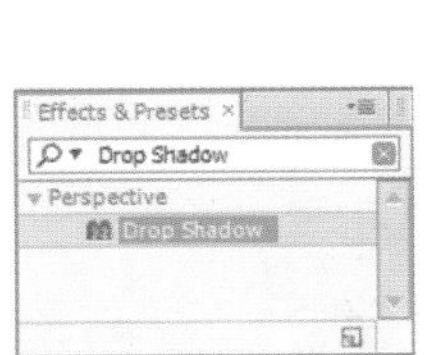

图4.76　添加特效

图4.77　添加特效后的效果

(4) 在Effect Controls(特效控制)面板中，修改Drop Shadow(阴影)特效的参数，设置Direction(方向)的值为135，如图4.78所示，合成窗口效果如图4.79所示。

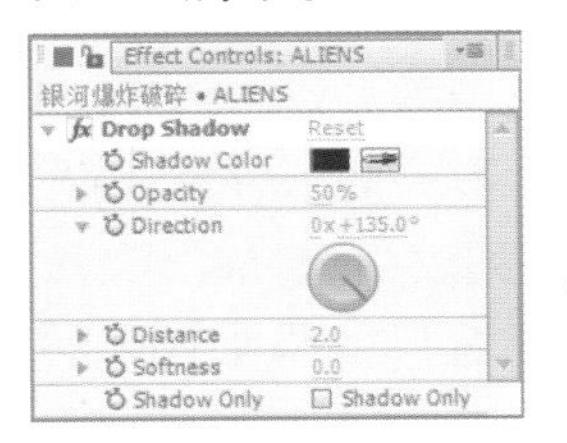

图4.78　设置阴影参数

图4.79　设置阴影参数后的效果

(5) 在时间线面板中，选择ALIENS ATTIC层，按Ctrl+D组合键复制一个新的图层，将该图层重命名为“文字 2”。在Effects & Presets(效果和预置)面板中展开Simulation(模拟仿真)特效组，然后双击CC Pixel Polly(CC 像素多边形)特效，如图4.80所示，合成窗口效果如图4.81所示。

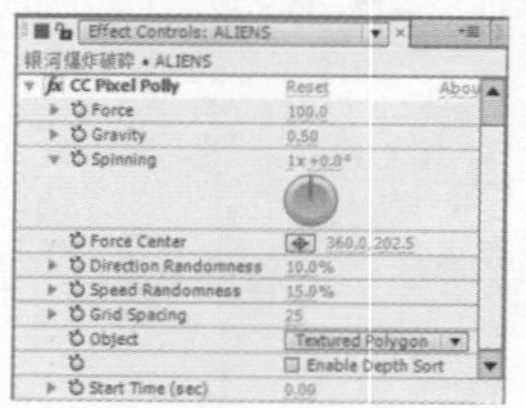

图4.80　添加特效

图4.81　添加特效后的效果

(6) 在Effect Controls(特效控制)面板中，修改CC Pixel Polly(CC 像素多边形)特效的参数，设置Gravity(重力)为0.5，如图4.82所示，合成窗口效果如图4.83所示。

图4.82　设置CC像素多边形参数　图4.83　设置特效参数后的效果

(7) 在时间线面板中，选择ALIENS ATTIC层，按Ctrl+D组合键复制一个新的图层，将该图层重命名为“文字 3”。在Effects & Presets(效果和预置)面板中展开Simulation(模拟仿真)特效组，然后双击Shatter(碎片)特效，如图4.84所示，合成窗口效果如图4.85所示。

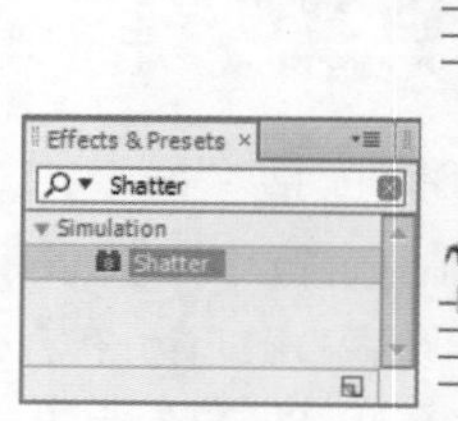

图4.84　添加特效

图4.85　设置Shatter(碎片)参数后的效果

(8) 在Effect Controls(特效控制)面板中，修改Shatter(碎片)特效的参数，从View(查看)右侧下拉列表中选择Rendered(渲染)选项，展开Shape(形状)选项组，从Pattern(图案)右侧下拉列表中选择Glass(玻璃)选项，如图4.86所示，合成窗口效果如图4.87所示。

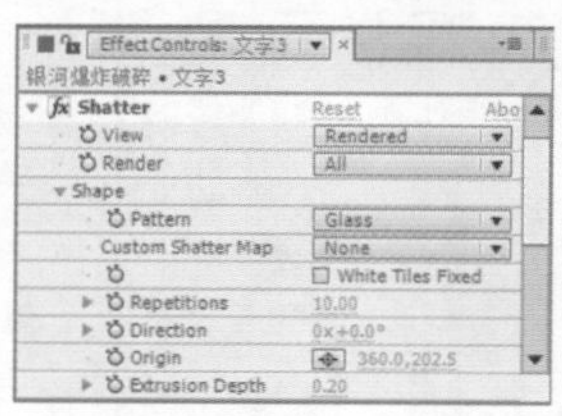

图4.86　设置碎片参数

图4.87　设置碎片特效后的效果

(9) 在时间线面板中，选择“文字 2”层，按Ctrl+D组合键复制一个新的图层，将该图层重命名为“文字 4”。在Effects & Presets(效果和预置)面板中展开Stylize(风格化)特效组，然后双击Scatter(散射)特效，如图4.88所示，合成窗口效果如图4.89所示。

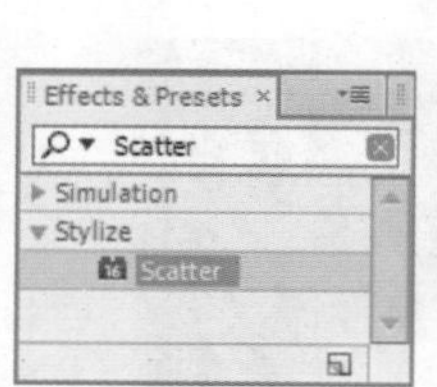

图4.88　添加散射特效

图4.89　添加散射特效后的效果

(10) 在Effect Controls(特效控制)面板中，修改Scatter(散射)特效的参数，将时间调整到00:00:00:00帧的位置，设置Scatter Amount(扩散量)的值为0，单击Scatter Amount(扩散量)左侧的码表按钮，在当前位置设置关键帧，如图4.90所示，合成窗口效果如图4.91所示。

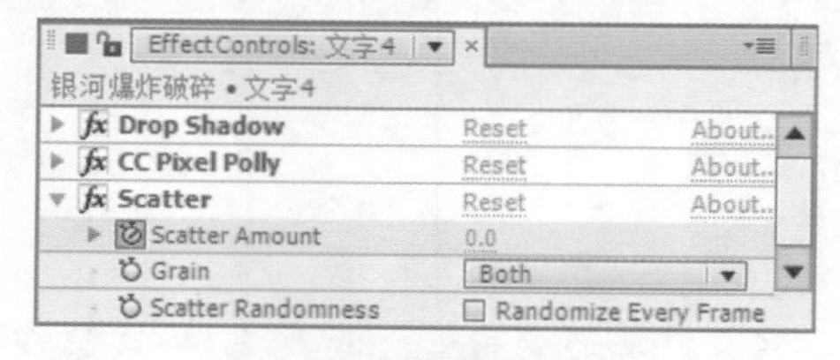

图4.90　设置散射参数

图4.91　设置散射特效后的效果

(11) 将时间调整到00:00:02:00帧的位置，设置Scatter Amount(扩散量)的值为998，系统会自动设置关键帧，如图4.92所示，合成窗口效果如图4.93所示。

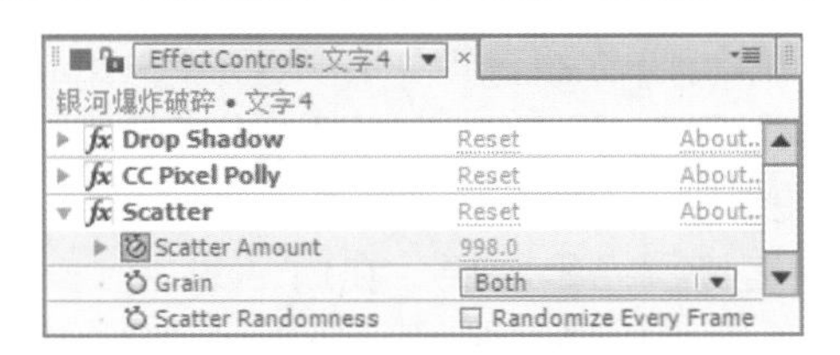

图4.92 设置散射关键帧

图4.93 设置散射参数后的效果

(12) 将时间调整到00:00:00:00帧的位置，展开“文字 4”层，单击Text(文字)右侧的三角形按钮，从菜单中选择Scale(缩放)和Tracking(跟踪)命令，设置Scale(缩放)的值为(100，100)，Tracking Amount(跟踪数量)的值为0，单击Scale(缩放)和Tracking Amount(跟踪数量)左侧的码表按钮，在当前位置设置关键帧，如图4.94所示。

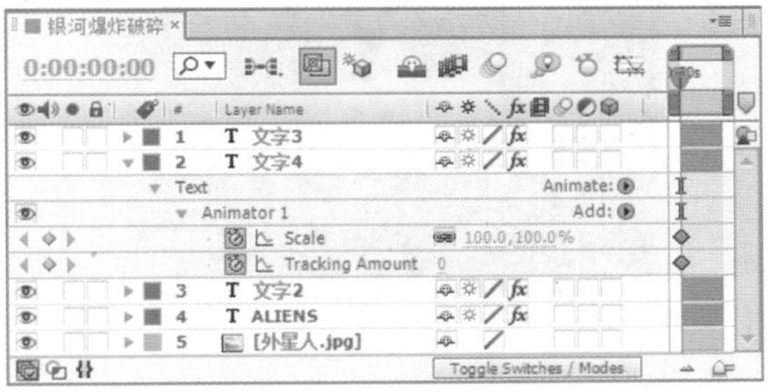

图4.94 设置缩放和跟踪数量属性参数

(13) 将时间调整到00:00:02:00帧的位置，设置Scale(缩放)的值为(0，0)，Tracking Amount(跟踪数量)的值为10，系统会自动设置关键帧，如图4.95所示。

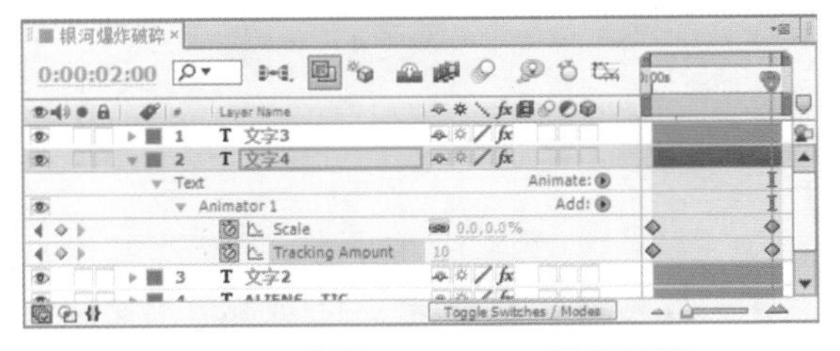

图4.95 设置00:00:02:00帧关键帧

(14) 将时间调整到00:00:00:10帧的位置，选择“文字2”、“文字3”和“文字4”层，按“[”键设置“文字2”、“文字3”和“文字4”层的入点，选择ALIENS层，按“]”键设置出点，如图4.96所示。

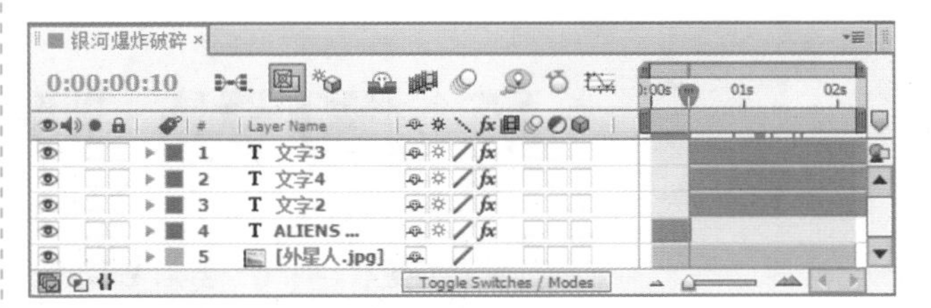

图4.96 设置文字入点

(15) 这样就完成了银河爆炸破碎的整体制作，按小键盘上的“0”键，即可在合成窗口中预览动画。

4.10 酷耀文字

实例说明

本例主要讲解利用Lens Flare(镜头光晕)特效制作酷耀文字的效果。完成的动画流程画面如图4.97所示。

图4.97 动画流程画面

学习目标

1. **学习Color Emboss(彩色浮雕)特效的使用。**
2. **掌握Lens Flare(镜头光晕)特效的使用。**

操作步骤

(1) 执行菜单栏中的File(文件)|Open Project(打开项目)命令，选择配书光盘中的“工程文件\第4章\酷耀文字\酷耀文字练习.aep”文件，将文件打开。

(2) 执行菜单栏中的Layer(图层)|New(新建)|Text(文本)命令，新建文字层，此时，Composition(合成)窗口中将出现一个闪动的光标，在时间线面板中将出现一个文字层，输入“CAPTAINAMERICA”。在Character(字符)面板中，设置文字字体为Calisto MT，字号为68px，字体颜色为灰色(R:215，G:218，B:217)，单击粗体按钮，如图4.98所示，合成窗口效果如图4.99所示。

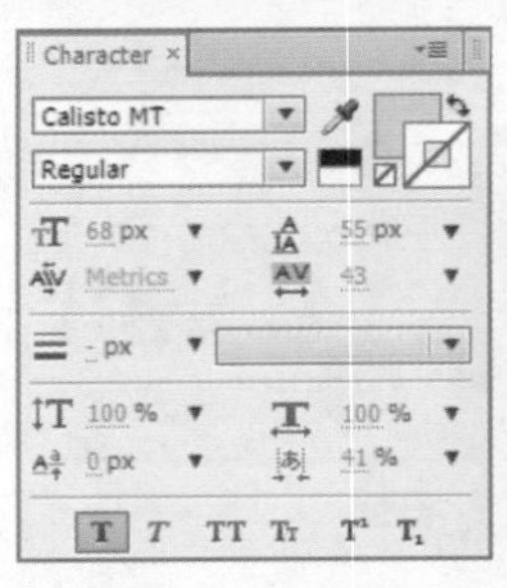

图4.98 设置字体参数

图4.99 设置字体参数后的效果

(3) 选择文字层，在Effects & Presets(效果和预置)面板中展开Stylize(风格化)特效组，双击Color Emboss(彩色浮雕)特效。

(4) 在Effect Controls(特效控制)面板中修改Color Emboss(彩色浮雕)特效参数，设置Direction(方向)的值为143，如图4.100所示，合成窗口效果如图4.101所示。

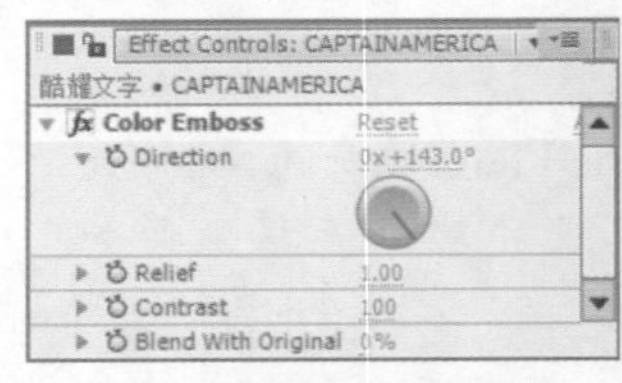

图4.100 设置彩色浮雕参数

图4.101 彩色浮雕效果

(5) 将时间调整到00:00:00:00帧的位置，展开CAPTAINAMERICA层，单击Text(文字)右侧的三角形按钮，从菜单中选择Opacity(透明度)命令，设置Opacity(透明度)的值为0，展开Text(文字) | Animator 1(动画1) | Range Selector 1(范围选择器1)选项组，设置Start(开始)的值为0，单击Start(开始)左侧的码表按钮，在当前位置设置关键帧，合成窗口效果如图4.102所示。

图4.102 设置开始关键帧后的效果

(6) 将时间调整到00:00:01:00帧的位置，设置Start(开始)的值为100，系统会自动设置关键帧，如图4.103所示。

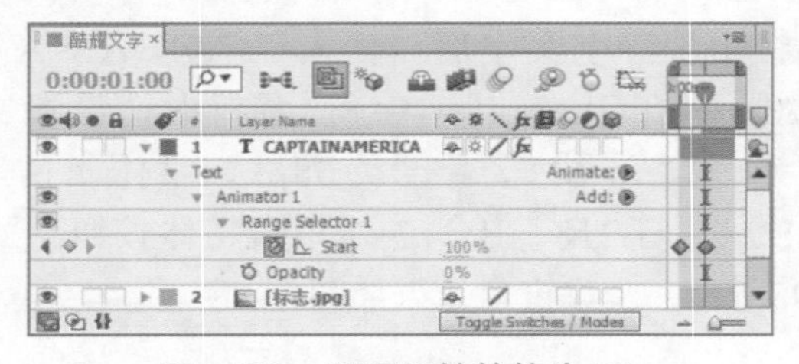

图4.103 设置开始的值为100

(7) 按Ctrl + Y组合键，打开Solid Settings(固态层设置)对话框，设置Name(名称)为光晕，Color(颜色)为黑色。

(8) 选择“光晕”层，在Effects & Presets(效果和预置)面板中展开Generate(生成)特效组，双击Lens Flare(镜头光晕)特效。

(9) 在Effect Controls(特效控制)面板中修改Lens Flare(镜头光晕)特效参数，设置Flare Brightness(光晕亮度)的值为128，将时间调整到00:00:00:02帧的位置，设置Flare Center(光晕中心)的值为(–21，282)，单击Flare Center(光晕中心)左侧的码表按钮，在当前位置设置关键帧。

(10) 将时间调整到00:00:00:21帧的位置，设置Flare Center(光晕中心)的值为(745，282)，如图4.104所示，合成窗口效果如图4.105所示。

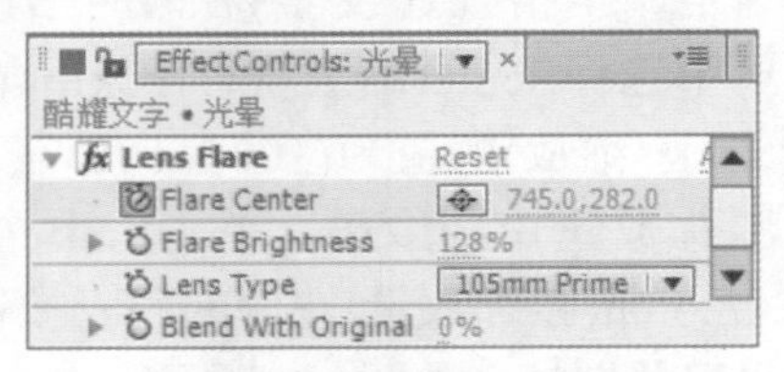

图4.104 设置镜头光晕参数

图4.105 光晕效果

(11) 在时间线面板中，设置“光晕”层的图层混合模式为Add(相加)，这样就完成了酷耀文字的整体制作，按小键盘上的“0”键，即可在合成窗口中预览动画。

4.11 紫色梦幻

实例说明

本例首先利用Ramp(渐变)特效制作渐变背景，然后通过Blur(模糊)和Scale(缩放)等属性制作文字的虚幻缩放动画，最后利用Lens Flare(镜头光晕)特效添加光晕效果，制作出紫色梦幻效果。完成的动画流程画面如图4.106所示。

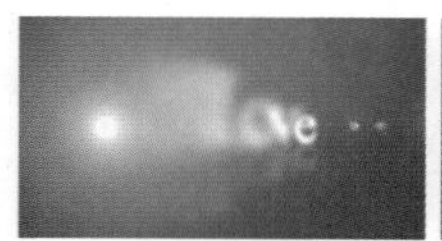

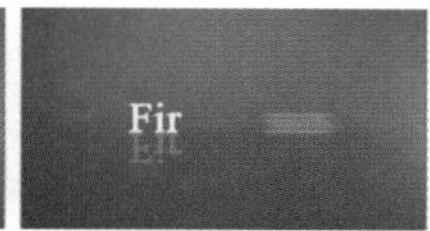

图4.106　动画流程画面

学习目标

1. 学习Lens Flare(镜头光晕)特效的使用。
2. 学习Ramp(渐变)特效的使用。
3. 学习Blur(模糊)属性的使用。
4. 学习Scale(缩放)属性的使用。

操作步骤

(1) 执行菜单栏中的Composition(合成) | New Composition(新建合成)命令，打开Composition Settings(合成设置)对话框，设置Composition Name(合成名称)为“紫色梦幻”，Width(宽)为“720”，Height(高)为“405”，Frame Rate(帧率)为“25”，并设置Duration(持续时间)为00:00:02:00秒。

(2) 按Ctrl + Y组合键，打开Solid Settings(固态层设置)对话框，设置Name(名称)为“背景”，Color(颜色)为黑色。

(3) 选择“背景”层，在Effects & Presets(效果和预置)面板中展开Generate(生成)特效组，双击Ramp(渐变)特效。

(4) 在Effect Controls(特效控制)面板中修改Ramp(渐变)特效参数，设置Start of Ramp(渐变开始)的值为(360，242)，Start Color (开始色)为黑色，End of Ramp(渐变结束)的值为(360，–1)，End Color (结束色)为紫色(R:222，G: 0，B:255)，如图4.107所示，合成窗口效果如图4.108所示。

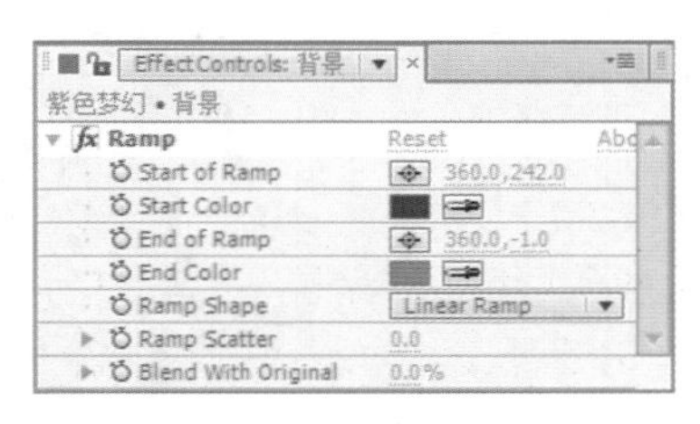

图4.107　设置渐变参数

图4.108　渐变效果

(5) 按Ctrl + Y组合键，打开Solid Settings(固态层设置)对话框，设置Name(名称)为“压角”，Color(颜色)为黑色。

(6) 选择“压角”层，双击工具栏中的Ellipse Tool(椭圆工具)按钮，在“压角”层绘制一个椭圆遮罩，如图4.109所示。

(7) 展开Mask 1(遮罩1)选项组，选中Inverted(反转)复选框，设置Mask(遮罩羽化)的值为(400，400)，如图4.110所示。

图4.109　绘制路径

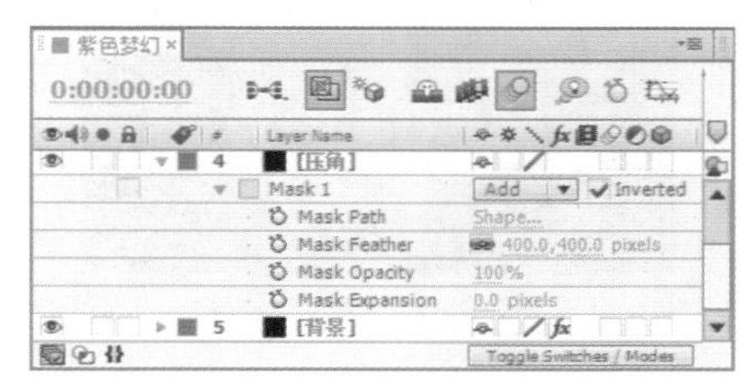

图4.110　设置遮罩参数

(8) 执行菜单栏中的Layer(图层) | New(新建) | Text(文本)命令，创建文字层，在合成窗口输入“First Love”，设置字体为Aparajita，字体大小为93，字体颜色为白色，如图4.111所示。合成窗口中的效果如图4.112所示。

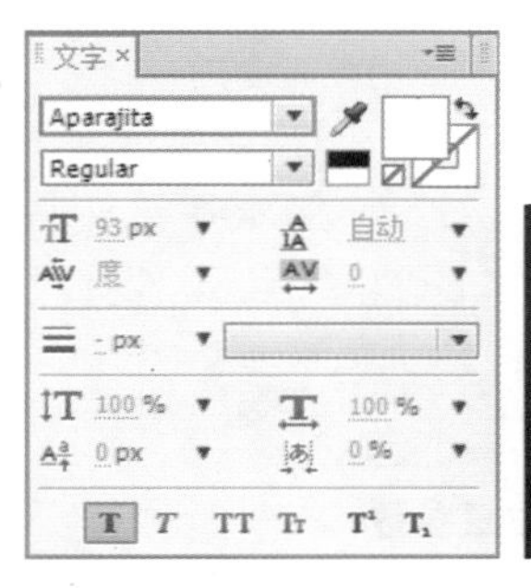

图4.111　设置字体参数

图4.112　文字效果

(9) 将时间调整到00:00:00:00帧的位置，展开First Love层，单击Text(文字)右侧的三角形按钮，从菜单中选择Blur(模糊)命令，设置Blur(模糊)的值为(100，100)，单击Animator 1(动画1)右侧的三角形按钮，从菜单中选择Property(特性) | Scale(缩放)和Opacity(透明度)命令，设置Opacity(透明度)的值为0%，Scale(缩放)的值为(500，500)，展开Text(文字) | Animator 1(动画 1) | Range Selector

1(范围选择器1) | Advanced(高级)选项组，从Shape(形状)右侧下拉菜单中选择Ramp Down(下倾斜)选项，设置Offset(偏移)的值为100，单击Offset(偏移)左侧的码表按钮，在当前位置设置关键帧。

(10) 将时间调整到00:00:01:00帧的位置，设置Offset(偏移)的值为-100，系统会自动设置关键帧，如图4.113所示，合成窗口效果如图4.114所示。

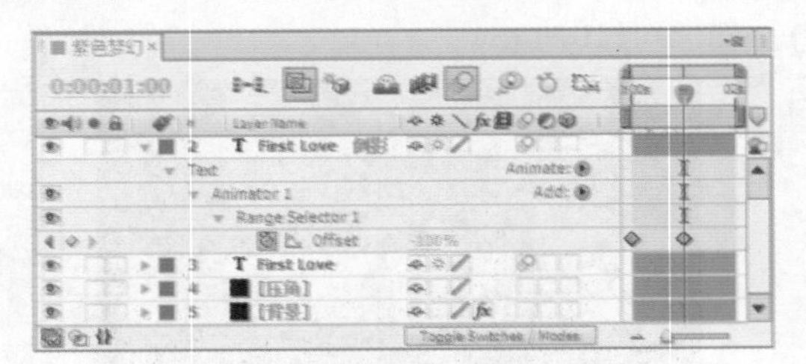

图4.113 设置文字参数

图4.114 文字效果

(11) 调整时间到00:00:01:00帧的位置，展开First Love层，单击Text(文字)右侧的三角形按钮，从菜单中选择Position(位置)命令，设置Position(位置)的值为(545，0)，展开Animator 2(动画2) | Range Selector 1(范围选择器1)选项组，设置Start(开始)的值为100，单击Start(开始)选项左侧码表按钮，如图4.115所示。

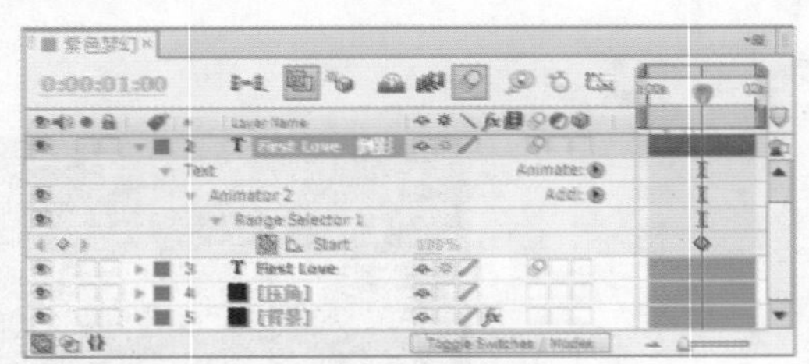

图4.115 设置位置参数

(12) 调整时间到00:00:01:24帧的位置，设置Start(开始)的值为0，系统会自动设置关键帧，如图4.116所示。

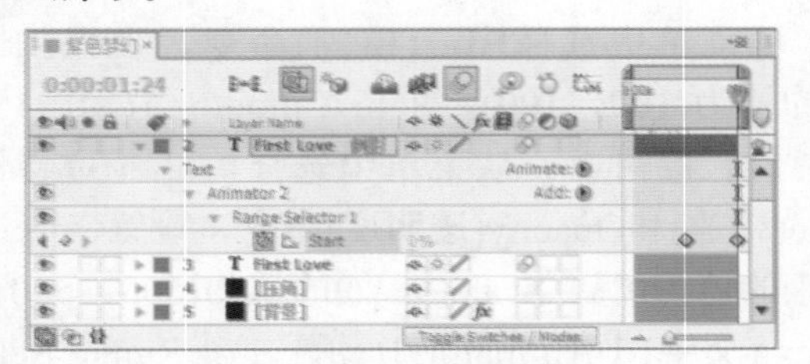

图4.116 添加开始关键帧

(13) 在时间线面板中，单击Motion Blur(运动模糊)按钮，并启用文字层的Motion Blur(运动模糊)按钮，如图4.117所示，合成窗口效果如图4.118所示。

图4.117 设置运动模糊

图4.118 设置运动模糊后的效果

(14) 在时间线面板中，选择文字层，按Ctrl+D组合键，复制一个新的文字层，将该图层命名为“First Love倒影”，按S键打开Scale(缩放)属性，单击Scale(缩放)左侧的Constrain Proportions(约束比例)按钮，设置Scale(缩放)的值为(100，-100)，按T键打开Opacity(透明度)属性，设置Opacity(透明度)的值为13%，如图4.119所示，合成窗口效果如图4.120所示。

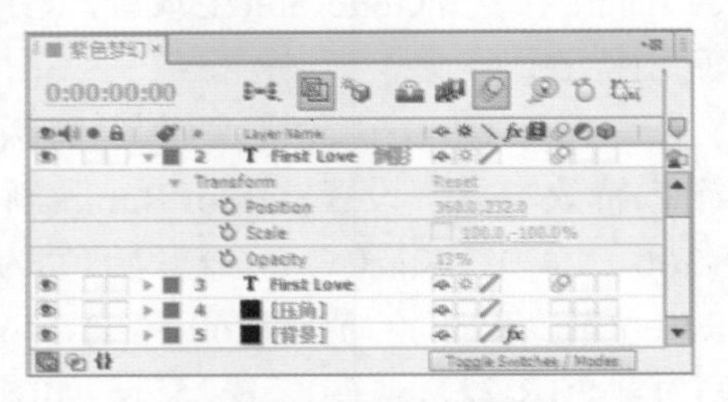

图4.119 设置属性参数

图4.120 设置参数后的效果

(15) 按Ctrl + Y组合键，打开Solid Settings(固态层设置)对话框，设置Name(名称)为“光晕”，Color(颜色)为黑色。

(16) 选择“光晕”层，在Effects & Presets(效果和预置)面板中展开Generate(生成)特效组，双击Lens Flare(镜头光晕)特效。

(17) 在Effect Controls(特效控制)面板中修改Lens Flare(镜头光晕)特效参数，从Lens Type(镜头类型)下拉列表中选择105mm Prime(105mm 聚焦)，将时间调整到00:00:00:09帧的位置，设置Flare Center(光晕中心)的值为(–100，204)，单击Flare Center(光晕中心)左侧的码表按钮，在当前位置设置关键帧。

(18) 将时间调整到00:00:00:20帧的位置，设置Flare Center(光晕中心)的值为(839，204)，系统会自动设置关键帧，如图4.121所示，合成窗口效果如图4.122所示。

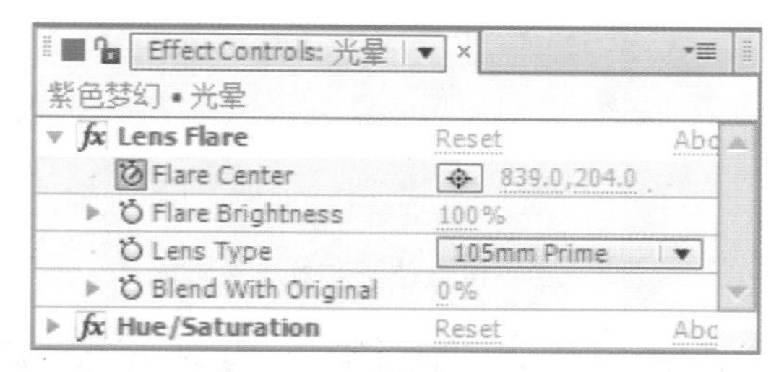

图4.121　设置镜头光晕参数

图4.122　镜头光晕效果

(19) 在时间线面板中，设置First Love、“First Love倒影”和“光晕”层的Mode(模式)为Add(相加)模式，如图4.123所示。

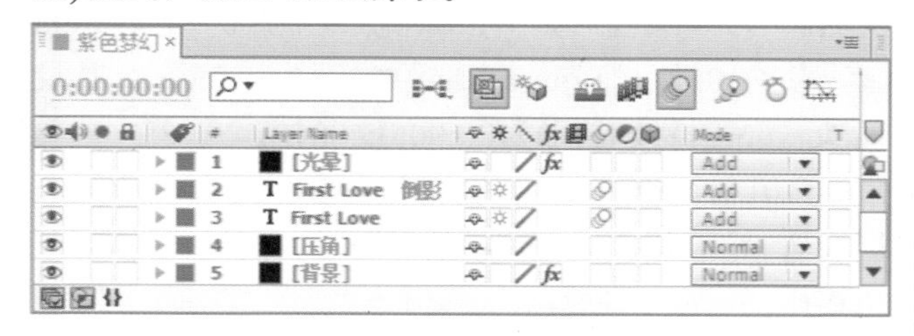

图4.123　设置相加模式

(20) 为“光晕”层添加Hue/Saturation(色相/饱和度)特效。在Effects & Presets(效果和预置)面板中展开Color Correction(色彩校正)特效组，双击Hue/Saturation(色相/饱和度)特效。

(21) 在Effect Controls(特效控制)面板中修改Hue/Saturation(色相/饱和度)特效参数，选中Colorize(彩色化)复选框，设置Colorize Hue(色调)的值为282，Colorize Saturation(饱和度)的值为17，Colorize Lightness(亮度)的值为17，如图4.124所示，合成窗口效果如图4.125所示。

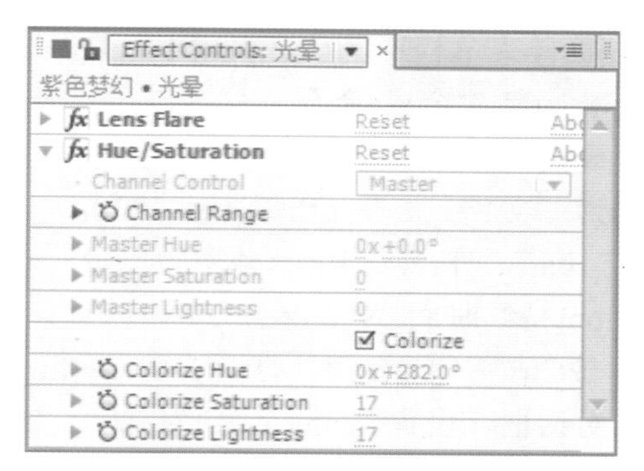

图4.124　设置色相/饱和度参数

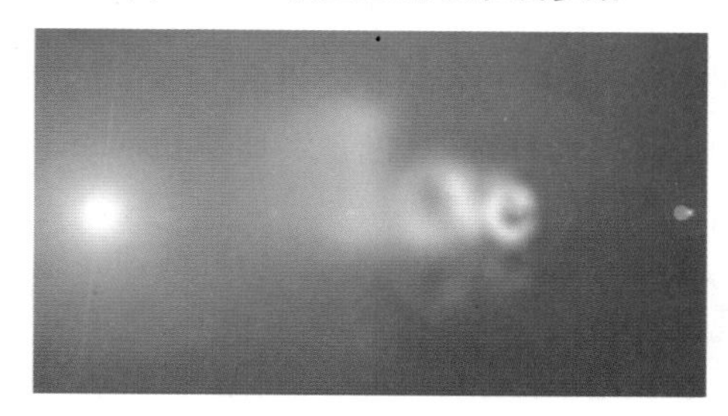

图4.125　动画效果

(22) 这样就完成了紫色梦幻的操作，按小键盘上的“0”键，即可在合成窗口中预览动画。

4.12　缭绕文字

实例说明

本例主要讲解利用Fractal Noise(分形杂波)特效制作缭绕文字的效果。完成的动画流程画面如图4.126所示。

图4.126　动画流程画面

学习目标

1. 掌握Fractal Noise(分形杂波)特效的使用。

2. 掌握Levels(色阶)特效的使用。

3. 掌握Basic Text(基本文字)特效的使用。

4. 掌握Displacement Map(置换映射)特效的使用。

操作步骤

(1) 执行菜单栏中的Composition(合成) | New Composition(新建合成)命令，打开Composition Settings(合成设置)对话框，设置Composition Name(合成名称)为“文字”，Width(宽)为“720”，Height(高)为“405”，Frame Rate(帧率)为“25”，并设置Duration(持续时间)为00:00:05:00秒。

(2) 按Ctrl + Y组合键，打开Solid Settings(固态层设置)对话框，设置Name(名称)为文字，Color(颜色)为黑色。

(3) 为“文字”层添加Basic Text(基本文字)特效。在Effects & Presets(效果和预置)面板中展开Obsolete(旧版插件)特效组，然后双击Basic Text(基本文字)特效。

(4) 打开Basic Text(基本文字)对话框，输入“我家洗砚池头树，朵朵花开淡墨痕。”，设置字体为“SingKaiEG-Bold-GB”，如图4.127所示，设置Fill Color(填充色)为蓝色(R:0，G:161，B:255)，如图4.128所示。

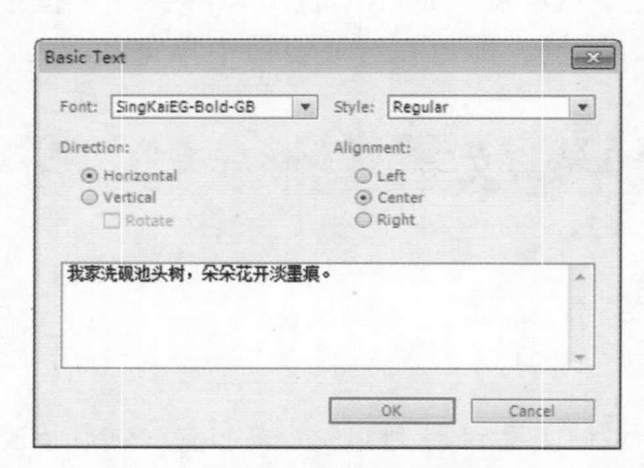

图4.127　设置文字框

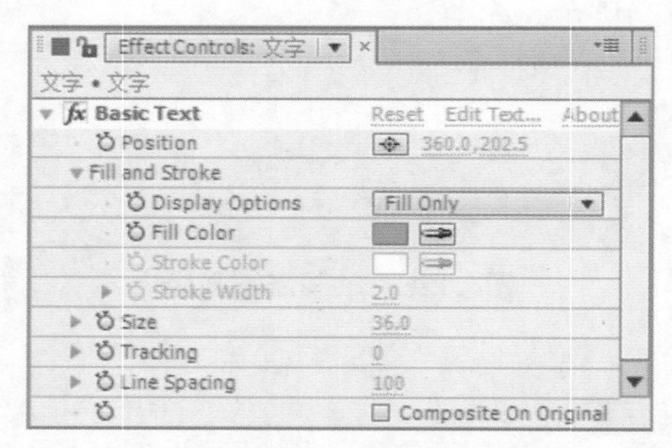

图4.128　设置基本文字参数

(5) 在时间线面板中，将时间调整到00:00:00:00帧的位置，选择“文字”层，按R键打开Rotation(旋转)属性，设置Rotation(旋转)的值为55，按P键打开Position(位置)属性，设置Position(位置)的值为(–47，19)，单击Position(位置)和Rotation(旋转)左侧的码表按钮，在当前位置设置关键帧。

(6) 将时间调整到00:00:03:00帧的位置，设置Rotation(旋转)的值为43，Position(位置)的值为(237，611)，系统会自动设置关键帧。

(7) 将时间调整到00:00:04:00帧的位置，设置Rotation(旋转)的值为–28。

(8) 将时间调整到00:00:04:24帧的位置，设置Position(位置)的值为(472，58)，Rotation(旋转)的值为–41，如图4.129所示，合成窗口效果如图4.130所示。

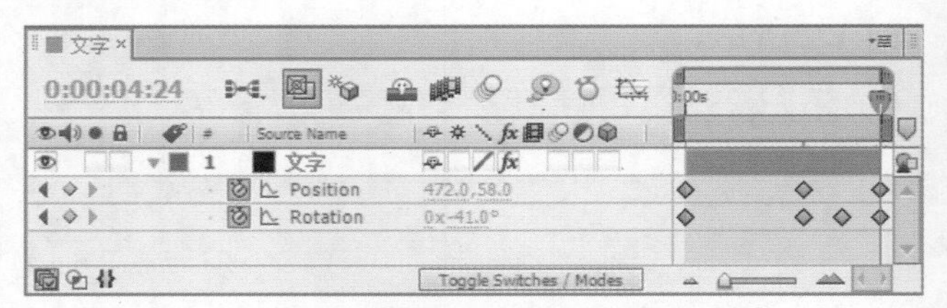

图4.129　设置位置和旋转关键帧

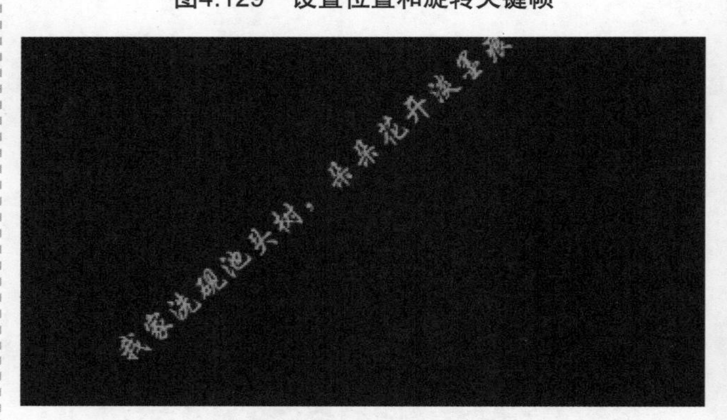

图4.130　设置位置和旋转后的效果

(9) 执行菜单栏中的Composition(合成) | New Composition(新建合成)命令，打开Composition Settings(合成设置)对话框，设置Composition Name(合成名称)为“噪波”，Width(宽)为“720”，Height(高)为“405”，Frame Rate(帧率)为“25”，并设置Duration(持续时间)为00:00:05:00秒。

(10) 按Ctrl + Y组合键，打开Solid Settings(固态层设置)对话框，设置Name(名称)为噪波，Color(颜色)为黑色。

(11) 为“噪波”层添加Fractal Noise(分形杂波)特效。在Effects & Presets(效果和预置)面板中展开Noise & Grain(杂波与颗粒)特效组，然后双击Fractal Noise(分形杂波)特效。

(12) 在Effect Controls(特效控制)面板中，修改Fractal Noise(分形杂波)特效的参数，将时间调整到00:00:00:00帧的位置，设置Evolution(演变)的值为0，单击Evolution(演变)左侧的码表按钮，在当前位置设置关键帧。

(13) 将时间调整到00:00:04:00帧的位置，设置Evolution(演变)的值为3x+0，系统会自动设置关键帧，如图4.131所示，合成窗口效果如图4.132所示。

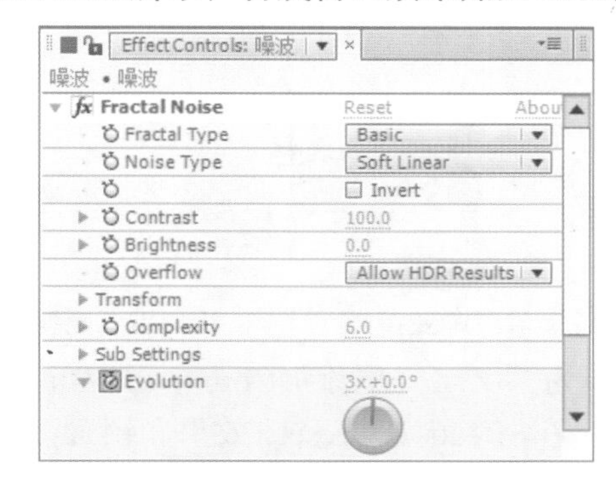

图4.131　设置分形杂波参数

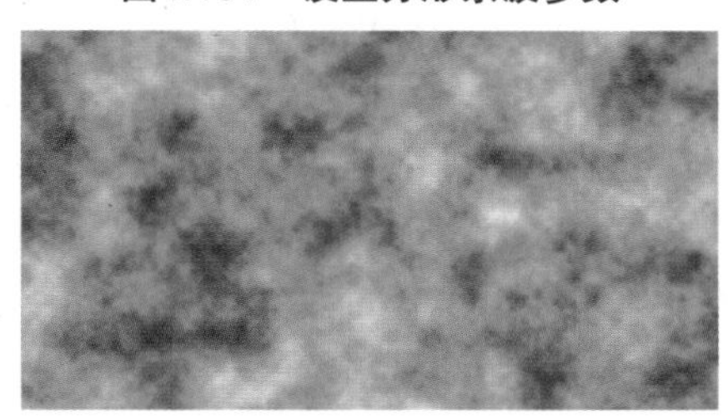

图4.132　设置分形杂波后的效果

(14) 为“噪波”层添加Levels(色阶)特效。在Effects & Presets(效果和预置)面板中展开Color Correction(色彩校正)特效组，然后双击Levels(色阶)特效。

(15) 在Effect Controls(特效控制)面板中，修改Levels(色阶)特效的参数，从Channel(通道)右侧下拉列表中选择“Blue(蓝)”选项，设置Blue Output Black(蓝色输出黑色)的值为125，如图4.133所示，合成窗口效果如图4.134所示。

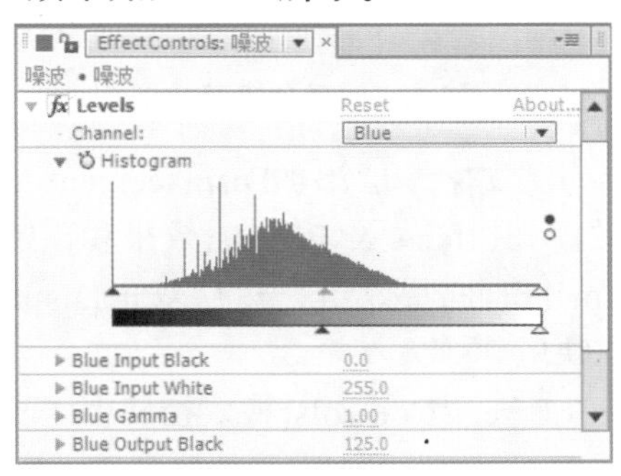

图4.133　设置色阶参数

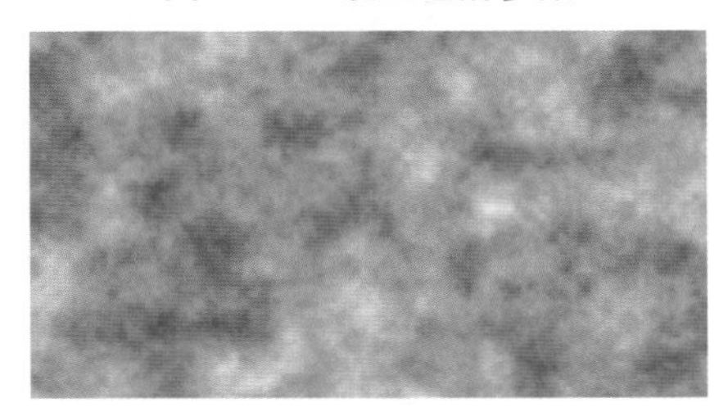

图4.134　设置色阶后的效果

(16) 选中“噪波”层，在工具栏中选择Rectangle Tool(矩形工具)，在图层上绘制一个矩形路径，按F键打开Mask Feather(遮罩羽化)属性，设置Mask Feather(遮罩羽化)的值为(100，100)，如图4.135所示，合成窗口效果如图4.136所示。

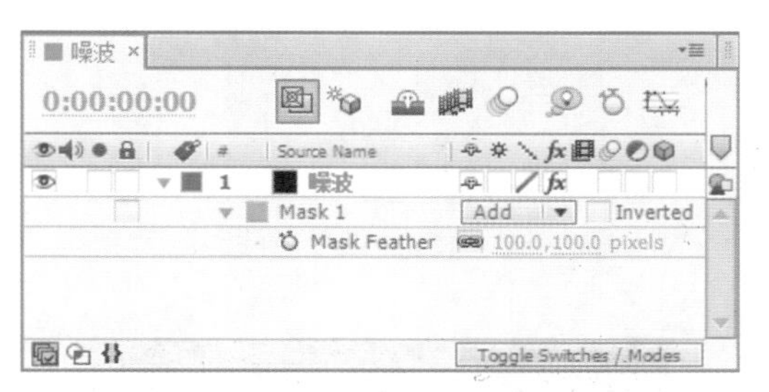

图4.135　设置遮罩羽化参数

图4.136　绘制路径

(17) 在Project(项目)面板中，选择“噪波”层，按Ctrl+D组合键，复制一个新的图层，将该图层命名为“底层”，如图4.137所示。

(18) 打开“底层”合成，为“噪波”层添加Curves(曲线)特效。在Effects & Presets(效果和预置)面板中展开Color Correction(色彩校正)特效组，然后双击Curves(曲线)特效，如图4.138所示。

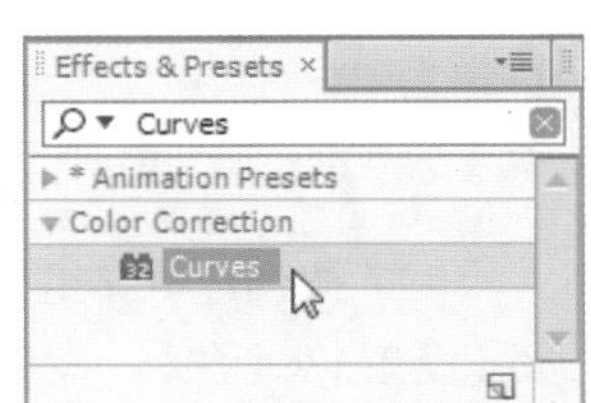

图4.137　复制合成　　图4.138　添加曲线特效

(19) 在Effect Controls(特效控制)面板中，修改Curves(曲线)特效的参数，如图4.139所示，合成窗口效果如图4.140所示。

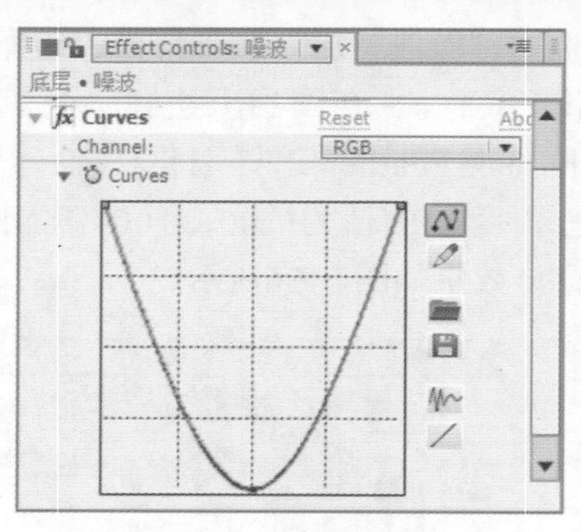

图4.139　调整曲线

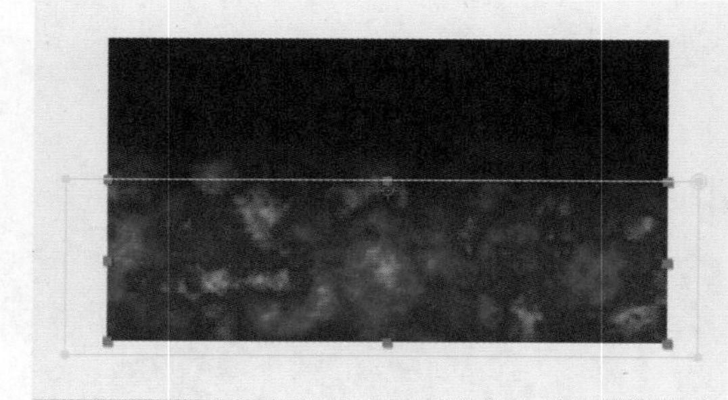

图4.140　调整曲线后的效果

(20) 执行菜单栏中的Composition(合成)｜New Composition(新建合成)命令，打开Composition Settings(合成设置)对话框，设置Composition Name(合成名称)为“缭绕文字”，Width(宽)为“720”，Height(高)为“405”，Frame Rate(帧率)为“25”，并设置Duration(持续时间)为00:00:05:00秒。

(21) 打开“缭绕文字”合成，在Project(项目)面板中选择“文字”、“噪波”和“底层”合成，拖动到“缭绕文字”合成，单击“噪波”和“底层”的眼睛按钮，如图4.141所示。

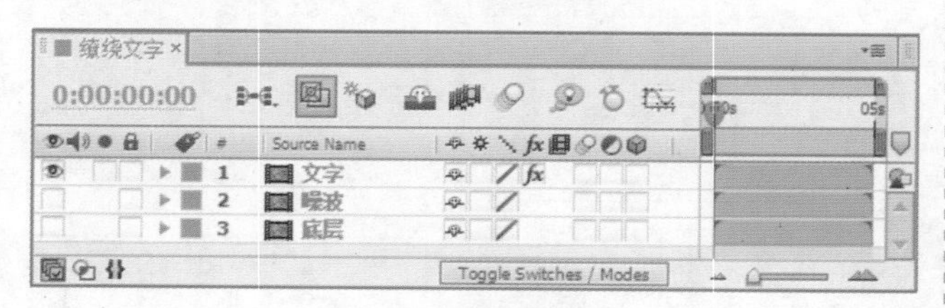

图4.141　添加素材

(22) 按Ctrl + Y组合键，打开Solid Settings(固态层设置)对话框，设置Name(名称)为“背景”，Color(颜色)为黑色。

(23) 为“背景”层添加Ramp(渐变)特效。在Effects & Presets(效果和预置)面板中展开Generate(生成)特效组，然后双击Ramp(渐变)特效。

(24) 在Effect Controls(特效控制)面板中，修改Ramp(渐变)特效的参数，设置Start of Ramp(渐变开始)的值为(360，292)，Start Color(开始色)为白色，End of Ramp(渐变结束)的值为(360，1074)，End Color(结束色)为灰色(R:107，G:105，B:107)，如图4.142所示，合成窗口效果如图4.143所示。

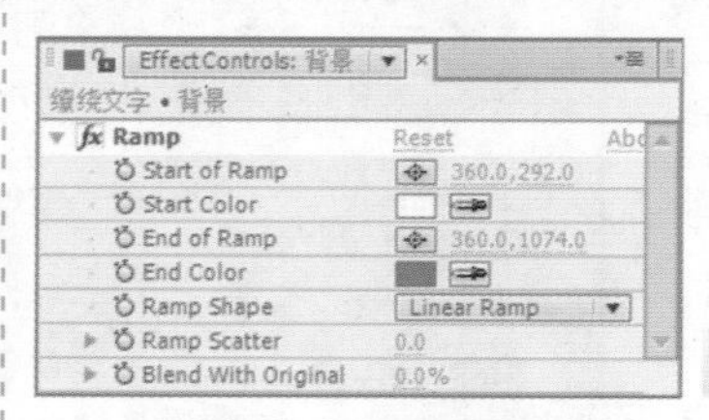

图4.142　设置渐变参数　　图143　设置渐变后的效果

(25) 为“文字”层添加Compound Blur(复合模糊)特效。在Effects & Presets(效果和预置)面板中展开Blur & Sharpen(模糊与锐化)特效组，然后双击Compound Blur(复合模糊)特效。

(26) 在Effect Controls(特效控制)面板中，修改Compound Blur(复合模糊)特效的参数，从Blur Layer(模糊层)右侧下拉列表中选择“底层”选项，设置Maximum Blur(最大模糊)的值为200，如图4.144所示，合成窗口效果如图4.145所示。

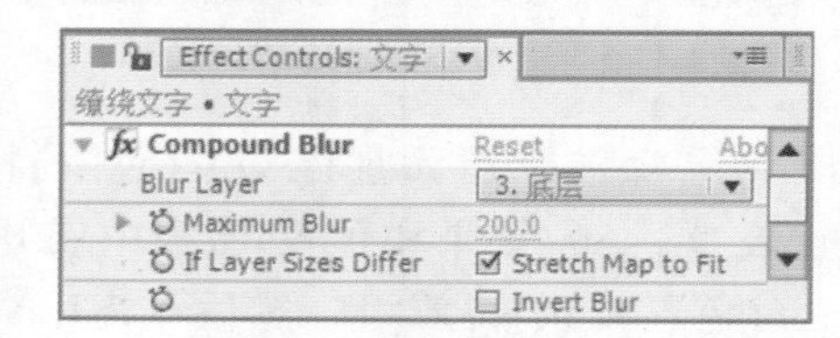

图4.144　设置复合模糊参数

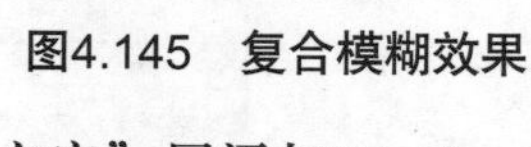

图4.145　复合模糊效果

(27) 为“文字”层添加Displacement Map(置换映射)特效。在Effects & Presets(效果和预置)面板中展开Distort(扭曲)特效组，然后双击Displacement Map(置换映射)特效。

(28) 在Effect Controls(特效控制)面板中，修改Displacement Map(置换映射)特效的参数，从Displacement Map Layer(映射图层)右侧下拉列表中选择“噪波”选项，从Use For Horizontal Displacement(使用水平置换)右侧下拉列表中选择Blue选项，设置Max Horizontal Displacement(最大水平置换)的值为200，Max Vertical Displacement(最大垂直置换)的值为200，从Displacement Map Behavior(置换映射动作)右侧下拉列表中选择Tile Map(平铺)选项，选中Wrap Pixels

Around(像素包围)复选框，如图4.146所示，合成窗口效果如图4.147所示。

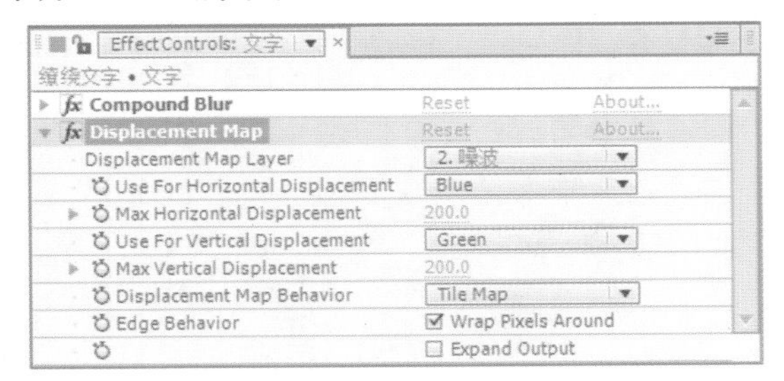

图4.146 设置置换映射参数

图4.147 设置置换映射后的效果

(29) 这样就完成了缭绕文字的操作，按小键盘上的“0”键，即可在合成窗口中预览动画。

4.13 终结者变幻字效

实例说明

本例主要讲解利用Character Offset(字符偏移)属性制作终结者变幻字效的效果，完成的动画流程画面如图4.148所示。

图4.148 动画流程画面

学习目标

1. **掌握Character Offset(字符偏移)特效的使用。**
2. **掌握Shine(光)特效的使用。**

操作步骤

(1) 执行菜单栏中的File(文件)|Open Project(打开项目)命令，选择配书光盘中的“工程文件\第4章\终结者变幻字效\终结者变幻字效练习.aep”文件，将文件打开。

(2) 执行菜单栏中的Layer(图层)|New(新建)|Text(文本)命令，新建文字层，此时，Composition(合成)窗口中将出现一个闪动的光标，在时间线面板中将出现一个文字层，输入“TERMINATOR JALVATION”。在Character(字符)面板中，设置文字字体为Euclid，字号为37px，字体颜色为白色，如图4.149所示，合成窗口效果如图4.150所示。

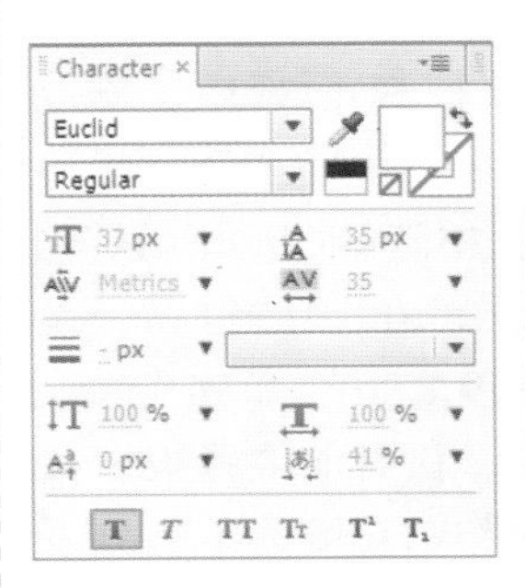

图4.149 字符面板参数设置

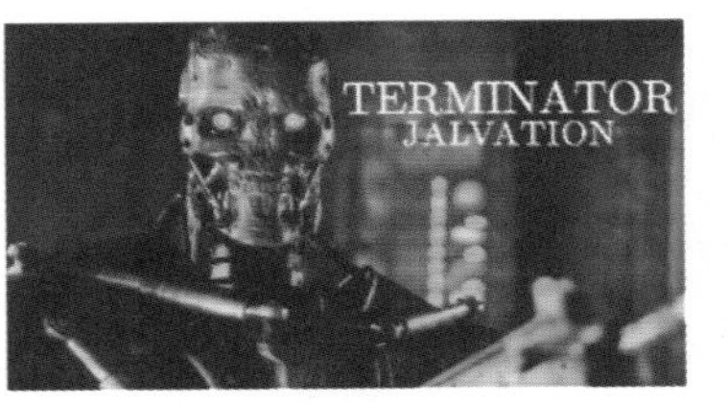

图4.150 字体效果

(3) 将时间调整到00:00:00:00帧的位置，选择文字层，单击Text(文字)右侧的三角形按钮，从菜单中选择Character Offset(字符偏移)命令，设置Character Offset(字符偏移)的值为50，单击Character Offset(字符偏移)左侧的码表按钮，在当前位置设置关键帧，合成窗口效果如图4.151所示。

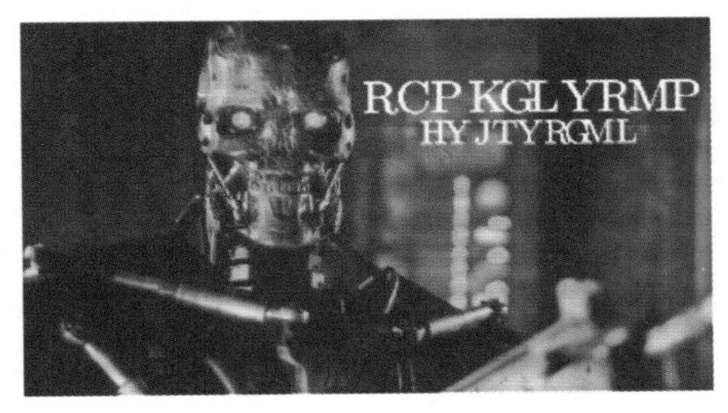

图4.151 设置关键帧后的效果

(4) 将时间调整到00:00:02:00帧的位置，设置Character Offset(字符偏移)的值为0，系统会自动设置关键帧，如图4.152所示。

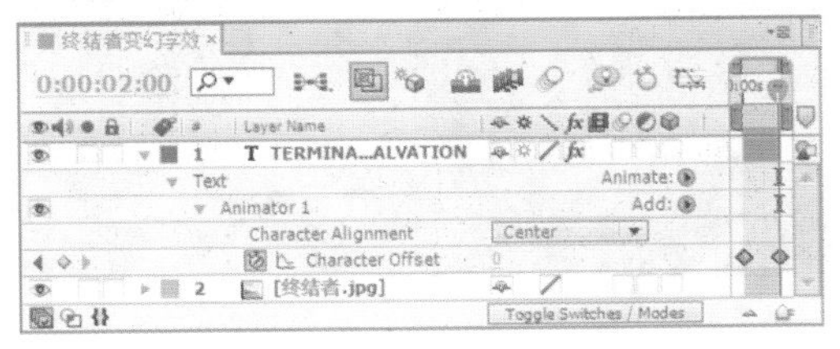

图4.152 添加关键帧

(5) 为文字层添加Shine(光)特效，在Effects & Presets(效果和预置)面板中展开Trapcode特效组，双击Shine(光)特效，如图4.153所示。合成窗口效果如图4.154所示。

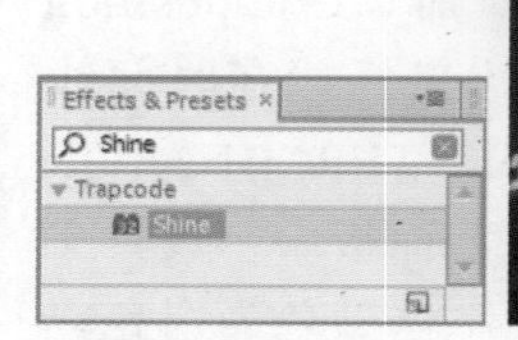

图4.153　添加Shine特效

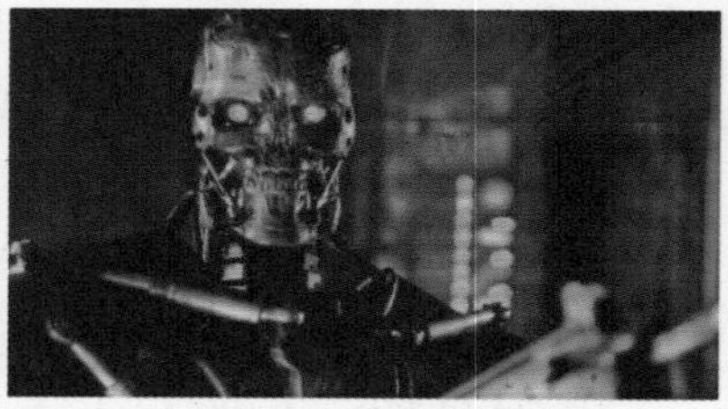

图4.154　光效果

(6) 在Effect Controls(特效控制)面板中，修改Shine(光)特效的参数，设置Colorize(着色)选项组，从Colorize(着色)右侧下拉列表中选择Chemistry(化学)选项，将时间调整到00:00:00:00帧的位置，设置Source Point(源点)的值为(359，80)；单击Source Point(源点)左侧的码表按钮，在当前位置设置关键帧，在Transfer Mode(转换模式)右侧的下拉列表中选择Multiply(正片叠底)，如图4.155所示，合成窗口效果如图4.156所示。

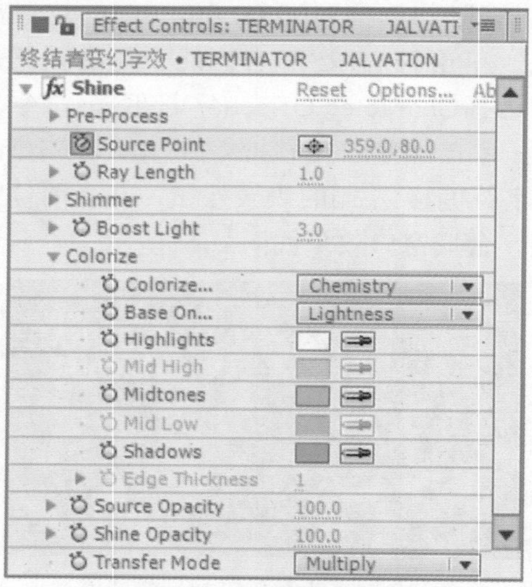

图4.155　修改Shine(光)特效的参数

图4.156　修改Shine特效参数后的画面效果

(7) 将时间调整到00:00:02:00帧的位置，修改Source Point(源点)的值为(721，80)，如图4.157所示。画面效果如图4.158所示。

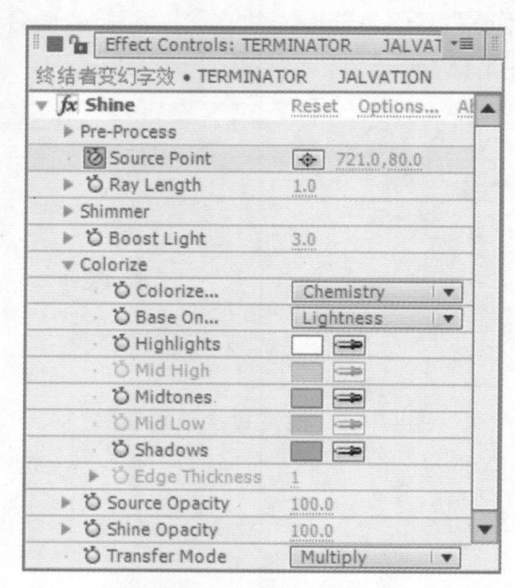

图4.157　设置光关键帧

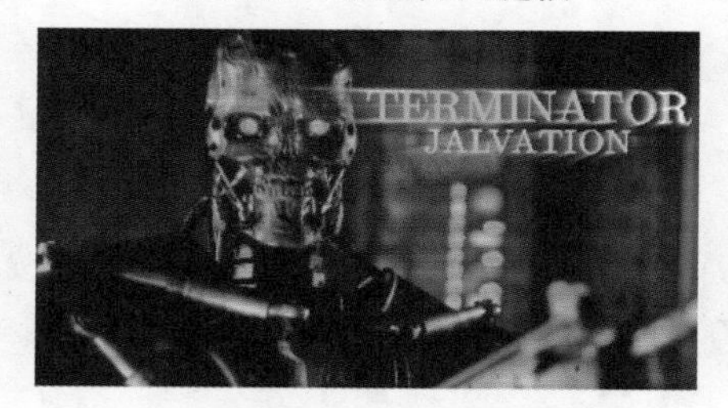

图4.158　设置关键帧后的效果

(8) 这样就完成了终结者变幻字效的整体制作，按小键盘上的“0”键，即可在合成窗口中预览动画。

4.14　星光拖尾文字

实例说明

本例主要讲解利用Starglow(星光)特效制作星光拖尾文字的效果，完成的动画流程画面如图4.159所示。

图4.159　动画流程画面

学习目标

1. 掌握Starglow(星光)特效的使用。

2. 掌握Bevel and Emboss(斜面和浮雕)特效的使用。

操作步骤

(1) 执行菜单栏中的File(文件) | Open Project(打开项目)命令，选择配书光盘中的“工程文件\第4章\星光拖尾文字\星光拖尾文字练习.aep”文件，将文件打开。

(2) 创建文字，单击工具栏中的Horizontal Type Tool(横排文字工具)按钮T，在“文字拖尾”合成窗口中输入文字“ELEKTRA”，在Character(字符)面板，设置字体为草檀斋毛泽东字体，字体颜色为暗红色(R:168，G:29，B:33)，描边为白色，字符大小为74px，参数设置如图4.160所示，画面效果如图4.161所示。

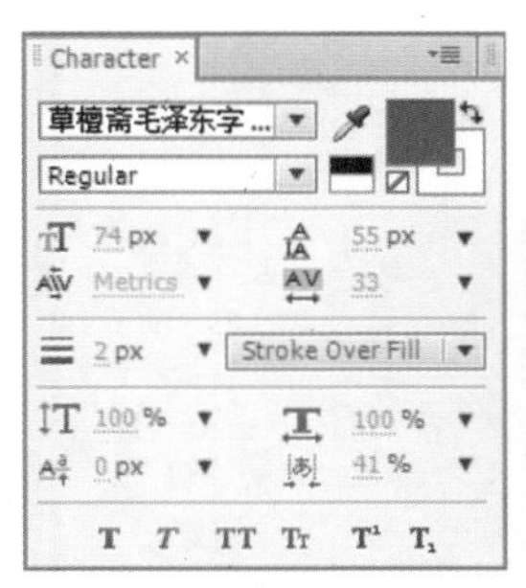

图4.160　字符面板参数设置

图4.161　文字效果

(3) 选择文字层，执行菜单栏中的Layer(图层) | Layer Styles(图层样式) | Bevel and Emboss(斜面和浮雕)命令，如图4.162所示，合成窗口效果如图4.163所示。

图4.162　添加斜面和浮雕样式

图4.163　添加斜面和浮雕样式的效果

(4) 将时间调整到00:00:00:00帧的位置，展开文字层，单击Text(文字)右侧的三角形按钮，从菜单中选择Opacity(透明度)命令，设置Opacity(透明度)的值为0，设置Start(开始)的值为0，单击Start(开始)左侧的码表按钮。

(5) 将时间调整到00:00:03:00帧的位置，设置Start(开始)的值为100，系统会自动设置关键帧，如图4.164所示，合成窗口效果如图4.165所示。

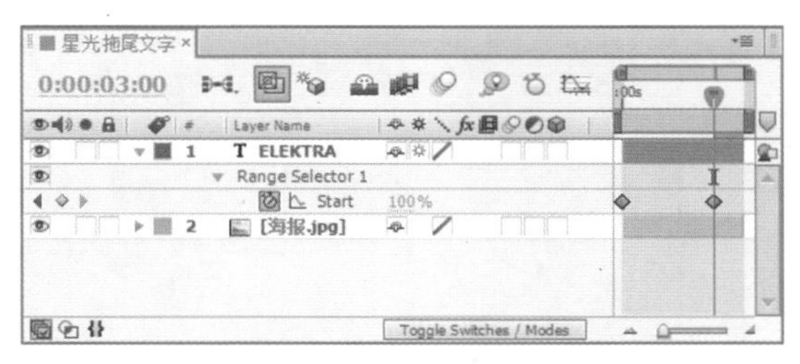

图4.164　添加开始关键帧

图4.165　设置关键帧后的效果

(6) 在时间线面板中，按Ctrl+D组合键，将ELEKTRA层复制一层，然后将复制层命名为“拖尾”，并将其右侧的Mode(模式)修改为Add(相加)，如图4.166所示。

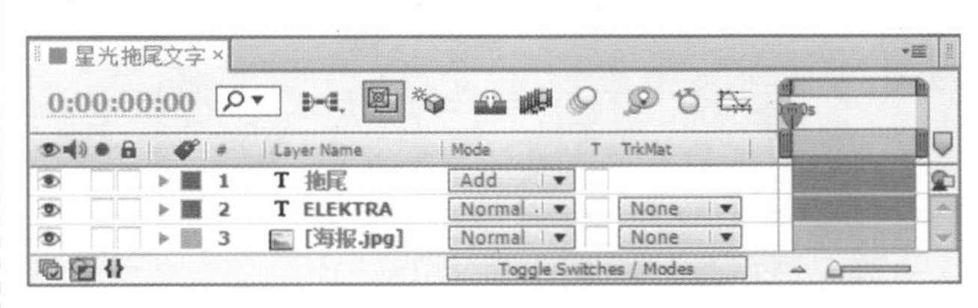

图4.166　复制图层

(7) 为“拖尾”层添加Starglow(星光)特效。在Effects & Presets(效果和预置)面板中展开Trapcode特效组，然后双击Starglow(星光)特效。

(8) 在Effect Controls(特效控制)面板中，修改Starglow(星光)特效的参数，在Input Channel(输入通道)右侧的下拉列表中选择Alpha(通道)，设置Streak Length(闪光长度)的值为58，Boost Light(光线亮度)的值为30，然后展开Individual Lengths(单个光线长度)选项组，设置Left(左侧)的值为7，其他参数都设置为0，如图4.167所示，合成窗口效果如图4.168所示。

(9) 这样就完成了星光拖尾文字的整体制作，按小键盘上的“0”键，即可在合成窗口中预览动画。

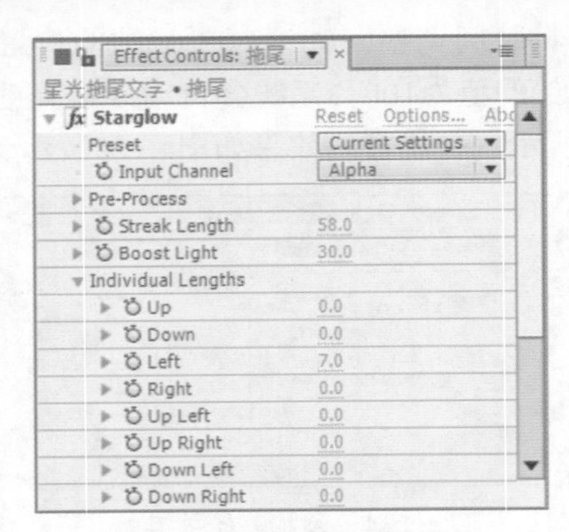

图4.167　设置星光参数

图4.168　设置星光后的效果

4.15　文字破碎

实例说明

本例主要讲解利用CC Pixel Polly(CC像素多边形)特效制作出文字破碎动画的效果，完成的动画流程画面如图4.169所示。

图4.169　动画流程画面

学习目标

1. 学习CC Pixel Polly(CC像素多边形)特效的使用。

2. 学习Ramp(渐变)特效的使用。

操作步骤

(1) 执行菜单栏中的File(文件) | Open Project(打开项目)命令，选择配书光盘中的“工程文件\第4章\文字破碎练习.aep”文件，将文件打开。

(2) 执行菜单栏中的Layer(图层) | New(新建) | Text(文本)命令，新建文字层，此时，Composition(合成)窗口中将出现一个闪动的光标，在时间线面板中将出现一个文字层，然后输入“To Come Apart”，设置字体为Hobo Std，字体大小为100，文字颜色为白色。

(3) 在时间线面板中按Ctrl+Y组合键，打开Solid Settings(固态层设置)对话框，设置固态层Name(名称)为“地面”，Color(颜色)为白色，如图4.170所示。

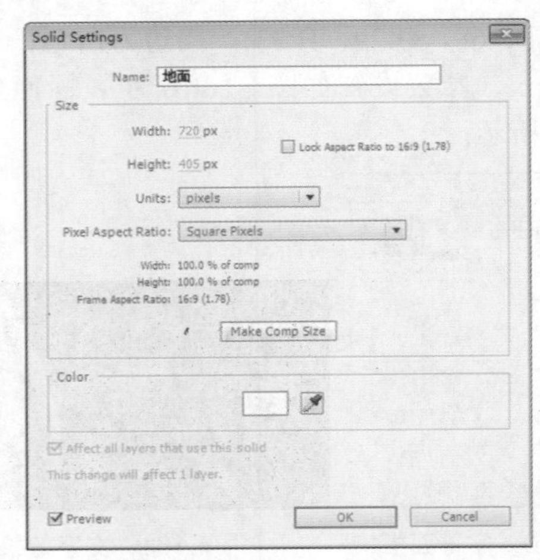

图4.170　Solid Settings对话框

(4) 选择“地面”层，打开三维属性开关。按P键展开Position(位置)属性，设置Position(位置)的值为(–27，520，2974)，如图4.171所示。

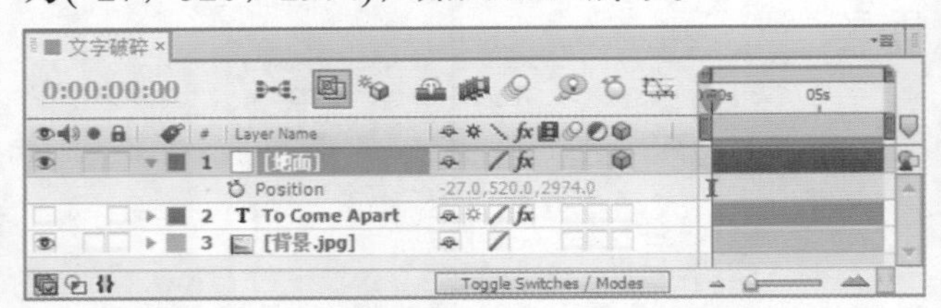

图4.171　设置Position(位置)参数值

(5) 按R键，打开Rotation(旋转)属性，设置Rotation(旋转)中X Rotation(X轴旋转)的值为90，Z Rotation(Z轴旋转)的值为127，如图4.172所示。按S键，打开Scale(缩放)属性，设置Scale(缩放)的值为(700，870，450%)，如图4.173所示。

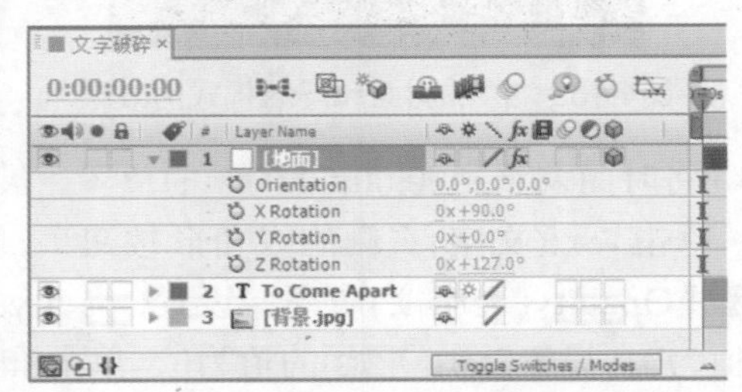

图4.172　Rotation(旋转)参数值

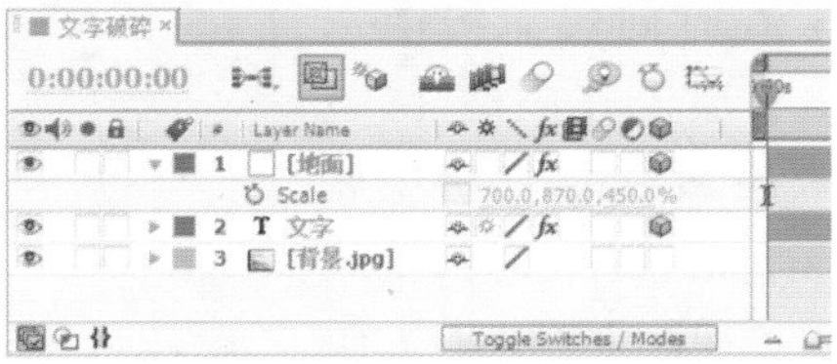

图4.173　Scale(缩放)参数值

(6) 将文字层重命名为“文字”，打开三维属性开关。按P键，打开Position(位置)属性，设置Position(位置)的值为(418，478，1503.9)，如图4.174所示。

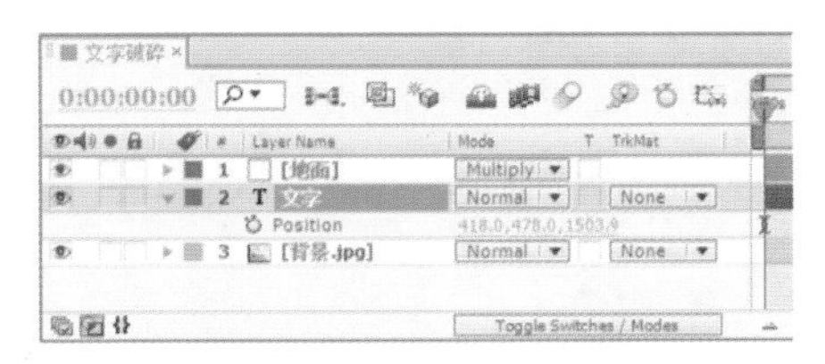

图4.174　Position(位置)参数值

(7) 按R键，打开Rotation(旋转)属性，设置Rotation(旋转)中Y Rotation(Y轴旋转)的值为54，如图4.175所示。

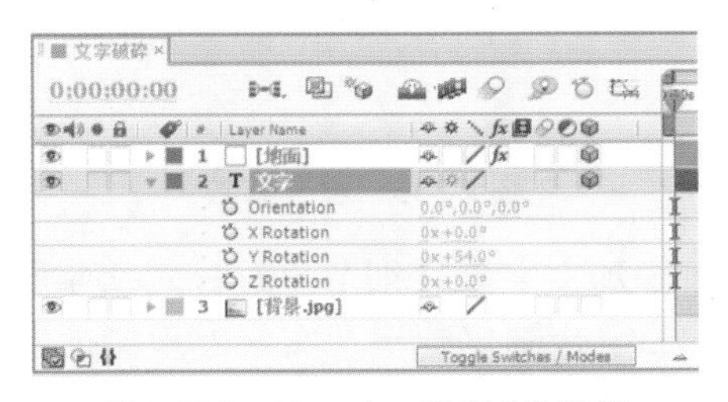

图4.175　Rotation(旋转)参数值

(8) 执行菜单栏中的Layer(图层) | New(新建) | Light(灯光)命令，打开Light Settings(灯光设置)对话框，在其中设置灯的Name(名称)为聚光灯01，设置Light Type(灯光类型)为Spot(聚光灯)，Color(颜色)为白色，其他设置如图4.176所示。

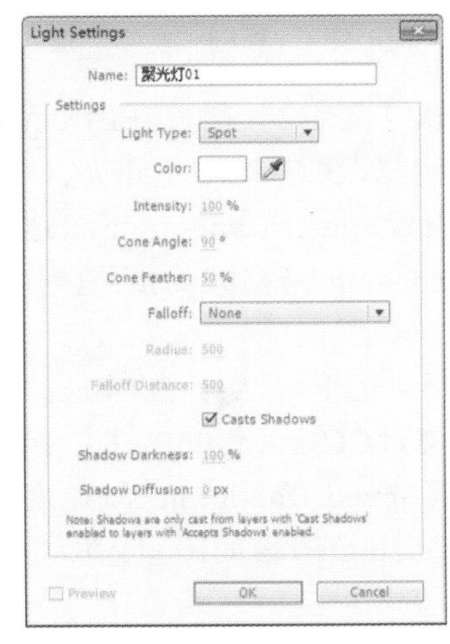

图4.176　Light Settings对话框

(9) 为了表现投影，在时间线面板中展开“文字”层和“地面”层，并进行参数设置，如图4.177所示。

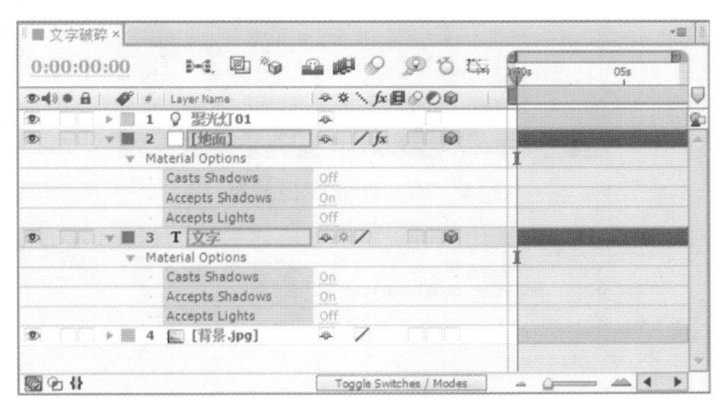

图4.177　文字和地面参数设置

(10) 在Composition(合成)窗口中，打开4 View(视图)，选择灯光并修改它的位置，产生灯光照射的效果，如图4.178所示。

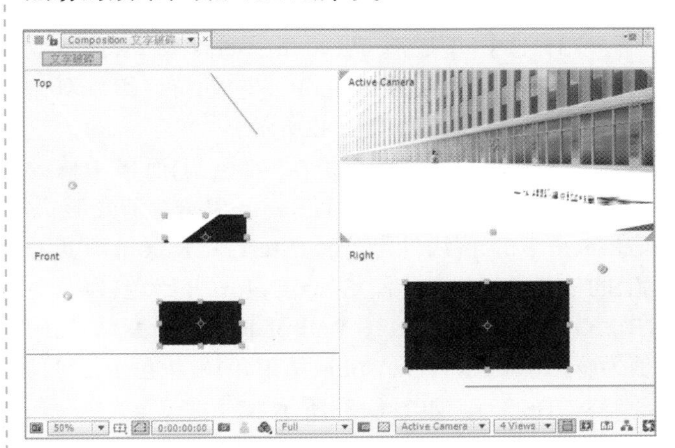

图4.178　灯光位置

(11) 在时间线面板中选择“地面”层，单击时间线面板左下角的按钮，打开层混合模式属性，单击右侧的Normal按钮，从弹出的下拉列表中选择Multiply(正片叠底)模式，如图4.179所示。切换回1 View(视图)，合成窗口中的显示效果如图4.180所示。

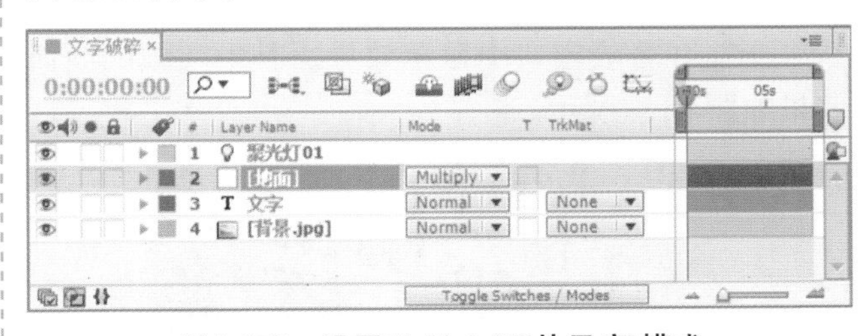

图4.179　设置Multiply(正片叠底)模式

(12) 选中“聚光灯01”层，展开“聚光灯01”层的灯光属性，设置Shadow Diffusion(阴影扩散)的值为300，如图4.181所示。

图4.180　合成窗口效果

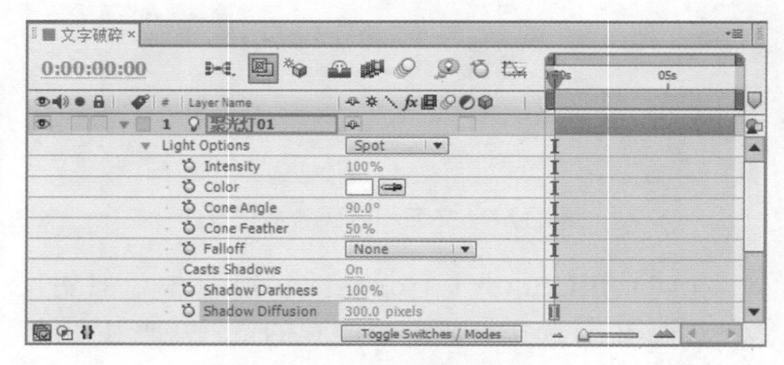

图4.181　设置阴影羽化参数

(13) 选中“文字”层，在Effects & Presets(效果和预置)面板中展开Generate(生成)特效组，双击Ramp(渐变)特效，如图4.182所示。

(14) 在Effect Controls(特效控制)面板中修改Ramp(渐变)特效参数，设置Ramp Shape(渐变形状)为Linear Ramp(线性渐变)，Start of Ramp(渐变开始)的值为(342，128)，Start Color(开始色)为黄色(R:255，G:203，B:91)，End of Ramp(渐变结束)的值为(656，383)，End Color(结束色)为灰色(R:233，G:233，B:233)，如图4.183所示。

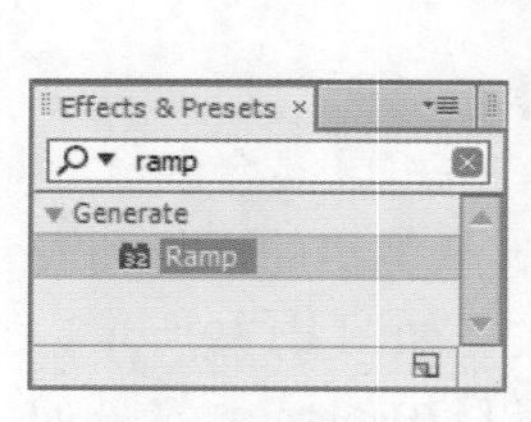

图4.182　添加Ramp特效

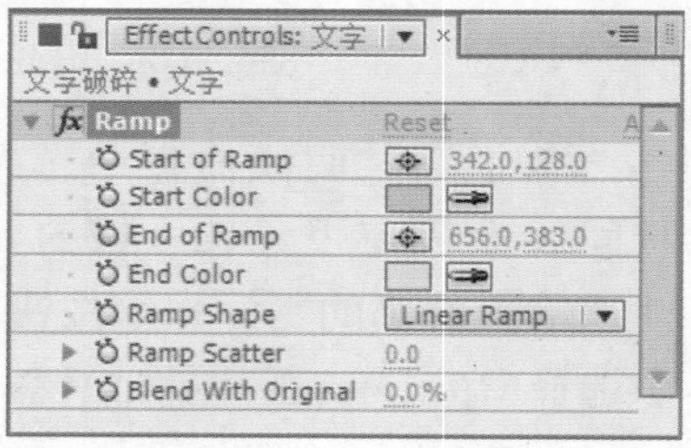

图4.183　设置Ramp特效参数值

(15) 在合成窗口中显示效果。其中一帧的画面效果如图4.184所示。

图4.184　合成窗口画面的效果

(16) 在时间线面板中选择“文字”层，在Effects & Presets(效果和预置)面板中展开Simulation(模拟仿真)特效组，双击CC Pixel Polly(CC像素多边形)特效，如图4.185所示。

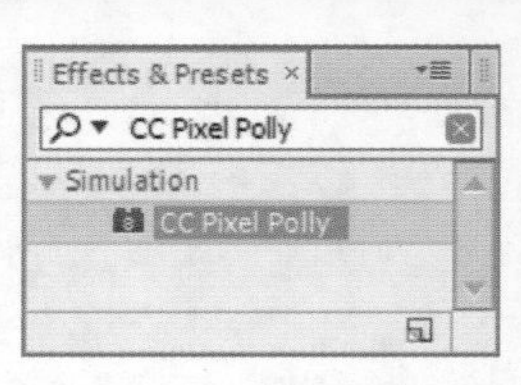

图4.185　添加特效

(17) 在Effect Controls(特效控制)面板中修改CC Pixel Polly(CC 像素多边形)特效参数，设置Gravity(重力)的值为0.1，Force Center(力点中心)的值为(362，316)，Speed Randomness(速度随机)的值为50，Grid Spacing(网格间隔)的值为8，如图4.186所示。

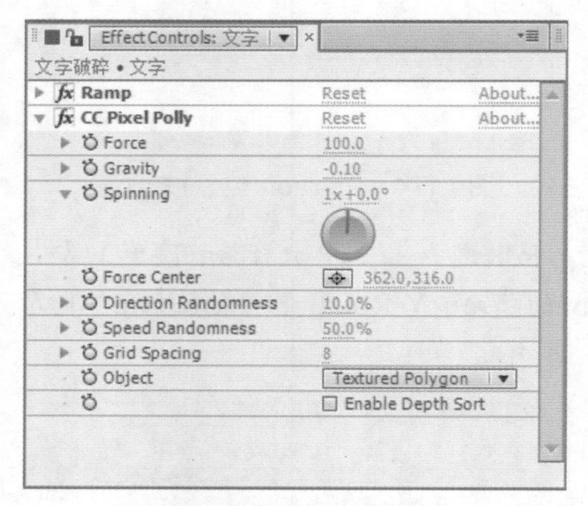

图4.186　设置参数

(18) 添加文字破裂细节。选择“文字”层，按两次Ctrl+D组合键复制出“文字2”层和“文字3”层，如图4.187所示。

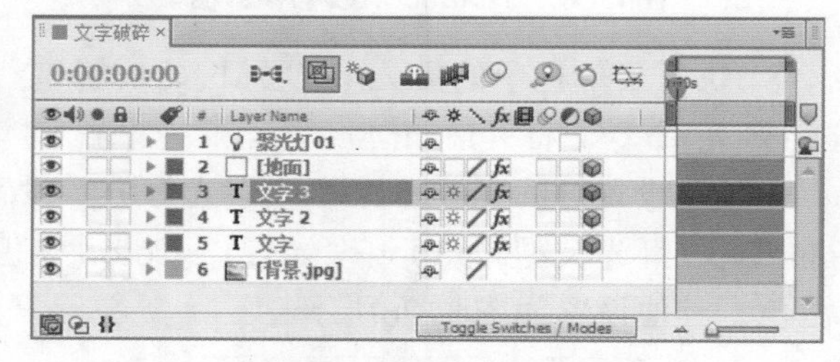

图4.187　复制“文字”层

(19) 选择“文字2”层，在Effect Controls(特效控制)面板中修改CC Pixel Polly(CC 像素多边形)特效参数，设置Speed Randomness(速度随机)的值为80，Grid Spacing(网格间隔)的值为4，如图4.188所示。

(20) 选择“文字3”层，在Effect Controls(特效控制)面板中修改CC Pixel Polly(CC 像素多边形)特效参数，设置Speed Randomness(速度随机)的值为100，Grid Spacing(网格间隔)的值为1，如图4.189所示。

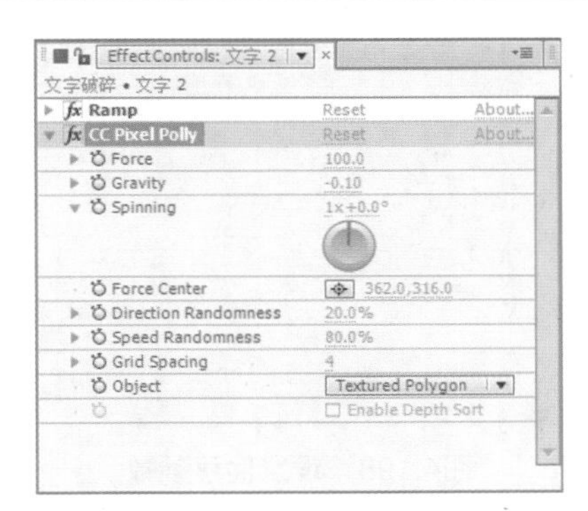

图4.188　设置“文字2”参数

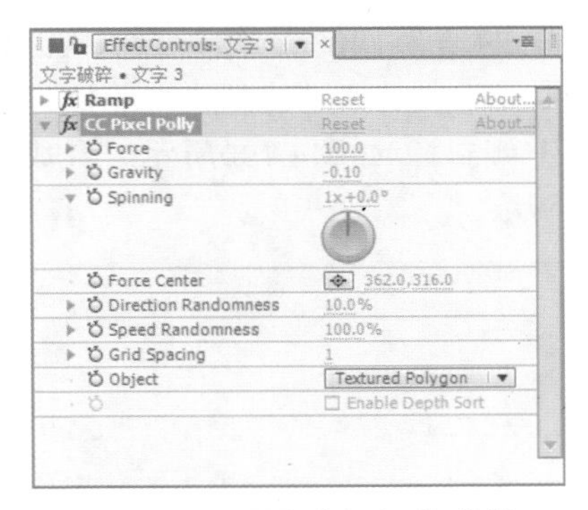

图4.189　设置“文字3”参数

(21) 完成后，按小键盘上的“0”键，可在合成窗口预览动画效果，其中两帧的效果如图4.190所示。

图4.190　其中两帧的动画效果

(22) 选择“聚光灯01”层并调整时间到00:00:00:00帧的位置，展开聚光灯的灯光属性，单击Shadow Darkness(阴影暗度)左侧的码表按钮，在当前位置设置关键帧。调整时间到00:00:00:15帧的位置，设置Shadow Darkness(阴影深度)的值为0，系统自动建立一个关键帧，如图4.191所示。

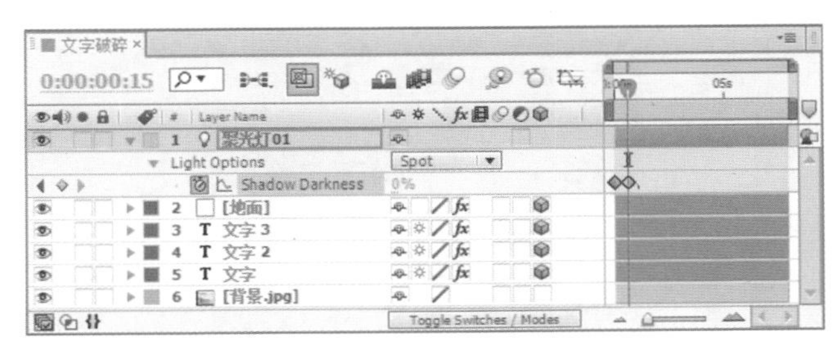

图4.191　添加关键帧修改Shadow Darkness(阴影暗度)的值

(23) 这样就完成了文字破碎动画的整体制作，按小键盘上的“0”键，即可在合成窗口中预览动画。

4.16　飞雪旋转

实例说明

本例主要讲解利用Rotation(旋转)属性制作飞雪旋转的效果，完成的动画流程画面如图4.192所示。

图4.192　动画流程画面

学习目标

1. **学习Rotation(旋转)属性的使用。**
2. **学习Opacity(透明度)属性的使用。**
3. **学习CC Snowfall(CC 下雪)特效的使用。**

操作步骤

(1) 执行菜单栏中的File(文件)｜Open Project(打开项目)命令，选择配书光盘中的“工程文件\第4章\飞雪旋转\飞雪旋转练习.aep”文件，将文件打开。

(2) 执行菜单栏中的Layer(图层)｜New(新建)｜Text(文本)命令，新建文字层，此时，Composition(合成)窗口中将出现一个闪动的光标，在时间线面板中将出现一个文字层，输入“RED RIDING HOOD”。在Character(字符)面板中，设置文字字体为草檀斋毛泽东字体，字号为74px，字体颜色为红色(R:168，G:29，B:33)，参数如图4.193所示，合成窗口效果如图4.194所示。

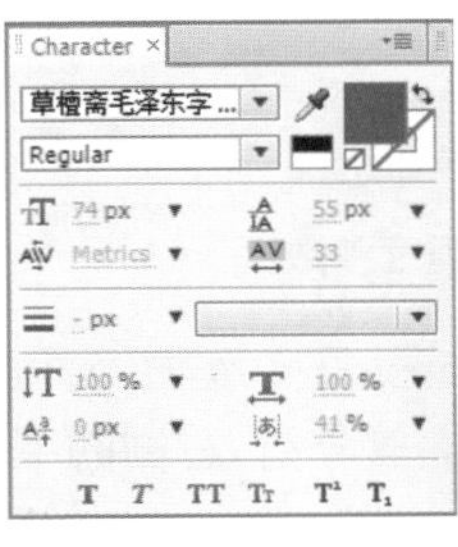

图4.193　字符面板参数设置

图4.194　设置后的画面效果

(3) 选择文字层，在Effects & Presets(效果和预置)面板中展开Stylize(风格化)特效组，双击Roughen Edges(粗糙边缘)特效。

(4) 在Effect Controls(特效控制)面板中，修改Roughen Edges(粗糙边缘)特效的参数，从Edge Type(边缘类型)右侧下拉列表中选择Rusty(生锈)选项，设置Border(边框)值为3.4，如图4.195所示，合成窗口效果如图4.196所示。

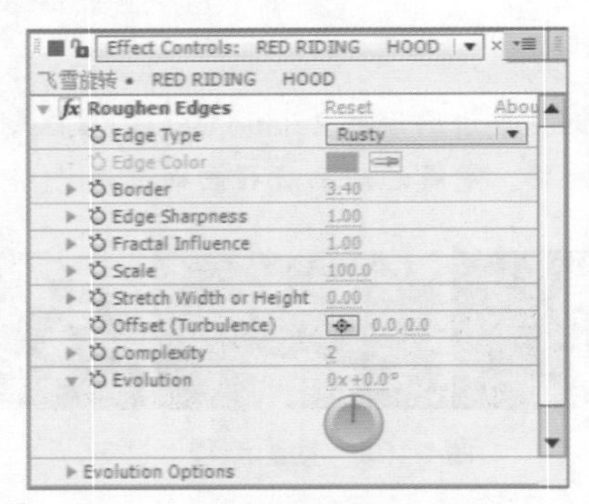

图4.195　设置粗糙边缘参数

图4.196　设置边缘后的效果

(5) 将时间调整到00:00:00:00帧的位置，展开文字层，单击Text(文字)右侧的三角形按钮◉，从菜单中选择Rotation(旋转)命令，设置Rotation(旋转)的值为(4x+0)，单击Animator 1(动画1)右侧的三角形按钮◉，从菜单中选择Property(特性)｜Opacity(透明度)选项，设置Opacity(透明度)的值为0%，如图4.197所示。

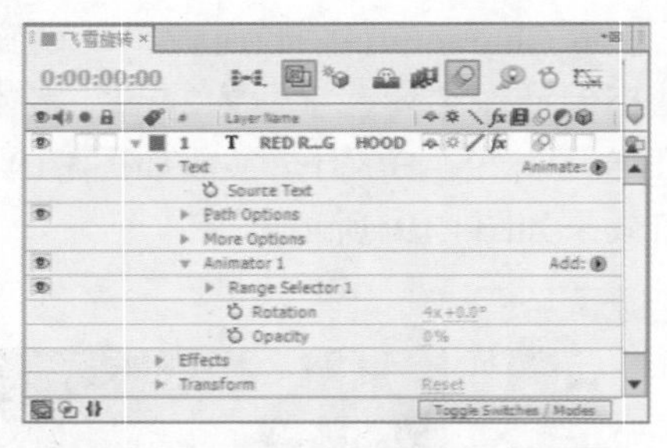

图4.197　添加旋转和透明度参数

(6) 展开文字层的More Options(更多选项)选项组，在Anchor Point Grouping(定位点分组)右侧的下拉列表中选择Line(行)，设置Grouping Alignment(分组对齐)的值为(–46，0)；展开Range Selector1(范围选择器1)选项组，设置End(结束)的值为68%，Offset(偏移)的值为–55%，然后单击Offset(偏移)左侧的码表按钮，在当前位置设置关键帧，参数设置如图4.198所示。

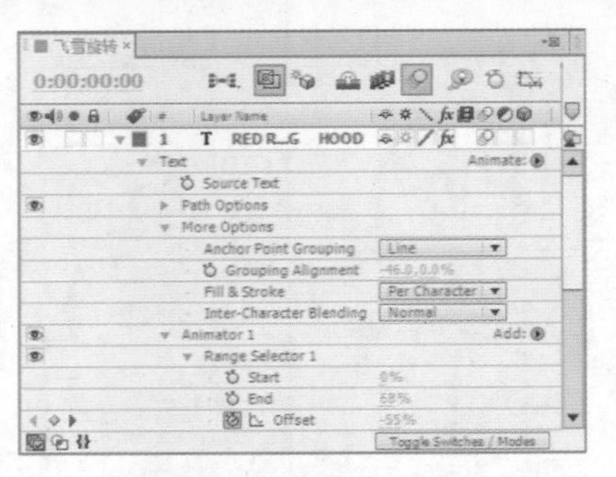

图4.198　设置偏移参数

(7) 将时间调整到00:00:03:09帧的位置，修改Offset(偏移)的值为100%，然后展开Advanced(高级)选项组，在Shape(形状)右侧的下拉列表中选择Ramp Up(上倾斜)，如图4.199所示，合成窗口效果如图4.200所示。

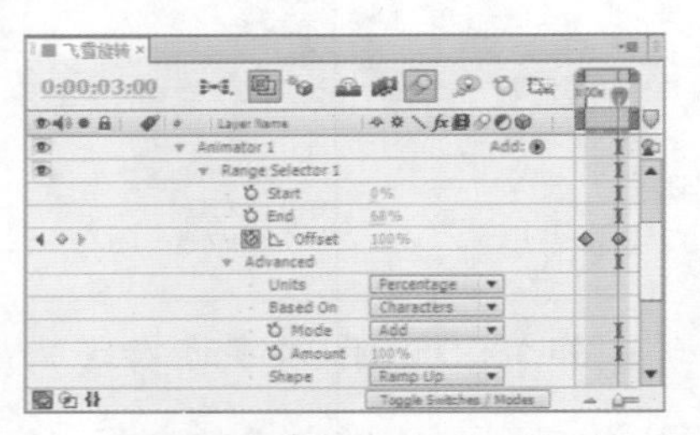

图4.199　添加关键帧参数

图4.200　设置关键帧后的效果

(8) 选择文字层，在Effects & Presets(效果和预置)面板中展开Simulation(模拟仿真)特效组，双击CC Snowfall(CC 下雪)特效。

(9) 在Effect Controls(特效控制)面板中，修改CC Snowfall(CC下雪)特效的参数，设置Size(尺寸)的值为10，参数如图4.201所示，合成窗口效果如图4.202所示。

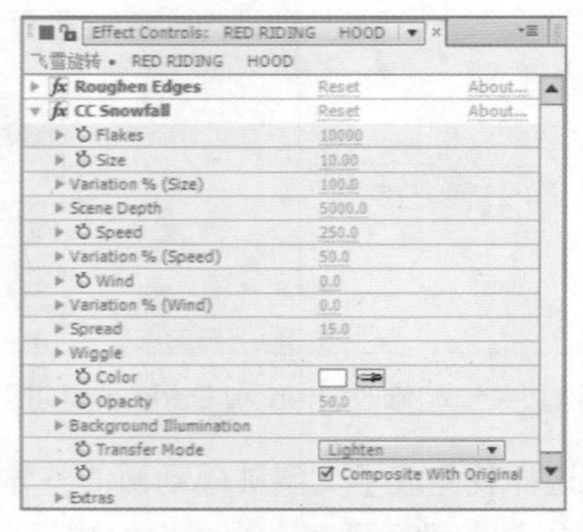

图4.201　设置下雪参数

图4.202　下雪的效果

(10) 这样就完成了飞雪旋转的整体制作，按小键盘上的“0”键，即可在合成窗口中预览动画。

4.17　出字效果

实例说明

本例主要讲解利用Position(位置)属性制作出字的效果，完成的动画流程画面如图4.203所示。

图4.203　动画流程画面

学习目标

了解Position位置属性的使用。

操作步骤

(1) 执行菜单栏中的File(文件) | Open Project(打开项目)命令，选择配书光盘中的“工程文件\第4章\出字效果\出字效果练习.aep”文件，将文件打开。

(2) 执行菜单栏中的Layer(图层) | New(新建) | Text(文本)命令，新建文字层，此时，Composition(合成)窗口中将出现一个闪动的光标效果，在时间线面板中将出现一个文字层，输入“OTHING SPREADS LIKE FEAR”。在Character(字符)面板中，设置文字字体为Arial Black，字号为65px，字体颜色为青色(R:88，G:152，B:149)。

(3) 选中“OTHING SPREADS LIKE FEAR”层，按S键展开Scale(缩放)属性，设置Scale(缩放)的值为63，设置“OTHING SPREADS LIKE FEAR”层的Mode(模式)为Add(相加)，如图4.204所示，合成窗口效果如图4.205所示。

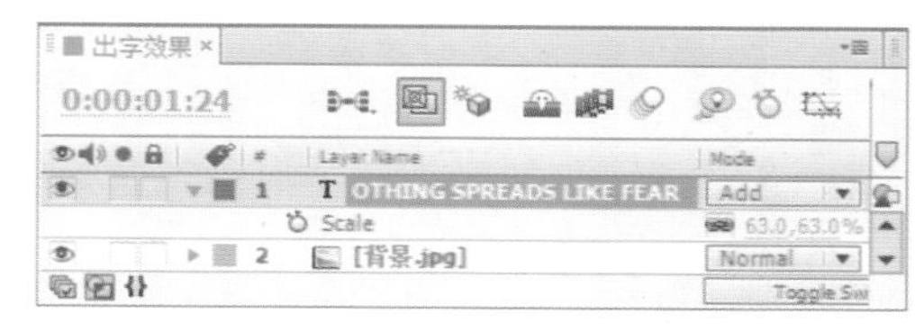

图4.204　设置相加模式和缩放

图4.205　设置相加模式和缩放效果

(4) 将时间调整到00:00:00:00帧的位置，展开“OTHING SPREADS LIKE FEAR”层，单击Text(文本)右侧的三角形按钮，从菜单中选择Position(位置)命令，设置Position(位置)的值为(0，–1000)，展开Text(文本) | Animator1(动画1) | Range Selector1(范围选择器1)选项组，设置End(结束)的值为100，单击End(结束)左侧的码表按钮，在当前位置设置关键帧。

(5) 将时间调整到00:00:01:24帧的位置，设置End(结束)的值为0，系统会自动设置关键帧，如图4.206所示。

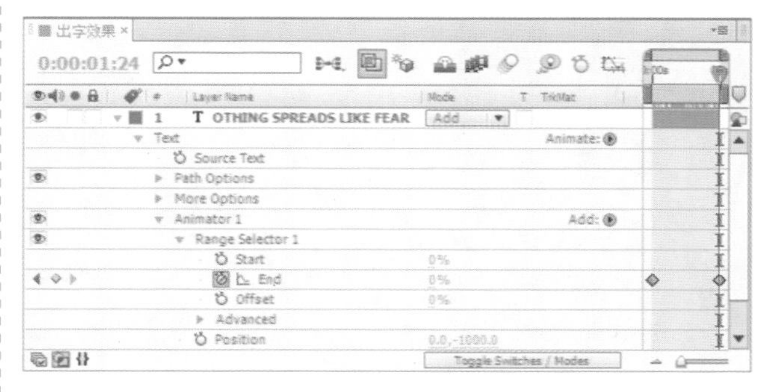

图4.206　设置结束关键帧

(6) 这样就完成了出字效果的操作，按小键盘上的“0”键，即可在合成窗口中预览动画。

AE

第5章

色彩控制与素材抠像

内容摘要

本章主要讲解色彩控制与素材抠像应用技巧，包括Hue/Saturation(色相/饱和度)特效的应用方法、4-Color Gradient(四色渐变)特效的参数调节以及Color Key(色彩键)抠像的运用，同时还讲解了Curves(曲线)和Change Color(改变图像颜色)特效的应用，以及利用Curves(曲线)和Change Color(改变图像颜色)特效来改变画面的亮度和颜色的技巧。通过本章的制作，应掌握色彩控制与素材抠像的技巧。

教学目标

- Hue/Saturation(色相/饱和度)的应用
- 4-Color Gradient(四色渐变)特效的参数调节
- Color Key(色彩键)抠像的使用
- Curves(曲线)特效

5.1 改变影片颜色

实例说明

本例主要讲解利用Change to Color(转换颜色)特效制作改变影片颜色的效果，完成的动画流程画面如图5.1所示。

图5.1 动画流程画面

学习目标

学习Change to Color(转换颜色)特效的使用。

操作步骤

(1) 执行菜单栏中的File(文件) | Open Project(打开项目)命令，选择配书光盘中的“工程文件\第5章\改变影片颜色\改变影片颜色练习.aep”文件，将文件打开。

(2) 为“动画学院大讲堂.mov”层添加Change to Color(改变到颜色)特效。在Effects & Presets(效果和预置)面板中展开Color Correction(色彩校正)特效组，然后双击Change to Color(转换颜色)特效。

(3) 在Effect Controls(特效控制)面板中，修改Change to Color(转换颜色)特效的参数，设置From(从)为蓝色(R:0，G:55，B:235)，如图5.2所示。合成窗口效果如图5.3所示。

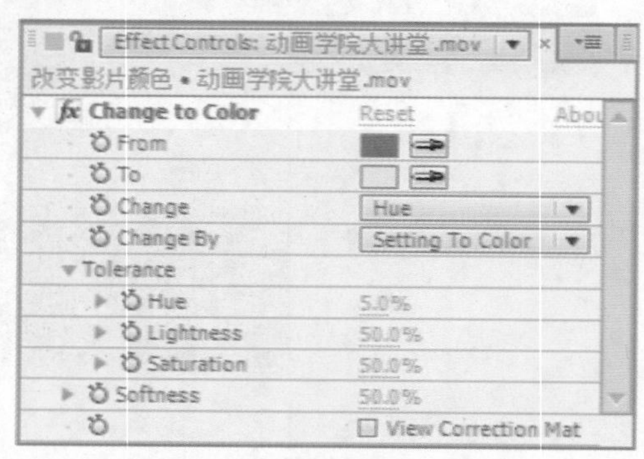

图5.2 设置转换颜色参数

图5.3 设置参数后的效果

(4) 这样就完成了改变影片颜色的整体制作，按小键盘上的“0”键，即可在合成窗口中预览动画。

5.2 彩色光环

实例说明

本例主要讲解利用Hue/Saturation(色相/饱和度)特效制作彩色光环的效果，完成的动画流程画面如图5.4所示。

 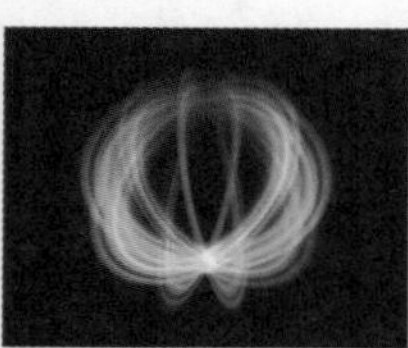 

图5.4 动画流程画面

学习目标

1. 学习Fractal Noise(分形噪波)特效的使用。

2. 学习Polar Coordinates(极坐标)特效的使用。

3. 学习Hue/Saturation(色相/饱和度)特效的使用。

4. 学习Null Object(虚拟物体)特效的使用。

操作步骤

5.2.1 制作“圆环”

(1) 执行菜单栏中的Composition(合成) | New Composition(新建合成)命令，打开Composition

Settings(合成设置)对话框，设置Composition Name(合成名称)为“圆环”，Width(宽)为“352”，Height(高)为“288”，Frame Rate(帧率)为“25”，并设置Duration(持续时间)为00:00:05:00秒，如图5.5所示。

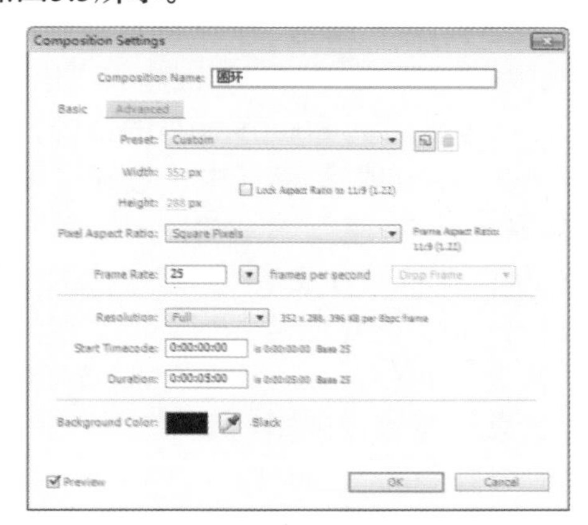

图5.5　合成设置

(2) 单击OK(确定)按钮，在Project(项目)面板中将会创建一个名为“圆环”的合成，如图5.6所示。

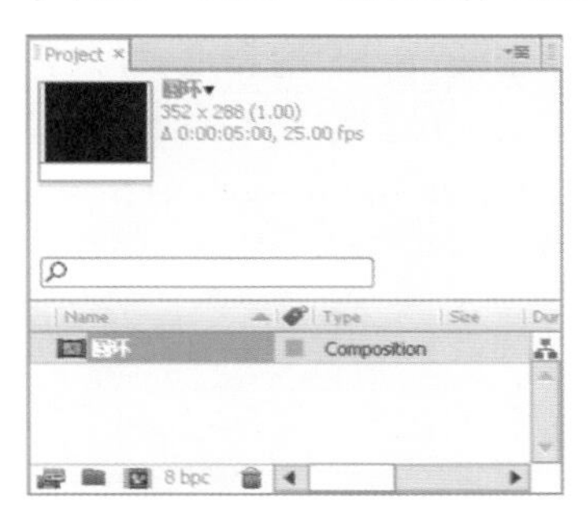

图5.6　Project面板

(3) 打开“圆环”合成的时间线面板，在时间线面板中按Ctrl + Y组合键，打开Solid Settings(固态层设置)对话框，设置Name(名称)为圆环，Color(颜色)为黑色，如图5.7所示。

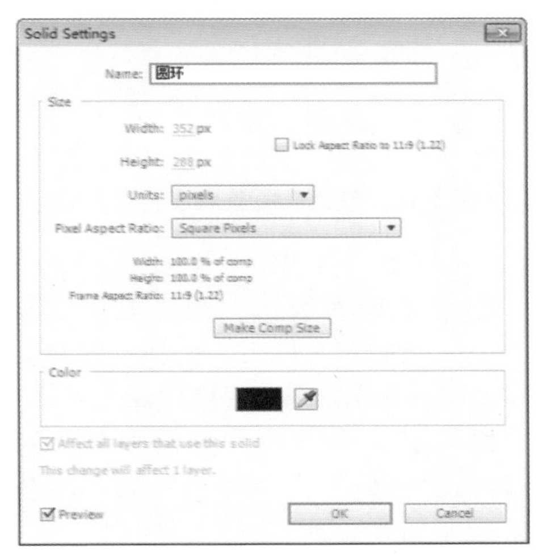

图5.7　新建“圆环”固态层

(4) 单击OK(确定)按钮，在时间线面板中将会创建一个名为“圆环”的固态层。选择“圆环”固态层，在Effects & Presets(效果和预置)面板中展开Noise & Grain(噪波与杂点)特效组，然后双击Fractal Noise(分形杂波)特效，如图5.8所示。

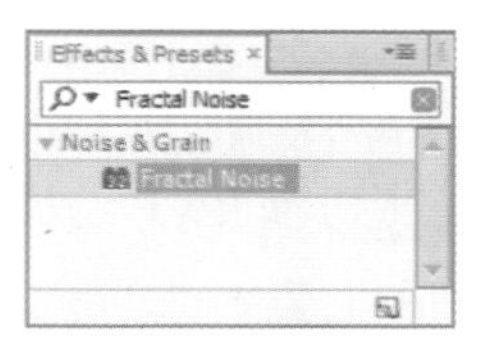

图5.8　添加分形噪波特效

(5) 在Effect Controls(特效控制)面板中，修改Fractal Noise(分形杂波)特效的参数，展开Transform(转换)选项组，取消选中Uniform Scaling(等比缩放)复选框，设置Scale Width(缩放宽度)的值为5000，Scale Height(缩放高度)的值为20，参数设置如图5.9所示。合成窗口效果如图5.10所示。

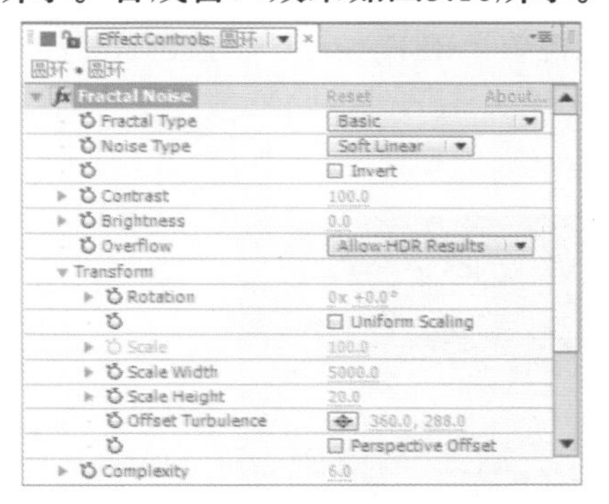

图5.9　设置Transform(转换)选项组的参数

图5.10　设置参数后的画面效果

(6) 为“圆环”层绘制遮罩。单击工具栏中的Rectangle Tool(矩形工具)按钮，在“圆环”合成窗口中绘制矩形遮罩，如图5.11所示。

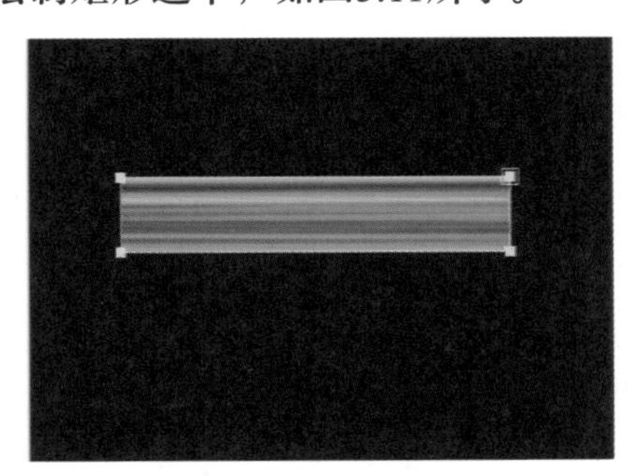

图5.11　绘制遮罩

(7) 在时间线面板中，按F键，打开“圆环”层的Mask Feather(遮罩羽化)选项，单击Mask Feather(遮罩羽化)左侧的约束比例按钮，取消约束，然后设置Mask Feather(遮罩羽化)的值为(100，15)，如图5.12所示。

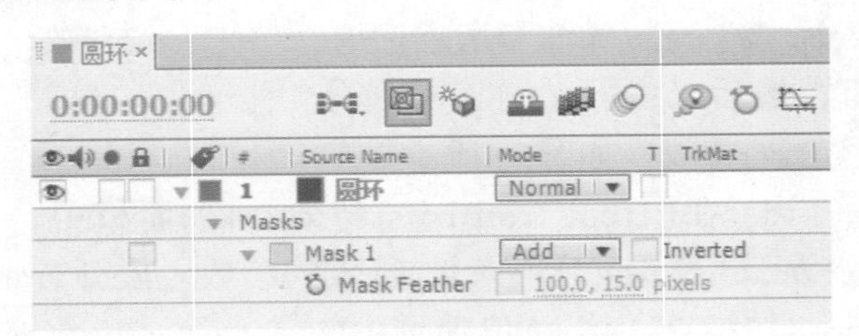

图5.12　设置遮罩羽化的值

(8) 设置Mask Feather(遮罩羽化)后的画面效果如图5.13所示。为“圆环”层添加Polar Coordinates(极坐标)特效。在Effects & Presets(效果和预置)面板中展开Distort(扭曲)特效组，然后双击Polar Coordinates(极坐标)特效，如图5.14所示。

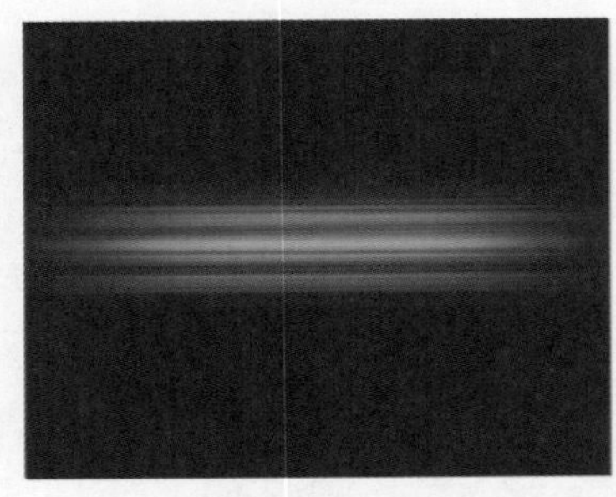

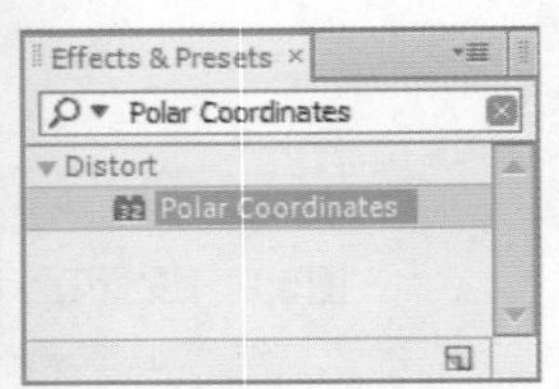

图5.13　设置羽化后的效果　　图5.14　添加极坐标特效

(9) 在Effect Controls(特效控制)面板中，在Type of Conversion(转换类型)右侧的下拉列表中选择Rect to Polar(将直角坐标系转换成极坐标系)选项，然后设置Interpolation(插值)的值为100%，参数设置如图5.15所示。合成窗口效果如图5.16所示。

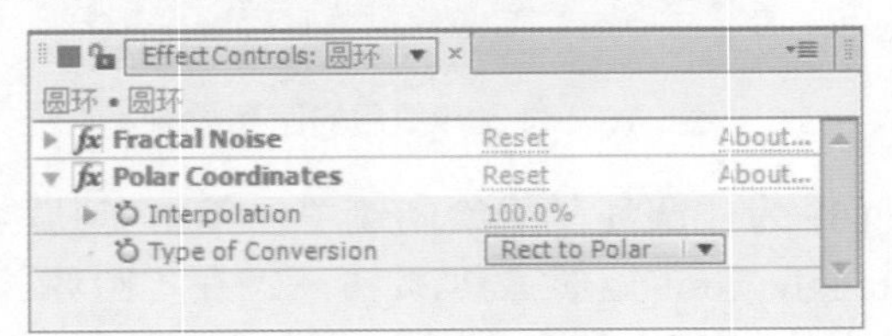

图5.15　极坐标特效的参数设置

图5.16　设置极坐标后的画面效果

5.2.2　制作“绿色”合成

(1) 执行菜单栏中的Composition(合成) | New Composition(新建合成)命令，打开Composition Settings(合成设置)对话框，新建一个Composition Name(合成名称)为“绿色”，Width(宽)为“352”，Height(高)为“288”，Frame Rate(帧率)为“25”，Duration(持续时间)为00:00:05:00秒的合成。

(2) 在Project(项目)面板中，选择“圆环”合成，将其拖动到“绿色”合成的时间线面板中。

(3) 为“圆环”合成层添加Hue/Saturation(色相/饱和度)特效。在Effects & Presets(效果和预置)面板中展开Color Correction(色彩校正)特效组，然后双击Hue/Saturation(色相/饱和度)特效，如图5.17所示。

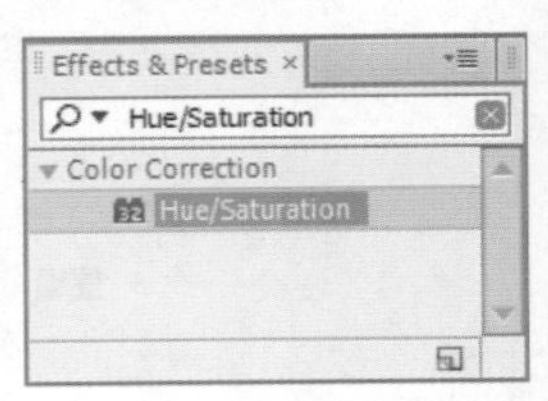

图5.17　添加特效

(4) 在Effect Controls(特效控制)面板中，修改Hue/Saturation(色相/饱和度)特效的参数，选中Colorize(彩色化)复选框，设置Colorize Hue(色调)的值为114，Colorize Saturation(饱和度)的值为100，参数设置如图5.18所示。

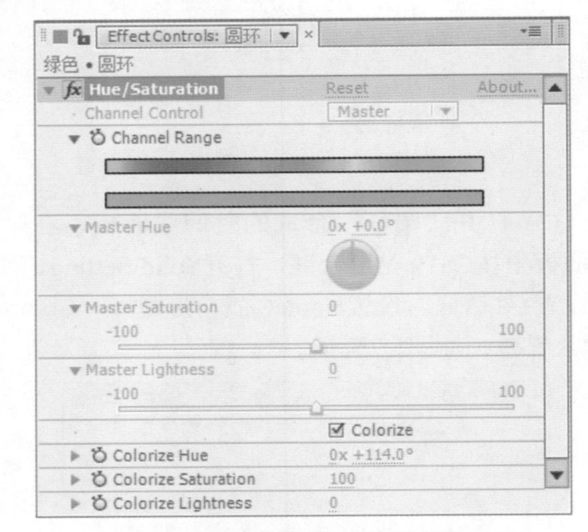

图5.18　设置色相/饱和度特效参数

(5) 在“绿色”合成中，设置Hue/Saturation(色相/饱和度)特效的参数后，画面效果如图5.19所示。在Project(项目)面板中，选择“绿色”合成，按Ctrl + D组合键3次，复制出“绿色2”、“绿色3”、“绿色4”3个合成，然后将复制的合成分别重命名为“蓝色”、“黄色”和“红色”，如图5.20所示。

图5.19 “绿色”合成的画面效果

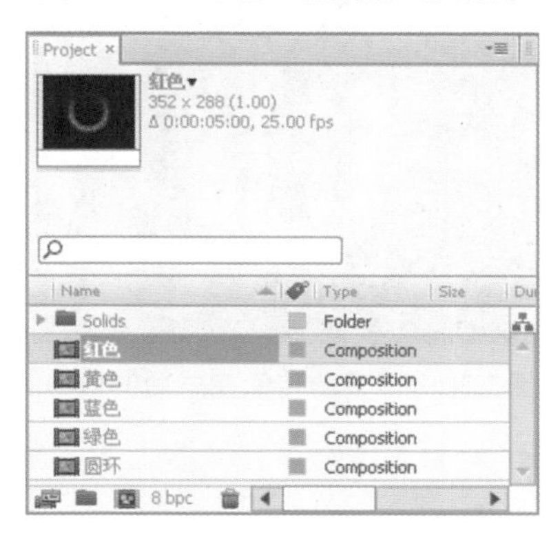

图5.20 复制合成

(6) 打开“蓝色”合成的时间线面板，选择“圆环”合成，在Effect Controls(特效控制)面板中，设置Colorize Hue(色调)的值为224，如图5.21所示。此时的画面效果如图5.22所示。

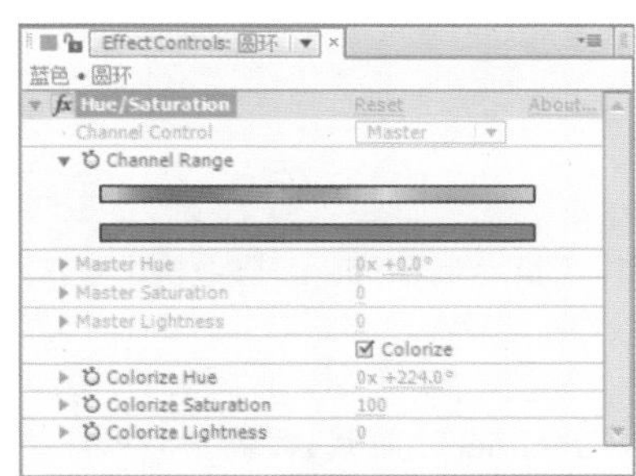

图5.21 设置“蓝色”合成参数

图5.22 修改色调后的效果

(7) 打开“黄色”合成的时间线面板，选择“圆环”合成，在Effect Controls(特效控制)面板中，设置Colorize Hue(色调)的值为59，如图5.23所示。此时的画面效果如图5.24所示。

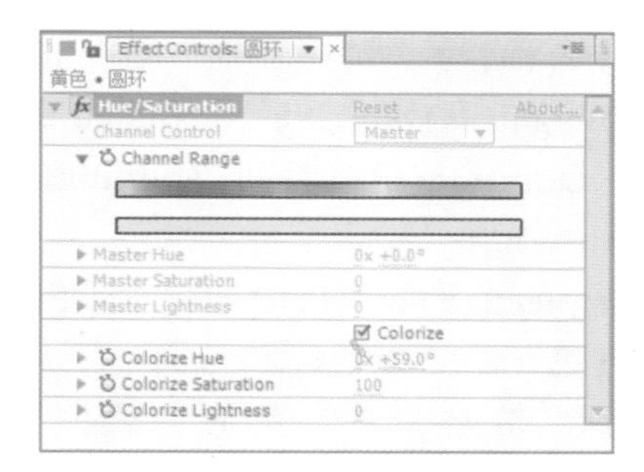

图5.23 设置“黄色”合成参数

图5.24 修改“黄色”合成后的效果

(8) 打开“红色”合成的时间线面板，选择“圆环”合成，在Effect Controls(特效控制)面板中，设置Colorize Hue(色调)的值为0，如图5.25所示。此时的画面效果如图5.26所示。

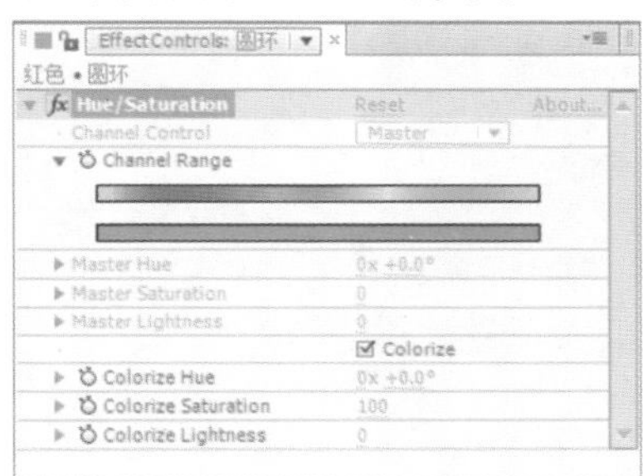

图5.25 设置“红色”合成参数

图5.26 修改“红色”合成后的效果

5.2.3 制作“光环合成”

(1) 执行菜单栏中的Composition(合成)｜New Composition(新建合成)命令，打开Composition Settings(合成设置)对话框，新建一个Composition

Name(合成名称)为“光环合成”，Width(宽)为“352”，Height(高)为“288”，Frame Rate(帧率)为“25”，Duration(持续时间)为00:00:05:00秒的合成。

(2) 在Project(项目)面板中选择“蓝色”、“红色”、“黄色”、“绿色”和“圆环”5个合成，将其拖动到“光环合成”的时间线面板中，如图5.27所示。

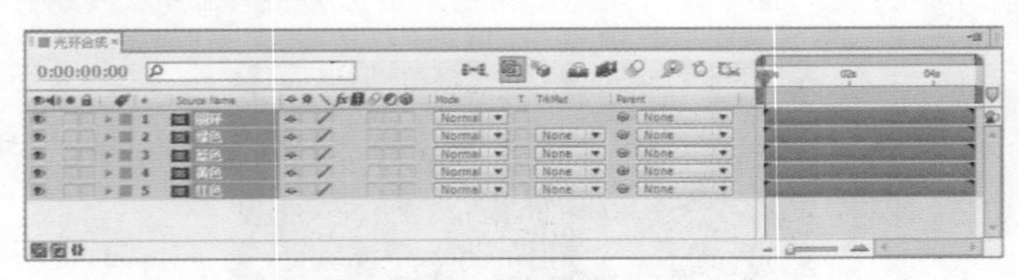

图5.27　添加合成层

(3) 确认选择所有合成层，打开所有图层的三维属性开关，以及修改Mode(模式)为Add(相加)，如图5.28所示。然后选择除“圆环”层外的其他4个图层，按R键，打开所选图层的Rotation(旋转)选项，设置“蓝色”合成层的Y Rotation(Y轴旋转)的值为36，“红色”合成层的Y Rotation(Y轴旋转)的值为72，“黄色”合成层的Y Rotation(Y轴旋转)的值为108，“绿色”合成层的Y Rotation(Y轴旋转)的值为144，参数设置如图5.29所示。

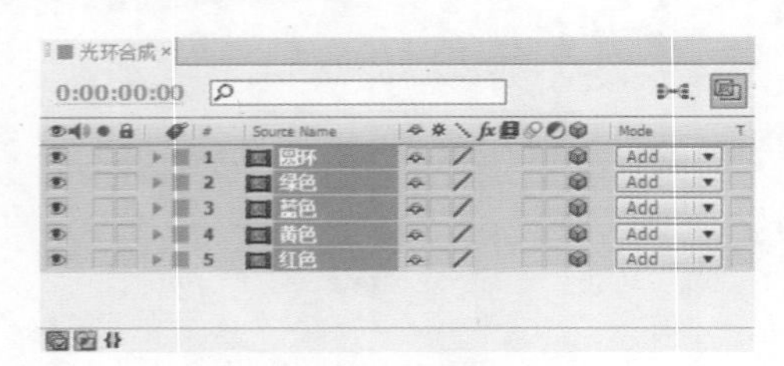

图5.28　打开三维属性开关

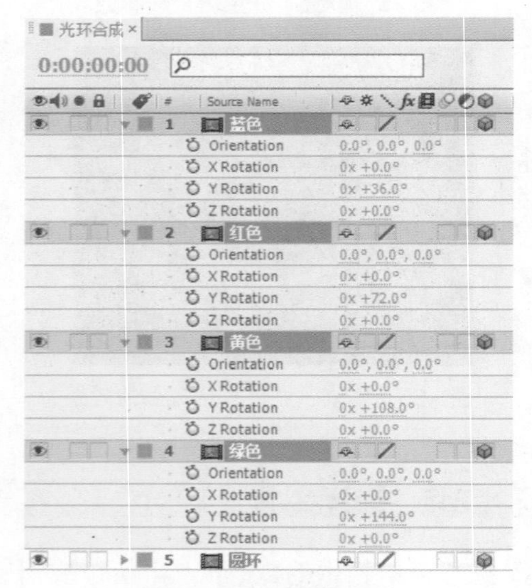

图5.29　设置旋转参数

(4) 设置完成后的画面效果如图5.30所示。添加摄像机，执行菜单栏中的Layer(图层)｜New (新建)｜Camera(摄像机)命令，打开Camera Settings(摄像机设置)对话框，在Preset(预置)右侧的下拉列表中选择Custom(自定义)，如图5.31所示。单击OK(确定)按钮，在“光环合成”时间线面板中，将会创建一个摄像机。

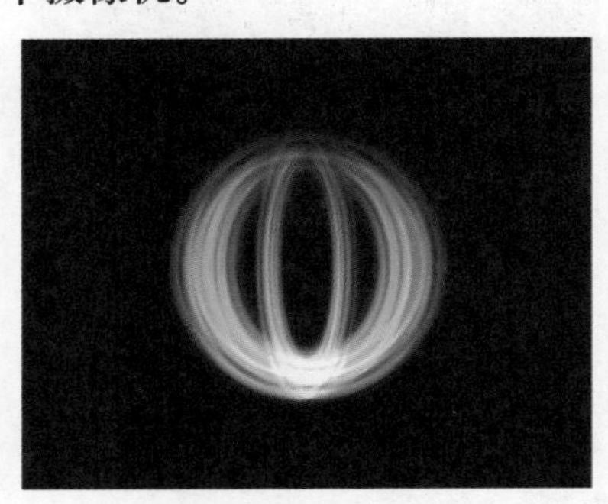

图5.30　设置旋转值完成后的效果

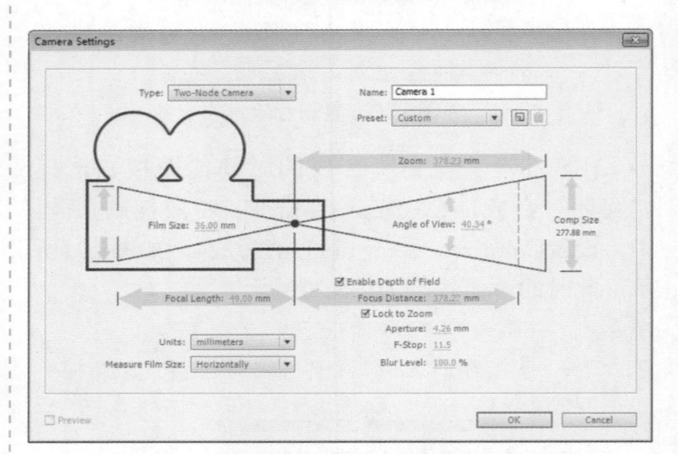

图5.31　Camera Settings(摄像机设置)对话框

提示

在Timeline(时间线)面板中按Ctrl+Alt+ Shift + C组合键，可以快速打开Camera Settings(摄像机设置)对话框。

(5) 选择Camera 1层，按P键，打开该层的Position(位置)选项，设置Position(位置)的值为(176，144，–377)，参数设置如图5.32所示。此时的画面效果如图5.33所示。

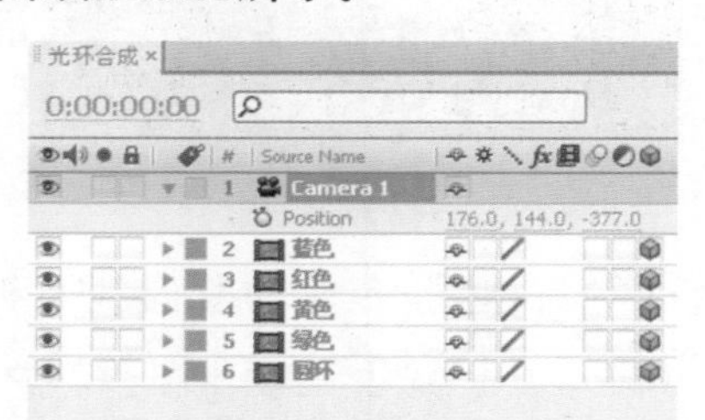

图5.32　设置位置的值

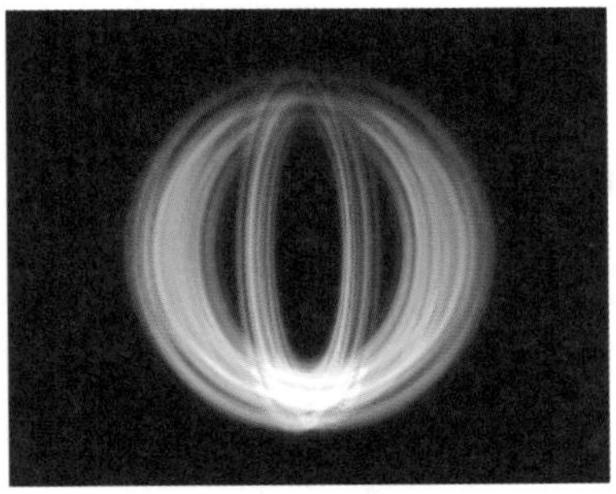

图5.33　设置摄像机位置后的画面效果

(6) 执行菜单栏中的Layer(图层)｜New (新建)｜Null Object(虚拟物体)命令，在“光环合成”的时间线面板中，将会创建一个“Null 1”虚拟物体层，然后打开“Null 1”虚拟物体层的三维属性开关，如图5.34所示。

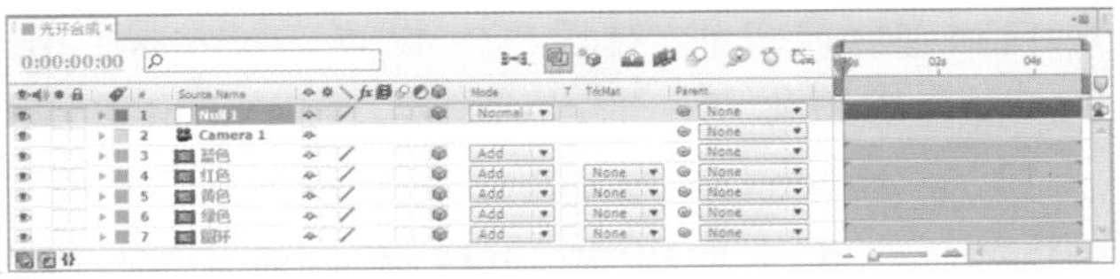

图5.34　新建虚拟物体

(7) 选择“蓝色”、“红色”、“黄色”、“绿色”和“圆环”5个合成层，在其中一个合成层右侧的Parent(父级)属性栏中选择“Null 1”层，将“Null 1”父化给“蓝色”、“红色”、“黄色”、“绿色”、“圆环”5个合成层，如图5.35所示。

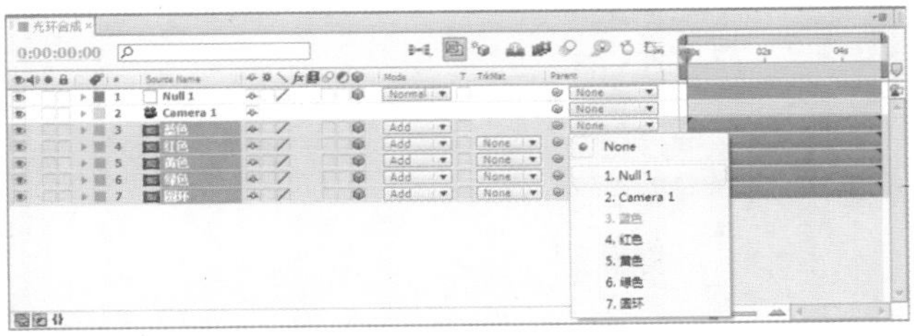

图5.35　建立父子关系

(8) 将时间调整到00:00:00:00帧的位置，选择“Null 1”虚拟物体层。按R键，打开该层的Rotation(旋转)选项，然后分别单击X Rotation(X轴旋转)、Y Rotation(Y轴旋转)左侧的码表按钮，在当前位置设置关键帧，如图5.36所示。

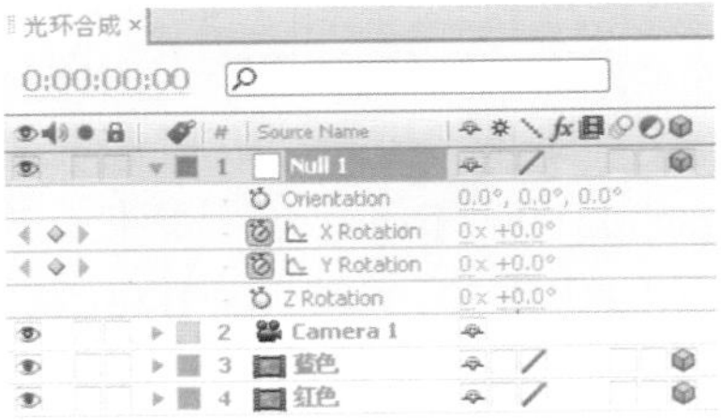

图5.36　在00:00:00:00帧的位置设置关键帧

(9) 将时间调整到00:00:04:24帧的位置，设置X Rotation(X轴旋转)的值为(1x+0)，Y Rotation(Y轴旋转)的值为1x+0，系统将在当前位置自动设置关键帧，如图5.37所示。

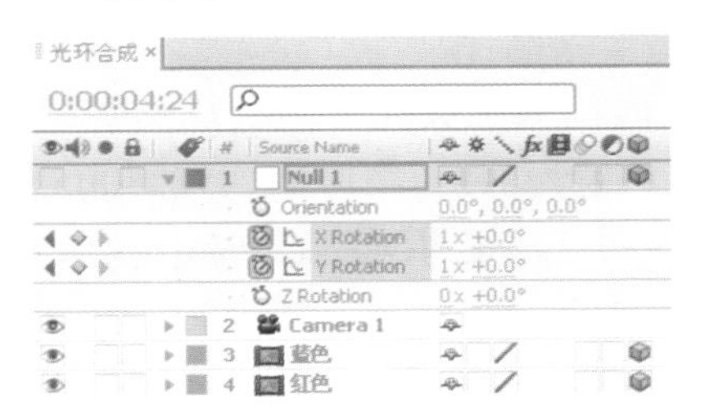

图5.37　设置旋转值

(10) 这样就完成了彩色光环的整体制作，按小键盘上的“0”键，即可在合成窗口中预览动画。

5.3　色彩调整动画

实例说明

本例主要讲解利用Color Balance(HLS)(色彩平衡(HLS))特效制作色彩调整动画的效果，完成的动画流程画面如图5.38所示。

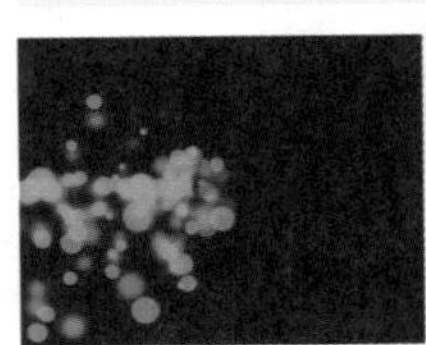

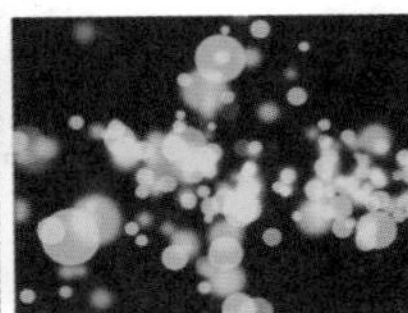

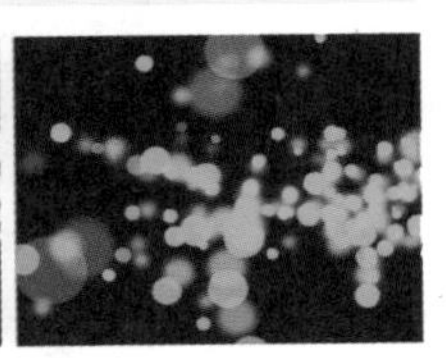

图5.38　动画流程画面

学习目标

学习Color Balance(HLS)(色彩平衡(HLS))特效的使用。

操作步骤

(1) 执行菜单栏中的File(文件)｜Open Project(打开项目)命令，选择配书光盘中的“工程文件\第5章\色彩调整动画\色彩调整动画练习.aep”文件，将文件打开。

(2) 在Timeline(时间线)面板中，选择“视频”层，然后在Effects & Presets(效果和预置)面板中展开Color Correction(色彩校正)特效组，双击Color Balance(HLS)(色彩平衡(HLS))特效。

(3) 在Effect Controls(特效控制)面板中，修改Color Balance(HLS)(色彩平衡(HLS))特效的参数，将时间调整到00:00:00:15帧的位置，设置Hue(色相)的值为95，单击Hue(色相)左侧的码表按钮，在当前位置设置关键帧。

(4) 将时间调整到00:00:01:15帧的位置，设置Hue(色相)的值为148；将时间调整到00:00:02:11帧的位置，设置Hue(色相)的值为220；将时间调整到00:00:02:24帧的位置，设置Hue(色相)的值为252，系统会自动设置关键帧，如图5.39所示。合成窗口效果如图5.40所示。

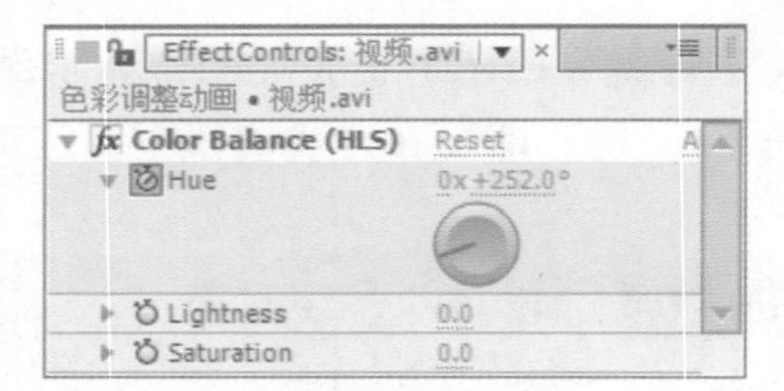

图5.39　设置色相关键帧

图5.40　设置关键帧后的效果

(5) 这样就完成了色彩调整动画的操作，按小键盘上的“0”键，即可在合成窗口中预览动画。

5.4　彩色光效

实例说明

本例主要讲解利用4-Color Gradient(四色渐变)特效制作彩色光效的效果，完成的动画流程画面如图5.41所示。

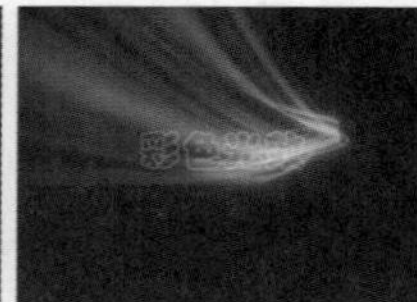

图5.41　动画流程画面

学习目标

1. 掌握Hue/Saturation(色相/饱和度)特效的使用。

2. 掌握4-Color Gradient(四色渐变)特效的使用。

操作步骤

5.4.1　导入素材

(1) 执行菜单栏中的Composition(合成)｜New Composition(新建合成)命令，打开Composition Settings(合成设置)对话框，设置Composition Name(合成名称)为“彩色光效”，Width(宽)为“352”，Height(高)为“288”，Frame Rate(帧率)为“25”，并设置Duration(持续时间)为6秒，如图5.42所示。

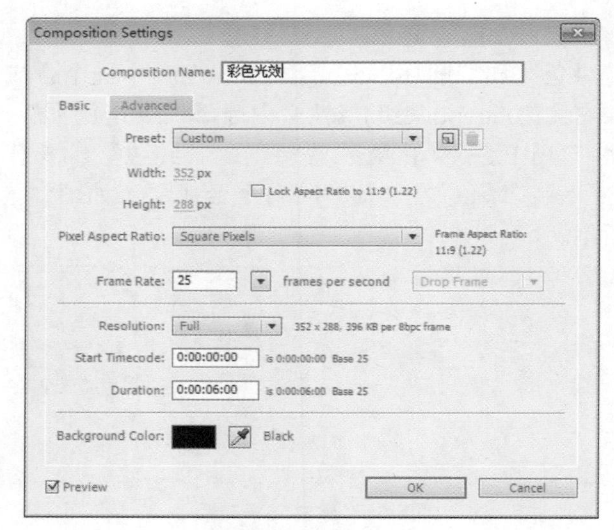

图5.42　合成设置

(2) 执行菜单栏中的File(文件)｜Import(导入)｜File(文件)命令，或在Project(项目)面板中双击，打开Import File(导入文件)对话框，选择配书光盘中的“工程文件\第5章\彩色光效\guang\guang.0001.tga”素材，在打开的Import File(导入文件)对话框中选中Targa Sequence(TGA序列)复选框，如图5.43所示。

(3) 单击“打开”按钮，此时将打开Interpret Footage：guang.[0001-0150].tga对话框，在Alpha(透明)通道选项组中选中Premultiplied-Matted With Color(预乘–无蒙版)单选按钮，设置颜色为黑色，将素材的黑色背景抠除，如图5.44所示。

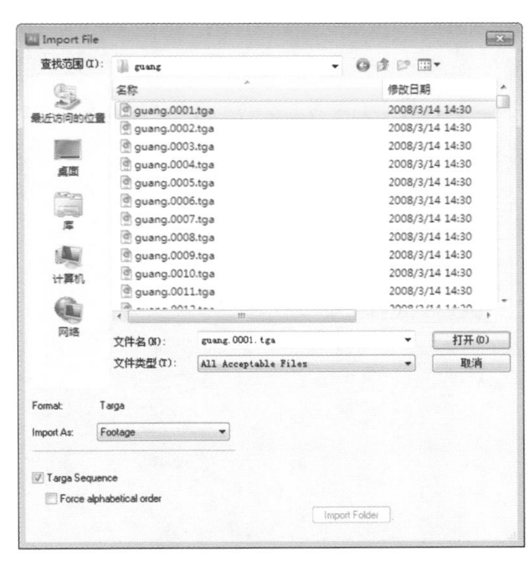

图5.43　导入TGA序列图

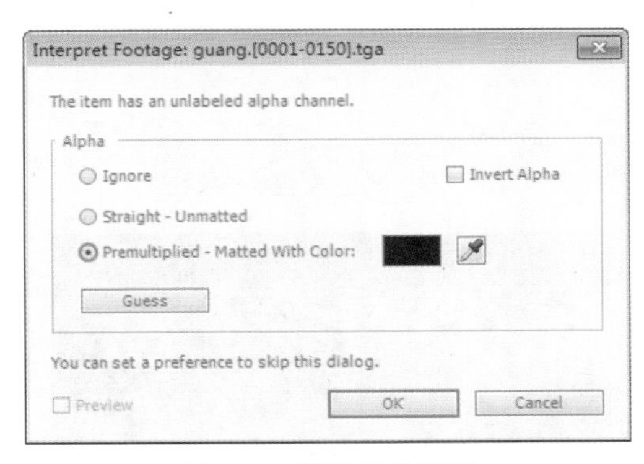

图5.44　抠除黑色背景

(4) 单击OK(确定)按钮，素材将以序列的方式导入项目库中，导入后的效果如图5.45所示。

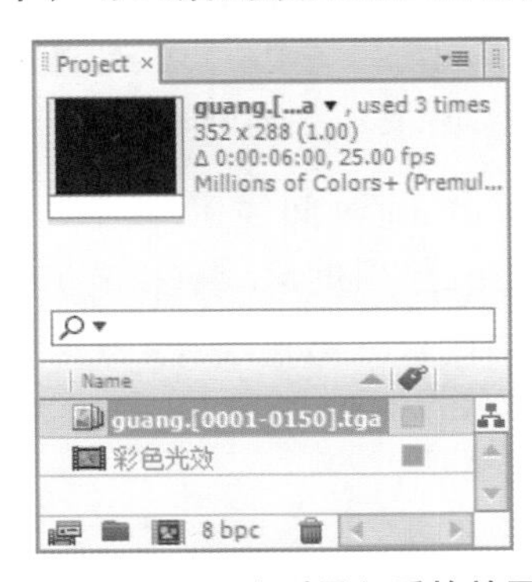

图5.45　TGA序列导入后的效果

提示

Premultiplied-Matted With Color(预乘-无蒙版)单选按钮右边的颜色默认为黑色，若抠除的颜色不是黑色，可以单击颜色块，在弹出的(预乘-无蒙版)Premultiplied-Matted-Color拾色器对话框中选取所需的颜色，或用颜色块右侧的吸管工具直接吸取要抠除的颜色。

5.4.2　制作彩色光效

(1) 将“guang.[0001-0150].tga”素材拖动到Timeline(时间线)面板中。

(2) 下面来讲解如何将单色光变为彩色光。首先在Timeline(时间线)面板中选择“guang.[0001-0150].tga”层，在Effects & Presets(效果和预置)面板中展开Color Correction(色彩校正)特效组，然后分别双击Hue/Saturation(色相/饱和度)特效和Brightness & Contrast(亮度与对比度)特效，如图5.46所示。

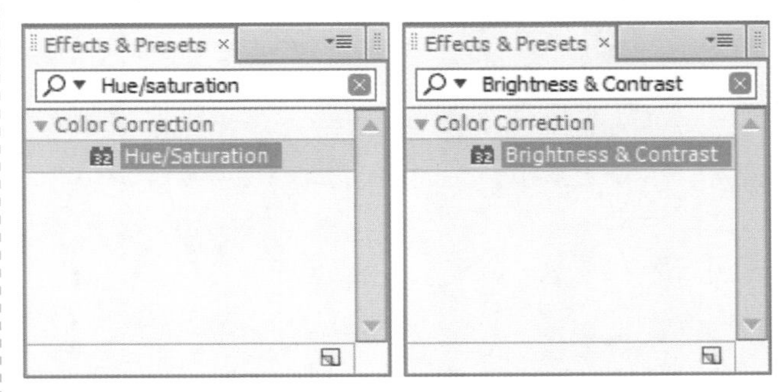

图5.46　Hue/Saturation(色相/饱和度)特效和Brightness & Contrast(亮度与对比度)特效

(3) 在Effects & Presets(效果和预置)面板中展开Generate(生成)特效组，然后双击4-Color Gradient(四色渐变)特效。

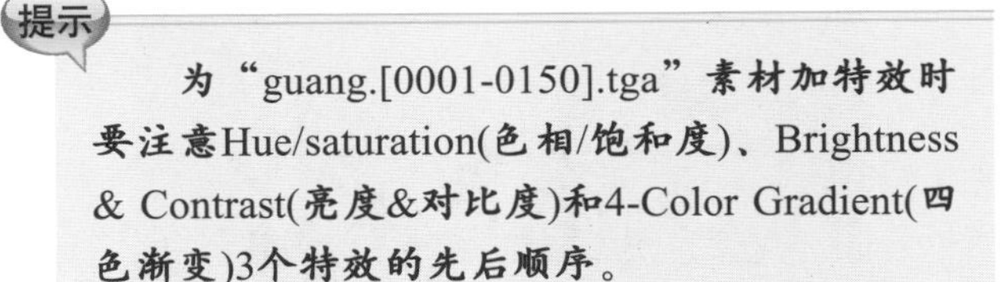

提示

为“guang.[0001-0150].tga”素材加特效时要注意Hue/saturation(色相/饱和度)、Brightness & Contrast(亮度&对比度)和4-Color Gradient(四色渐变)3个特效的先后顺序。

(4) 在Effect Controls(特效控制)面板中，首先为Hue/saturation(色相/饱和度)特效设置参数，设置Master Saturation(主饱和度)的值为–100；然后为Brightness & Contrast(亮度与对比度)特效设置参数，设置Brightness(亮度)的值为19，Contrast(对比度)的值为41；最后为4-Color Gradient(四色渐变)特效设置参数，设置Point1的值为(100，34)，Point2的值为(179，69)，Point3的值为(48，102)，Point4的值为(169，126)，Blend(混合)的值为33；单击Blending Mode(混合模式)右侧的None▾按钮，在打开的列表中选择Multiply(正片叠底)。具体参数设置如图5.47所示。添加特效后的效果如图5.48所示。

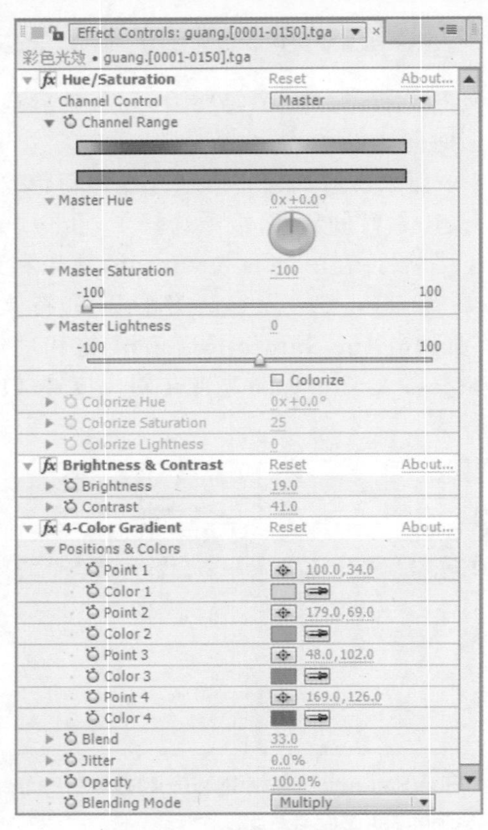

图5.47　四色渐变参数设置

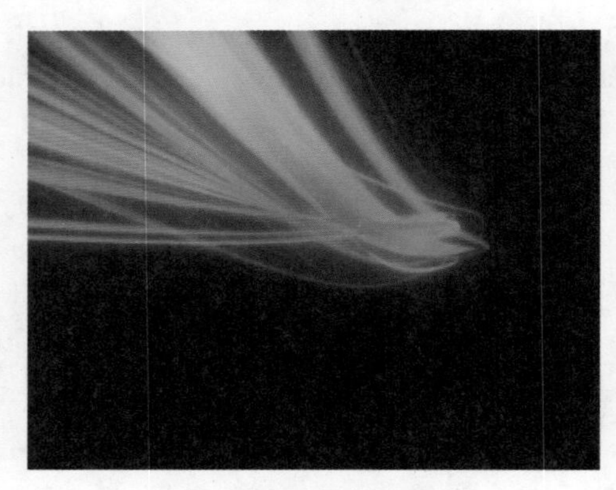

图5.48　四色渐变效果

(5) 在Timeline(时间线)面板中单击“guang [0001-0150].tga”层，然后执行菜单栏中的Edit(编辑)｜Duplicate(复制)命令，或按Ctrl + D快捷键，系统将自动复制“guang.[0001-0150].tga”层，将复制层命名为“guang2.[0001-0150].tga”，如图5.49所示。

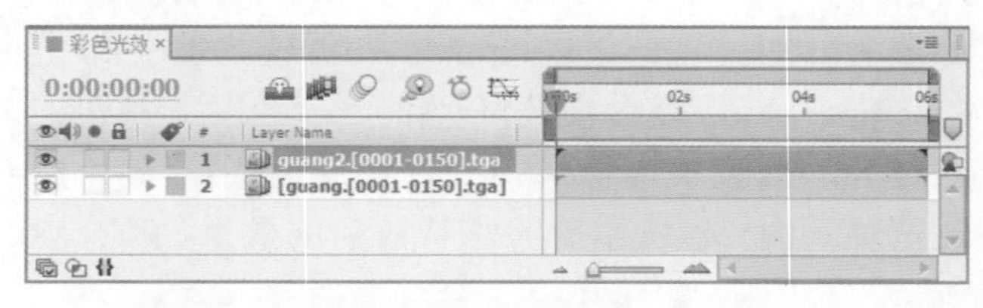

图5.49　复制图层“guang2.[0001-0150].tga”

(6) 修改“guang2.[0001-0150].tga”层Brightness & Contrast(亮度与对比度)特效的参数，设置Contrast(对比度)的值为15。修改4-Color Gradient(四色渐变)特效的参数，将Blending Mode(混合模式)修改为Color(颜色)。具体参数设置如图5.50所示。效果如图5.51所示。

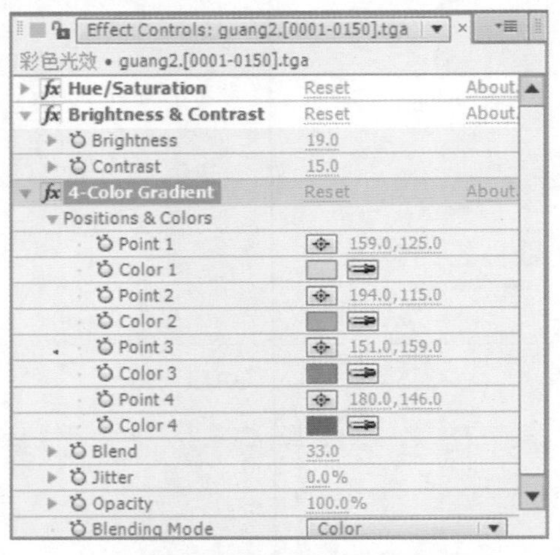

图5.50　四色渐变参数设置

图5.51　四色渐变效果

(7) 在Timeline(时间线)面板中，将“guang2.[0001-0150].tga”层的Mode(模式)修改为Linear Light(线性光)，将“guang.[0001-0150].tga”的Mode(模式)修改为Classic Color Dodge(典型颜色减淡)，如图5.52所示。

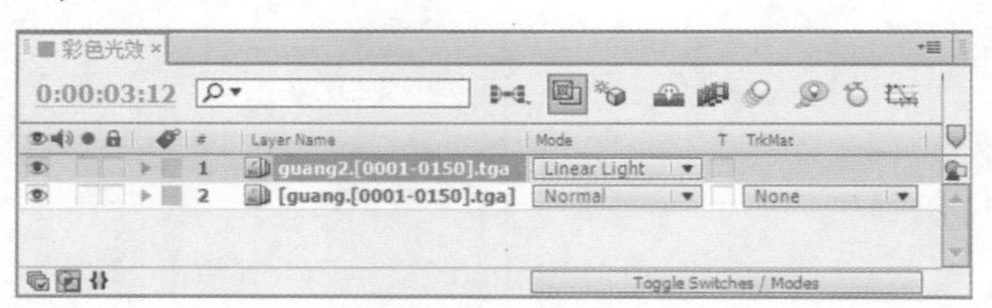

图5.52　修改各层的模式

(8) 制作完以上步骤后光效变为彩色，没有添加特效前的画面效果与添加特效后的画面效果的对比如图5.53和图5.54所示。

图5.53　添加特效前的效果

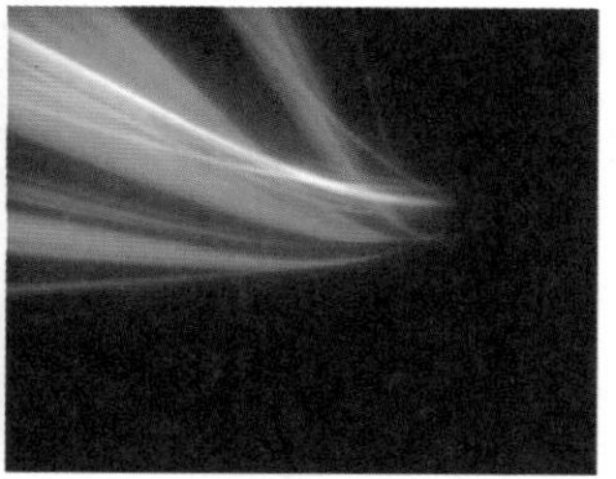

图5.54　添加特效后的效果

5.4.3　添加Solid(固态层)

(1) 在Timeline(时间线)面板的空白处单击鼠标右键，在弹出的快捷菜单中选择New(新建)｜Solid(固态层)命令，此时将打开Solid Settings(固态层设置)对话框。

> **提示**
>
> **除了在Timeline(时间线)面板的空白处单击鼠标右键，在弹出的快捷菜单中选择New(新建)｜Solid(固态层)命令外，还可以按Ctrl＋Y快捷键，快速创建固态层。**

(2) 单击OK(确定)按钮，将创建的Solid(固态层)放在Timeline(时间线)面板的顶层。

(3) 为Solid(固态层)添加4-Color Gradient(四色渐变)，设置Point1的值为(189，201)，Point2的值为(139，18)，Point3的值为(–49，187)，Point4的值为(260，108)；添加Brightness & Contrast(亮度与对比度)特效，设置Brightness(亮度)的值为–90.0，Contrast(对比度)的值为38。具体参数设置如图5.55所示。效果如图5.56所示。

Effect Controls: White Solid 1		
彩色光效 • White Solid 1		
4-Color Gradient	Reset	About...
Positions & Colors		
Point 1	189.0,201.0	
Color 1		
Point 2	139.0,18.0	
Color 2		
Point 3	-49.0,187.0	
Color 3		
Point 4	260.0,108.0	
Color 4		
Blend	100.0	
Jitter	0.0%	
Opacity	100.0%	
Blending Mode	None	
Brightness & Contrast	Reset	About...
Brightness	-90.0	
Contrast	38.0	

图5.55　Solid(固态层)特效的参数设置

图5.56　四色渐变效果

(4) 将Solid(固态层)的Mode(模式)修改为Add(相加)。修改后的效果如图5.57所示。

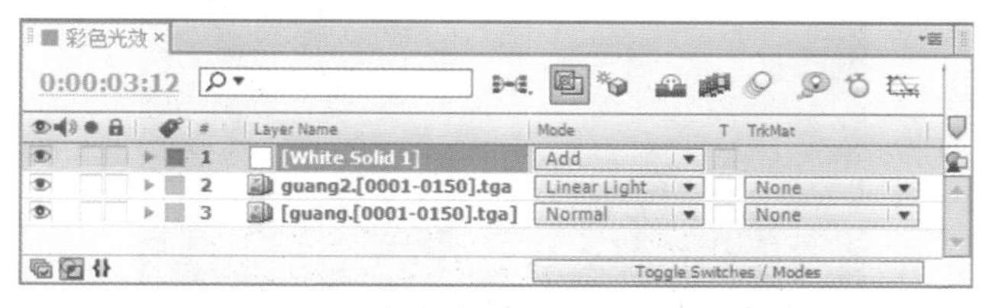

图5.57　Mode(模式)修改为Add(相加)

(5) 复制“guang2.[0001-0150].tga”层，将其放在Timeline(时间线)面板的顶层，并命名为“guang3.[0001-0150].tga”，将“guang3.[0001-0150].tga”的Mode(模式)改为Normal(正常)，如图5.58所示。

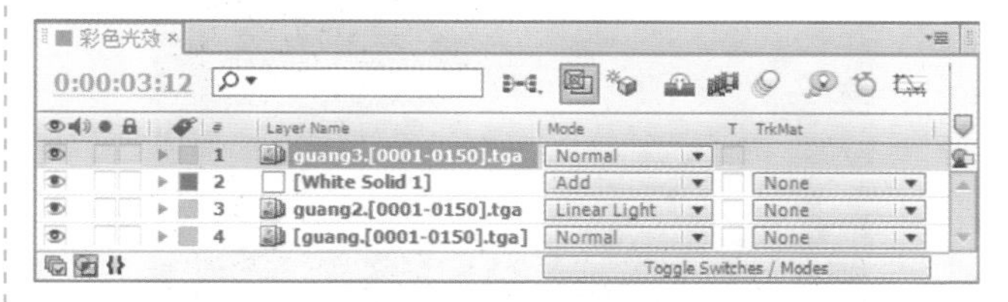

图5.58　复制“guang3.[0001-0150].tga”层

(6) 为“guang3.[0001-0150].tga”层的Brightness & Contrast(亮度与对比度)特效设置参数，设置Brightness(亮度)的值为25，Contrast(对比度)的值为27，如图5.59所示。

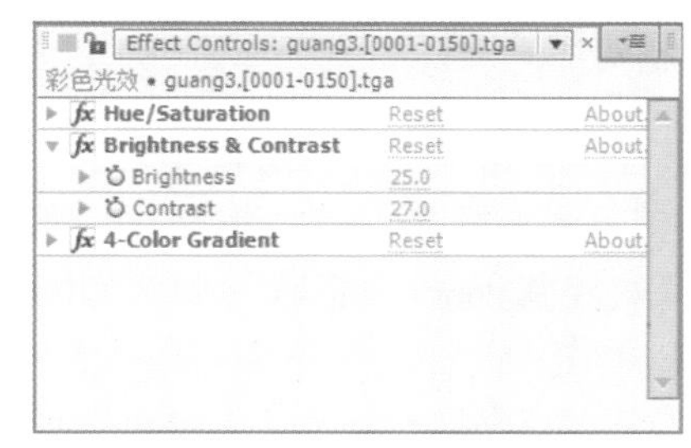

图5.59　设置亮度与对比度的参数

(7) 选择Solid(固态层)，在Solid(固态层)右侧的Track Matte(轨道蒙版)属性栏中选择Alpha Matte“guang3.[0001-0150].tga”(利用“guang3.[0001-0150].tga”图层的通道来显示本层)，如图5.60所示。

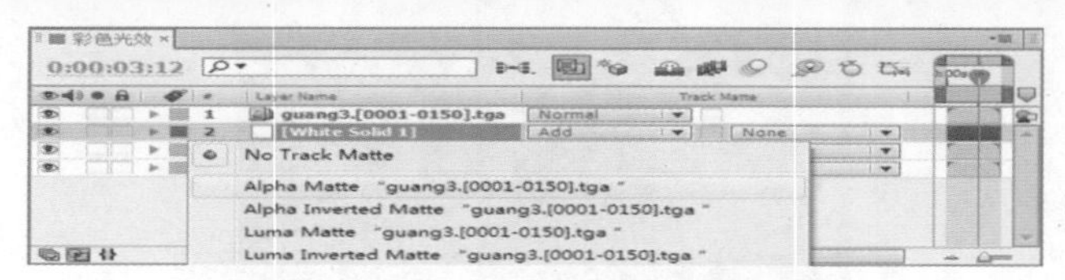

图5.60　Track Matte属性栏设置

(8) 添加Solid(固态层)前的画面效果与添加Solid(固态层)后的画面效果的对比如图5.61和图5.62所示。

图5.61　添加Solid前的画面效果

图5.62　添加Solid后的画面效果

5.4.4　添加关键帧

(1) 在Timeline(时间线)面板中选择“guang2.[0001-0150].tga”图层，按F3快捷键，打开Effect Controls(特效控制)面板，将时间调整到00:00:03:00帧的位置，单击Point1、Point2、Point3、Point4前面的码表按钮，为4-Color Gradient(四色渐变)特效在当前位置设置关键帧。具体参数设置如图5.63所示。

(2) 将时间调整到00:00:01:00帧的位置。设置Point1的值为(159，125)，Point2的值为(194，115)，Point3的值为(151，159)，Point4的值为(180，146)。具体参数设置如图5.64所示。

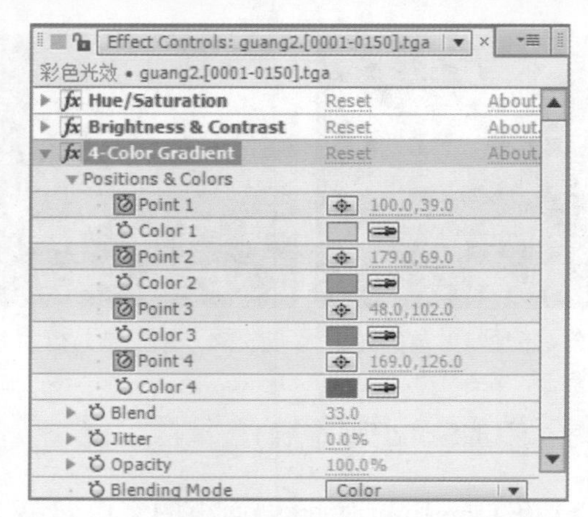

图5.63　00:00:03:00帧位置设置关键帧

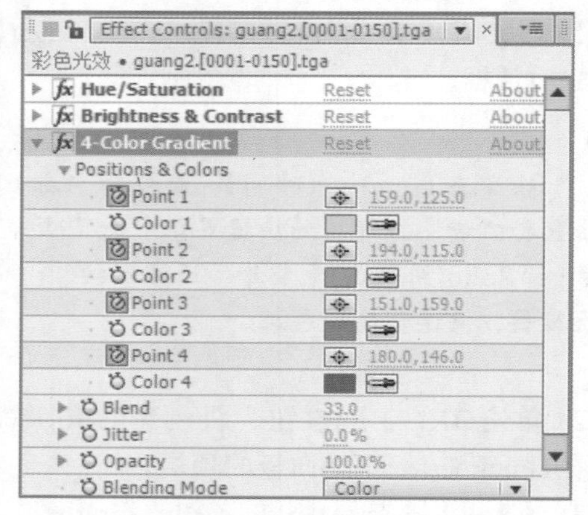

图5.64　00:00:01:00帧位置添加关键帧

5.4.5　添加文字

(1) 执行菜单栏中的Layer(图层) | New(新建) | Text(文本)命令，新建文字层，此时，Composition(合成)窗口中将出现一个闪动的光标，在时间线面板中将出现一个文字层，输入“彩色光效”。在Character(字符)面板中，设置文字字体为STCaiyun，字号为36px，字体颜色为白色，参数如图5.65所示，合成窗口效果如图5.66所示。

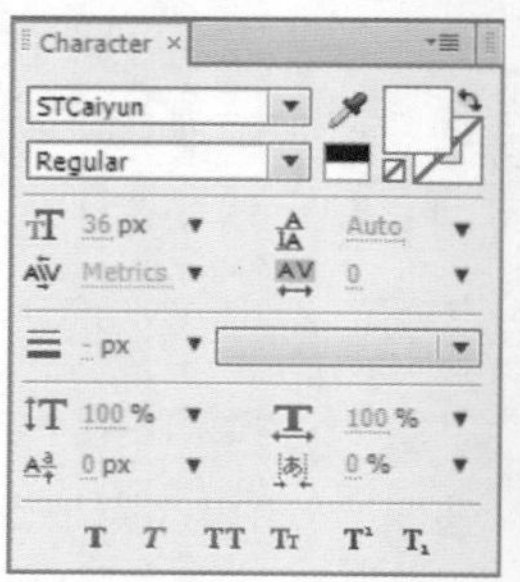

图5.65　设置字体参数

图5.66　设置字体后的效果

提示

如果计算机中没有安装这种字体，可以任意选择其他种类的字体。

(2) 将时间调整到00:00:04:07帧的位置。在Timeline(时间线)面板中单击“彩色光效”图层，将其拖动到Timeline(时间线)面板的底层，按T快捷键，打开Opacity(透明度)选项，在当前位置设置关键帧，如图5.67所示。

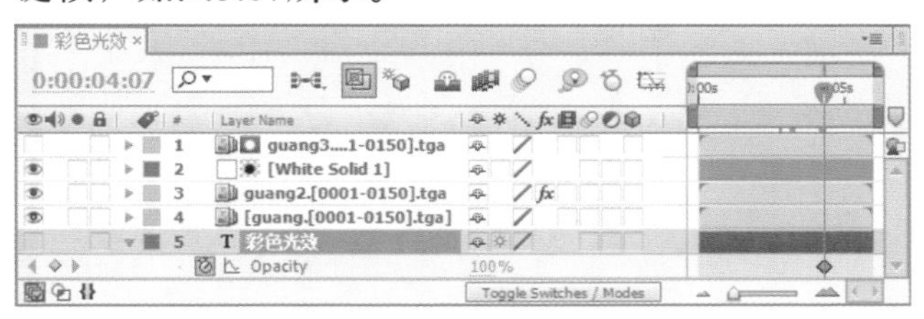

图5.67　设置透明度关键帧

(3) 将时间调整到00:00:03:07帧的位置，在当前位置修改Opacity(透明度)的参数为0%，系统将在此自动创建关键帧，如图5.68所示。

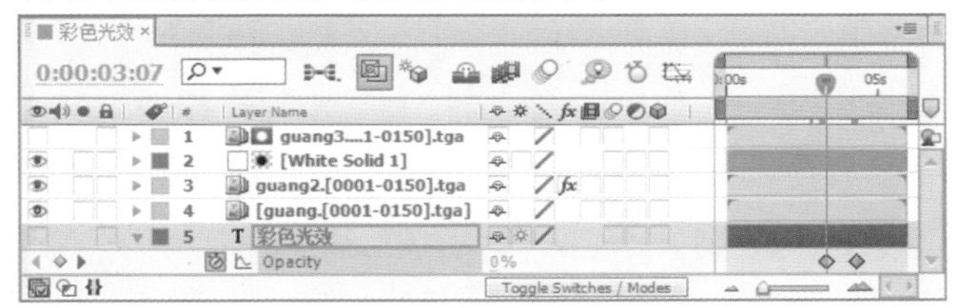

图5.68　在00:00:03:07帧的位置设置关键帧

(4) 这样就完成了彩色光效的操作，按小键盘上的“0”键，即可在合成窗口中预览动画。

5.5　色彩键抠像

实例说明

本例主要讲解利用Color Key(色彩键)特效制作路径文字的效果，完成的动画流程画面如图5.69所示。

图5.69　动画流程画面

学习目标

掌握Color Key(色彩键)特效的使用。

操作步骤

(1) 执行菜单栏中的File(文件) | Open Project(打开项目)命令，选择配书光盘中的“工程文件\第5章\色彩键抠像\色彩键抠像练习.aep”文件，将文件打开。

(2) 在时间线面板中，确认选择“龙.mov”层，在Effects & Presets(效果和预置)面板中展开Keying(键控)选项，然后双击Color Key(色彩键)特效，如图5.70所示。

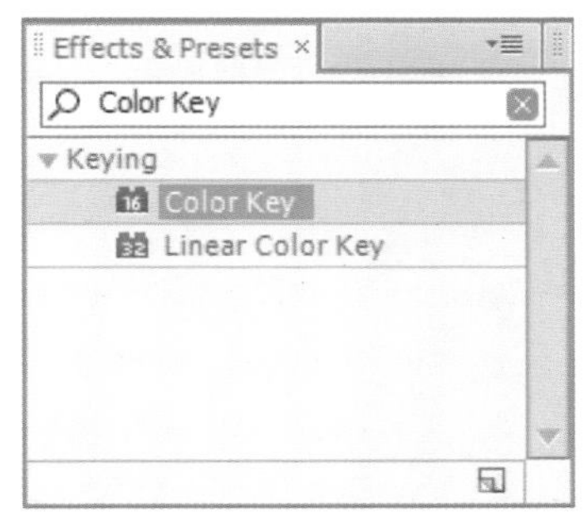

图5.70　双击Color Key(色彩键)特效

(3) 此时，该层图像就应用了Color Key(色彩键)特效，打开Effect Controls(特效控制)面板，可以看到该特效的参数设置如图5.71所示。

图5.71　Effect Controls(特效控制)面板

(4) 单击Key Color(色彩键)右侧的吸管工具，然后在合成窗口中单击素材上的白色部分，吸取白色，如图5.72所示。

(5) 使用吸管吸取颜色后，可以看到有些白色部分已经透明，可以看到背景了，在Effect Controls(特效控制)面板中，修改Color Tolerance(颜色容差)的值为45，Edge Thin(边缘薄厚)的值为1，Edge Feather(边缘羽化)的值为2，以制作柔和的边缘效果，如图5.73所示。

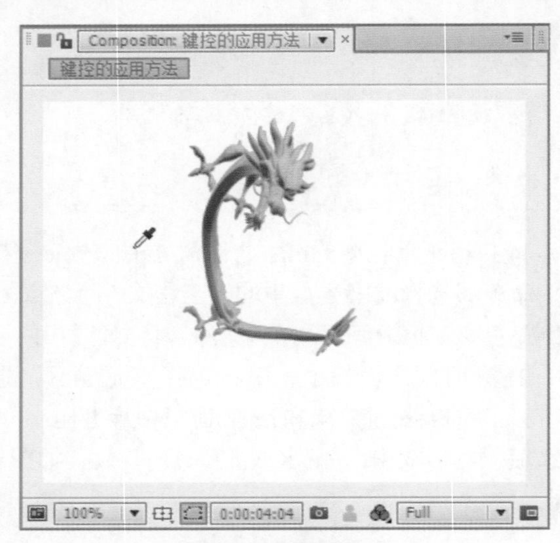

图5.72 吸取颜色

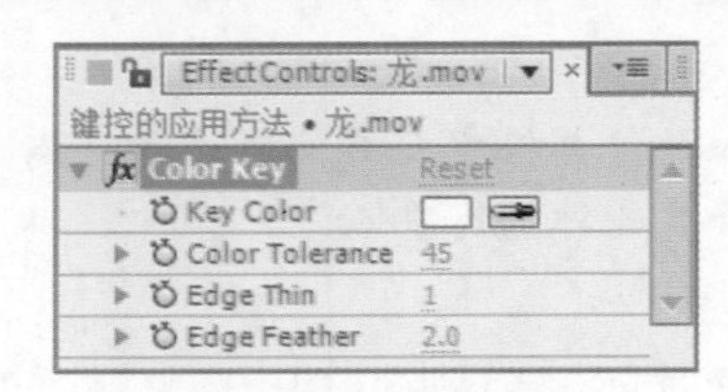

图5.73 修改色彩键参数

(6) 这样就完成了色彩键抠像的整体制作，按小键盘上的“0”键，即可在合成窗口中预览动画。

AE

第6章 音频特效的应用

内容摘要

本章主要讲解音频特效的使用方法，Audio Spectrum(声谱)、Audio Waveform(声波)、Radio Waves(无线电波)特效的应用，通过固态层创建音乐波形图，音频参数的修改及设置。

教学目标

- 学习Audio Spectrum(声谱)特效的应用
- 学习Audio Waveform(声波)特效的应用
- 学习Radio Waves(无线电波)特效的应用
- 掌握音频参数的修改方法
- 掌握音频动画的制作方法

6.1 跳动的声波

实例说明

本例主要讲解利用Audio Spectrum(声谱)特效制作跳动的声波效果，完成的动画流程画面如图6.1所示。

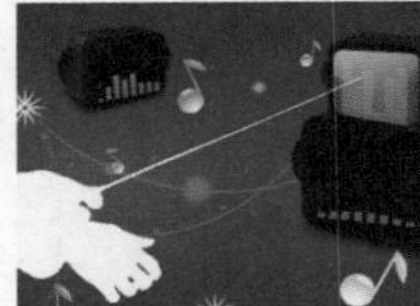  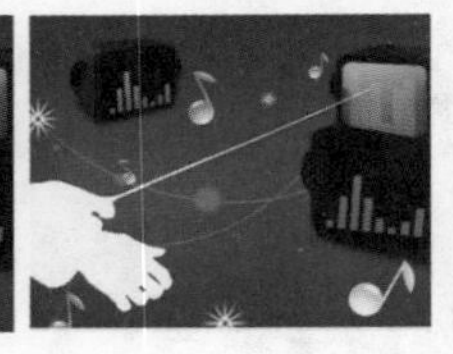

图6.1 动画流程画面

学习目标

1. 学习Audio Spectrum(声谱)特效的使用。
2. 学习Ramp(渐变)特效的使用。
3. 学习Grid(网格)特效的使用。

操作步骤

(1) 执行菜单栏中的File(文件) | Open Project(打开项目)命令，选择配书光盘中的“工程文件\第6章\跳动的声波\跳动的声波练习.aep”文件，将文件打开。

(2) 执行菜单栏中的Layer(图层) | New(新建) | Solid(固态层)命令，打开Solid Settings(固态层设置)对话框，设置Name(名称)为“声谱”，Color(颜色)为黑色。

(3) 为“声谱”图层添加Audio Spectrum(声谱)特效。在Effects & Presets(效果和预置)面板中展开Generate(生成)特效组，然后双击Audio Spectrum(声谱)特效。

(4) 在Effect Controls(特效控制)面板中，修改Audio Spectrum(声谱)特效的参数，从Audio Layer(音频层)右侧的下拉列表中选择“音频”图层，设置Start Point(起点位置)的值为(72，592)，End Point(结束点位置)的值为(648，596)，Start Frequency(起始频率)的值为10，End Frequency(结束频率)的值为100，Frequency bands(频率数量)的值为8，Maximum Height(最大振幅)的值为4500，Thickness(宽度)的值为50，如图6.2所示。合成窗口如图6.3所示。

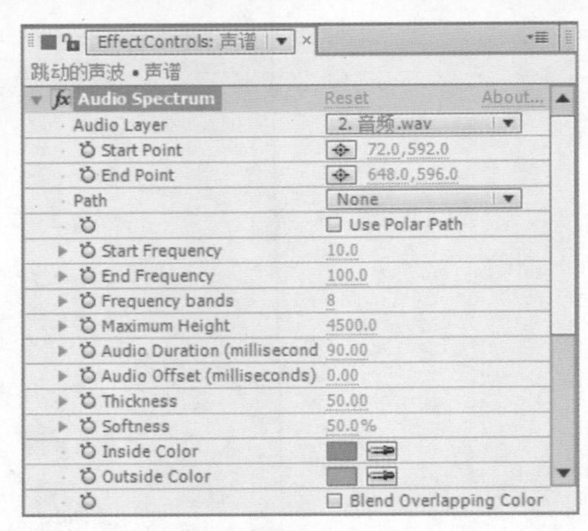

图6.2 设置声谱参数

图6.3 声谱效果

(5) 在时间线面板中，在“声谱”层右侧的属性栏中，单击Quality(质量)按钮╱，Quality(质量)按钮将变为╲按钮，如图6.4所示，合成窗口效果如图6.5所示。

图6.4 单击质量按钮

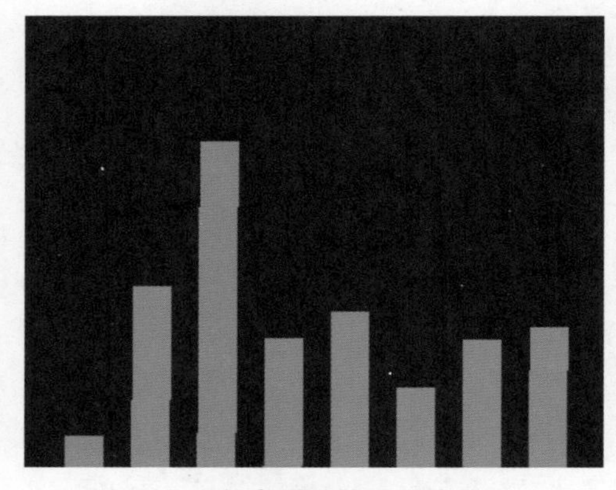

图6.5 单击质量按钮后的效果

(6) 执行菜单栏中的Layer(图层) | New(新建) | Solid(固态层)命令，打开Solid Settings(固态层设置)对话框，设置Name(名称)为“渐变”，Color(颜色)为黑色，将其拖动到“声谱”层下边。

(7) 为“渐变”层添加Ramp(渐变)特效。在Effects & Presets(效果和预置)面板中展开Generate(生成)特效组，然后双击Ramp(渐变)特效。

(8) 在Effect Controls(特效控制)面板中，修改Ramp(渐变)特效的参数，设置Start of Ramp(渐变开始)的值为(360、288)，Start Color(开始色)为浅蓝色(R:9，G:108，B:242)，End Color(结束色)为淡绿色(R:13，G:202，B:195)，如图6.6所示，合成窗口效果如图6.7所示。

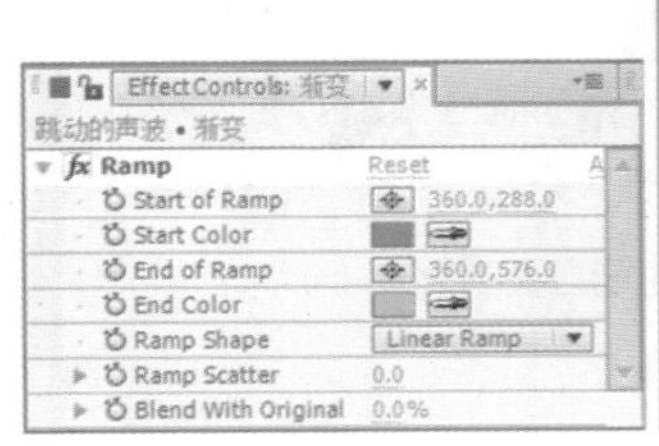

图6.6　设置渐变参数

图6.7　设置渐变后的效果

(9) 为“渐变”层添加Grid(网格)特效。在Effects & Presets(效果和预置)面板中展开Generate(生成)特效组，然后双击Grid(网格)特效。

(10) 在Effect Controls(特效控制)面板中，修改Grid(网格)特效的参数，设置Anchor(定位点)的值为(-10，0)，Corner(边角)的值为(720，20)，Border(边框)的值为18，选中Invert Grid(反转网格)复选框，设置Color(颜色)为黑色，从Blending Mode(混合模式)右侧的下拉列表中选择Normal(正常)选项，如图6.8所示，合成窗口效果如图6.9所示。

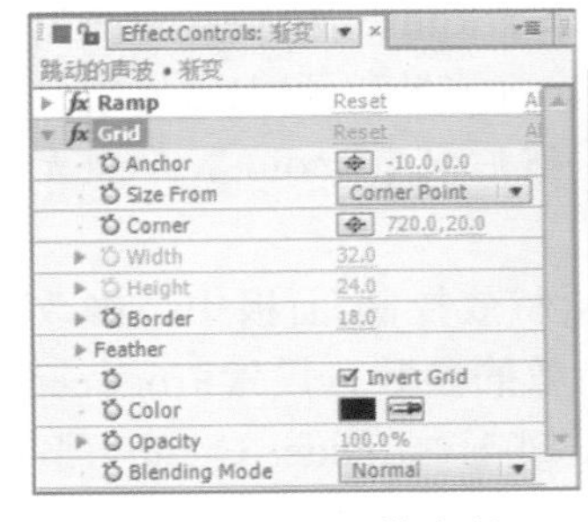

图6.8　设置网格参数

图6.9　网格效果

(11) 在时间线面板中，设置“渐变”层的Track Matte(轨道蒙版)为“Alpha Matte‘声谱’”，如图6.10所示，合成窗口效果如图6.11所示。

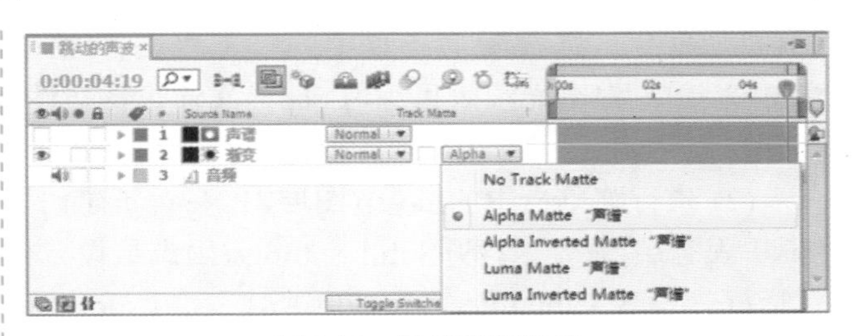

图6.10　轨道蒙版设置

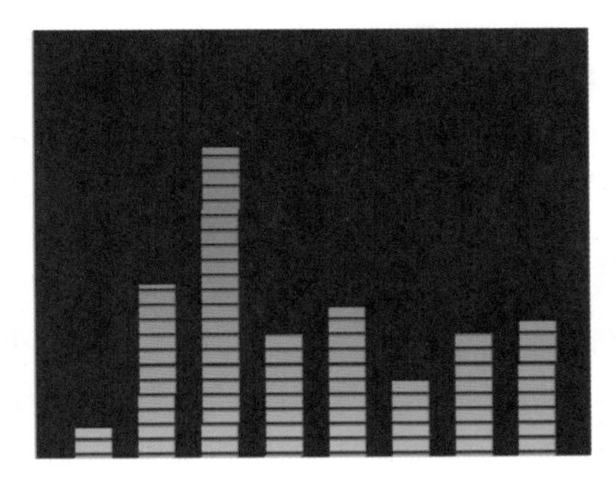

图6.11　设置蒙版后的效果

(12) 最后将音频与背景素材匹配放置，并将音波复制一份修改成不同的颜色，这样就完成了跳动的声波的整体制作，按小键盘上的“0”键，即可在合成窗口中预览动画。

6.2　电光线效果

实例说明

本例主要讲解利用Audio Waveform(声波)特效制作电光线的效果，完成的动画流程画面如图6.12所示。

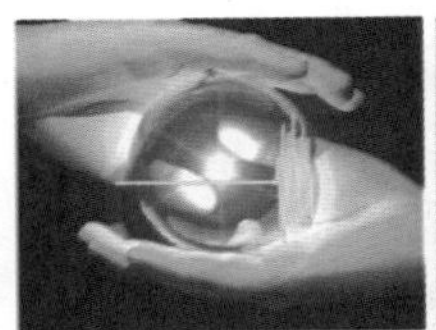

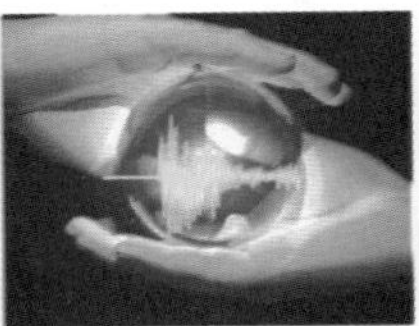

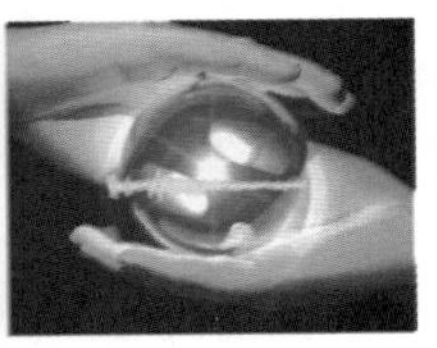

图6.12　动画流程画面

学习目标

掌握Audio Waveform(声波)特效的使用。

操作步骤

(1) 执行菜单栏中的File(文件) | Open Project(打

开项目)命令，选择配书光盘中的“工程文件\第6章\电光线效果\电光线效果练习.aep”文件，将文件打开。

(2) 执行菜单栏中的Layer(图层)｜New(新建)｜Solid(固态层)命令，打开Solid Settings(固态层设置)对话框，设置Name(名称)为“电光线”，Color(颜色)为黑色。

(3) 为“电光线”层添加Audio Waveform(声波)特效。在Effects & Presets(效果和预置)面板中展开Generate(生成)特效组，然后双击Audio Waveform(声波)特效。

(4) 在Effect Controls(特效控制)面板中，修改Audio Waveform(声波)特效的参数，在Audio Layer(音频层)菜单中选择“音频.wav”选项，设置Start Point(起点位置)的值为(178，300)，End Point(结束点位置)的值为(522，300)，Displayed Samples(显示采样)的值为80，Maximum Height(最大振幅)的值为300，Audio Duration(音频持续时间)的值为900，Thickness(宽度)的值为6，Inside Color(内部颜色)为白色，Outside Color(外围颜色)为浅蓝色(R:0，G:174，B:255)，如图6.13所示。合成窗口效果如图6.14所示。

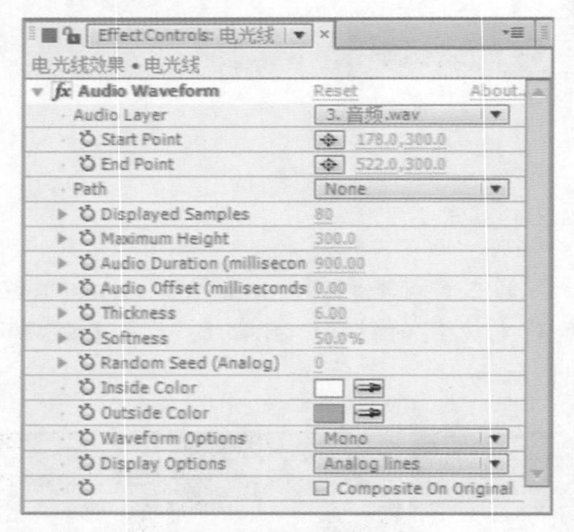

图6.13　设置声波参数

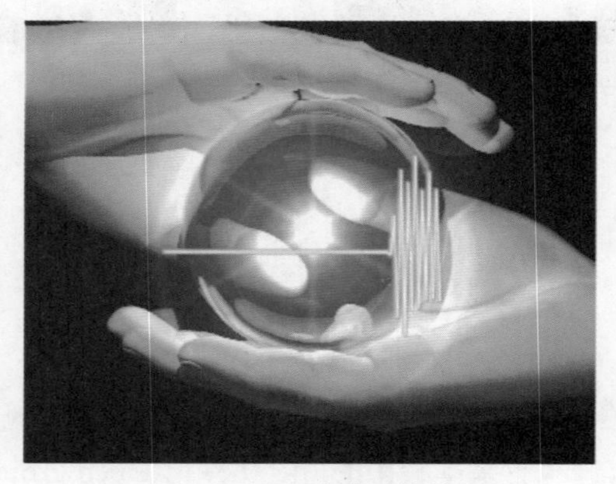

图6.14　设置声波后的效果

(5) 这样就完成了“电光线效果”的整体制作，按小键盘上的“0”键，即可在合成窗口中预览动画。

6.3　无线电波

实例说明

本例主要讲解利用Radio Waves(无线电波)特效制作无线电波的效果，完成的动画流程画面如图6.15所示。

图6.15　动画流程画面

学习目标

掌握Radio Waves(无线电波)特效的使用。

操作步骤

(1) 执行菜单栏中的File(文件)｜Open Project(打开项目)命令，选择配书光盘中的“工程文件\第6章\无线电波\无线电波练习.aep”文件，将文件打开。

(2) 执行菜单栏中的Layer(图层)｜New(新建)｜Solid(固态层)命令，打开Solid Settings(固态层设置)对话框，设置Name(名称)为“电波”，Color(颜色)为白色。

(3) 为“电波”图层添加Radio Waves(无线电波)特效。在Effects & Presets(效果和预置)面板中展开Generate(生成)特效组，然后双击Radio Waves(无线电波)特效。

(4) 在Effect Controls(特效控制)面板中，修改Radio Waves(无线电波)特效的参数，设置Producer Point(发射点)的值为(356，294)，Render Quality(渲染质量)的值为1，展开Wave Motion(电波运动)选项组，设置Frequency(频率)的值为8.8，Expansion(扩展)的值为10.5，Lifespan(生命期限)的值为1，如图6.16所示。

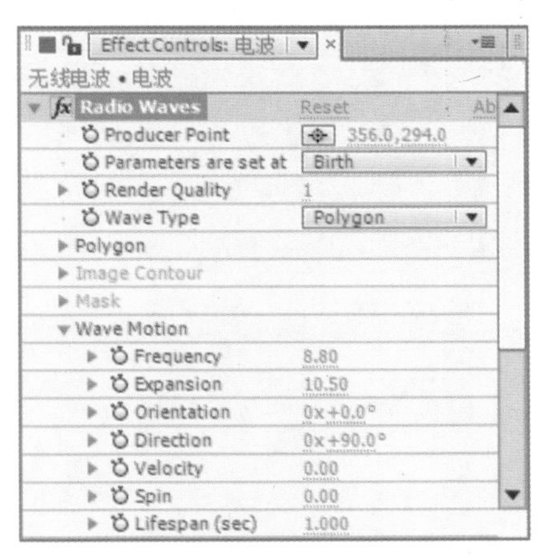

图6.16　设置无线电波参数

(5)展开Stroke(笔触)选项组，设置Color(颜色)为粉色(R:255，G:107，B:250)，Fade-in Time(淡入时间)的值为3.6，End Width(结束宽度)的值为1，如图6.17所示，合成窗口效果如图6.18所示。

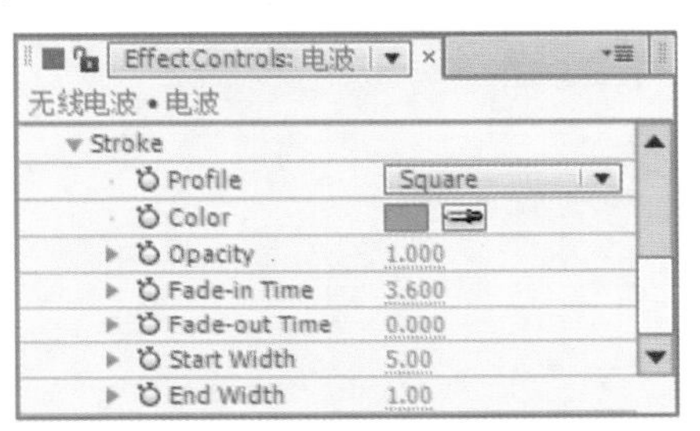

图6.17　设置笔触参数

图6.18　设置参数后效果

(6) 将电波复制两份，分别调整成不同的颜色，放置在不同的位置，分别调整不同的入点位置，图像效果如图6.19所示。

图6.19　复制并调整效果

(7) 这样就完成了无线电波的整体制作，按小键盘上的“0”键，即可在合成窗口中预览动画。

AE

第7章 超级粒子动画

内容摘要

本章主要讲解粒子的应用方法、高斯模糊特效的使用、粒子参数的修改以及粒子的替换，并利用粒子制作出各种绚丽夺目的效果。

教学目标

- Particular(粒子)特效
- 粒子的替换功能

7.1 旋转空间

本例主要讲解利用Particular(粒子)特效制作旋转空间的效果。完成的动画流程画面如图7.1所示。

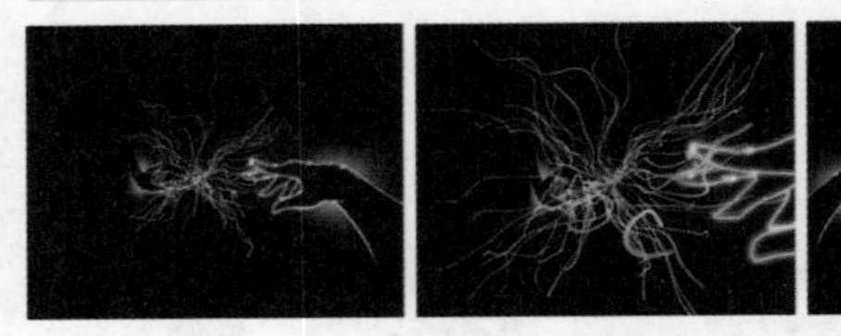

图7.1　动画流程画面

1. **掌握Particular(粒子)特效的使用。**
2. **掌握Curves(曲线)特效的使用。**

7.1.1 新建合成

(1) 执行菜单栏中的Composition(合成) | New Composition(新建合成)命令，打开Composition Settings(合成设置)对话框，设置Composition Name(合成名称)为“旋转空间”，Width(宽)为“720”，Height(高)为“576”，Frame Rate(帧率)为“25”，并设置Duration(持续时间)为00:00:05:00秒，如图7.2所示。

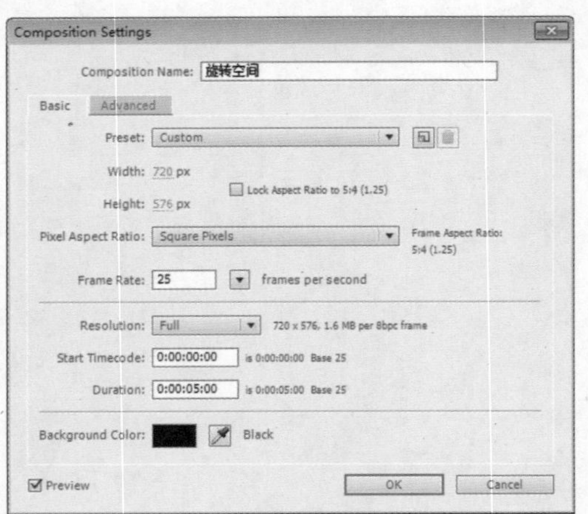

图7.2　合成设置

(2) 执行菜单栏中的File(文件) | Import(导入) | File(文件)命令，打开Import File(导入文件)对话框，选择配书光盘中的“工程文件\第7章\旋转空间\手背景.jpg”素材，如图7.3所示。单击“打开”按钮，将“手背景.jpg”素材导入Project(项目)面板中。

图7.3　Import File(导入文件)对话框

7.1.2 制作粒子生长动画

(1) 打开“旋转空间”合成，在Project(项目)面板中选择“手背景.jpg”素材，将其拖动到“旋转空间”合成的Timeline(时间线)面板中，如图7.4所示。

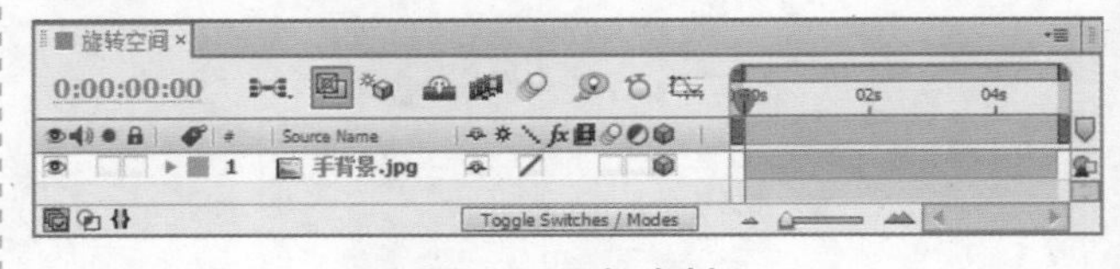

图7.4　添加素材

(2) 在时间线面板中按Ctrl + Y组合键，打开Solid Settings(固态层设置)对话框，设置Name(名称)为“粒子”，Color(颜色)为白色，如图7.5所示。

(3) 单击OK(确定)按钮，在时间线面板中将会创建一个名称为“粒子”的固态层。选择“粒子”固态层，在Effects & Presets(效果和预置)面板中展开Trapcode特效组，然后双击Particular(粒子)特效，如图7.6所示。

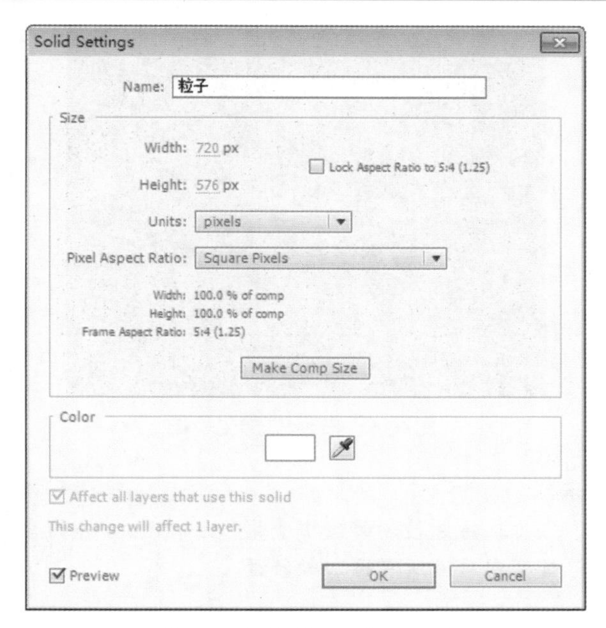

图7.5　新建“粒子”固态层

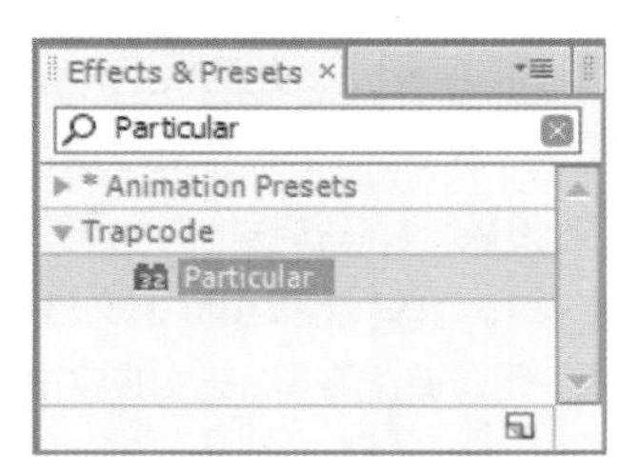

图7.6　添加Particular(粒子)特效

(4)在Effect Controls(特效控制)面板中，修改Particular(粒子)特效的参数，展开Aux System(辅助系统)选项组，在Emit(发射器)右侧的下拉列表中选择Continously(连续)，设置Particles/sec(每秒发射粒子数)的值为235，Life(生命)的值为1.3，Size(尺寸)的值为1.5，Opacity(透明度)的值为30，参数设置如图7.7所示。其中一帧的画面效果如图7.8所示。

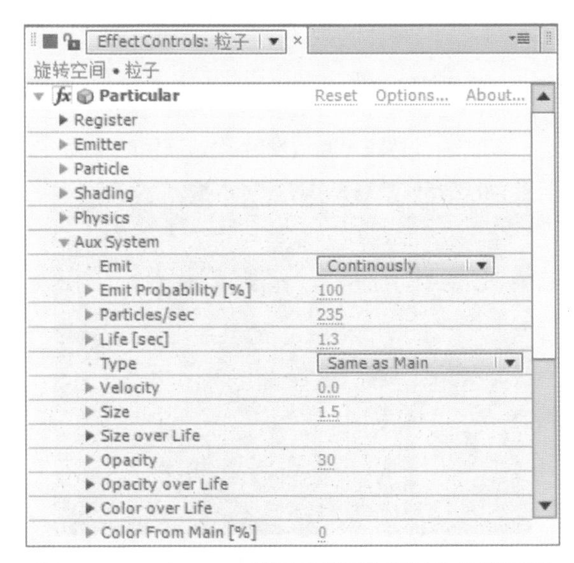

图7.7　Aux System(辅助系统)选项组的参数设置

图7.8　其中一帧的画面效果

(5) 将时间调整到00:00:01:00帧的位置，展开Physics(物理)选项组，然后单击Physics Time Factor(物理时间因素)左侧的码表按钮，在当前位置设置关键帧；然后展开Air(空气)选项中的Turbulence Field(混乱场)选项，设置Affect Position(影响位置)的值为155，参数设置如图7.9所示。此时的画面效果如图7.10所示。

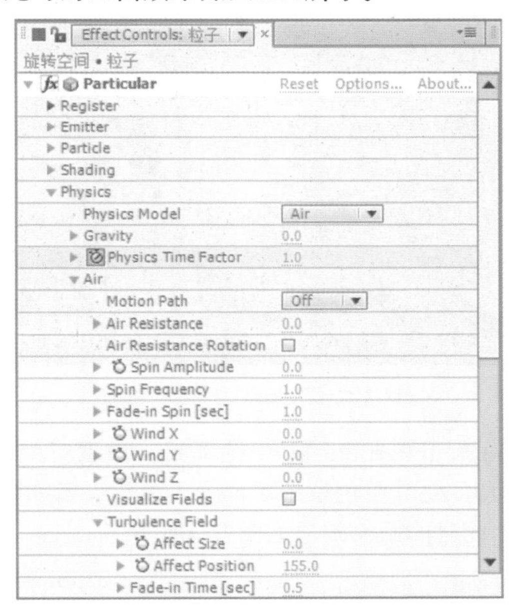

图7.9　在00:00:01:00帧的位置设置关键帧

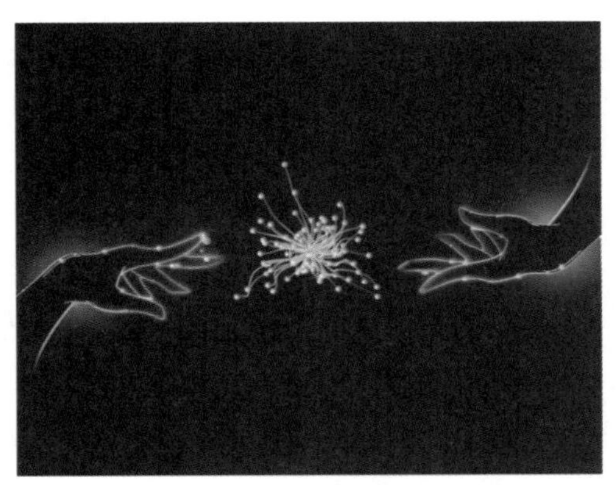

图7.10　00:00:01:00帧的画面

提示

影响位置的设置可以在一个指定范围产生控制，从而得到随机扭曲效果时尤为重要。

(6) 将时间调整到00:00:01:10帧的位置，修改Physics Time Factor(物理时间因素)的值为0，如图7.11所示。此时的画面效果如图7.12所示。

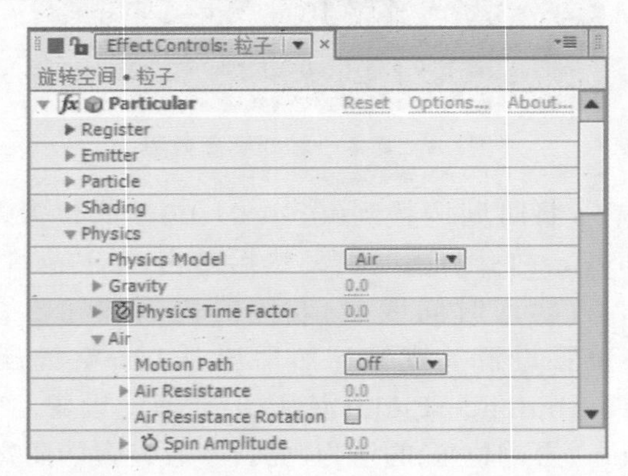

图7.11　修改Physics Time Factor的值为0

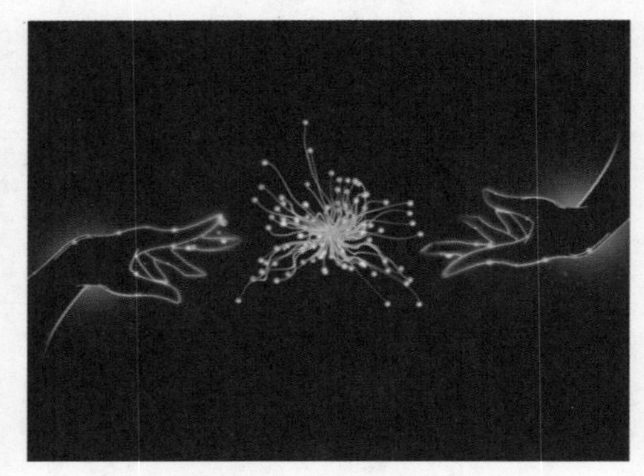
图7.12　00:00:01:10帧的画面

(7) 展开Particle(粒子)选项组，设置Size(尺寸)的值为0，此时白色粒子球消失，参数设置如图7.13所示。此时的画面效果如图7.14所示。

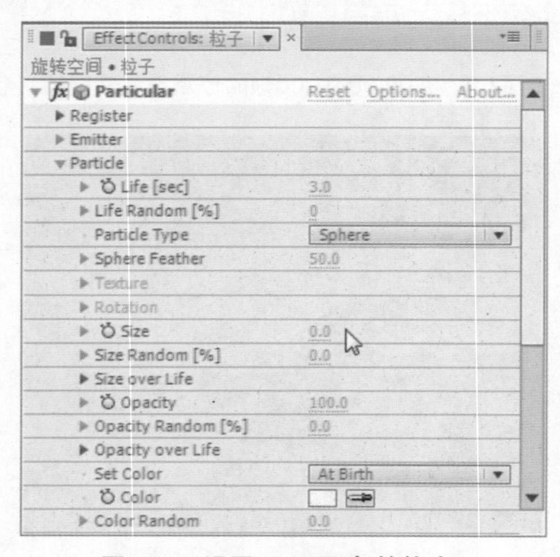

图7.13　设置Size(尺寸)的值为0

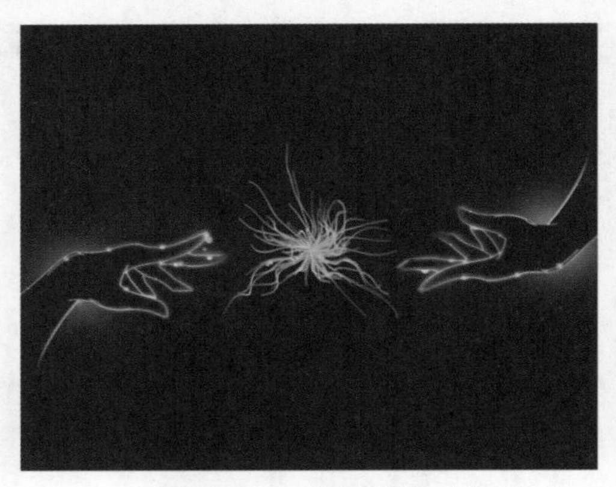
图7.14　白色粒子球消失

提示

在特效控制面板中使用Ctrl + Shift + E组合键可以移除所有添加的特效。

(8) 将时间调整到00:00:00:00帧的位置，展开Emitter(发射器)选项组，设置Particles/sec(每秒发射粒子数)的值为1800，然后单击Particles/sec(每秒发射粒子数)左侧的码表按钮，在当前位置设置关键帧；设置Velocity(速度)的值为160，Velocity Random(速度随机)的值为40，如图7.15所示。此时的画面效果如图7.16所示。

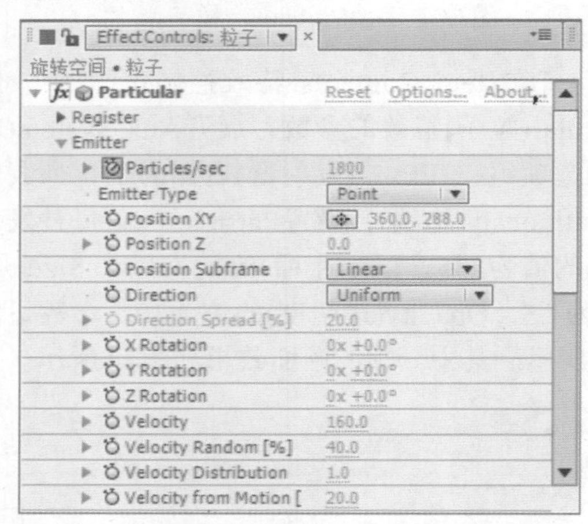

图7.15　设置Emitter(发射器)选项组的参数

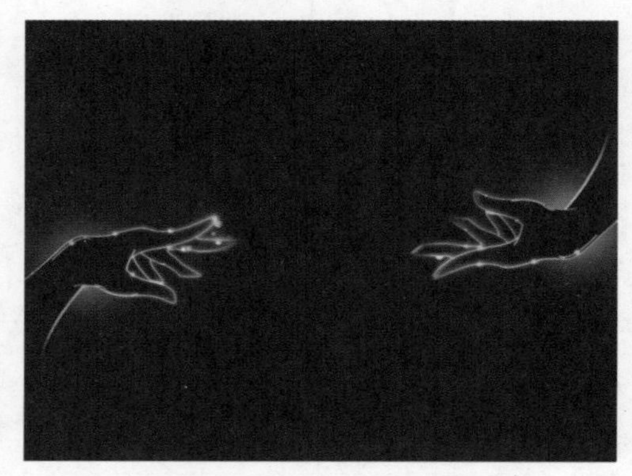
图7.16　00:00:00:00帧的画面

(9) 将时间调整到00:00:00:01帧的位置，修改Particles/sec(每秒发射粒子数)的值为0，系统将在当前位置自动设置关键帧。这样就完成了粒子生长动画的制作，拖动时间滑块预览动画，其中几帧的画面效果如图7.17所示。

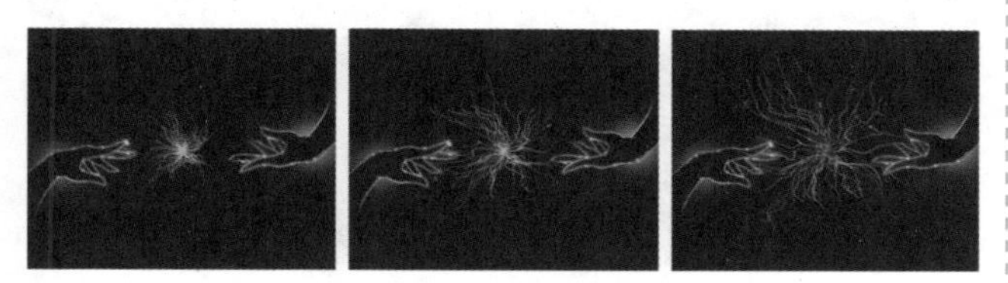

图7.17　其中几帧的画面效果

7.1.3　制作摄像机动画

(1) 添加摄像机。执行菜单栏中的Layer(图层)｜New(新建)｜Camera(摄像机)命令，打开Camera Settings(摄像机设置)对话框，设置Preset(预置)为24mm，如图7.18所示。单击OK(确定)按钮，在时间线面板中将会创建一台摄像机。

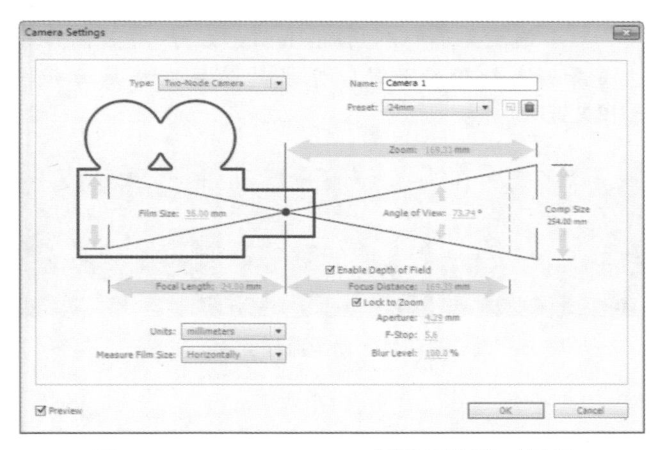

图7.18　Camera Settings(摄像机设置)对话框

(2) 在时间线面板中，打开“手背景.jpg”层的三维属性开关。将时间调整到00:00:00:00帧的位置，选择“Camera 1”层，单击其左侧的灰色三角形按钮▼，展开Transform(转换)选项组，然后分别单击Point of Interest(中心点)和Position(位置)左侧的码表按钮，在当前位置设置关键帧，参数设置如图7.19所示。

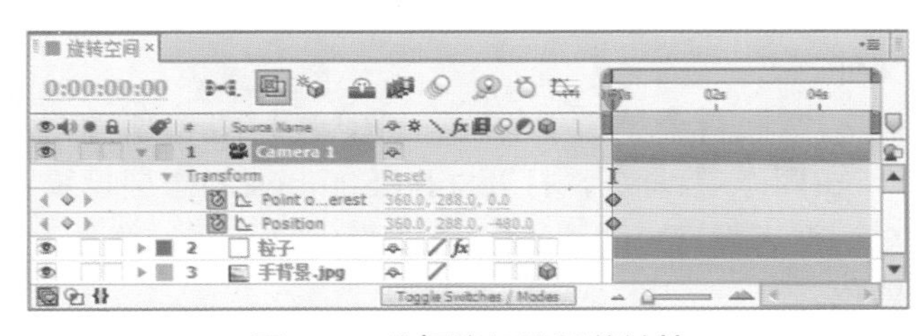

图7.19　为摄像机设置关键帧

(3) 将时间调整到00:00:01:00帧的位置，修改Point of Interest(中心点)的值为(320，288，0)，Position(位置)的值为(–165，360，530)，如图7.20所示。此时的画面效果如图7.21所示。

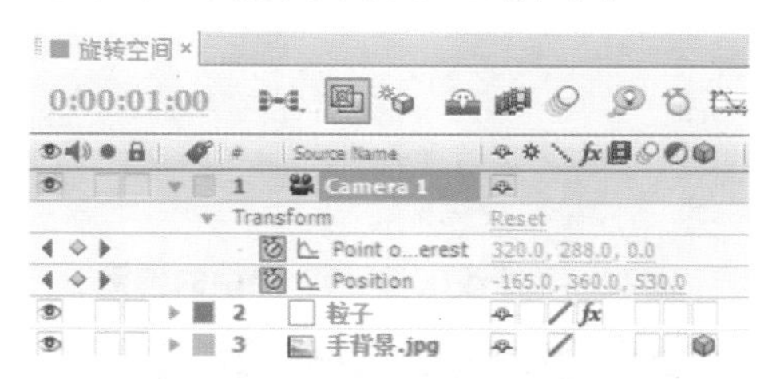

图7.20　修改中心点和位置的值

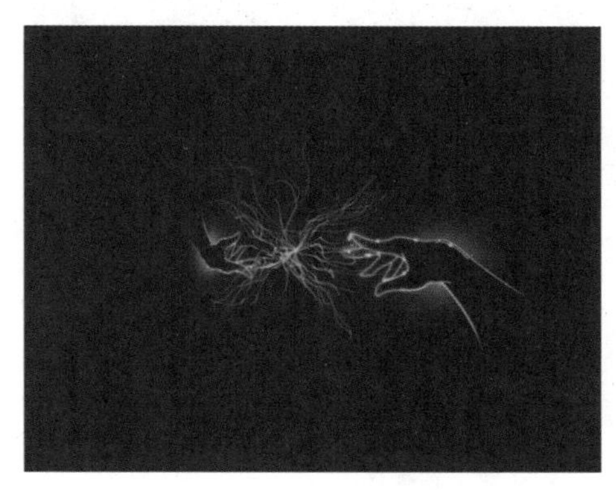

图7.21　00:00:01:00帧的画面效果

(4) 将时间调整到00:00:02:00帧的位置，修改Point of Interest(目标关键点)的值为(295，288，180)，Position(位置)的值为(560，360，–480)，如图7.22所示。此时的画面效果如图7.23所示。

图7.22　在00:00:02:00帧的位置修改参数

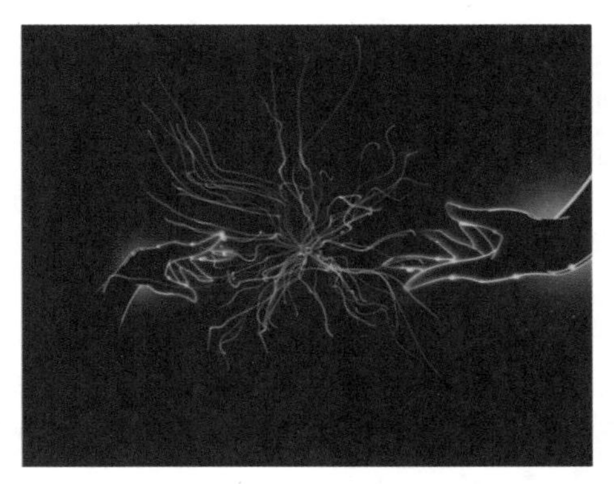

图7.23　00:00:02:00帧的画面效果

(5) 将时间调整到00:00:03:04帧的位置，修改Point of Interest(目标关键点)的值为(360，288，0)，

Position(位置)的值为(360，288，–480)，如图7.24所示。此时的画面效果如图7.25所示。

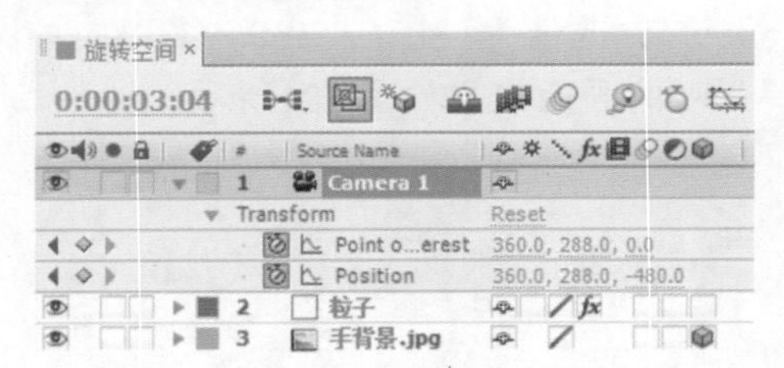

图7.24　修改00:00:03:04帧的参数

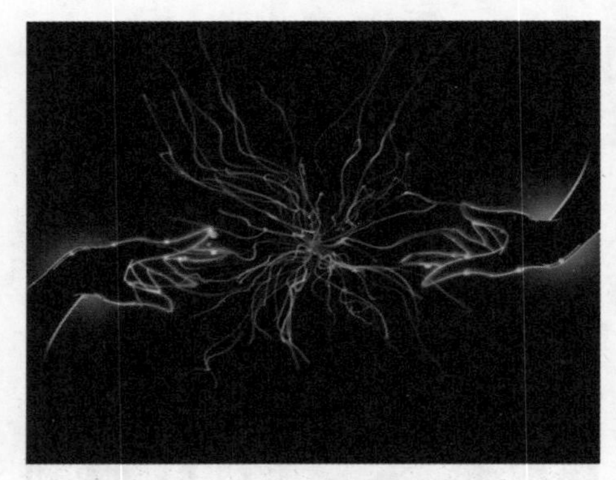

图7.25　00:00:03:04帧的画面效果

(6) 调整画面颜色。执行菜单栏中的Layer(图层) | New(新建) | Adjustment Layer(调整层)命令，在时间线面板中创建一个Adjustment Layer1层，如图7.26所示。

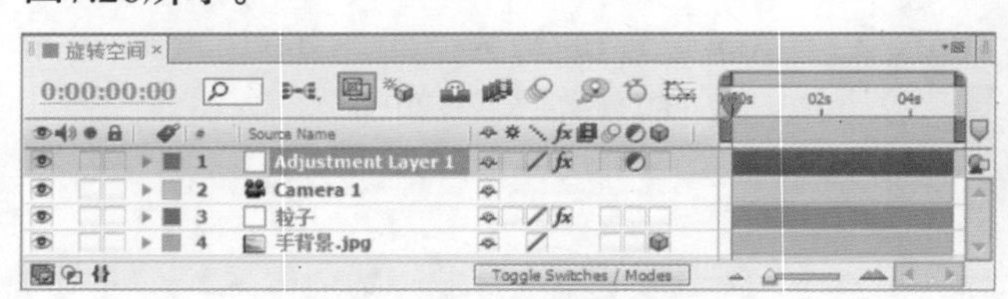

图7.26　添加调整层

(7) 为调整层添加Curves(曲线)特效。选择Adjustment Layer1层，在Effects & Presets(效果和预置)面板中展开Color Correction(色彩校正)特效组，然后双击Curves(曲线)特效，如图7.27所示。在Effect Controls(特效控制)面板中，调整曲线的形状，如图7.28所示。

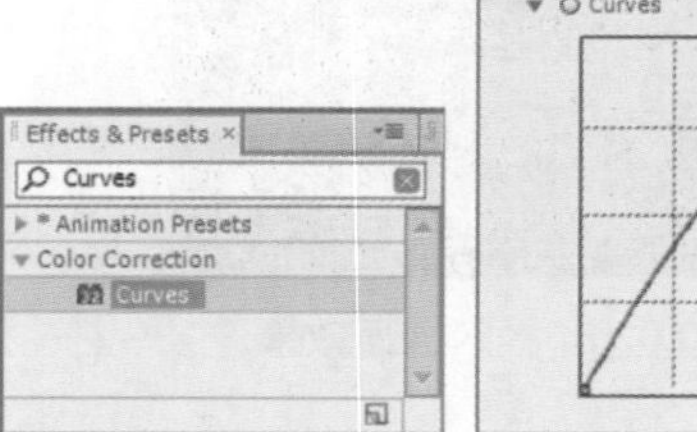

图7.27　添加Curves(曲线)特效

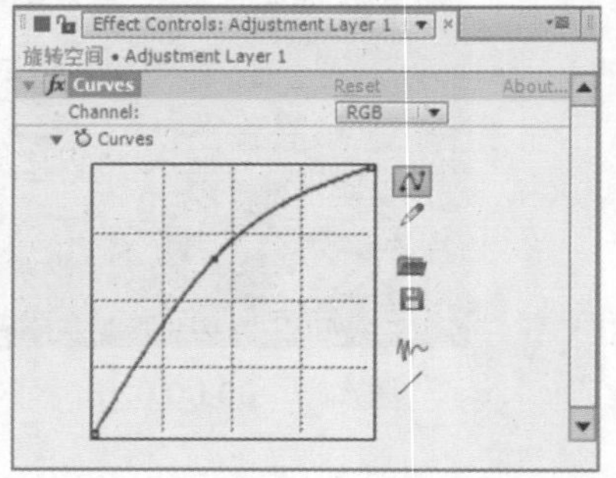

图7.28　调整曲线形状

(8) 调整曲线的形状后，在合成窗口中观察画面色彩的变化，调整前的画面效果如图7.29所示，调整后的画面效果如图7.30所示。

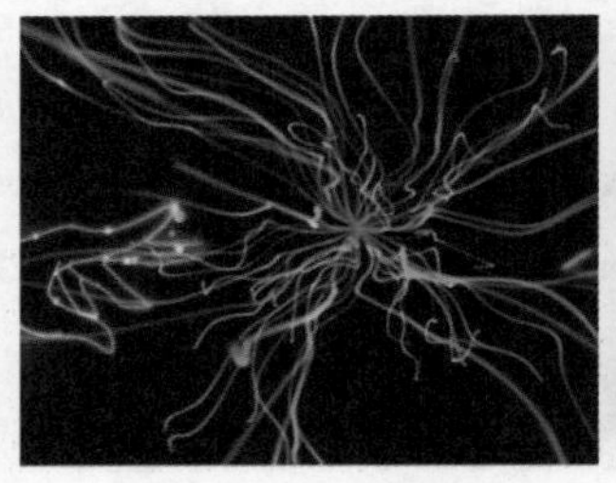

图7.29　调整前

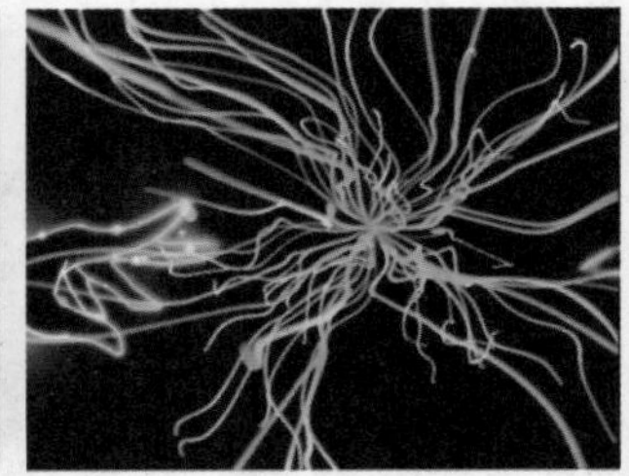

图7.30　调整后

(9)这样就完成了“旋转空间”的整体制作，按小键盘上的“0”键，在合成窗口中预览动画。

7.2　飞舞彩色粒子

实例说明

本例主要讲解利用Particular(粒子)特效制作飞舞彩色粒子的效果，完成的动画流程画面如图7.31所示。

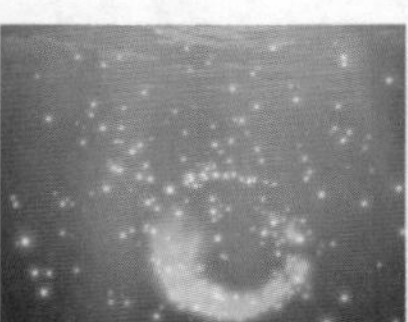

图7.31　动画流程画面

学习目标

1. 掌握Particular(粒子)特效的使用。
2. 掌握CC Toner(CC调色)特效的使用。

操作步骤

(1) 执行菜单栏中的File(文件) | Open Project(打开项目)命令，选择配书光盘中的“工程文件\第7章\飞舞彩色粒子\飞舞彩色粒子练习.aep”文件，将文件打开。

(2) 执行菜单栏中的Layer(图层) | New(新建) | Solid(固态层)命令，打开Solid Settings(固态层设置)对话框，设置Name(名称)为“彩色粒子”，颜色为黑色。

(3) 为“彩色粒子”层添加Particular(粒子)特

效。在Effects & Presets(效果和预置)面板中展开Trapcode特效组，双击Particular(粒子)特效。

(4) 在Effect Controls(特效控制)面板中，修改Particular(粒子)特效的参数，展开Emitter(发射器)卷展栏，设置Particles/sec(每秒发射粒子数)的值为500，从Emitter Type(发射类型)右侧的下拉列表中选择Sphere(球形)命令，设置Velocity(速度)的值为10，Velocity Random(速度随机)的值为80，Velocity From Motion(运动速度)的值为10，Emitter Size X(发射器X轴尺寸)的值为100。

(5) 将时间调整到00:00:00:00帧的位置，设置Position XY(XY轴位置)的值为(–60，474)，X Rotation(X旋转)的值为0x+0，单击Position XY(XY轴位置)和X Rotation(X轴旋转)左侧的码表按钮，在当前位置设置关键帧，如图7.32所示。

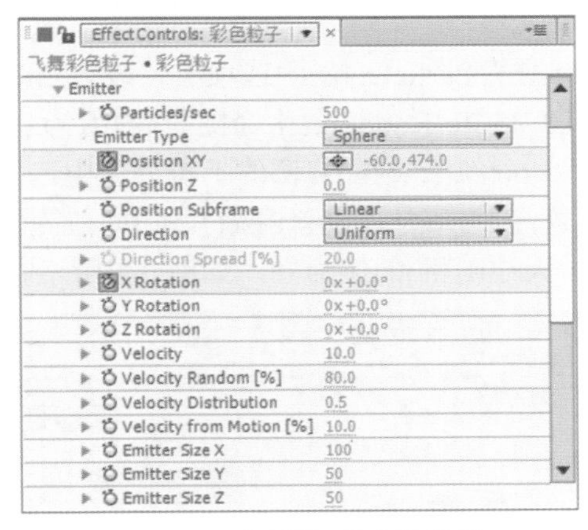

图7.32 发射器0秒参数设置

(6) 将时间调整到00:00:04:00帧的位置，设置Position XY(XY轴位置)的值为(848，170)；设置X Rotation(X轴旋转)的值为(17x+300)，系统会自动设置关键帧，如图7.33所示。

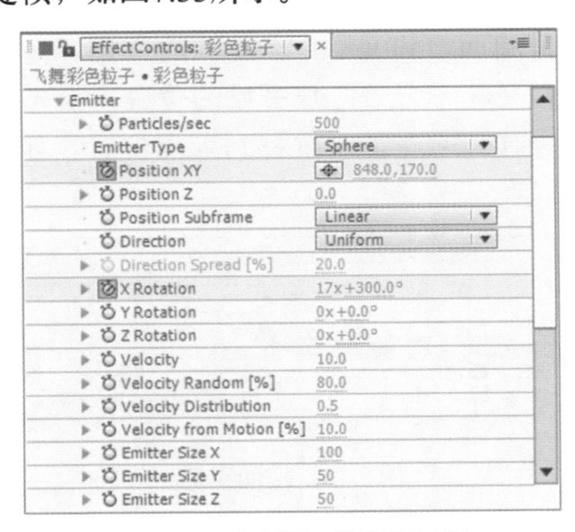

图7.33 发射器4秒参数设置

(7) 展开Particle(粒子)选项组，设置Life(生命)的值为1，Life Random(生命随机)的值为50，从Particle Type(粒子类型)右侧的下拉列表中选择Glow Sphere(发光球)命令，设置Size(尺寸)的值为13，Size Random(大小随机)的值为100，展开Size over Life(生命期内大小变化)选项组，调整其形状，从Set Color(颜色设置)右侧的下拉列表中选择Over Life(生命期内的变化)选项，在Transfer Mode(转换模式)右侧的下拉列表中选择Add(相加)命令，如图7.34所示。

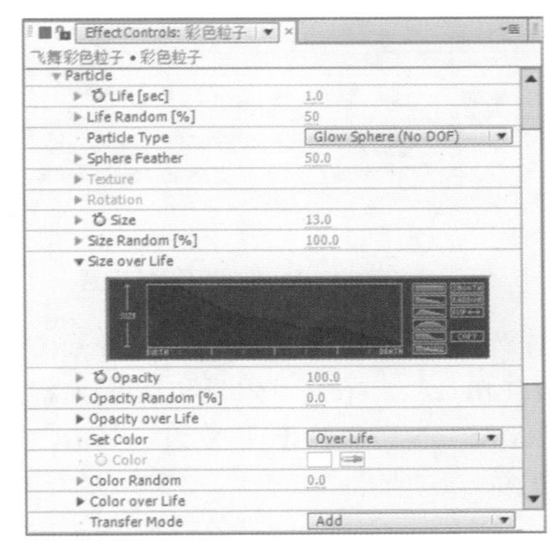

图7.34 粒子参数设置

(8) 执行菜单栏中的Layer(图层)｜New(新建)｜Solid(固态层)命令，打开Solid Settings(固态层设置)对话框，设置Name(名称)为“路径”，颜色为黑色。

(9) 选中“路径”图层，在工具栏中选择Pen Tool(钢笔工具)，在“路径”层上绘制一条路径，如图7.35所示。

(10) 单击“路径”图层的显示与隐藏按钮，在时间线面板中选中“路径”层，按M键，展开Mask Path(遮罩形状)选项，选中Mask Path(遮罩形状)选项，按Ctrl+C组合键复制，如图7.36所示。

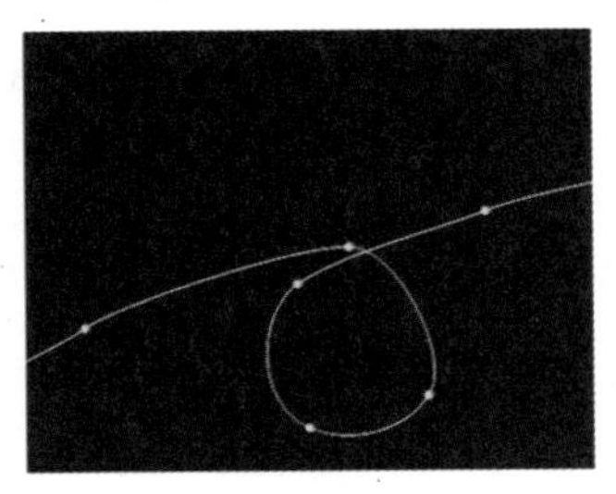

图7.35 设置路径　　图7.36 复制遮罩

(11) 将时间调整到00:00:00:00帧的位置，选中“彩色粒子”图层，按U键，展开该层所有的关键帧，选中Position XY(XY轴位置)选项，按Ctrl+V组合键，将Mask Path(遮罩形状)粘贴到Position XY(XY轴位置)选项上，如图7.37所示。

(12) 将时间调整到00:00:04:00帧的位置，选中“彩色粒子”层最后一个关键帧拖动到当前帧的位置，如图7.38所示。

图7.37　粘贴到XY轴位置路径

图7.38　00:00:04:00帧关键帧设置

(13) 为“彩色粒子”层添加CC Toner(CC调色)特效。在Effects & Presets(效果和预置)面板中展开Color Correction(色彩校正)特效组，双击CC Toner(CC调色)特效。

(14) 在Effect Controls(特效控制)面板中，修改Particular(粒子)特效的参数，设置Midtones(中间色)的颜色为浅蓝色(R:76，G:207，B:255)，Shadows(阴影)的颜色为深蓝色(R:0，G:72，B:255)，如图7.39所示。合成窗口效果如图7.40所示。

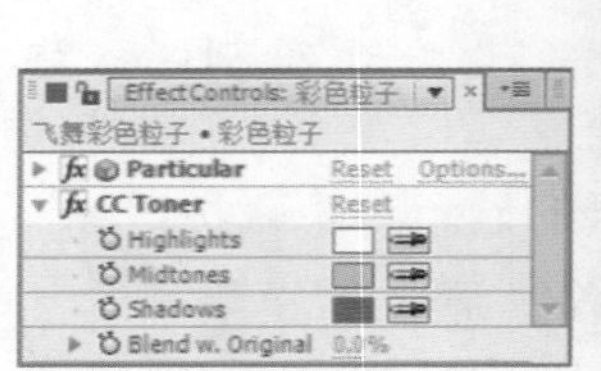

图7.39　设置调色参数

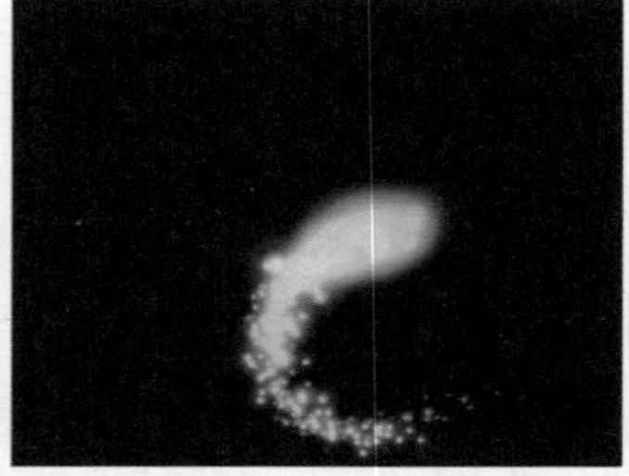

图7.40　调色后的效果

(15)执行菜单栏中的Layer(图层)｜New(新建)｜Solid(固态层)命令，打开Solid Settings(固态层设置)对话框，设置Name(名称)为“粒子背景”，颜色为黑色。

(16) 为“粒子背景”层添加Particular(粒子)特效。在Effects & Presets(效果和预置)面板中展开Trapcode特效组，双击Particular(粒子)特效。

(17) 在Effect Controls(特效控制)面板中，修改Particular(粒子)特效的参数，展开Emitter(发射器)卷展栏，设置Particles/sec(每秒发射粒子数)的值为50，从Emitter Type(发射类型)右侧的下拉列表中选择Sphere(球形)命令，设置Velocity(速度)的值为100，Velocity Random(速度随机)的值为47，Velocity from Motion(运动速度)的值为0.5，Emitter Size X(发射器X轴尺寸)的值为449，Emitter Size Y(发射器Y轴尺寸)的值为184，如图7.41所示。

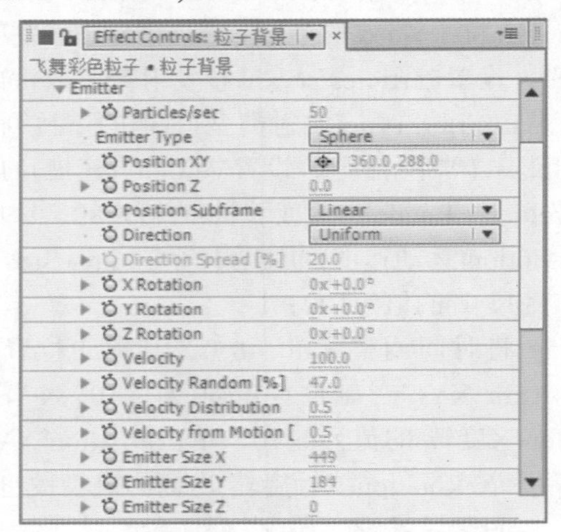

图7.41　发射器参数设置

(18) 展开Particle(粒子)选项组，设置Life(生命)的值为10，Life Random(生命随机)的值为100，从Particle Type(粒子类型)右侧的下拉列表中选择Glow Sphere(发光球)命令，设置Size(尺寸)的值为5，Size Random(大小随机)的值为78，如图7.42所示。

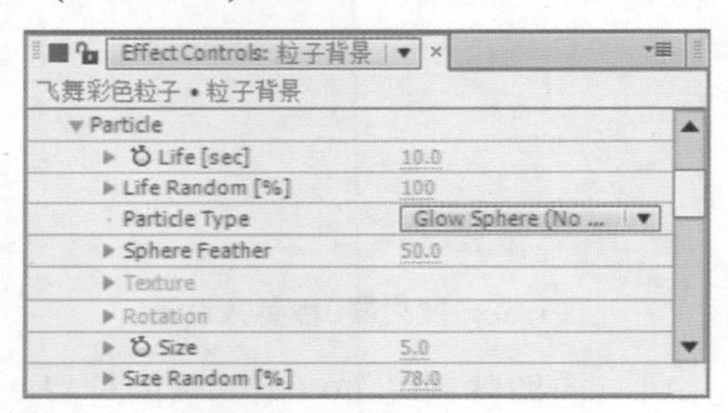

图7.42　粒子参数设置

(19)选中“粒子背景”层，将时间调整到00:00:04:00帧的位置，按“Alt+[”组合键进行裁剪，将时间调整到00:00:00:00帧的位置，将鼠标光标放置在“粒子背景”层开始的位置，当光标变成双箭头时，向左拖动鼠标到入点位置，如图7.43所示。

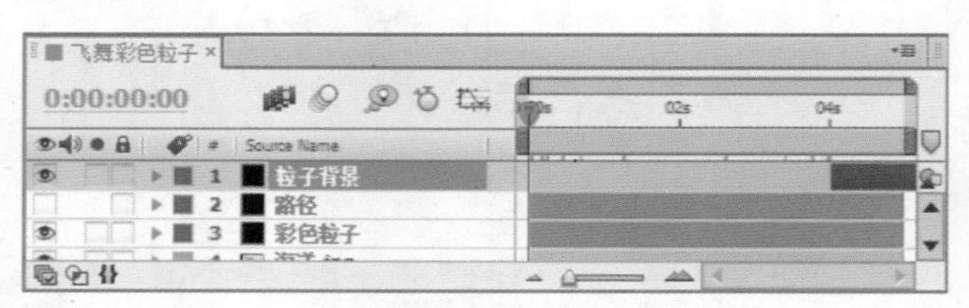

图7.43　拖动素材

(20) 将“路径”图层关闭，这样就完成了飞舞彩色粒子的整体制作，按小键盘上的“0”键，即可在合成窗口中预览动画。

7.3 花瓣雨

实例说明

本例主要讲解利用Particular(粒子)特效制作花瓣雨的效果，完成的动画流程画面如图7.44所示。

图7.44　动画流程画面

学习目标

1．掌握Particular(粒子)特效的使用。
2．掌握Curves(曲线)特效的使用。

操作步骤

(1) 执行菜单栏中的File(文件)｜Open Project(打开项目)命令，选择配书光盘中的“工程文件\第7章\花瓣雨\花瓣雨练习.aep”文件，将文件打开。

(2) 执行菜单栏中的Layer(图层)｜New(新建)｜Solid(固态层)命令，打开Solid Settings(固态层设置)对话框，设置Name(名称)为“粒子”，Color(颜色)为黑色。

(3) 为“粒子”层添加Particular(粒子)特效。在Effects & Presets(效果和预置)面板中展开Trapcode特效组，然后双击Particular(粒子)特效，如图7.45所示。合成窗口效果如图7.46所示。

图7.45　添加粒子特效

图7.46　添加粒子后的效果

(4) 在Effect Controls(特效控制)面板中，修改Particular(粒子)特效的参数，展开Emitter(发射器)选项组，设置Particles/sec(每秒发射粒子数)的值为40，从Emitter Type(发射器类型)右侧下拉列表中选择“Box(盒子)”选项，设置Position XY(XY轴位置)的值为(–52，–239)，Position Z(Z轴位置)的值为100，Velocity(速度)的值0，Emitter Size X(X轴发射器大小)的值为701，Emitter Size Y(Y轴发射器大小)的值为50，Emitter Size Z(Z轴发射器大小)的值为1192，如图7.47所示。

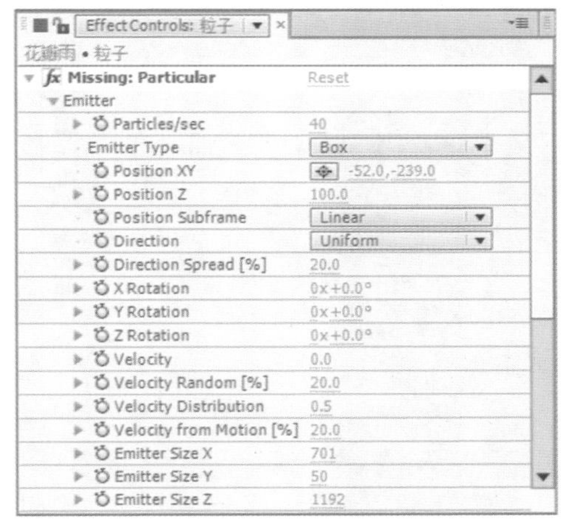

图7.47　设置发射器参数

(5) 展开Particle(粒子)选项组，设置Life(生命)的值为10，从Particle Type(粒子类型)右侧下拉列表中选择“Sprite(幽灵)”选项；展开Texture(纹理)选项组，从Layer(图层)右侧下拉列表中选择“花瓣”选项，从Time Sampling右侧下拉列表中选择Random-Still Frame选项；展开Rotation(旋转)选项，从Orient to Motion右侧下拉列表中选择“On(开)”选项，设置Size(尺寸)的值为8，如图7.48所示。

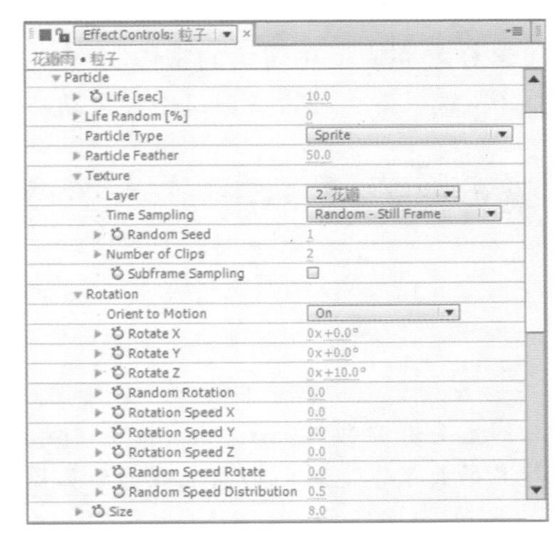

图7.48　设置粒子参数

(6) 展开Physics(物理学)选项组，设置Gravity(重力)的值为150；展开Air(空气)选项组，设置Air Resistance(空气阻力)的值为1，选中Air Resistance Rotation(空气阻力旋转)复选框，设置Spin

Amplitude(旋转幅度)的值为29，Spin Frequency(旋转频率)的值为2.8，Wind X(X轴风力)的值为89，Wind Y(Y轴风力)的值为-21，Wind Z(Z轴风力)的值为-89；展开Turbulence Field(湍流场)选项组，设置Affect Position(影响位置)的值为57，如图7.49所示。合成窗口效果如图7.50所示。

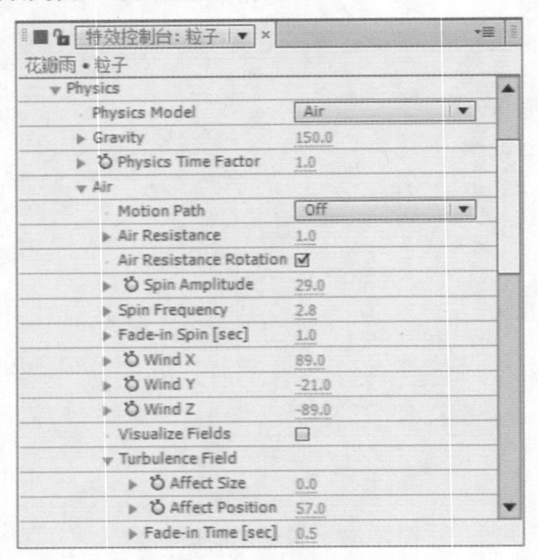

图7.49　设置物理学参数

图7.50　设置粒子后的效果

(7) 这样就完成了花瓣雨的整体制作，按小键盘上的“0”键，即可在合成窗口中预览动画。

7.4　炫彩精灵

实例说明

本例主要讲解利用Particular(粒子)特效制作炫彩精灵的效果，完成的动画流程画面如图7.51所示。

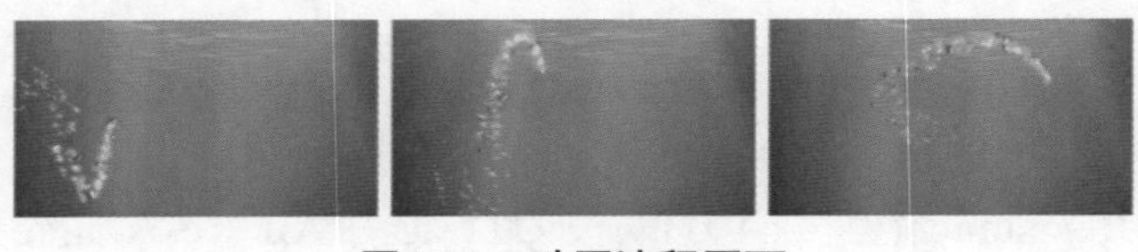

图7.51　动画流程画面

学习目标

1．学习Particular(粒子)特效的使用。

2．学习Curves(曲线)特效的使用。

3．学习Glow(发光)特效的使用。

操作步骤

(1) 执行菜单栏中的File(文件) | Open Project(打开项目)命令，选择配书光盘中的“工程文件\第7章\炫彩精灵\炫彩精灵练习.aep”文件，将文件打开。

(2) 执行菜单栏中的Layer(图层) | New(新建) | Solid(固态层)命令，打开Solid Settings(固态层设置)对话框，设置Name(名称)为“粒子”，Color(颜色)为黑色。

(3) 为“粒子”层添加Particular(粒子)特效。在Effects & Presets(效果和预置)面板中展开Trapcode特效组，然后双击Particular(粒子)特效，如图7.52所示。合成窗口效果如图7.53所示。

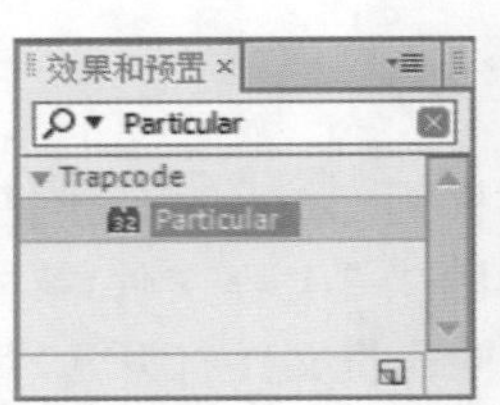

图7.52　添加粒子特效

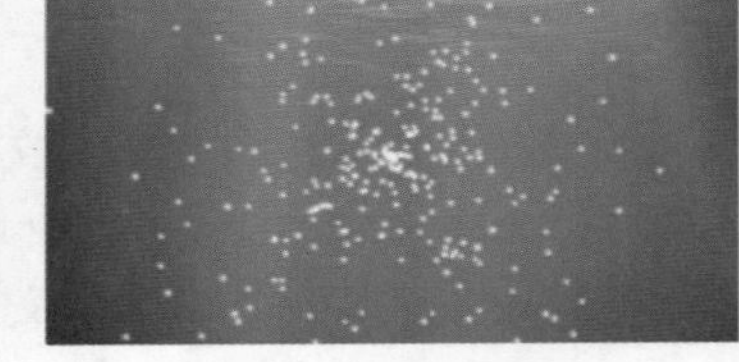

图7.53　粒子的效果

(4) 在Effect Controls(特效控制)面板中，修改Particular(粒子)特效的参数，展开Emitter(发射器)选项组，设置Particles/sec(每秒发射粒子数)的值为110，Velocity(速度)的值30，Velocity Random(速度随机)的值为2，Velocity form Motion(运行速度)的值为20，如图7.54所示。

(5)展开Particle(粒子)选项组，设置Life(生命)的值为2，Life Random(生命随机)的值为5，从Particle Type(粒子类型)右侧下拉列表中选择“Cloudlet(云)”选项，设置Cloudlet Feather(云形羽化)的值为50，展开Size over Life(生命期内大小变化)和Opacity over Life(生命期内透明度变化)选项，从Set Color(设置颜色)右侧的下拉列表中选择Random from Gradient(渐变随机)，如图7.55所示。

(6) 执行菜单栏中的Layer(图层) | New(新建) | Solid(固态层)命令，打开Solid Settings(固态层设置)对话框，设置Name(名称)为“路径”，Color(颜色)为黑色。

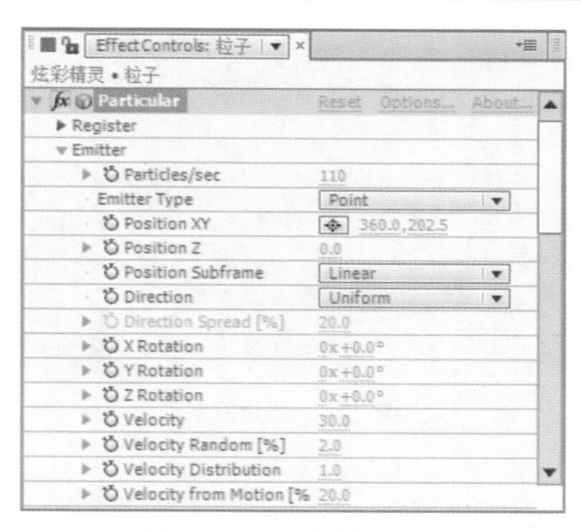

图7.54　设置发射器参数

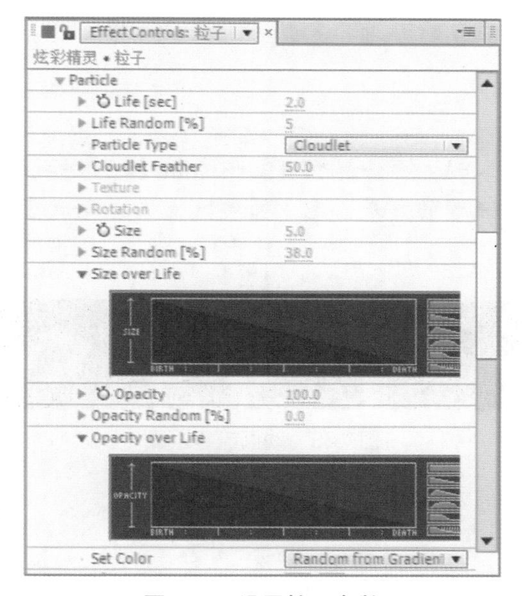

图7.55　设置粒子参数

(7) 选中“路径”层，在工具栏中选择Pen Tool(钢笔工具)，在“路径”层上绘制一条路径，如图7.56所示。

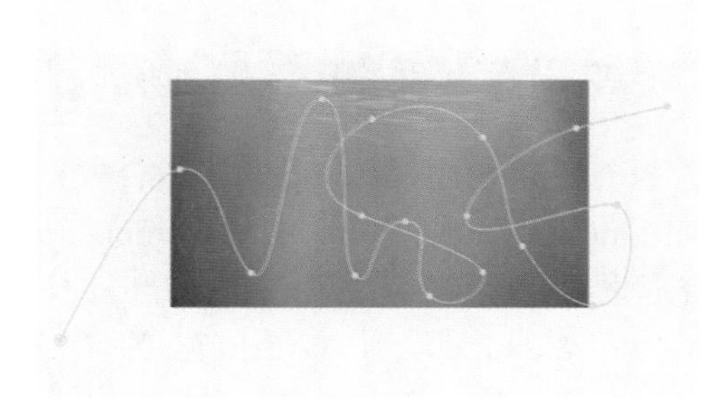

图7.56　设置路径

(8) 单击“路径”图层的显示与隐藏按钮，在时间线面板中选中“路径”层，按M键，展开Mask 1(遮罩 1)选项，选中Mask Path(遮罩形状)选项，按Ctrl+C组合键复制，如图7.57所示。

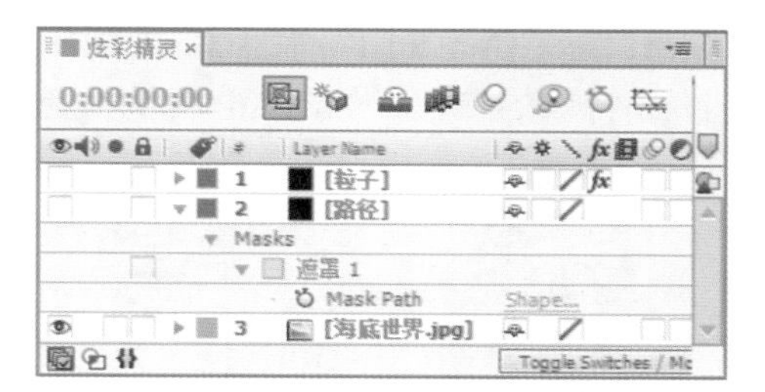

图7.57　复制路径

(9) 将时间调整到00:00:00:00帧的位置，在时间线面板中，展开“粒子”｜“效果”｜Particular(粒子)｜Emitter(发射器)选项，选中Position XY(XY轴位置)选项，按Ctrl+V组合键，将遮罩形状粘贴到Position XY(XY轴位置)选项上，如图7.58所示。

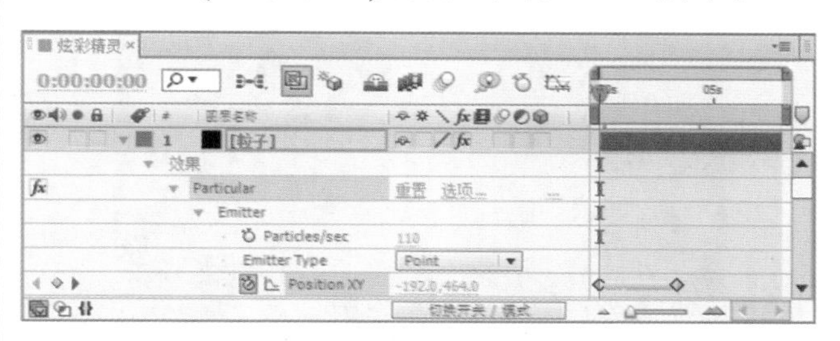

图7.58　粘贴关键帧

(10) 将时间调整到00:00:07:24帧的位置，选中“彩色粒子”层最后一个关键帧拖动到当前帧的位置，如图7.59所示，合成窗口效果如图7.60所示。

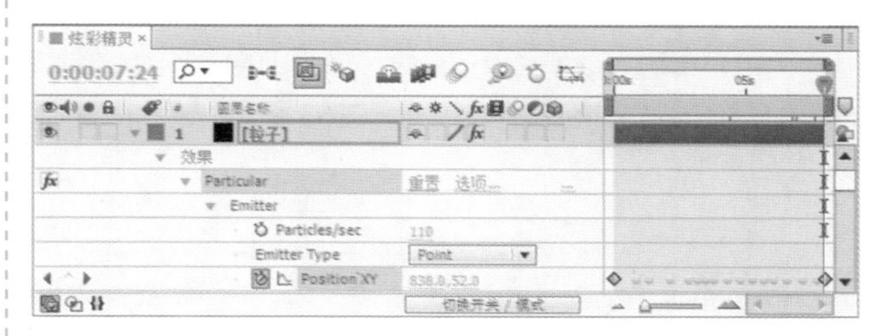

图7.59　拖动关键帧

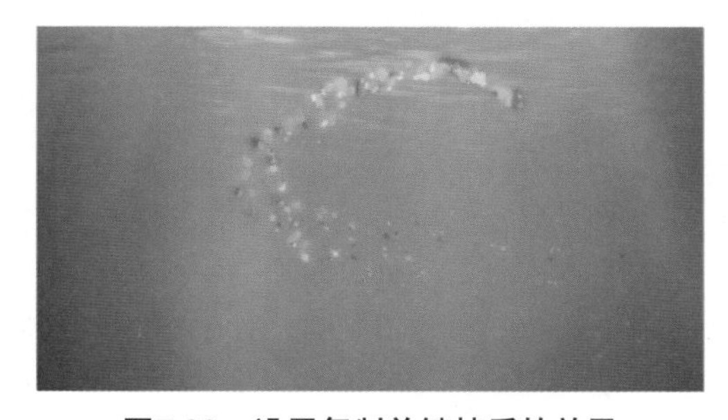

图7.60　设置复制关键帧后的效果

(11) 为“粒子”层添加Curves(曲线)特效。在Effects & Presets(效果和预置)面板中展开Color Correction(色彩校正)特效组，然后双击Curves(曲线)特效。

(12) 在Effect Controls(特效控制)面板中，修改Curves(曲线)特效的参数，如图7.61所示，合成窗口效果如图7.62所示。

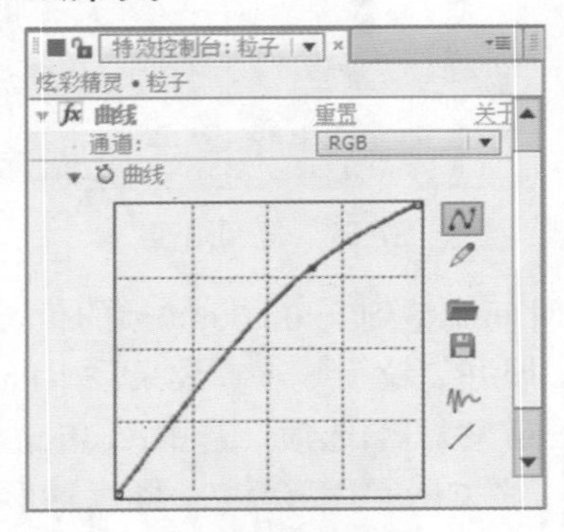

图7.61　调整曲线

图7.62　调整曲线后的效果

(13) 为“粒子”层添加Glow(辉光)特效。在Effects & Presets(效果和预置)面板中展开Stylize(风格化)特效组，然后双击Glow(辉光)特效。

(14) 在Effect Controls(特效控制)面板中，修改Glow(辉光)特效的参数，如图7.63所示，合成窗口效果如图7.64所示。

Effect Controls: 粒子

炫彩精灵 • 粒子

fx Missing: Particular	Reset	
fx Curves	Reset	About...
fx Glow	Reset　Options...	About...
Glow Based On	Color Channels	
Glow Threshold	60.0%	
Glow Radius	10.0	
Glow Intensity	1.0	
Composite Original	Behind	
Glow Operation	Add	
Glow Colors	Original Colors	
Color Looping	Triangle A>B>A	
Color Loops	1.0	
Color Phase	0x+0.0°	
A & B Midpoint	50%	
Color A		
Color B		
Glow Dimensions	Horizontal and Vertical	

图7.63　Glow参数

(15) 这样就完成了炫彩精灵的整体制作，按小键盘上的“0”键，即可在合成窗口中预览动画。

图7.64　辉光效果

7.5　炫丽光带

实例说明

本例主要讲解利用Particular(粒子)特效制作炫丽光带的效果，完成的动画流程画面如图7.65所示。

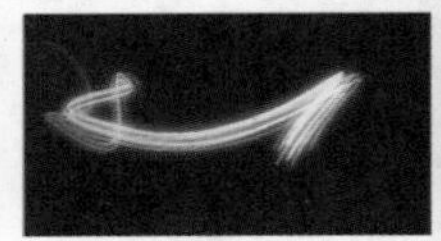  

图7.65　动画流程画面

学习目标

1. 掌握Particular(粒子)特效的使用。
2. 掌握Glow(发光)特效的使用。

操作步骤

7.5.1　绘制光带运动路径

(1) 执行菜单栏中的Composition(合成)｜New Composition(新建合成)命令，打开Composition Settings(合成设置)对话框，设置Composition Name(合成名称)为“炫丽光带”，Width(宽)为“720”，Height(高)为“405”，Frame Rate(帧率)为“25”，并设置Duration(持续时间)为00:00:10:00秒。

(2) 按Ctrl + Y组合键，打开Solid Settings(固态层设置)对话框，设置Name(名称)为“路径”，Color(颜色)为黑色，如图7.66所示。

(3) 选中“路径”层，单击工具栏中的Pen Tool(钢笔工具)按钮，在Composition(合成)窗口中绘制一条路径，如图7.67所示。

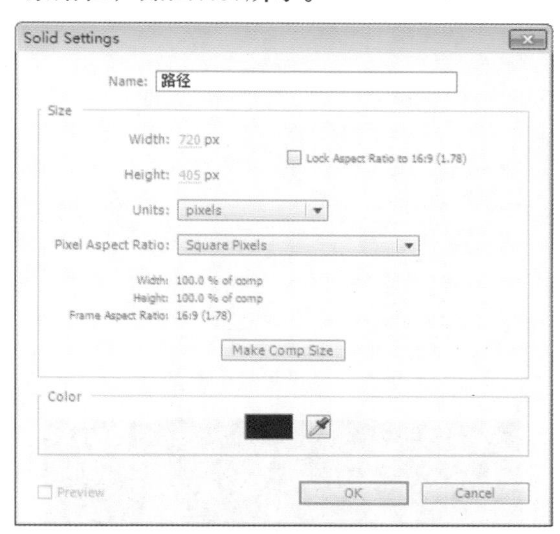

图7.66　设置固态层

图7.67　绘制路径

7.5.2　制作光带特效

(1) 按Ctrl + Y组合键，打开Solid Settings(固态层设置)对话框，设置Name(名称)为“光带”，Color(颜色)为黑色。

(2) 在时间线面板中，选择“光带”层，在Effects & Presets(效果和预置)面板中展开Trapcode特效组，然后双击Particular(粒子)特效。

(3) 选择“路径”层，按M键，将遮罩属性列表选项展开，选中Mask Path(遮罩形状)，按Ctrl+C组合键复制Mask Path(遮罩形状)。

(4) 选择“光带”层，在时间线面板中，展开Effects(效果)｜Particular(粒子)｜Emitter(发射器)选项，选中Position XY(XY轴位置)选项，按Ctrl+V组合键，把“路径”层的路径复制给Particular(粒子)特效中的Position XY(XY轴位置)，如图7.68所示。

(5) 选择最后一个关键帧向右拖动，将其时间延长，如图7.69所示。

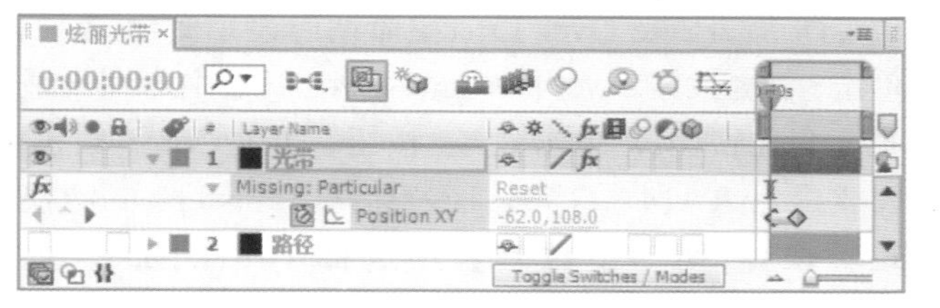

图7.68　复制遮罩路径

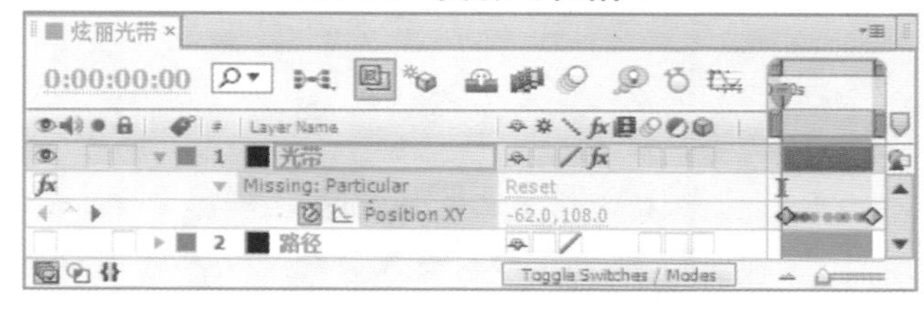

图7.69　选择最后一个关键帧向右拖动

(6) 在Effect Controls(特效控制)面板中修改Particular(粒子)特效参数，展开Emitter(发射器)选项组，设置Particles/sec(每秒发射粒子数)的值为1000。从Position Subframe(子位置)右侧的下拉列表中选择10xLinear(10x线性)选项，设置Velocity(速度)的值为0，Velocity Random(速度随机)的值为0，Velocity Distribution(速度分布)的值为0，Velocity From Motion(运动速度)的值为0，如图7.70所示。

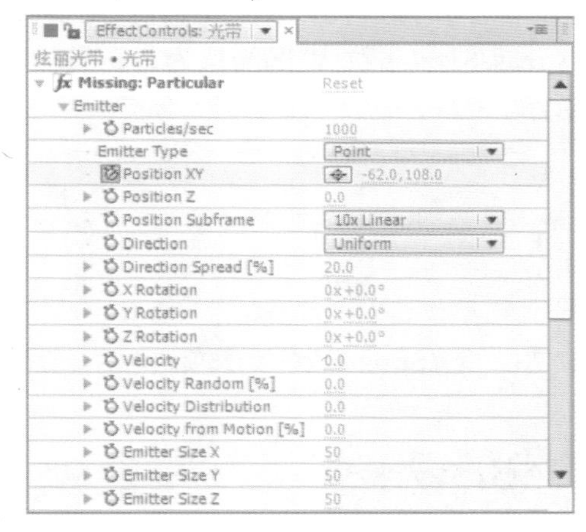

图7.70　设置Emitter(发射器)选项组中的参数

(7) 展开Particle(粒子)选项组，从Particle Type(粒子类型)右侧的下拉列表中选择Streaklet(条纹)选项，设置Streaklet Feather(条纹羽化)的值为100，Size(尺寸)的值为49，如图7.71所示。

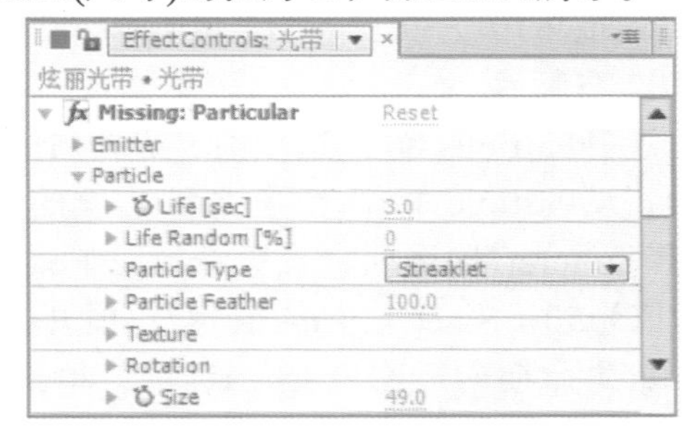

图7.71　设置Particle Type(粒子类型)参数

(8)展开Size Over Life(生命期内大小变化)选项，单击▬按钮，展开Opacity Over Life(生命期内透明度变化)选项，单击▬按钮，并将Color(颜色)改成橙色(R:114，G:71，B:22)，从Transfer Mode(模式转换)右侧的下拉列表中选择Add(相加)，如图7.72所示。

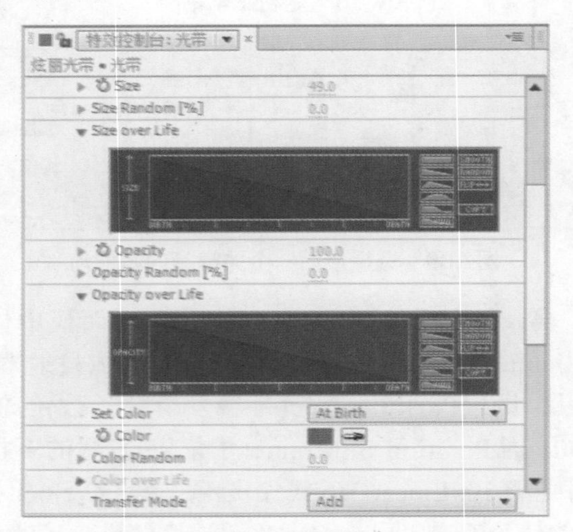

图7.72　设置生命期内大小和透明度变化

(9) 展开Streaklet(条纹)选项组，设置Random Seed(随机种子)的值为0，No Streaks(无条纹)的值为18，Streak Size(条纹大小)的值为11，具体设置如图7.73所示。

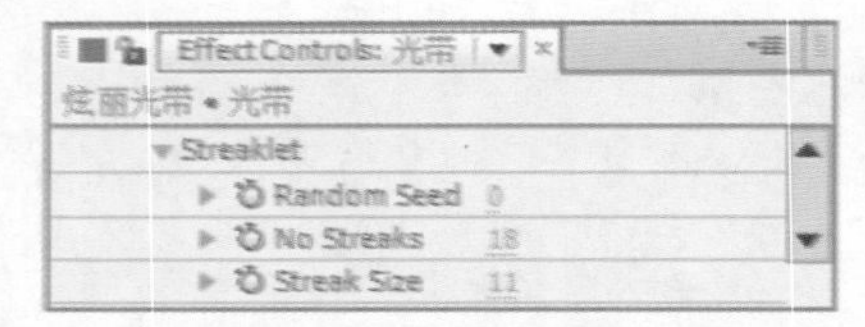

图7.73　设置Streaklet(条纹)选项组中的参数值

7.5.3　制作辉光特效

(1) 在时间线面板中选择“光带”层，按Ctrl+D组合键复制一个新的图层，命名为“粒子”。

(2) 在Effect Controls(特效控制)面板中修改Particular(粒子)特效参数，展开Emitter(发射器)选项组，设置Particles/sec(每秒发射粒子数)的值为200，Velocity(速度)的值为20，如图7.74所示，合成窗口效果如图7.75所示。

(3) 展开Particle(粒子)选项组，设置Life(生命)的值为4，从Particle Type(粒子类型)右侧的下拉列表中选择Sphere(球)选项，设置Sphere Feather(球羽化)的值为50，Size(尺寸)的值为2，展开Opacity over Life(生命期内透明度变化)选项，单击▬按钮。

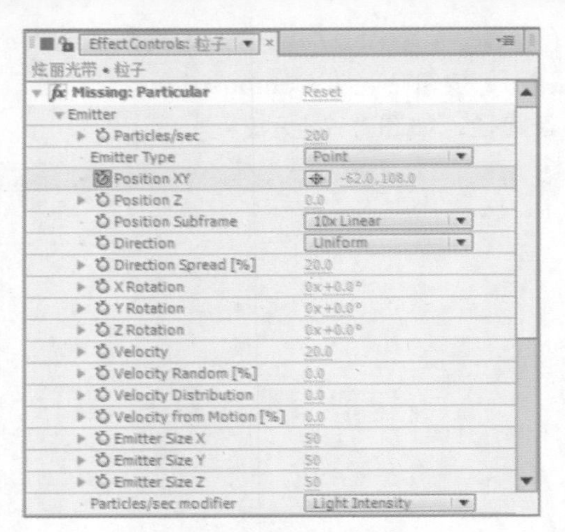

图7.74　设置粒子参数

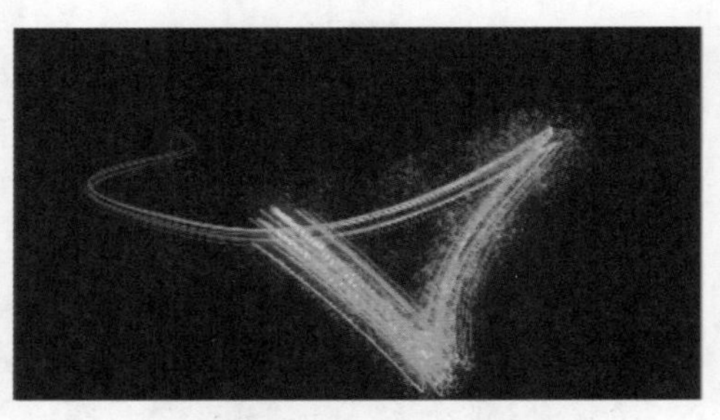

图7.75　设置粒子参数后的效果

(4) 在时间线面板中，选择“粒子”层的Mode(模式)为Add(相加)模式，如图7.76所示，合成窗口效果如图7.77所示。

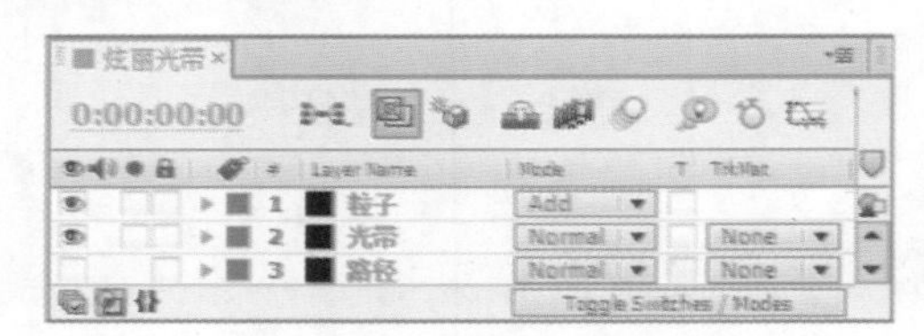

图7.76　设置添加模式

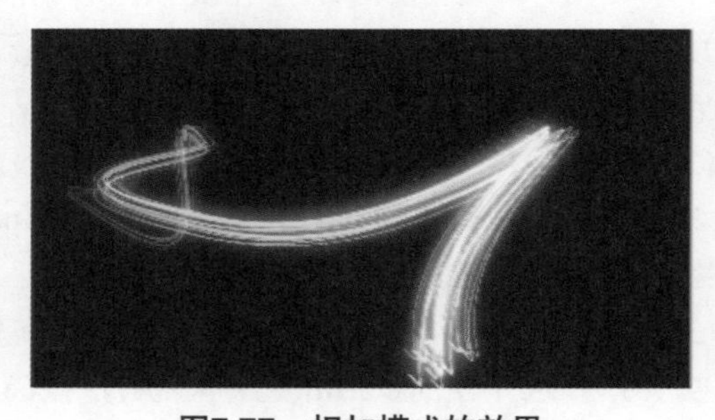

图7.77　相加模式的效果

(5) 为“光带”层添加Glow(辉光)特效。在Effects & Presets(效果和预置)面板中展开Stylize(风格化)特效组，然后双击Glow(辉光)特效。

(6) 在Effect Controls(特效控制)面板中修改Glow(辉光)特效参数，设置Glow Threshold(辉光阈值)的值为60，Glow Radius(辉光半径)的值为30，

Glow Intensity(辉光强度)的值为1.5，如图7.78所示。合成窗口效果如图7.79所示。

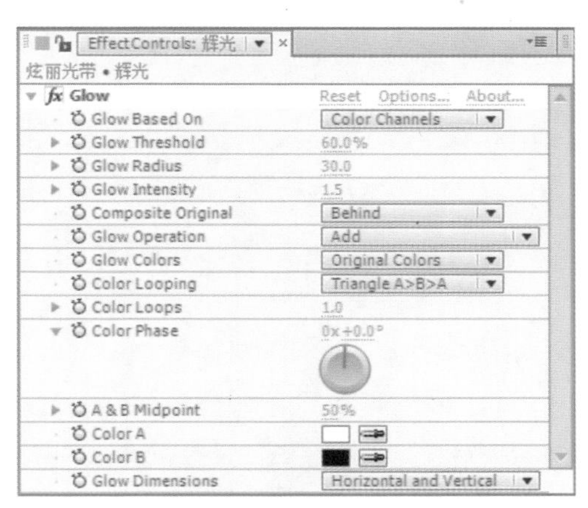

图7.78　设置辉光特效参数

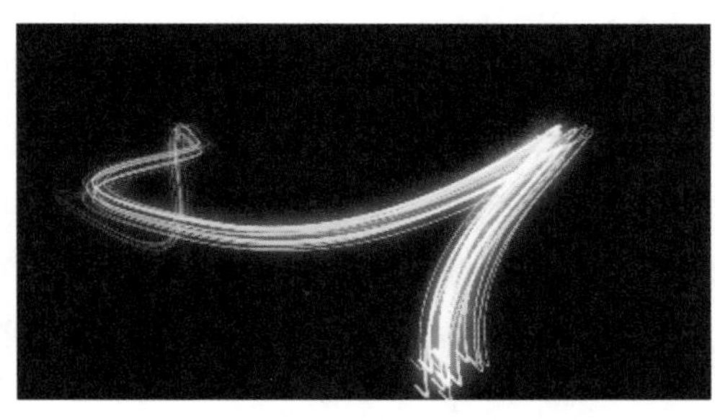

图7.79　设置辉光后的效果

(7) 这样就完成了炫丽光带的整体制作，按小键盘上的“0”键，即可在合成窗口中预览动画。

AE

第8章 摇摆器与运动跟踪

内容摘要

在影视特技的制作和背景抠像的后期制作中，要经常用到跟踪与稳定技术，本章主要讲解摇摆器和运动草图的使用，运动跟踪与稳定的使用。合理运用动画辅助工具可以有效地提高动画的制作效率并达到预期的动画效果。

教学目标

- 学习Wiggler(摇摆器)动画功能
- 学习Motion Sketch(运动草图)功能
- 学习Tracker Motion(运动跟踪)功能

8.1 随机动画

实例说明

本例主要讲解利用Wiggler(摇摆器)制作随机动画的效果。完成的动画流程画面如图8.1所示。

图8.1 动画流程画面

学习目标

学习Wiggler(摇摆器)特效的使用。

操作步骤

(1) 执行菜单栏中的Composition(合成) | New Composition(新建合成)命令，打开 Composition Settings(合成设置)对话框，参数设置如图8.2所示。

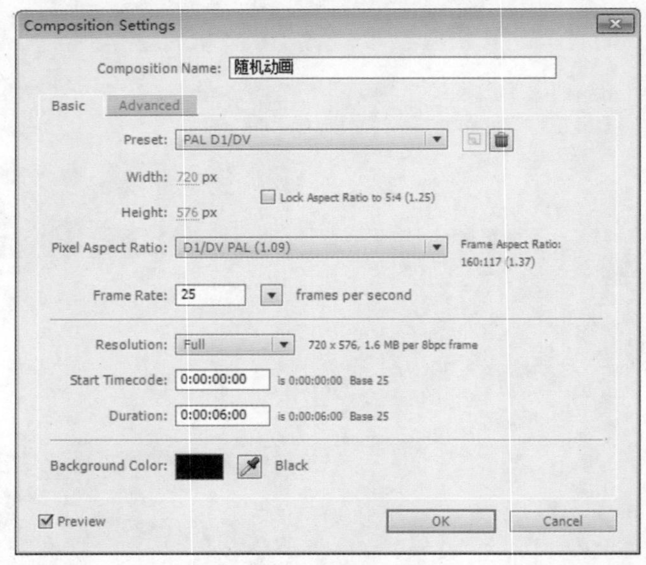

图8.2 合成设置对话框

(2) 执行菜单栏中的File(文件) | Import(导入) | File(文件)命令，打开Import File(导入文件)对话框，选择配书光盘中的“工程文件\第8章\摇摆器.jpg”文件，然后将其添加到时间线中。

(3) 在时间线面板中，选择“摇摆器.jpg”层，然后按Ctrl + D组合键复制一个副本，并将它的列表项展开，如图8.3所示。

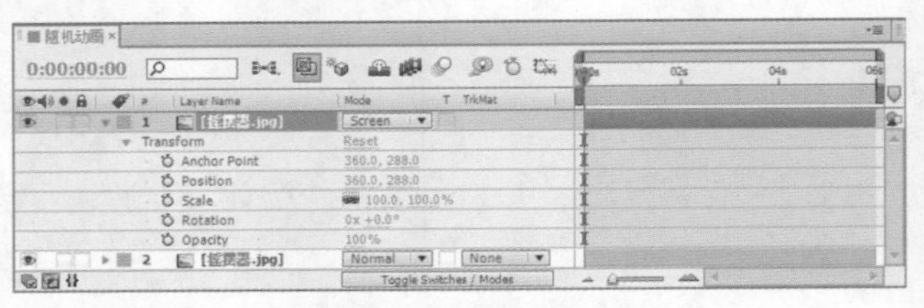

图8.3 展开列表项

(4) 单击工具栏中的Rectangle Tool(矩形工具)按钮，然后在Composition(合成)窗口的中间位置单击拖动，绘制一个矩形遮罩，为了更好地看到绘制效果，将最下面的层隐藏，如图8.4所示。

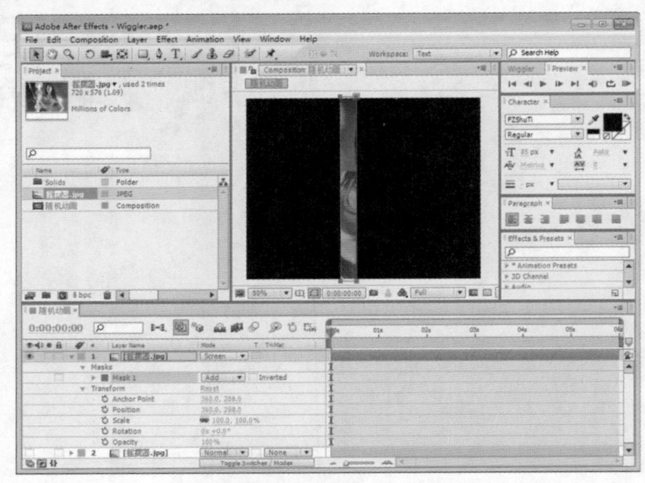

图8.4 绘制矩形遮罩区域

(5) 将时间调整到00:00:00:00帧的位置，在时间线面板中，分别单击Position(位置)和Scale(缩放)左侧的码表，在当前时间位置添加关键帧，如图8.5所示。

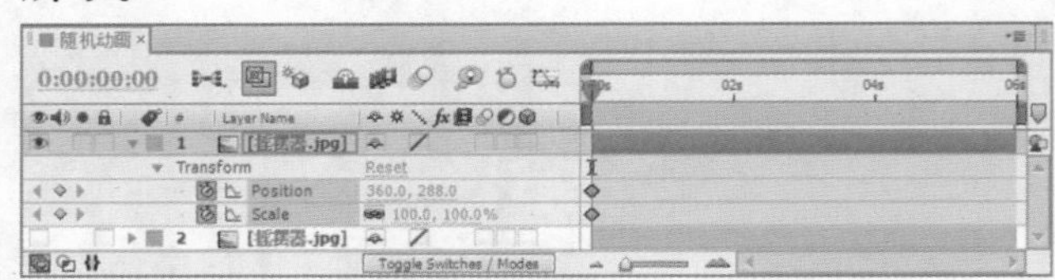

图8.5 在00:00:00:00帧处添加关键帧

(6) 将时间调整到00:00:05:24帧的位置，单击Position(位置)和Scale(缩放)属性左侧的Add or remove keyframe at current time(在当前时间添加或删除关键帧)按钮，添加一个关键帧，如图8.6所示。

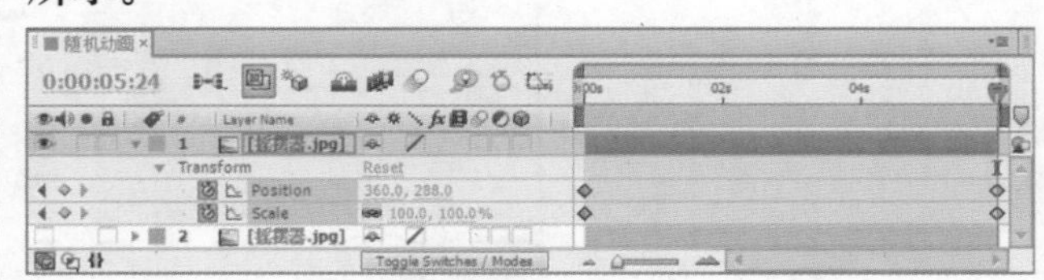

图8.6 在00:00:05:24帧处添加关键帧

(7) 在Position(位置)名称处单击，或按Shift键，选择Position(位置)属性中的两个关键帧，如图8.7所示。

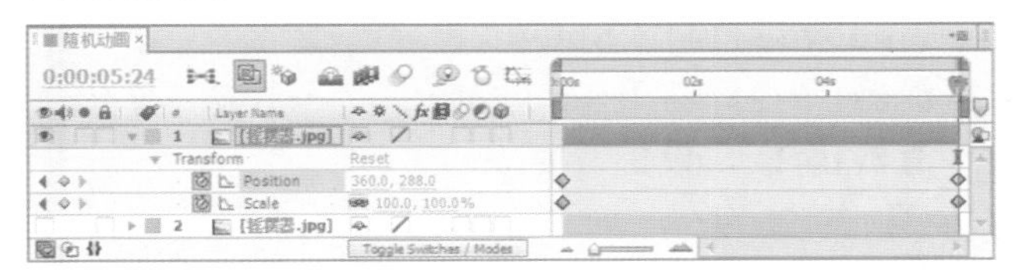

图8.7　选择位置关键帧

(8) 执行菜单栏中的Window(窗口)｜Wiggler(摇摆器)命令，打开Wiggler(摇摆器)面板，在Apply to(应用到)右侧的下拉列表中选择Spatial Path(空间路径)命令；在Noise Type(噪波类型)右侧的下拉列表中选择Smooth(平滑)命令；在Dimensions(轴向)右侧的下拉列表中选择X(X轴)表示动画产生在水平位置；并设置Frequency(频率)的值为5，Magnitude(数量)的值为300，如图8.8所示。

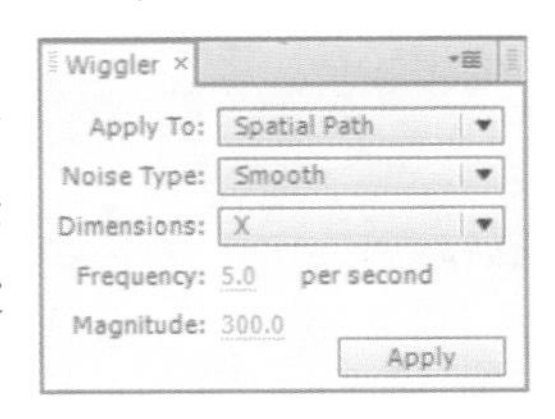

图8.8　摇摆器参数设置

(9) 单击Apply(应用)按钮，在选择的两个关键帧中，将自动建立关键帧，以产生摇摆动画的效果，如图8.9所示。

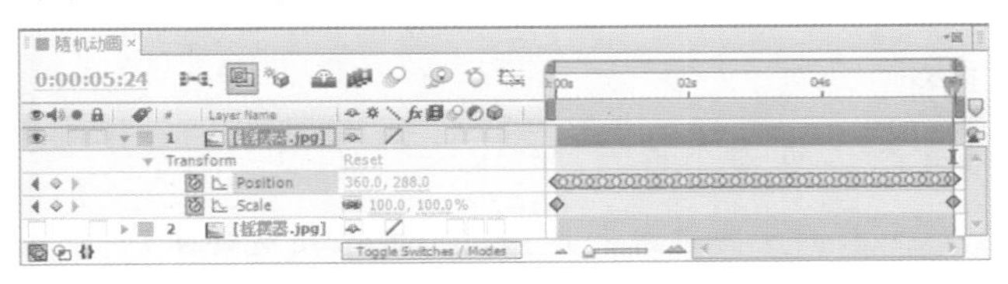

图8.9　使用摇摆器后的效果

(10) 从Composition(合成)窗口中，可以看到矩形遮罩的直线运动轨迹，并可以看到很多关键帧控制点，如图8.10所示。

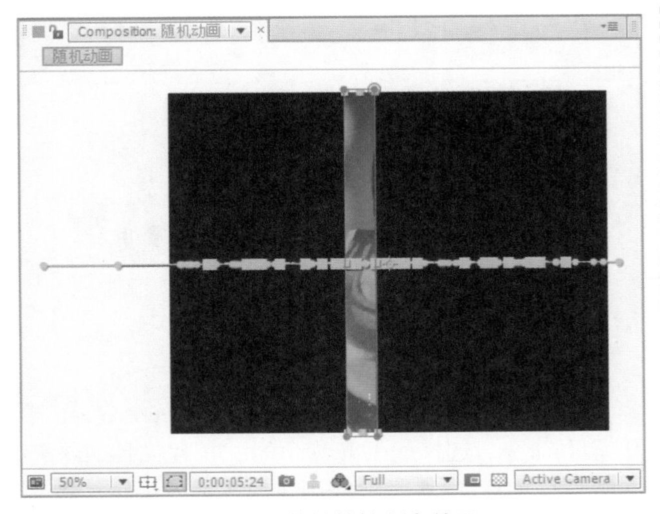

图8.10　关键帧控制点效果

(11) 利用步骤(7)的方法，选择Scale(缩放)右侧的两个关键帧，设置摇摆器的参数，将Magnitude(数量)设置为120，以减小变化的幅度，如图8.11所示。

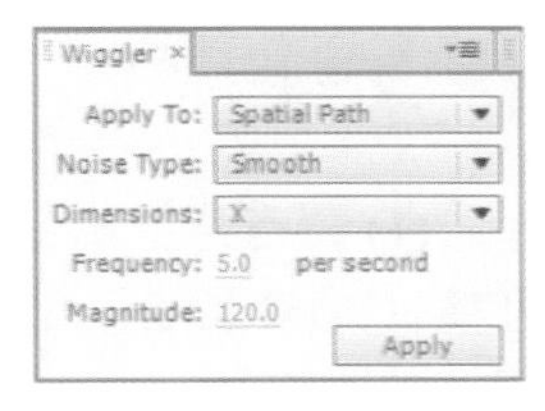

图8.11　摇摆器参数设置

(12) 设置完成后，单击Apply(应用)按钮，在选择的两个关键帧中，将自动建立关键帧，以产生摇摆动画的效果，如图8.12所示。

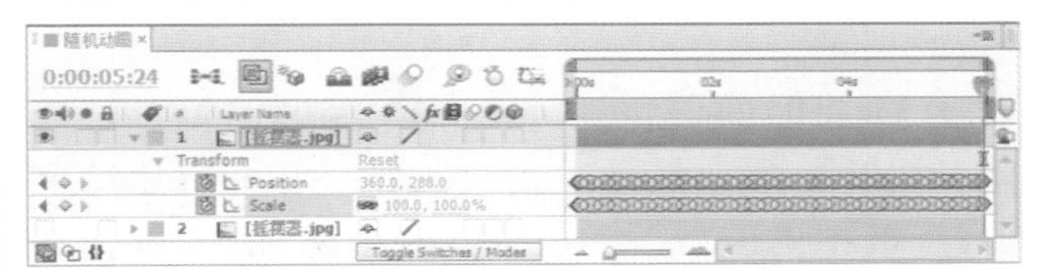

图8.12　缩放关键帧效果

(13) 将隐藏的层显示，然后设置上层的混合模式为Screen(屏幕)模式，以产生较亮的效果，如图8.13所示。

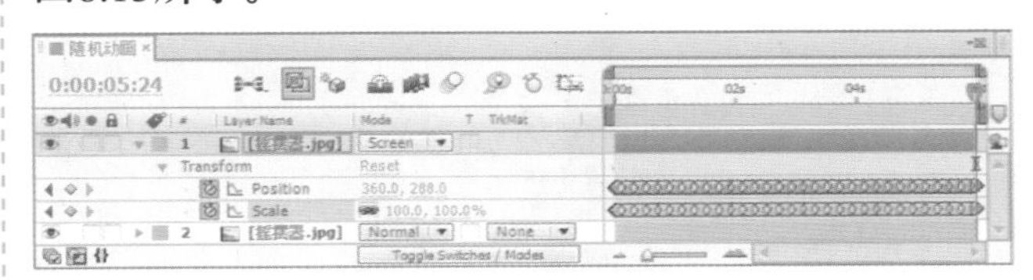

图8.13　修改层模式

(14) 这样就完成了随机动画的整体制作，按小键盘上的“0”键，即可在合成窗口中预览动画。

8.2　飘零树叶

实例说明

本例主要讲解利用Motion Sketch(运动草图)制作飘零树叶的效果。完成的动画流程画面如图8.14所示。

图8.14　动画流程画面

学习目标

学习Motion Sketch(运动草图)特效的使用。

操作步骤

(1) 执行菜单栏中的File(文件) | Open Project(打开项目)命令，选择配书光盘中的“工程文件\第8章\运动草图练习.aep”文件，将文件打开。

(2) 选择树叶层，执行菜单栏中的Window(窗口) | Motion Sketch(运动草图)命令，打开Motion Sketch(运动草图)面板，设置Capture Speed at(捕捉速度)为100%，Show(显示)为Wireframe(线框)，如图8.15所示。

(3) 将时间调整到00:00:00:00帧的位置，选择“树叶”层，然后单击Motion Sketch(运动草图)面板中的Start Capture(开始捕捉)按钮，在Composition(合成)窗口右下角单击并拖动鼠标，绘制一个曲线路径，如图8.16所示。

图8.15　参数设置　　图8.16　绘制路径

提示

在拖动鼠标绘制时，从时间线面板中，可以看到时间滑块随鼠标拖动在向前移动，并可以在Composition(合成)窗口预览绘制的路径效果。拖动鼠标的速度，会直接影响动画的速度，拖动得越快，产生的动画速度也越快；拖动得越慢，产生动画的速度也越慢，如果想使动画与合成的持续时间相同，就要注意拖动的速度与时间滑块的运动过程。

(4) 拖动完成后，按空格键或小键盘上的0键，可以预览动画的效果，其中的几帧画面如图8.17所示。

图8.17　设置运动草图后的效果

(5) 为了减少动画的复杂程度，下面来修改动画的关键帧数量。在时间线面板中，选择树叶的Position(位置)属性上的所有关键帧，执行菜单栏中的Window(窗口) | Smoother(平滑器)命令，打开Smoother(平滑器)面板，设置Tolerance(容差)的值为6，如图8.18所示。

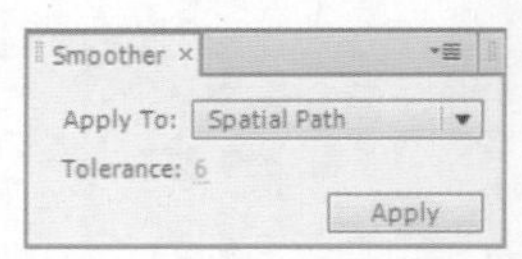

图8.18　平滑器面板

(6) 设置好容差后，单击Apply(应用)按钮，可以从展开的树叶列表选项中看到关键帧的变化效果，从合成窗口中也可以看出曲线的变化效果，如图8.19所示。

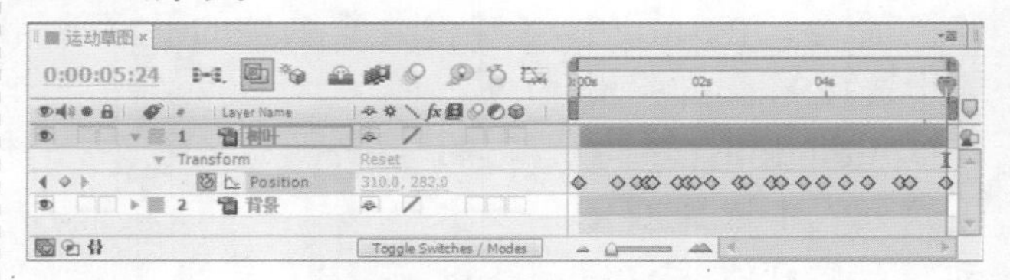

图8.19　平滑后的效果

(7) 这样就完成了飘零树叶的整体制作，按小键盘上的“0”键，即可在合成窗口中预览动画。

8.3　位移跟踪动画

实例说明

本例主要讲解利用Track Motion(运动跟踪)命令制作位移跟踪动画的效果。完成的动画流程画面如图8.20所示。

图8.20　动画流程画面

学习目标

学习Track Motion(运动跟踪)特效的使用。

操作步骤

(1) 执行菜单栏中的File(文件) | Open Project(打开项目)命令，选择配书光盘中的“工程文件\第8章\位移跟踪动画\位移跟踪动画练习.aep”文件，将文件打开。

(2) 在时间线面板中，选择“圣诞夜”层，然后执行菜单栏中的Animation(动画)| Track Motion(运动跟踪)命令，为圣诞夜层添加运动跟踪。设置Motion Source(运动来源)为圣诞夜.MOV，选中Position(位置)复选框，参数设置如图8.21所示。

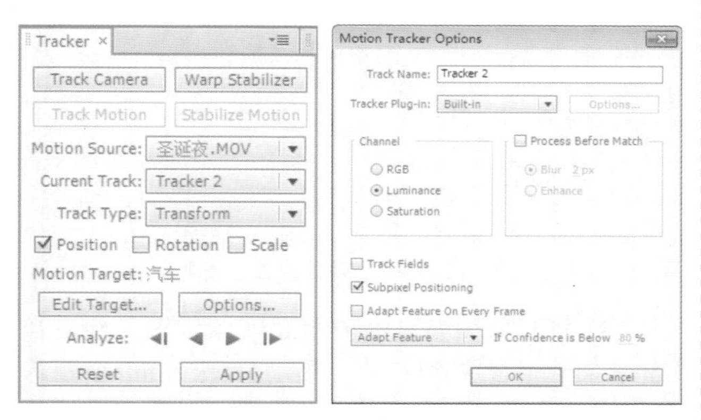

图8.21　跟踪参数设置

(3) 将时间调整到00:00:00:00帧位置，然后在Composition(合成)窗口中移动跟踪范围框，并调整搜索区域和特征区域的位置，如图8.22所示。

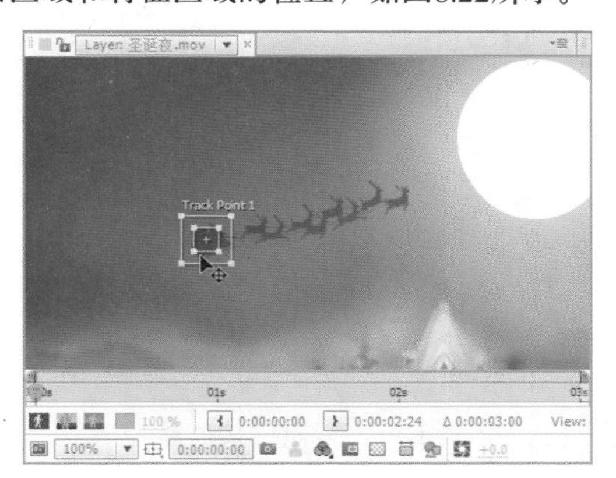

图8.22　调整跟踪范围框的位置

(4) 在Tracker Controls(跟踪控制器)面板中，单击Analyze(分析)右侧的▶(向前播放分析)按钮，对跟踪进行分析，分析完成后，可以通过拖动时间滑块来查看跟踪的效果，如果在某些位置跟踪出现错误，可以将时间滑块拖动到错误的位置，再次调整跟踪范围框的位置及大小，然后单击Analyze(分析)右侧的▶(向前播放分析)按钮，对跟踪进行再次分析，直到合适为止。

(5) 修改跟踪错误。本实例在跟踪过程中，当动画播放到00:00:00:09帧位置时，跟踪出现了明显的错误，如图8.23所示。这时，可以在该帧位置，重新调整跟踪范围框的位置和大小，然后单击Analyze(分析)右侧的▶(向前播放分析)按钮，对跟踪进行再次分析，分析后的效果如图8.24所示。

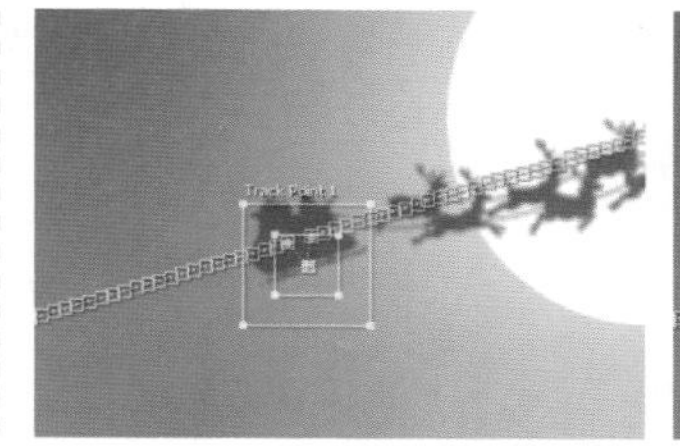

图8.23　跟踪错误

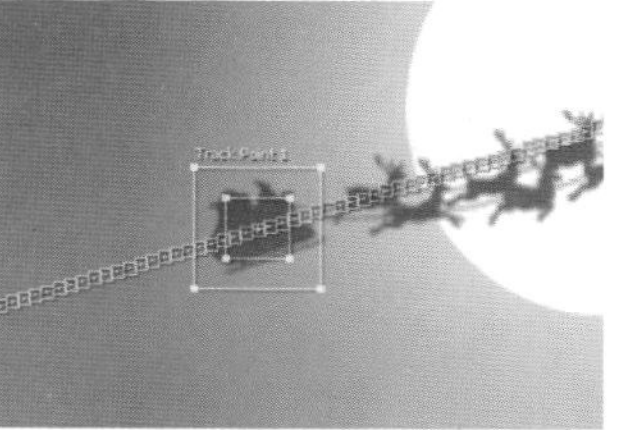

图8.24　修改后的效果

提示

由于读者前期跟踪范围框的设置不一定与作者相同，所以错误出现的位置可能也不同，但修改的方法是一样的，只需要拖动到错误的位置，修改跟踪范围框，然后再次分析即可，如果分析后还有错误，可以多次分析，直到满意为止。

(6) 修改错误后，再次拖动时间滑块，可以看到跟踪已经达到满意效果，这时可以单击Tracker Controls(跟踪控制器)面板中的Edit Target(编辑目标)按钮，打开Motion Target(运动目标)对话框，设置跟踪目标层为“汽车.png”，如图8.25所示。

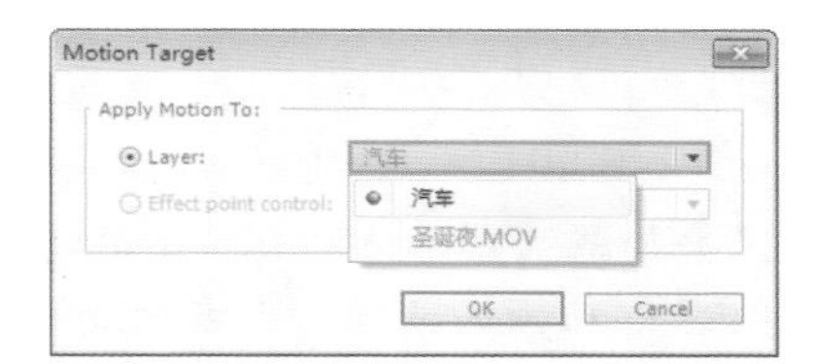

图8.25　Motion Target(运动目标)对话框

(7) 设置完成后，单击OK(确定)按钮，完成跟踪目标的指定，然后单击 Tracker(跟踪)面板中的Apply(应用)按钮，应用跟踪结果，这时将打开Motion Tracker Apply Options(运动跟踪应用选项)对话框，如图8.26所示，直接单击OK(确定)按钮即可。

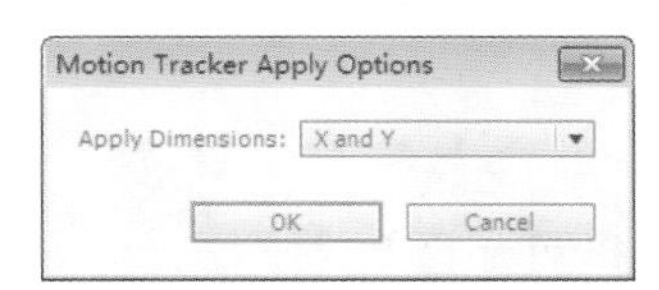

图8.26　Motion Tracker Apply Options对话框

(8) 修改汽车的位置及角度。从Composition(合成)窗口中可以看到，汽车的位置及角度并不是想象的那样，下面就来修改它的位置和角度，在时间线面板中，展开“汽车.png”层Transform(转换)参数列表，先在空白位置单击，取消所有关键帧的选择，将时间调整到00:00:00:00帧位置，然后单击Rotation(旋转)项，修改它的值为–16，如图8.27所示。

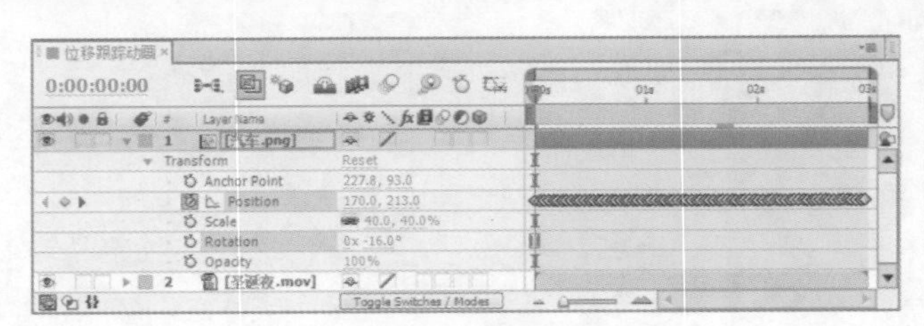

图8.27　修改Rotation(旋转)属性

提示

在修改Position(位置)参数时，注意要先单击Position(位置)项，确认选择所有关键帧，才可以修改位置参数，要使用在参数上直接拖动修改的方法修改参数，不要使用直接输入数值的方法，以免出现错误。

(9) 这样就完成了位移跟踪动画的整体制作，按小键盘上的“0”键，即可在合成窗口中预览动画。

8.4　旋转跟踪动画

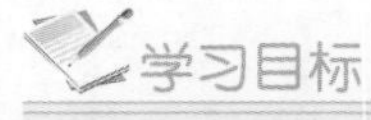

实例说明

本例主要讲解利用Track Motion(运动跟踪)命令制作旋转跟踪动画的效果。完成的动画流程画面如图8.28所示。

图8.28　动画流程画面

学习目标

学习Rotation(旋转)跟踪的使用。

操作步骤

(1) 执行菜单栏中的File(文件)｜Open Project(打开项目)命令，选择配书光盘中的“工程文件\第8章\旋转跟踪动画\旋转跟踪动画练习.aep”文件，将“旋转跟踪动画练习.aep”文件打开。

(2) 为“火把旋转.mov”层添加运动跟踪。在时间线面板中，选择“火把旋转.mov”层，然后单击Tracker(跟踪)面板中的Track Motion(运动跟踪)按钮，为“火把旋转.MOV”层添加运动跟踪。选中Rotation(旋转)复选框，参数设置如图8.29所示。

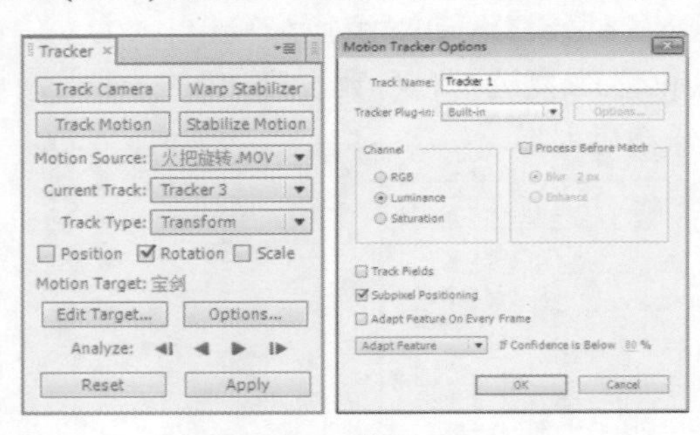

图8.29　参数设置

(3) 将时间调整到00:00:00:00帧位置，然后在Composition(合成)窗口中，移动Track Point 1(跟踪点 1)跟踪范围框到剑柄的位置，并调整搜索区域和特征区域的位置，如图8.30所示。

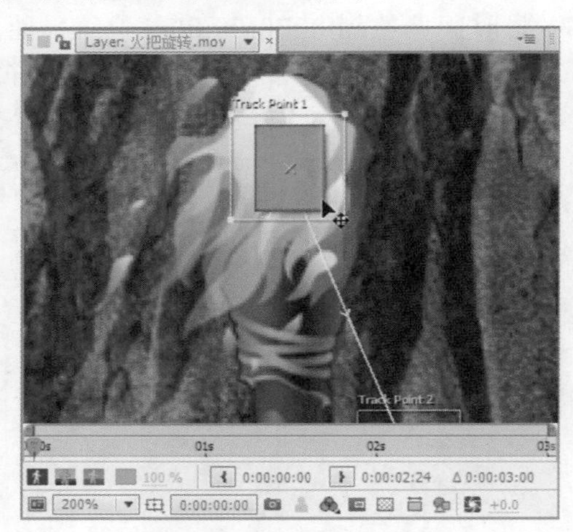

图8.30　跟踪点 1的位置

(4) 在Composition(合成)窗口中，移动Track Point 2(跟踪点 2)跟踪范围框到火把的旋转中心位置，并调整搜索区域和特征区域的位置，如图8.31所示。

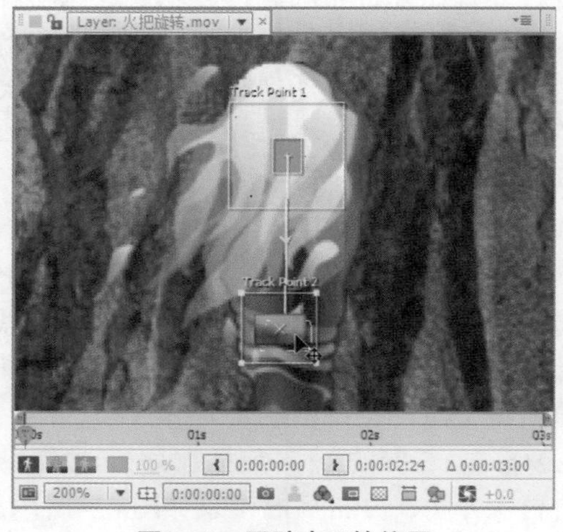

图8.31　跟踪点 2的位置

(5) 在Tracker Controls(跟踪控制器)面板中，单击Analyze(分析)右侧的(向前播放分析)按钮，对跟踪进行分析，分析完成后，可以通过拖动时间滑块查看跟踪的效果，如果在某些位置跟踪出现错误，可以将时间滑块拖动到错误的位置，再次调整跟踪范围框的位置及大小，然后单击Analyze(分析)右侧的(向前播放分析)按钮，对跟踪进行再次分析，直到合适为止。分析后，在Composition(合成)窗口中可以看到产生了很多的关键帧，如图8.32所示。

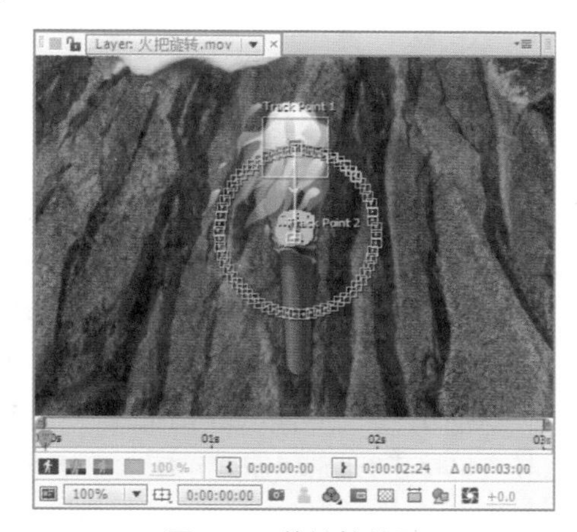

图8.32　关键帧效果

(6) 拖动时间滑块，可以看到跟踪已经达到满意效果，这时可以单击Tracker(跟踪)面板中的Edit Target(编辑目标)按钮，打开Motion Target(运动目标)对话框，设置跟踪目标层为“火焰.tga”，如图8.33所示。

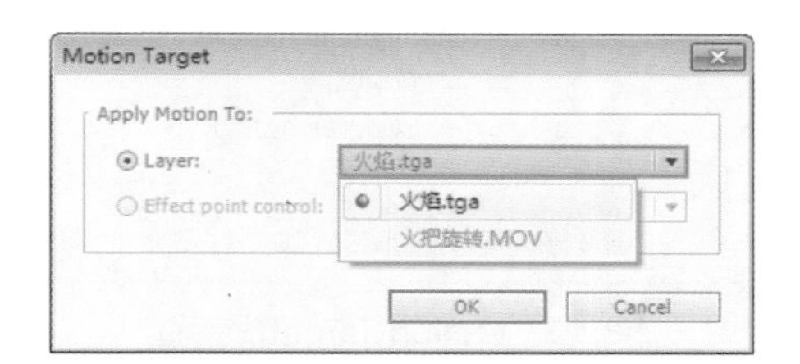

图8.33　Motion Target对话框

(7) 设置完成后，单击OK(确定)按钮，完成跟踪目标的指定，然后单击Tracker Controls(跟踪控制器)面板中的Apply(应用)按钮，应用跟踪结果，这时将打开Motion Tracker Apply Options(运动跟踪应用选项)对话框，如图8.34所示，直接单击OK(确定)按钮即可。

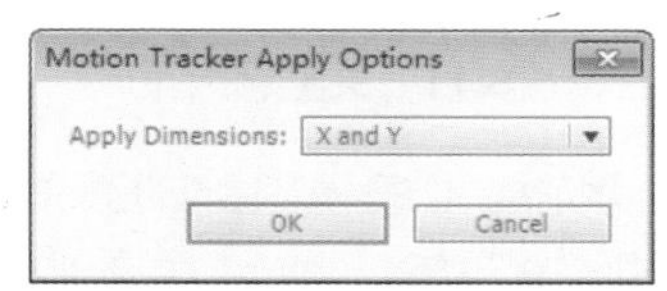

图8.34　Motion Tracker Apply Options对话框

(8) 修改文字的角度。从Composition(合成)窗口中可以看到，文字的角度不太理想，在时间线面板中，展开“火焰.tga”层Transform(转换)参数列表，先在空白位置单击，取消所有关键帧的选择，将时间调整到00:00:00:00帧位置，单击Rotation(旋转)将所有关键帧选中，修改Rotation(旋转)的值为13，如图8.35所示。

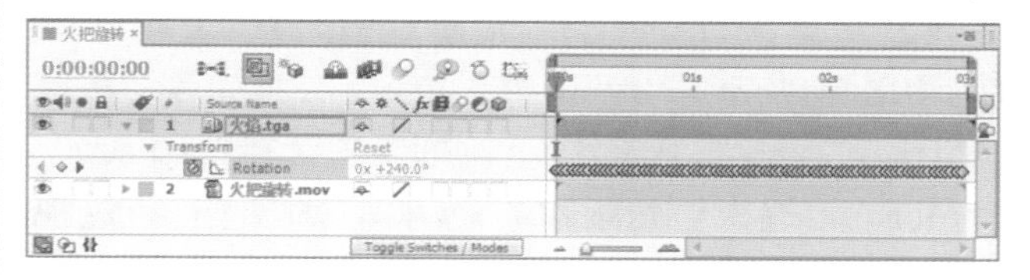

图8.35　修改旋转数值参数

提示

在应用完跟踪命令后，在时间线面板中展开参数列表时，跟踪关键帧处于选中状态，此时不能直接修改参数，因为这样会造成所有选择的关键帧连动作用，使动画产生错乱。这时，可以先在空白位置单击鼠标，取消所有关键帧的选择，再单独修改某个参数即可。

(9) 这样就完成了旋转跟踪动画的操作，按小键盘上的“0”键，即可在合成窗口中预览动画。

8.5　透视跟踪动画

实例说明

本例主要讲解利用Track Motion(运动跟踪)制作透视跟踪动画的效果。完成的动画流程画面如图8.36所示。

图8.36　动画流程画面

学习目标

学习Perspective corner pin(透视边角跟踪器)的使用。

操作步骤

(1) 执行菜单栏中的File(文件)｜Open Project(打开项目)命令，选择配书光盘中的“工程文件\第8章\透视跟踪动画\透视跟踪动画练习.aep”文件，将“透视跟踪动画练习.aep”文件打开。

(2) 在时间线面板中，选择“书页.MOV”层，然后单击Tracker(跟踪)面板中的Track Motion(运动跟踪)按钮，为“书页.MOV”层添加运动跟踪。在Track Type(跟踪类型)下拉列表中选择Perspective corner pin(透视边角跟踪器)选项，对图像进行透视跟踪，如图8.37所示。

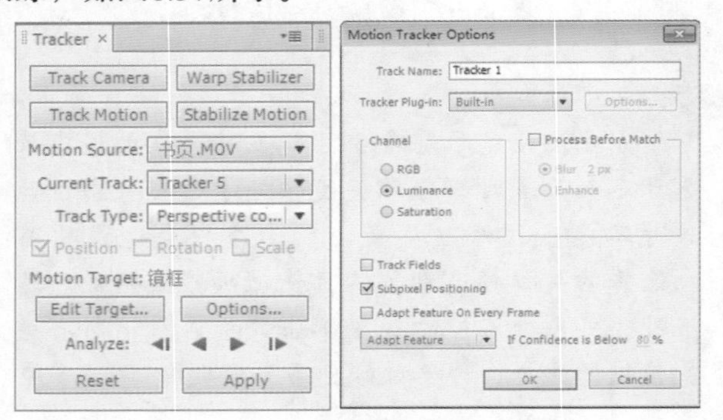

图8.37　跟踪参数设置

(3) 按Home键，将时间调整到00:00:00:00帧位置，然后在Composition(合成)窗口中，分别移动Track Point 1(跟踪点 1)、Track Point 2(跟踪点 2)、Track Point 3(跟踪点 3)、Track Point 4(跟踪点 4)的跟踪范围框到镜框四个角的位置，并调整搜索区域和特征区域的位置，如图8.38所示。

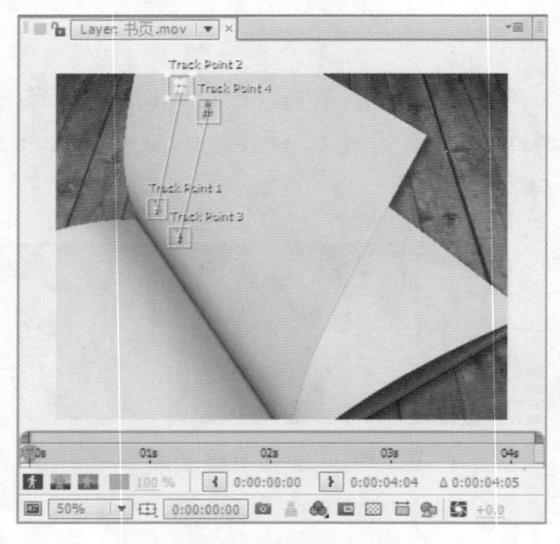

图8.38　移动跟踪范围框

(4)在Tracker(跟踪)面板中，单击Analyze(分析)右侧的▶(向前播放分析)按钮，对跟踪进行分析，分析完成后，可以通过拖动时间滑块来查看跟踪的效果，如果在某些位置跟踪出现错误，可以将时间滑块拖动到错误的位置，再次调整跟踪范围框的位置及大小，然后单击Analyze(分析)右侧的▶(向前播放分析)按钮，对跟踪进行再次分析，直到合适为止。分析后，在Composition(合成)窗口中可以看到产生了很多的关键帧，如图8.39所示。

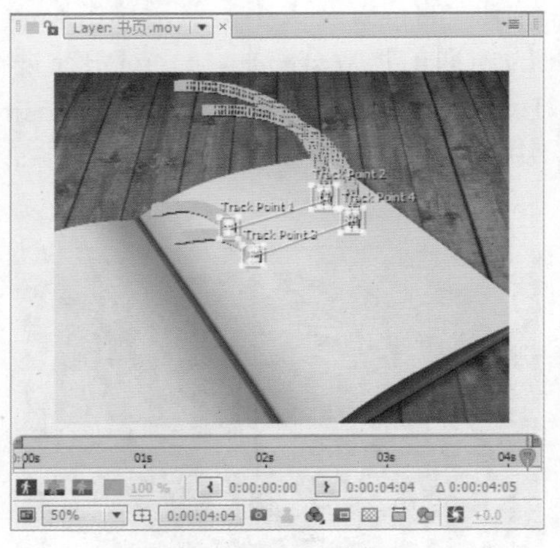

图8.39　跟踪关键帧效果

(5) 拖动时间滑块，可以看到跟踪已经达到满意效果，这时可以单击Tracker(跟踪)面板中的Edit Target(编辑目标)按钮，打开Motion Target(运动目标)对话框，设置运动目标层为“炫目动画.MOV”，如图8.40所示。

(6) 设置完成后，单击OK(确定)按钮，完成跟踪目标的指定，然后单击Tracker(跟踪)面板中Apply(应用)按钮。

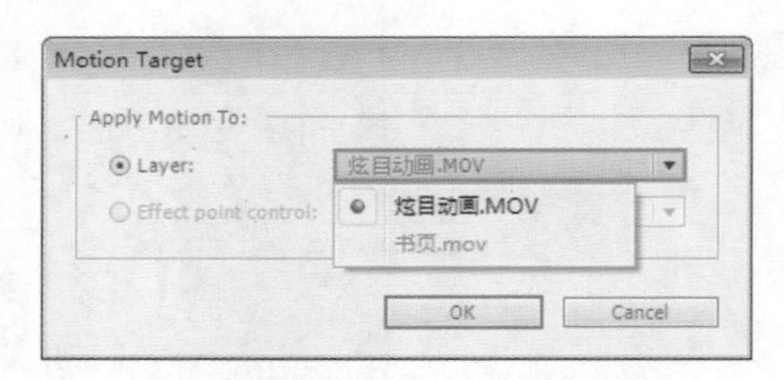

图8.40　Motion Target对话框

(7) 这时从时间线面板中，可以看到由于跟踪而自动创建的关键帧效果，如图8.41所示。

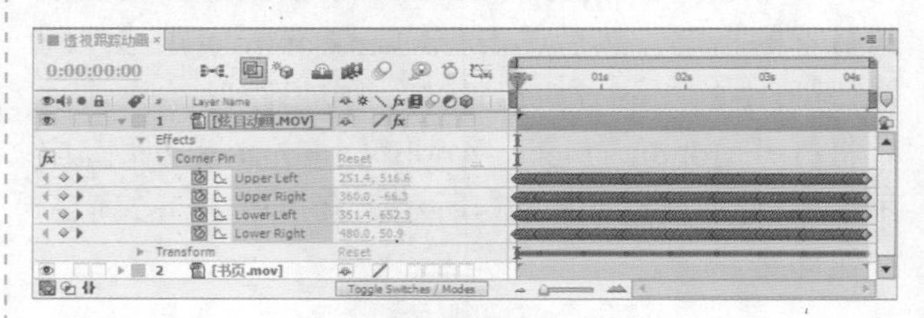

图8.41　关键帧效果

(8) 这样就完成了透视跟踪动画的整体制作，按小键盘上的“0”键，即可在合成窗口中预览动画。

8.6　画面稳定跟踪

实例说明

本例主要讲解利用Stabilize Motion(运动稳定)命令制作画面稳定跟踪的效果。完成的动画流程画面如图8.42所示。

图8.42　动画流程画面

学习目标

学习Stabilize Motion(运动稳定)特效的使用。

操作步骤

(1) 执行菜单栏中的File(文件) | Open Project(打开项目)命令，选择配书光盘中的“工程文件\第8章\稳定跟踪动画\稳定跟踪动画练习.aep”文件，将“画面稳定跟踪练习.aep”文件打开。

(2) 为“晃动影片”层添加运动稳定。在时间线面板中，选择“晃动影片.MOV”层，然后单击Tracker(跟踪)面板中的Stabilize Motion(运动稳定)按钮，为“晃动影片.mov”层添加运动稳定跟踪，如图8.43所示。

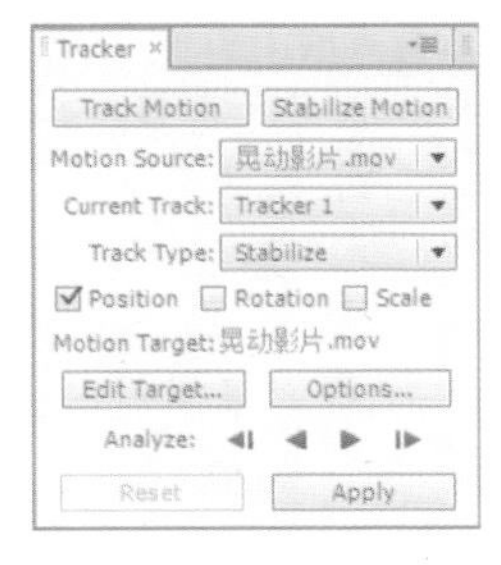

图8.43　参数设置

(3) 按Home键，将时间调整到00:00:00:00帧位置，然后在Composition(合成)窗口中，移动Track Point 1(跟踪点 1)跟踪范围框到左上角的叶片处，并调整搜索区域和特征区域的位置，如图8.44所示。

提示

在调整跟踪范围框时，要跟踪那些在整个动画过程中没有像素变化的区域，与其他区域分别越大的位置越好。

图8.44　移动跟踪范围框

(4) 在Tracker Controls(跟踪控制器)面板中，单击Analyze(分析)右侧的▶(向前播放分析)按钮，对跟踪进行分析，分析完成后，可以通过拖动时间滑块来查看跟踪的效果，在Composition(合成)窗口中可以看到产生了很多的关键帧，如图8.45所示。

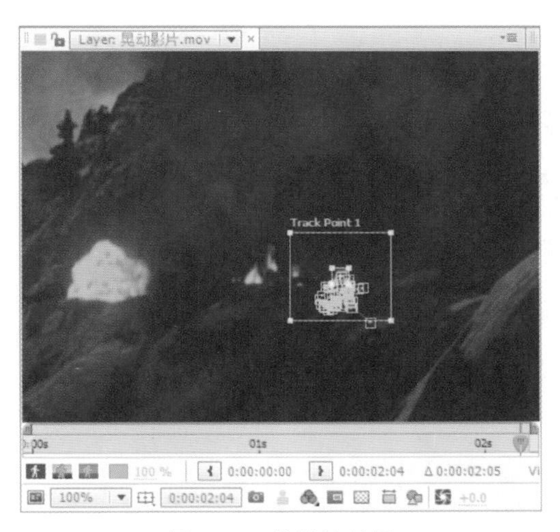

图8.45　关键帧效果

(5) 设置完成后，单击Tracker Controls(跟踪控制器)面板中的Apply(应用)按钮，应用跟踪结果，这时将打开Motion Tracker Apply Options(运动跟踪应用选项)对话框，如图8.46所示，直接单击OK(确定)按钮即可。

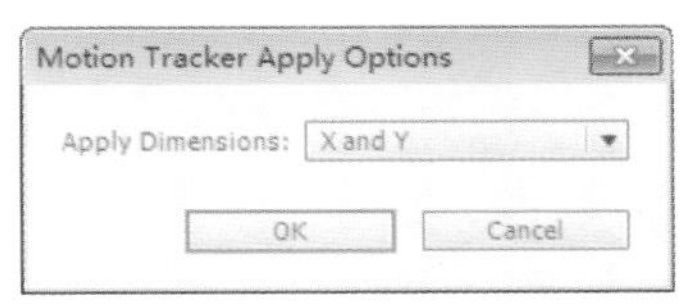

图8.46　Motion Tracker Apply Options对话框

(6) 这时，从时间线面板中可以看到由于跟踪而自动创建的关键帧效果，如图8.47所示。

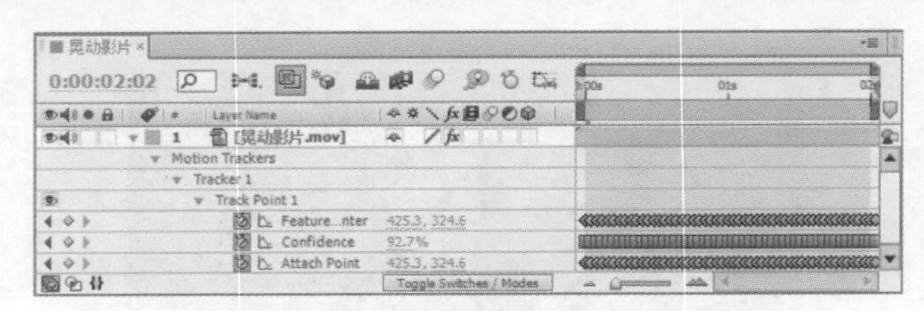

图8.47　关键帧效果

(7) 此时，播放动画，可以看到画面边缘的抖动效果，选择“晃动影片.mov”层，按S键，打开Scale(缩放)选项，将画面放大，如图8.48所示。再次播放动画，画面的抖动就消失了。

(8) 这样就完成了稳定跟踪的整体处理，按小键盘上的“0”键，即可在合成窗口中预览动画。

图8.48　画面放大效果

AE

第9章 光线特效表现

内容摘要

本章主要讲解运用软件自带的特效来制作各种光线效果，包括使用Ramp(渐变)特效制作彩色光环，应用Bezier Warp(贝塞尔弯曲)特效调节弯曲光线以及通过使用Vegas(描绘)特效制作光线沿图像边缘运动的画面，通过本章的学习掌握几种光线的制作方法。

教学目标

- 掌握Bezier Warp(贝塞尔弯曲)特效的应用
- 掌握Vegas(描绘)特效的应用
- 掌握CC Particle World(CC 粒子仿真世界)的使用
- 掌握Hue/Saturation(色相/饱和度)的使用

9.1 游动光线

实例说明

本例主要讲解利用Vegas(描绘)特效制作游动光线的效果，完成的动画流程画面如图9.1所示。

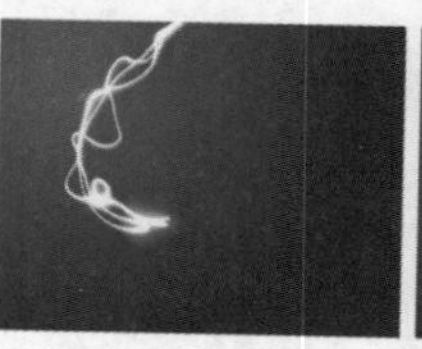
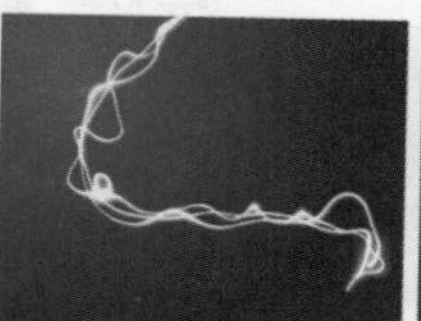
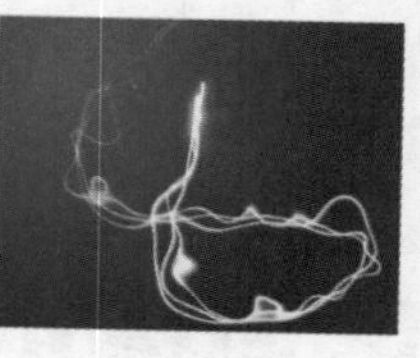

图9.1 动画流程画面

学习目标

1．学习Vegas(描绘)特效的使用。

2．学习Glow(发光)特效的使用。

3．学习Turbulent Displace(动荡置换)特效的使用。

操作步骤

(1) 执行菜单栏中的Composition(合成) | New Composition(新建合成)命令，打开Composition Settings(合成设置)对话框，设置Composition Name (合成名称)为“光线”，Width(宽)为“720”，Height(高)为“576”，Frame Rate(帧率)为“25”，并设置Duration(持续时间)为00:00:05:00秒。

(2) 执行菜单栏中的Layer(图层) | New(新建) | Solid(固态层)命令，打开Solid Settings(固态层设置)对话框，设置Name(名称)为“光线1”，Color(颜色)为黑色。

(3) 在时间线面板中，选择“光线1”层，在工具栏中选择Pen Tool(钢笔工具)，在文字层上绘制一个路径，如图9.2所示。

(4) 为“光线1”层添加Vegas(描绘)特效。在Effects & Presets(效果和预置)面板中展开Generate (生成)特效组，然后双击Vegas(描绘)特效，如图9.3所示。

(5) 在Effect Controls(特效控制)面板中，修改Vegas(描绘)特效的参数，从Stroke(描边)下拉列表中选择Mask/Path(遮罩和路径)选项，展开Segments(线段)选项组，设置Segments(线段)的值为1，将时间调整到00:00:00:00帧的位置，设置Rotation(旋转)的值为–75，单击Rotation(旋转)左侧的码表按钮，在当前位置设置关键帧。

图9.2 绘制路径

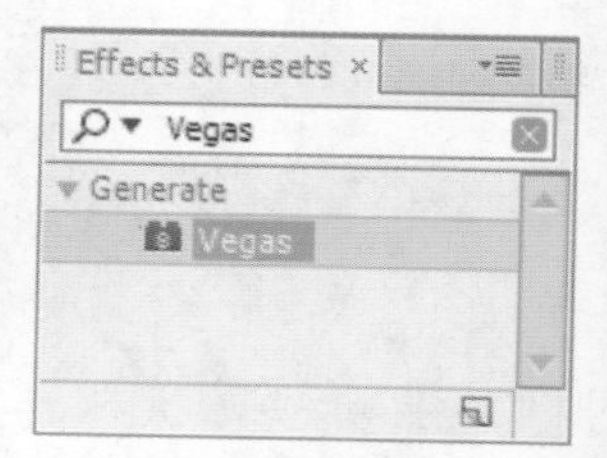

图9.3 添加描绘特效

(6) 将时间调整到00:00:04:24帧的位置，设置Rotation(旋转)的值为–1x–75，系统会自动设置关键帧，如图9.4所示。

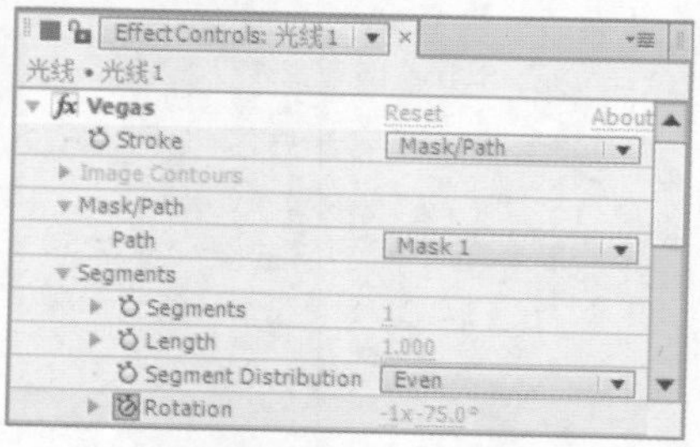

图9.4 设置线段参数

(7) 展开Rendering(渲染)选项组，设置Color (颜色)为白色，Hardness(硬度)的值为0.5，Start Opacity(开始透明度)的值为0.9，Mid-point Opacity(中间透明度)的值为–0.4，如图9.5所示。

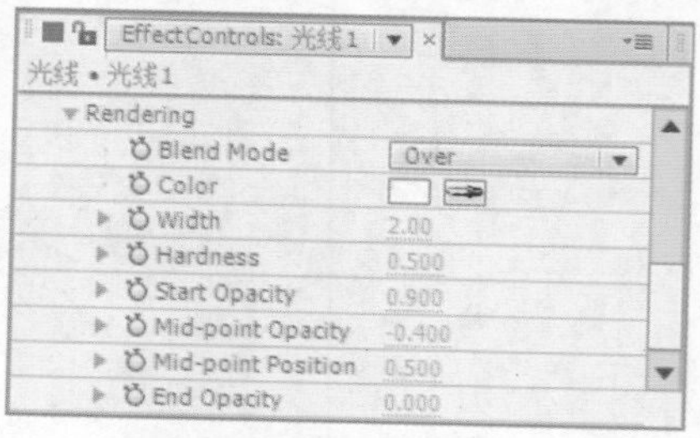

图9.5 设置渲染参数

(8) 为“光线”层添加Glow(辉光)特效。在Effects & Presets(效果和预置)面板中展开Stylize(风格化)特效组，然后双击Glow(辉光)特效。

(9) 在Effect Controls(特效控制)面板中，修改Glow(辉光)特效的参数，设置Glow Threshold(辉光阈值)的值为20，Glow Radius(辉光半径)的值为5，Glow Intensity(辉光强度)的值为2，在Glow Colors(辉光颜色)下拉列表中选择A & B Colors(A和B颜色)选项，设置Colors A(颜色A)为橙色(R:254，G:191，B:2)，Colors B(颜色B)为红色(R:243，G:0，B:0)，如图9.6所示，合成窗口效果如图9.7所示。

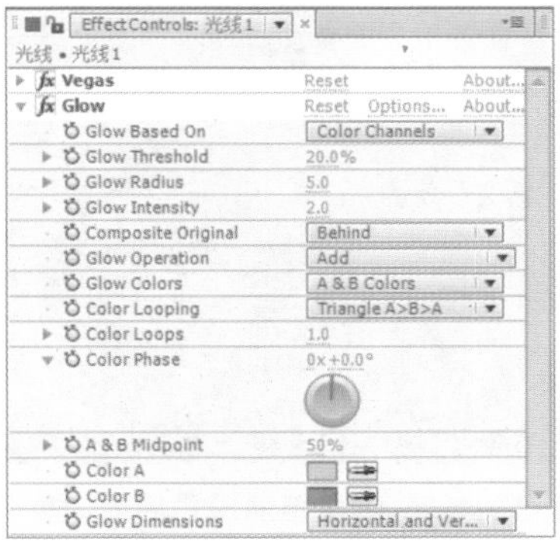

图9.6　设置辉光参数

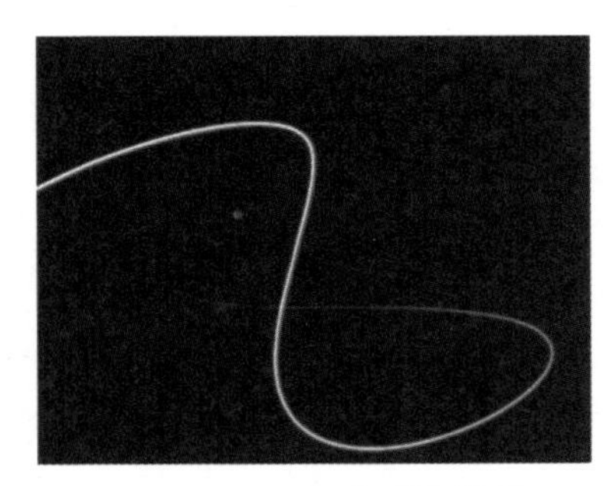

图9.7　设置辉光后的效果

(10) 在时间线面板中，选择“光线1”层，按Ctrl+D组合键复制一个新的图层，将该图层更改为“光线2”，在Effect Controls(特效控制)面板中，修改Vegas(描绘)特效的参数，设置Length(长度)的值为0.05，展开Rendering(渲染)选项组，设置Width(宽度)的值为7，如图9.8所示，合成窗口效果如图9.9所示。

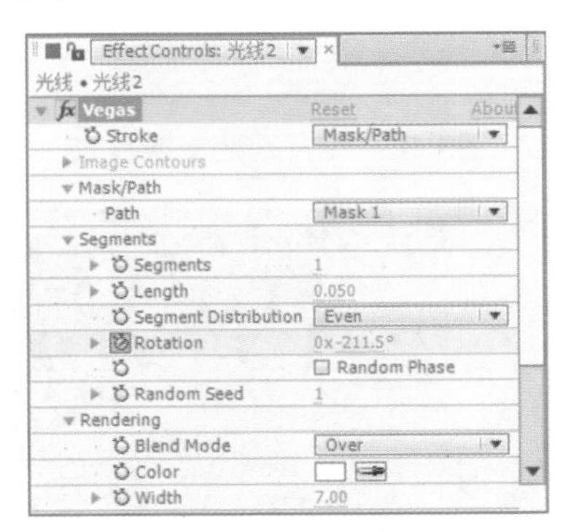

图9.8　修改描绘参数

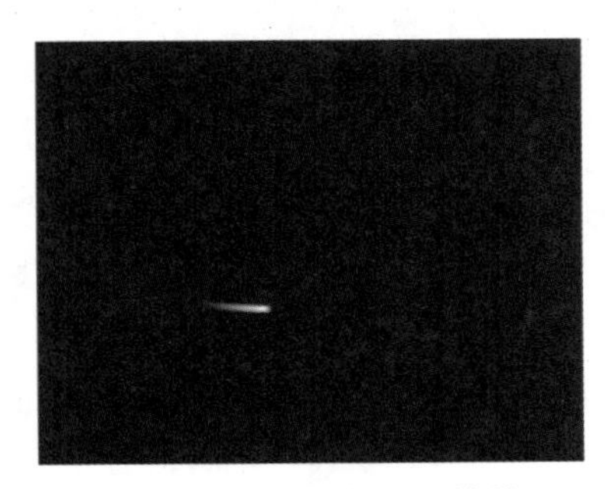

图9.9　修改描绘参数后的效果

(11) 选择“光线2”层，在Effect Controls(特效控制)面板中，修改Glow(辉光)特效的参数，设置Glow Radius(辉光半径)的值为30，Colors A(颜色 A)为蓝色(R:0，G:149，B:254)，Colors B(颜色 B)为暗蓝色(R:1，G:93，B:164)，如图9.10所示，合成窗口效果如图9.11所示。

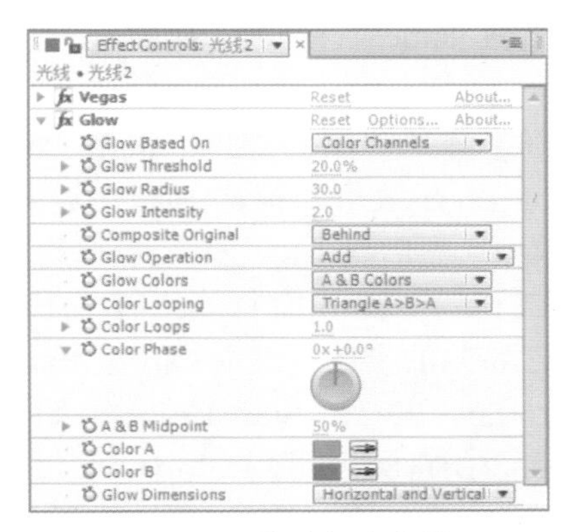

图9.10　修改辉光参数

图9.11　修改辉光参数后的效果

(12) 在时间线面板中，设置“光线2”的Mode(模式)为“Add(相加)”，如图9.12所示，合成窗口效果如图9.13所示。

图9.12　设置相加模式

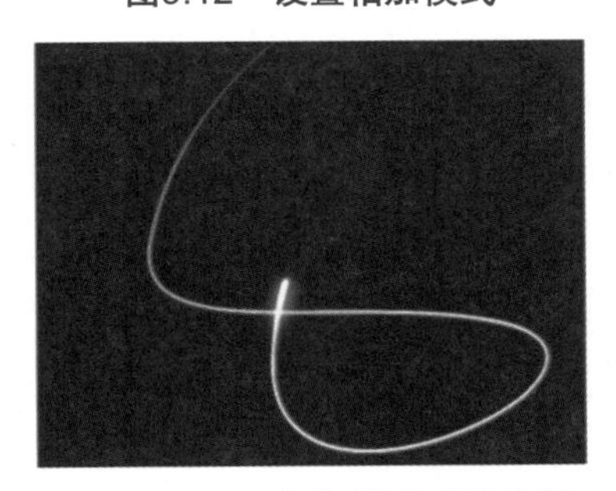

图9.13　设置相加模式后的效果

(1) 执行菜单栏中的Composition(合成) | New Composition(新建合成)命令，打开Composition

Settings(合成设置)对话框，设置Composition Name(合成名称)为“游动光线”，Width(宽)为“720”，Height(高)为“576”，Frame Rate(帧率)为“25”，并设置Duration(持续时间)为00:00:05:00秒。

(2) 执行菜单栏中的Layer(图层) | New(新建) | Solid(固态层)命令，打开Solid Settings(固态层设置)对话框，设置Name(名称)为“背景”，Color(颜色)为黑色。

(3) 为“背景”层添加Ramp(渐变)特效。在Effects & Presets(效果和预置)面板中展开Generate(生成)特效组，然后双击Ramp(渐变)特效。

(4) 在Effect Controls(特效控制)面板中，修改Ramp(渐变)特效的参数，设置Start of Ramp(渐变开始)的值为(123，99.2)，Start Color(开始色)为紫色(R:78，G:1，B:118)，End Color(结束色)为黑色，如图9.14所示，合成窗口效果如图9.15所示。

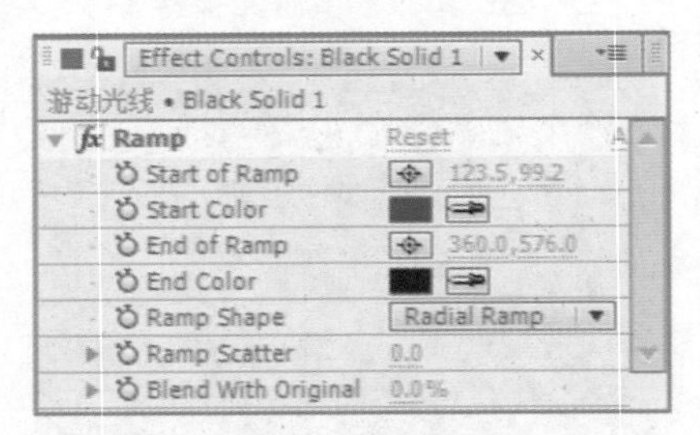

图9.14　设置渐变参数

图9.15　渐变后的效果

(5) 在Project(项目)面板中，选择“光线”合成，将其拖动到“游动光线”合成的时间线面板中。设置“光线”的Mode(模式)为“Add(相加)”，如图9.16所示，合成窗口效果如图9.17所示。

图9.16　设置相加模式

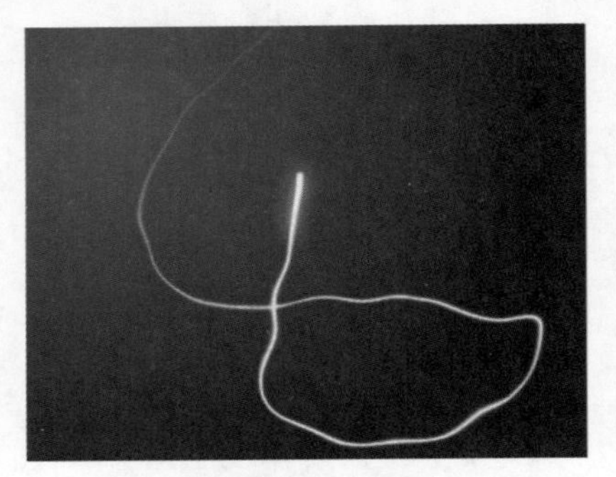

图9.17　设置相加模式后的效果

(6) 为“光线”层添加Turbulent Displace(动荡置换)特效。在Effects & Presets(效果和预置)面板中展开Distort(扭曲)特效组，然后双击Turbulent Displace(动荡置换)特效。

(7) 在Effect Controls(特效控制)面板中，修改Turbulent Displace(动荡置换)特效的参数，设置Amount(数量)的值为60，Size(尺寸)的值为30，在Antialiasing for Best Quality(抗锯齿质量)右侧下拉列表中选择“High(高)”选项，如图9.18所示，合成窗口效果如图9.19所示。

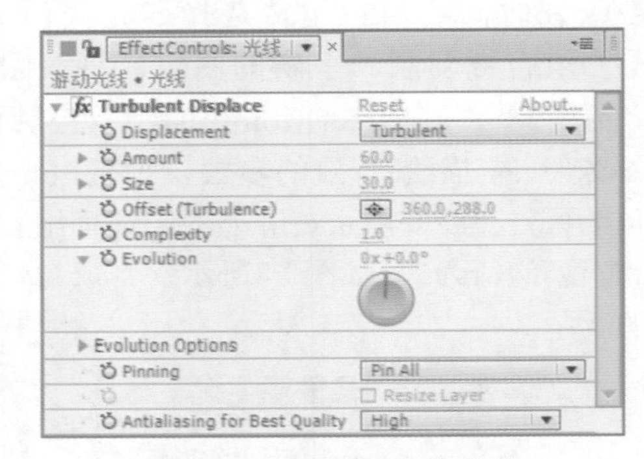

图9.18　设置动荡置换参数

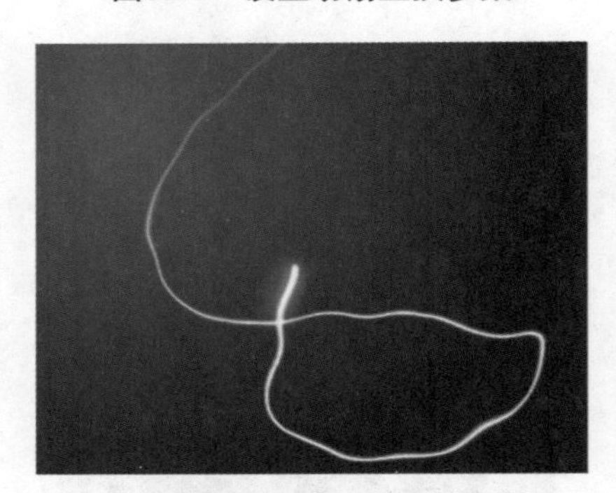

图9.19　设置动荡置换参数后的效果

(8) 在时间线面板中，选中“光线”层，按Ctrl+D组合键复制两个新的图层，将该图层更改为“光线2”和“光线3”层，在Effect Controls(特效控制)面板中，分别修改Turbulent Displace(动荡置换)特效的参数，如图9.20所示，合成窗口效果如图9.21所示。

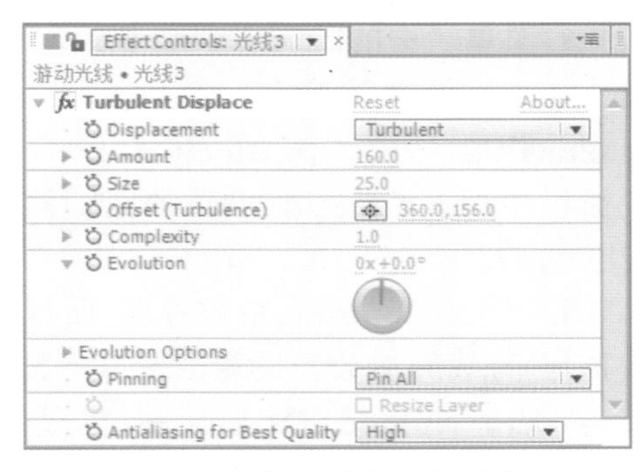

图9.20　修改动荡置换参数

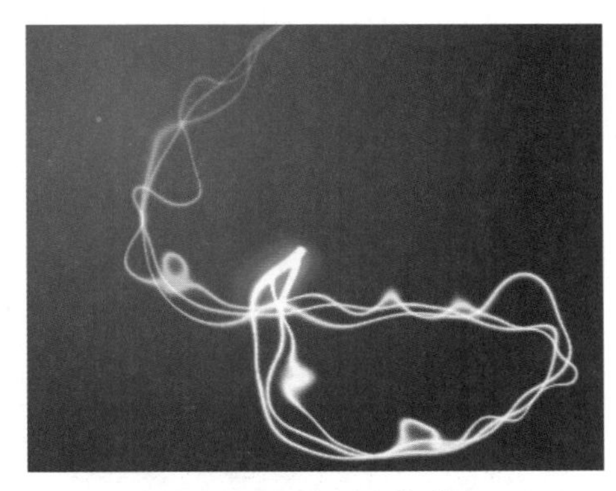

图9.21　修改后光线效果

(9) 这样就完成了游动光线的整体制作，按小键盘上的“0”键，即可在合成窗口中预览动画。

9.2　延时光线

实例说明

本例主要讲解利用Stroke(描边)特效制作延时光线的效果，完成的动画流程画面如图9.22所示。

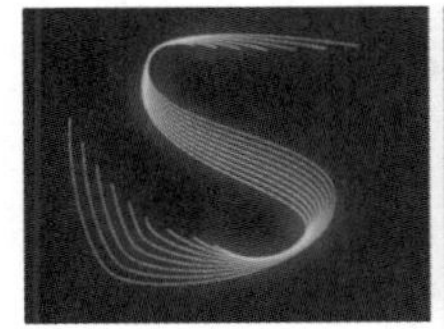
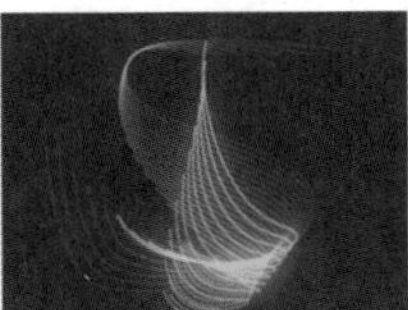
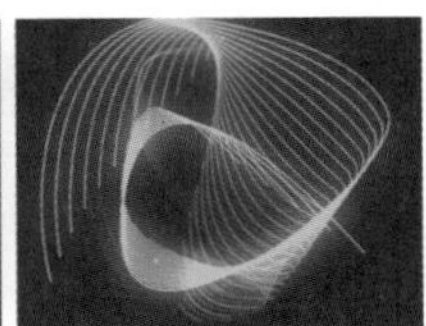

图9.22　动画流程画面

学习目标

1. 学习Stroke(描边)特效的使用。
2. 学习Echo(重复)特效的使用。
3. 学习Glow(发光)特效的使用。

操作步骤

(1) 执行菜单栏中的Composition(合成) | New Composition(新建合成)命令，打开Composition Settings(合成设置)对话框，设置Composition Name(合成名称)为“延时光线”，Width(宽)为“720”，Height(高)为“576”，Frame Rate(帧率)为“25”，并设置Duration(持续时间)为00:00:05:00秒。

(2) 执行菜单栏中的Layer(图层) | New(新建) | Solid(固态层)命令，打开Solid Settings(固态层设置)对话框，设置Name(名称)为“路径”，Color(颜色)为黑色。

(3) 在时间线面板中，选中“路径”层，在工具栏中选择Pen Tool(钢笔工具)，在图层上绘制一个“S”形路径，按M键打开Mask Path(遮罩形状)属性，将时间调整到00:00:00:00帧的位置，单击Mask Path(遮罩形状)左侧的码表按钮，在当前位置设置关键帧，如图9.23所示。

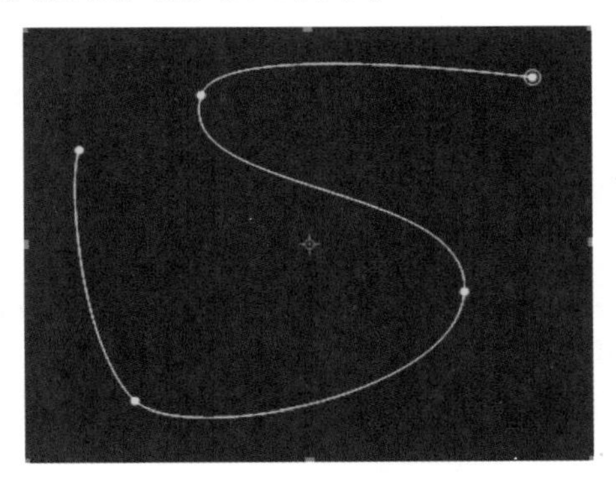

图9.23　设置0秒遮罩的形状

(4) 将时间调整到00:00:02:13帧的位置，调整遮罩形状，如图9.24所示。

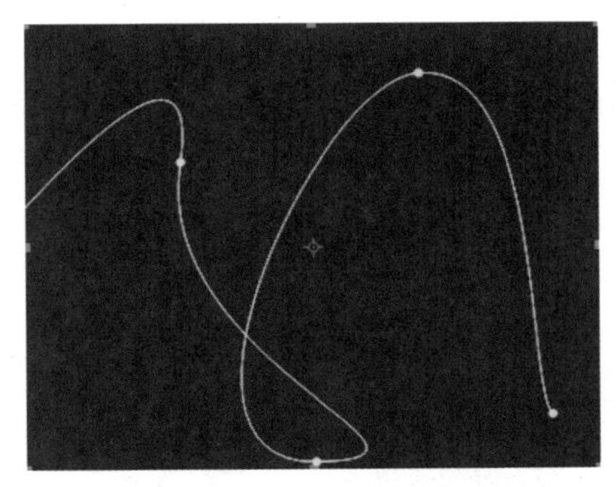

图9.24　设置2秒13帧遮罩的形状

(5) 将时间调整到00:00:04:24帧的位置，调整遮罩形状，如图9.25所示。

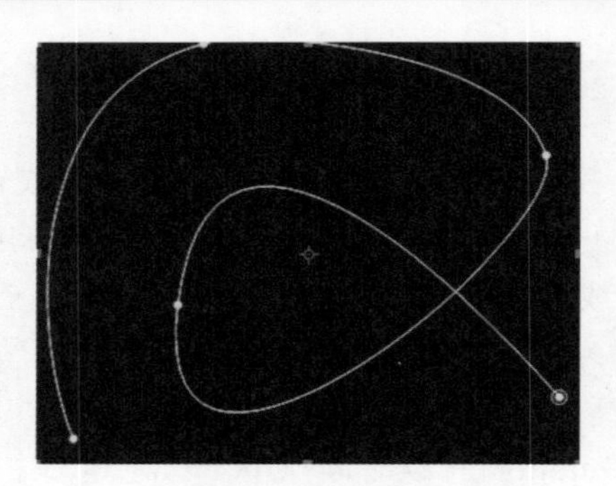

图9.25　设置4秒24帧遮罩的形状

(6) 为“路径”层添加Stroke(描边)特效。在Effects & Presets(效果和预置)面板中展开Generate(生成)特效组，然后双击Stroke(描边)特效，如图9.26所示。

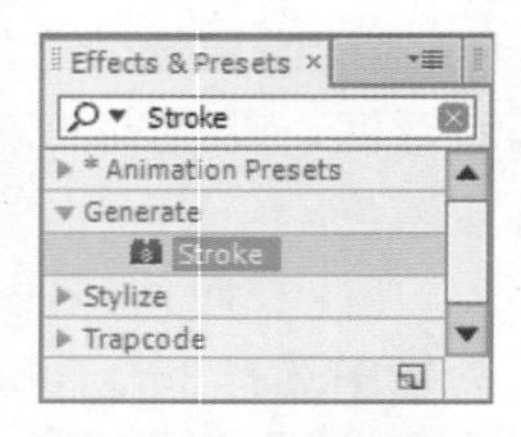

图9.26　添加描边特效

(7) 在Effect Controls(特效控制)面板中，修改Stroke(描边)特效的参数，设置Color(颜色)的值为蓝色(R:0，G:162，B:255)，Brush Size(画笔粗细)的值为3，Brush Hardness(画笔硬度)的值为25，将时间调整到00:00:00:00帧的位置，设置Start(开始)的值为0，End(结束)的值为100，单击Start(开始)和End(结束)左侧的码表按钮，在当前位置设置关键帧。

(8) 将时间调整到00:00:04:24帧的位置，设置Start(开始)的值为100，End(结束)的值为0，系统会自动设置关键帧，如图9.27所示，合成窗口效果如图9.28所示。

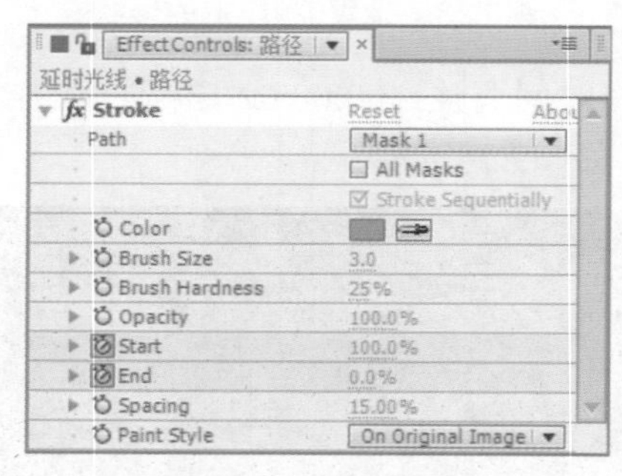

图9.27　设置描边参数

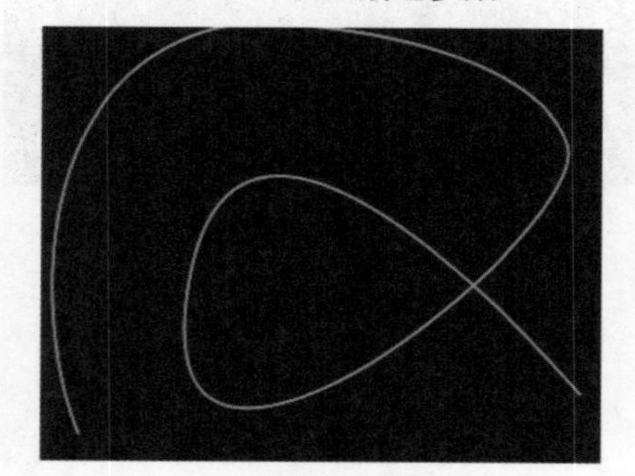

图9.28　设置描边参数后的效果

(9) 执行菜单栏中的Layer(图层) | New(新建) | Adjustment Layer(调节层)命令，为Adjustment Layer层添加Echo(拖尾)特效。在Effects & Presets(效果和预置)面板中展开Time(时间)特效组，然后双击Echo(拖尾)特效。

(10) 在Effect Controls(特效控制)面板中，修改Echo(拖尾)特效的参数，设置Echo Time(重影时间)的值为–0.1，Number Of Echoes(重影数量)的值为50，Starting Intensity(开始强度)的值为0.85，Decay(衰减)的值为0.95，如图9.29所示，合成窗口效果如图9.30所示。

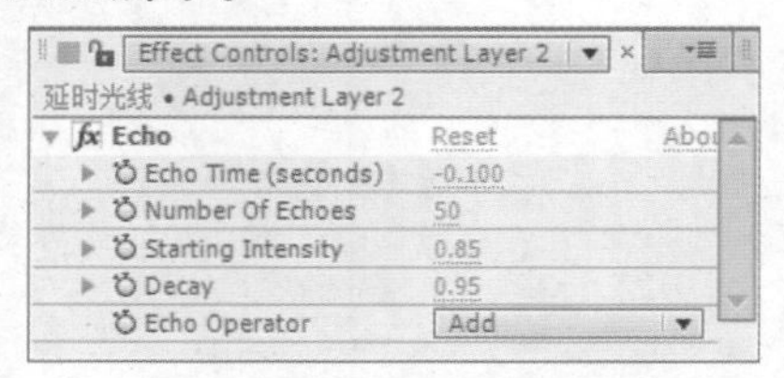

图9.29　设置拖尾参数

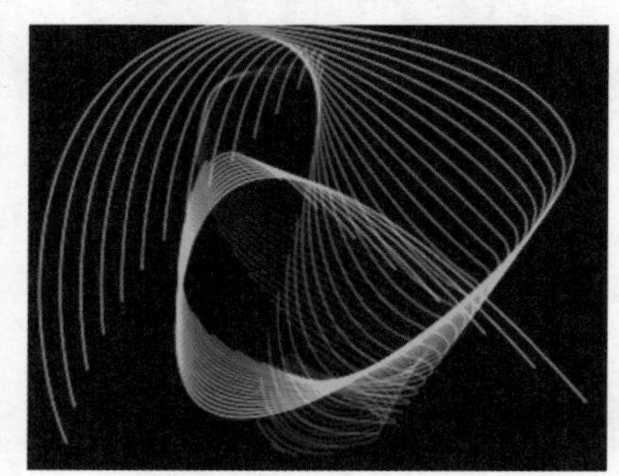

图9.30　设置拖尾参数后的效果

(11) 为Adjustment Layer层添加Glow(辉光)特效。在Effects & Presets(效果和预置)面板中展开Stylize(风格化)特效组，然后双击Glow(辉光)特效。

(12) 在Effect Controls(特效控制)面板中，修改Glow(辉光)特效的参数，设置Glow Threshold(辉光阈值)的值为40，Glow Radius(辉光半径)的值为80，如图9.31所示，合成窗口效果如图9.32所示。

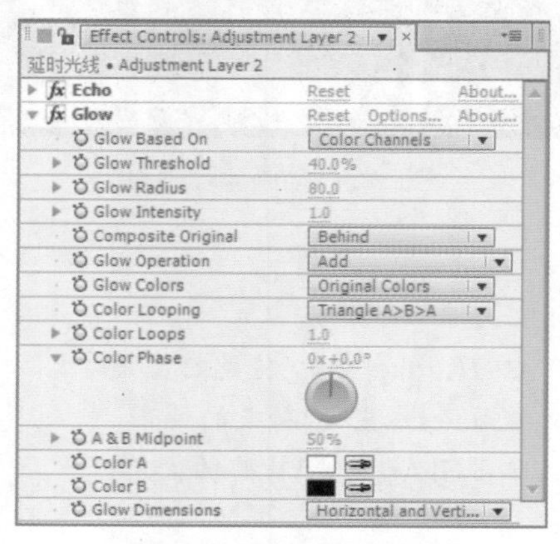

图9.31　设置辉光参数

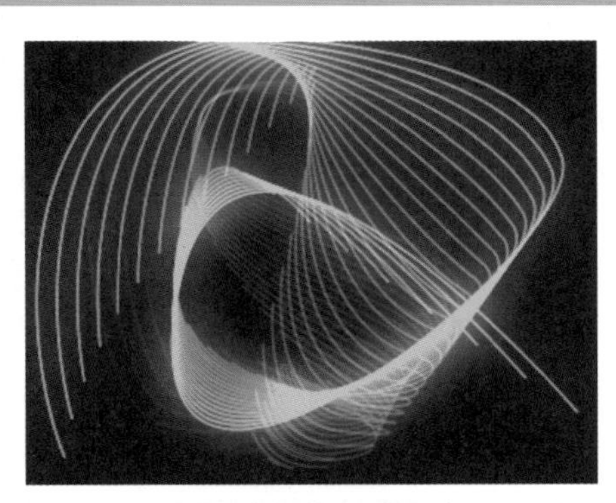

图9.32　设置辉光参数后的效果

(13) 这样就完成了延时光线的整体制作，按小键盘上的“0”键，即可在合成窗口中预览动画。

9.3　描边光线动画

实例说明

本例主要讲解利用Vegas(描绘)特效制作光线动画的效果，完成的动画流程画面如图9.33所示。

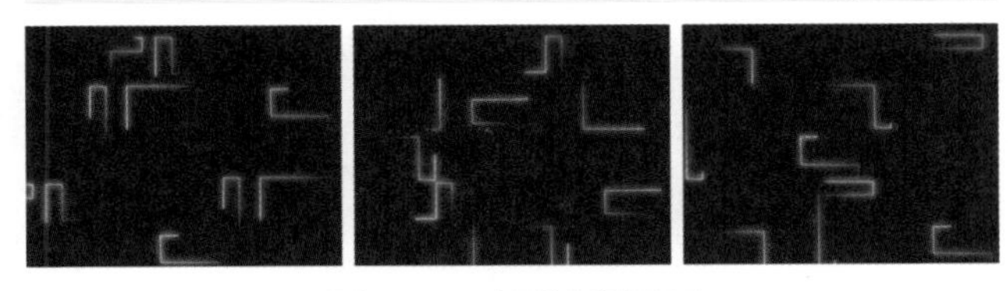

图9.33　动画流程画面

学习目标

1. 学习Vegas(描绘)特效的使用。
2. 学习Glow(发光)特效的使用。

操作步骤

(1) 执行菜单栏中的Composition(合成)｜New Composition(新建合成)命令，打开Composition Settings(合成设置)对话框，设置Composition Name(合成名称)为“光线1”，Width(宽)为“720”，Height(高)为“576”，Frame Rate(帧率)为“25”，并设置Duration(持续时间)为00:00:06:00秒。

(2) 执行菜单栏中的Layer(图层)｜New(新建)｜Text(文本)命令，新建文字层，此时，Composition(合成)窗口中将出现一个闪动的光标，在时间线面板中将出现一个文字层，输入“HE”。在Character(字符)面板中，设置文字字体为Arial，字号为300px，字体颜色为白色，如图9.34所示。

(3) 执行菜单栏中的Composition(合成)｜New Composition(新建合成)命令，打开Composition Settings(合成设置)对话框，设置Composition Name(合成名称)为“光线2”，Width(宽)为“720”，Height(高)为“576”，Frame Rate(帧率)为“25”，并设置Duration(持续时间)为00:00:06:00秒。

(4) 执行菜单栏中的Layer(图层)｜New(新建)｜Text(文本)命令，新建文字层，此时，Composition(合成)窗口中将出现一个闪动的光标，在时间线面板中将出现一个文字层，输入“THE”。在Character(字符)面板中，设置文字字体为Arial，字号为300px，字体颜色为白色，如图9.35所示。

图9.34　HE字体效果

图9.35　THE字体效果

(5) 执行菜单栏中的Composition(合成)｜New Composition(新建合成)命令，打开Composition Settings(合成设置)对话框，设置Composition Name(合成名称)为“描边光线”，Width(宽)为“720”，Height(高)为“576”，Frame Rate(帧率)为“25”，并设置Duration(持续时间)为00:00:06:00秒。

(6) 打开“描边光线”合成，在Project(项目)面板中，选择“光线1”和“光线2”合成，将其拖动到“描边光线”合成的时间线面板中。

(7) 执行菜单栏中的Layer(图层)｜New(新建)｜Solid(固态层)命令，打开Solid Settings(固态层设置)对话框，设置Name(名称)为“紫光”，Color(颜色)为黑色，如图9.36所示。

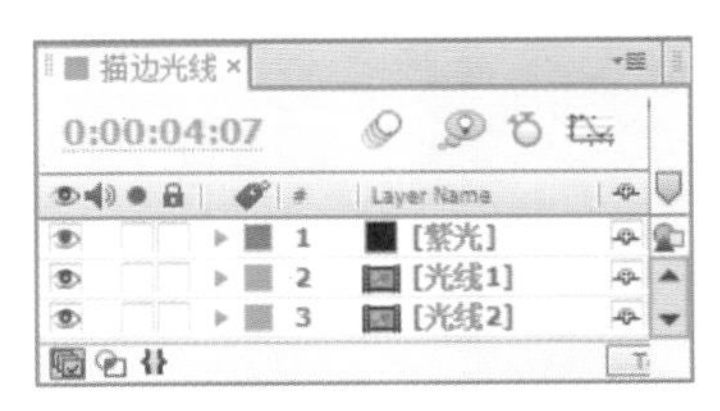

图9.36　新建固态层

(8) 为“紫光”层添加Vegas(描绘)特效。在Effects & Presets(效果和预置)面板中展开Generate(生成)特效组，然后双击Vegas(描绘)特效，如图9.37所示。

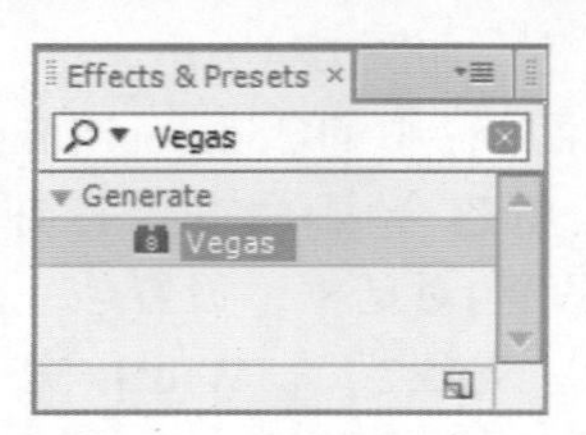

图9.37　添加描绘特效

(9) 在Effect Controls(特效控制)面板中，修改Vegas(描绘)特效的参数，展开Image Contours(图像轮廓)选项组，在Input Layer(输入层)下拉列表中选择“光线2”选项；展开Segments(线段)选项组，设置Segments(线段)的值为1，Length(长度)的值为0.25，选中Random Phase(随机相位)复选框，设置Random Seed(随机种子)的值为6；将时间调整到00:00:00:00帧的位置，设置Rotation(旋转)的值为0，单击Rotation(旋转)左侧的码表按钮，在当前位置设置关键帧，如图9.38所示。

Effect Controls: 紫光
描边光线 • 紫光
Vegas　Reset　About...
Stroke　Image Contours
Image Contours
Input Layer　4. 光线2
Invert Input
If Layer Sizes Differ　Center
Channel　Intensity
Threshold　127.00
Pre-Blur　0.00
Tolerance　0.500
Render　All Contours
Selected Contour　1
1　50
Shorter Contours Have　Same Number of Se...
Mask/Path
Segments
Segments　1
Length　0.250
Segment Distribution　Even
Rotation　0x+0.0°
Random Phase
Random Seed　6

图9.38　设置0秒关键帧

(10) 将时间调整到00:00:04:24帧的位置，设置Rotation(旋转)的值为–1x–240，系统会自动设置关键帧，如图9.39所示。

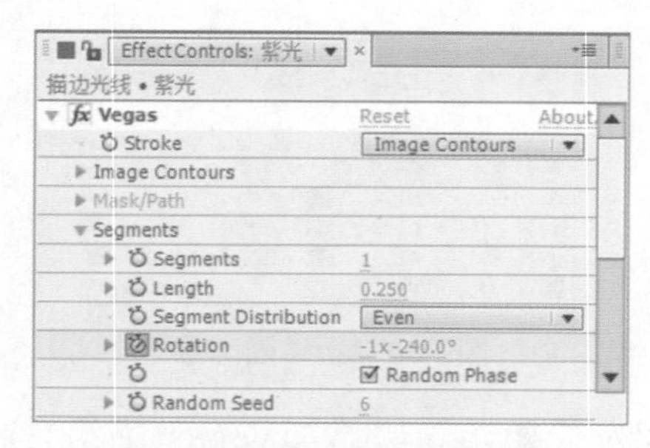

图9.39　在4秒24帧处设置关键帧

(11) 为“紫光”层添加Glow(辉光)特效。在Effects & Presets(效果和预置)面板中展开Stylize(风格化)特效组，然后双击Glow(辉光)特效。

(12) 在Effect Controls(特效控制)面板中，修改Glow(辉光)特效的参数，设置Glow Threshold(辉光阈值)的值为20%，Glow Radius(辉光半径)的值为20，Glow Intensity(辉光强度)的值为2，在Glow Colors (辉光颜色)下拉列表中选择“A & B Colors(A和B颜色)”选项，设置Color A(颜色A)为深蓝色(R:0，G:48，B:255)，Color B(颜色B)为紫色(R:192，G:0，B:255)，效果如图9.40所示。

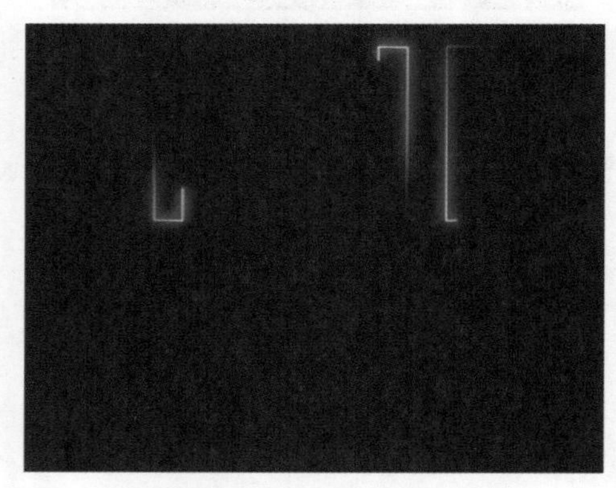

图9.40　添加紫光后的效果

(13) 选中“紫光”层，按Ctrl+D组合键复制一个副本，将该图层更改为“绿光”，选中“绿光”层，在Effect Controls(特效控制)面板中，修改Vegas(描绘)特效的参数，展开Image Contours(图像轮廓)选项组，在Input Layer(输入层)下拉列表中选择“光线1”选项。

(14) 选中“绿光”层，在Effect Controls(特效控制)面板中，修改Glow(辉光)特效的参数，在Glow Colors(辉光颜色)下拉列表中选择“A & B Colors(A和B颜色)”选项，设置Color A(颜色A)为深蓝色(R:0，G:228，B:255)，Color B(颜色B)为绿色(R:0，G:225，B:30)，效果如图9.41所示。

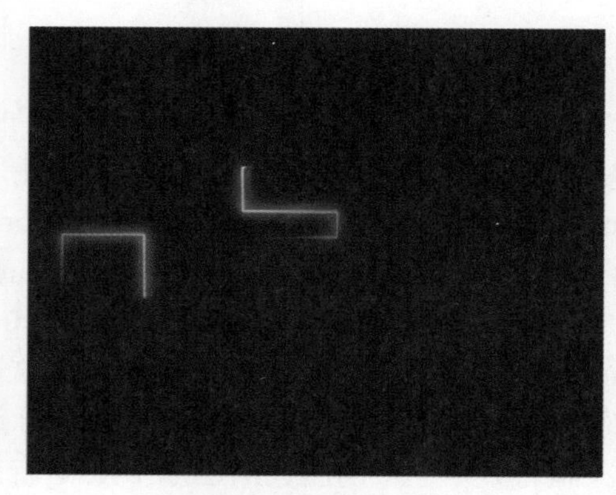

图9.41　添加绿光后的效果

(15) 在时间线面板中，设置“紫光”和“绿光”层的Mode(模式)为Add(相加)模式，选中“紫光”和“绿光”层，按Ctrl+D组合键复制两个新的图层，并分别命名为“紫光2”和“绿光2”，改变Glow(辉光)的颜色，如图9.42所示，合成窗口效果如图9.43所示。

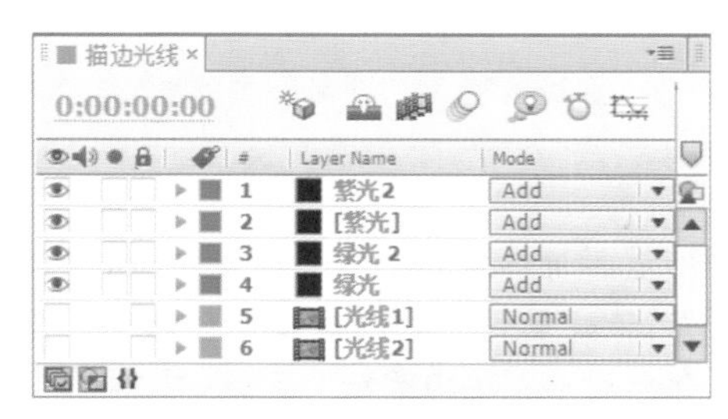

图9.42　复制图层

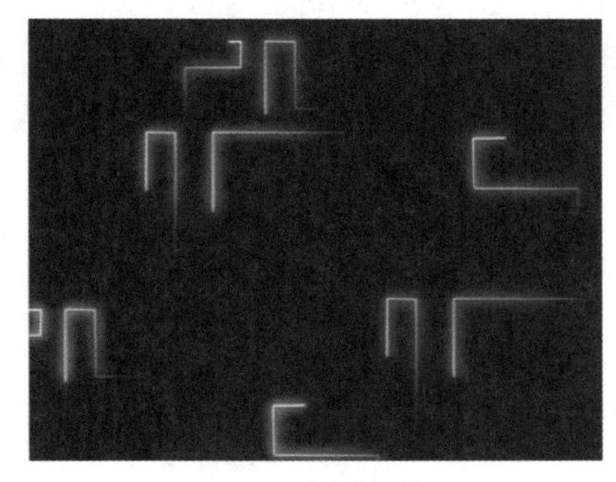

图9.43　复制的效果

(16) 这样就完成了光线动画的整体制作，按小键盘上的“0”键，即可在合成窗口中预览动画。

9.4　旋转的星星

实例说明

本例主要讲解利用Radio Waves(无线电波)特效制作旋转的星星的效果，完成的动画流程画面如图9.44所示。

图9.44　动画流程画面

学习目标

1. 学习Radio Waves(无线电波)特效的使用。
2. 学习Starglow(星光)特效的使用。

操作步骤

(1) 执行菜单栏中的Composition(合成)｜New Composition(新建合成)命令，打开Composition Settings(合成设置)对话框，设置Composition Name(合成名称)为“描边”，Width(宽)为“720”，Height(高)为“576”，Frame Rate(帧率)为“25”，并设置Duration(持续时间)为00:00:10:00秒。

(2) 执行菜单栏中的Layer(图层)｜New(新建)｜Solid(固态层)命令，打开Solid Settings(固态层设置)对话框，设置Name(名称)为“五角星”，Color(颜色)为黑色。

(3) 为“五角星”层添加Radio Waves(无线电波)特效。在Effects & Presets(效果和预置)面板中展开Generate(生成)特效组，然后双击Radio Waves(无线电波)特效。

(4) 在Effect Controls(特效控制)面板中，修改Radio Waves(无线电波)特效的参数，设置Render Quality(渲染质量)的值为10，展开Polygon(多边形)选项组，设置Sides(边数)的值为6，Curve Size(曲线大小)的值为0.5，Curvyness(弯曲度)的值为0.25，选中Star(星形)复选框，设置Star Depth(星形深度)的值为–0.3，展开Wave Motion(电波运动) 选项组，设置Spin(扭转)的值为40，展开Stroke(笔触)选项组，设置Color(颜色)为白色，如图9.45所示，合成窗口效果如图9.46所示。

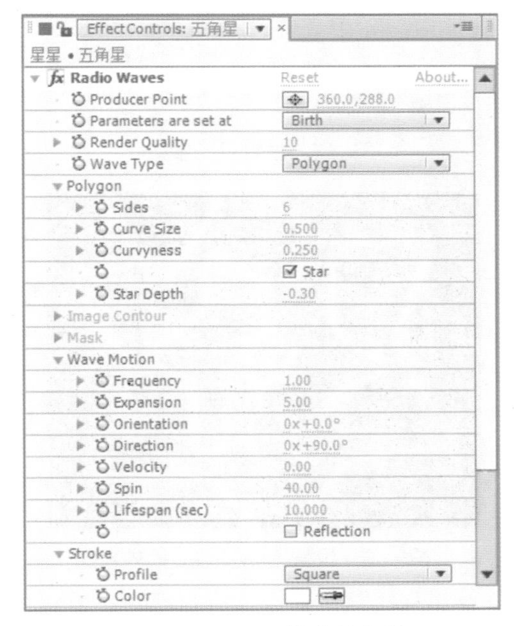

图9.45　设置无线电波参数

图9.46　设置无线电波参数后的效果

(5) 为“五角星”层添加Starglow(星光)特效。在Effects & Presets(效果和预置)面板中展开Trapcode特效组，然后双击Starglow(星光)特效。

(6) 在Effect Controls(特效控制)面板中，修改Starglow(星光)特效的参数，在Preset(预设)右侧的下拉列表中选择Cold Heaven 2(冷色2)选项，设置Streak Length(闪光长度)的值为7，如图9.47所示，合成窗口效果如图9.48所示。

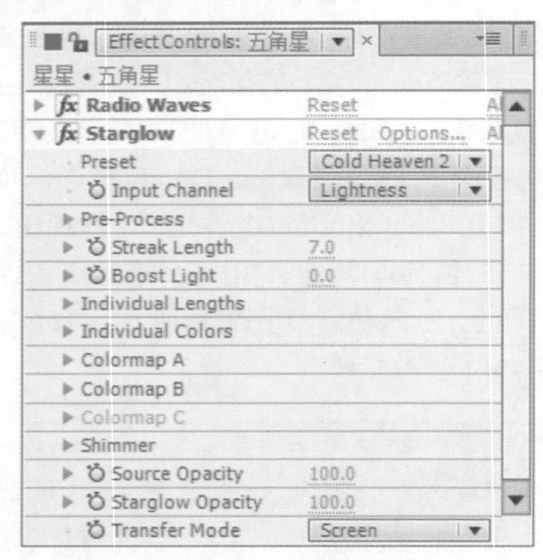

图9.47　设置星光参数

图9.48　设置星光参数后的效果

(7) 这样就完成了旋转的星星的整体制作，按小键盘上的“0”键，即可在合成窗口中预览动画。

9.5　梦幻飞散精灵

实例说明

本例主要讲解利用CC Particle World(CC 粒子仿真世界)特效制作梦幻飞散精灵的效果，完成的动画流程画面如图9.49所示。

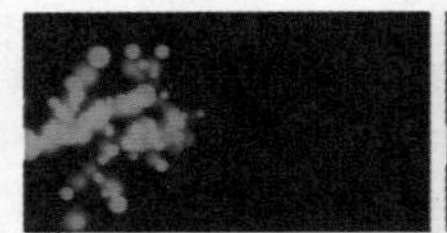
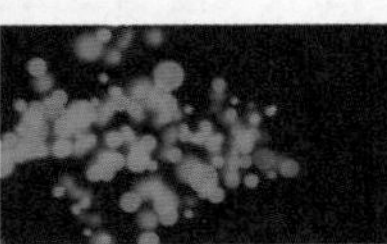
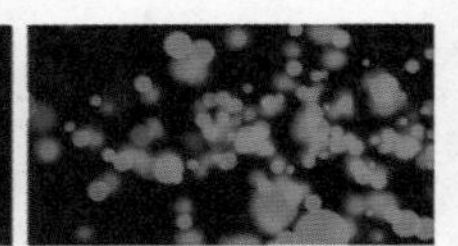

图9.49　动画流程画面

学习目标

1. 学习CC Particle World(CC 粒子仿真世界)特效的使用。

2. 学习Fast Blur(快速模糊)特效的使用。

操作步骤

9.5.1　制作粒子

(1) 执行菜单栏中的Composition(合成)｜New Composition(新建合成)命令，打开Composition Settings(合成设置)对话框，设置Composition Name(合成名称)为“梦幻飞散精灵”，Width(宽)为“720”，Height(高)为“405”，Frame Rate(帧率)为“25”，并设置Duration(持续时间)为00:00:05:00秒。

(2) 执行菜单栏中的Layer(图层)｜New(新建)｜Solid(固态层)命令，打开Solid Settings(固态层设置)对话框，设置Name(名称)为“粒子”，Color(颜色)为紫色(R:253，G:86，B:255)。

(3) 为“粒子”层添加CC Particle World(CC粒子仿真世界)特效。在Effects & Presets(效果和预置)面板中展开Simulation(模拟仿真)特效组，然后双击CC Particle World(CC 粒子仿真世界)特效。

(4) 在Effect Controls(特效控制)面板中，修改CC Particle World(CC 粒子仿真世界)特效的参数，设置Birth Rate(生长速率)的值为0.6，Longevity(寿命)的值为2.09，展开Producer(产生点)选项组，设置Radius Z(Z轴半径)的值为0.435，将时间调整到

00:00:00:00帧的位置，设置Position X(X轴位置)的值为–0.53，Position Y(Y轴位置)的值为0.03，同时单击Position X(X轴位置)和Position Y(Y轴位置)左侧的码表按钮，在当前位置设置关键帧。

(5) 将时间调整到00:00:03:00帧的位置，设置Position X(X轴位置)的值为0.78，Position Y(Y轴位置)的值为0.01，系统会自动设置关键帧，如图9.50所示，合成窗口效果如图9.51所示。

Effect Controls: 粒子2
梦幻飞散精灵 • 粒子2
CC Particle World　Reset
Grid & Guides
Birth Rate　0.6
Longevity (sec)　2.09
Producer
Position X　0.78
Position Y　0.01
Position Z　0.00
Radius X　0.025
Radius Y　0.025
Radius Z　0.435

图9.50　设置“产生点”参数

图9.51　粒子效果

(6) 展开Physics(物理性)选项组，在Animation(动画)下拉列表中选择Viscouse(粘性)选项，设置Velocity(速率)的值为1.06，Gravity(重力)的值为0，展开Particle(粒子)选项组，从Particle Type(粒子类型)下拉列表中选择Lens Concave(凸透镜)选项，设置Birth Size(生长大小)的值为0.357，Death Size(消亡大小)的值为0.587，如图9.52所示，合成窗口效果如图9.53所示。

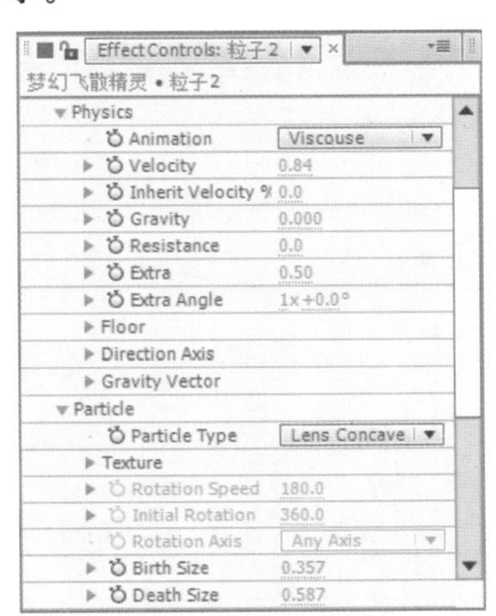

图9.52　设置物理性参数

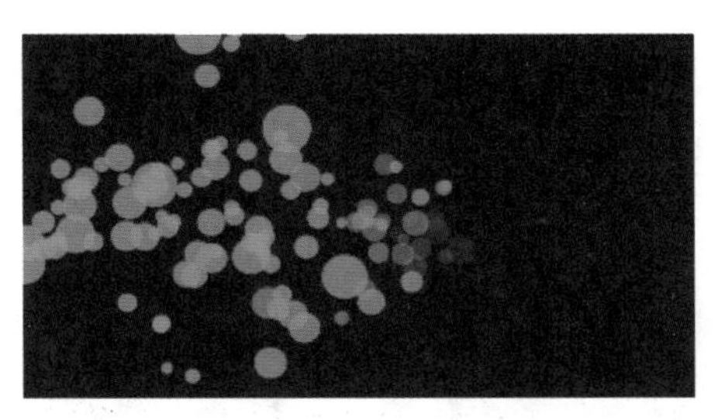

图9.53　设置物理性参数后的效果

9.5.2　制作粒子2

(1) 选中“粒子”层，按Ctrl+D组合键复制一个图层，将该图层更改为“粒子2”，为“粒子2”层添加Fast Blur(快速模糊)特效。在Effects & Presets(效果和预置)面板中展开Blur & Sharpen(模糊与锐化)特效组，然后双击Fast Blur(快速模糊)特效，

(2) 在Effect Controls(特效控制)面板中，修改Fast Blur(快速模糊)特效的参数，设置Blurriness(模糊量)的值为15，如图9.54所示，合成窗口效果如图9.55所示。

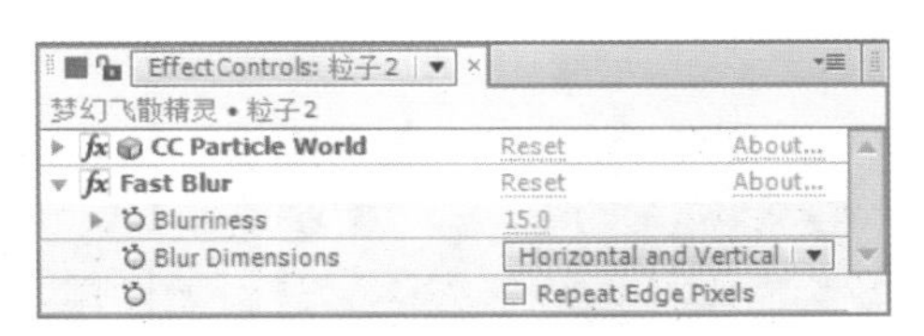

图9.54　设置快速模糊参数

图9.55　设置快速模糊参数后的效果

(3) 选择“粒子2”层，展开Physics(物理性)选项组，设置Velocity(速率)的值为0.84，Gravity(重力)的值为0，如图9.56所示，合成窗口效果如图9.57所示。

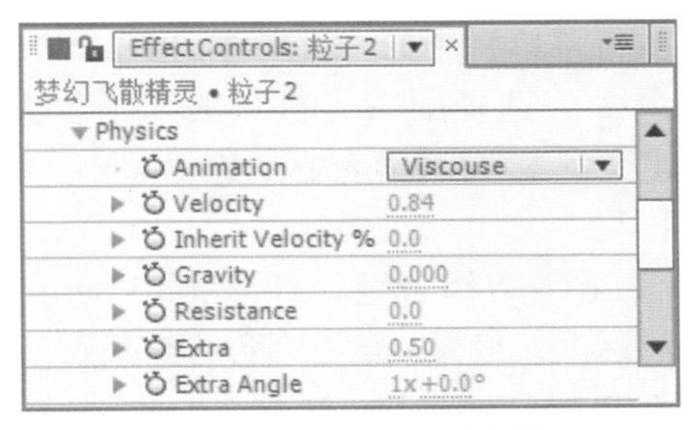

图9.56　设置物理性参数

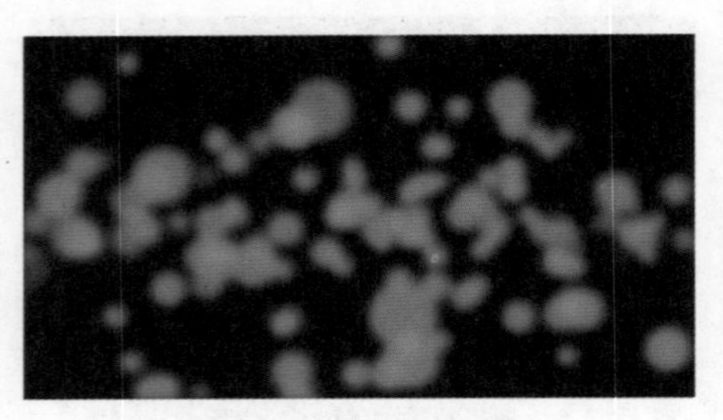

图9.57　物理性效果

(4) 这样就完成了梦幻飞散精灵效果的整体制作，按小键盘上的“0”键，即可在合成窗口中预览动画。

9.6　绚丽紫光背景

实例说明

本例主要讲解利用Bezier Warp(贝塞尔弯曲)特效制作绚丽紫光背景的效果，完成的动画流程画面如图9.58所示。

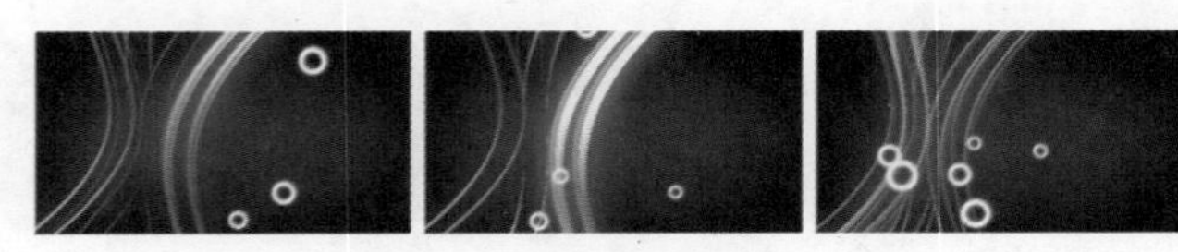

图9.58　动画流程画面

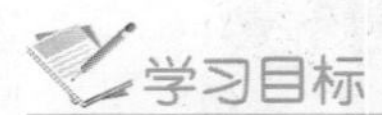

学习目标

1．学习Fractal Noise(分形杂波)特效的使用。
2．学习Bezier Warp(贝塞尔弯曲)特效的使用。
3．Hue/Saturation(色相/饱和度)。
4．Glow(辉光)。

操作步骤

9.6.1　制作线条

(1) 执行菜单栏中的File(文件) | Open Project(打开项目)命令，选择配书光盘中的“工程文件\第9章\绚丽紫光背景\绚丽紫光背景练习.aep”文件，将文件打开。

(2) 按Ctrl + Y组合键，打开Solid Settings(固态层设置)对话框，设置Name(名称)为绿色，Color(颜色)为灰色(R:125，G:125，B:125)，如图9.59所示。

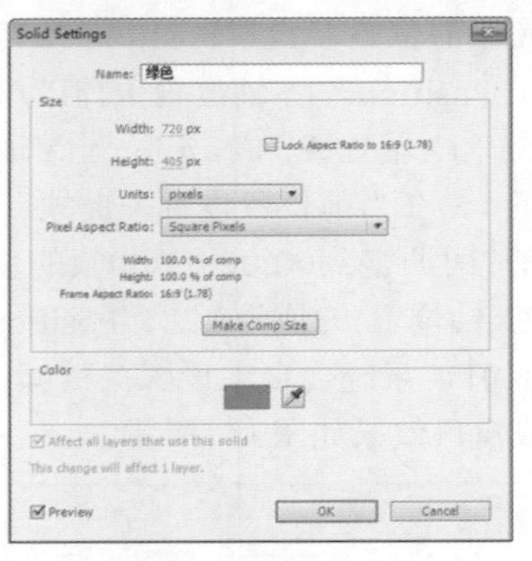

图9.59　设置固态层

(3) 为“绿色”层添加Fractal Noise(分形杂波)特效。在Effects & Presets(效果和预置)面板中展开Noise & Grain(杂波与颗粒)特效组，然后双击Fractal Noise(分形杂波)特效，如图9.60所示。

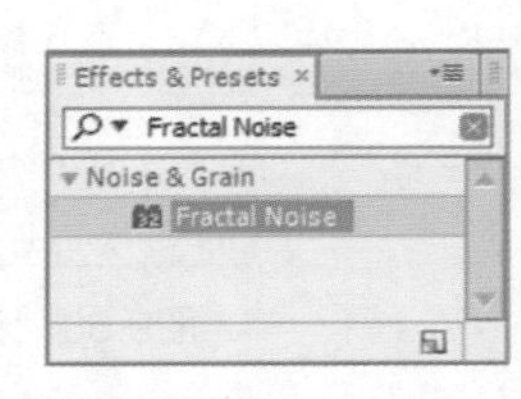

图9.60　添加特效

(4) 在Effect Controls(特效控制)面板中，修改Fractal Noise(分形杂波)特效的参数，设置Contrast(对比度)的值为531，Brightness(亮度)的值为–97，在Overflow(溢出)下拉列表中选择Clip(修剪)选项，展开Transform(变换)选项组，选中Uniform Scaling(统一缩放)复选框，设置Scale Width(缩放宽度)的值为75，Scale Height(缩放高度)的值为3000，Offset Turbulence(乱流偏移)的值为(150，246)，将时间调整到00:00:00:00帧的位置，设置Evolution(演变)的值为0，单击Evolution(演变)左侧的码表按钮，在当前位置设置关键帧。

(5) 将时间调整到00:00:06:17帧的位置，设置Evolution(演变)的值为1x，系统会自动设置关键帧，如图9.61所示，合成窗口效果如图9.62所示。

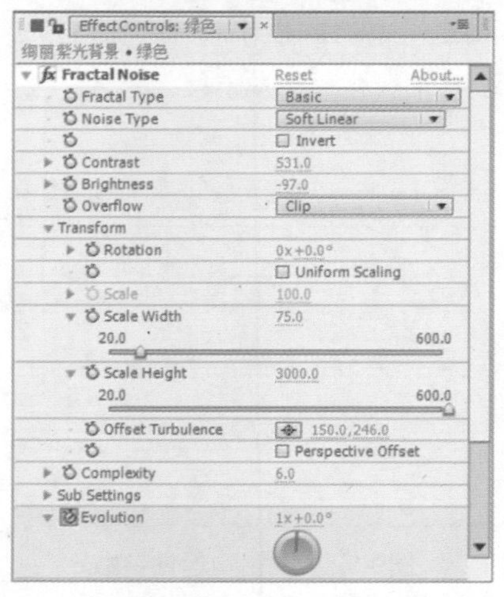

图9.61　设置分形杂波参数

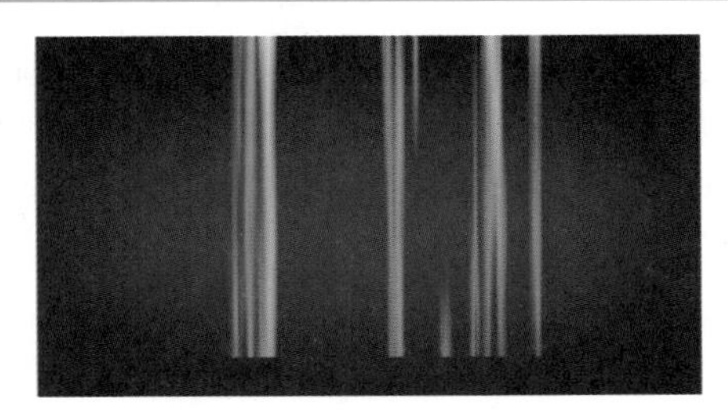

图9.62　设置分形杂波参数后的效果

9.6.2　制作流动线条

(1) 为“绿色”层添加Bezier Warp(贝塞尔弯曲)特效。在Effects & Presets(效果和预置)面板中展开Distort(扭曲)特效组，然后双击Bezier Warp(贝塞尔弯曲)特效。

(2) 在Effect Controls(特效控制)面板中，修改Bezier Warp(贝塞尔弯曲)特效的参数，设置Quality(品质)的值为10，参数如图9.63所示，合成窗口效果如图9.64所示。

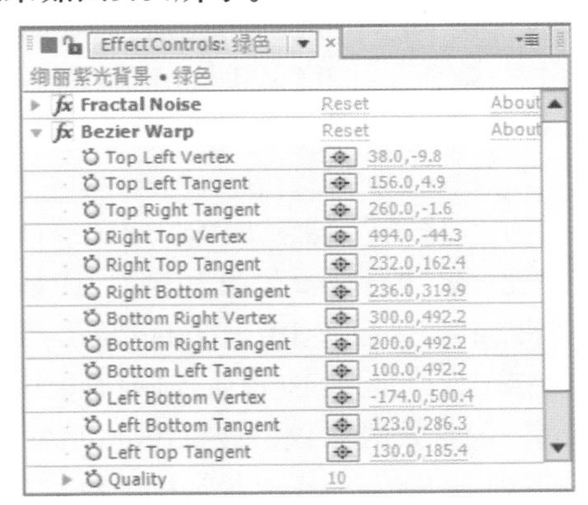

图9.63　设置贝塞尔弯曲参数

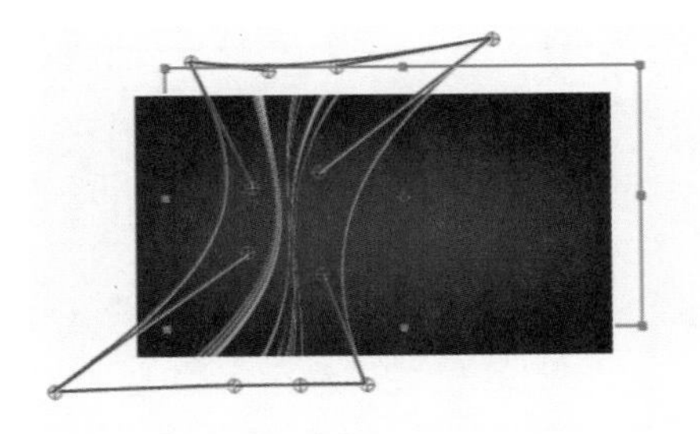

图9.64　设置贝塞尔曲线变形后的效果

(3) 为“绿色”层添加Hue/Saturation(色相/饱和度)特效。在Effects & Presets(效果和预置)面板中展开Color Correction(色彩校正)特效组，然后双击Hue/Saturation(色相/饱和度)特效。

(4) 在Effect Controls(特效控制)面板中，修改Hue/Saturation(色相/饱和度)特效的参数，选中Colorize(彩色化)复选框，设置Colorize Hue(色调)的值为265，Colorize Saturation(饱和度)的值为75，如图9.65所示，合成窗口效果如图9.66所示。

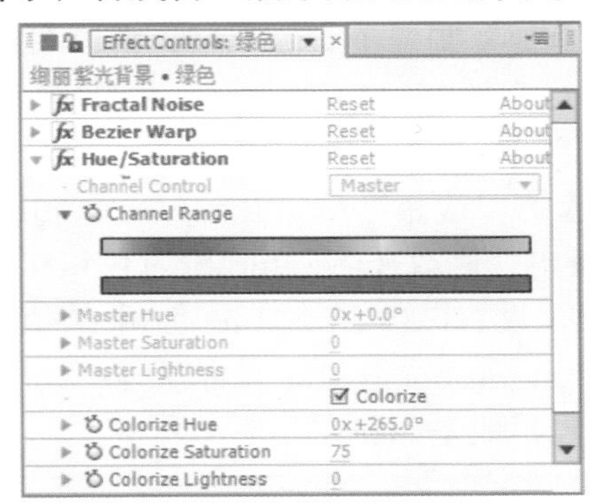

图9.65　设置色相/饱和度参数

图9.66　设置色相/饱和度参数后的效果

(5) 为“绿色”层添加Glow(辉光)特效。在Effects & Presets(效果和预置)面板中展开Stylize(风格化)特效组，然后双击Glow(辉光)特效。

(6) 在Effect Controls(特效控制)面板中，修改Glow(辉光)特效的参数，设置Glow Radius(辉光半径)的值为80，如图9.67所示，合成窗口效果如图9.68所示。

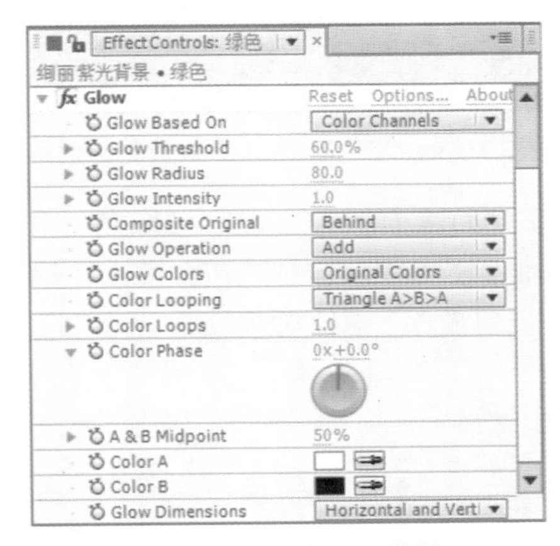

图9.67　设置Glow参数

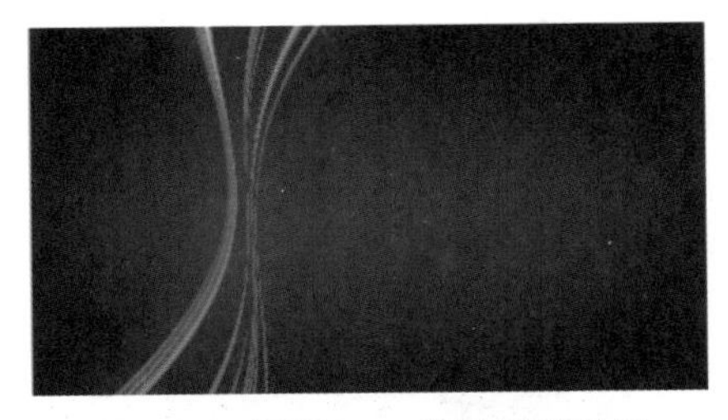

图9.68　设置Glow参数后的效果

(7) 在时间线面板中，选中“绿色”图层，按Ctrl+D组合键复制一个新的图层，将该图层命名为“蓝色”层，按P键打开Position(位置)属性，设置Position(位置)的值为(306，154)。

(8) 选中“蓝色”层，在Effect Controls(特效控制)面板中，修改Hue/Saturation(色相/饱和度)特效的参数，设置Colorize Hue(色调)的值为–55，Colorize Saturation(饱和度)的值为66，如图9.69所示，合成窗口效果如图9.70所示。

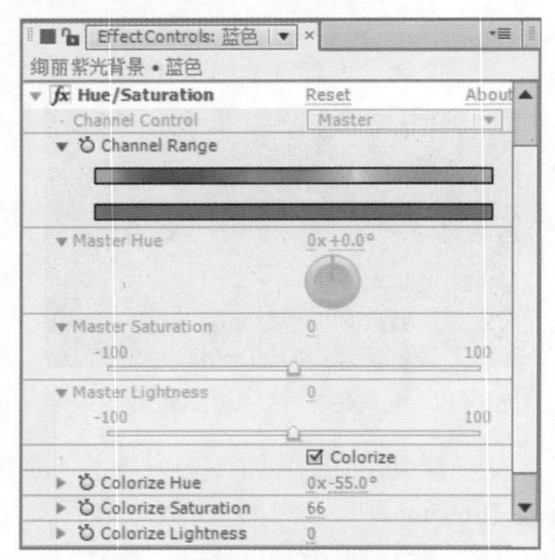

图9.69 修改蓝色层色相/饱和度参数

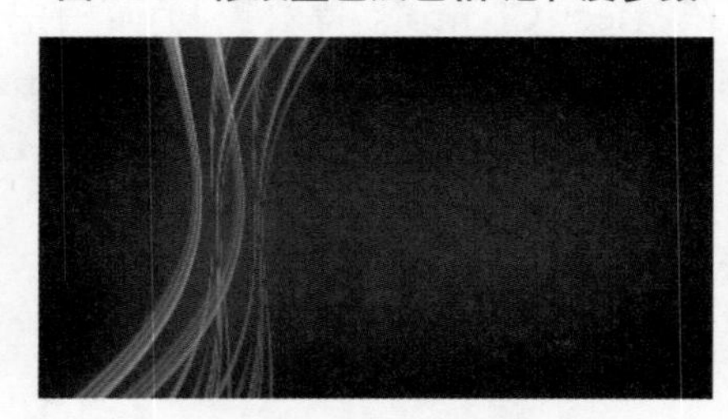

图9.70 修改色相/饱和度参数后的效果

(9) 在时间线面板中，设置“绿色”和“蓝色”图层的Mode(模式)为Screen(屏幕)模式，如图9.71所示，合成窗口效果如图9.72所示。

图9.71 设置屏幕模式

图9.72 屏幕模式效果

(10) 在Project(项目)面板中，选择“圆圈”合成，将其拖动到“绚丽紫光背景”合成的时间线面板中，单击眼睛按钮，如图9.73所示，合成窗口效果如图9.74所示。

图9.73 拖动合成

图9.74 拖动合成关闭前的效果

(11) 执行菜单栏中的Layer(图层)|New(新建)|Solid(固态层)命令，打开Solid Settings(固态层设置)对话框，设置Name(名称)为“粒子”，Color(颜色)为白色。

(12) 为“粒子”层添加Particular(粒子)特效。在Effects & Presets(效果和预置)面板中展开Trapcode特效组，然后双击Particular(粒子)特效。

(13) 在Effect Controls(特效控制)面板中，修改Particular(粒子)特效的参数，展开Emitter(发射器)选项组，设置Particles/sec(每秒发射粒子数)的值为5，Position(位置)的值为(360，620)，如图9.75所示。

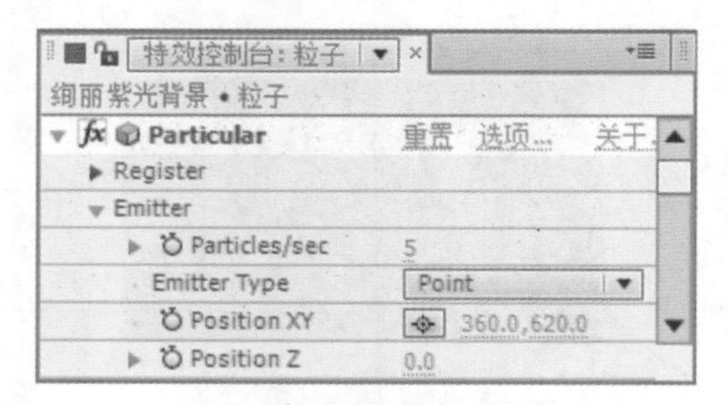

图9.75 设置发射器参数

(14) 展开Particle(粒子)选项组，设置Life(生命)的值为2.5，Life Random(生命随机)的值为30；展开Texture(纹理)选项组，在Layer(图层)右侧下拉列表中选择“圆圈”选项，设置Size(大小)的值为20，Size Random(大小随机)的值为60，如图9.76所示。

(15) 展开Physics(物理性)选项组，设置Gravity(重力)的值为–100，如图9.77所示，合成窗口效果如图9.78所示。

图9.76　设置粒子参数

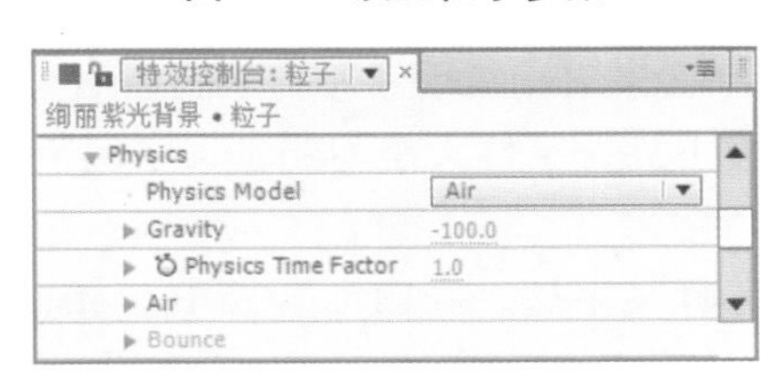

图9.77　设置物理性参数

图9.78　粒子的效果

(16) 为“粒子”层添加Glow(辉光)特效。在Effects & Presets(效果和预置)面板中展开Stylize(风格化)特效组，然后双击Glow(辉光)特效，如图9.79所示，合成窗口效果如图9.80所示。

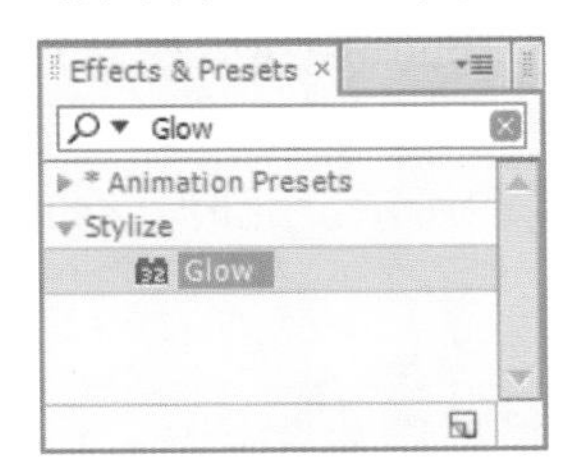

图9.79　添加辉光特效

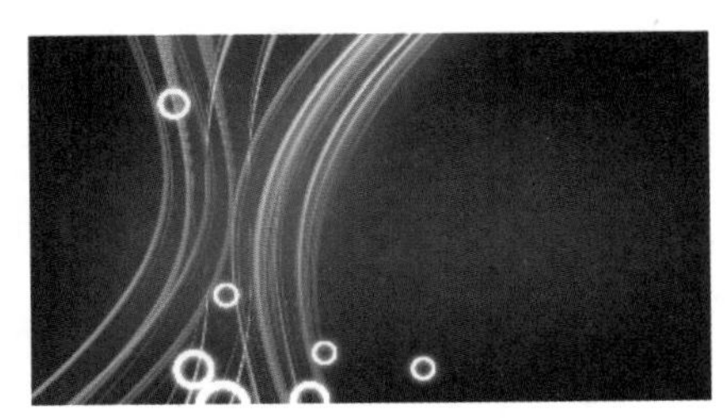

图9.80　设置辉光后的效果

(17) 这样就完成了绚丽紫光背景的操作，按小键盘上的“0”键，即可在合成窗口中预览动画。

9.7　炫丽星光

实例说明

本例主要讲解利用Particular(粒子)特效制作炫丽星光的效果，完成的动画流程画面如图9.81所示。

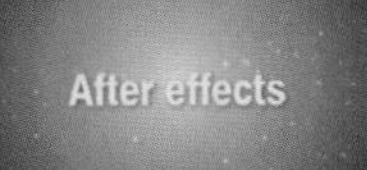

图9.81　动画流程画面

学习目标

1. 学习Particular(粒子)特效的使用。
2. 学习Ramp(渐变)特效的使用。
3. 学习Drop Shadow(投影)特效的使用。
4. 学习Lens Flare(镜头光晕)特效的使用。

操作步骤

9.7.1　制作文字动画

(1) 执行菜单栏中的Composition(合成)｜New Composition(新建合成)命令，打开Composition Settings(合成设置)对话框，设置Composition Name(合成名称)为“星光出字”，Width(宽)为“720”，Height(高)为“405”，Frame Rate(帧率)为“29.97”，并设置Duration(持续时间)为00:00:05:00秒，如图9.82所示。

(2) 按Ctrl+Y组合键，打开Solid Settings(固态层设置)对话框，设置固态层Name(名称)为“背景”，Color(颜色)为黑色，如图9.83所示。

(3) 在时间面板中选择“背景”层，在Effects & Presets(效果和预置)面板中展开Generate(生成)特效组，然后双击Ramp(渐变)特效，如图9.84所示。

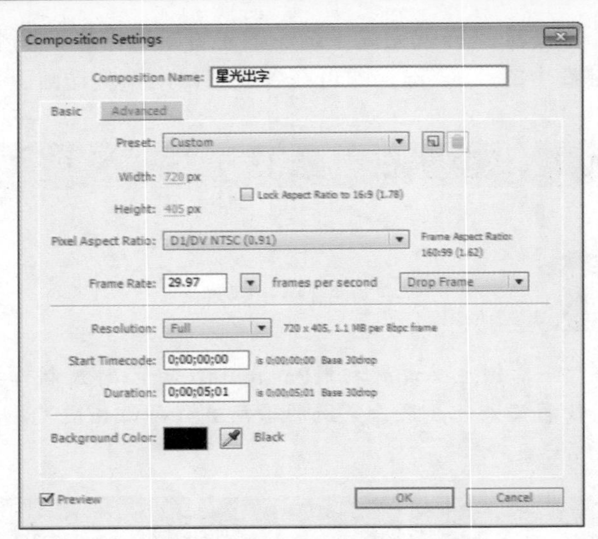

图9.82 “合成设置”对话框

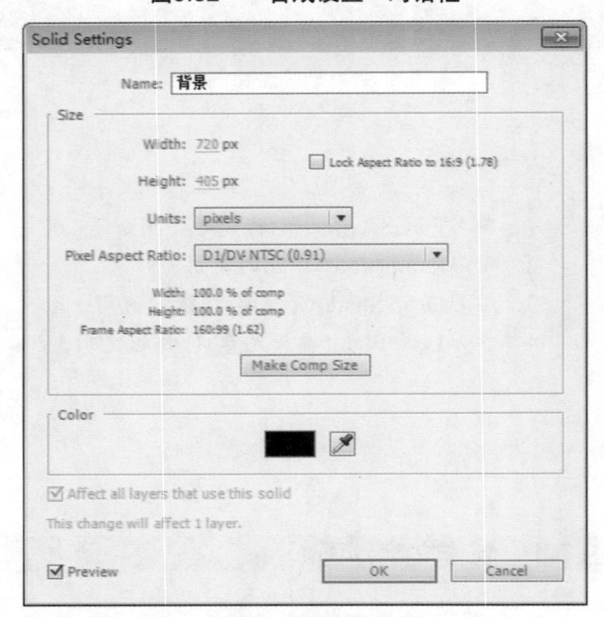

图9.83 Solid Settings对话框

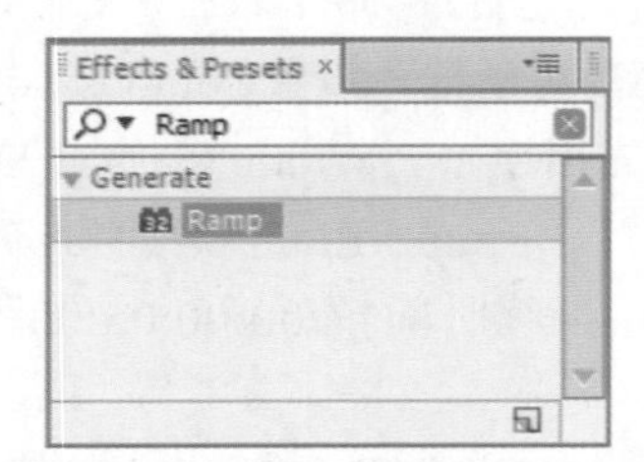

图9.84 添加Ramp(渐变)特效

(4) 在Effect Controls(特效控制)面板中修改Ramp(渐变)特效参数，设置Ramp Shape(渐变形状)为Radial Ramp(放射渐变)，Start of Ramp(渐变开始)的值为(362，192)，Start Color(开始色)为黄色(R:255，G:234，B:0)，End of Ramp(渐变结束)的值为(364，617)，End Color(结束色)为黑色，如图9.85所示。

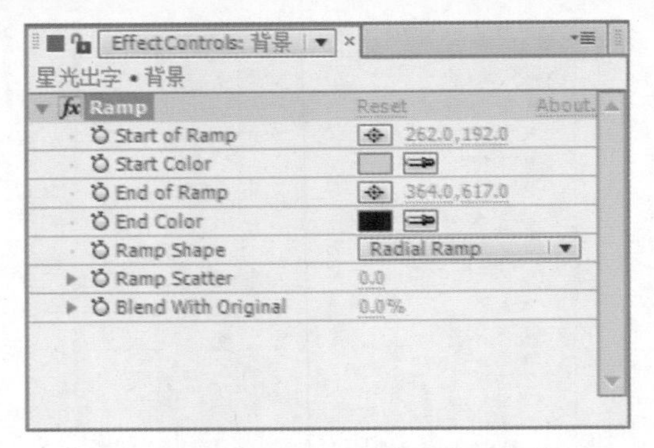

图9.85 设置Ramo(渐变)特效参数

(5) 执行菜单栏中的Layer(图层)|New(新建)|Text(文本)命令，新建文字层，此时，Composition(合成)窗口中将出现一个闪动的光标，在时间线面板中将出现一个文字层，然后输入“After effects”，设置字体为MV Boli，字体大小为56，文字颜色为白色，如图9.86所示。

(6) 选择文字层，在Effects & Presets(效果和预置)面板中展开Perspective(透视)特效组，双击Drop Shadow(投影)特效，如图9.87所示。

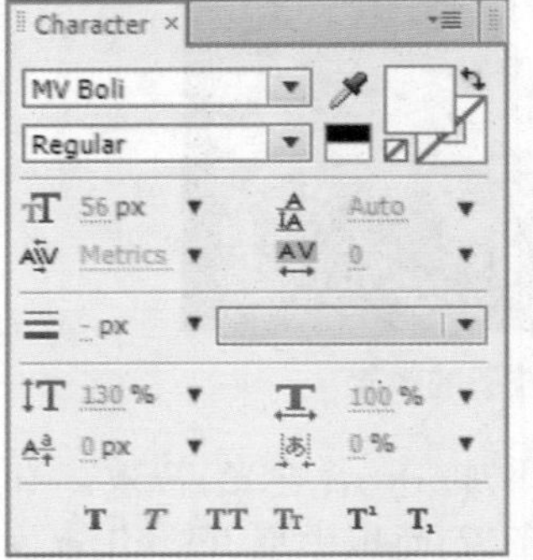

图9.86 字符面板

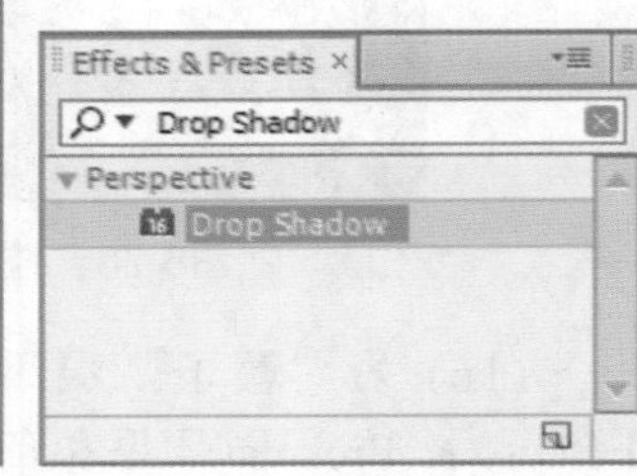

图9.87 添加Drop Shadow(投影)特效

(7) 在Effect Controls(特效控制)面板中修改Drop Shadow(投影)特效的参数，设置Softness(柔化)的值为20，如图9.88所示。此时，合成窗口中效果如图9.89所示。

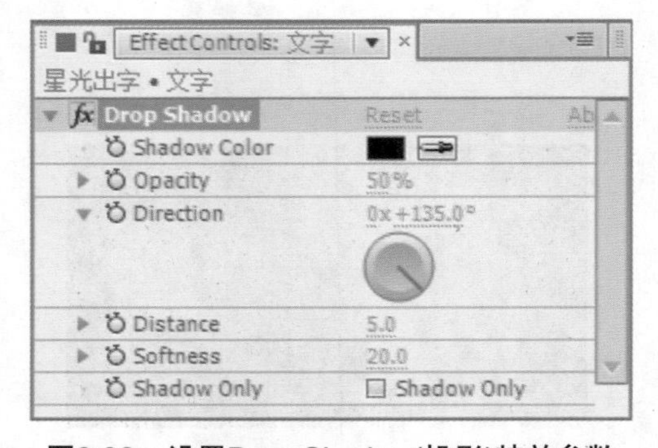

图9.88 设置Drop Shadow(投影)特效参数

图9.89　合成窗口中一帧的效果

(8) 在时间线面板中展开文字层，然后单击Text(文本)右侧 Animate: 按钮，在弹出的菜单中选择Opacity(透明度)命令，如图9.90所示。

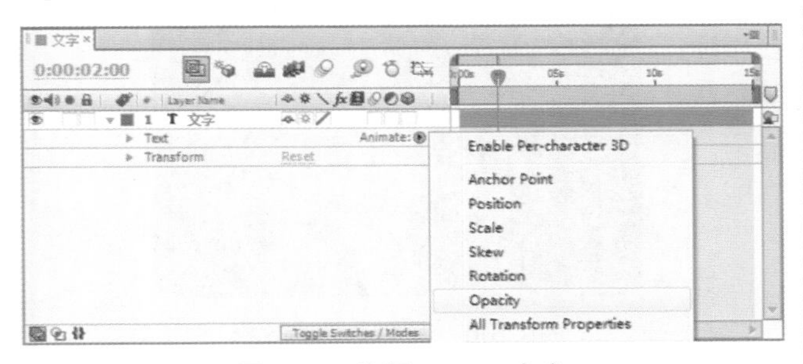

图9.90　执行Opacity命令

(9) 此时在Text选项组中会出现一个Animator1(动画1)选项组，可以通过该选项组进行透明动画的制作。将Opacity(透明度)的值设置为0%，以便制作随机透明动画，如图9.91所示。

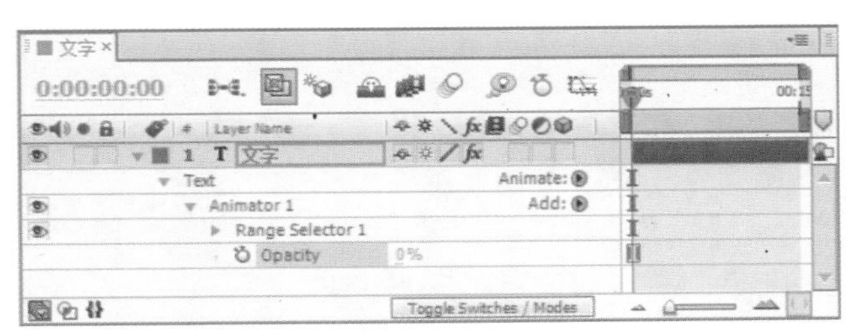

图9.91　设置透明度

(10) 调整时间到00:00:01:00帧的位置，展开Animator1(动画1)选项组中的Rangs Selector1(范围选择器1)选项组，单击Start(开始)选项左侧的码表按钮，在00:00:01:00帧位置添加一个关键帧，并修改Start(开始)的值为0%，如图9.92所示。

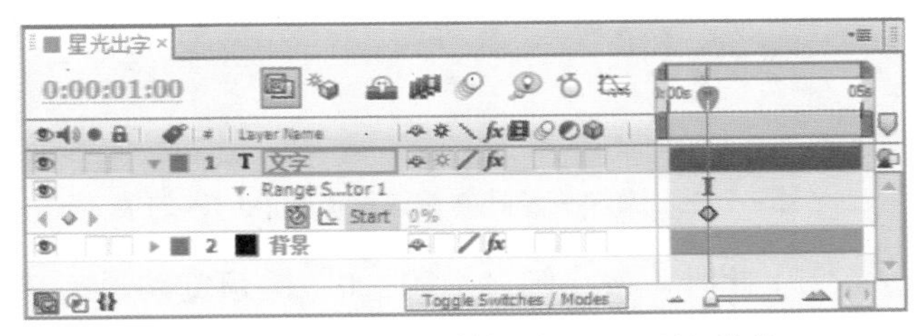

图9.92　添加关键帧并修改Start(开始)的值

(11) 调整时间到00:00:02:00帧的位置，修改Start(开始)的值为100%，系统自动建立一个关键帧，如图9.93所示。

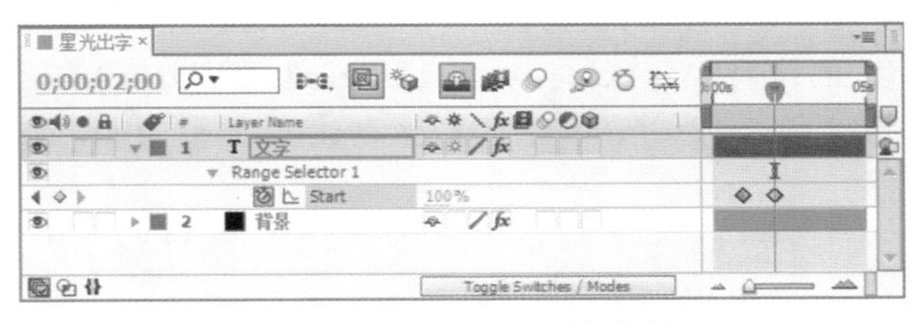

图9.93　修改Start(开始)的值

(12) 此时，按小键盘上的0键预览动画，其中几帧的动画效果如图9.94所示。

图9.94　动画效果

9.7.2　制作星星效果

(1) 按Ctrl+Y组合键，打开Solid Settings(固态层设置)对话框，设置Name(名称)为“星星”，Color(颜色)为黑色，如图9.95所示。

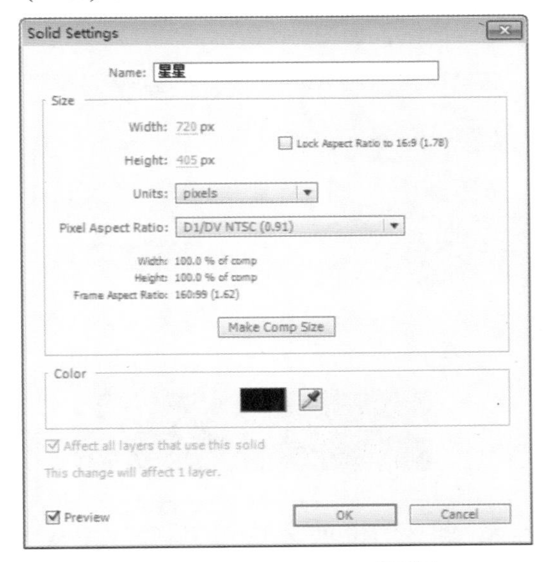

图9.95　Solid Settings对话框

(2) 在时间面板中选择“星星”层，在Effects & Presets(效果和预置)面板中，展开Trapcode特效组，然后双击Particular(粒子)特效，如图9.96所示。

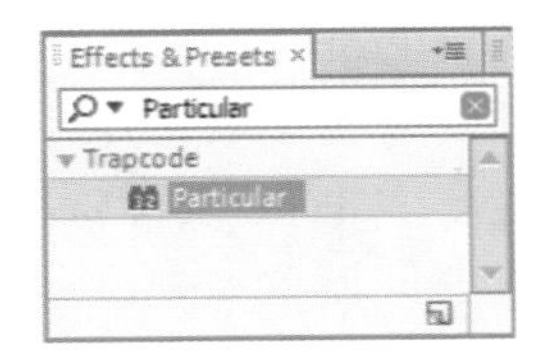

图9.96　添加Particular特效

(3) 在Effect Controls(特效控制)面板中修改Particular(粒子)特效参数，展开Emitter(发射器)选项组，设置Particles/sec(每秒发射粒子数)的值为200，Velocity(速度)的值为100，Velocity Random(随机速度)的值为82，Velocity Distribution(速度分布)的值为1，Velocity from Motion(运动速度)的值为10，如图9.97所示。

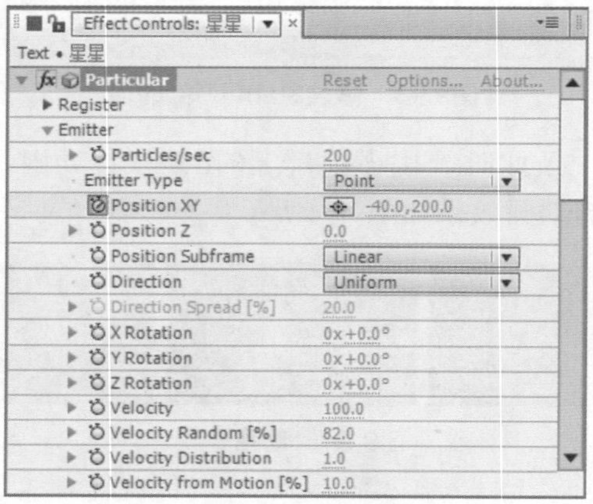

图9.97　设置Emitter(发射器)选项组中的参数

(4) 展开Particle(粒子)选项组，设置Life(生命)的值为3，在Particle Type(粒子类型)右侧的下拉列表中选择Star(星光)选项，设置Size(尺寸)的值为2，展开Opacity over Life(生命期内透明度变化)选项，单击按钮，如图9.98所示。

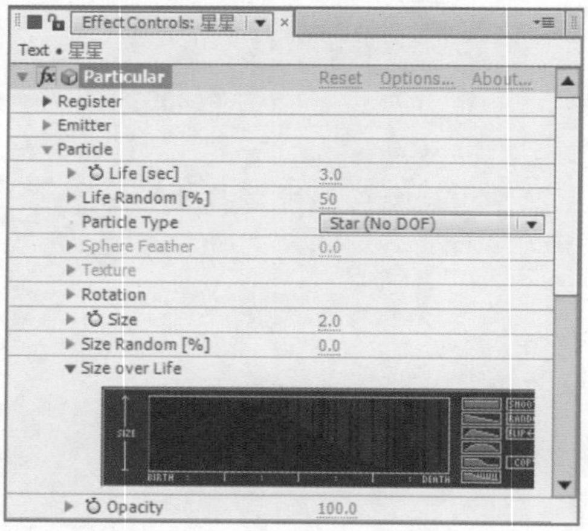

图9.98　设置Particle(粒子)选项组中的参数

(5) 展开Aux System(辅助系统)选项组，设置Emit Probability(发射概率)的值为40，Particles/sec(每秒发射粒子数)的值为10，Life(每秒生命值)的值为1.5，从Type(类型)右侧的下拉列表中选择Star(星光)选项，设置Velocity(速度)的值为218，Size(尺寸)的值为5，Opacity(透明度)的值为100，Color From Main(主颜色)为100，如图9.99所示。在合成窗口预览效果，其中一帧的效果如图9.100所示。

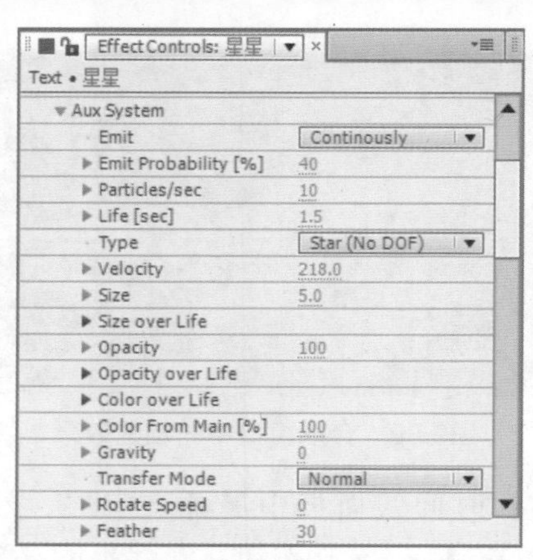

图9.99　设置Aux System(辅助系统)选项组中的参数

图9.100　其中一帧的效果

(6) 调整时间到00:00:01:00帧的位置，单击修改Particular XY(XY轴的位置)选项左侧的码表按钮，在00:00:01:00帧位置添加一个关键帧，并修改Particular XY(XY轴的位置)的值为(–40，200)，如图9.101所示。

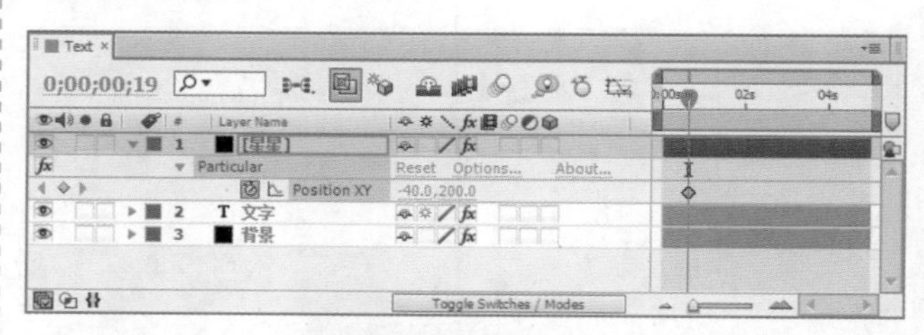

图9.101　添加关键帧并修改Particular XY的值

(7) 调整时间到00:00:02:25帧的位置，修改Particular XY(XY轴的位置)的值为(1200，200)，如图9.102所示。

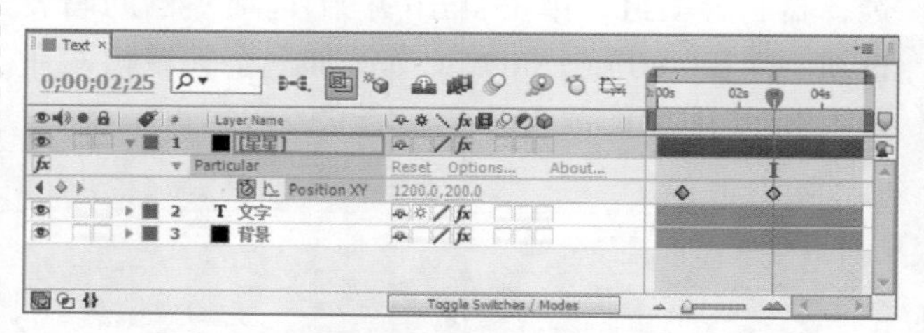

图9.102　添加关键帧并修改Particular XY的值

(8) 此时，按小键盘上的“0”键预览动画，其中几帧的动画效果如图9.103所示。

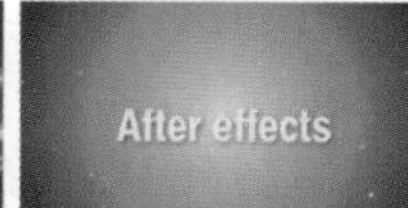

图9.103　动画效果

9.7.3　制作光晕效果

(1) 按Ctrl+Y组合键，打开Solid Settings(固态层设置)对话框，设置固态层Name(名称)为“光晕”，Color(颜色)为黑色，如图9.104所示。

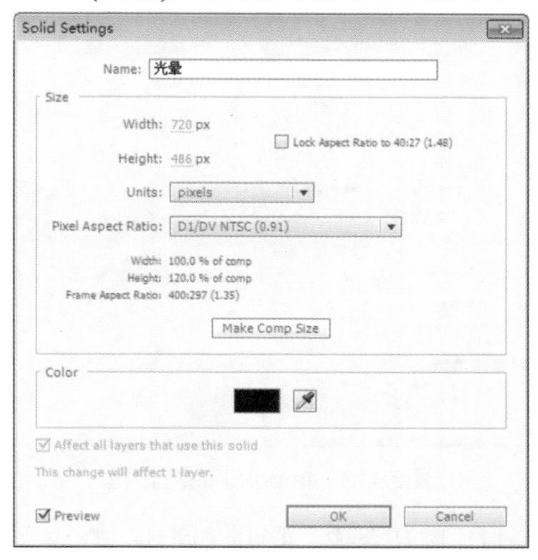

图9.104　Solid Settings对话框

(2) 选择光晕层，在Effects & Presets(效果和预置)面板中展开Generate(生成)特效组，双击Lens Flare(镜头光晕)特效，如图9.105所示。

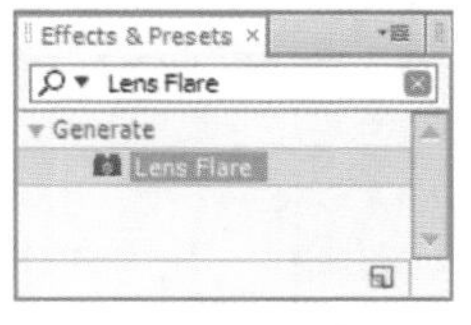

图9.105　双击Lens Flare特效

(3) 调整时间到00:00:00:26帧的位置，单击修改Flare Brightness(光晕亮度)选项左侧的码表按钮，在00:00:00:26帧位置添加一个关键帧，并修改Flare Brightness(光晕亮度)的值为0%，如图9.106所示。

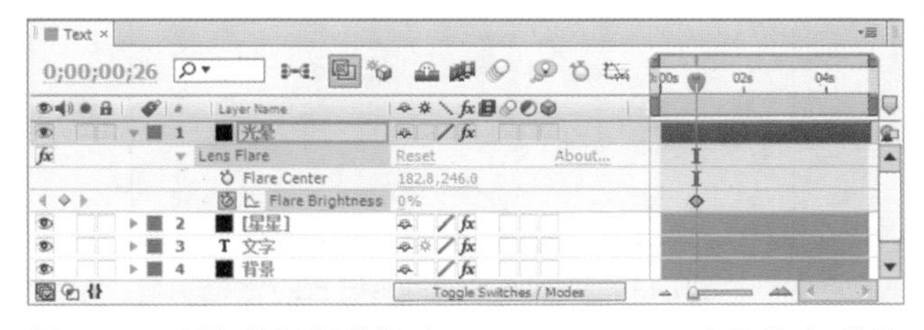

图9.106　添加关键帧并修改Flare Brightness(光晕亮度)的值

(4) 调整时间到00:00:01:00帧的位置，修改Flare Brightness(光晕亮度)的值为100%，单击修改Flare Center(光晕中心)选项左侧的码表按钮，在00:00:01:00帧位置添加一个关键帧，并修改Flare Center(光晕中心)的值为(182.8，246)，如图9.107所示。

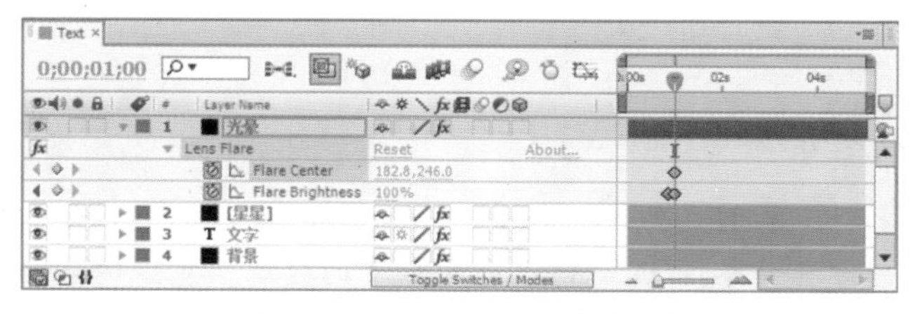

图9.107　00:00:01:00帧设置

(5) 调整时间到00:00:02:00帧的位置，修改Flare Center(光晕中心)的值为(506，252)，修改Flare Brightness(光晕亮度)的值为100%，如图9.108所示。

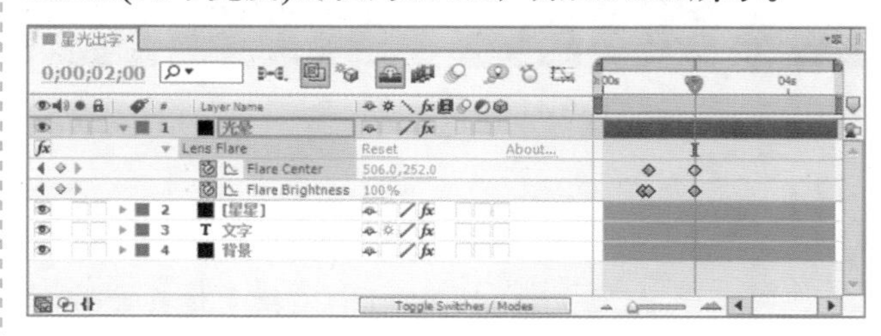

图9.108　00:00:02:00帧设置

(6) 调整时间到00:00:02:10帧的位置，修改Flare Brightness(光晕亮度)的值为0%，如图9.109所示。

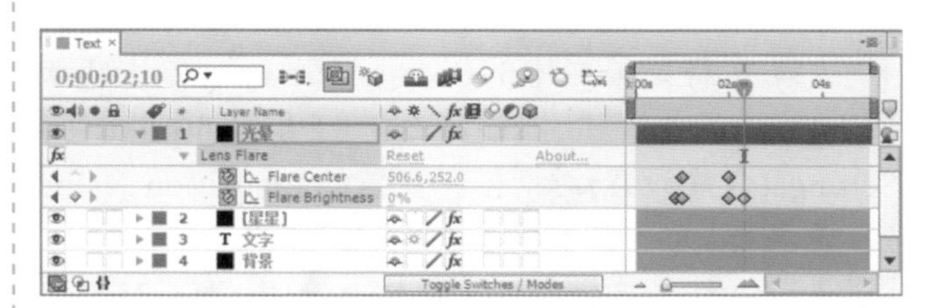

图9.109　00:00:02:10帧设置

(7) 在时间线面板中选择“光晕”层，单击时间线面板左下角的按钮，打开层混合模式属性，单击右侧的Normal按钮，从弹出的下拉列表中选择Add(相加)模式，如图9.110所示。

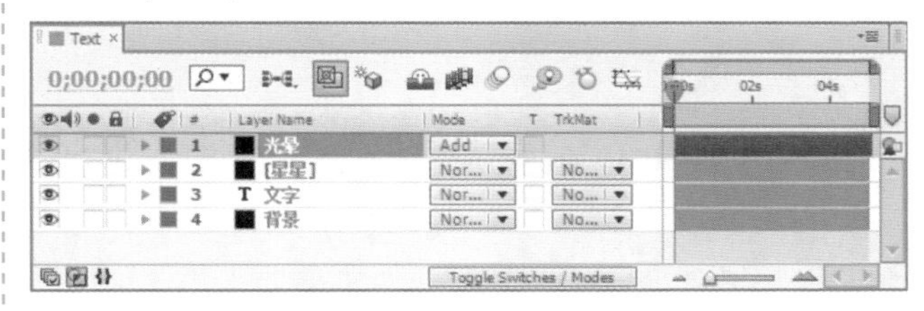

图9.110　设置相加模式

(8) 这样就完成了“炫丽星光”的整体制作，按小键盘的“0”键。在合成窗口预览动画。

9.8 上升的粒子

实例说明

本例主要讲解利用CC Particle World(CC粒子仿真世界)特效制作上升的粒子的效果，完成的动画流程画面如图9.111所示。

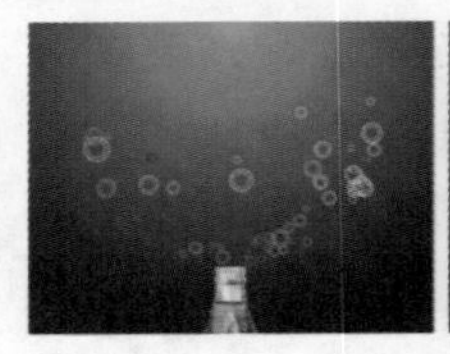
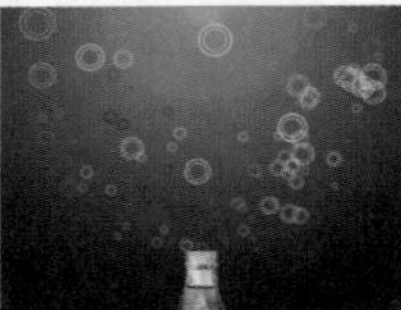
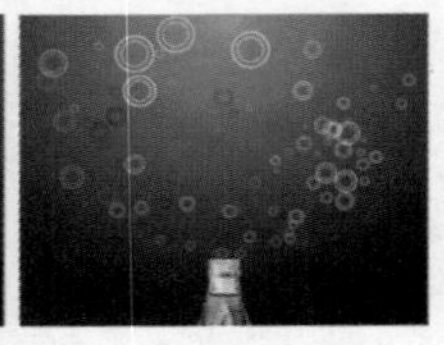

图9.111　动画流程画面

学习目标

1. 学习CC Particle World(CC粒子仿真世界)特效的使用。

2. 学习Ramp(渐变)特效的使用。

操作步骤

(1) 执行菜单栏中的Composition(合成) | New Composition(新建合成)命令，打开Composition Settings(合成设置)对话框，设置Composition Name(合成名称)为“圆环”，Width(宽)为“720”，Height(高)为“576”，Frame Rate(帧率)为“25”，并设置Duration(持续时间)为00:00:03:00秒，如图9.112所示。

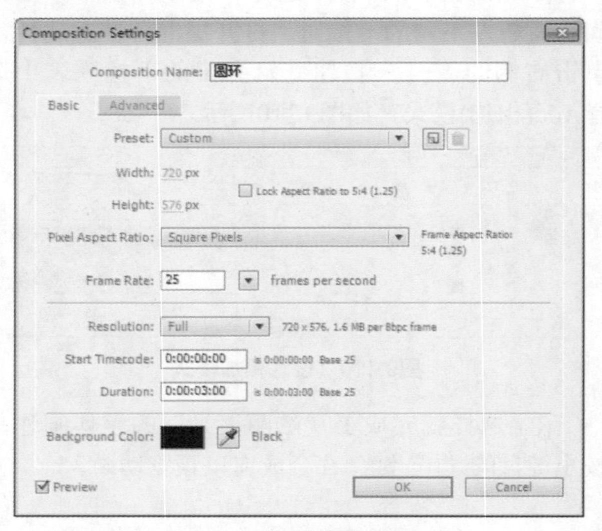

图9.112　合成设置对话框

(2) 执行菜单栏中的File(文件) | Import(导入) | File(文件)命令，打开Import File(导入文件)对话框，选择配书光盘中的“工程文件\第9章\上升的粒子\瓶子.psd”素材，如图9.113所示。单击“打开”按钮，将素材导入Project(项目)面板中。

图9.113　Import File对话框

(3) 制作圆环合成。打开“圆环”合成，在“圆环”合成的时间线面板中，按Ctrl + Y组合键，打开Solid Settings(固态层设置)对话框，设置Name(名称)为大圆环，Color(颜色)为白色，如图9.114所示。

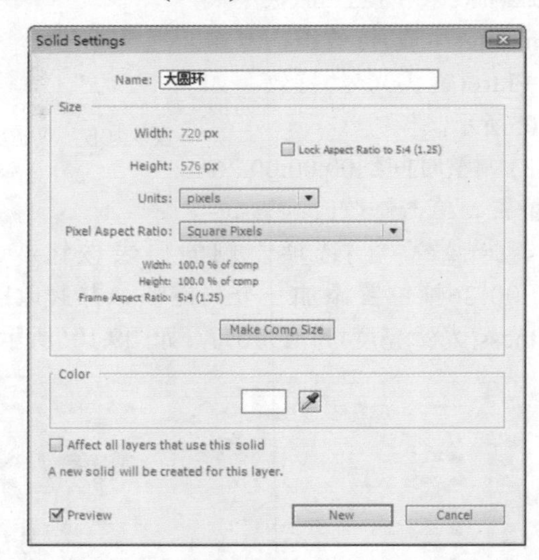

图9.114　Solid Settings设置对话框

(4) 单击OK(确定)按钮，在时间线面板中将会创建一个名为“大圆环”的固态层。选择“大圆环”固态层，单击工具栏中的Ellipse Tool(椭圆工具)按钮，在“圆环”合成窗口中，绘制正圆遮罩，如图9.115所示。

图9.115　绘制正圆遮罩

(5) 在时间线面板中，按M键，打开“大圆环”固态层的Mask1(遮罩1)选项，选择Mask1(遮罩1)并按Ctrl+D组合键，复制出Mask2(遮罩2)，然后展开Mask2(遮罩2)选项的所有参数，在Mask2(遮罩2)右侧的下拉列表中选择Subtract(相减)选项，设置Mask Expansion(遮罩扩展)的值为–20 pixels，如图9.116所示。此时的画面效果如图9.117所示。

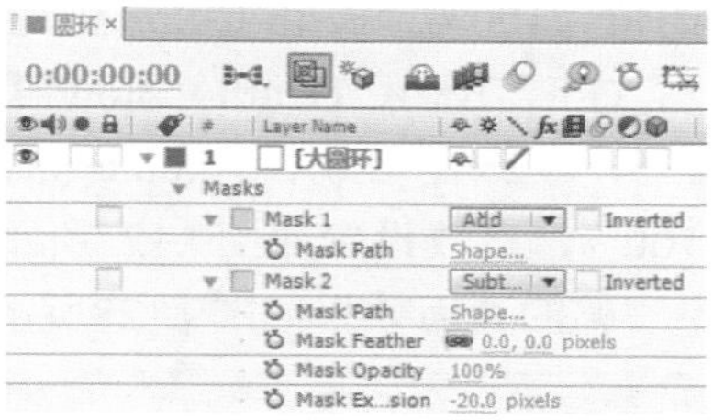

图9.116　设置Mask2(遮罩2)的参数

图9.117　设置后的画面效果

(6) 选择“大圆环”固态层，按Ctrl+D组合键，将其复制一份，将复制层命名为“小圆环”，然后按S键，打开“小圆环”固态层的Scale(缩放)选项，设置Scale(缩放)的值为(70，70)，如图9.118所示。修改Scale(缩放)值后的画面效果如图9.119所示。

图9.118　复制“小圆环”固态层

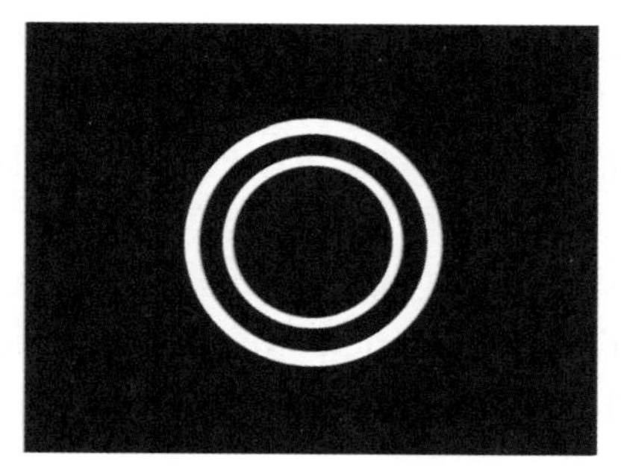

图9.119　复制“小圆环”固态层后的效果

(7) 制作上升的粒子。执行菜单栏中的Composition(合成)｜New Composition(新建合成)命令，打开Composition Settings(合成设置)对话框，新建一个Composition Name(合成名称)为“上升的粒子”，Width(宽)为“720”，Height(高)为“576”，Frame Rate(帧率)为“25”，Duration(持续时间)为00:00:03:00秒的合成。

(8) 在Project(项目)面板中选择“圆环”合成和“瓶子.psd”素材，将其拖动到“上升的粒子”合成的时间线面板中，然后单击“圆环”左侧的眼睛图标，将“圆环”层隐藏，如图9.120所示。

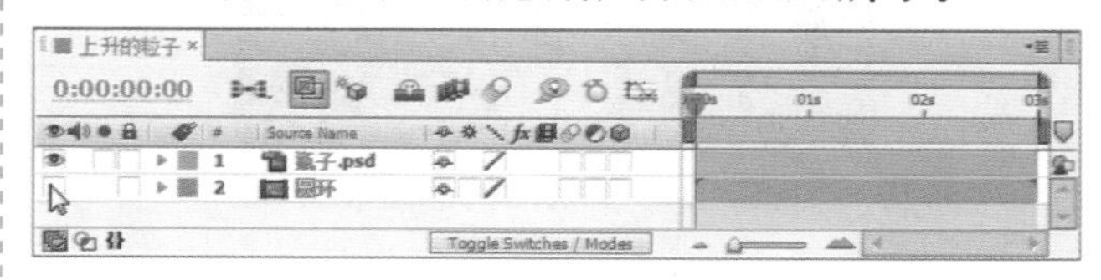

图9.120　添加素材

(9) 选择“瓶子.psd”素材，单击其左侧的灰色三角形按钮，展开Transform(转换)选项组，设置Position(位置)的值为(360，529)，Scale(缩放)的值为(53，53)，如图9.121所示。调整后的画面效果如图9.122所示。

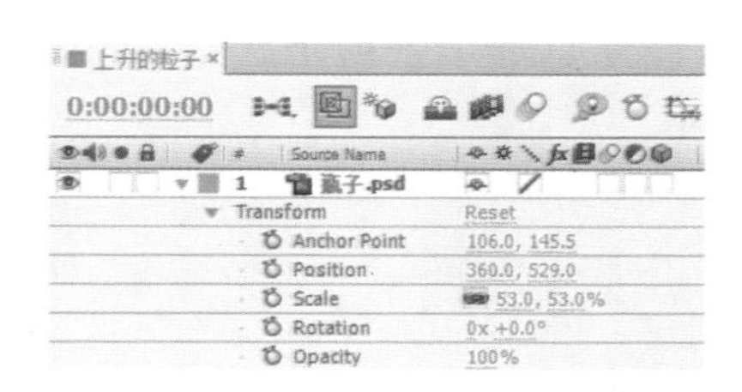

图9.121　设置“瓶子.psd”的位置和缩放值

图9.122　调整后瓶子的位置

(10) 新建“粒子”固态层，按Ctrl＋Y组合键，打开Solid Settings(固态层设置)对话框，新建一个Name(名称)为粒子，Color(颜色)为白色的固态层。

(11) 选择“粒子”固态层，在Effects & Presets(效果和预置)面板中展开Simulation(模拟仿真)特效组，然后双击CC Particle World(CC粒子仿真世界)特效，如图9.123所示。添加特效后的画面效果如图9.124所示。

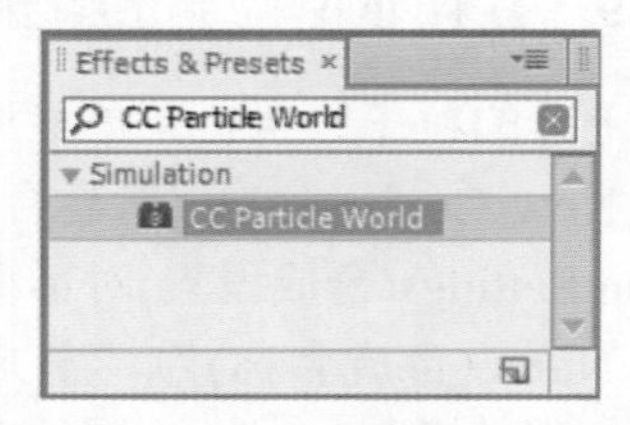

图9.123　添加CC Particle World(CC粒子仿真世界)特效

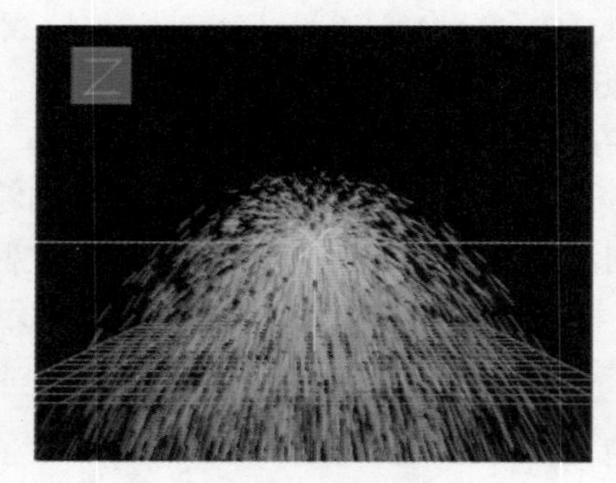

图9.124　添加后的画面效果

(12) 在Effect Controls(特效控制)面板中，设置Birth Rate(出生速率)的值为1；展开Producer(产生点)选项组，设置Position Y(Y轴位置)的值为0.21；展开Physics(物理性)选项组，在Animation(动画)右侧的下拉菜单中选择Jet Sideways(向一个方向喷射)，设置Velocity(速率)的值为2，Gravity(重力)的值为–1，Resistance(阻力)的值为3，Extra(追加)的值为2，参数设置如图9.125所示。此时的画面效果如图9.126所示。

Effect Controls: 粒子
上升的粒子 • 粒子

CC Particle World	Reset　About...
Grid & Guides	
Birth Rate	1.0
Longevity (sec)	1.00
Producer	
Position X	0.00
Position Y	0.21
Position Z	0.00
Radius X	0.025
Radius Y	0.025
Radius Z	0.025
Physics	
Animation	Jet Sideways
Velocity	2.00
Inherit Velocity %	0.0
Gravity	-1.000
Resistance	3.0
Extra	2.00
Extra Angle	1x +0.0°

图9.125　参数设置1

图9.126　设置参数后的画面效果

(13) 展开Particle(粒子)选项组，在Particle Type(粒子类型)右侧的下拉菜单中选择Textured Square(纹理广场)选项，然后展开Texture(纹理)选项组，在Texture Layer(纹理层)右侧的下拉列表中选择“3.圆环”选项；设置Birth Size(生长大小)的值为0.3，Death Size(消亡大小)的值为1，Size Variation(尺寸变化)的值为100%，Max Opacity(最大透明度)的值为100%，Birth Color(生长色)的值为红色(R:255，G:0，B:0)，Death Color(消亡色)的值为黄色(R:255，G:255，B:0)，Volume Shade(体积阴影)的值为100%，参数设置如图9.127所示。设置完成后，其中一帧的画面效果如图9.128所示。

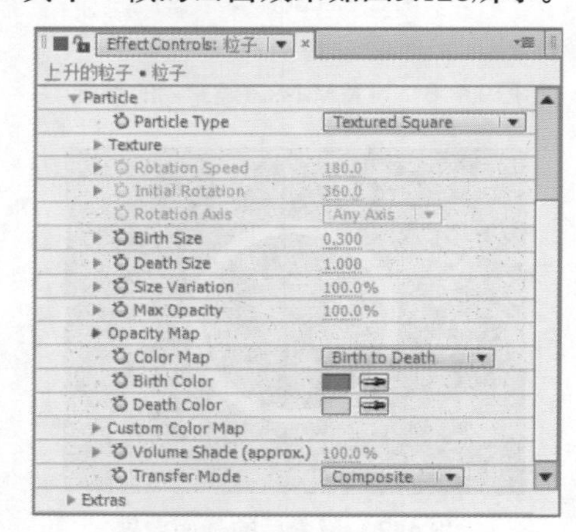

图9.127　参数设置2

图9.128　其中一帧的画面效果

(14) 制作背景。在“上升的粒子”合成的时间线面板中，按Ctrl + Y组合键，打开Solid Settings(固态层设置)对话框，新建一个Name(名称)为背景，Color(颜色)为白色的固态层。

(15) 选择“背景”固态层，在Effects & Presets(效果和预置)面板中展开Generate(生成)特效组，然后双击Ramp(渐变)特效，如图9.129所示。添加特效后的画面效果如图9.130所示。

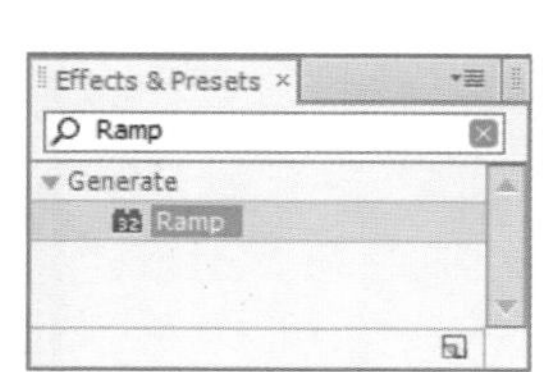

图9.129　添加Ramp(渐变)特效

图9.130　添加特效后的画面效果

(16) 在Effect Controls(特效控制)面板中，从Ramp Shape(渐变形状)右侧的下拉列表中选择Radial Ramp(放射渐变)，设置Start Color(渐变开始)的值为红色(R:255，G:0，B:0)，End Color(结束色)的值为黑色，参数设置如图9.131所示。此时的画面效果如图9.132所示。

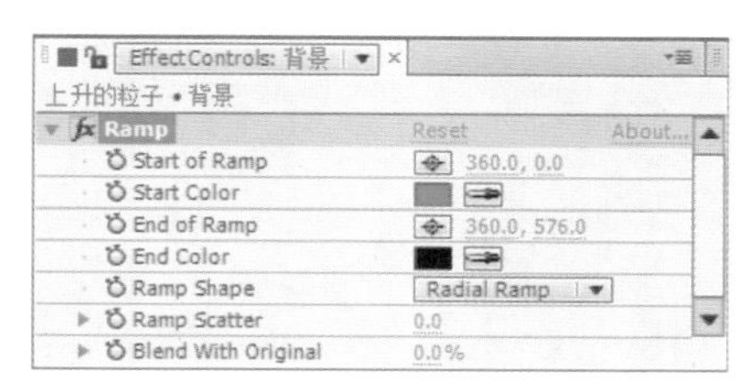

图9.131　为Ramp(渐变)特效设置参数

图9.132　调整渐变参数后的画面效果

(17) 这样就完成了上升粒子的整体制作，按小键盘上的“0”键，即可在合成窗口中预览动画。

AE

第10章 电影特效制作

内容摘要

本章主要讲解电影特效中几个常见特效的使用方法。即CC玻璃特效、色彩平衡特性、置换映射特效、勾画特效和分形杂波特效的运用。

教学目标

- 了解CC玻璃特效的使用方法
- 了解色彩平衡特效的运用
- 了解置换映射特效的操作
- 掌握修改勾画特效参数的方法
- 掌握分形杂波特效的使用方法

10.1 流星雨效果

实例说明

本例主要讲解利用Particle Playground(粒子运动场)特效制作流星雨效果的操作，完成的动画流程画面如图10.1所示。

图10.1 动画流程画面

学习目标

学习Particle Playground(粒子运动场)特效的使用。

操作步骤

(1) 执行菜单栏中的File(文件) | Open Project(打开项目)命令，选择配书光盘中的“工程文件\第10章\流星雨效果\流星雨效果练习.aep”文件，将文件打开。

(2) 执行菜单栏中的Layer(图层) | New(新建) | Solid(固态层)命令，打开Solid Settings(固态层设置)对话框，设置Name(名称)为“载体”，Color(颜色)为黑色。

(3) 为“载体”层添加Particle Playground(粒子运动场)特效。在Effects & Presets(效果和预置)面板中展开Simulation(模拟仿真)特效组，然后双击Particle Playground(粒子运动场)特效。

(4) 在Effect Controls(特效控制)面板中，修改Particle Playground(粒子运动场)特效的参数，展开Cannon(发射)选项组，设置Position(位置)的值为(360，10)，Barrel Radius(粒子的活动半径)的值为300，Particles Per Second(每秒发射粒子数)的值为70，Direction(方向)的值为180，Velocity Random Spread(随机分散速度)的值为15，Color(颜色)为蓝色(R:40，G:93，B:125)，Particles Radius(粒子半径)的值为25，如图10.2所示，合成窗口效果10.3所示。

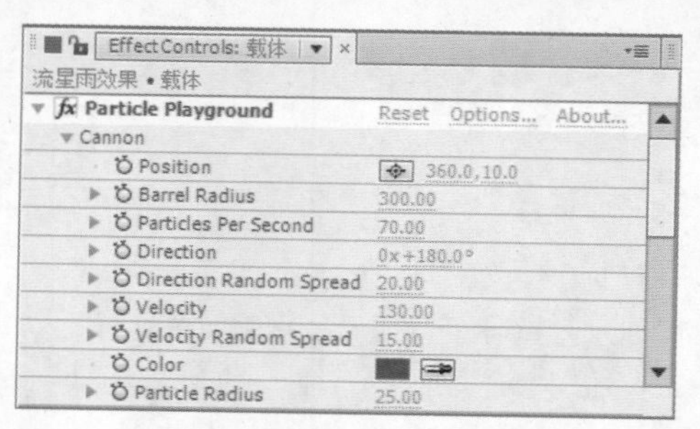

图10.2 设置发射参数

图10.3 设置发射后的效果

(5) 单击Particle Playground(粒子运动场)项目右边的Options(选项)，设置Particle Playground(粒子运动场)对话框，单击Edit Cannon Text(编辑发射文字)按钮，弹出Edit Cannon Text(编辑发射文字)对话框，在对话框文字输入区输入任意数字与字母，单击两次OK(确定)按钮，完成文字编辑，如图10.4所示，合成窗口效果10.5所示。

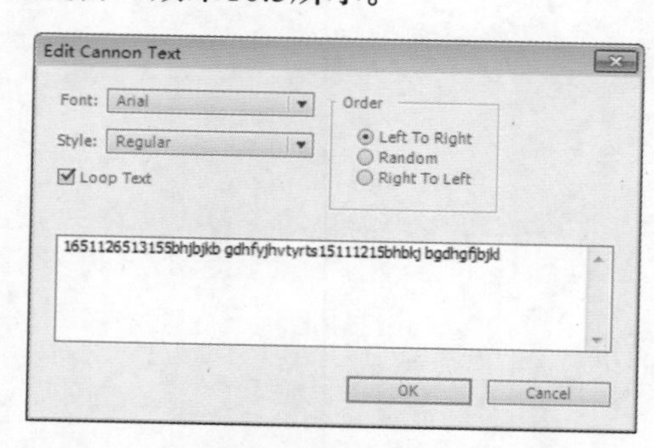

图10.4 设置文字对话框

图10.5 设置文字后的效果

(6) 为“载体”层添加Glow(辉光)特效。在Effects & Presets(效果和预置)面板中展开Stylize(风格化)特效组，然后双击Glow(辉光)特效。

(7) 在Effect Controls(特效控制)面板中，修改Glow(辉光)特效的参数，设置Glow Threshold(辉光阈值)的值为44，Glow Radius(辉光半径)的值为197，Glow Intensity(辉光强度)的值为1.5，如图10.6所示，合成窗口效果10.7所示。

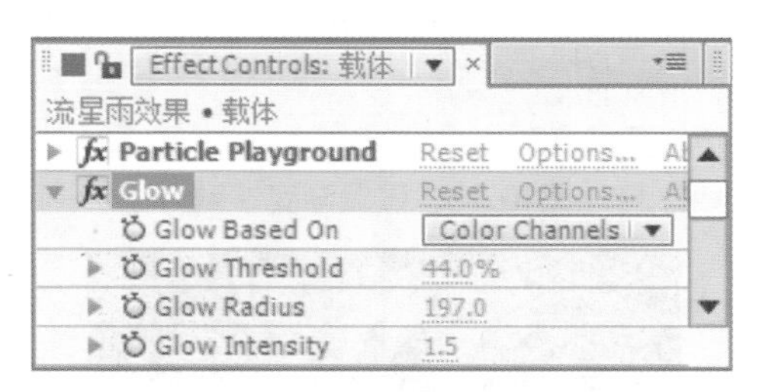

图10.6　设置辉光参数

图10.7　设置辉光后的效果

(8) 为“载体”层添加Echo(拖尾)特效。在Effects & Presets(效果和预置)面板中展开Time(时间)特效组，然后双击Echo(拖尾)特效。

(9) 在Effect Controls(特效控制)面板中，修改Echo(拖尾)特效的参数，设置Echo Time(拖尾时间)的值为–0.05，Number of Echoes(拖尾数量)的值为10，Decay(衰减)的值为0.8，如图10.8所示，合成窗口效果如图10.9所示。

图10.8　设置拖尾参数

(10) 这样就完成了流星雨效果的操作，按小键盘上的“0”键，即可在合成窗口中预览动画。

图10.9　设置拖尾后的效果

10.2　炫丽扫光文字

实例说明

本例主要讲解利用Shine(光)特效制作炫丽扫光文字动画效果的操作，完成的动画流程画面如图10.10所示。

图10.10　动画流程画面

学习目标

学习Shine(光)特效的使用。

操作步骤

(1) 执行菜单栏中的File(文件)|Open Project(打开项目)命令，选择配书光盘中的“工程文件\第10章\扫光文字动画\扫光文字动画练习.aep”文件，将文件打开。

(2) 执行菜单栏中的Layer(图层)|New(新建)|Text(文本)命令，新建文字层，此时，Composition(合成)窗口中将出现一个闪动的光标，在时间线面板中将出现一个文字层，输入“X-MEN ORIGINS”。在Character(字符)面板中，设置文字字体为-G-h-e-i-0-1-m，字号为45px，字体颜色为白色。

(3) 为X-MEN ORIGINS层添加Shine(光)特效。在Effects & Presets(效果和预置)面板中展开

Trapcode特效组，然后双击Shine(光)特效。

(4) 在Effect Controls(特效控制)面板中，修改Shine(光)特效的参数，设置Ray Length(光线长度)的值为12，从Colorize(着色)下拉列表中选择3-Color Gradient(三色渐变)命令，设置Midtones(中间色)为白色，Shadows(阴影色)为白色，将时间调整到00:00:00:00帧的位置，设置Source Point(发光点)的值为(–784，496)，单击Source Point(发光点)左侧的码表按钮⏱，在当前位置设置关键帧。

(5) 将时间调整到00:00:02:24帧的位置，设置Source Point(发光点)的值为(1448，494)，系统会自动设置关键帧，如图10.11所示，合成窗口效果如图10.12所示。

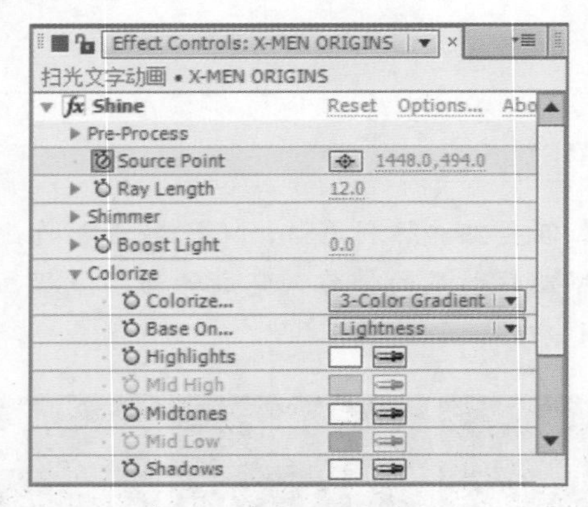

图10.11　设置光参数

图10.12　设置光后的效果

(1) 选中X-MEN ORIGINS层，按Ctrl+D组合键，复制出一个新的文字层，将该图层重命名为“X-MEN ORIGINS2”，在Effect Controls(特效控制)面板中将Shine(光)特效删除。

(2) 为X-MEN ORIGINS2层添加Ramp(渐变)特效。在Effects & Presets(效果和预置)面板中展开Generate(生成)特效组，然后双击Ramp(渐变)特效。

(3) 在Effect Controls(特效控制)面板中，修改Ramp(渐变)特效的参数，设置Start of Ramp(渐变开始)的值为(355、500)，Start Color(开始色)为白色，End of Ramp(渐变结束)的值为(91，551)，End Color(结束色)为黑色，从Ramp Shape(渐变形状)右侧的下拉列表中选择Radial Ramp(放射渐变)选项，如图10.13所示。合成窗口的效果如图10.14所示。

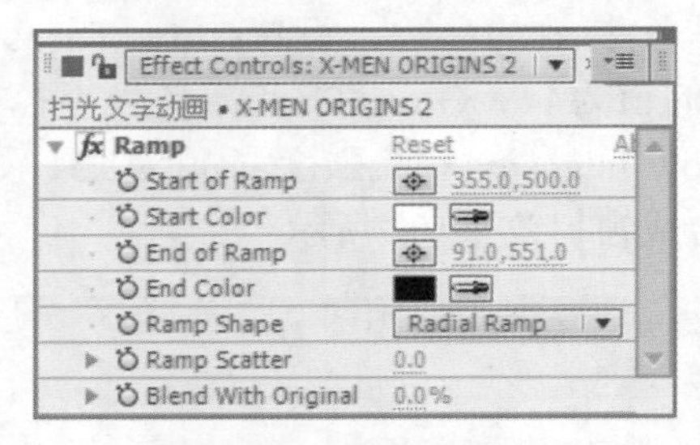

图10.13　设置渐变参数

图10.14　设置渐变后的效果

(4) 这样就完成了炫丽扫光文字动画的整体制作，按小键盘上的“0”键，即可在合成窗口中预览动画。

10.3　滴血文字

实例说明

本例主要讲解利用Liquify(液化)特效制作滴血文字效果的操作，完成的动画流程画面如图10.15所示。

图10.15　动画流程画面

学习目标

1. 学习Roughen Edges(粗糙边缘)特效的使用。
2. 学习Liquify(液化)特效的使用。

操作步骤

(1) 执行菜单栏中的File(文件)|Open Project(打开项目)命令，选择配书光盘中的“工程文件\第10章\滴血文字\滴血文字练习.aep”文件，将文件打开。

(2) 为文字层添加Roughen Edges(粗糙边缘)特效。在Effects & Presets(效果和预置)面板中展开Stylize(风格化)特效组，然后双击Roughen Edges(粗糙边缘)特效。

(3) 在Effect Controls(特效控制)面板中，修改Roughen Edges(粗糙边缘)特效的参数，设置Border(边框)的值为6，如图10.16所示，合成窗口效果如图10.17所示。

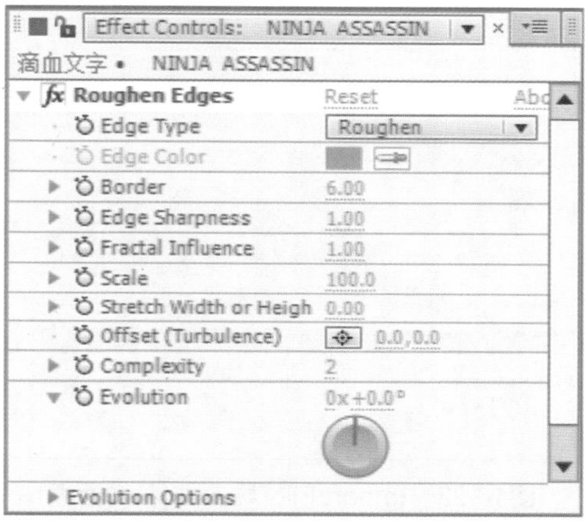

图10.16　设置Roughen Edges(粗糙边缘)特效参数

图10.17　合成窗口中的效果

(4) 为文字层添加Liquify(液化)特效。在Effects & Presets(效果和预置)面板中展开Distort(扭曲)特效组，然后双击Liquify(液化)特效。

(5) 在Effect Controls(特效控制)面板中，修改Liquify(液化)特效的参数，在Tools(工具)下单击变形工具按钮，展开Warp Tool Options(弯曲工具选项)，设置Brush Size(笔刷大小)的值为10，设置Brush Pressure(笔刷压力)的值为100，如图10.18所示。

(6) 在合成窗口的文字上拖动鼠标，使文字产生变形效果。变形后的具体效果如图10.19所示。

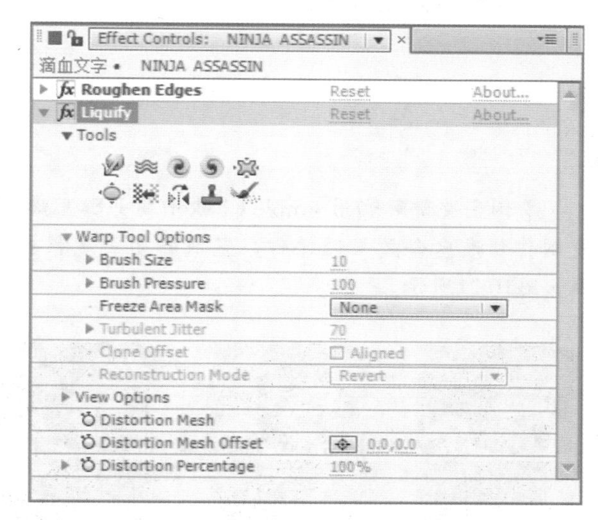

图10.18　设置Liquify(液化)特效的参数

图10.19　液化效果

(7) 将时间调整到00:00:00:00帧的位置，在Effect Controls(特效控制)面板中，修改Liquify(液化)特效的参数，设置Distortion Percentage(变形率)的值为0%，单击Distortion Percentage(变形率)左侧的码表按钮，在当前位置设置关键帧。

(8) 将时间调整到00:00:01:10帧的位置，设置Distortion Percentage(变形率)的值为200%，系统会自动设置关键帧，如图10.20所示。

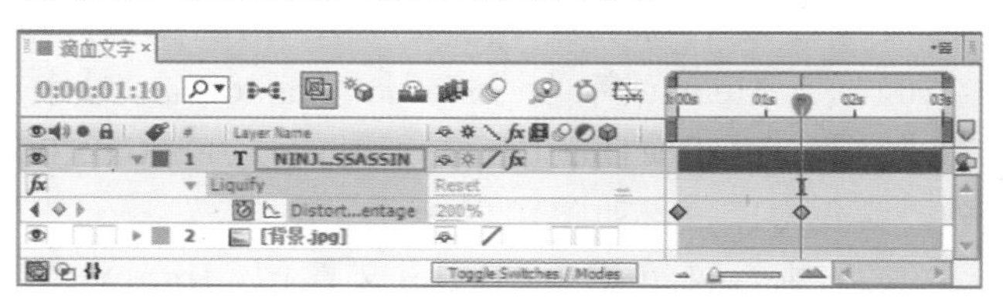

图10.20　添加变形率关键帧

(9) 这样就完成了“滴血文字”的整体制作，按小键盘上的“0”键，即可在合成窗口中预览动画。

10.4 伤痕愈合特效

实例说明

本例主要讲解利用Simple Choker(简易阻塞)特效制作伤痕愈合效果的操作，完成的动画流程画面如图10.21所示。

图10.21 动画流程画面

学习目标

1. 学习Simple Choker(简易阻塞)特效的使用。
2. 学习Curves(曲线)特效的使用。
3. 学习CC Glass(CC玻璃)特效的使用。
4. 学习Fast Blur(快速模糊)特效的使用。

操作步骤

10.4.1 制作伤痕合成

(1) 执行菜单栏中的Composition(合成)| New Composition(新建合成)命令，打开Composition Settings(合成设置)对话框，设置Composition Name(合成名称)为“伤痕”，Width(宽)为“1024”，Height(高)为“576”，Frame Rate(帧率)为“25”，并设置Duration(持续时间)为00:00:05:00秒，颜色为白色，如图10.22所示。

(2) 执行菜单栏中的File(文件)| Import(导入)| File(文件)命令，打开Import File(导入文件)对话框，选择配书光盘中的“工程文件\第10章\伤痕愈合\背景图片.jpg、划痕.jpg”素材，如图10.23所示。单击“打开”按钮，将“背景图片.jpg、划痕.jpg”素材导入Project(项目)面板中。

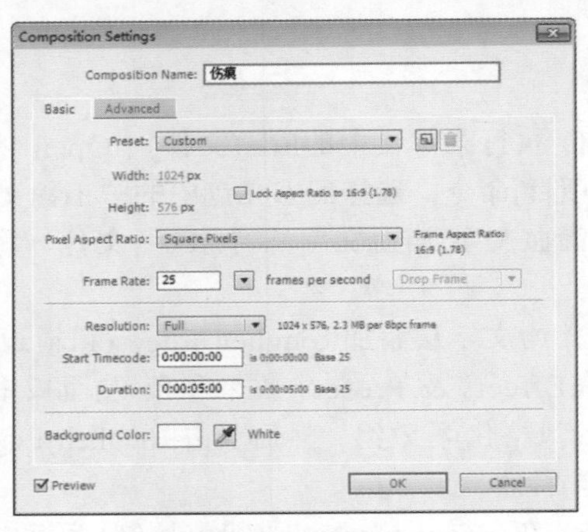

图10.22 合成设置

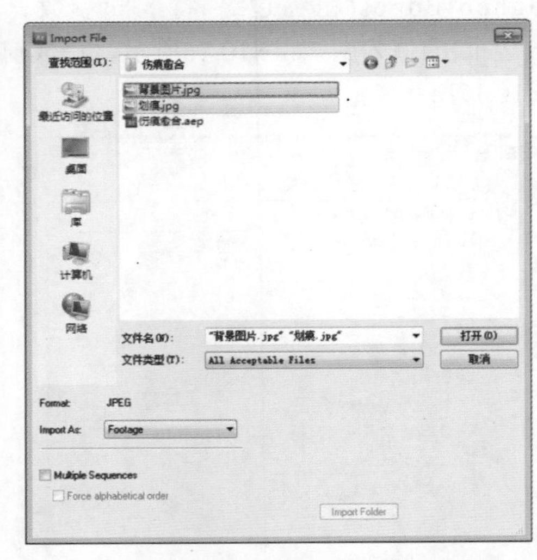

图10.23 Import File(导入文件)对话框

(3) 执行菜单栏中的Layer(图层)| New(新建)| Solid(固态)命令，打开Solid Settings(固态层设置)对话框，设置Name(名称)为“蒙版1”，Width(宽度)数值为300px，Height(高度)数值为300px，Color(颜色)值为黑色，如图10.24所示，画面效果如图10.25所示。

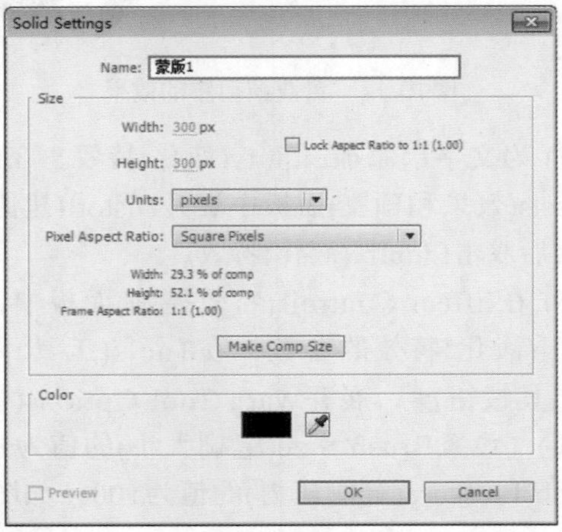

图10.24 固态层设置

图10.25　画面效果

(4) 在Project(项目)面板中，选择“划痕.jpg”素材，将其拖动到“伤痕”合成的时间线面板中，如图10.26所示。

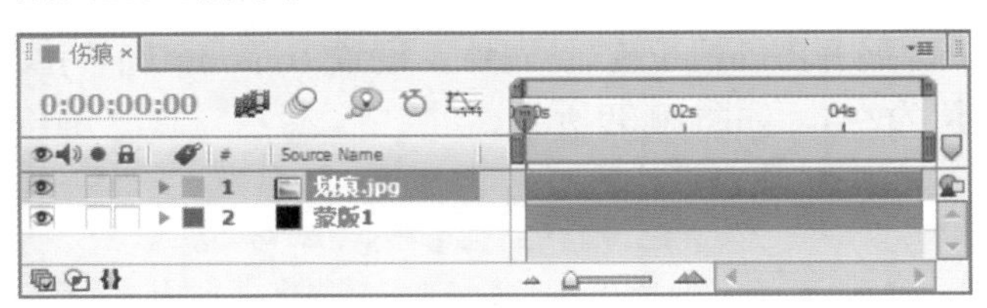

图10.26　添加素材

(5)选中“划痕”层，按P键展开Position(位置)属性，设置Position(位置)数值为(555，271)，如图10.27所示。

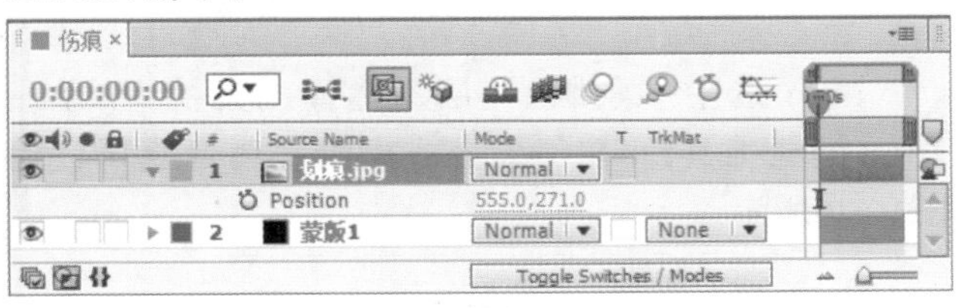

图10.27　Position(位置)属性设置

(6) 选中“蒙版1”层，选择工具栏中的Pen Tool(钢笔工具)，在“伤痕”合成中绘制闭合遮罩，如图10.28所示。

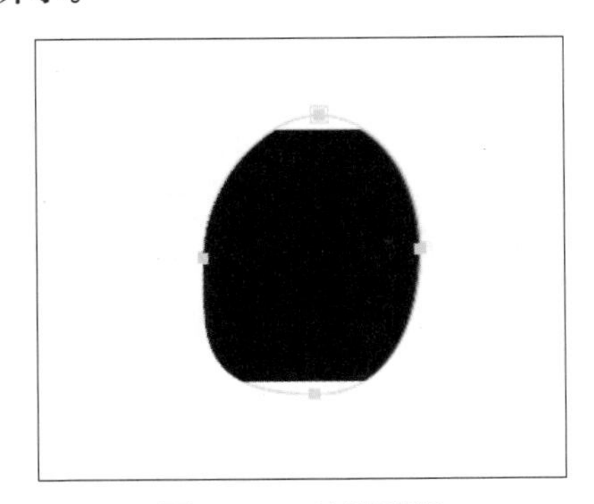

图10.28　绘制蒙版

(7) 按S键展开Scale(缩放)属性，设置Scale(缩放)数值为(85，85)；按P键展开Position(位置)属性，设置Position(位置)数值为(548、268)，如图10.29所示。

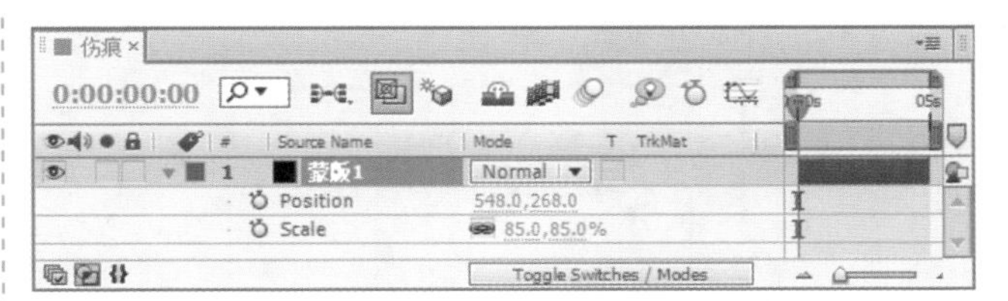

图10.29　参数设置

(8) 选中“蒙版1”层，设置该层的跟踪模式为Luma Inverted Matte 划痕.jpg，如图10.30所示，效果如图10.31所示。

图10.30　轨道蒙版设置

图10.31　跟踪模式效果

(9) 选中“划痕”层，在Effects & Presets(效果和预置)面板中展开Color Correction(色彩校正)特效组，双击Curves(曲线)特效，如图10.32所示，默认的Curves(曲线)形状如图10.33所示。

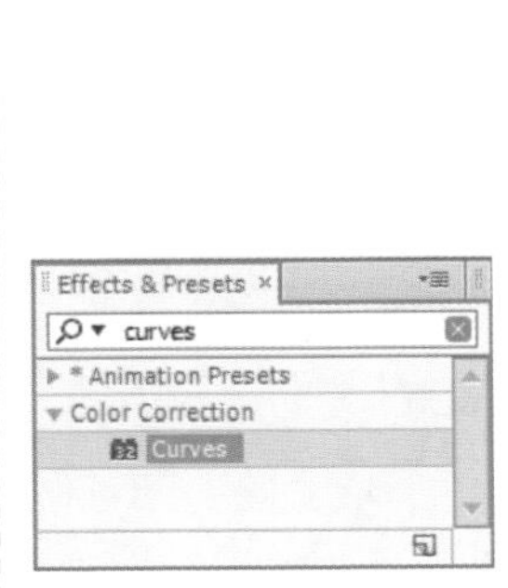

图10.32　添加Curves(曲线)特效

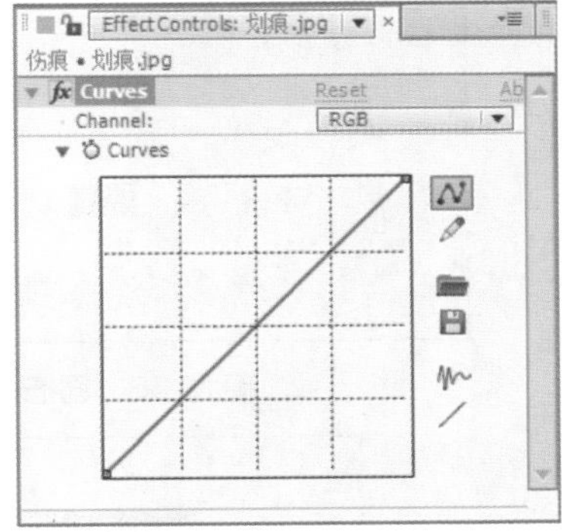

图10.33　默认的Curves(曲线)形状

(10) 在Effect Controls(特效控制)面板中，调整Curves(曲线)的形状，如图10.34所示，此时画面效果如图10.35所示。

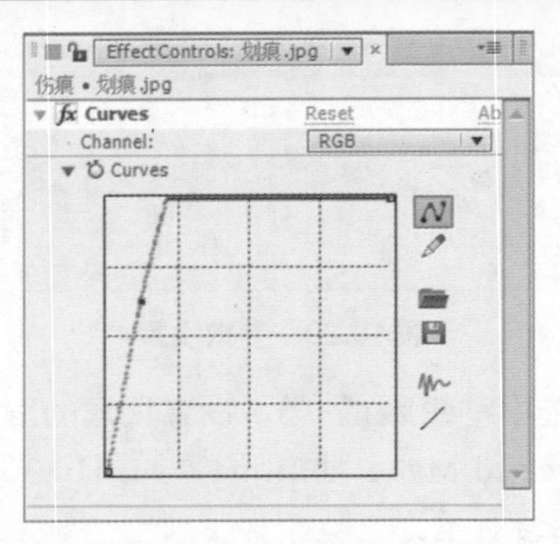

图10.34　调整Curves(曲线)的形状

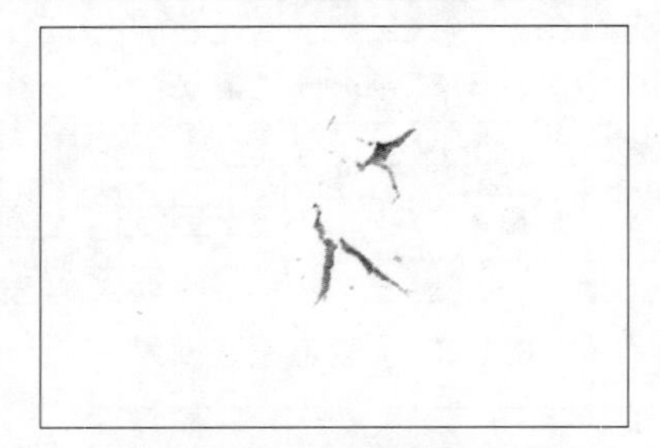

图10.35　调整曲线后的效果

(11) 执行菜单栏中的Layer(图层) | New(新建) | Solid(固态)命令，打开Solid Settings(固态层设置)对话框，设置Name(名称)为“蒙版2”，Width(宽度)数值为300px，Height(高度)数值为300px，Color(颜色)值为黑色，如图10.36所示，画面效果如图10.37所示。

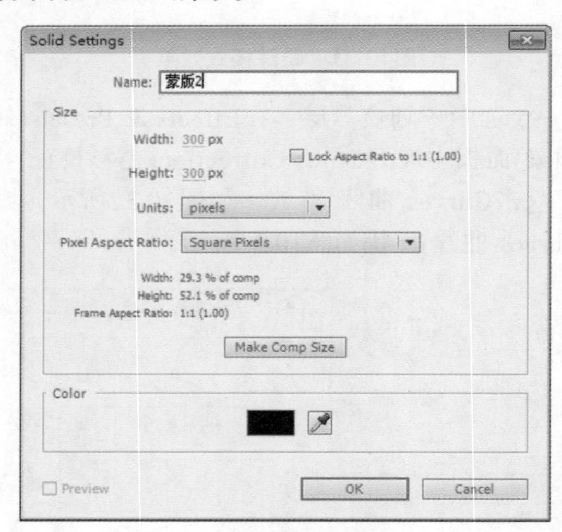

图10.36　固态层设置

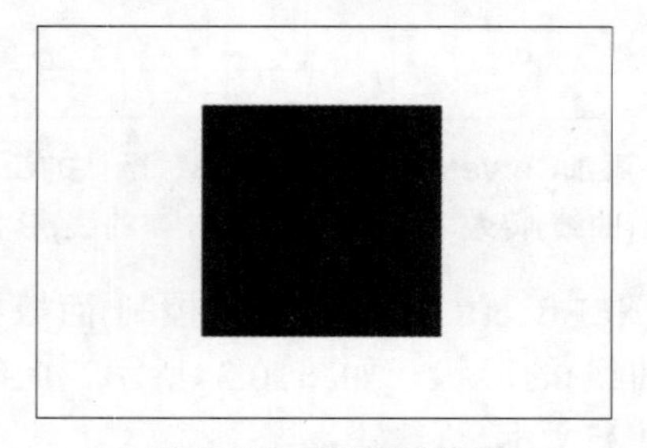

图10.37　固态层效果

(12)在Project(项目)面板中，再次选择“划痕.jpg”素材，将其拖动到“伤痕”合成的时间线面板中，按Enter(回车)键重命名为“划痕2”，如图10.38所示。

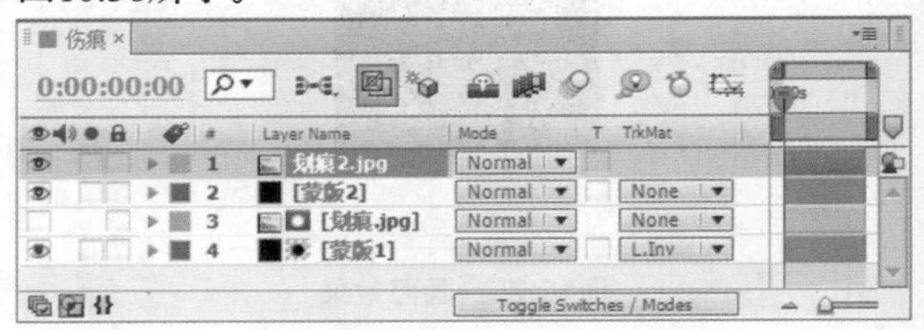

图10.40　添加划痕2素材

(13)选中“划痕2”层，按P键展开Position(位置)属性，设置Position(位置)数值为(530，257)；按R键展开Rotation(旋转)属性，设置Rotation(旋转)数值为244，如图10.39所示。

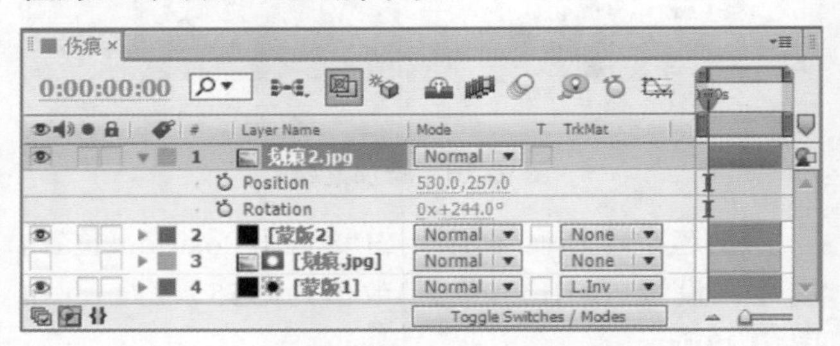

图10.39　Position(位置)属性设置

(14) 选中“蒙版2”层，选择工具栏中的Pen Tool(钢笔工具)，在伤痕合成中绘制闭合遮罩，如图10.40所示。

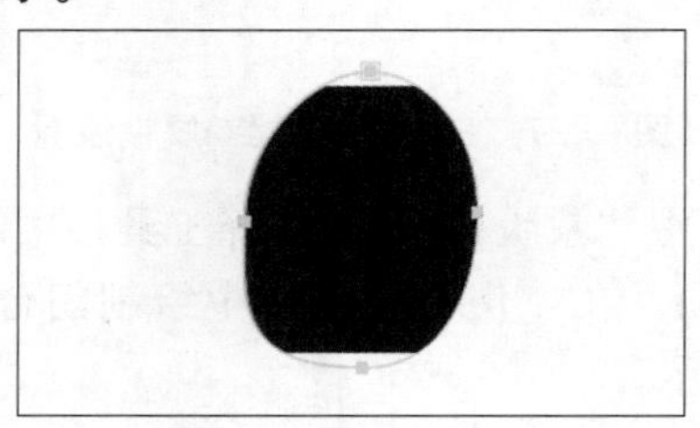

图10.40　绘制遮罩

(15) 按S键展开Scale(缩放)属性，设置Scale(缩放)数值为(85，85)；按P键展开Position(位置)属性，设置Position(位置)数值为(523，254)；按R键展开Rotation(旋转)属性，设置Rotation(旋转)数值为244，如图10.41所示。

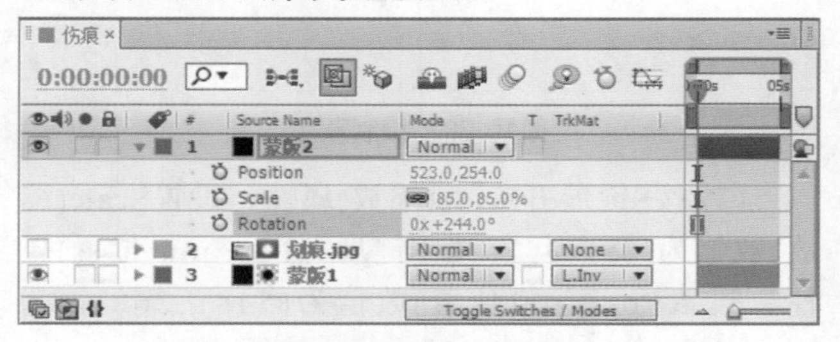

图10.41　蒙版2参数设置

(16) 选中“蒙版2”层，设置该层的轨道蒙版为Luma Inverted Matte 划痕2.jpg，如图10.42所示，效果如图10.43所示。

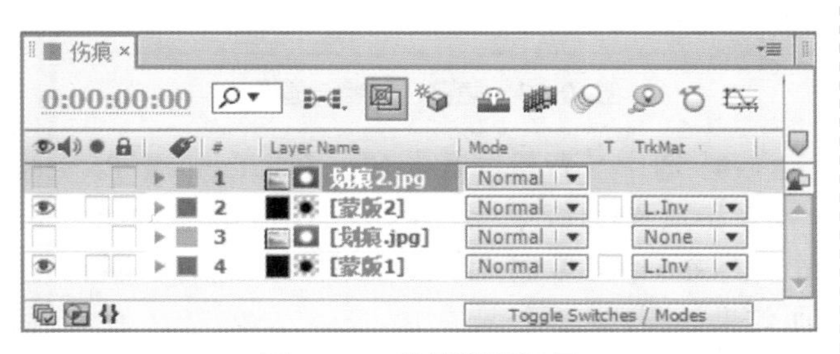

图10.42　轨道蒙版设置

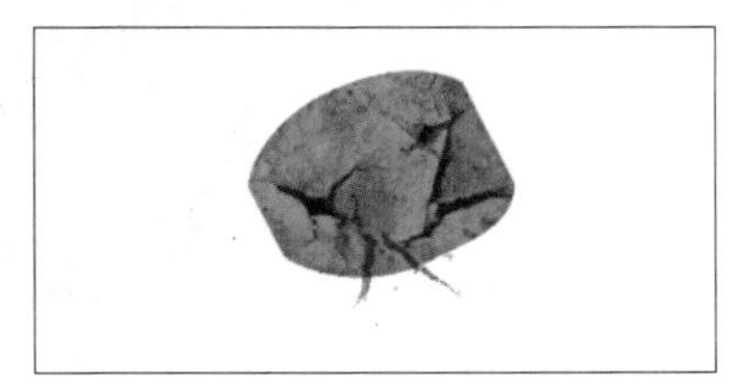

图10.43　设置轨道蒙版后的效果

(17) 选中“划痕2”层，在Effects & Presets(效果和预置)面板中展开Color Correction(色彩校正)特效组，双击Curves(曲线)特效，如图10.44所示，默认的Curves(曲线)形状如图10.45所示。

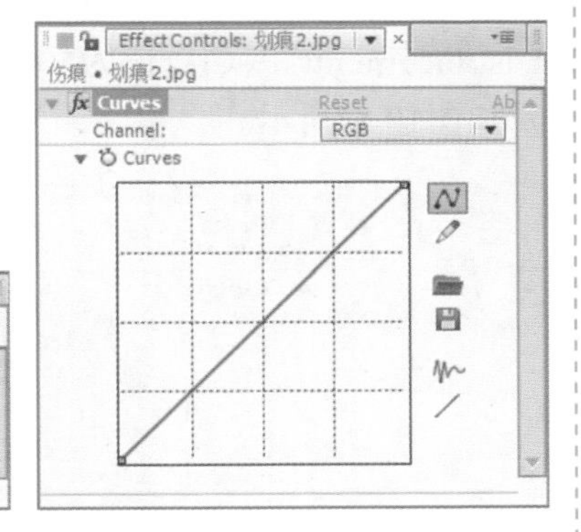

图10.44　添加Curves(曲线)特效　　图10.45　默认的Curves(曲线)形状

(18) 在Effect Controls(特效控制)面板中，调整Curves(曲线)形状，如图10.46所示，此时画面效果如图10.47所示。

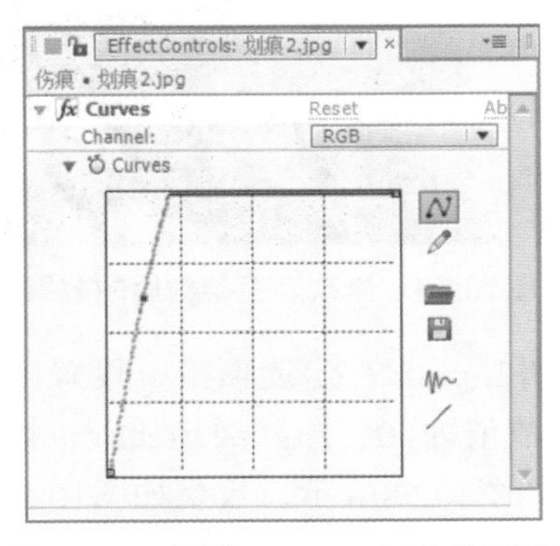

图10.46　调整Curves(曲线)的形状

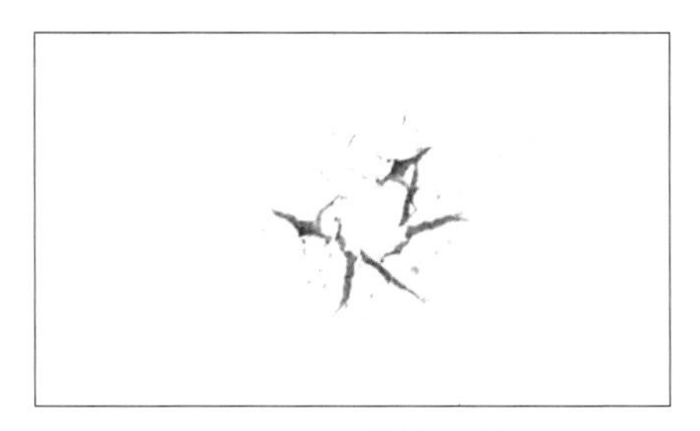

图10.47　调整曲线后的效果

10.4.2　制作划痕动画

(1) 上面的操作已做好了“伤痕”合成，下面来制作“划痕动画”合成，执行菜单栏中的Composition(合成)｜New Composition(新建合成)命令，打开Composition Settings(合成设置)对话框，设置Composition Name(合成名称)为“划痕动画”，Width(宽)为“1024”，Height(高)为“576”，Frame Rate(帧率)为“25”，并设置Duration(持续时间)为00:00:05:00秒，颜色为白色。

(2) 在Project(项目)面板中，选择“伤痕”合成，将其拖动到“划痕动画”合成的时间线面板中，如图10.48所示。

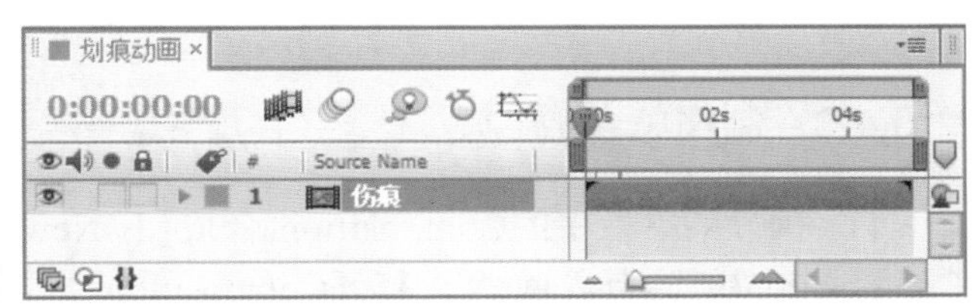

图10.48　添加伤痕素材

(3) 选择“伤痕”层，在Effects & Presets(效果和预置)面板中展开Matte(蒙版)特效组，双击Simple Choker(简易阻塞)特效，如图10.49所示，此时的画面效果如图10.50所示。

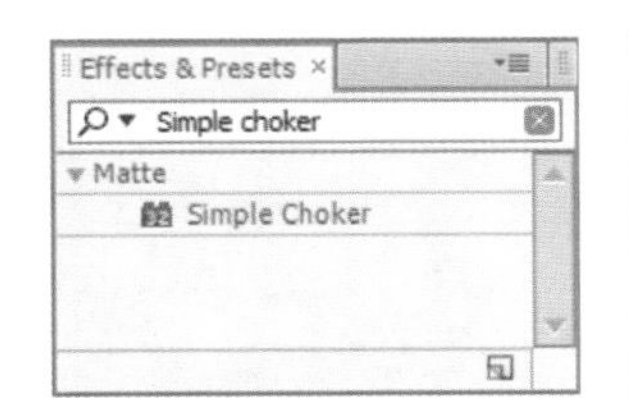

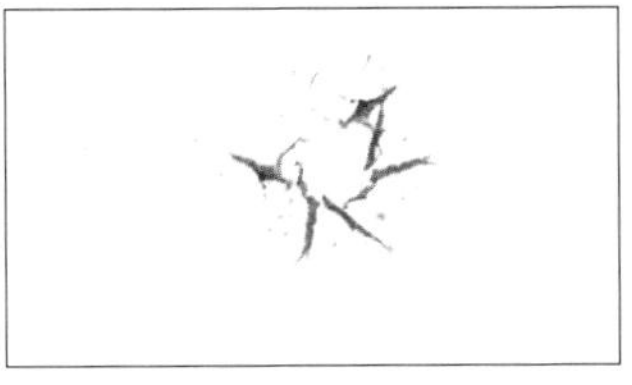

图10.49　添加Simple Choker(简易阻塞)特效　　图10.50　简易阻塞效果

(4) 在Effect Controls(特效控制)面板中，将时间调整到00:00:00:00帧的位置，设置Choke Matte(阻塞蒙版)数值为0，单击码表按钮，在当前位置添加关键帧；将时间调整到00:00:00:15帧的位置，设置Choke Matte(阻塞蒙版)的数值为0.6，系统会自动创建关键帧；将时间调整到00:00:01:03帧的位置，设置Choke Matte(阻塞蒙版)数值为1；将时间调整到00:00:01:16帧的位置，设置Choke Matte(阻塞蒙版)数值为1.5；将时间调整到00:00:02:06帧的位置，设置Choke Matte(阻塞蒙版)数值为2；将时间调整到00:00:02:20帧的位置，设置Choke Matte(阻塞蒙版)数值为3；将时间调整到00:00:03:08帧的位置，设置Choke Matte(阻塞蒙版)数值为5；将时间调整到00:00:03:22帧的位置，设置Choke Matte(阻塞蒙版)数值为7.7，如图10.51所示。

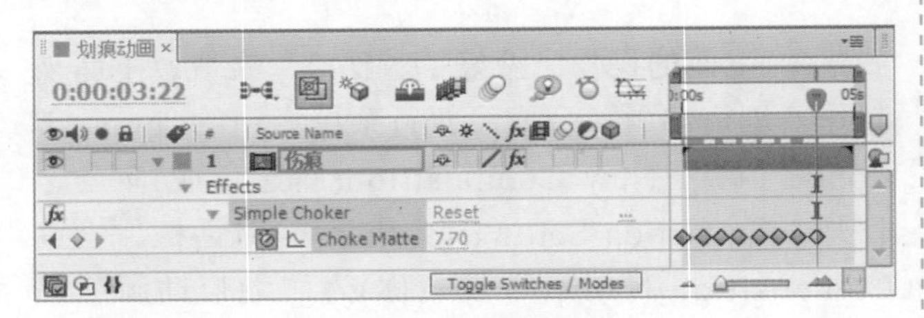

图10.51 关键帧设置

提示

Simple Choker(简易阻塞)特效主要用于对带有Alpha通道的图像进行控制，可以收缩和描绘Alpha通道图像的边缘，修改边缘的效果。

10.4.3 制作总合成

(1) 执行菜单栏中的Composition(合成)｜New Composition(新建合成)命令，打开Composition Settings(合成设置)对话框，设置Composition Name(合成名称)为“总合成”，Width(宽)为“1024”，Height(高)为“576”，Frame Rate(帧率)为“25”，并设置Duration(持续时间)为00:00:05:00秒。

(2) 在Project(项目)面板中，选择“背景图片.jpg、划痕动画”素材，将其拖动到“总合成”的时间线面板中，如图10.52所示。

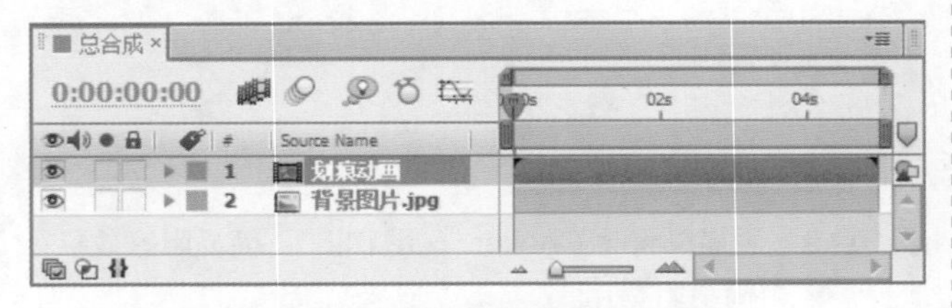

图10.52 添加划痕动画合成素材

(3) 选中“划痕动画”层，单击隐藏按钮，将“划痕动画”层隐藏，如图10.53所示。

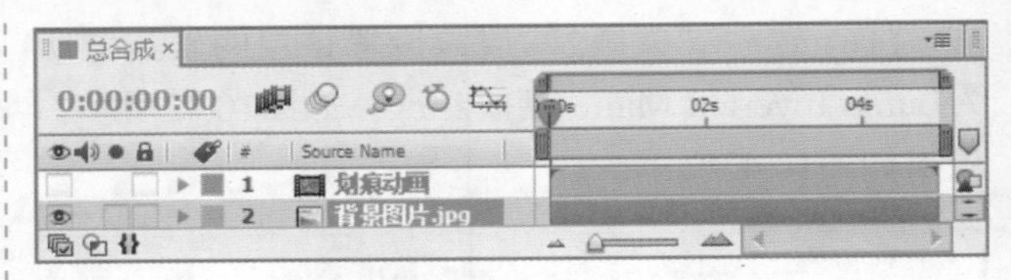

图10.53 隐藏“划痕动画”层

(4) 选中“背景图片”层，在Effects & Presets(效果和预置)面板中展开Stylize(风格化)特效组，双击CC Glass(CC玻璃)特效，如图10.54所示，此时画面效果如图10.55所示。

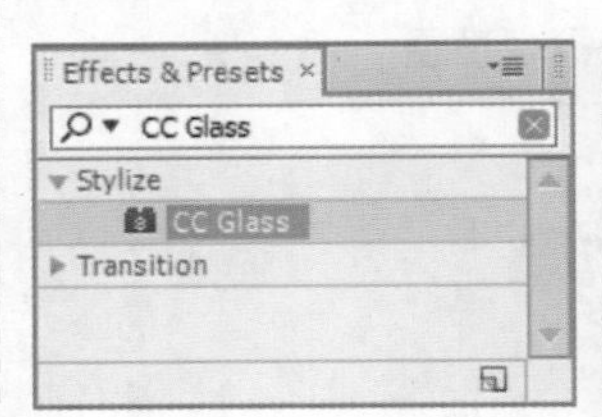

图10.54 添加Simple Choker(简易阻塞)特效

图10.55 简易阻塞效果

(5) 在Effect Controls(特效控制)面板中，展开Surface(表面)选项组，从Bump Map(凹凸贴图)右侧下拉列表中选择“划痕动画”选项，设置Softness(柔化)数值为0，Height(高度)数值为–5，Displacement(置换)数值为50，如图10.56所示，效果如图10.57所示。

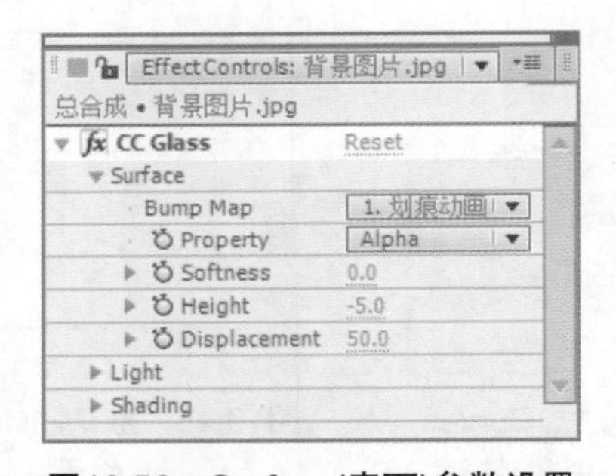

图10.56 Surface(表面)参数设置

图10.57 修改表面参数后的效果

(6) 展开Light(灯光)选项组，设置Light Height(灯光高度)数值为50，Light Direction(灯光方向)数值为–31，如图10.58所示，效果如图10.59所示。

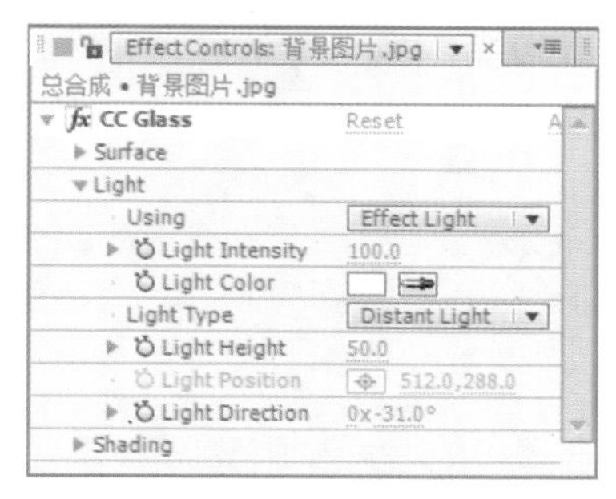

图10.58　Light(灯光)参数设置

图10.59　修改灯光后的效果

(7) 选中“划痕动画”层，单击隐藏按钮，显示“划痕动画”层，并设置其叠加模式为Classic Color Burn(典型颜色加深)，如图10.60所示。

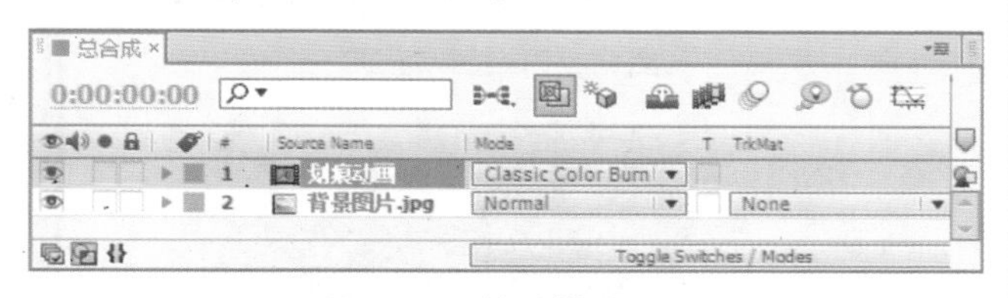

图10.60　修改模式设置

(8) 在Effects & Presets(效果和预置)面板中展开Color Correction(色彩校正)特效组，双击Tint(色调)特效，如图10.61所示，此时画面效果如图10.62所示。

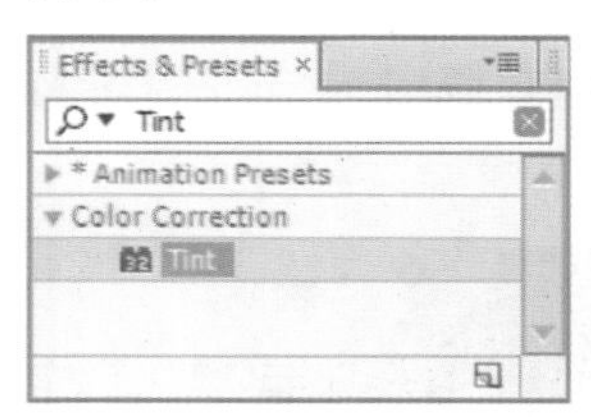

图10.61　添加Tint(色调)特效

图10.62　效果图

(9)在Effect Controls(特效控制)面板中，设置Map Black to(黑色映射)颜色为深红色(R:108、G:34、B:34)，如图10.63所示，效果如图10.64所示。

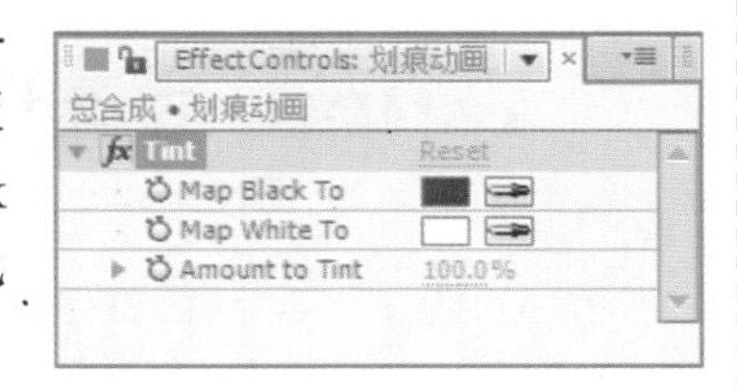

图10.63　Map Black to设置

图10.64　修改色调后的效果

(10) 在Effects & Presets(效果和预置)面板中展开Blur & Sharpen(模糊与锐化)特效组，然后双击Fast Blur(快速模糊)特效，如图10.65所示。

(11) 在Effect Controls(特效控制)面板中，设置Blurriness(模糊)数值为2，如图10.66所示。

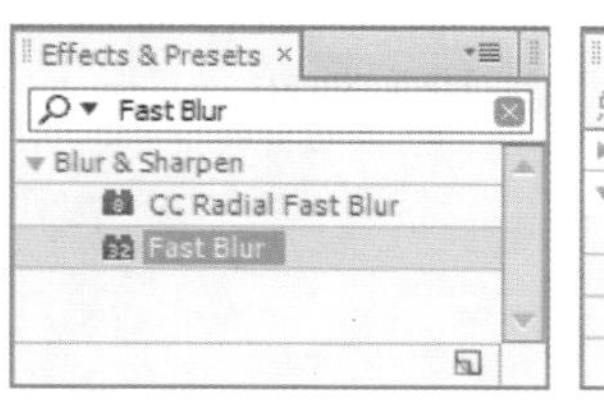

图10.65　添加Fast Blur(快速模糊)特效

图10.66　快速模糊参数设置

(12) 在Project(项目)面板中，再次选择“划痕动画”素材，将其拖动到“总合成”的时间线面板中，按Enter(回车)键重命名为“划痕动画2”，并设置其模式为Classic Color Dodge(典型颜色减淡)，如图10.67所示。

图10.67　重命名并设置模式

(13) 选中“划痕动画2”层，在Effects & Presets(效果和预置)面板中展开Color Correction(色彩校正)特效组，双击Tint(色调)特效，如图10.68所示，此时画面效果如图10.69所示。

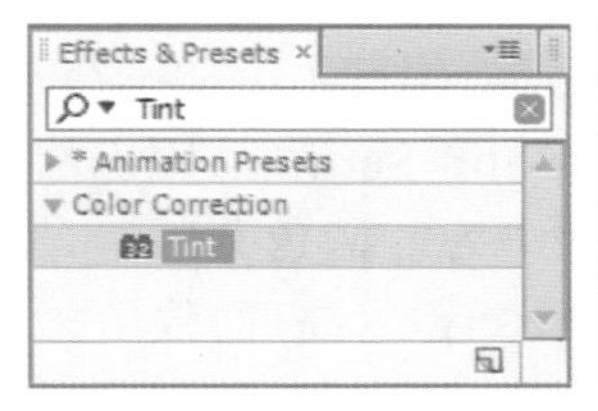

图10.68　添加Tint(色调)特效

图10.69　添加色调效果

(14) 在Effect Controls(特效控制)面板中，设置Map Black to(黑色映射)颜色为深红色(R:72、G:0、B:0)，如图10.70所示，效果如图10.71所示。

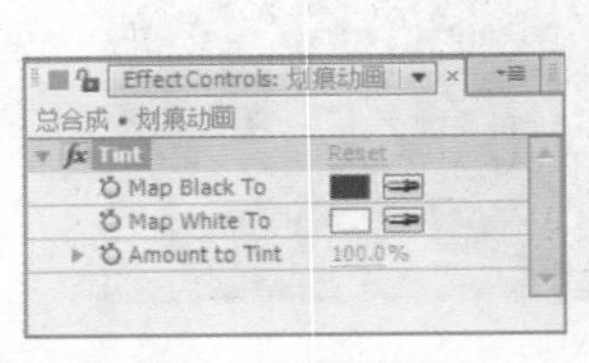

图10.70　Map Black to设置

图10.71　修改色调后的效果

(15) 选中"划痕动画2"层，在Effects & Presets(效果和预置)面板中展开Blur & Sharpen(模糊与锐化)特效组，双击Fast Blur(快速模糊)特效，如图10.72所示。

(16) 在Effect Controls(特效控制)面板中，设置Blurriness(模糊)数值为20，如图10.73所示。

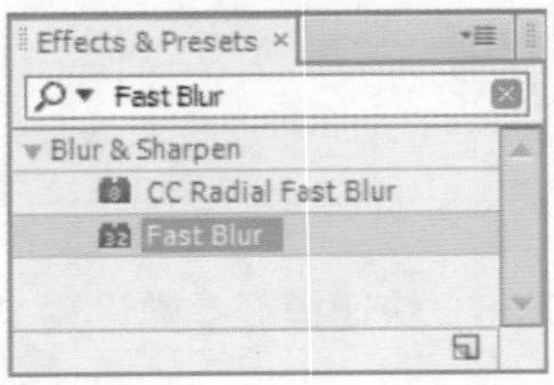

图10.72　添加Fast Blur(快速模糊)特效

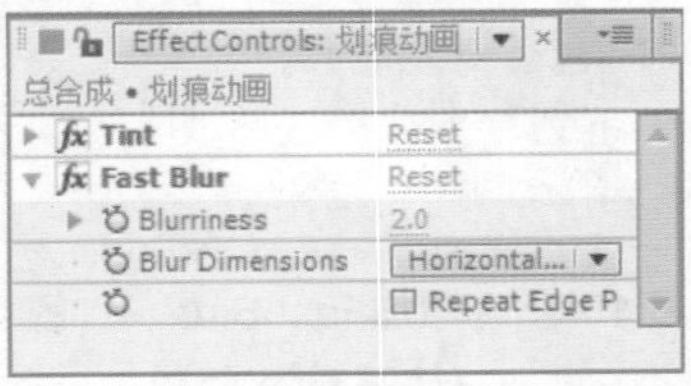

图10.73　快速模糊参数设置

(17) 选中"划痕动画2"层，在Effects & Presets(效果和预置)面板中展开Stylize(风格化)特效组，双击Glow(辉光)特效，如图10.74所示。

(18) 在Effect Controls(特效控制)面板中，设置Glow Radius(辉光半径)数值为0，如图10.75所示。

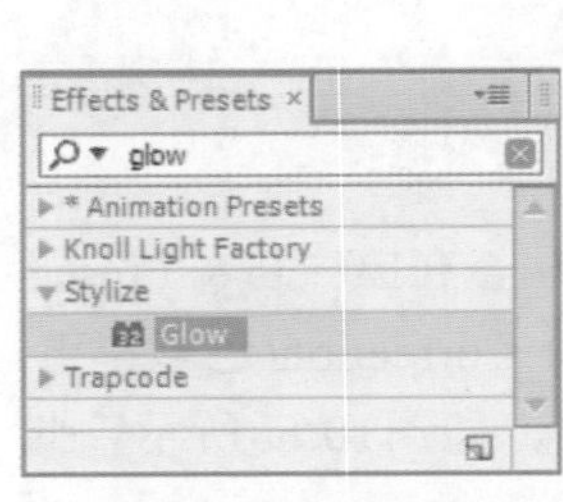

图10.74　添加辉光特效

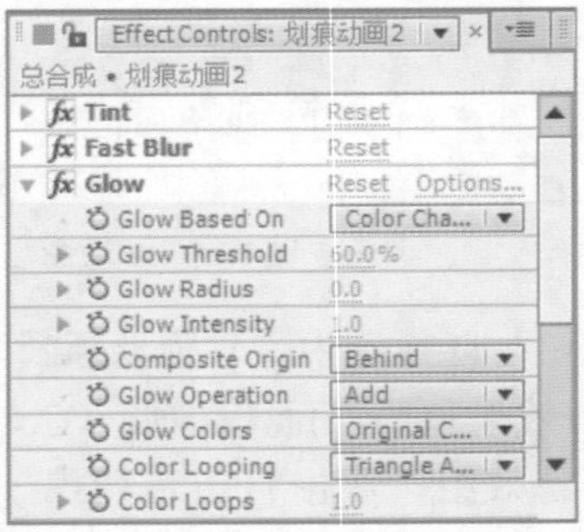

图10.75　修改辉光半径

(19) 执行菜单栏中的Layer(图层) | New(新建) | Solid(固态)命令，打开Solid Settings(固态层设置)对话框，设置Name(名称)为"蓝色蒙版"，Width(宽度)数值为720px，Height(高度)数值为576px，Color(颜色)值为蓝色(R:3，G:71，B:174)。

(20) 选中"蓝色蒙版"层，按T键展开Opacity(透明度)属性，设置Opacity(透明度)数值为40%，修改其叠加模式为Soft Light(柔光)，如图10.76所示。

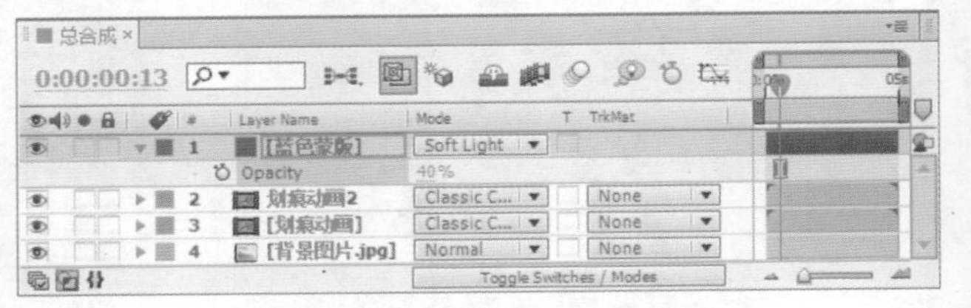

图10.76　修改透明度及模式

(21) 选中"蓝色蒙版"层，选择工具栏中的Ellipse Tool(椭圆工具)，在"总合成"中绘制椭圆蒙版，如图10.77所示。

(22) 选中"Mask1(遮罩1)"层，按F键展开Mask Feather(遮罩羽化)属性，设置Mask Feather(遮罩羽化)数值为60，如图10.78所示。

图10.77　绘制遮罩

图10.78　Mask Feather(遮罩羽化)设置

(23) 再次选择工具栏中的Ellipse Tool(椭圆工具)，在"总合成"中绘制椭圆蒙版2，如图10.79所示。

图10.79　绘制蒙版

(24) 选中"Mask 2(遮罩2)"层，按F键展开Mask Feather(遮罩羽化)属性，设置Mask Feather(遮罩羽化)数值为60，如图10.80所示。

图10.80　Mask Feather(遮罩羽化)设置

(25) 这样就完成了伤痕愈合的整体制作，按小键盘上的“0”键，即可在合成窗口中预览动画。

10.5　飞行烟雾

实例说明

本例主要讲解利用Particular(粒子)特效制作飞行烟雾效果的操作，完成的动画流程画面如图10.81所示。

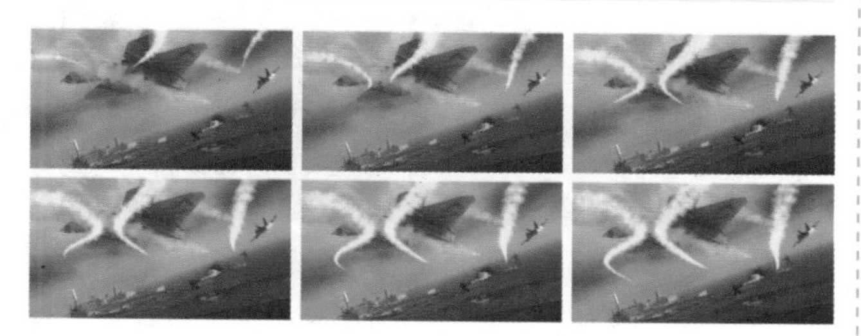

图10.81　动画流程画面

学习目标

1. **学习Particular(粒子)特效的使用。**
2. **学习Light(灯光)特效的使用。**

操作步骤

10.5.1　制作烟雾合成

(1) 执行菜单栏中的Composition(合成)｜New Composition(新建合成)命令，打开Composition Settings(合成设置)对话框，设置Composition Name(合成名称)为“烟雾”，Width(宽)为“300”，Height(高)为“300”，Frame Rate(帧率)为“25”，并设置Duration(持续时间)为00:00:03:00秒，颜色为白色，如图10.82所示。

(2) 执行菜单栏中的File(文件)｜Import(导入)｜File(文件)命令，打开Import File(导入文件)对话框，选择配书光盘中的“工程文件\第10章\飞行烟雾\背景.jpg、large_smoke.jpg”素材，如图10.83所示。单击“打开”按钮，将“背景.jpg、large_smoke.jpg”素材导入Project(项目)面板中。

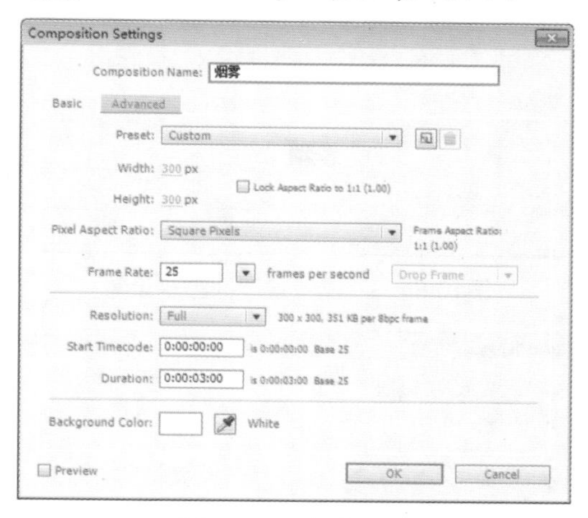

图10.82　合成设置

图10.83　Import File(导入文件)对话框

(3) 为了操作方便，执行菜单栏中的Layer(图层)｜New(新建)｜Solid(固态)命令，打开Solid Settings(固态层设置)对话框，设置Name(名称)为“黑背景”，Width(宽度)数值为300px，Height(高度)数值为300px，Color(颜色)为黑色，如图10.84所示。

(4) 执行菜单栏中的Layer(图层)｜New(新建)｜Solid(固态)命令，打开Solid Settings(固态层设置)对话框，设置Name(名称)为“叠加层”，Width(宽度)数值为300px，Height(高度)数值为300px，Color(颜色)为白色，如图10.85所示。

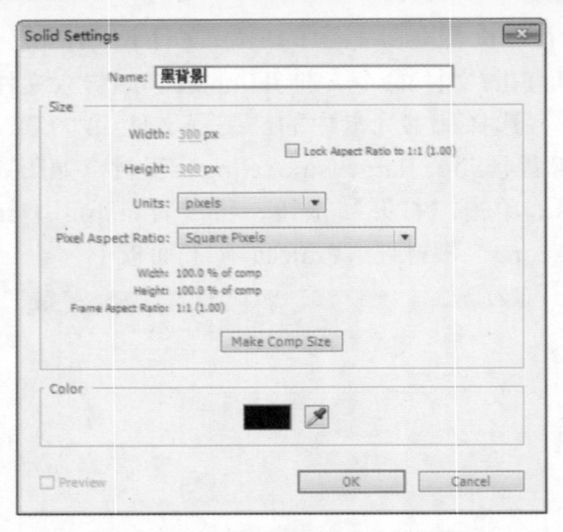

图10.84 “黑背景”固态层设置

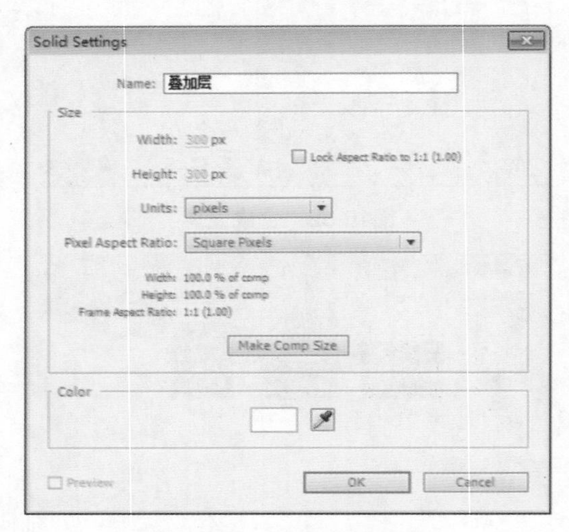

图10.85 “叠加层”设置

(5) 在Project(项目)面板中，选择large_smoke.jpg素材，将其拖动到large_smoke合成的时间线面板中，如图10.86所示。

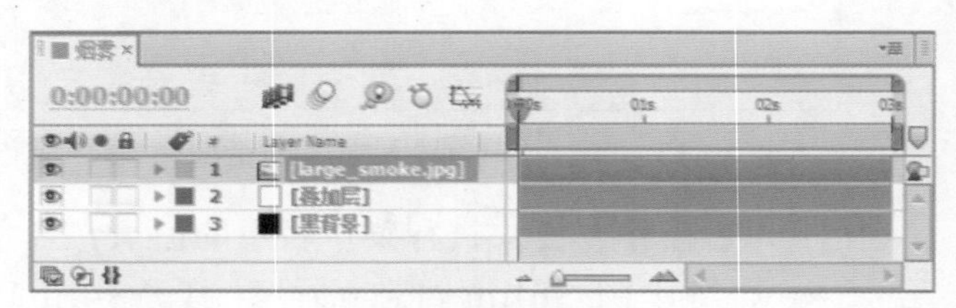

图10.86 添加素材

(6) 选中large_smoke.jpg层，按S键展开Scale(缩放)属性，取消链接按钮，设置Scale(缩放)数值为(47，61)，如图10.87所示。

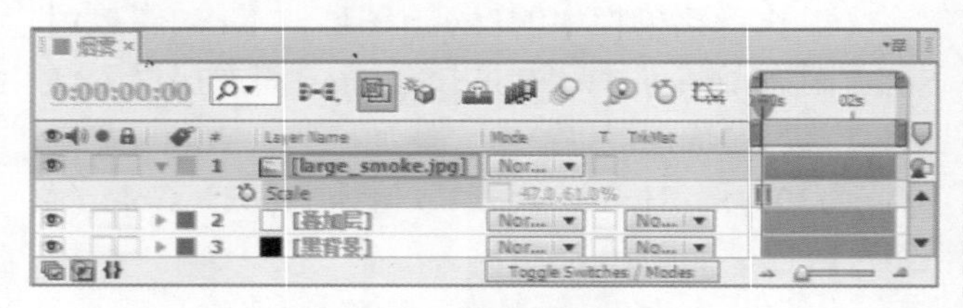

图10.87 缩放参数设置

(7) 选中“叠加层”，设置层轨道蒙版为Luma Matte large_smoke.jpg，这样单独的云雾就被提出来了，如图10.88所示，效果如图10.89所示。

图10.88 轨道蒙版设置

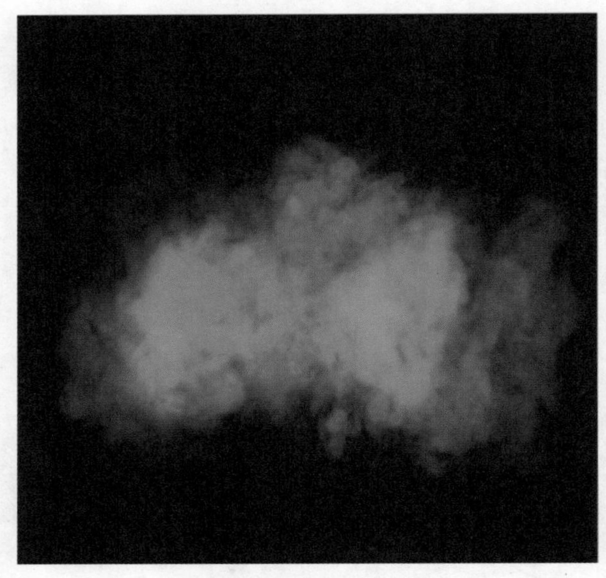

图10.89 轨道蒙版效果

(8) 选中“黑背景”层，将该层删除，如图10.90所示。

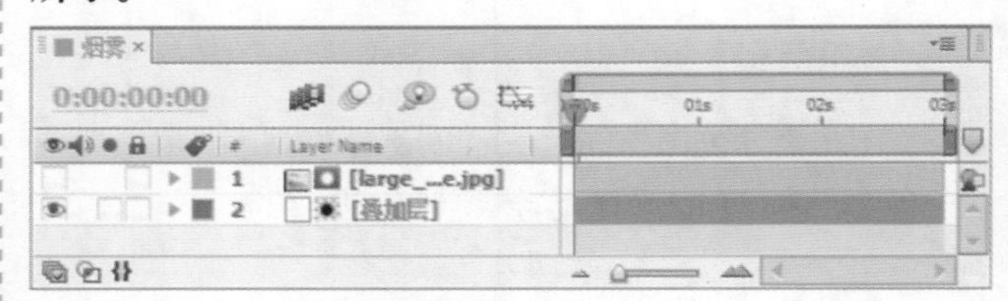

图10.90 删除“黑背景”层

10.5.2 制作总合成

(1) 执行菜单栏中的Composition(合成)| New Composition(新建合成)命令，打开Composition Settings(合成设置)对话框，设置Composition Name(合成名称)为“总合成”，Width(宽)为“1024”，Height(高)为“576”，Frame Rate(帧率)为“25”，并设置Duration(持续时间)为00:00:03:00秒。

(2) 打开“总合成”，在Project(项目)面板中，选择“背景.jpg”素材，将其拖动到“总合成”的时间线面板中，如图10.91所示。

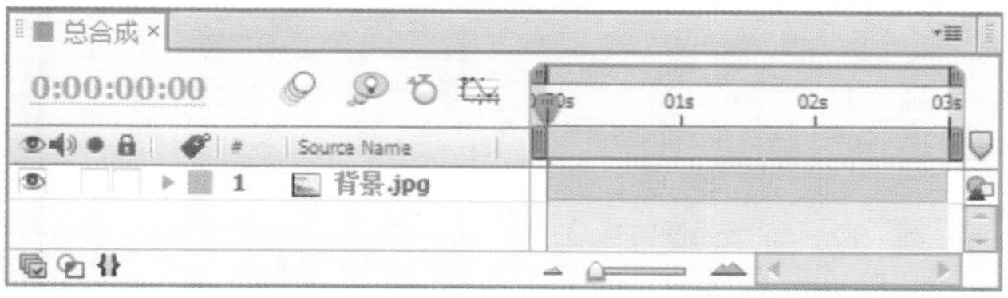

图10.91　添加背景素材

(3) 选中“背景.jpg”层，打开三维层按钮，按S键展开Scale(缩放)属性，设置Scale(缩放)数值为(105，105，105)，如图10.92所示。

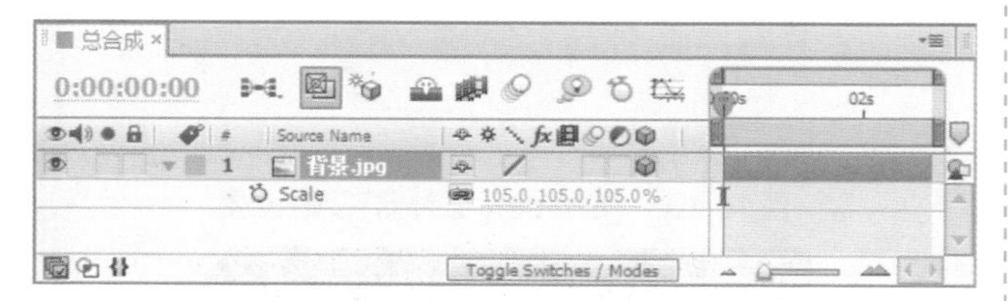

图10.92　Scale(缩放)设置

(4) 执行菜单栏中的Layer(图层)|New(新建)|Light(灯光)命令，打开Light Settings(灯光设置)对话框，设置Name(名称)为“Emitter1”，如图10.93所示，单击OK按钮，此时效果如图10.94所示。

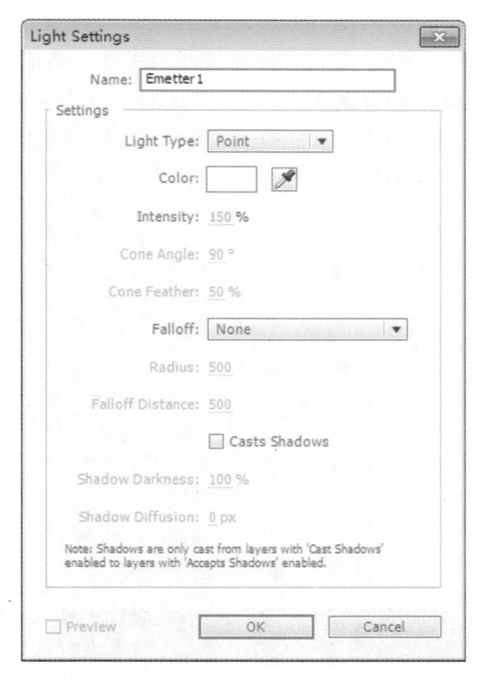

图10.93　Light(灯光)设置

图10.94　灯光效果

(5) 将“总合成”窗口切换到Top(顶视图)，如图10.95所示。

图10.95　Top(顶视图)效果

(6) 将时间调整到00:00:00:00帧的位置，选中“灯光”层，按P键展开Position(位置)属性，设置Position(位置)数值为(698，153，-748)，单击码表按钮，在当前位置添加关键帧；将时间调整到00:00:02:24帧的位置，设置Position(位置)数值为(922，464，580)，系统会自动创建关键帧，如图10.96所示。

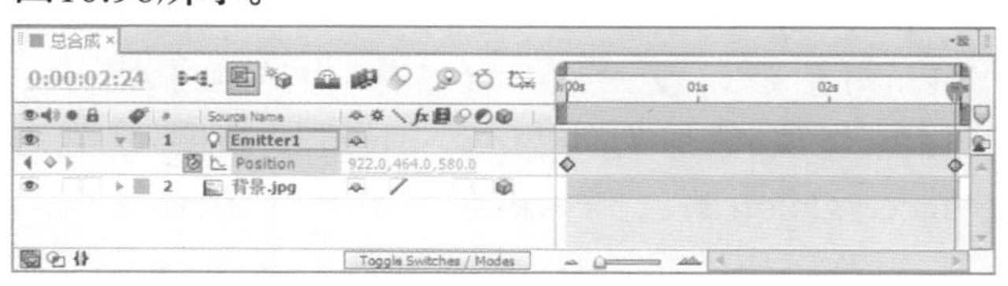

图10.96　位置关键帧设置

(7) 选中“灯光”层，按Alt键，同时用鼠标单击Position(位置)左侧的码表按钮，在时间线面板中输入“wiggle(.6,150)”，如图10.97所示。

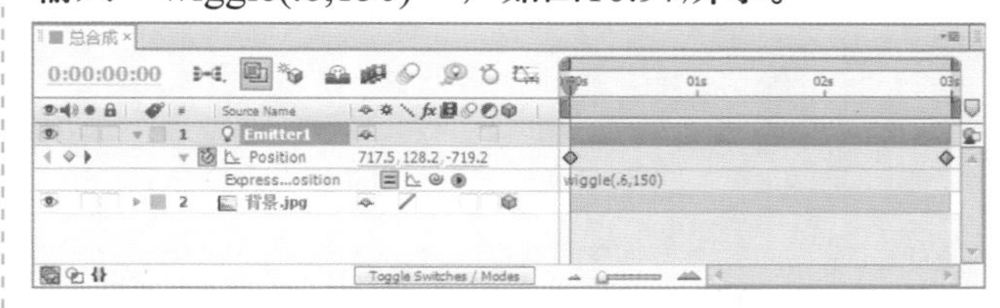

图10.97　表达式设置

(8) 将“总合成”窗口切换到Active Camera(摄像机视图)，如图10.98所示。

图10.98　视图切换

(9) 在Project(项目)面板中选择“烟雾”合成，将其拖动到“总合成”时间线面板中，效果如图10.99所示。

图10.99　添加“烟雾”合成

(10) 选中“烟雾”层，单击该层左侧的隐藏按钮，将其隐藏，如图10.100所示。

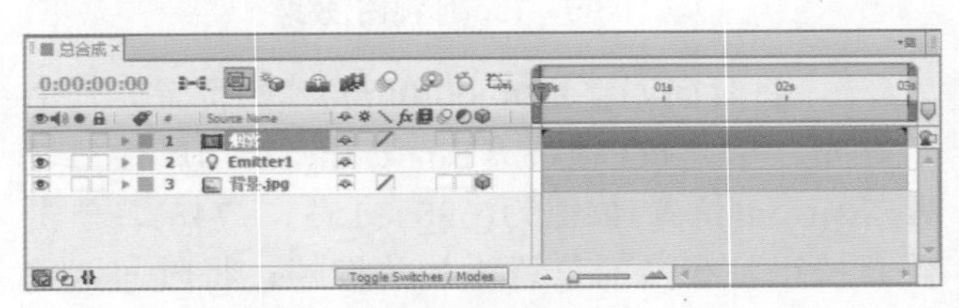

图10.100　隐藏“烟雾”合成

(11) 执行菜单栏中的Layer(图层) | New(新建) | Solid(固态)命令，打开Solid Settings(固态层设置)对话框，设置Name(名称)为“粒子烟”，Width(宽度)数值为1024px，Height(高度)数值为576px，Color(颜色)值为黑色，如图10.101所示。

(12) 选中“粒子烟”层，在Effects & Presets(效果和预置)面板中展开Trapcode特效组，双击Particular(粒子)特效，如图10.102所示。

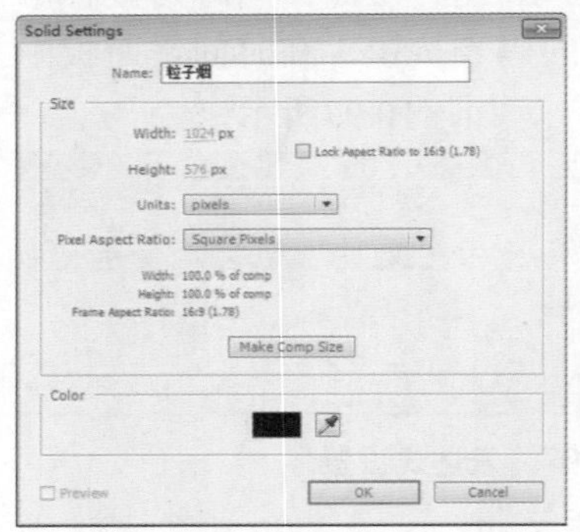

图10.101　固态层设置

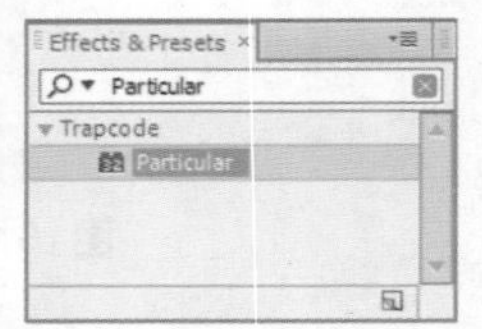

图10.102　添加Particular(粒子)特效

(13) 在Effect Controls(特效控制)面板中，展开Emitter(发射器)选项组，设置Particular/sec(每秒发射粒子数)为200，在Emitter Type(发射器类型)右侧的下拉列表中选择Light(灯光)，设置Velocity(速度)数值为7，Velocity Random(速度随机)数值为0，Velocity Distribution(速率分布)数值为0，Velocity from Motion(运动速度)数值为0，Emitter Size X(发射器X轴大小)数值为0，Emitter Size Y(发射器Y轴大小)数值为0，Emitter Size Z(发射器Z轴大小)数值为0，参数如图10.103所示，效果如图10.104所示。

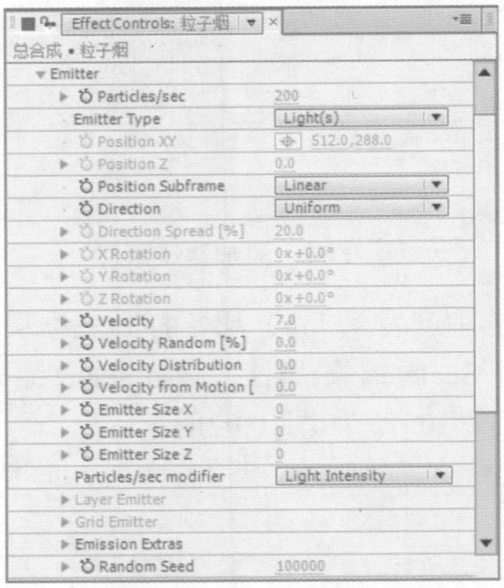

图10.103　Emitter(发射器)参数设置

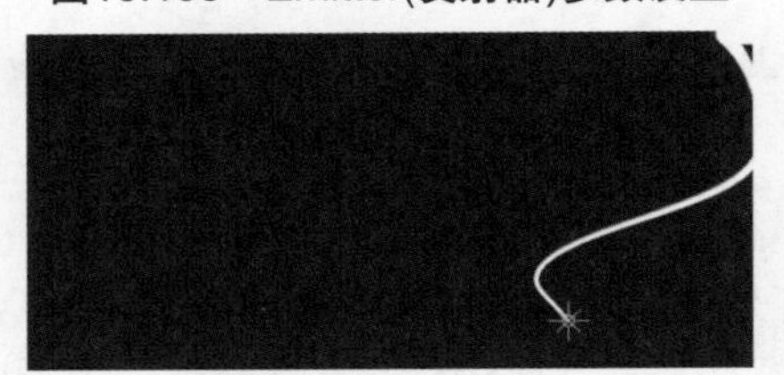

图10.104　修改发射器参数后的效果

(14) 展开Particle(粒子)选项组，设置Life(生命)数值为3，在Particle Type(粒子类型)右侧的下拉列表中选择Sprite(幽灵)，展开Texture(纹理)卷展栏，在Layer(图层)右侧的下拉列表中选择“烟雾”，参数如图10.105所示，效果如图10.106所示。

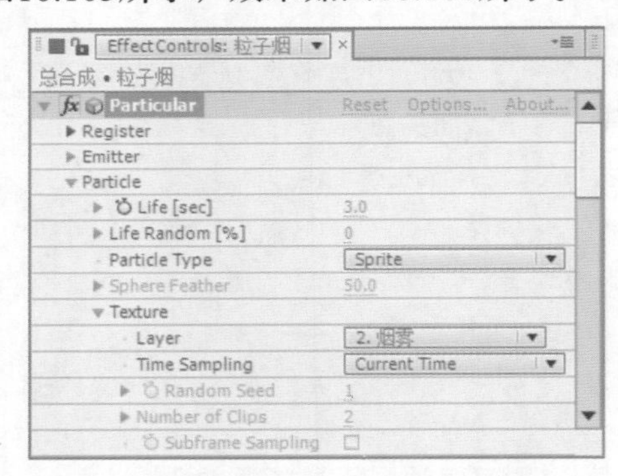

图10.105　Particle(粒子)参数设置

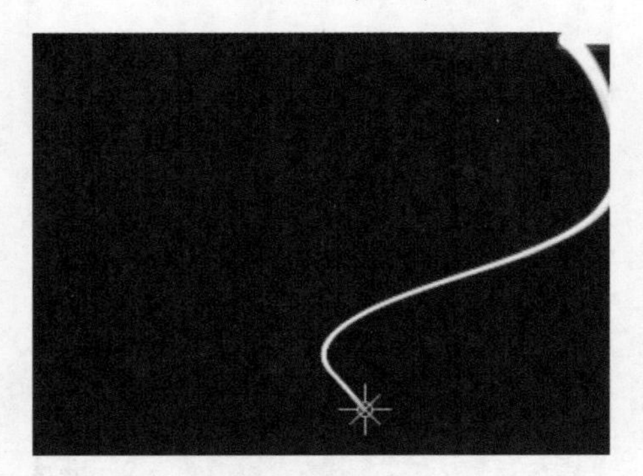

图10.106　修改粒子后的效果

(15) 展开Particular(粒子)|Particle(粒子)|Rotation(旋转)选项组，设置Random Rotation(随机旋转)数值为74，Size(大小)数值为14，Size Random(随机大小)数值为54，Opacity Random(透明度随机)数值为100，其他参数设置如图10.107所示，效果如图10.108所示。

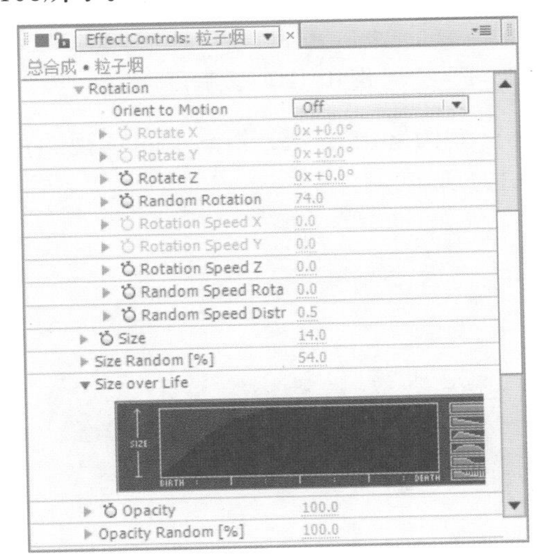

图10.107 Rotation(旋转)参数设置

图10.107 修改旋转后的效果

(16) 选中“灯光”层，单击该层左侧的隐藏按钮，将其隐藏，此时画面效果如图10.109所示。

图10.109 隐藏后的效果

(17) 选中“粒子烟”层，在Effects & Presets(效果和预置)面板中展开Color Correction(色彩校正)特效组，然后双击Tint(色调)特效，如图10.110所示。

(18) 在Effect Controls(特效控制)面板中，设置Map White To(白色映射)颜色为浅蓝色(R:213、G:241、B:243)，如图10.111所示。

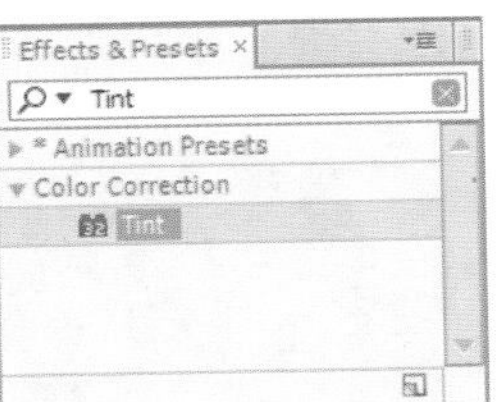

图10.110 添加Tint(色调)特效

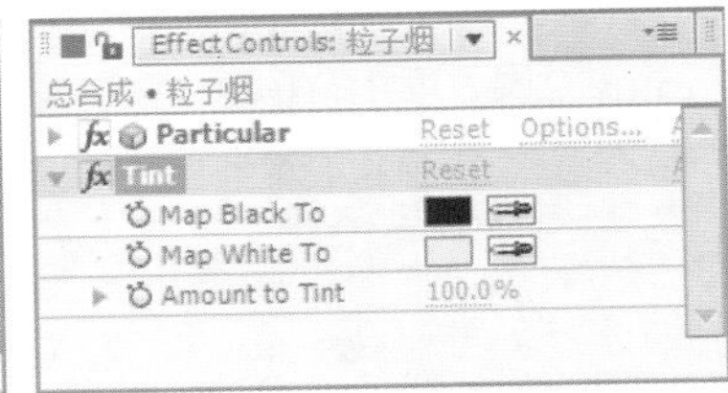

图10.111 色调参数设置

(19) 选中“粒子烟”层，在Effects & Presets(效果和预置)面板中展开Color Correction(色彩校正)特效组，双击Curves(曲线)特效，如图10.112所示，默认Curves(曲线)形状如图10.113所示。

图10.112 添加Curves(曲线)特效

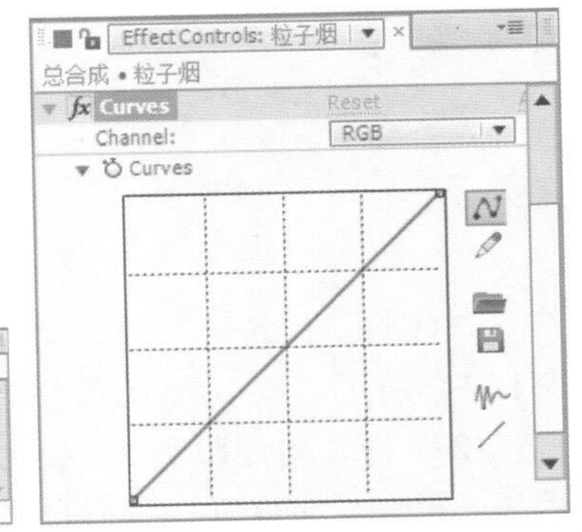

图10.113 默认的Curves(曲线)形状

(20) 在Effect Controls(特效控制)面板中，设置Curves(曲线)的形状如图10.114所示，效果如图10.115所示。

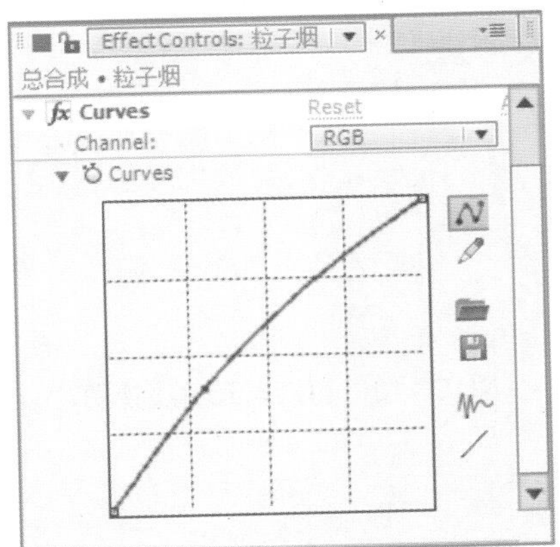

图10.114 调整Curves(曲线)的形状

图10.115 调整曲线后的效果

(21) 选中Emitter1层，按Ctrl+D组合键复制出Emitter2层，如图10.116所示。

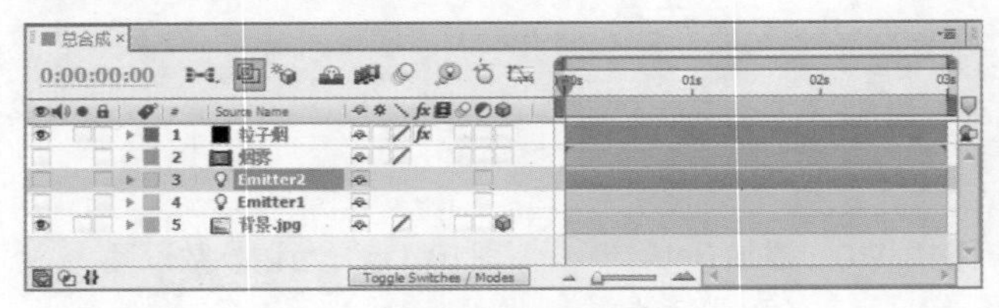

图10.116　复制层

(22) 选中Emitter2层，单击该层左侧的显示与隐藏按钮，将其显示，如图10.117所示。

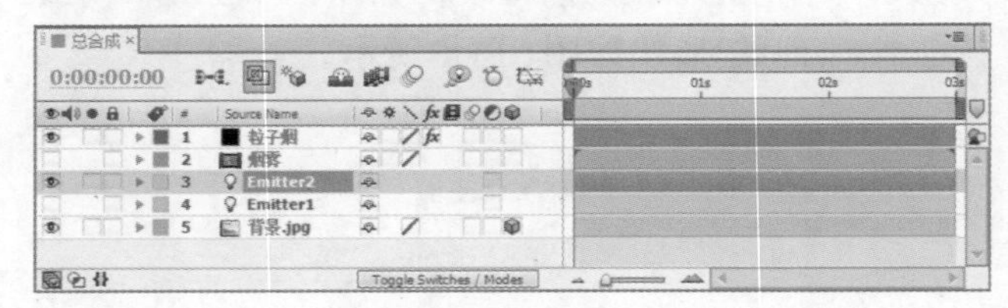

图10.117　显示图层

(23) 将“总合成”窗口切换到Top(顶视图)，如图10.118所示。

(24) 将时间调整到00:00:00:00帧的位置，手动调整Emitter2的位置；将时间调整到00:00:02:24帧的位置，手动调整Emitter2的位置，形状如图10.119所示。

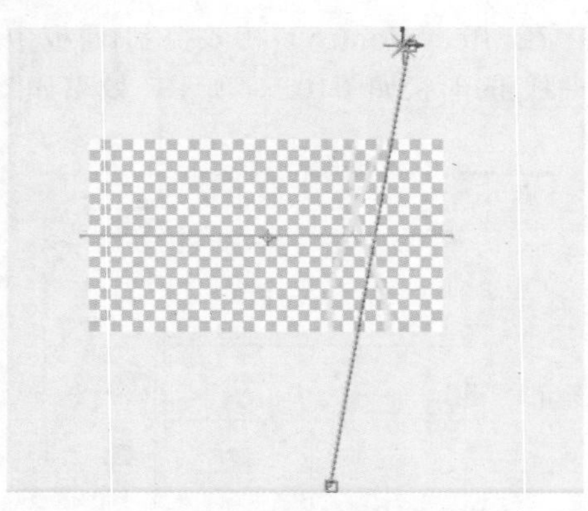

图10.118　切换到Top(顶视图)

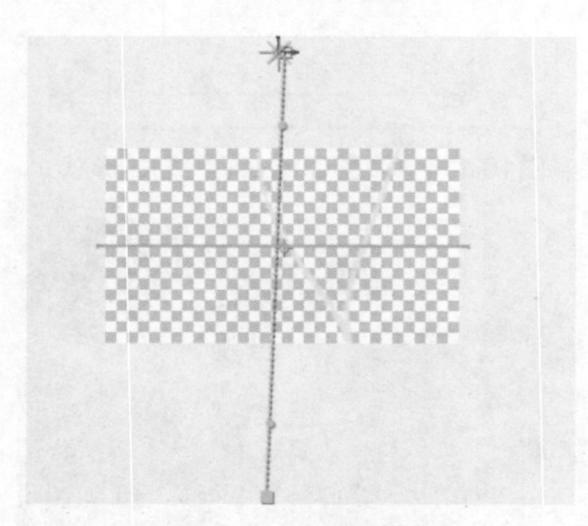

图10.119　形状调整

(25) 选中Emitter2层，按Ctrl+D组合键复制出Emitter3层，如图10.120所示。

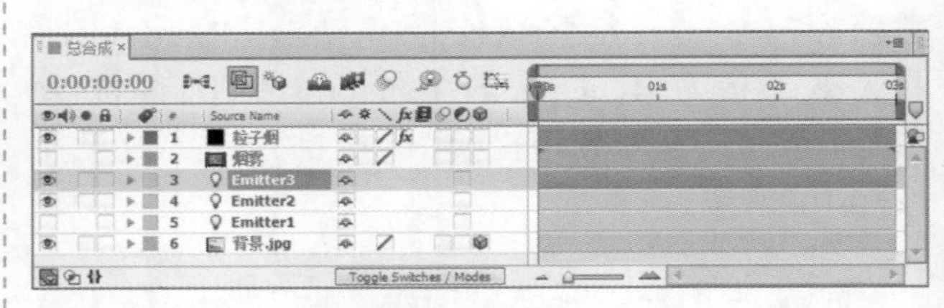

图10.120　复制层

(26) 选中Emitter3层，默认Top(顶视图)的形状如图10.121所示。

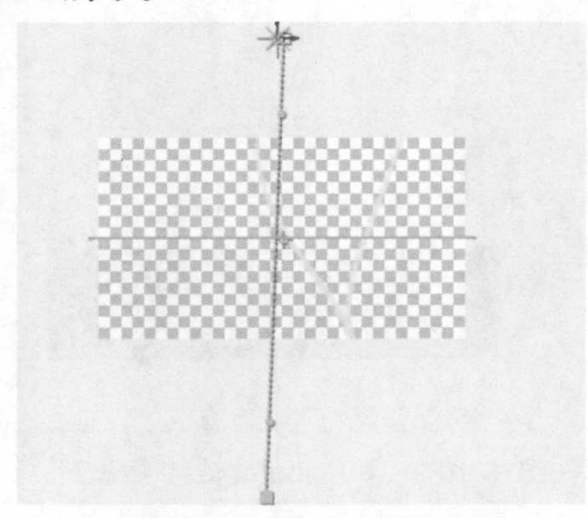

图10.121　默认的Top(顶视图)形状

(27) 将时间调整到00:00:00:00帧的位置，手动调整Emitter3的位置；将时间调整到00:00:02:24帧的位置，手动调整Emitter3的位置，形状如图10.122所示。

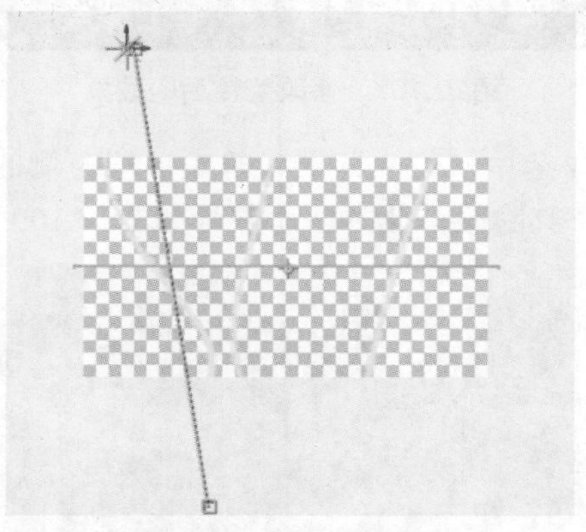

图10.122　形状调整

(28) 选中Emitter2、Emitter3层，单击层左侧的显示与隐藏按钮，将其隐藏，如图10.123所示。

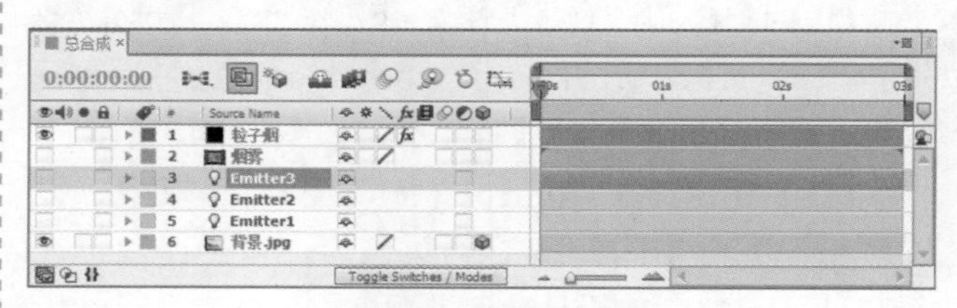

图10.123　隐藏设置

(29) 这样就完成了飞行烟雾的整体制作，按小键盘上的“0”键，即可在合成窗口中预览动画。

10.6 地面爆炸

实例说明

本例主要讲解利用Particular(粒子)特效制作地面爆炸效果的操作，完成的动画流程画面如图10.124所示。

图10.124　动画流程画面

学习目标

1．学习Particle(粒子)特效的使用。

2．学习Ramp(渐变)特效的使用。

3．学习Time-Reverse Layer(时间倒播)特效的使用。

操作步骤

10.6.1 制作爆炸合成

(1) 执行菜单栏中的Composition(合成)｜New Composition(新建合成)命令，打开Composition Settings(合成设置)对话框，设置Composition Name(合成名称)为“爆炸”，Width(宽)为“1024”，Height(高)为“576”，Frame Rate(帧率)为“25”，并设置Duration(持续时间)为00:00:05:00秒，如图10.125所示。

(2) 执行菜单栏中的File(文件)｜Import(导入)｜File(文件)命令，打开Import File(导入文件)对话框，选择配书光盘中的“工程文件\第10章\地面爆炸\爆炸素材.mov、背景.jpg、裂缝.jpg”素材，如图10.126所示。单击“打开”按钮，将“爆炸素材.mov、背景.jpg、裂缝.jpg”素材导入Project(项目)面板中。

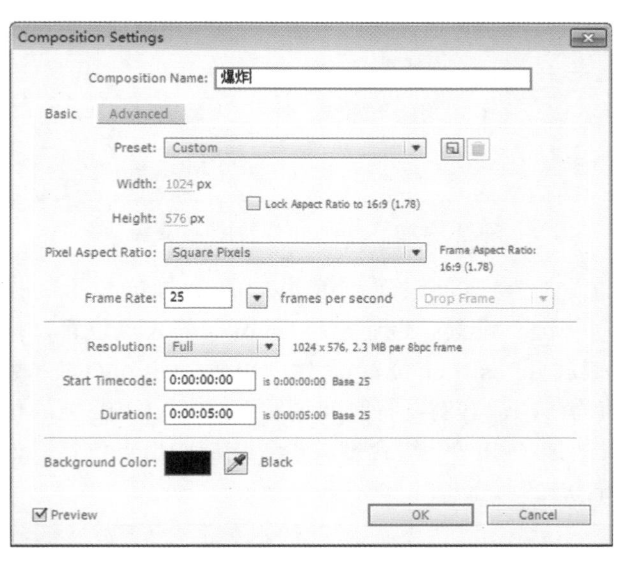

图10.125　合成设置

图10.126　Import File(导入文件)对话框

(3) 在Project(项目)面板中，选择“爆炸素材.mov”素材，将其拖动到“爆炸”合成的时间线面板中，如图10.127所示。

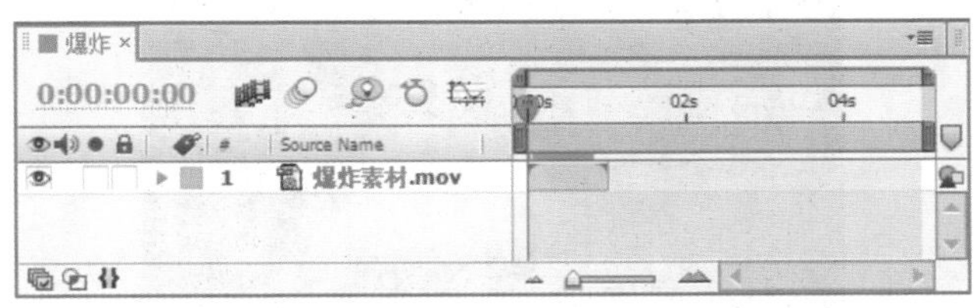

图10.127　添加素材

(4) 选中“爆炸素材.mov”层，按Enter(回车)键重新命名为“爆炸素材1.mov”，打开Stretch(伸展)属性，设置Stretch(伸展)数值为260%，参数设置如图10.128所示。

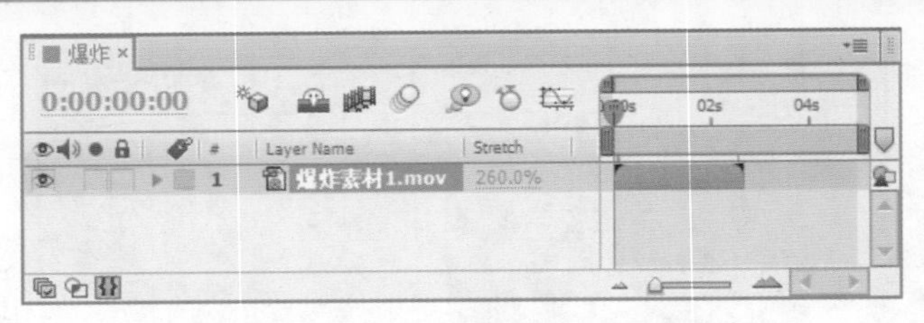

图10.128　Stretch(伸展)参数设置

(5) 将时间设置到00:00:01:04帧的位置，按“[”键，设置“爆炸素材1.mov”的入点位置，按P键展开Position(位置)属性，设置Position(位置)数值为(570，498)；将时间调整到00:00:03:05帧的位置，按“Alt+]”组合键，设置该层的出点位置，如图10.129所示。

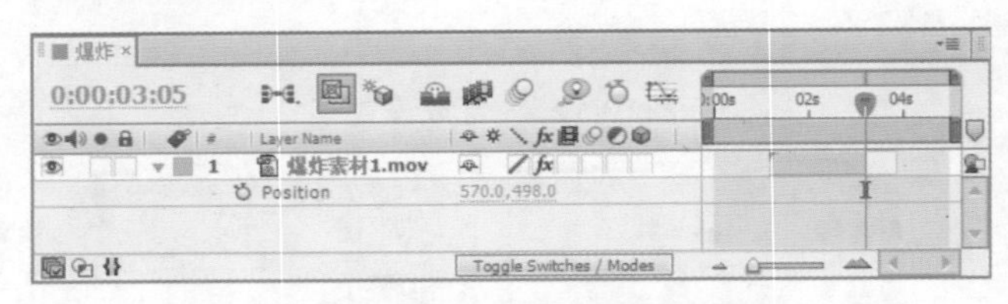

图10.129　Position(位置)参数设置

(6) 选中“爆炸素材1.mov”层，选择工具栏中的Pen Tool(钢笔工具)，在“爆炸”合成中绘制一个闭合遮罩，如图10.130所示。

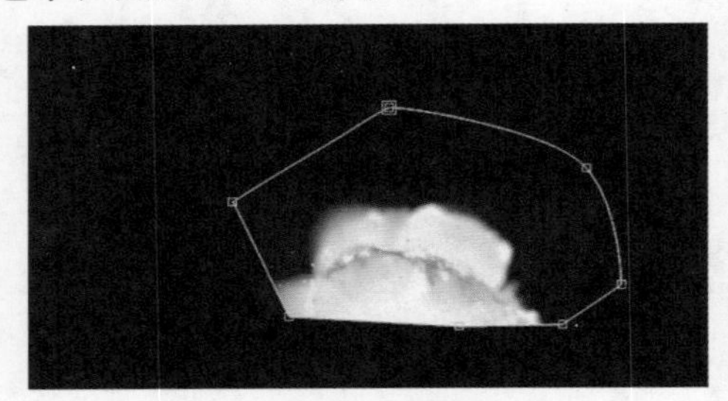

图10.130　绘制遮罩

(7) 选中Mask1(遮罩1)层，按F键展开Mask Feather(遮罩羽化)属性，设置Mask Feather(遮罩羽化)数值为58，如图10.131所示。

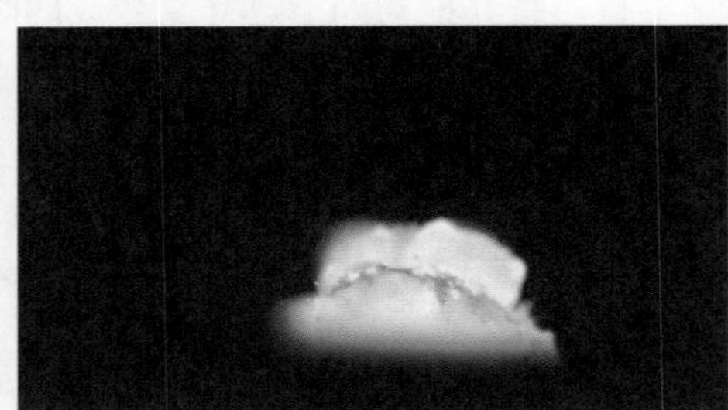

图10.131　羽化数值

(8) 选中“爆炸素材1.mov”层，在Effects & Presets(效果和预置)面板中展开Color Correction(色彩校正)特效组，双击Curves(曲线)特效，如图10.132所示，默认的Curves(曲线)特效形状如图10.133所示。

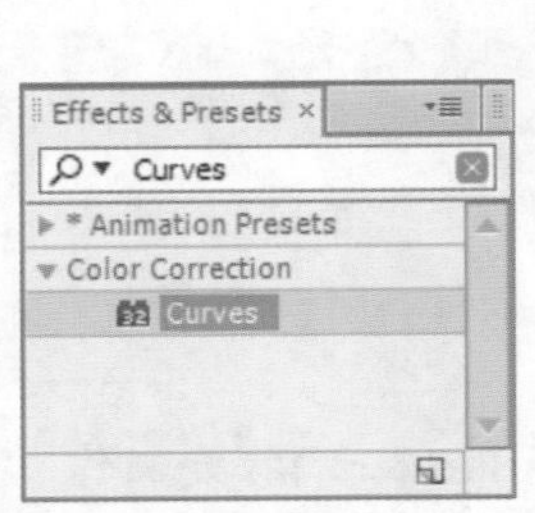

图10.132　添加Curves(曲线)特效

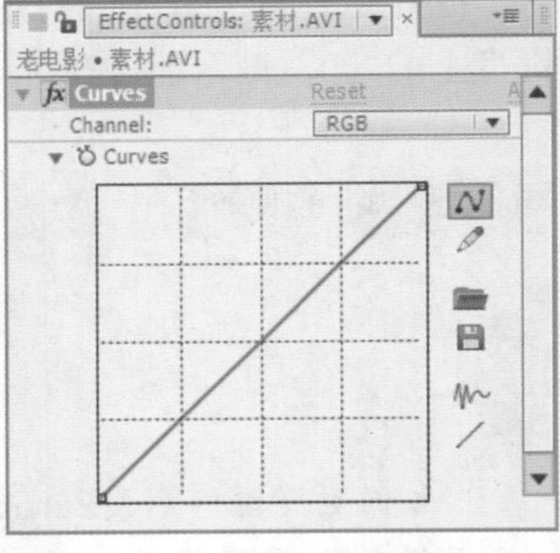

图10.133　默认的Curves(曲线)特效形状

(9) 在Effect Controls(特效控制)面板中，调节Curves(曲线)的形状，如图10.134所示，此时画面效果如图10.135所示。

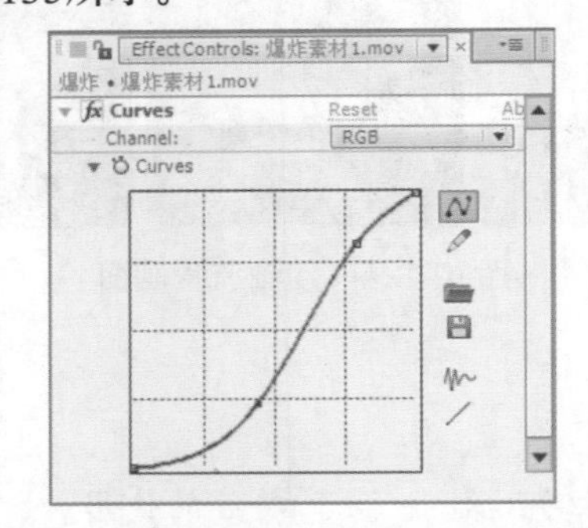

图10.134　调节Curves(曲线)的形状

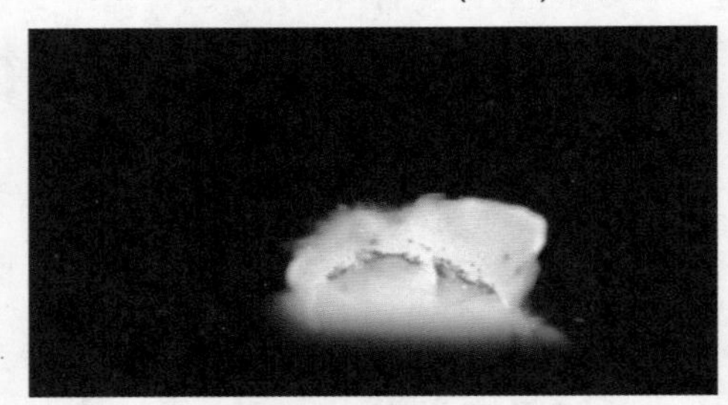

图10.135　画面效果

(10) 选中“爆炸素材1.mov”层，按Ctrl+D组合键复制出“爆炸素材1.mov2”层，并按Enter(回车)键重新命名为“爆炸素材2.mov”，如图10.136所示。

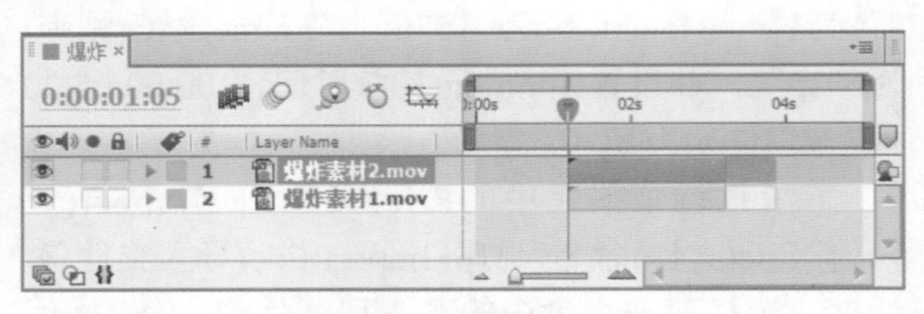

图10.136　复制层设置

(11) 选中“爆炸素材2.mov”层，将时间调整到00:00:01:15帧的位置，按“[”键，设置该层的入点，如图10.137所示。

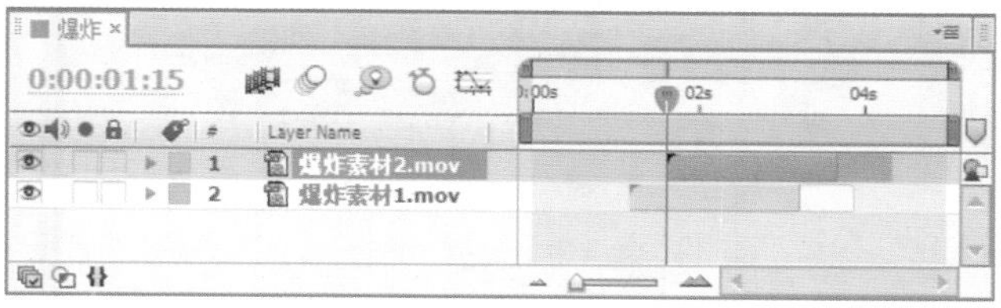

图10.137　入点设置

(12) 按P键展开Position(位置)属性，设置Position(位置)数值为(660，486)，如图10.138所示。

图10.138　Position(位置)参数设置

(13) 选中“爆炸素材2.mov”层，设置其模式为Lighter Color(亮色)，如图10.139所示。

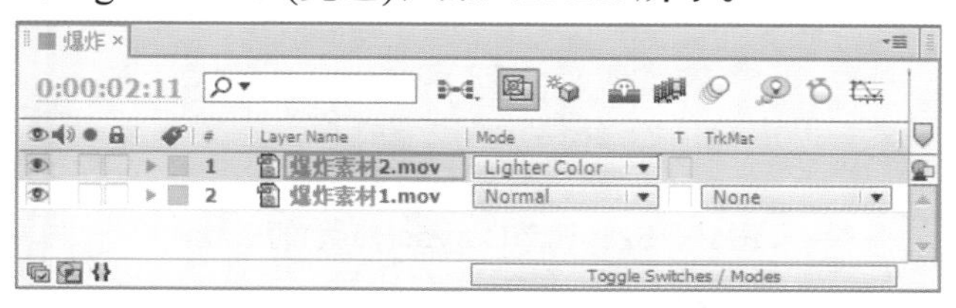

图10.139　模式设置

(14) 选中“爆炸素材2.mov”层，按Ctrl+D组合键复制出“爆炸素材2.mov”层，并按Enter(回车)键重新命名为“爆炸素材3.mov”，如图10.140所示。

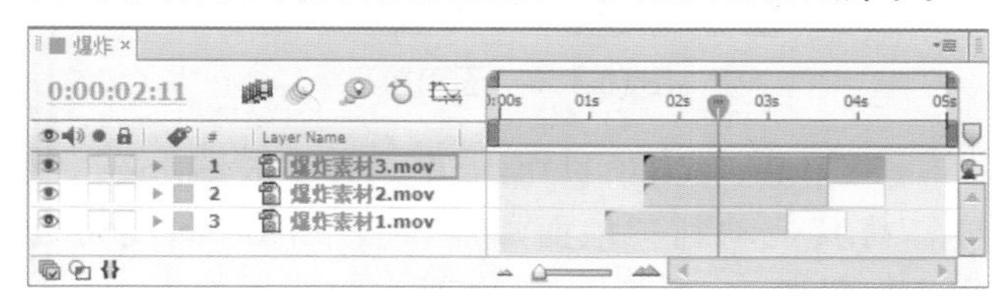

图10.140　复制层设置

(15) 选中“爆炸素材3.mov”层，按P键展开Position(位置)属性，设置Position(位置)数值为(570，498)，如图10.141所示。

图10.141　Position(位置)参数设置

(16) 设置该层模式为Screen(屏幕)，如图10.142所示。

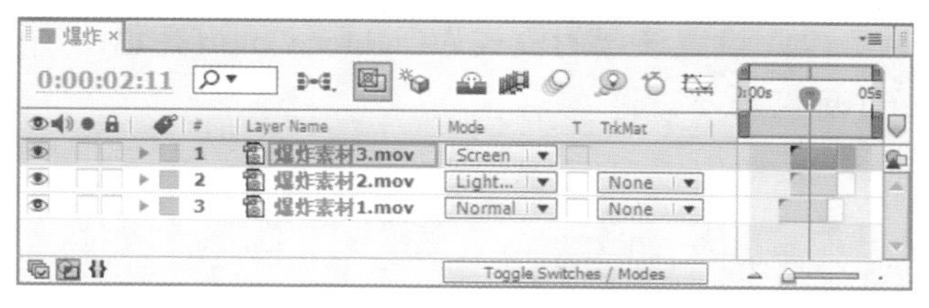

图10.142　模式设置

(17) 选中“爆炸素材3.mov”层，按Ctrl+Alt+R组合键，使该层素材倒播，打开Stretch(伸展)属性，设置Stretch(伸展)数值为–450%，参数设置如图10.143所示。

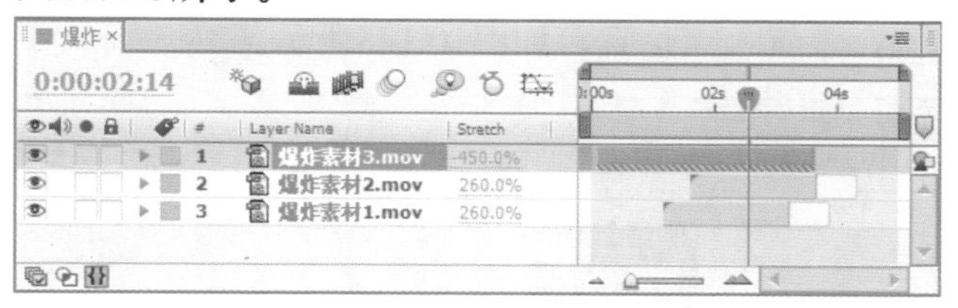

图10.143　Stretch(伸展)参数设置

(18) 将时间调整到00:00:03:06帧的位置，按“[”键，设置入点位置，如图10.144所示。

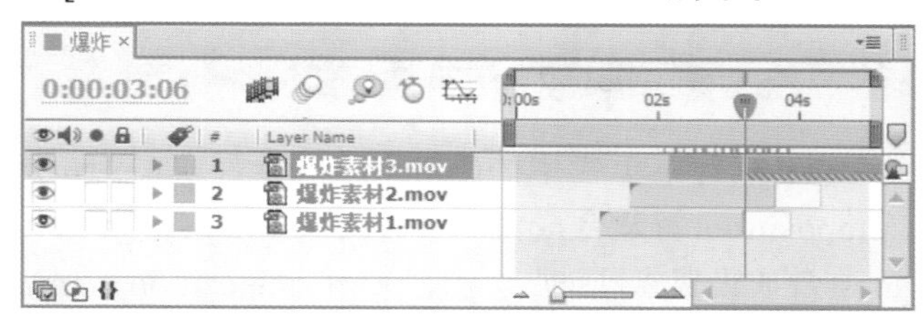

图10.144　入点位置设置

(19) 选中“爆炸素材3.mov”层，按Ctrl+D组合键复制，并按Enter(回车)键重命名为“爆炸素材4.mov”，如图10.145所示。

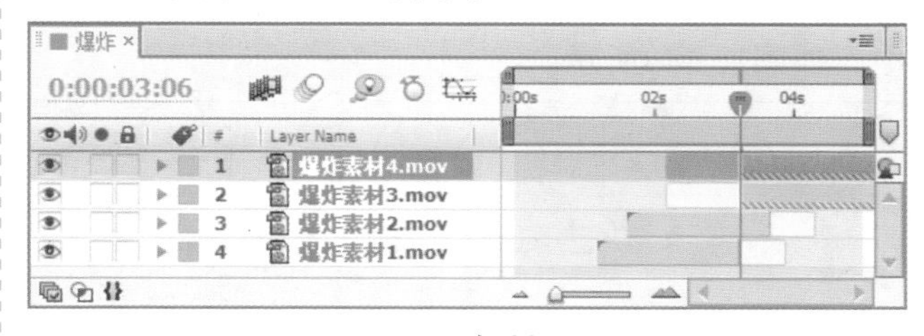

图10.145　复制层设置

(20) 选中“爆炸素材4.mov”层，按P键展开Position(位置)属性，设置Position(位置)数值为(648，498)，如图10.146所示。

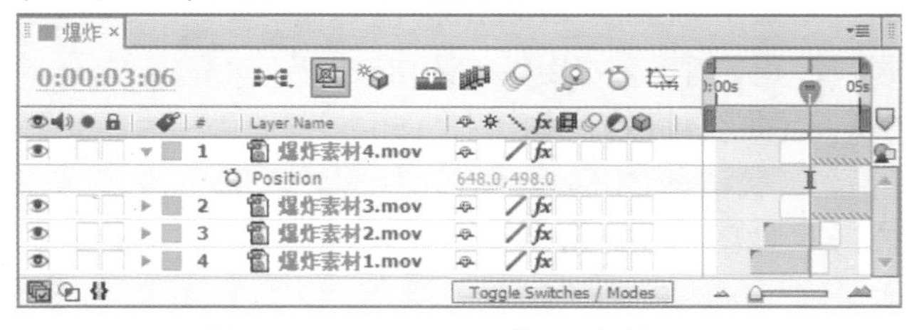

图10.146　Position(位置)参数设置

(21) 设置该层的模式为Lighter Color(亮色)，如图10.147所示。

图10.147　模式设置

(22) 将时间调整到00:00:03:17帧的位置，按[键，设置入点位置，如图10.148所示。

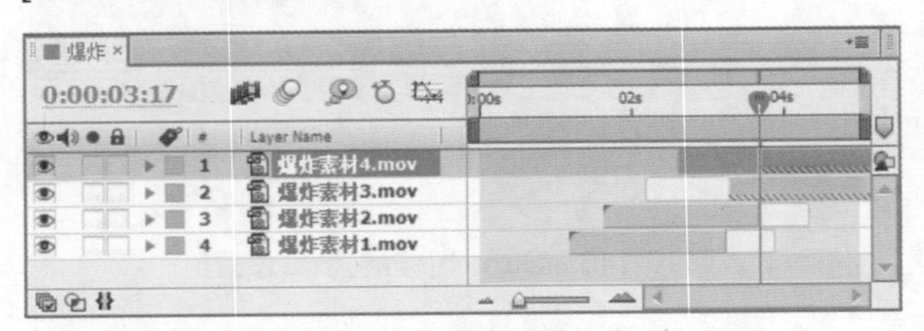

图10.148　入点位置设置

10.6.2　制作地面爆炸合成

(1) 执行菜单栏中的Composition(合成)｜New Composition(新建合成)命令，打开Composition Settings(合成设置)对话框，新建一个Composition Name(合成名称)为“地面爆炸”，Width(宽)为“1024”，Height(高)为“576”，Frame Rate(帧率)为“25”，Duration(持续时间)为00:00:05:00秒的合成。

(2) 在Project(项目)面板中选择“背景.jpg”合成，将其拖动到“地面爆炸”合成的时间线面板中，如图10.149所示。

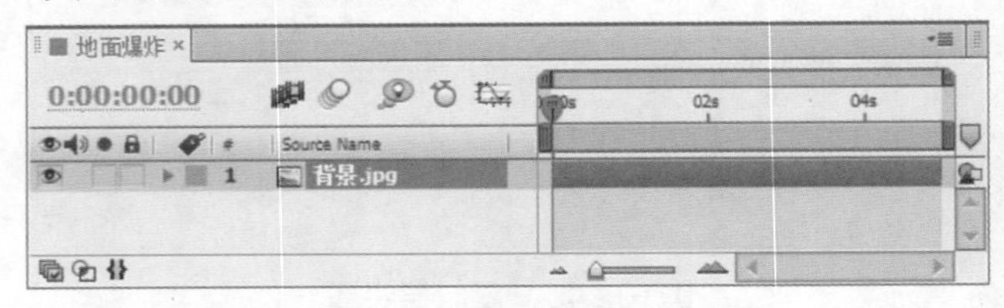

图10.149　添加“背景”素材

(3) 选中“背景”层，在Effects & Presets(效果和预置)面板中展开Color Correction(色彩校正)特效组，双击Curves(曲线)特效，如图10.150所示，默认的Curves(曲线)特效形状如图10.151所示。

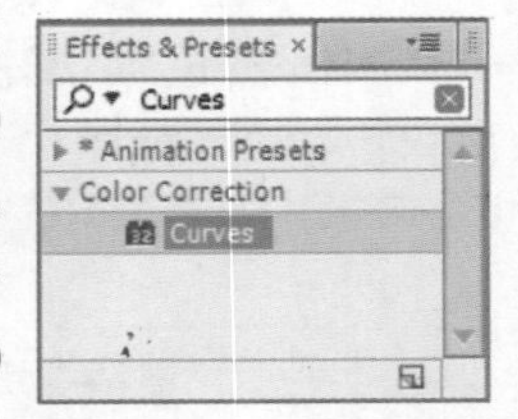

图10.150　添加Curves(曲线)特效

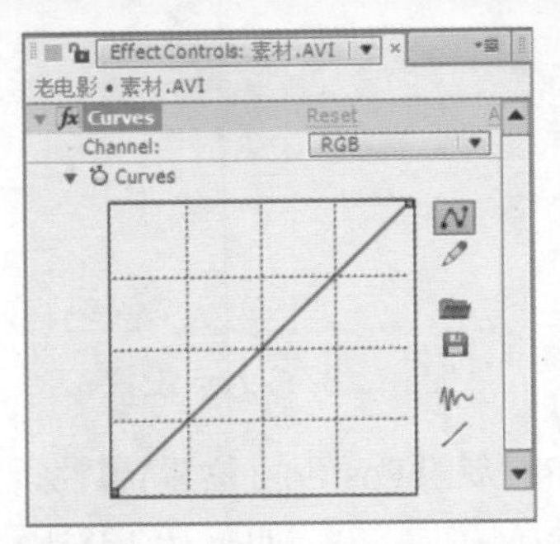

图10.151　默认的Curves(曲线)特效形状

(4) 在Effect Controls(特效控制)面板中，调节Curves(曲线)的形状如图10.152所示，此时的画面效果如图10.153所示。

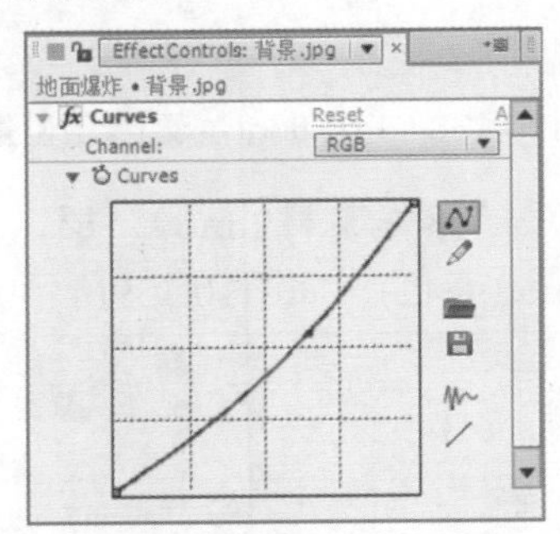

图10.152　调节Curves(曲线)的形状

图10.153　画面效果

(5) 在Project(项目)面板中选择“裂缝.jpg”合成，将其拖动到“地面爆炸”合成的时间线面板中，如图10.154所示。

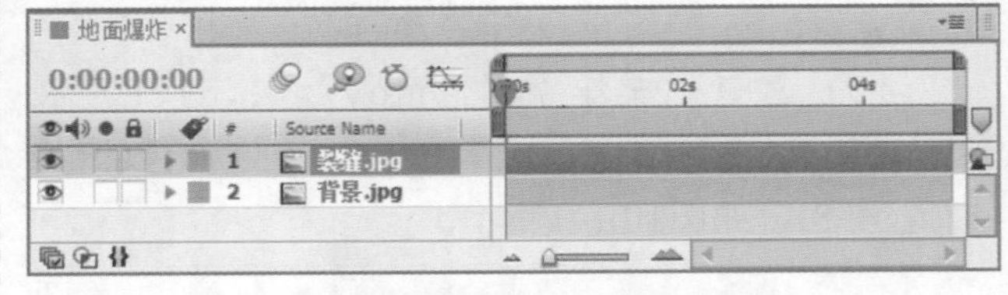

图10.154　添加“裂缝”素材

(6) 选中“裂缝”层，设置该层模式为Multiply(正片叠底)，如图10.155所示。

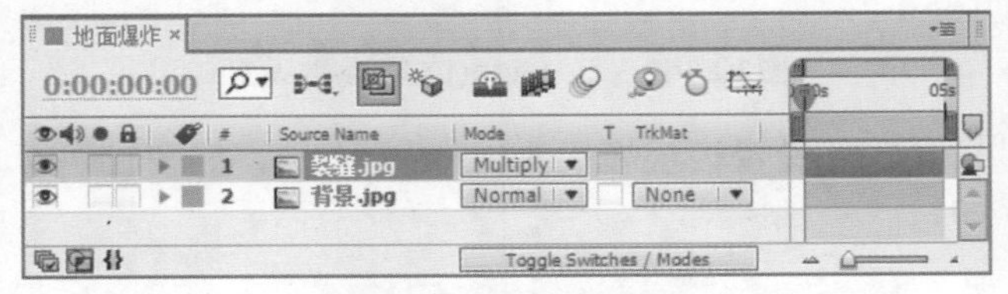

图10.155　模式设置

(7) 按P键展开Position(位置)属性，设置Position(位置)数值为(552，531)，参数设置如图10.156所示。

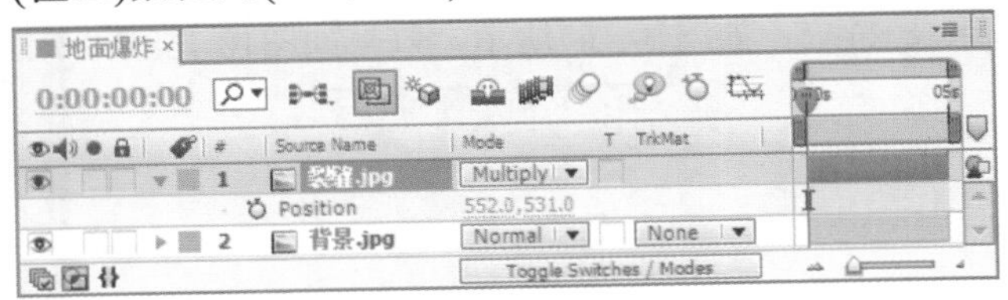

图10.156　位置参数设置

(8) 选中“裂缝”层，选择工具栏中的Ellipse Tool(椭圆工具)，在“地面爆炸”合成窗口中绘制一个椭圆蒙版，如图10.157所示。

图10.157　绘制蒙版

(9) 选中Mask1(遮罩1)层，按F键展开Mask Feather(遮罩羽化)属性，设置Mask Feather(遮罩羽化)数值为(45，45)，如图10.158所示。

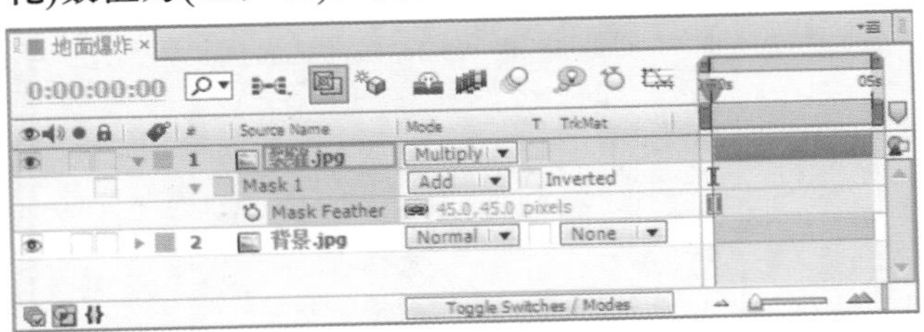

图10.158　遮罩羽化设置

(10) 将时间调整到00:00:01:13帧的位置，设置Mask Expansion(遮罩扩展)数值为–18，单击码表按钮，在当前位置添加关键帧；将时间调整到00:00:01:24帧的位置，设置Mask Expansion(遮罩扩展)数值为350，系统会自动创建关键帧，如图10.159所示。

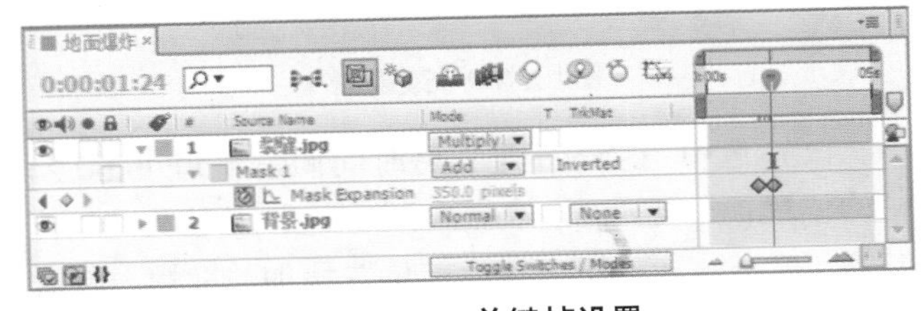

图10.159　关键帧设置

(11) 执行菜单栏中的Layer(图层) | New(新建) | Solid(固态)命令，打开Solid Settings(固态层设置)对话框，设置Name(名称)为“粒子”，Width(宽度)数值为1024px，Height(高度)数值为576px，Color(颜色)为黑色，如图10.160所示。

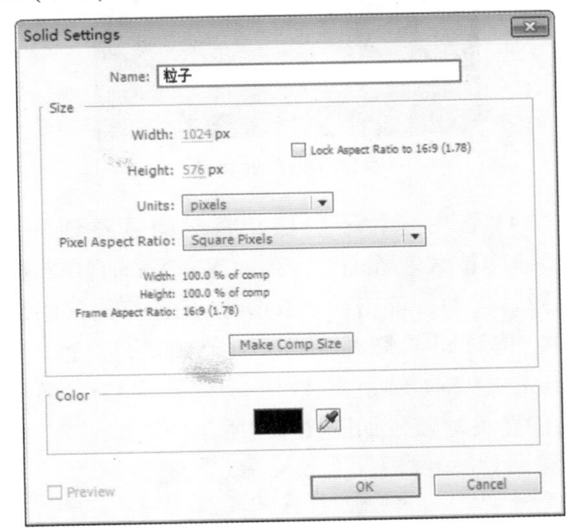

图10.160　固态层设置

(12) 选中“粒子”层，在Effects & Presets(效果和预置)面板中展开Trapcode特效组，双击Particular(粒子)特效，如图10.161所示。

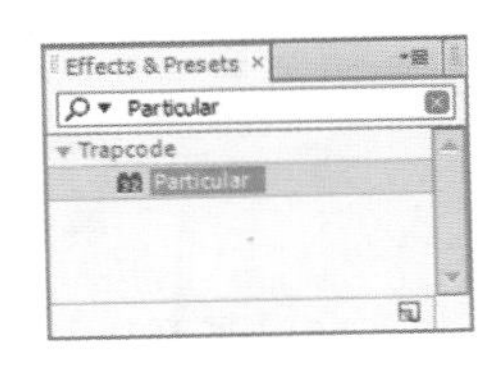

图10.161　Particular(粒子)特效

(13) 在Effect Controls(特效控制)面板中，展开Emitter(发射器)选项组，设置Particles/sec(每秒发射粒子数)为200，在Emitter Type(发射类型)右侧的下拉列表中选择Sphere(球体)，设置Position XY(XY轴位置)数值为(232，–52)，Velocity(速度)数值为20，Velocity Random(速度随机)数值为30，Velocity Distribution(速率分布)数值为5，Emitter Size X(发射器X轴大小)数值为10，Emitter Size Y(发射器Y轴大小)数值为10，Emitter Size Z(发射器Z轴大小)数值为10，参数如图10.162所示，效果如图10.163所示。

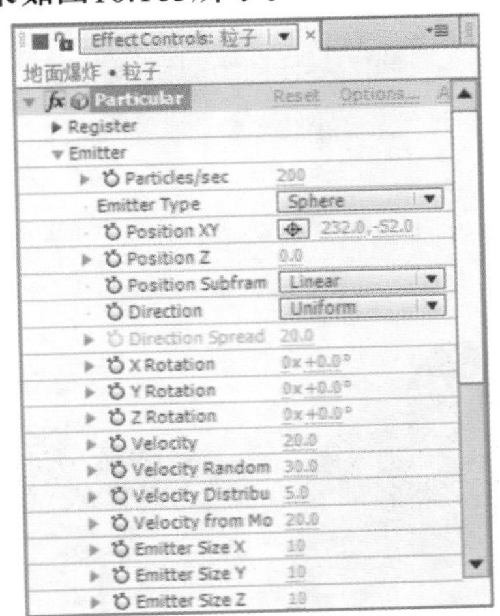

图10.162　Emitter(发射器)参数设置

图10.163 效果图

(14) 选中“粒子”层，将时间调整到00:00:00:00帧的位置，设置Position XY(XY轴位置)数值为(232，–52)，单击码表按钮，在当前位置添加关键帧；将时间调整到00:00:01:05帧的位置，设置Position XY(XY轴位置)数值为(554，422)，系统会自动创建关键帧，如图10.164所示。

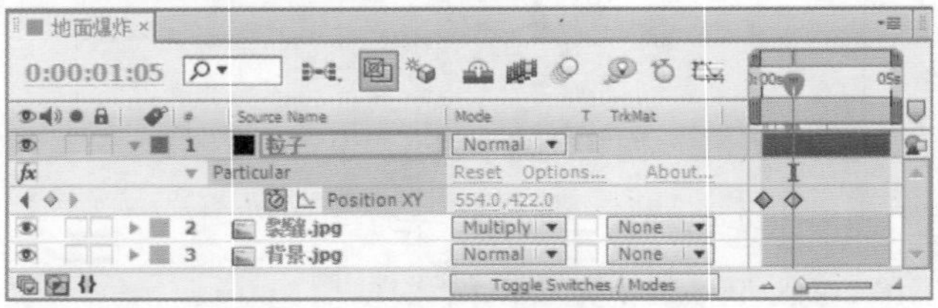

图10.164 关键帧设置

(15) 展开Particle(粒子)选项组，设置Life(生命)数值为3，在Particle Type(粒子类型)右侧的下拉列表中选择Cloudlet(云)，设置Size(尺寸)数值为18，手动调整Size Over Life(生命期内大小变化)形状，Opacity(透明度)数值为5，Opacity Random(透明度随机)数值为100，Color(颜色)为灰色(R:207，G:207，B:207)，参数如图10.165所示，效果如图10.166所示。

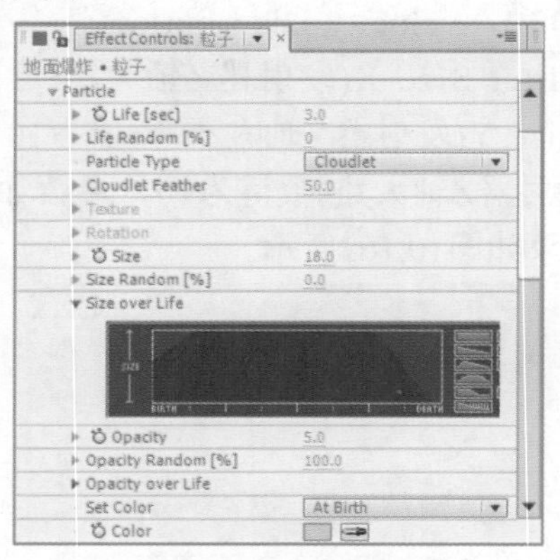

图10.165 参数设置

图10.166 效果图

(16) 选中“粒子”层，在Effects & Presets(效果和预置)面板中展开Generate(生成)特效组，双击Ramp(渐变)特效，如图10.167所示，效果如图10.168所示。

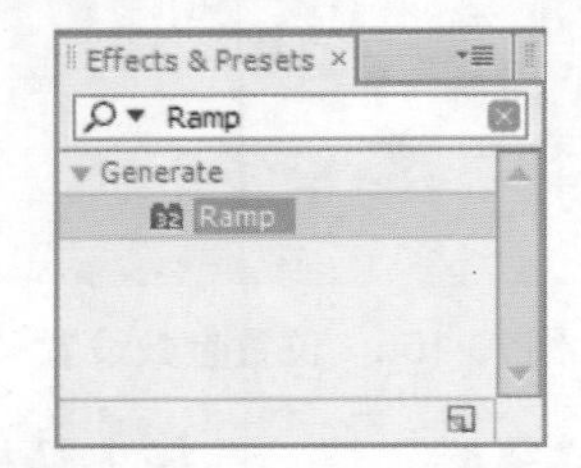

图10.167 添加Ramp(渐变)特效

图10.168 渐变效果

(17) 在Effect Controls(特效控制)面板中，设置Start of Ramp(渐变开始)数值为(284，18)，Start Color(开始色)数值为灰色(R:138，G:138，B:138)，End Color(结束色)为橘黄色(R:255，G:112，B:25)，如图10.169所示，效果如图10.170所示。

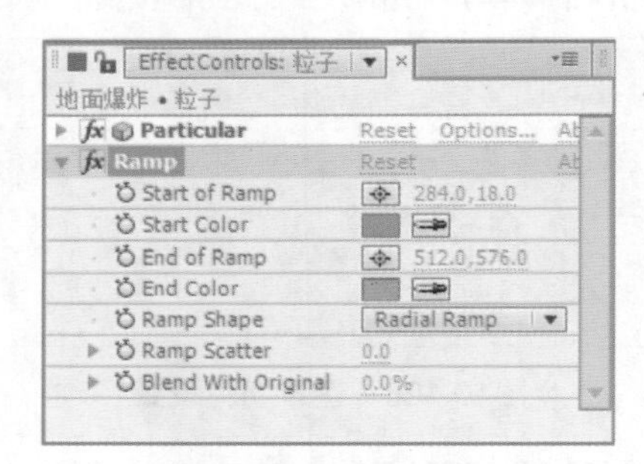

图10.169 参数设置

图10.170 效果图

(18) 选中“粒子”层，将时间调整到00:00:00:24帧的位置，设置End of Ramp(渐变结束)数值为(562，432)，单击码表按钮，在当前位置添加关键帧；将时间调整到00:00:01:09帧的位置，设置End of Ramp(渐变结束)数值为(920，578)；将时间调整到00:00:02:16帧的位置，设置End of Ramp(渐变结束)数值为(5014，832)，如图10.171所示。

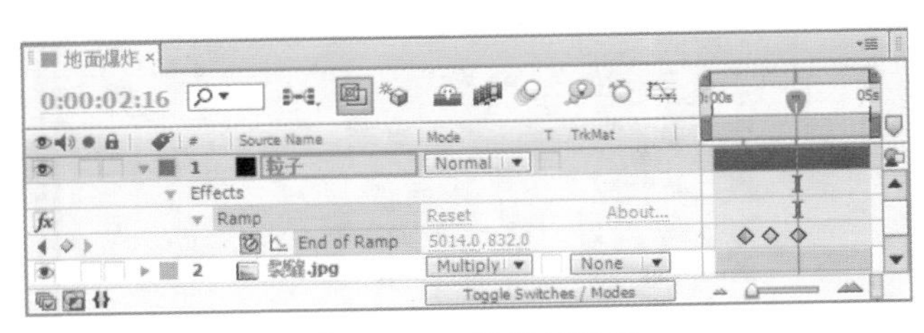

图10.171　关键帧设置

(19) 选中“粒子”层，在Effects & Presets(效果和预置)面板中展开Color Correction(色彩校正)特效组，双击Curves(曲线)特效，如图10.172所示，默认的Curves(曲线)特效形状如图10.173所示。

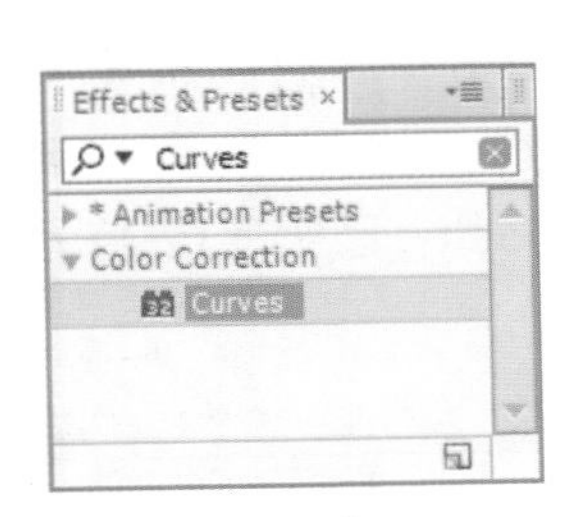

图10.172　添加Curves(曲线)特效

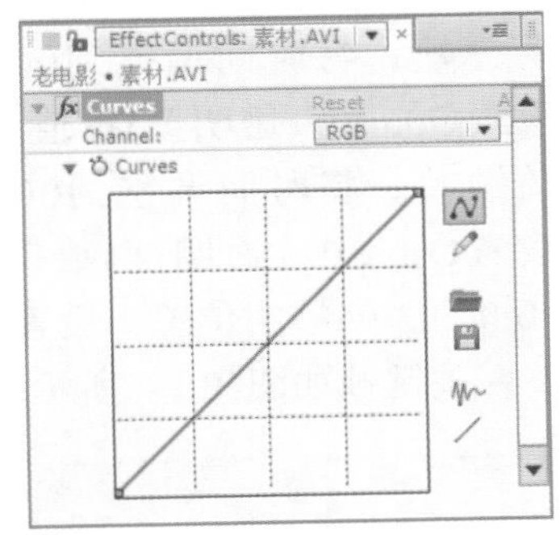

图10.173　默认的Curves(曲线)特效形状

(20) 在Effect Controls(特效控制)面板中，调节Curves(曲线)形状如图10.174所示，此时的画面效果如图10.175所示。

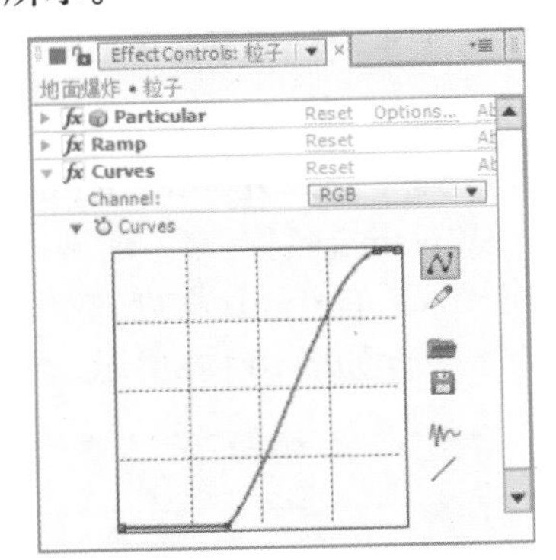

图10.174　调节Curves(曲线)形状

图10.175　画面效果

(21) 将时间调整到00:00:02:20帧的位置，选中“粒子”层，按T键展开Opacity(透明度)属性，设置Opacity(透明度)数值为100，单击码表按钮，在当前位置添加关键帧；将时间调整到00:00:03:11帧的位置，设置Opacity(透明度)数值为0，系统会自动创建关键帧，如图10.176所示。

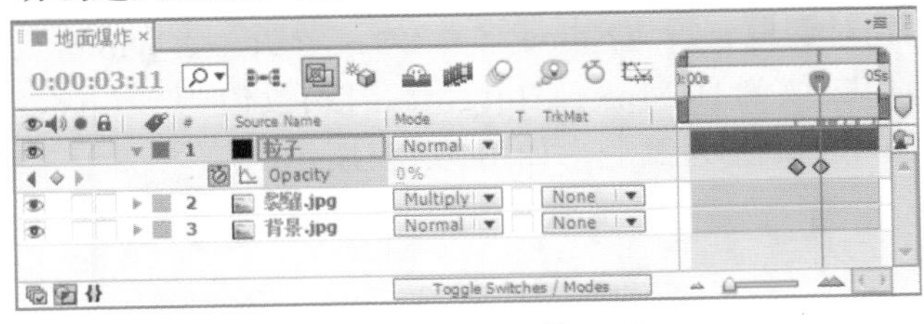

图10.176　关键帧设置

(22) 在Project(项目)面板中选择“爆炸”合成，将其拖动到“地面爆炸”合成的时间线面板中，如图10.177所示。

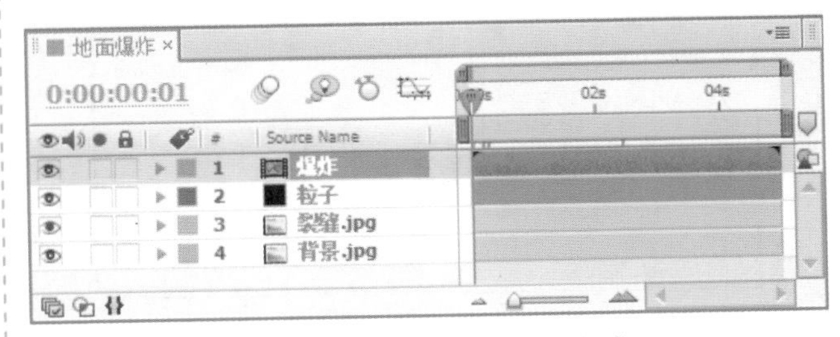

图10.177　添加“爆炸”合成

(23) 选中“爆炸”合成，设置该层模式为Screen(屏幕)，如图10.178所示。

图10.178　模式设置

(24) 选中“爆炸”合成，在Effects & Presets(效果和预置)面板中展开Color Correction(色彩校正)特效组，双击Levels(色阶)特效，如图10.179所示。

(25) 在Effect Controls(特效控制)面板中，设置Input Black(输入黑色)数值为99，参数如图10.180所示。

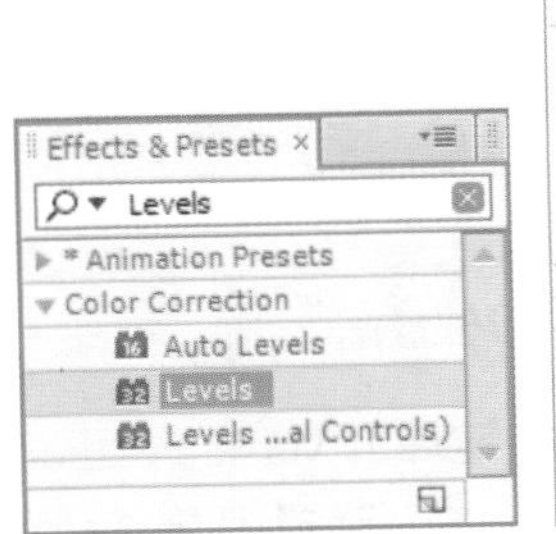

图10.179　添加Levels(色阶)特效

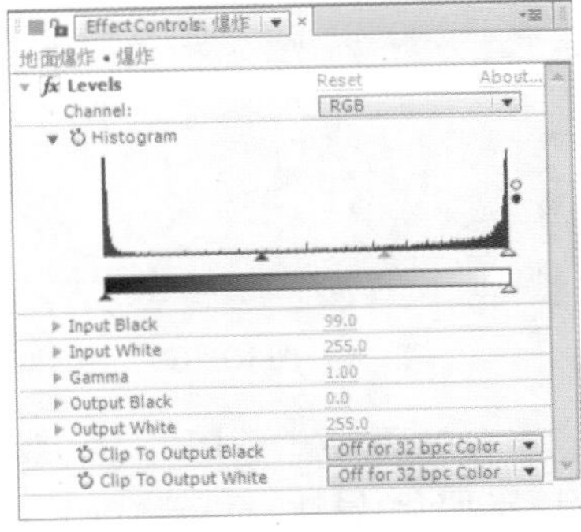

图10.180　参数设置

(26) 执行菜单栏中的Layer(图层) | New(新建) | Solid(固态)命令，打开Solid Settings(固态层设置)对话框，设置Name(名称)为“蒙版”，Width(宽度)数值为1024px，Height(高度)数值为576px，Color(颜色)为黑色，如图10.181所示。

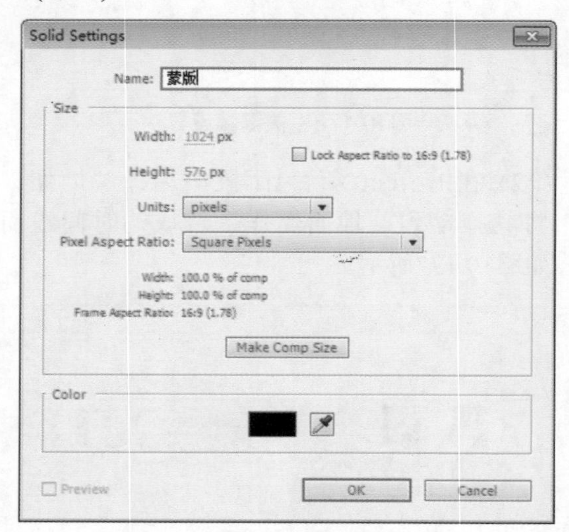

图10.181 固态层设置

(27) 选中“蒙版”层，选择工具栏中的Ellipse Tool(椭圆工具)，在“地面爆炸”合成窗口中绘制一个椭圆遮罩，如图10.182所示。

图10.182 绘制遮罩

(28) 按P键展开Position(位置)属性，设置Position(位置)数值为(610，464)，如图10.183所示。

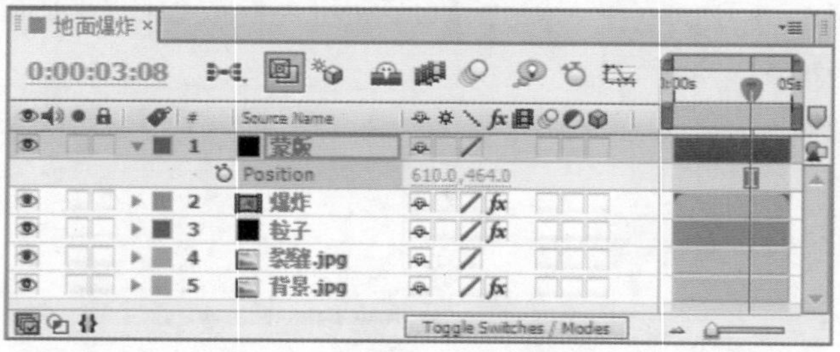

图10.183 Position(位置)

(29) 选中“蒙版”层，按F键展开Mask Feather(遮罩羽化)属性，设置Mask Feather(遮罩羽化)数值为(128，128)，如图10.184所示。

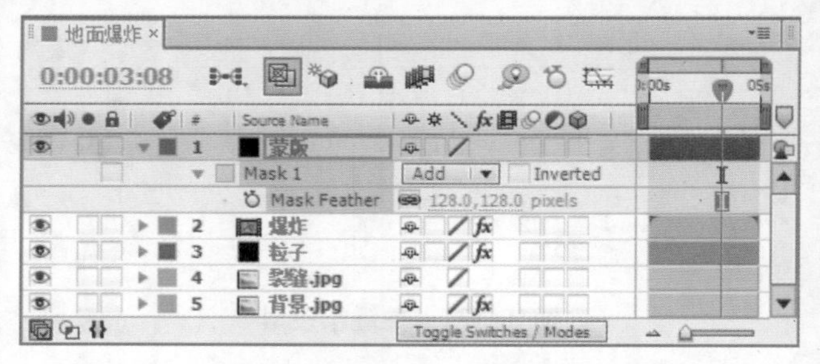

图10.184 Mask Feather(遮罩羽化)设置

(30) 将时间调整到00:00:01:11帧的位置，按T键展开Opacity(透明度)属性，设置Opacity(透明度)数值为0，单击码表按钮，在当前位置添加关键帧；将时间调整到00:00:01:20帧的位置，设置Opacity(透明度)数值为85，系统会自动创建关键帧；将时间调整到00:00:02:17帧的位置，设置Opacity(透明度)数值为85；将时间调整到00:00:03:06帧的位置，设置Opacity(透明度)数值为28，关键帧如图10.185所示。

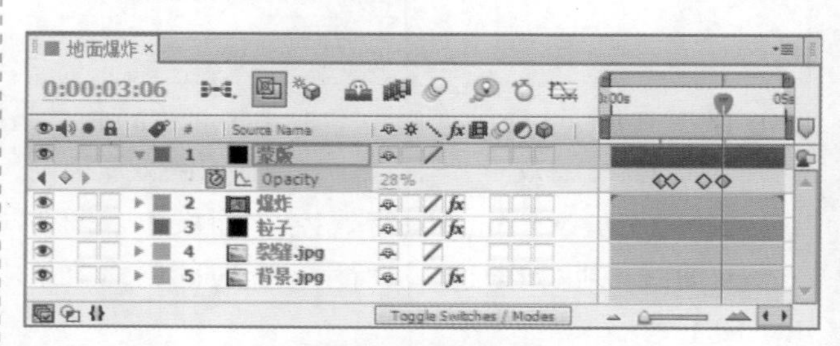

图10.185 关键帧设置

(31) 执行菜单栏中的Layer(图层) | New(新建) | Solid(固态)命令，打开Solid Settings(固态层设置)对话框，设置Name(名称)为“烟雾”，Width(宽度)数值为1024px，Height(高度)数值为576px，Color(颜色)为黑色，如图10.186所示。

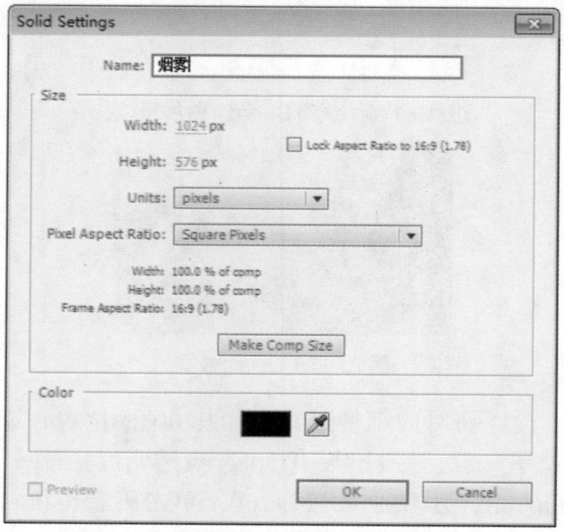

图10.186 固态层设置

(32) 选中“烟雾”层，在Effects & Presets(效果和预置)面板中展开Trapcode特效组，双击Particular(粒子)特效，如图10.187所示。

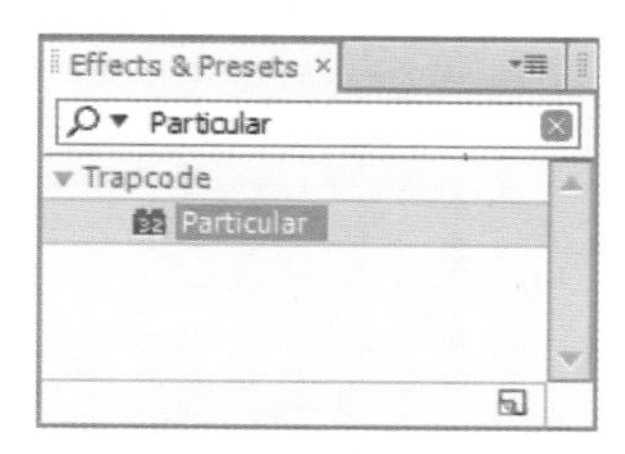

图10.187 Particular(粒子)特效

(33) 在Effect Controls(特效控制)面板中，展开Emitter(发射器)选项组，在Emitter Type(发射器类型)右侧的下拉列表中选择Box(盒子)，设置Position XY(XY轴位置)数值为(582，590)，Velocity(速度)数值为240，参数如图10.188所示，效果如图10.189所示。

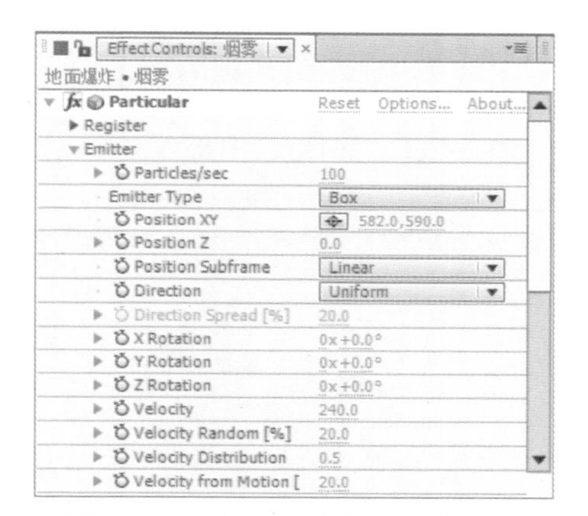

图10.188 Emitter(发射器)参数设置

图10.189 效果图

(34) 展开Particle(粒子)选项组，设置Life(生命)数值为2，在Particle Type(粒子类型)右侧的下拉列表中选择Cloudlet(云)，设置Size(尺寸)数值为80，Opacity(透明度)数值为4，Color(颜色)为灰色(R:57，G:57，B:57)，参数如图10.190所示，效果如图10.191所示。

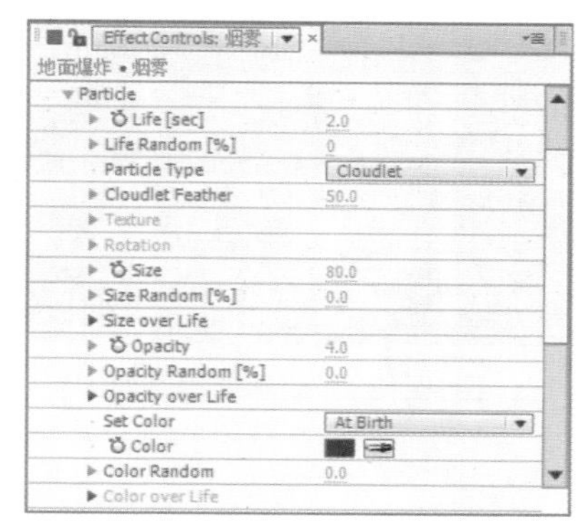

图10.190 Particle(粒子)参数设置

图10.191 效果图

(35) 选中“烟雾”层，将时间调整到00:00:02:06帧的位置，按“[”键设置该层入点；将时间调整到00:00:02:13帧的位置，设置Opacity(透明度)数值为0，单击码表按钮，在当前位置添加关键帧；将时间调整到00:00:03:00帧的位置，设置Opacity(透明度)数值为100，系统会自动创建关键帧，如图10.192所示。

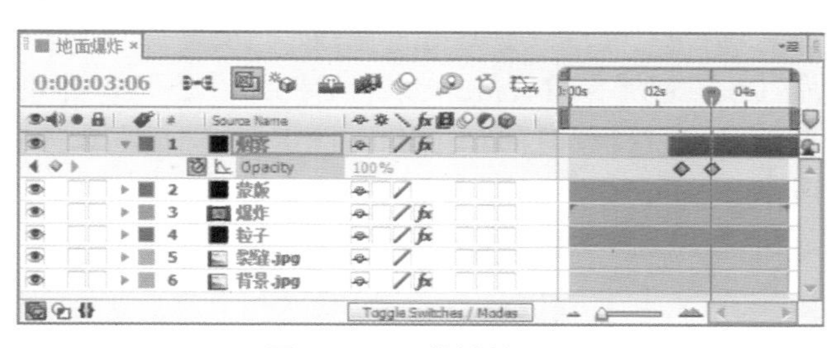

图10.192 关键帧设置

(36) 这样就完成了地面爆炸的整体制作，按小键盘上的“0”键，即可在合成窗口中预览动画。

10.7 魔戒

实例说明

本例主要讲解利用CC Particle Word(CC 粒子仿真世界)特效制作魔戒效果的操作，完成的动画流程画面如图10.193所示。

图10.193　动画流程画面

学习目标

1．学习CC Particle Word(CC 粒子仿真世界)特效的使用。

2．学习CC Vector Blur(通道矢量模糊)特效的使用。

3．学习Mesh Warp(网格变形)特效的使用。

4．学习Turbulent Displace(动荡置换)特效的使用。

操作步骤

10.7.1　制作光线合成

(1) 执行菜单栏中的Composition(合成)｜New Composition(新建合成)命令，打开Composition Settings(合成设置)对话框，设置Composition Name(合成名称)为“光线”，Width(宽)为“1024”，Height(高)为“576”，Frame Rate(帧率)为“25”，并设置Duration(持续时间)为00:00:03:00秒，如图10.194所示。

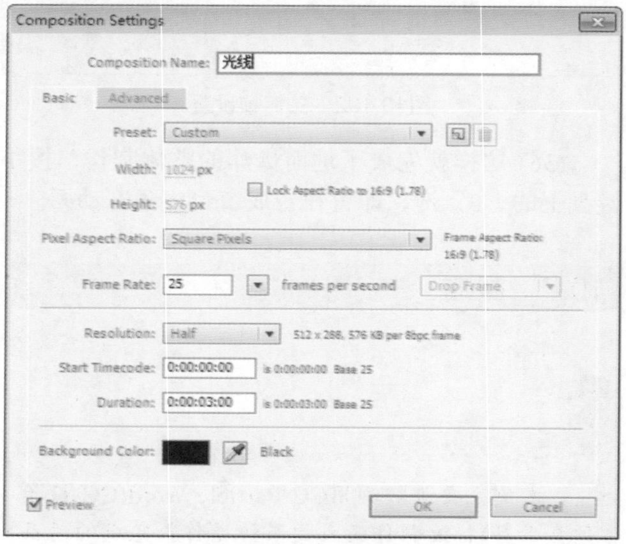

图10.194　合成设置

(2) 执行菜单栏中的Layer(图层)｜New(新建)｜Solid(固态)命令，打开Solid Settings(固态层设置)对话框，设置Name(名称)为“黑背景”，Color(颜色)为黑色，如图10.195所示。

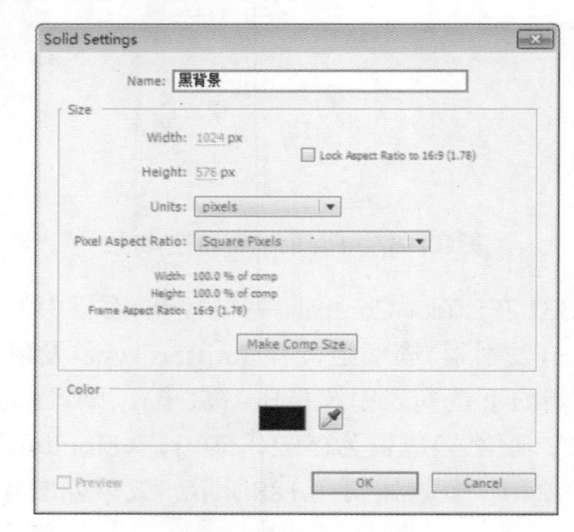

图10.195　固态层设置

(3) 执行菜单栏中的Layer(图层)｜New(新建)｜Solid(固态)命令，打开Solid Settings(固态层设置)对话框，设置Name(名称)为“内部线条”，Color(颜色)为白色，如图10.196所示。

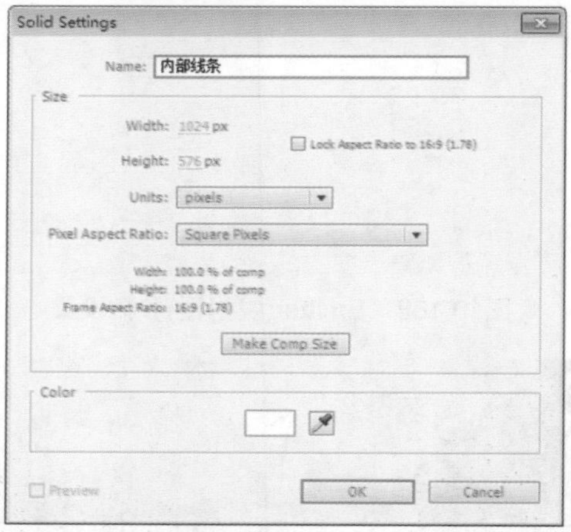

图10.196　固态层设置

(4) 选中“内部线条”层，在Effects & Presets(效果和预置)面板中展开Simulation(模拟仿真)特效组，双击CC Particle World(CC粒子仿真世界)特效，如图10.197所示。

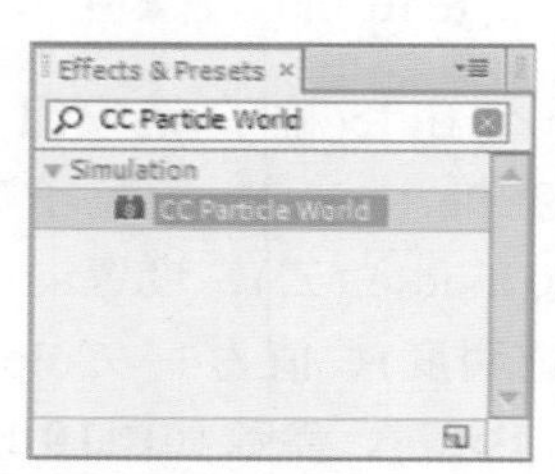

图10.197　添加CC Particle World(CC 粒子仿真世界)特效

(5) 在Effect Controls(特效控制)面板中，设置Birth Rate(生长速率)数值为0.8，Longevity(寿命)数值为1.29；展开Producer(产生点)选项组，设置Position X(X轴位置)数值为–0.45，Position Z(Z轴位置)数值为0，Radius Y(Y轴半径)数值为0.02，Radius Z(Z轴半径)数值为0.195，参数如图10.198所示，效果如图10.199所示。

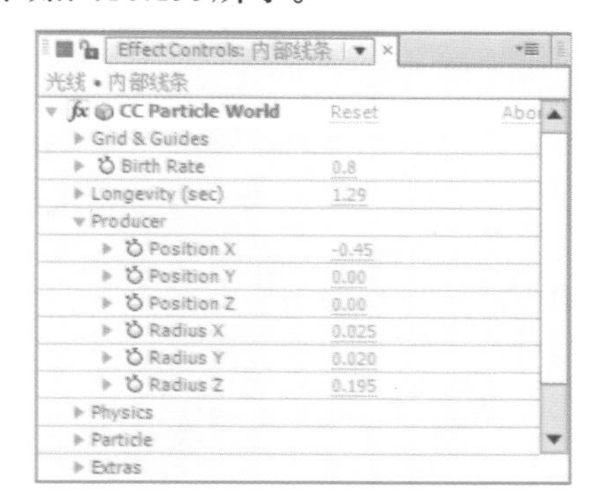

图10.198　Producer(产生点)参数设置

图10.199　画面效果

(6) 展开Physics(物理性)选项组，从Animation(动画)右侧的下拉列表中选择Direction Axis(沿轴发射)运动效果，设置Gravity(重力)数值为0，参数如图10.200所示，效果如图10.201所示。

图10.200　Physics(物理性)参数

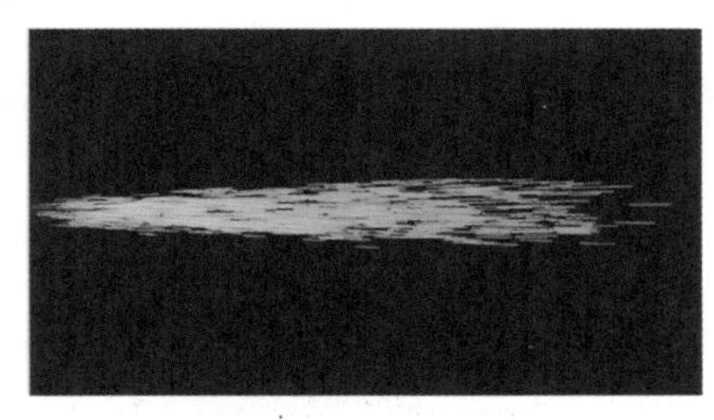

图10.201　画面效果

(7) 选中“内部线条”层，在Effect Controls(特效控制)面板中，按住Alt键单击Velocity(速度)左侧的码表按钮，在时间线面板中输入wiggle(8,.25)，如图10.202所示。

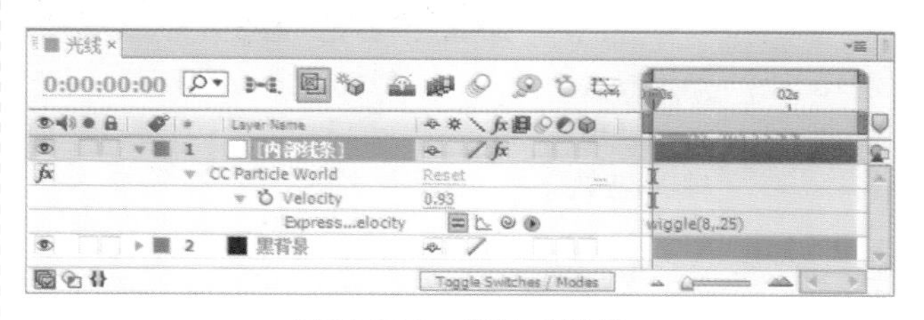

图10.202　表达式设置

(8) 展开Particle(粒子)选项组，从Particle Type(粒子类型)右侧下拉列表中选择Lens Convex(凸透镜)粒子类型，设置Birth Size(生长大小)数值为0.21，Death Size(消亡大小)数值为0.46，参数如图10.203所示，效果如图10.204所示。

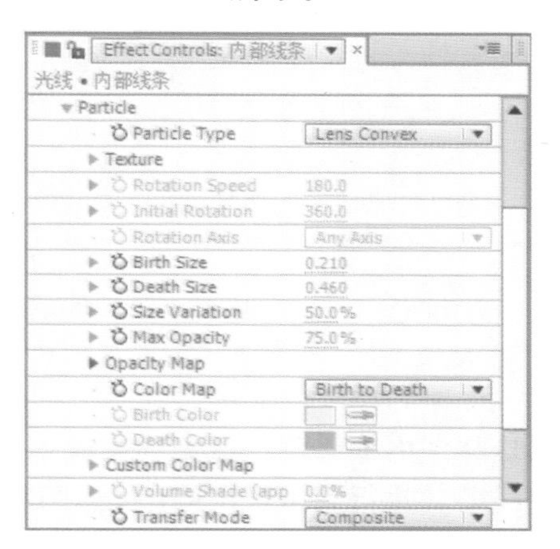

图10.203　Particle(粒子)参数设置

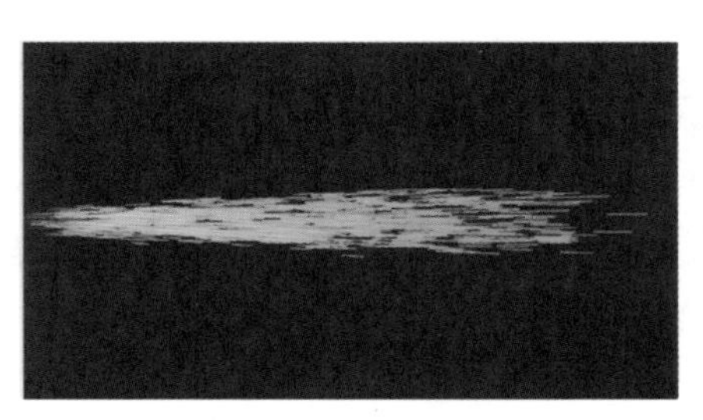

图10.204　效果图

(9) 为了使粒子达到模糊效果，继续添加特效，选中“内部线条”层，在Effects & Presets(效果和预置)面板中展开Blur & Sharpen(模糊与锐化)特效组，双击Fast Blur(快速模糊)特效，如图10.205所示。

(10) 在Effect Controls(特效控制)面板中，设置Blurriness(模糊量)数值为41，效果如图10.206所示。

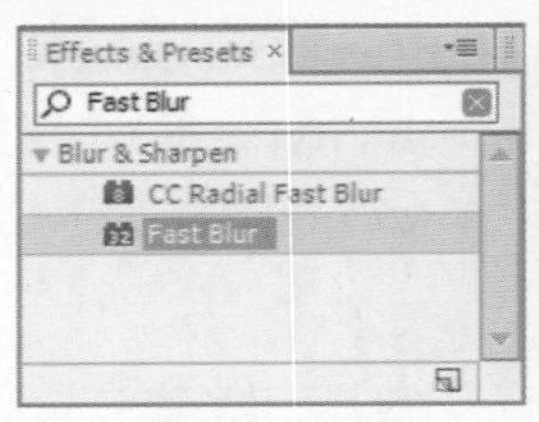

图10.205 添加Fast Blur(快速模糊)特效

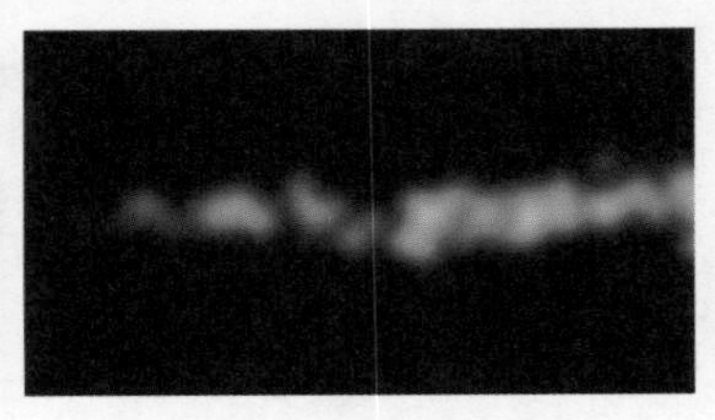

图10.206 效果图

(11) 为了使粒子产生一些扩散线条的效果，在Effects & Presets(效果和预置)面板中展开Blur & Sharpen(模糊与锐化)特效组，然后双击CC Vector Blur(CC矢量模糊)特效，如图10.207所示。

(12) 设置Amount(数量)数值为88，从Property(特性)右侧的下拉列表中选择Alpha(Alpha通道)选项，参数如图10.208所示。

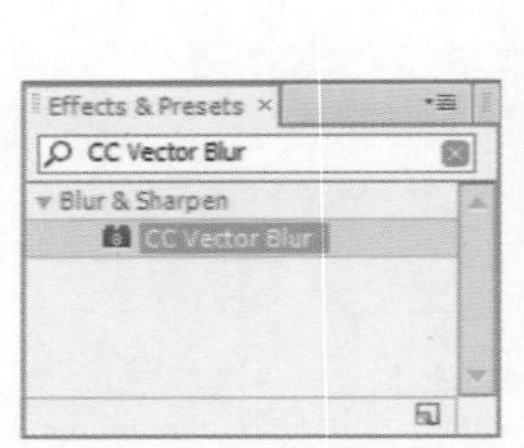

图10.207 添加CC Vector Blur特效

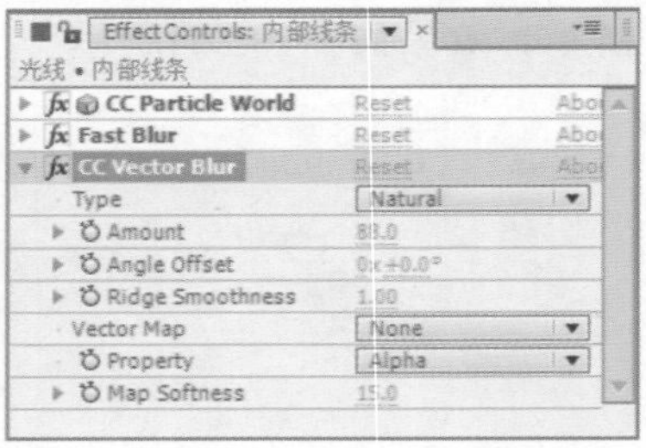

图10.208 参数设置

(13) 这样“内部线条”就制作完成了，下面来制作分散线条，执行菜单栏中的Layer(图层)|New(新建)|Solid(固态)命令，打开Solid Settings(固态层设置)对话框，设置Name(名称)为“分散线条”，Color(颜色)为白色，如图10.209所示。

(14) 选中“分散线条”层，在Effects & Presets(效果和预置)面板中展开Simulation(模拟仿真)特效组，双击CC Particle World(CC粒子仿真世界)特效，如图10.210所示。

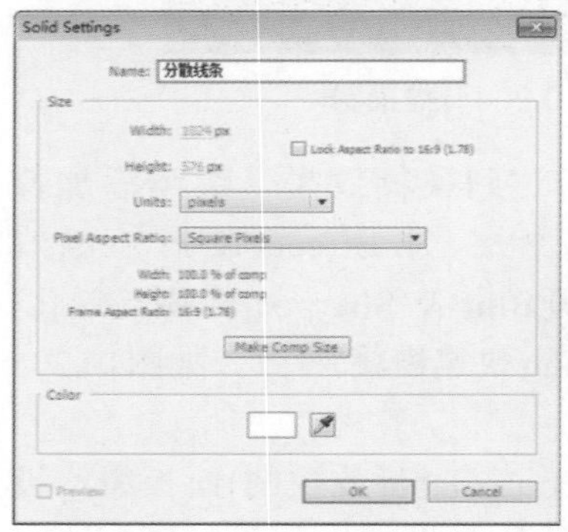

图10.209 固态层设置

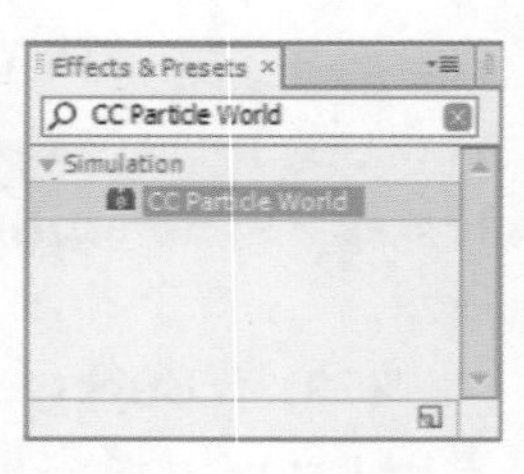

图10.210 添加CC粒子仿真世界特效

(15) 在Effect Controls(特效控制)面板中，设置Birth Rate(生长速率)数值为1.7，Longevity(寿命)数值为1.17；展开Producer(产生点)选项组，设置Position X(X轴位置)数值为–0.36，Position Z(Z轴位置)数值为0，Radius X(X轴半径)数值为0.22，Radius Y(Y轴半径)数值为0.015，参数如图10.211所示，效果如图10.212所示。

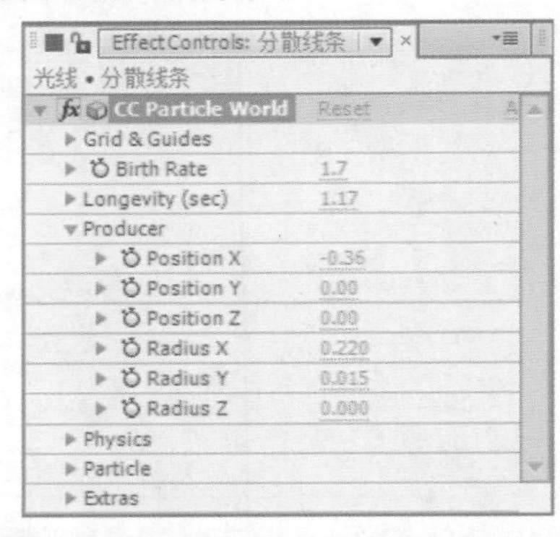

图10.211 Producer(产生点)参数设置

图10.212 画面效果

(16) 展开Physics(物理性)选项组，从Animation(动画)右侧的下拉列表中选择Direction Axis(沿轴发射)运动效果，设置Gravity(重力)数值为0，参数如图10.213所示，效果如图10.214所示。

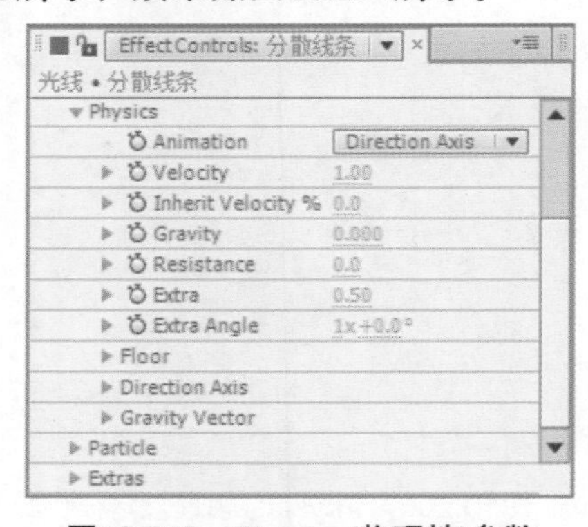

图10.213 Physics(物理性)参数

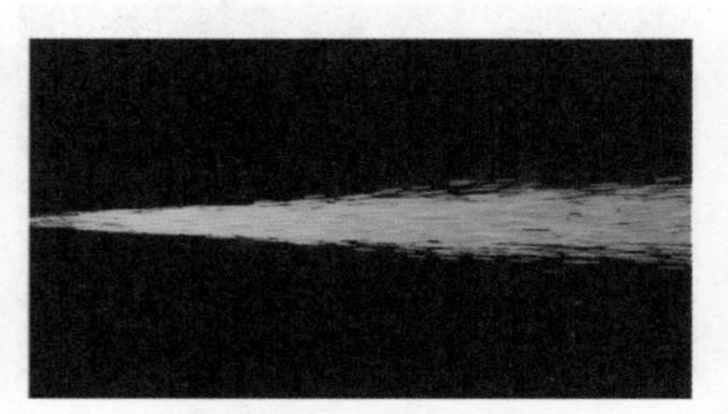

图10.214 画面效果

(17) 选中“分散线条”层，在Effect Controls(特效控制)面板中，按住Alt键单击Velocity(速度)左侧的码表按钮，在时间线面板中输入wiggle(8,.4)，如图10.215所示。

图10.215 表达式设置

(18) 展开Particle(粒子)选项组，从Particle Type(粒子类型)右侧下拉列表中选择Lens Convex(凸透镜)粒子类型，设置Birth Size(生长大小)数值为0.1，Death Size(消亡大小)数值为0.1，Size Variation(大小变化)数值为61%，Max Opacity(最大透明度)数值为100%，参数如图10.216所示。效果如图10.217所示。

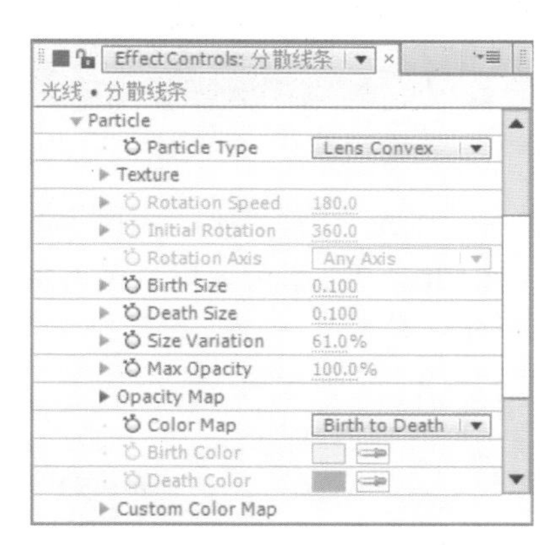

图10.216 Particle(粒子)参数设置

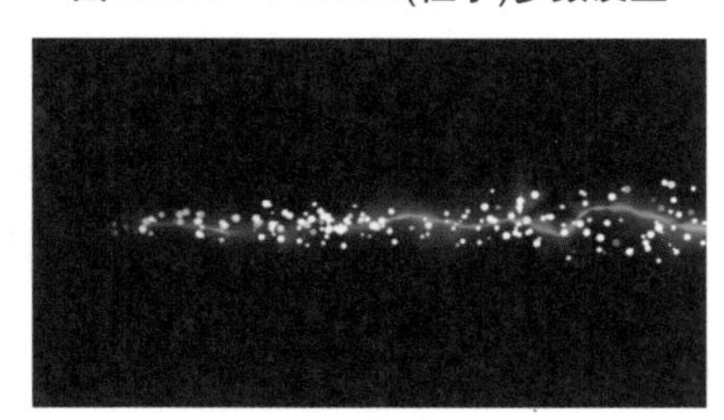

图10.217 效果图

(19) 为了使粒子达到模糊效果，继续添加特效，选中“分散线条”层，在Effects & Presets(效果和预置)面板中展开Blur & Sharpen(模糊与锐化)特效组，双击Fast Blur(快速模糊)特效，如图10.218所示。

(20) 在Effect Controls(特效控制)面板中，设置Blurriness(模糊量)数值为40，效果如图10.219所示。

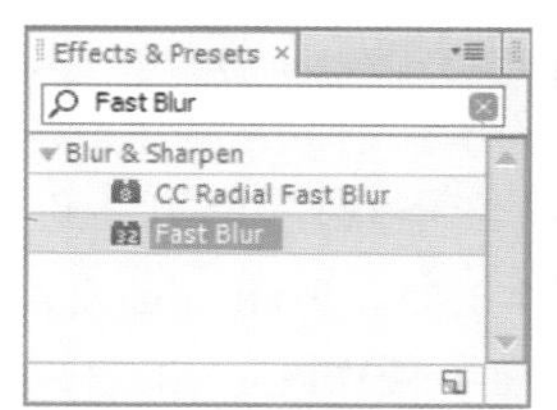

图10.218 添加Fast Blur(快速模糊)特效

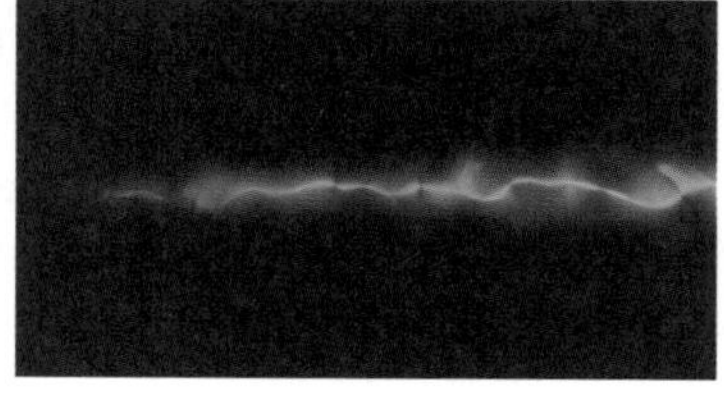

图10.219 效果图

(21) 为了使粒子产生一些扩散线条的效果，在Effects & Presets(效果和预置)面板中展开Blur & Sharpen(模糊与锐化)特效组，然后双击CC Vector Blur(CC矢量模糊)特效，如图10.220所示。

(22) 设置Amount(数量)数值为24，从Property(特性)右侧的下拉列表中选择Alpha(Alpha通道)选项，参数如图10.221所示。

图10.220 添加CC Vector Blur(CC矢量模糊)特效

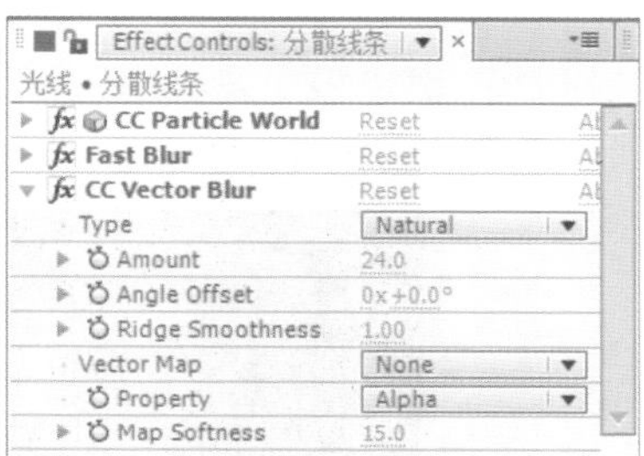

图10.221 参数设置

(23) 执行菜单栏中的Layer(图层)|New(新建)|Solid(固态)命令，打开Solid Settings(固态层设置)对话框，设置Name(名称)为“点光”，Color(颜色)为白色，如图10.222所示。

(24) 选中“点光”层，在Effects & Presets(效果和预置)面板中展开Simulation(模拟仿真)特效组，然后双击CC Particle World(CC粒子仿真世界)特效，如图10.223所示。

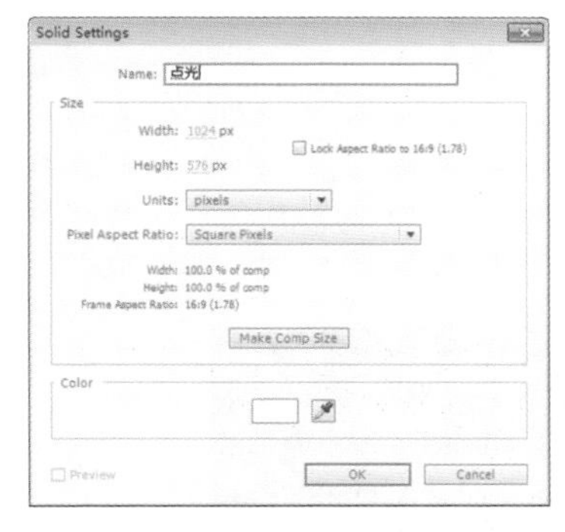

图10.222 固态层设置

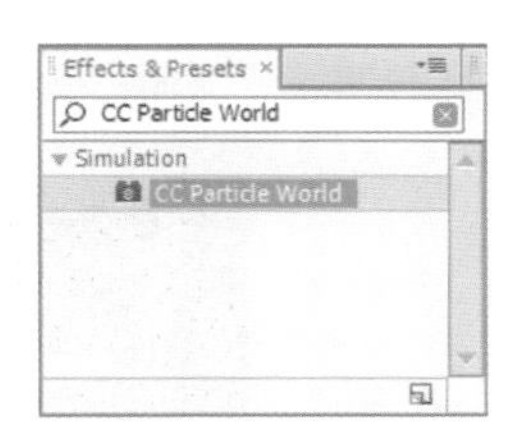

图10.223 添加CC粒子仿真世界特效

(25) 在Effect Controls(特效控制)面板中，设置 Birth Rate(生长速率)数值为0.1，Longevity(寿命)数值为2.79；展开Producer(产生点)选项组，设置Position X(X轴位置)数值为–0.45，Position Z(Z轴位置)数值为0，Radius Y(Y轴半径)数值为0.03，Radius Z(Z轴半径)数值为0.195，参数如图10.224所示，效果如图10.225所示。

Effect Controls: 点光
光线 • 点光
CC Particle World Reset
Grid & Guides
Birth Rate 0.1
Longevity (sec) 2.79
Producer
Position X -0.45
Position Y 0.00
Position Z 0.00
Radius X 0.025
Radius Y 0.030
Radius Z 0.195
Physics
Particle

图10.224　Producer(发生器)参数设置

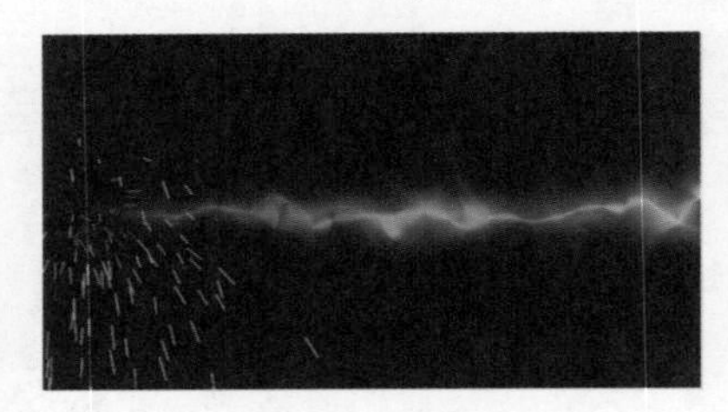

图10.225　画面效果

(26) 展开Physics(物理性)选项组，从Animation(动画)右侧的下拉列表中选择Direction Axis(沿轴发射)运动效果，设置Velocity(速度)数值为0.25，Gravity(重力)数值为0，参数如图10.226所示，效果如图10.227所示。

Effect Controls: 点光
光线 • 点光
Physics
Animation Direction Axis
Velocity 0.25
Inherit Velocity % 0.0
Gravity 0.000
Resistance 0.0
Extra 0.50
Extra Angle 1x+0.0°
Floor
Direction Axis
Gravity Vector
Particle
Extras

图10.226　Physics(物理性)参数

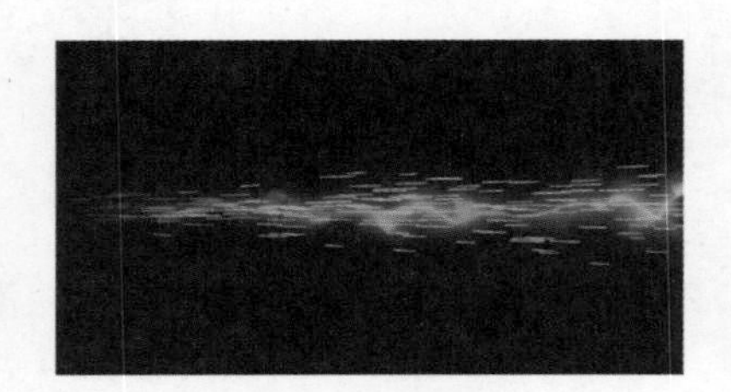

图10.227　画面效果

(27) 展开Particle(粒子)选项组，从Particle Type(粒子类型)右侧下拉列表中选择Lens Convex(凸透镜)粒子类型，设置Birth Size(生长大小)数值为0.04，Death Size(消亡大小)数值为0.02，参数如图10.228所示。效果如图10.229所示。

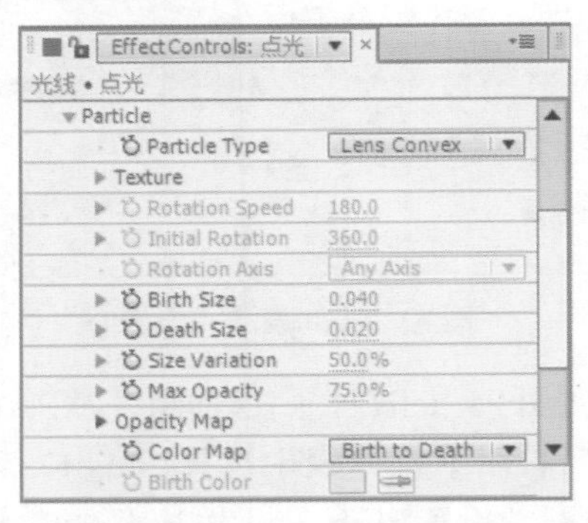

图10.228　Particle(粒子)参数设置

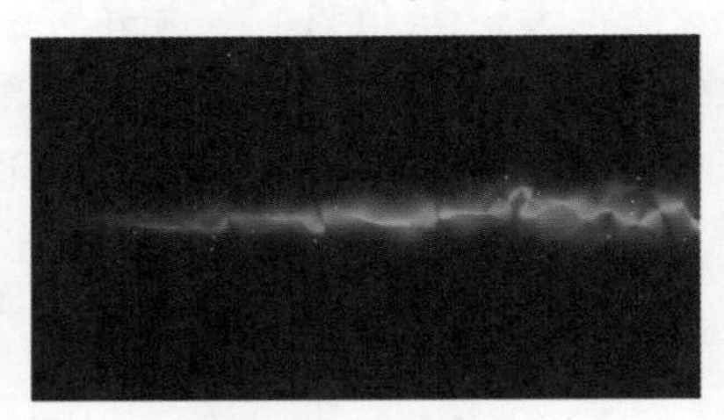

图10.229　效果图

(28) 选中“点光”层，将时间调整到00:00:00:22帧的位置，按Alt+“[”组合键以当前时间为入点，如图10.230所示。

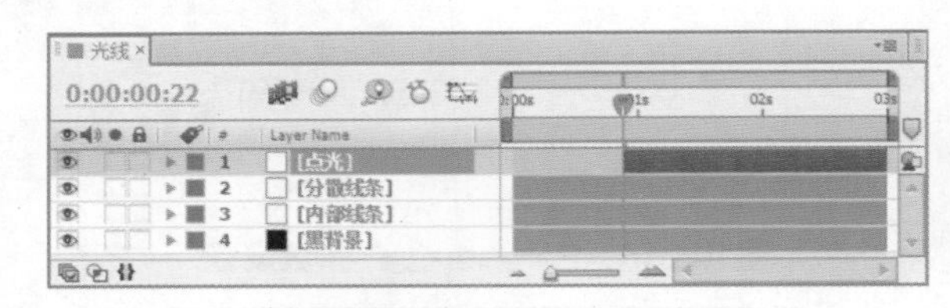

图10.230　设置层入点

(29) 将时间调整到00:00:00:00帧的位置，按“[”键将“点光”的入点调整至此，然后拖动“点光”层后面边缘，使其与“分散线条”的尾部对齐，如图10.231所示。

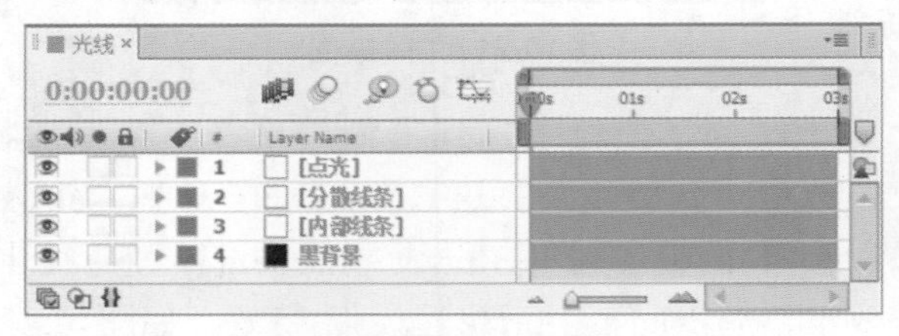

图10.231　层设置

(30) 选中“点光”层，按T键展开Opacity(透明度)属性，设置Opacity(透明度)数值为0，单击码表按钮，在当前位置添加关键帧；将时间调整到

00:00:00:09帧的位置，设置Opacity(透明度)数值为100%，系统会自动创建关键帧，如图10.232所示。

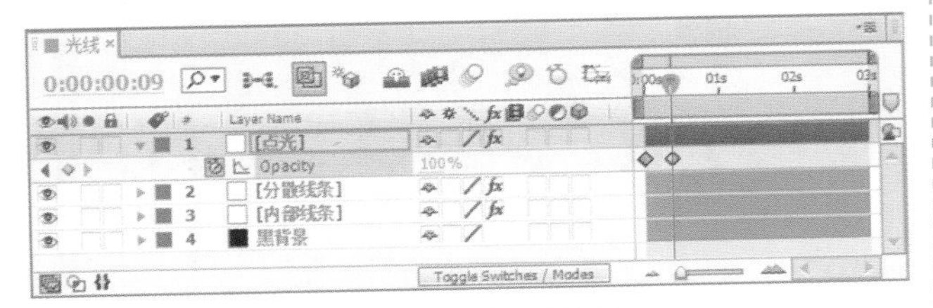

图10.232　关键帧设置

(31) 执行菜单栏中的Layer(图层)|New(新建)|Adjustment Layer(调节)命令，打开Solid Settings(固态层设置)对话框，设置Name(名称)为“调节层”，Color(颜色)为白色，如图10.233所示。

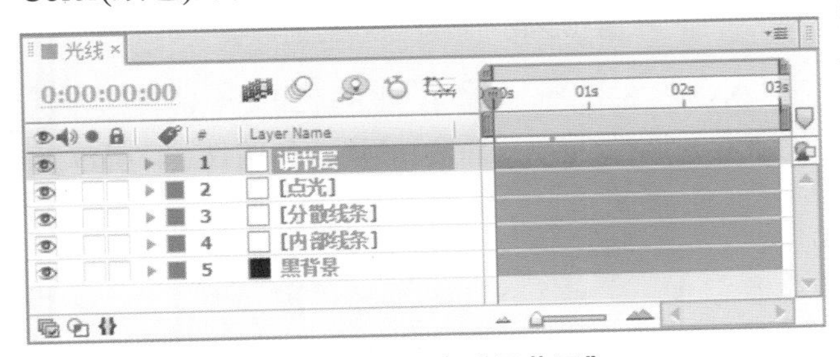

图10.233　新建“调节层”

(32) 选中“调节层”，在Effects & Presets(效果和预置)面板中展开Distort(扭曲)特效组，双击Mesh Warp(网格变形)特效，如图10.234所示，效果如图10.235所示。

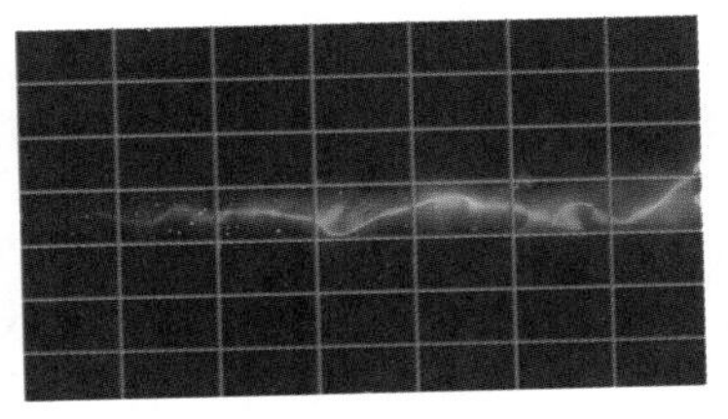

图10.234　添加Mesh Warp(网格变形)特效

图10.235　效果图

(33) 在Effect Controls(特效控制)面板中，设置Rows(行)数值为4，Columns(列)数值为4，参数如图10.236所示，调整网格形状，效果如图10.237所示。

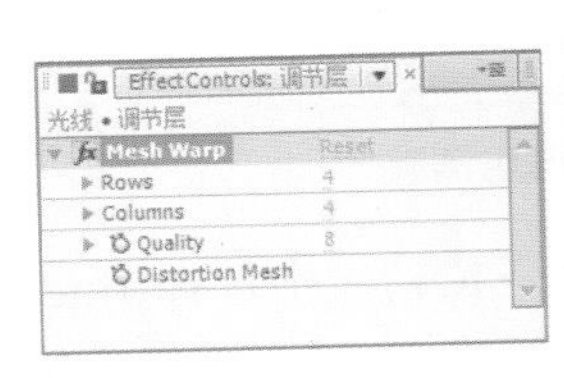

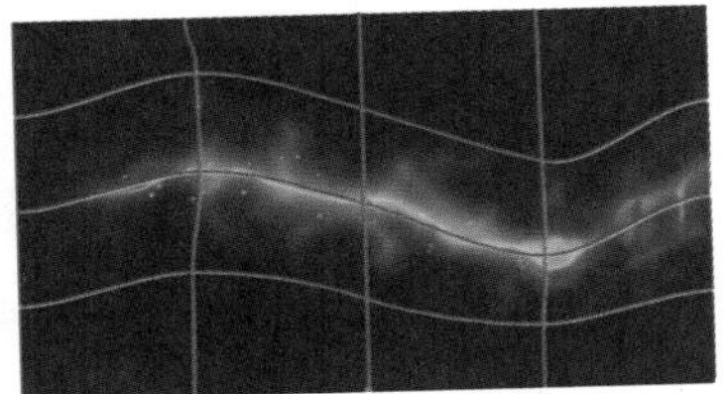

图10.236　参数设置

图10.237　调整后的效果

(34) 这样“光线”合成就制作完成了，按小键盘上的“0”键预览其中几帧动画效果，如图10.238所示。

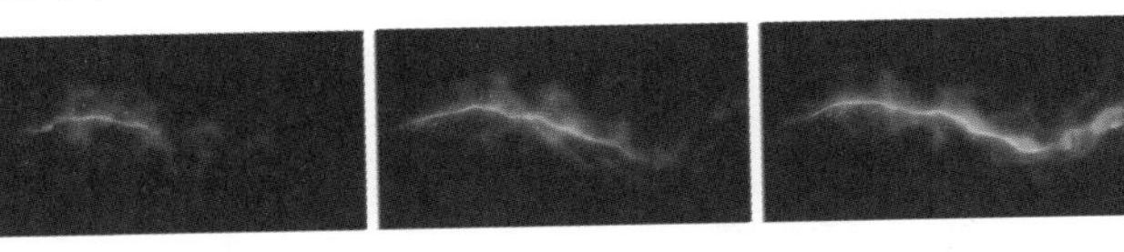

图10.238　动画流程画面

10.7.2　制作蒙版合成

(1) 执行菜单栏中的Composition(合成)| New Composition(新建合成)命令，打开Composition Settings(合成设置)对话框，设置Composition Name(合成名称)为“蒙版合成”，Width(宽)为“1024”，Height(高)为“576”，Frame Rate(帧率)为“25”，并设置Duration(持续时间)为00:00:03:00秒，如图10.239所示。

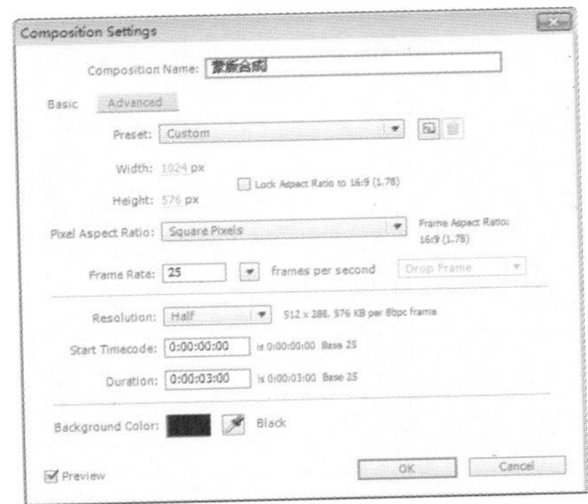

图10.239　合成设置

(2) 执行菜单栏中的File(文件)| Import(导入)| File(文件)命令，打开Import File(导入文件)对话框，选择配书光盘中的“工程文件\第10章\魔戒\背景.jpg”素材，如图10.240所示。单击“打开”按钮，将素材导入Project(项目)面板中。

图10.240　添加素材

(3) 从Project(项目)面板拖动“背景.jpg、光线”素材到“蒙版合成”时间线面板中，如图10.241所示。

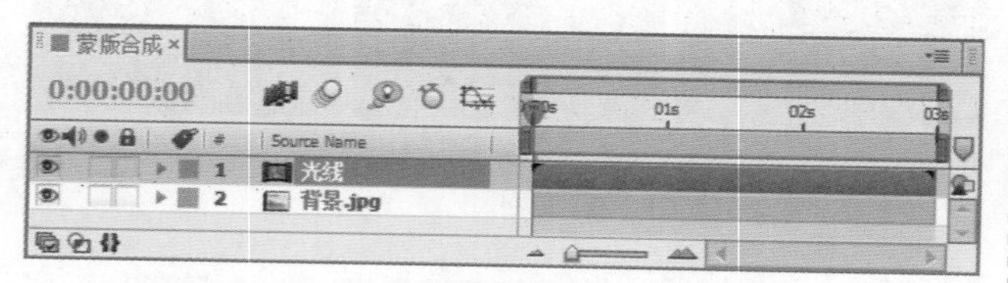

图10.241　添加素材

(4) 选中“光线”层，按Enter(回车)键重命名为“光线1”，并将其叠加模式设置为Screen(屏幕)，如图10.242所示。

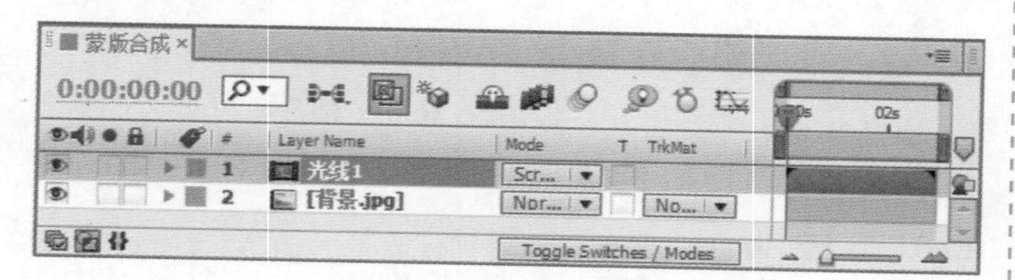

图10.242　层设置

(5) 选中“光线1”层，按R键展开Rotation(旋转)属性，设置Rotation数值为–100，按P键展开Position(位置)属性，设置Position(位置)数值为(366，–168)，如图10.243所示。

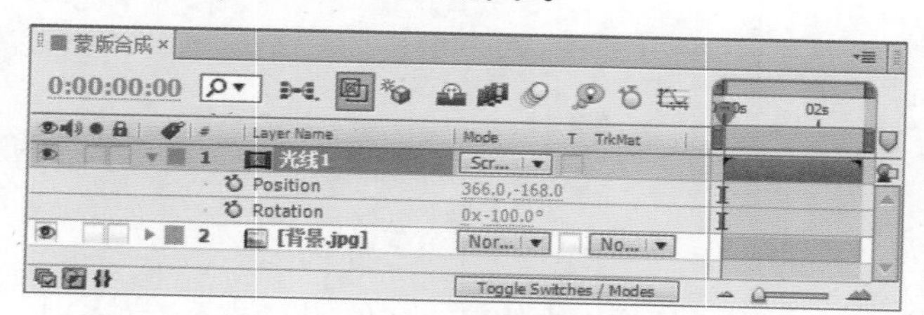

图10.243　参数设置

(6) 选中“光线1”，在Effects & Presets(效果和预置)面板中展开Color Correction(色彩校正)特效组，双击Curves(曲线)特效，如图10.244所示，默认的Curves(曲线)形状如图10.245所示。

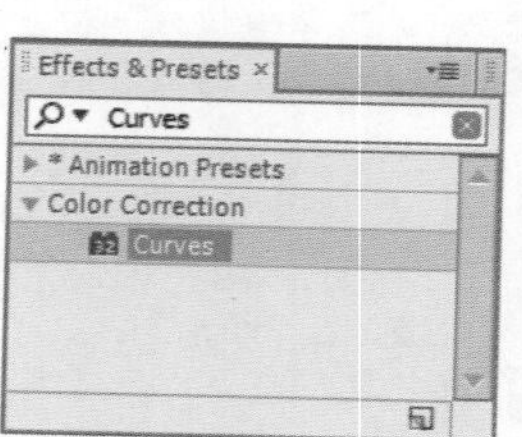

图10.244　添加Curves(曲线)特效

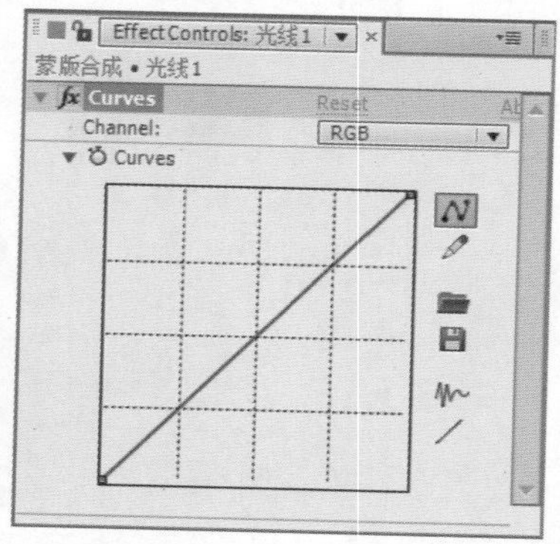

图10.245　默认的Curves(曲线)形状

(7) 在Effect Controls(特效控制)面板中，调整Curves(曲线)的形状，如图10.246所示。

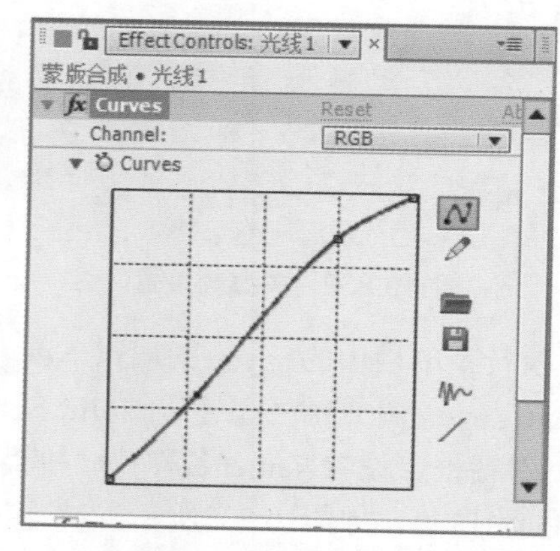

图10.246　调整Curves的形状

(8) 从Channel(通道)右侧下拉列表中选择Red(红色)通道，调整Curves(曲线)形状，如图10.247所示。

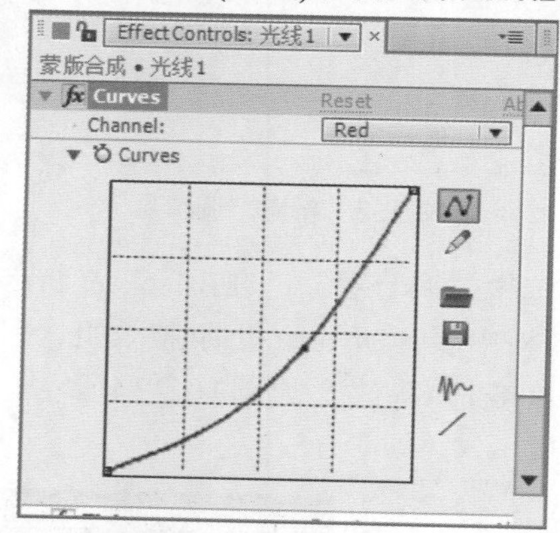

图10.247　Red颜色调整

(9) 从Channel(通道)右侧下拉列表中选择Green(绿色)通道，调整Curves(曲线)形状，如图10.248所示。

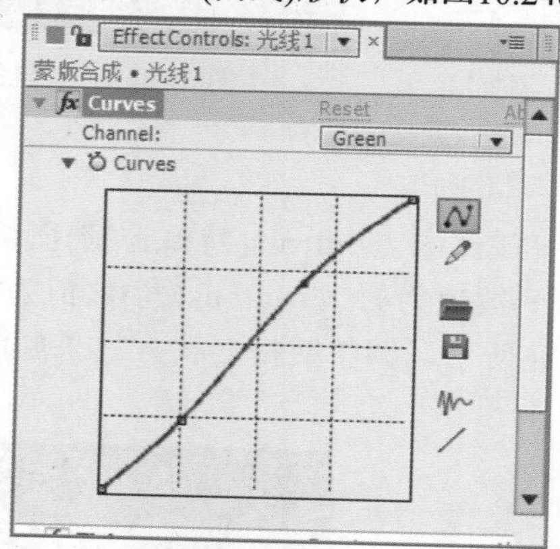

图10.248　Green颜色调整

(10) 从Channel(通道)右侧下拉列表中选择Blue(蓝色)通道，调整Curves(曲线)形状，如图10.249所示。

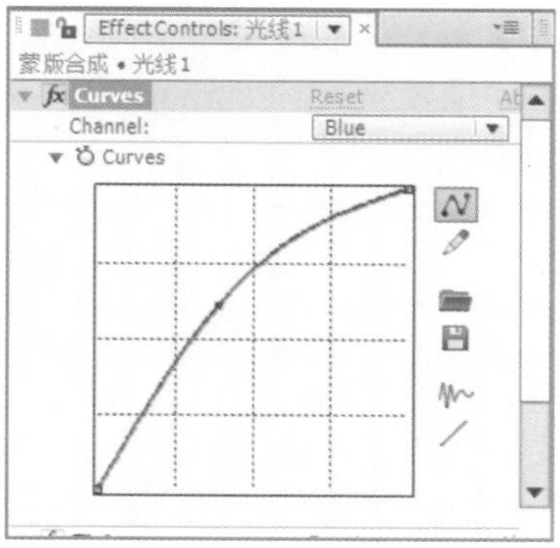

图10.249 Blue颜色调整

(11) 选中“光线1”，在Effects & Presets(效果和预置)面板中展开Color Correction(色彩校正)特效组，双击Tint(色调)特效，如图10.250所示，设置Amount to Tint(色调应用数量)为50%，效果如图10.251所示。

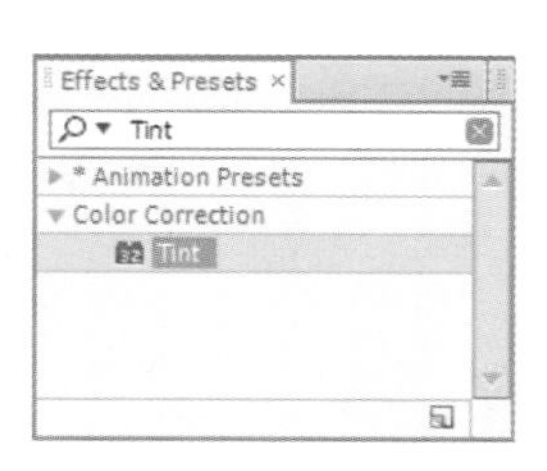

图10.250 添加Curves(曲线)特效

图10.251 添加Curves(曲线)后的效果

(12) 选中“光线1”，按Ctrl+D组合键复制出“光线2”，如图10.252所示。

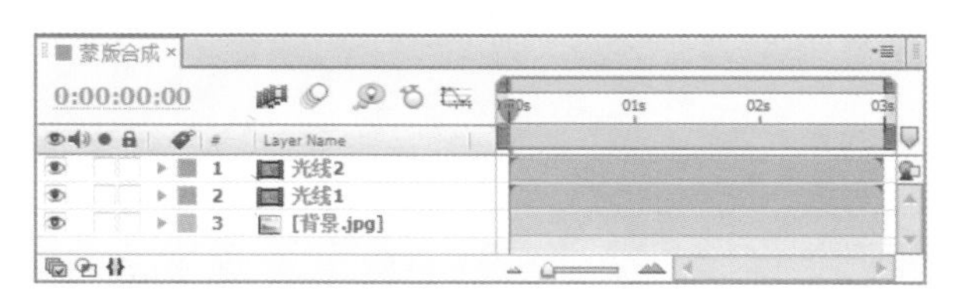

图10.252 复制层

(13) 选中“光线2”层，按R键展开Rotation(旋转)属性，设置Rotation数值为-81，按P键展开Position(位置)属性，设置Position(位置)数值为(480，-204)，如图10.253所示。

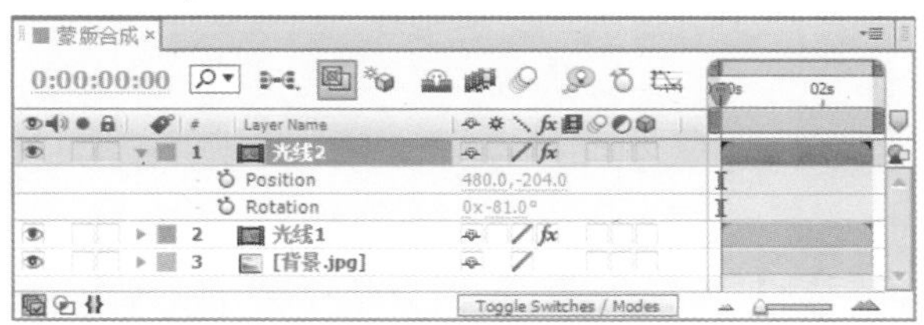

图10.253 位置参数设置

(14) 选中“光线2”，按Ctrl+D组合键复制出“光线3”，如图10.254所示。

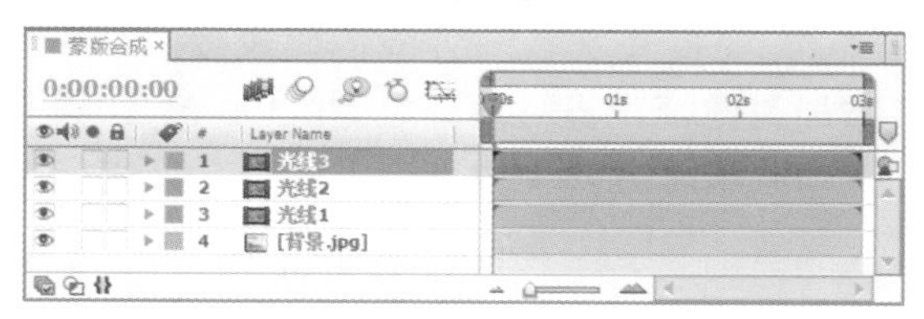

图10.254 复制层

(15) 选中“光线3”层，按R键展开Rotation(旋转)属性，设置Rotation数值为-64，按P键展开Position(位置)属性，设置Position(位置)数值为(596，-138)，如图10.255所示。

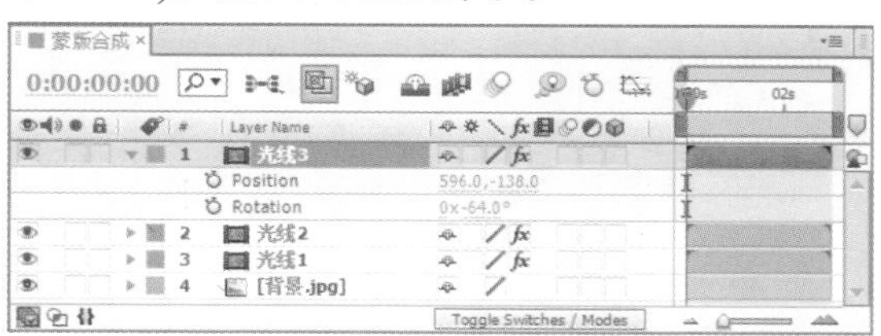

图10.255 旋转和位置参数设置

10.7.3 制作总合成

(1) 执行菜单栏中的Composition(合成)｜New Composition(新建合成)命令，打开Composition Settings(合成设置)对话框，设置Composition Name(合成名称)为“总合成”，Width(宽)为“1024”，Height(高)为“576”，Frame Rate(帧率)为“25”，并设置Duration(持续时间)为00:00:03:00秒。

(2) 从Project(项目)面板中拖动“背景.jpg、蒙版合成”素材到“总合成”时间线面板中，如图10.256所示。

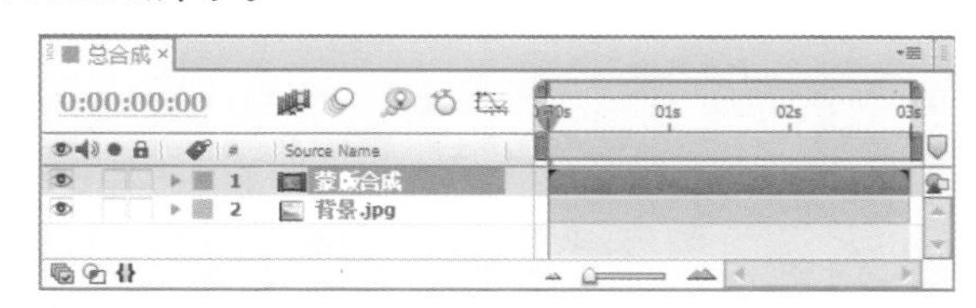

图10.256 添加素材

(3) 选中“蒙版合成”，选择工具栏中的Rectangle(矩形工具)，在总合成窗口中绘制矩形蒙版，如图10.257所示。

图10.257 绘制蒙版

(4) 将时间调整到00:00:00:00帧的位置，拖动蒙版上方两个锚点向下移动，直到看不到光线为止，单击Mask Pash(遮罩形状)左侧的码表按钮，在当前位置添加关键帧，将时间调整到00:00:01:18帧的位置，拖动蒙版上方两个锚点向上移动，系统会自动创建关键帧，如图10.258所示。

图10.258　动画效果图

(5) 选中Mask1层按F键展开Mask Feather(遮罩羽化)属性，设置Mask Feather(遮罩羽化)数值为50，如图10.259所示。

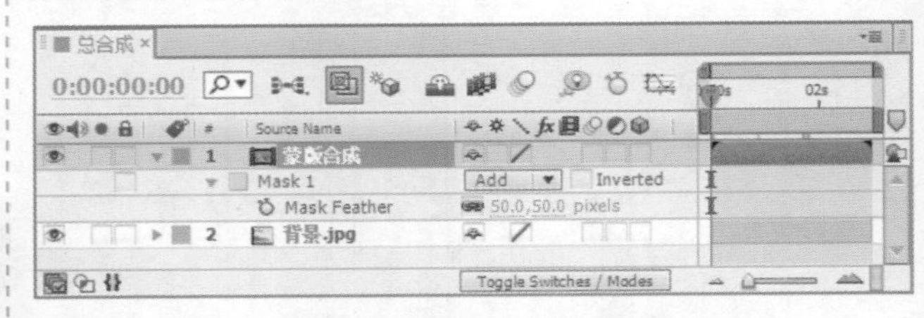

图10.259　Mask Feather(遮罩羽化)设置

(6) 这样就完成了魔戒的整体制作，按小键盘上的“0”键，即可在合成窗口中预览动画。

AE

第11章 个人写真表现

内容摘要

本章以个人写真表现为实例，详解了利用三维图层制作景深效果的方法和利用Linear Wipe(线性擦除)制作照片过渡特效的方法，以及定位点的手动调整及使用技巧。

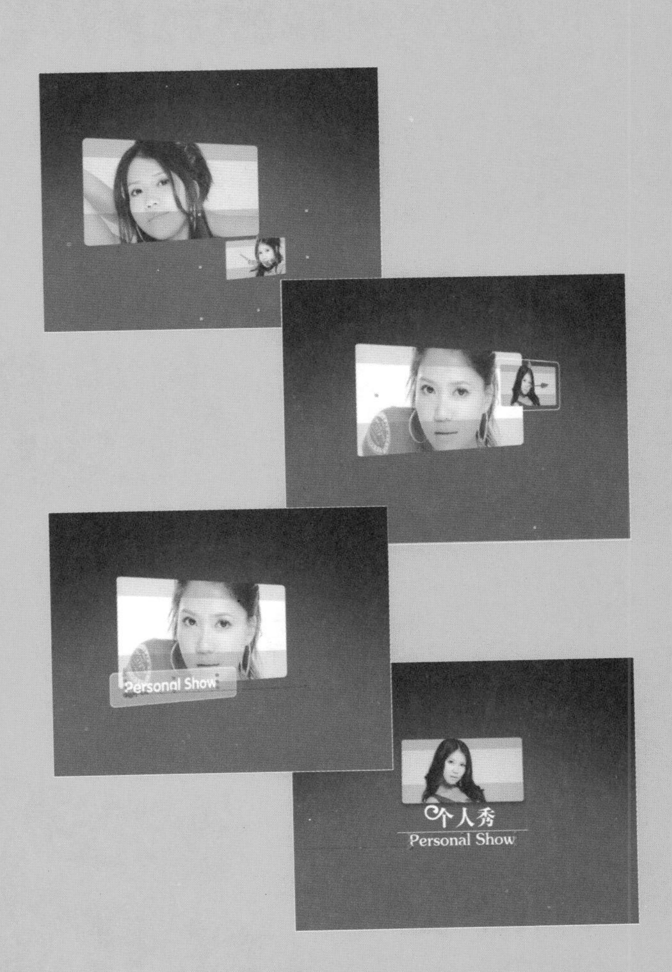

教学目标

- 学习三维图层的应用
- 学习Linear Wipe(线性擦除)特效的使用
- 掌握定位点的手动调整技巧

实例说明

本章主要讲解利用Linear Wipe(线性擦除)特效制作个人秀效果的操作。完成的动画流程画面如图11.1所示。

图11.1　其中的几帧动画效果

学习目标

1. **学习三维层动画的制作**
2. **学习文字的字间距动画的制作。**
3. **掌握Linear Wipe(线性擦除)特效的使用。**

操作步骤

(1) 执行菜单栏中的File(文件) | Import(导入) | File(文件)命令，打开Import File(导入文件)对话框，选择配书光盘中的“工程文件\第11章\个人秀\个人秀.psd”素材，如图11.2所示。

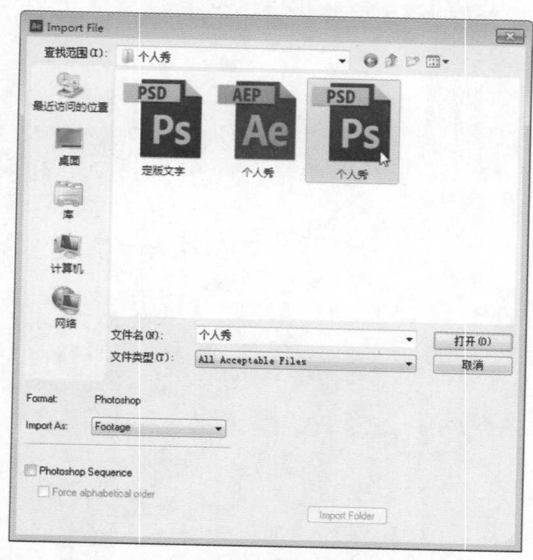

图11.2　Import File(导入文件)对话框

(2) 单击“打开”按钮，在弹出的文件名称对话框中，单击Import Kind(导入类型)下拉列表框，选择Composition(合成)选项，单击OK按钮，导入素材，如图11.3所示。

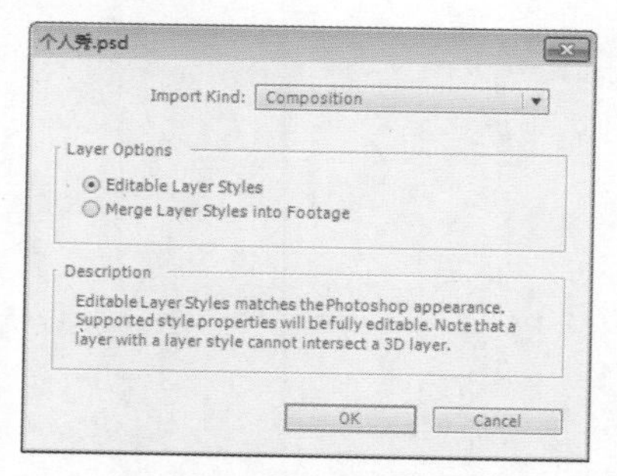

图11.3　文件名称对话框

(3) 在Project(项目)面板中选择“个人秀”合成，按Ctrl+K组合键打开Composition Settings(合成设置)对话框，修改其Duration(持续时间)为00:00:10:00，如图11.4所示。

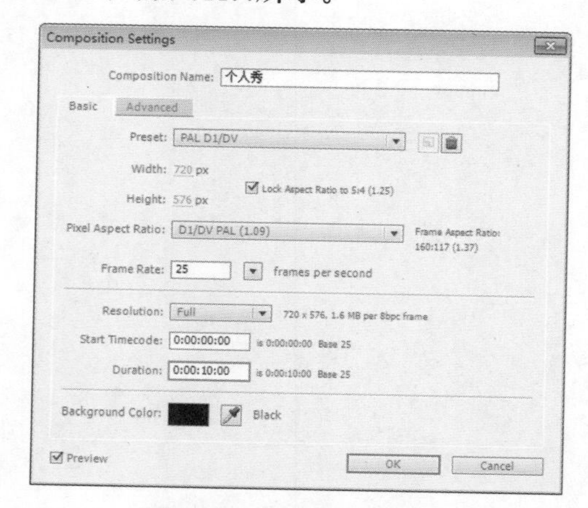

图11.4　合成设置对话框

(4) 双击Project(项目)面板中的“个人秀”合成，如图11.5所示。此时，从合成窗口中看到的画面效果如图11.6所示。

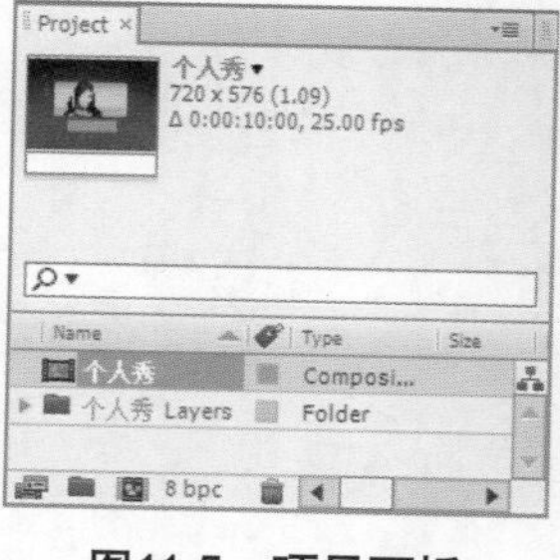

图11.5　项目面板

图11.6　画面效果

(5) 将“白色矩形”、“圆角矩形”、“人物04”、“人物03”、“人物02”和“人物01”素材层三维属性打开，如图11.7所示。

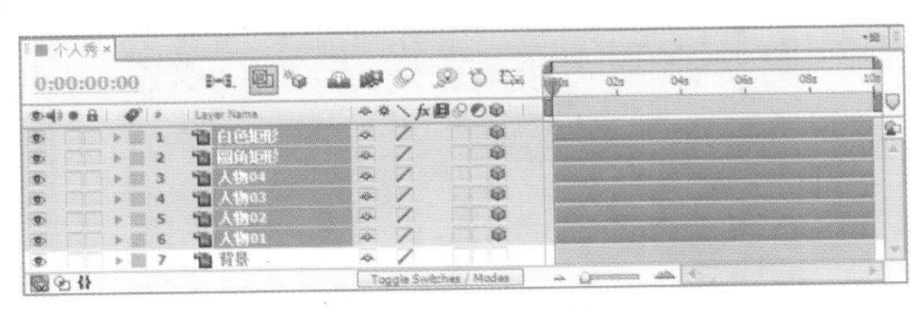

图11.7 三维属性

(6) 执行菜单栏中的Layer(图层) | New(新建) | Solid(固态层)命令，打开Solid Settings(固态层设置)对话框，设置其Name(名称)为“黑色层”，如图11.8所示。此时，合成窗口中的画面效果如图11.9所示。

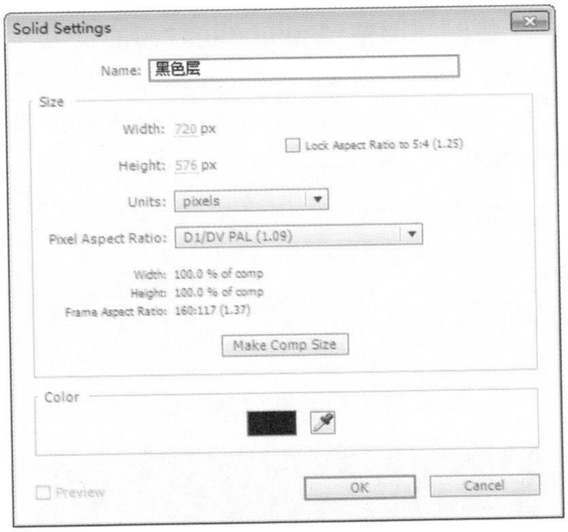

图11.8 固态层设置对话框

图11.9 画面效果

(7) 将“黑色层”移动到“背景”素材层的下方，如图11.10所示。然后选择“背景”素材层，双击工具栏中的Rectangle Tool(矩形工具)按钮，为其添加一个矩形遮罩，如图11.11所示。

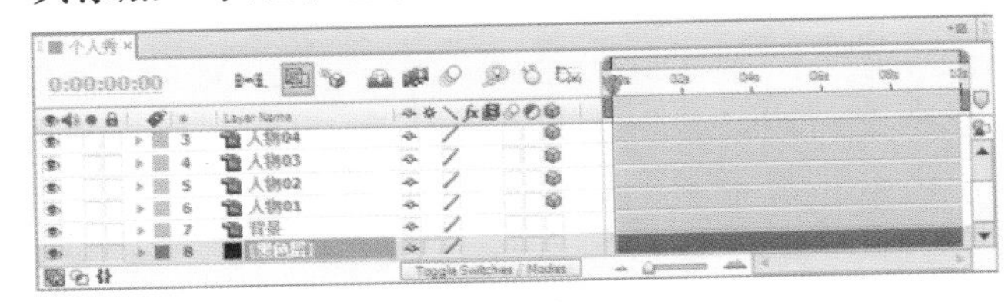

图11.10 移动图层

图11.11 添加矩形遮罩

(8) 将时间调整到00:00:00:02帧的位置，调整矩形遮罩，如图11.12所示。展开“背景”素材层的Mask(遮罩)属性，为Mask Path(遮罩形状)设置关键帧，调整Mask Feather(遮罩羽化)值为(130，0)，如图11.13所示。

图11.12 调整遮罩

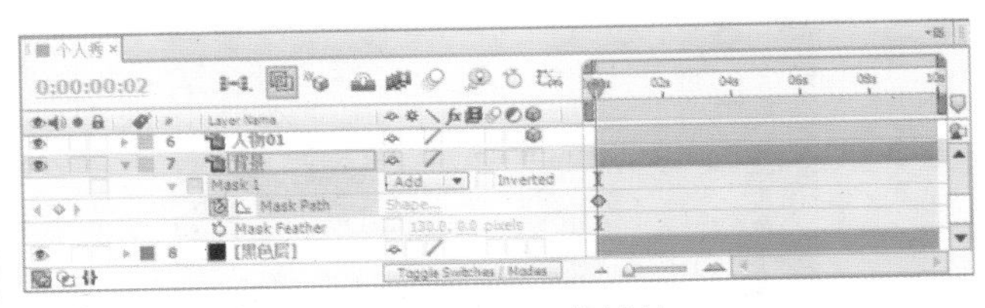

图11.13 设置关键帧

(9) 将时间调整到00:00:00:15帧的位置，选择“背景”素材层，调整该层的矩形遮罩，如图11.14所示。

图11.14 调整矩形遮罩

(10) 此时，背景动画就制作完成了，预览动画，从合成窗口中可以看到背景的动画效果，其中几帧的画面效果如图11.15所示。

图11.15　画面效果

11.1　人物01的制作

(1) 选择“人物01”素材层，按组合键Ctrl+D复制，将复制出的图层重命名为“人物0102”，然后将“白色矩形”、“圆角矩形”、“人物04”、“人物03”和“人物02”素材层的显示关闭，如图11.16所示。此时，合成窗口中的画面效果如图11.17所示。

图11.16　时间线面板

图11.17　画面效果

(2) 将时间调整到00:00:00:07帧的位置，展开“人物01”素材层的Position(位置)属性和Rotation(旋转)属性，将其位置属性值调整为(877，288，0)，调整Y Rotation属性值为–30，并为其位置属性设置关键帧，如图11.18所示。合成窗口中的画面效果如图11.19所示。

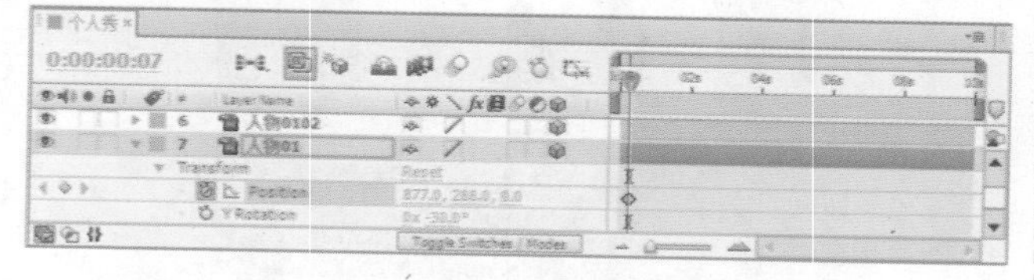

图11.18　00:00:00:07帧的关键帧

图11.19　画面效果

(3) 将时间调整到00:00:00:12帧的位置，修改“人物01”素材层的Position(位置)属性值为(375，288，0)，如图11.20所示。此时，合成窗口中的画面效果如图11.21所示。

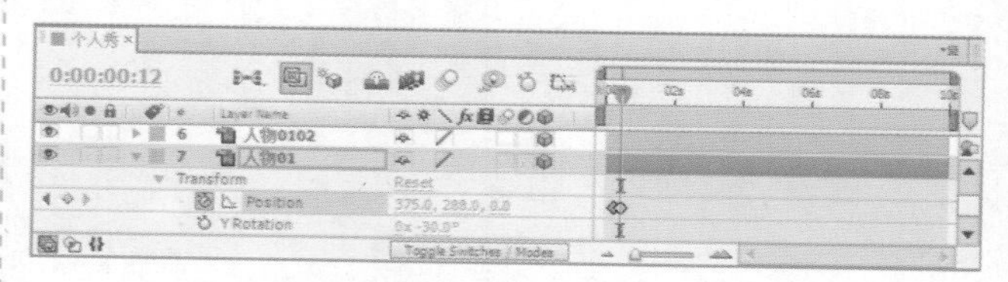

图11.20　00:00:00:12帧的关键帧

图11.21　画面效果

(4) 将时间调整到00:00:00:15帧的位置，展开“人物0102”素材层的Position(位置)属性、Scale(缩放)属性和Rotation(旋转)属性，将其位置属性值调整为(800，735，369)，缩放属性值调整为(40，40，40)，Y Rotation属性值调整为–30，并为其位置属性设置关键帧，如图11.22所示。此时，从合成窗口中看到的画面效果如图11.23所示。

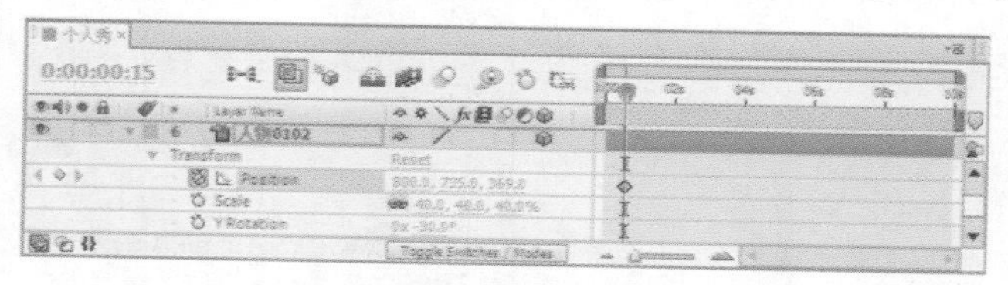

图11.22　00:00:00:15帧的关键帧

图11.23 00:00:00:15帧的画面效果

(5) 将时间调整到00:00:00:21帧的位置，修改“人物01”素材层的Position(位置)值为(280，288，0)，并为其Y Rotation属性设置关键帧，修改“人物0102”素材层的Position(位置)值为(445，436，70)，并为其Y Rotation属性设置关键帧，如图11.24所示。此时，合成窗口中的画面效果如图11.25所示。

图11.24 00:00:00:21帧的关键帧

图11.25 00:00:00:21帧的画面效果

(6) 调整时间为00:00:01:08帧，修改“人物01”素材层的Position(位置)属性值为(288，288，0)，Y Rotation属性值为-25，修改“人物0102”的Position(位置)值为(453，436，70)，Y Rotation属性值为–25，如图11.26所示。此时，合成窗口中的画面效果如图11.27所示。

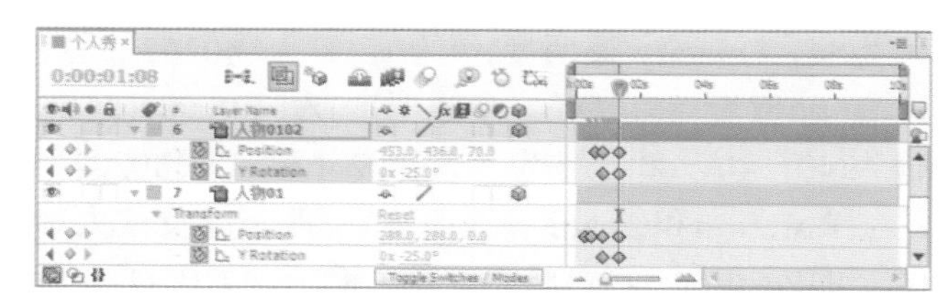

图11.26 00:00:01:08帧的关键帧

图11.27 00:00:01:08帧的画面效果

(7) 将时间调整到00:00:01:22帧的位置，修改“人物01”素材层的Position(位置)值为(297，288，0)，Y Rotation属性值为–28；修改“人物0102”素材层的Position(位置)属性值为(462，436，70)，Y Rotation属性值为–28，如图11.28所示。此时合成窗口中的画面效果如图11.29所示。

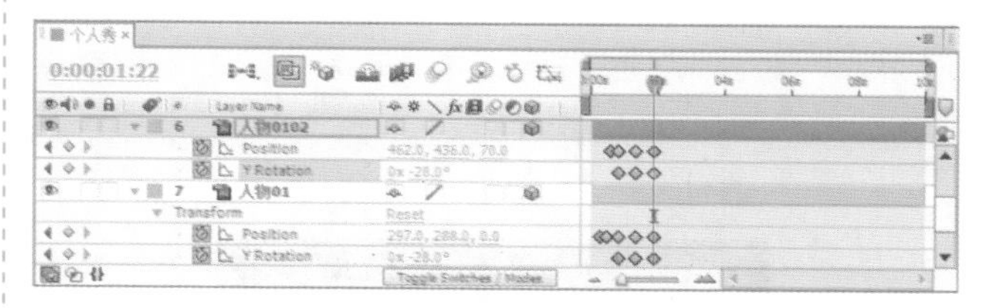

图11.28 00:00:01:22帧的关键帧

图11.29 00:00:01:22帧的画面效果

(8) 将时间线调整到00:00:02:00帧的位置，修改“人物01”的Position(位置)值为(326，288，803)，Y Rotation属性值为84，并为其Opacity(透明度)属性设置关键帧，修改“人物0102”的Position(位置)值为(491，436，705)，Y Rotation属性值为84，并为其透明度属性设置关键帧，如图11.30所示。此时，合成窗口中的画面效果如图11.31所示。

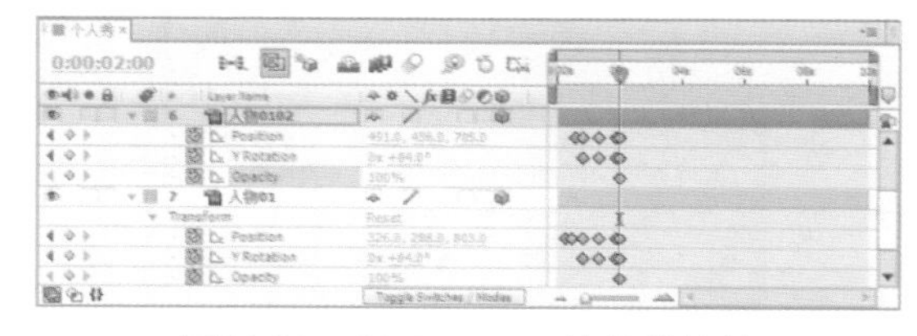

图11.30 00:00:02:00帧的关键帧

图11.31　00:00:02:00帧的画面效果

(9) 调整时间为00:00:02:01帧，修改“人物01”和“人物0102”素材层的Opacity(透明度)属性值为0，如图11.32所示。此时，从合成窗口中看到的画面效果如图11.33所示。

图11.32　00:00:02:01帧的关键帧

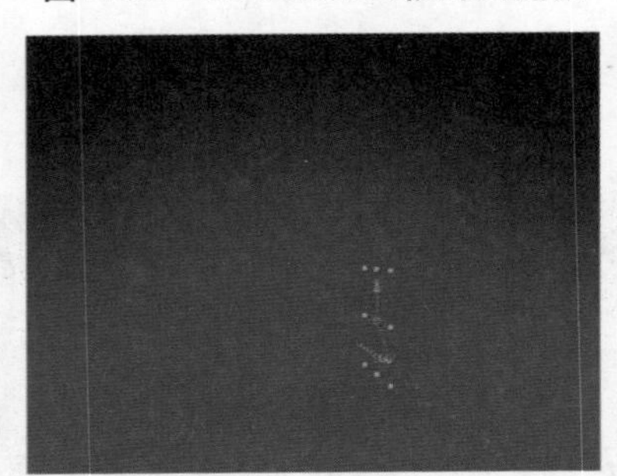

图11.33　00:00:02:01帧的画面效果

(10) 选择“人物01”素材层的Position(位置)属性的所有关键帧，执行菜单栏中的Animation(动画)|Keyframe Interpolation(关键帧插值)命令，打开Keyframe Interpolation(关键帧插值)对话框，单击Spatial Interpolation(空间插值)下拉列表框，选择Linear(线性)，如图11.34所示。同样的，选择“人物0102”素材层的Position(位置)属性的所有关键帧，执行Keyframe Interpolation(关键帧插值)命令。

图11.34　Keyframe Interpolation(关键帧插值)对话框

(11) 此时，人物01的动画就制作完成了，预览动画，从合成窗口中可以看到人物01的动画效果，其中几帧画面的效果如图11.35所示。

图11.35　画面效果

11.2　人物02的制作

(1) 选择“人物02”素材层，按组合键Ctrl+D进行复制，将复制出的图层重命名为“人物0202”，然后将“人物02”和“人物0202”素材层的显示打开，如图11.36所示。此时，合成窗口中00:00:02:10帧的画面效果如图11.37所示。

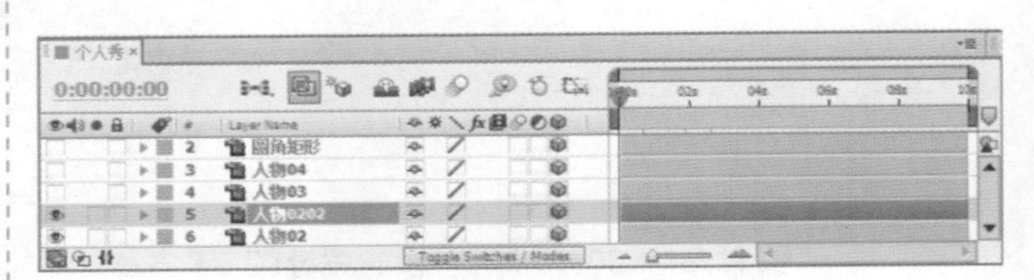

图11.36　时间线面板

图11.37　00:00:02:10帧的画面效果

(2) 将时间调整到00:00:02:00帧的位置，展开“人物02”和“人物0202”的Position(位置)属性、Rotation(旋转)属性和Opacity(透明度)属性，以及“人物0202”的Scale(缩放)属性，调整“人物02”的Position(位置)值为(326，288，803)，Y Rotation值为84，Opacity(透明度)值为0，“人物0202”的Y Rotation值为–85，Opacity(透明度)为0，Scale(缩放)值为(40，40，40)，并为“人物02”和“人物0202”的Y Rotation和Opacity(透明度)属性，以及“人物02”的Position(位置)属性设置关键帧，如图11.38所示。此时，合成窗口中的画面效果如图11.39所示。

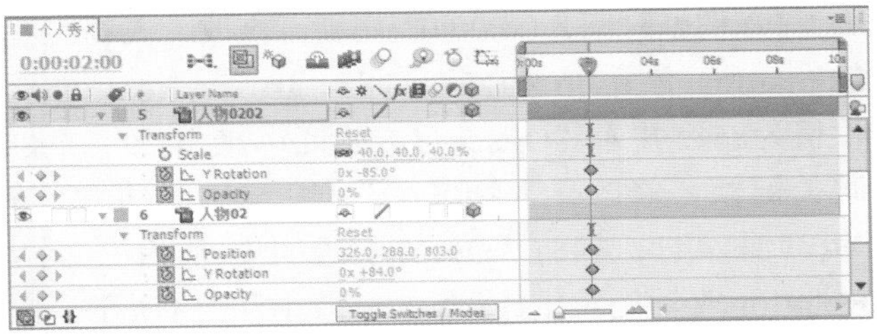

图11.38　00:00:02:00帧的关键帧

图11.39　00:00:02:00帧的画面效果

(3) 将时间调整到00:00:02:01帧的位置，修改“人物02”和“人物0202”素材层的Opacity(透明度)属性值为100，然后将“人物0202”的Position(位置)值调整为(491，436，705)，并为其设置关键帧，如图11.40所示。此时，合成窗口中的画面效果如图11.41所示。

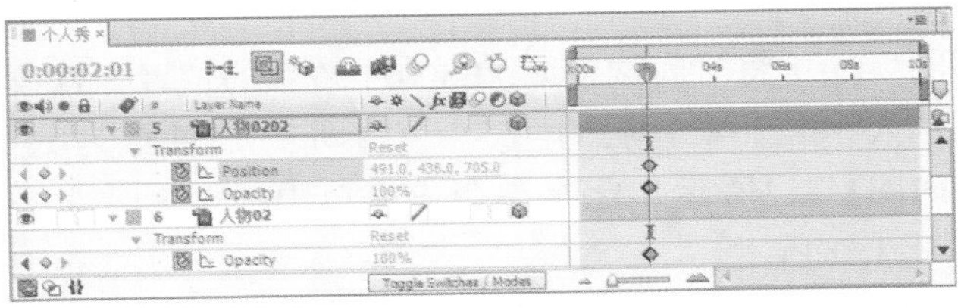

图11.40　00:00:02:01帧的关键帧

图11.41　00:00:02:01帧的画面效果

(4) 调整时间为00:00:02:05帧的位置，修改“人物02”素材层的Position(位置)值为(597，288，803)，Y Rotation值为205，如图11.42所示。此时，从合成窗口中看到的画面效果如图11.43所示。

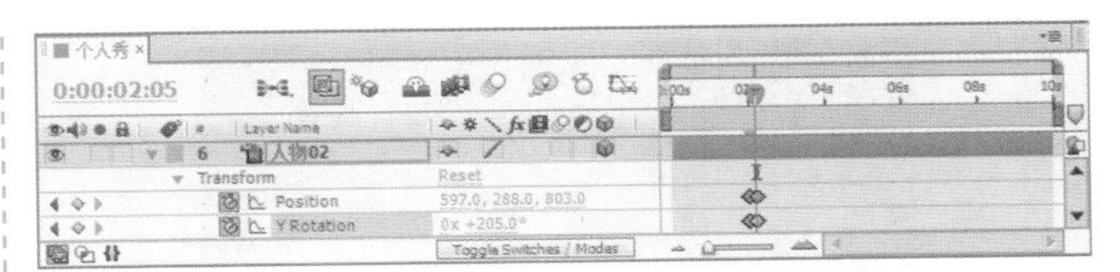

图11.42　00:00:02:05帧的关键帧

图11.43　00:00:02:05帧的画面效果

(5) 将时间调整到00:00:02:09帧的位置，修改“人物0202”的Position(位置)值为(555，441，344)，如图11.44所示。此时，合成窗口中的画面效果如图11.45所示。

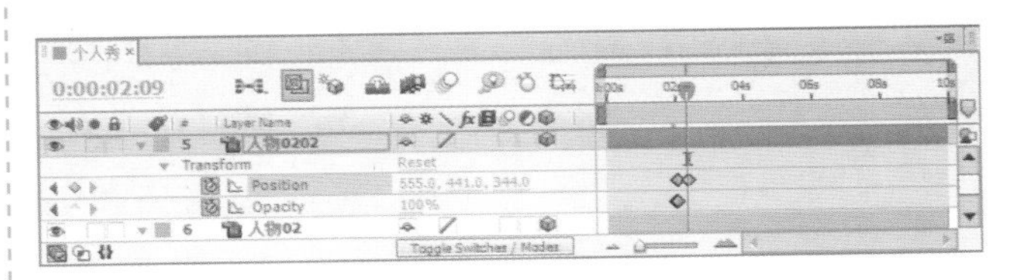

图11.44　00:00:02:09帧的关键帧

图11.45　00:00:02:09帧的画面效果

(6) 调整时间为00:00:02:12帧的位置，修改“人物02”的Position(位置)值为(412，288，0)，修改“人物0202”的Position(位置)值为(555，441，–48)，Y Rotation(Y轴旋转)值为30，如图11.46所示。此时，合成窗口中的画面效果如图11.47所示。

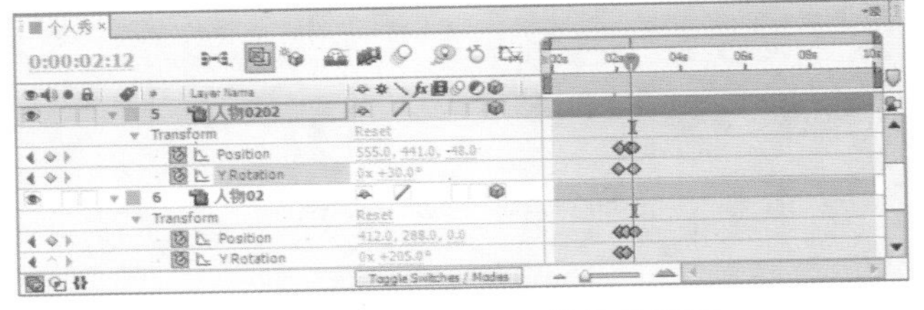

图11.46　00:00:02:12帧的关键帧

图11.47　00:00:02:12帧的画面效果

(7) 将时间调整到00:00:02:24帧的位置，修改"人物02"的Position(位置)值为(399，288，0)，并为其Y Rotation(Y轴旋转)属性添加关键帧，修改"人物0202"的Position(位置)值为(542，441，–48)，并为其Y Rotation(Y轴旋转)属性添加一个延时关键帧，如图11.48所示。此时，合成窗口中的画面效果如图11.49所示。

图11.48　00:00:02:24帧的关键帧

图11.49　00:00:02:24帧的画面效果

(8) 调整时间为00:00:03:15帧，为"人物0202"的Opacity(透明度)属性值添加一个延时关键帧，如图11.50所示。

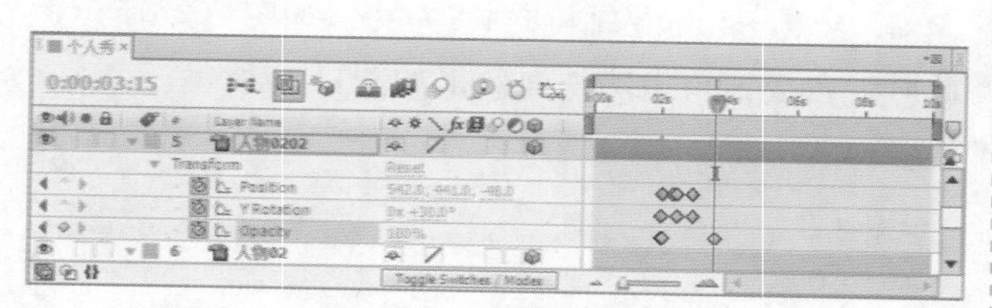

图11.50　添加关键帧

(9) 调整时间为00:00:03:16帧，修改"人物02"的Position(位置)值为(235，288，0)，Y Rotation属性值为85，并为其Opacity(透明度)属性添加一个延时关键帧，修改"人物0202"的Position(位置)值为(378，441，–48)，Opacity(透明度)值为0，为Y Rotation(Y轴旋转)的值为–86，如图11.51所示。此时，合成窗口中的画面效果如图11.52所示。

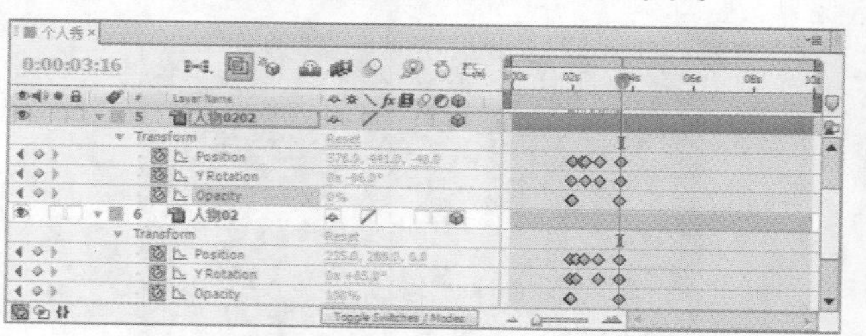

图11.51　00:00:03:16帧的关键帧

图11.52　00:00:03:16帧的画面效果

(10) 将时间调整到00:00:03:17帧的位置，修改"人物02"素材层的Opacity(透明度)属性值为0，如图11.53所示。此时，合成窗口中的画面效果如图11.54所示。

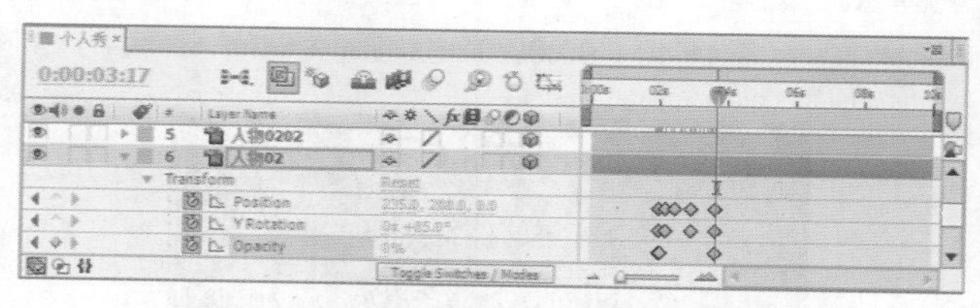

图11.53　00:00:03:17帧的关键帧

图11.54　00:00:03:17帧的画面效果

(11) 选择“人物02”素材层的Position(位置)属性的所有关键帧，执行菜单栏中的Animation(动画)｜Keyframe Interpolation(关键帧插值)命令，打开Keyframe Interpolation(关键帧插值)对话框，单击Spatial Interpolation(空间插值)下拉列表框，选择Linear(线性)，如图11.55所示。然后为“人物0202”素材层的Position(位置)属性的所有关键帧执行此命令。

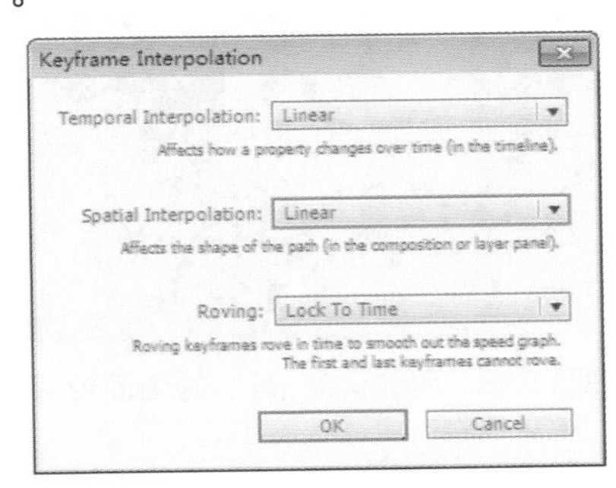

图11.55　Keyframe Interpolation对话框

(12) 此时，人物02的动画就制作完成了，预览动画，从合成窗口中可以看到人物02的动画效果，其中几帧的画面效果如图11.56所示。

图11.56　画面效果

11.3　人物03的制作

(1) 选择“人物03”素材层，按组合键Ctrl+D复制，将复制出的图层重命名为“人物0302”，并将“圆角矩形”、“人物0302”和“人物03”素材层的显示打开，如图11.57所示。此时，合成窗口中00:00:03:20帧的画面效果如图11.58所示。

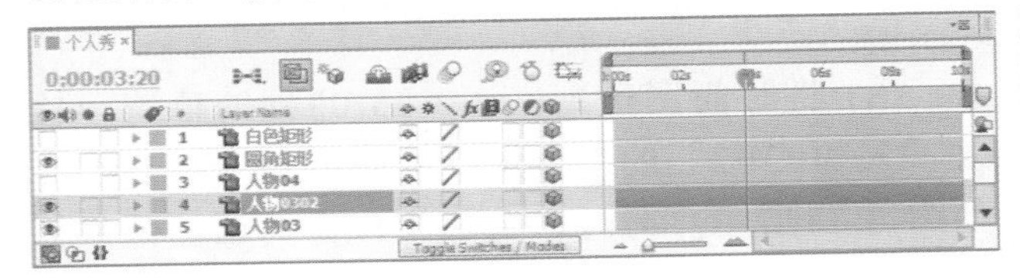

图11.57　时间线面板

(2) 选择“圆角矩形”素材层，单击工具栏中的Pan Behind Tool(定位点工具)按钮，将其中心点移动到该层圆角矩形的中点，如图11.59所示。同样地将“人物0302”素材层的中心点移动到该层矩形的中心位置，如图11.60所示。

图11.58　00:00:03:20帧的画面效果

图11.59　“圆角矩形”的中心点

图11.60　“人物0302”的中心点

(3) 将时间调整到00:00:03:16帧的位置，展开“人物03”素材层的Position(位置)属性、Rotation(旋转)属性和Opacity(透明度)属性，调整其位置值为(235，288，0)，Y Rotation值为85，透明度值为0，并为其位置属性、Y Rotation和透明度设置关键帧，如图11.61所示。此时，合成窗口中的画面效果如图11.62所示。

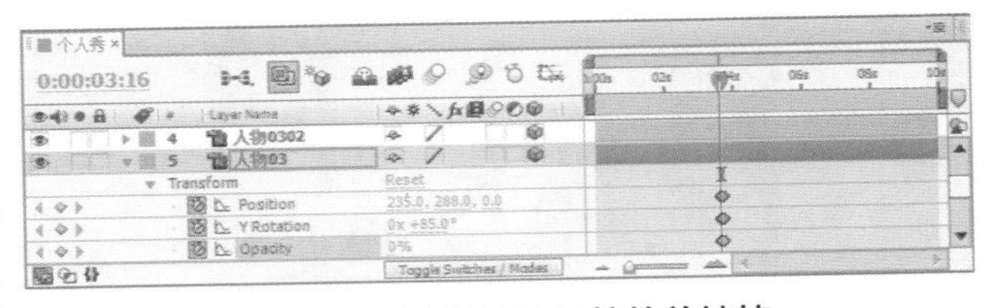

图11.61　00:00:03:16帧的关键帧

图11.62　00:00:03:16帧的画面效果

(4) 将时间调整到00:00:03:17帧的位置，修改“人物03”的Opacity(透明度)值为100，如图11.63所示。此时，合成窗口中的画面效果如图11.64所示。

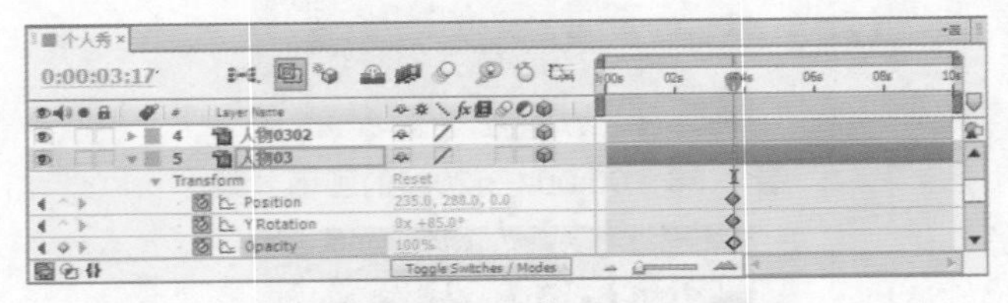
图11.63　00:00:03:17帧的关键帧

图11.64　00:00:03:17帧的画面效果

(5) 将时间调整到00:00:04:09帧的位置，修改“人物03”素材层的Position(位置)属性值为(343，288，0)，Y Rotation属性值为–45，如图11.65所示。此时，合成窗口中的画面效果如图11.66所示。

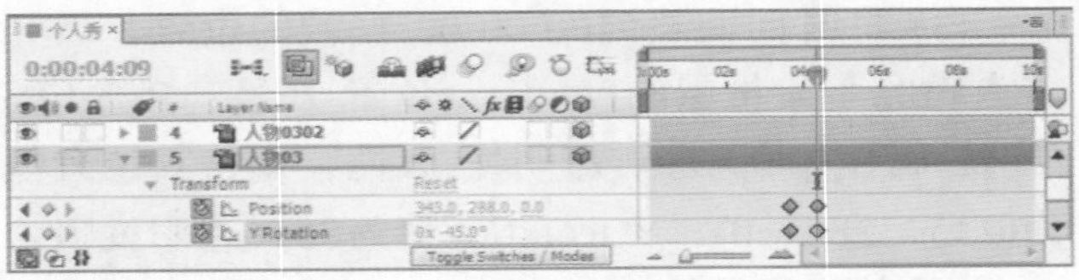

图11.65　00:00:04:09帧的关键帧

图11.66　00:00:04:09帧的画面效果

(6) 将时间调整到00:00:05:01帧的位置，展开“人物0302”的Position(位置)属性、Scale(缩放)属性、Opacity(透明度)属性和Rotation(旋转)属性，调整其缩放值为(40，0，40)，位置值为(515，240，0)，Y Rotation值为–36，并为其位置属性和缩放属性设置关键帧，如图11.67所示。此时，合成窗口中的画面效果如图11.68所示。

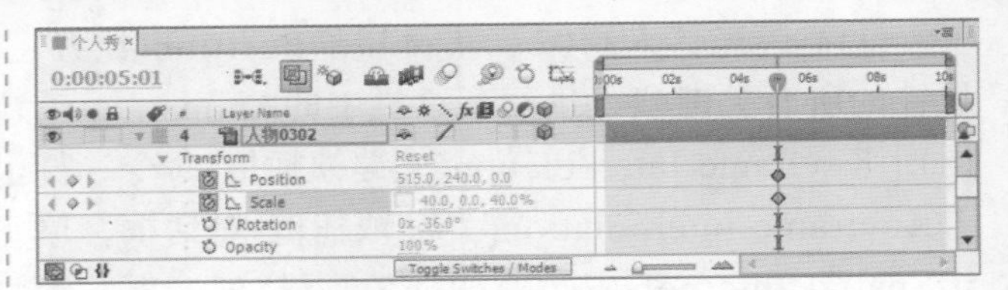
图11.67　00:00:05:01帧的关键帧

图11.68　00:00:05:01帧的画面效果

(7) 调整时间到00:00:05:02帧的位置，修改“人物0302”的Scale(缩放)属性值为(40，3，40)，并为其Opacity(透明度)属性设置关键帧，如图11.69所示。此时，合成窗口中的画面效果如图11.70所示。

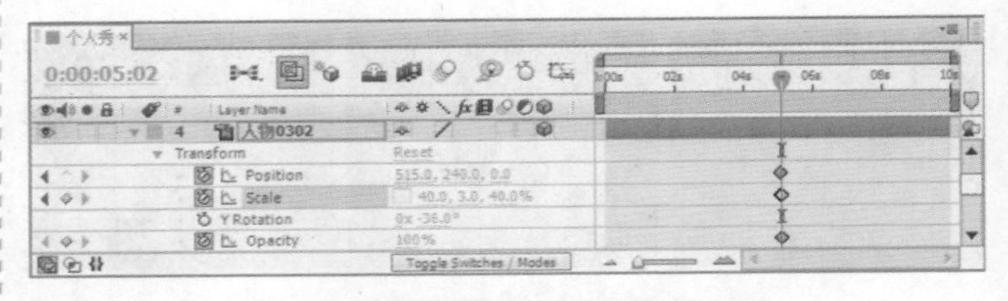
图11.69　00:00:05:02帧的关键帧

图11.70　00:00:05:02帧的画面效果

(8) 将时间调整到00:00:05:03帧的位置，修改“人物0302”的Opacity(透明度)属性值为0，如图11.71所示。此时，合成窗口中的画面效果如图11.72所示。

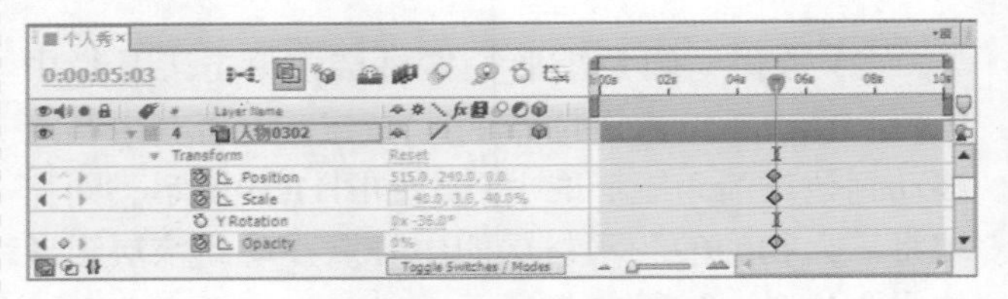
图11.71　00:00:05:03帧的关键帧

图11.72 00:00:05:03帧的画面效果

(9) 选择“人物0302”的00:00:05:02帧的Opacity(透明度)属性的关键帧，按组合键Ctrl+C复制，将时间调整到00:00:05:04帧的位置，按组合键Ctrl+V粘贴；然后选择00:00:05:03帧的Opacity(透明度)属性的关键帧，按组合键Ctrl+C复制，调整时间为00:00:05:06帧，按组合键Ctrl+V粘贴，如图11.73所示。此时，合成窗口中的画面效果如图11.74所示。

图11.73 00:00:05:06帧的关键帧

图11.74 00:00:05:06帧的画面效果

(10) 将时间调整到00:00:05:07帧的位置，修改“人物0302”的Scale(缩放)值为(40，40，40)，Opacity(透明度)值为100，如图11.75所示。此时，合成窗口中的画面效果如图11.76所示。

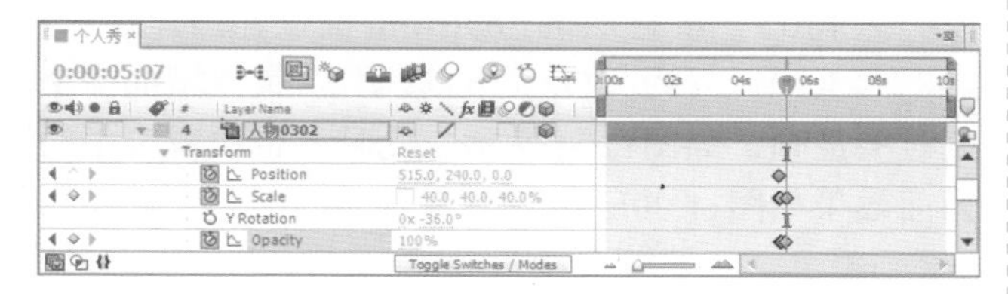

图11.75 00:00:05:07帧的关键帧

(11) 将时间调整到00:00:05:08帧的位置，修改“人物0302”的Opacity(透明度)值为60，如图11.77所示。此时，合成窗口中的画面效果如图11.78所示。

图11.76 00:00:05:07帧的画面效果

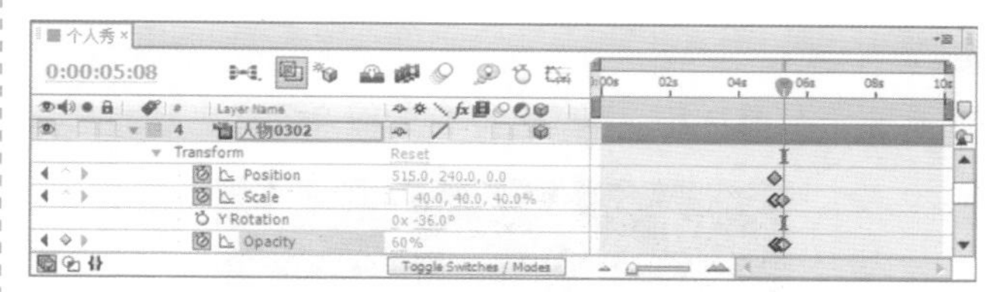

图11.77 00:00:05:08帧的关键帧

图11.78 00:00:05:08帧的画面效果

(12) 选择“人物0302”的00:00:05:04帧、00:00:05:06帧和00:00:05:07帧的Opacity(透明度)属性关键帧，按组合键Ctrl+C复制，将时间调整到00:00:05:09帧的位置，按组合键Ctrl+V粘贴，如图11.79所示。此时，合成窗口中的画面效果如图11.80所示。

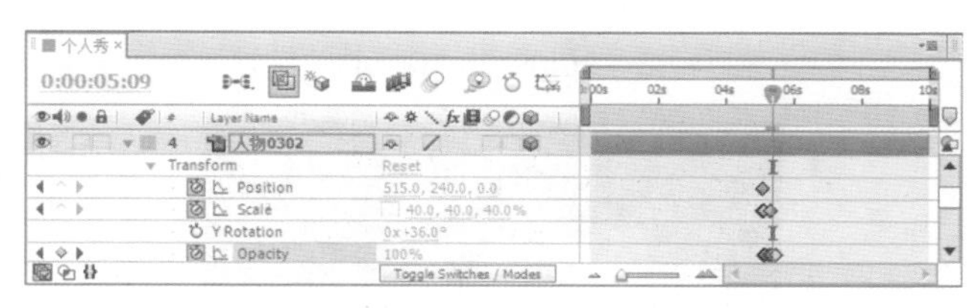

图11.79 00:00:05:09帧的关键帧

图11.80 00:00:05:09帧的画面效果

(13) 选择00:00:05:06帧和00:00:05:07帧的Opacity(透明度)属性的关键帧，按组合键Ctrl+C复制，将时间调整到00:00:05:14帧的位置，按组合键Ctrl+V粘贴，如图11.81所示。此时，合成窗口中的画面效果如图11.82所示。

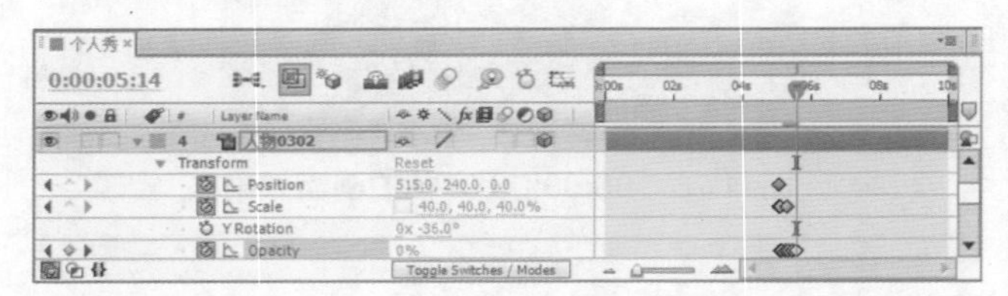

图11.81　00:00:05:14帧的关键帧

图11.82　00:00:05:14帧的画面效果

(14) 选择00:00:05:08帧、00:00:05:09帧和00:00:05:11帧的Opacity(透明度)属性的关键帧，按组合键Ctrl+C复制，将时间调整到00:00:05:16帧的位置，按组合键Ctrl+V粘贴，如图11.83所示。此时，合成窗口中的画面效果如图11.84所示。

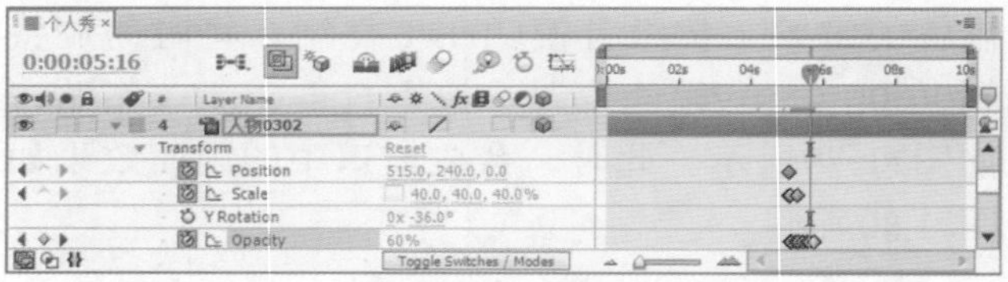

图11.83　00:00:05:16帧的关键帧

图11.84　00:00:05:16帧的画面效果

(15) 将时间调整到00:00:05:10帧的位置，修改“人物03”的Position(位置)值为(347，288，0)，Y Rotation值为–30，如图11.85所示。此时，合成窗口中的画面效果如图11.86所示。

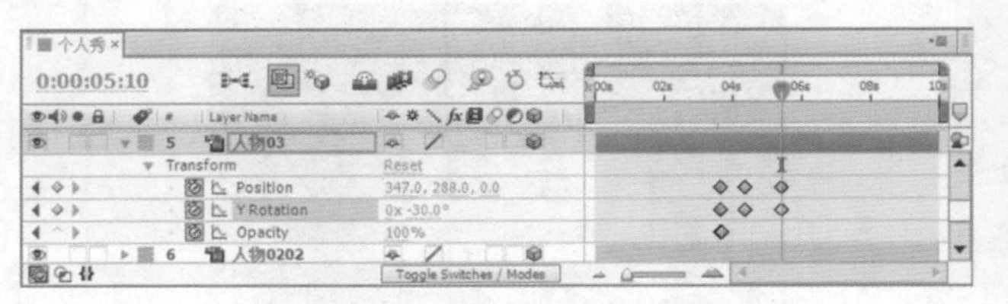

图11.85　00:00:05:10帧的关键帧

图11.86　00:00:05:10帧的画面效果

(16) 将时间调整到00:00:05:20帧的位置，修改“人物03”的Position(位置)值为(343，288，–10)，如图11.87所示。此时，合成窗口中的画面效果如图11.88所示。

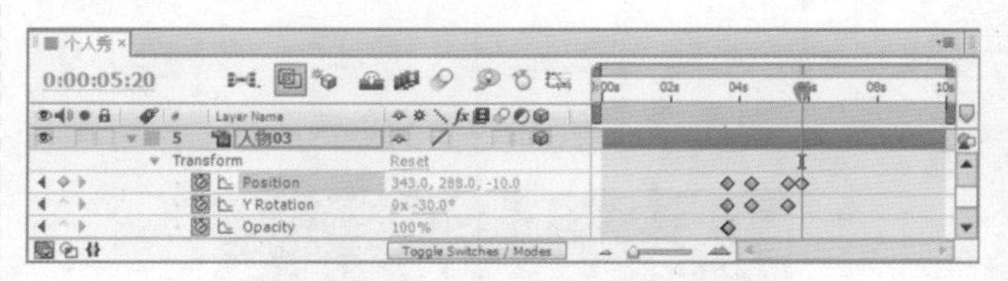

图11.87　00:00:05:20帧的关键帧

图11.88　00:00:05:20帧的画面效果

(17) 将时间调整到00:00:06:00帧的位置，修改“人物03”素材层的Position(位置)值为(343，288，–500)，并为其Opacity(透明度)属性添加一个延时关键帧，如图11.89所示。此时，合成窗口中的画面效果如图11.90所示。

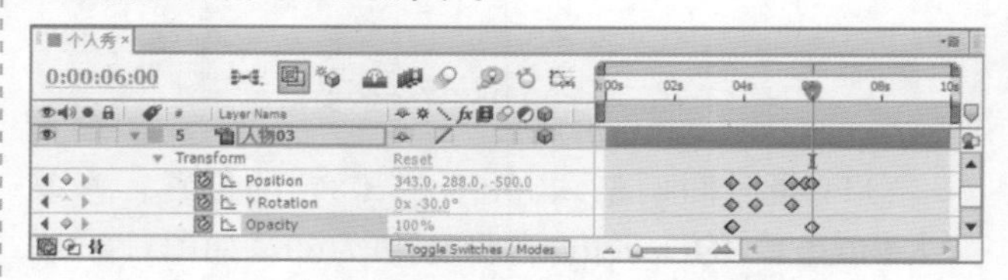

图11.89　00:00:06:00帧的关键帧

图11.90 00:00:06:00帧的画面效果

(18) 将时间调整到00:00:06:01帧的位置，修改“人物03”素材层的Opacity(透明度)值为0，如图11.91所示。此时，合成窗口中的画面效果如图11.92所示。

图11.91 00:00:06:01帧的关键帧

图11.92 00:00:06:01帧的画面效果

(19) 将时间调整到00:00:05:02帧的位置，展开“圆角矩形”素材层的Position(位置)属性、Scale(缩放)属性和Rotation(旋转)属性，调整其位置值为(515，240，0)，Y Rotation值为–36，Scale(缩放)值为(100，0，100)，并为其设置关键帧，如图11.93所示。此时，合成窗口中的画面效果如图11.94所示。

图11.93 调整层的属性值

(20) 选择“人物0302”素材层的Opacity(透明度)属性的所有关键帧，按组合键Ctrl+C复制，然后将时间调整到00:00:05:02帧的位置，选择“圆角矩形”素材层，按组合键Ctrl+V粘贴，如图11.95所示。

图11.94 00:00:05:02帧的画面效果

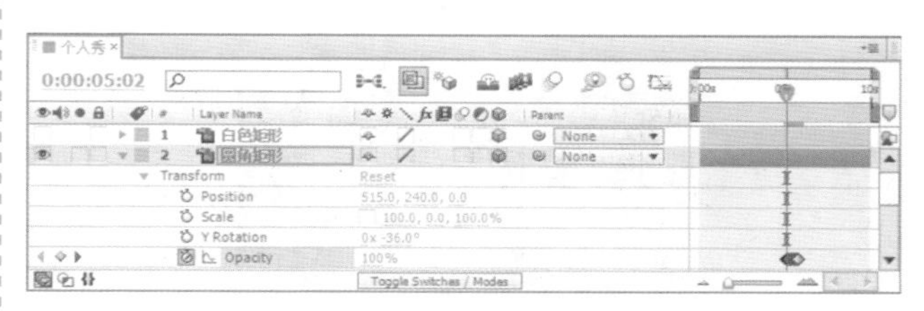

图11.95 粘贴关键帧

(21) 将时间调整到00:00:05:07帧的位置，修改“圆角矩形”素材层的Scale(缩放)值为(100，100，100)，如图11.96所示。此时，合成窗口中的画面效果如图11.97所示。

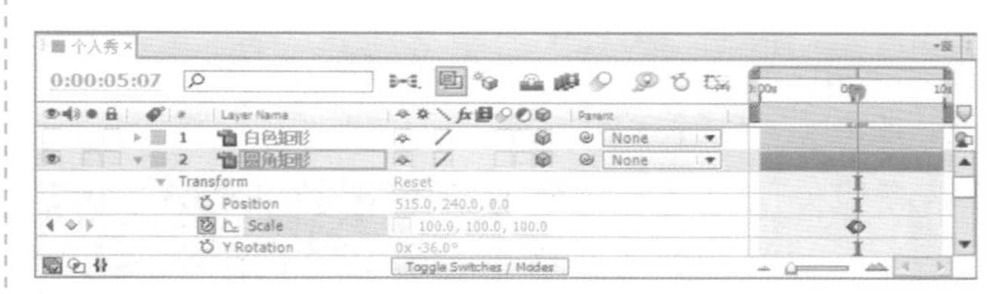

图11.96 00:00:05:07帧的关键帧

图11.97 00:00:05:07帧的画面效果

(22) 此时，人物03的动画就制作完成了，从合成窗口中可以看到人物03的动画效果，其中几帧的画面效果如图11.98所示。

图11.98 画面效果

11.4 人物04的制作

(1) 选择“人物04”素材层，将该层的显示打开，如图11.99所示。此时，合成窗口中的画面效果如图11.100所示。

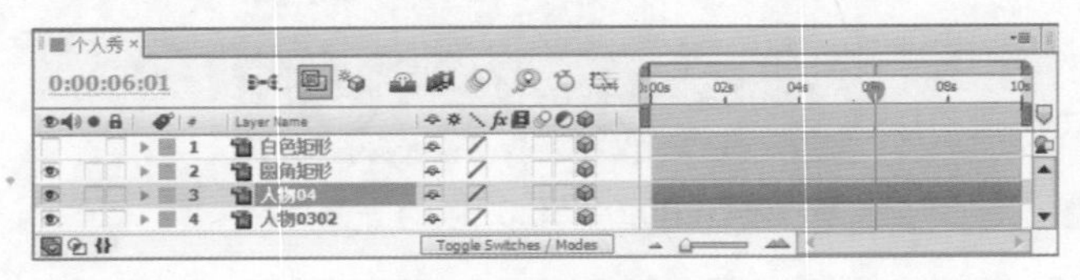

图11.99 时间线面板

图11.100 00:00:06:01帧的画面效果

(2) 选择“人物04”素材层，在Effects & Presets(效果和预置)面板中，展开Perspective(透视)特效组，双击Drop Shadow(投影)特效，如图11.101所示。此时，合成窗口中的画面效果如图11.102所示。

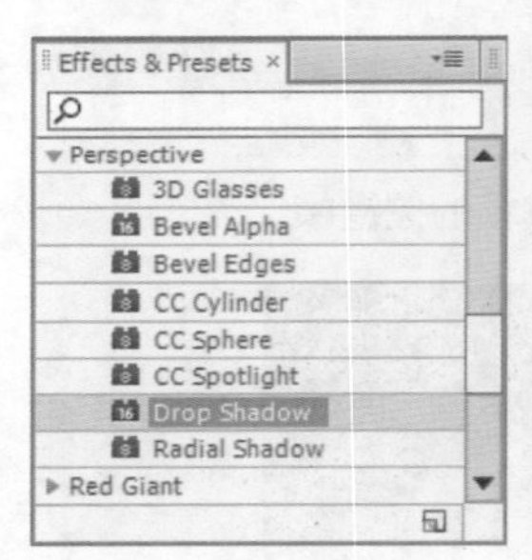

图11.101 特效面板

图11.102 添加投影特效后的画面效果

(3) 将时间调整到00:00:06:03帧的位置，选择“人物04”素材层，在Effect Controls(特效控制)面板中，调整Drop Shadow(投影)特效中的Direction(方向)值为180，Distance(距离)值为45，Softness(柔化)值为70，并为其距离值和柔化值设置关键帧，如图11.103所示。此时，合成窗口中的画面效果如图11.104所示。

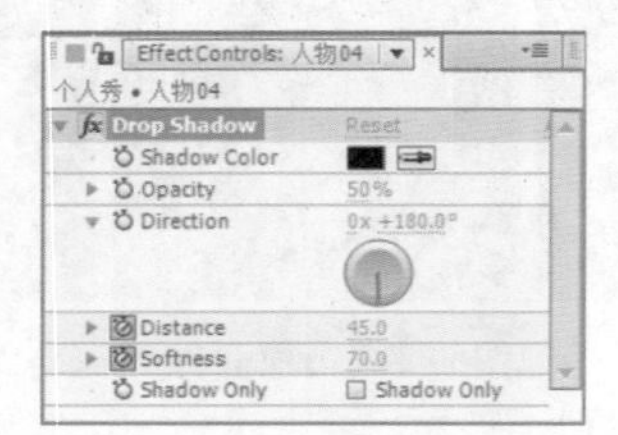

图11.103 设置投影关键帧

图11.104 00:00:06:17帧的画面效果

(4) 将时间调整到00:00:06:17帧的位置，修改Drop Shadow(投影)特效中的Distance(距离)值为10，Softness(柔化)值为40，如图11.105所示。此时，从合成窗口中看到的画面效果如图11.106所示。

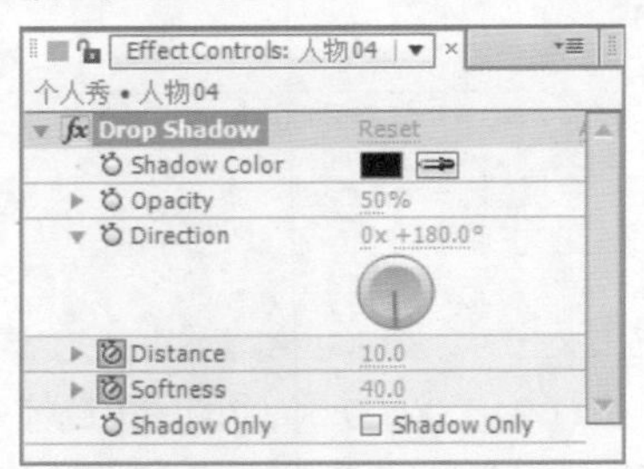

图11.105 修改投影关键帧

图11.106 00:00:06:17帧的画面效果

(5) 执行菜单栏中的Layer(图层)|New(新建)|Solid(固态层)命令，打开Solid Settings(固态层设置)对话框，设置Name(名称)为“过渡层”，如图11.107所示。此时，合成窗口中的画面效果如图11.108所示。

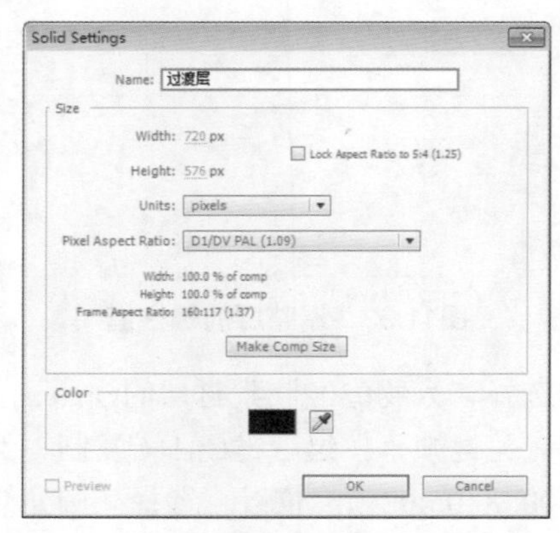

图11.107 固态层设置对话框

图11.108　固态层画面效果

(6) 将时间调整到00:00:06:00帧的位置，展开“过渡层”的Opacity(透明度)属性，将其调整为0，并为其设置关键帧，如图11.109所示。此时，合成窗口中的画面效果如图11.110所示。

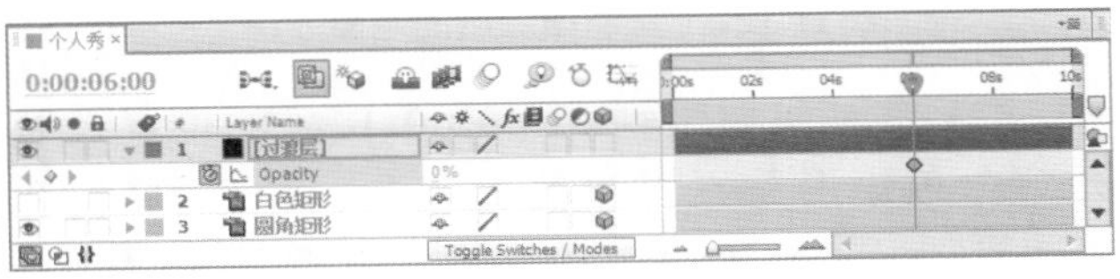

图11.109　00:00:06:00帧的关键帧

图11.110　00:00:06:00帧的画面效果

(7) 将时间调整到00:00:06:01帧的位置，修改“过渡层”的Opacity(透明度)值为100，然后将时间调整到00:00:06:02帧的位置，为该层的Opacity(透明度)添加一个延时关键帧，然后将“人物04”素材层的Opacity(透明度)属性设置为0，并为其设置关键帧，如图11.111所示。

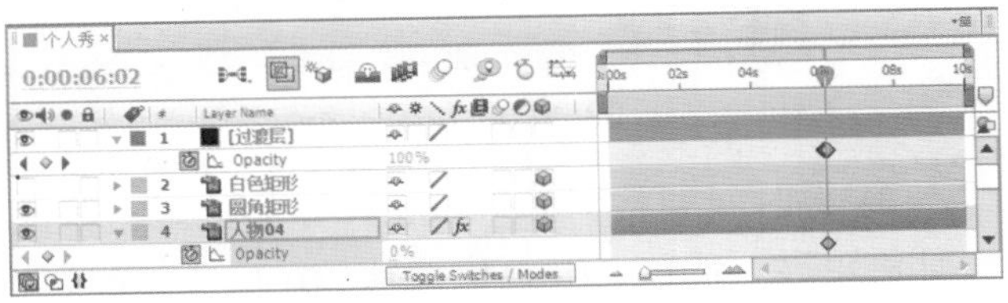

图11.111　00:00:06:02帧的关键帧

(8) 将时间调整到00:00:06:03帧的位置，修改“过渡层”的Opacity(透明度)值为0，然后调整“人物04”的Opacity(透明度)值为100，展开“人物04”素材层的Rotation(旋转)属性，调整X Rotation值为–68，并为其设置关键帧，如图11.112所示。此时，合成窗口中的画面效果如图11.113所示。

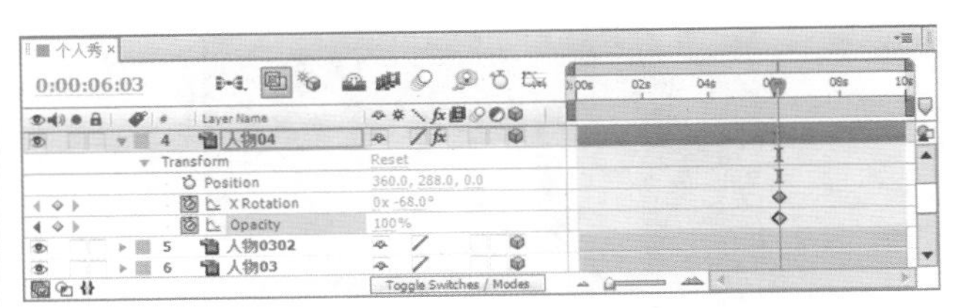

图11.112　00:00:06:03帧的关键帧

图11.113　00:00:06:03帧的画面效果

(9) 将时间调整到00:00:06:11帧的位置，展开“人物04”素材层的Position(位置)属性值，调整其值为(360，240，0)，并为其设置关键帧，如图11.114所示。此时，从合成窗口中看到的画面效果如图11.115所示。

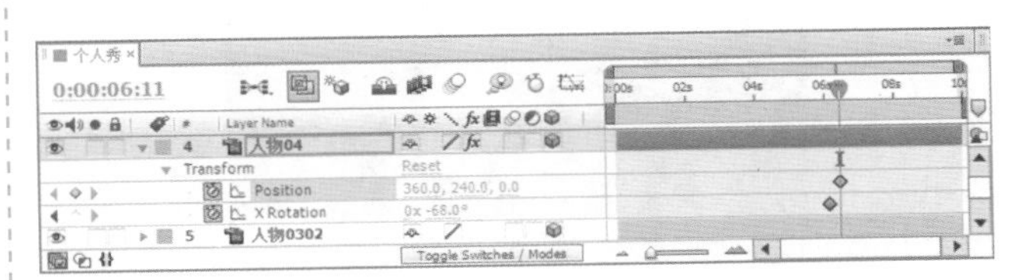

图11.114　00:00:06:11帧的关键帧

图11.115　00:00:06:11帧的画面效果

(10) 调整时间到00:00:06:17帧的位置，修改“人物04”素材层的X Rotation属性值为–5，如图11.116所示。此时，合成窗口中的画面效果如图11.117所示。

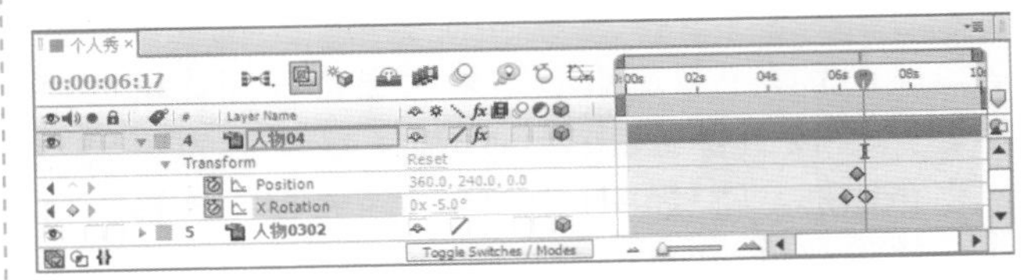

图11.116　00:00:06:17帧的关键帧

图11.117　00:00:06:17帧的画面效果

(11) 将时间调整为00:00:08:22帧的位置，修改“人物04”素材层的Position(位置)值为(360，220，800)，如图11.118所示。此时，合成窗口中的画面效果如图11.119所示。

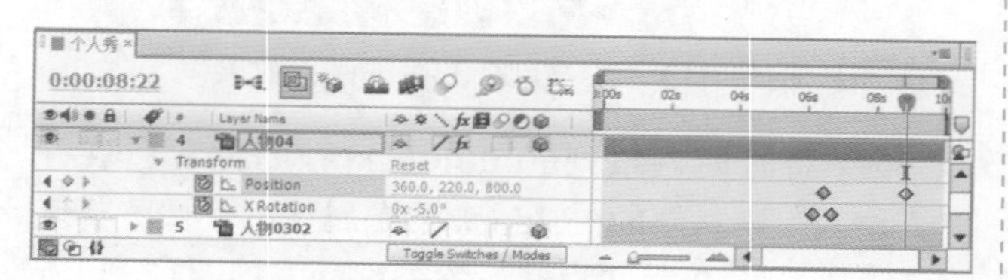
图11.118　00:00:08:22帧的关键帧

图11.119　00:00:08:22帧的画面效果

(12) 此时，人物04的动画就制作完成了，从合成窗口中可以看到人物04的动画效果，其中几帧的画面效果如图11.120所示。

图11.120　画面效果

11.5　白色矩形动画的制作

(1) 选择“白色矩形”素材层，打开该层的显示，然后按组合键Ctrl+D复制，复制出的图层为“白色矩形2”，如图11.121所示。此时，合成窗口中的画面效果如图11.122所示。

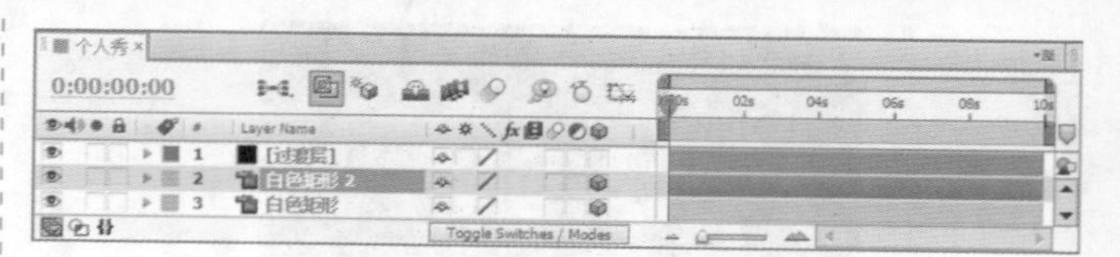
图11.121　时间线面板

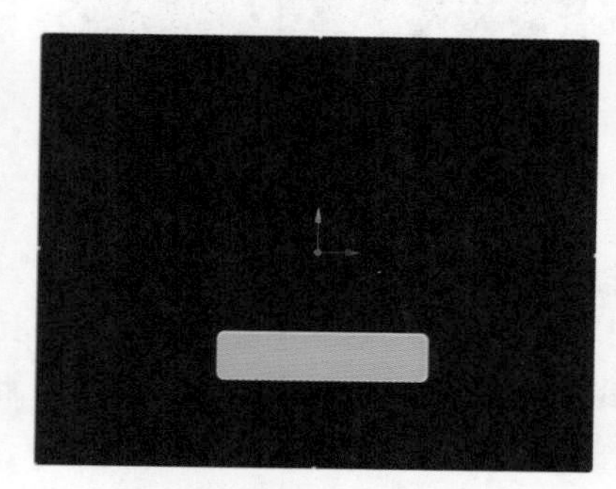
图11.122　复制图层后的画面效果

(2) 将时间调整到00:00:00:12帧的位置，展开“白色矩形”素材层的Position(位置)属性和Rotation(旋转)属性，将其位置值调整为(860，225，–40)，设置Y Rotation值为–30，并为其位置属性设置关键帧，如图11.123所示。此时，合成窗口中的画面效果如图11.124所示。

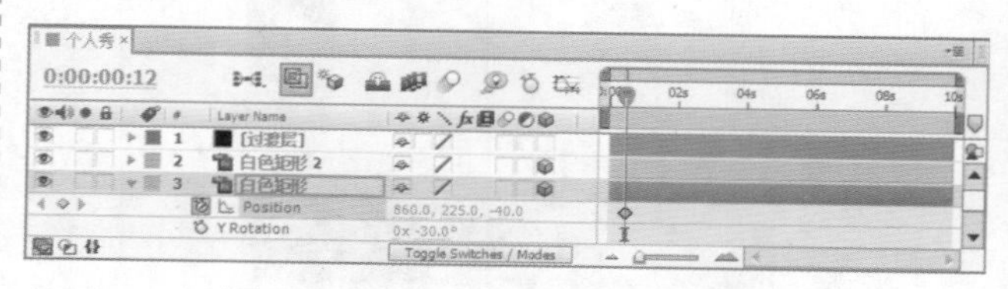
图11.123　00:00:00:12帧的关键帧

图11.124　00:00:00:12帧的画面效果

(3) 将时间调整到00:00:00:16帧的位置，修改“白色矩形”的Position(位置)值为(324，225，–40)，如图11.125所示。此时，合成窗口中的画面效果如图11.126所示。

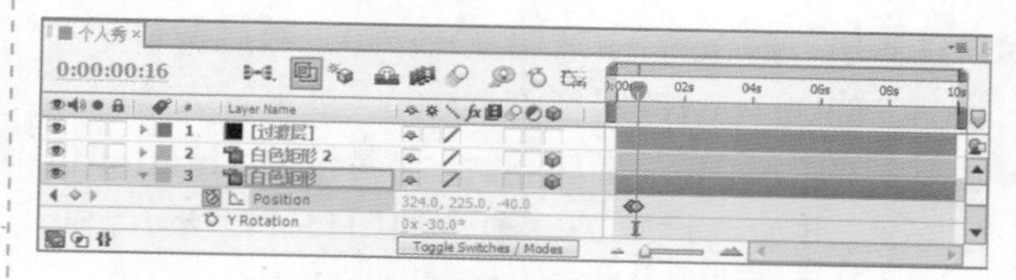
图11.125　00:00:00:16帧的关键帧

图11.126　00:00:00:16帧的画面效果

(4) 将时间调整到00:00:00:21帧的位置，修改“白色矩形”素材层的Position(位置)值为(258，225，–40)，并为其Y Rotation属性设置关键帧，如图11.127所示。此时，合成窗口中的画面效果如图11.128所示。

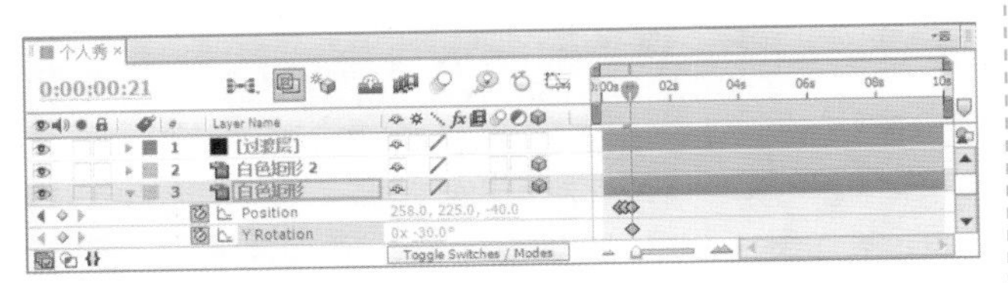

图11.127　00:00:00:21帧的关键帧

图11.128　00:00:00:21帧的画面效果

(5) 将时间调整到00:00:01:08帧的位置，修改“白色矩形”素材层的Y Rotation值为–25，如图11.129所示。此时，合成窗口中的画面效果如图11.130所示。

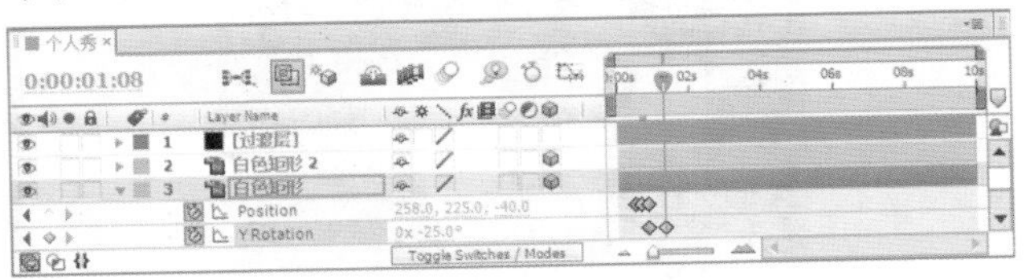

图11.129　00:00:01:08帧的关键帧

图11.130　00:00:01:08帧的画面效果

(6) 将时间调整到00:00:01:18帧，为“白色矩形”素材层的Position(位置)属性添加一个延时关键帧，修改其Y Rotation属性值为–28，如图11.131所示。此时，合成窗口中的画面效果如图11.132所示。

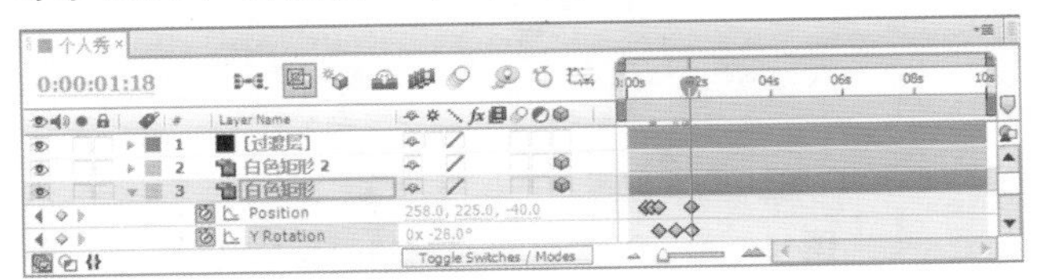

图11.131　00:00:01:18帧的关键帧

图11.132　00:00:01:18帧的画面效果

(7) 将时间调整到00:00:02:12帧的位置，修改“白色矩形”素材层的Position(位置)值为(425，225，–50)，修改Y Rotation值为25，如图11.133所示。此时，合成窗口中的画面效果如图11.134所示。

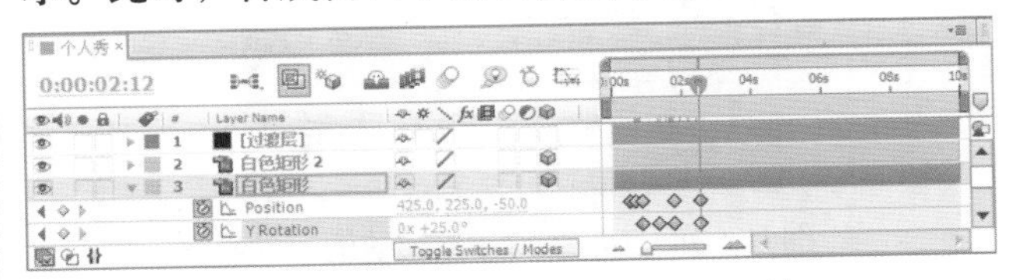

图11.133　00:00:02:12帧的关键帧

图11.134　00:00:02:12帧的画面效果

(8) 将时间调整到00:00:02:24帧的位置，修改“白色矩形”的Position(位置)值为(481，225，–50)，并为其Y Rotation添加一个延时关键帧，如图11.135所示。此时，合成窗口中的画面效果如图11.136所示。

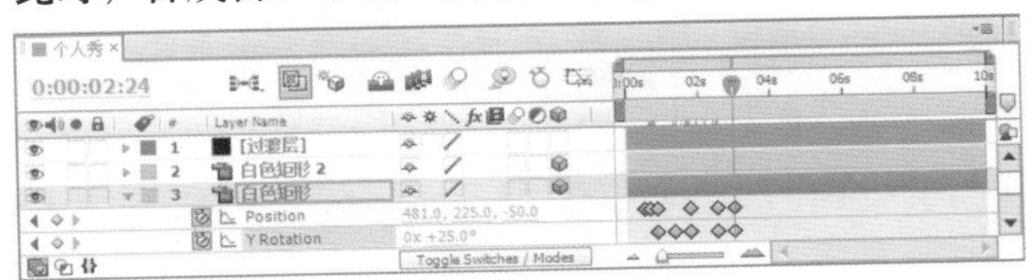

图11.135　00:00:02:24帧的关键帧

图11.136 00:00:02:24帧的画面效果

(9) 调整时间到00:00:03:06帧的位置，修改“白色矩形”素材层的Position(位置)值为(330，225，–50)，修改Y Rotation值为–25，如图11.137所示。此时，合成窗口中的画面效果如图11.138所示。

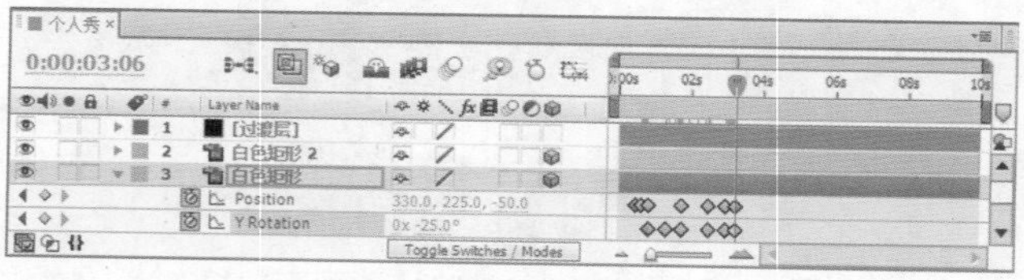

图11.137 00:00:03:06帧的关键帧

图11.138 00:00:03:06帧的画面效果

(10) 将时间调整到00:00:03:16帧的位置，修改“白色矩形”素材层的Position(位置)值为(250，255，–680)，Y Rotation值为–99，如图11.139所示。此时，合成窗口中的画面效果如图11.140所示。

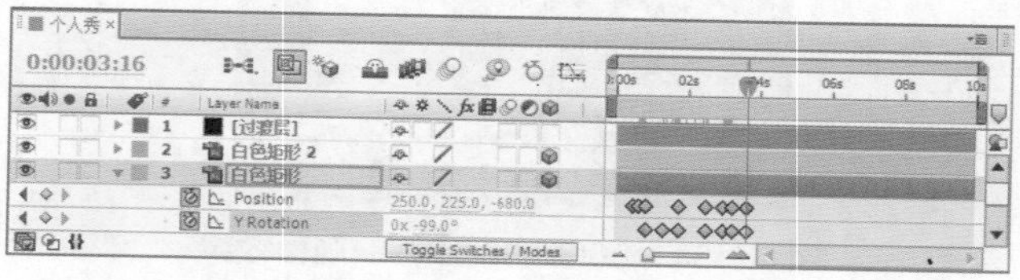

图11.139 00:00:03:16帧的关键帧

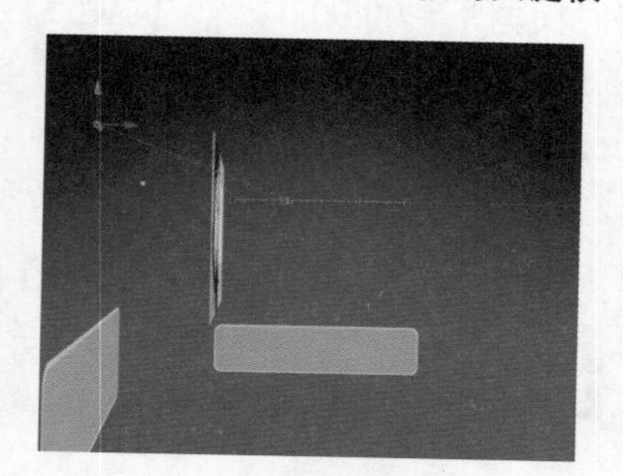

图11.140 00:00:03:16帧的画面效果

(11) 将时间调整到00:00:03:19帧的位置，修改“白色矩形”素材层的Position(位置)值为(580，225，–860)，Y Rotation值为–126，如图11.141所示。此时，合成窗口中的画面效果如图11.142所示。

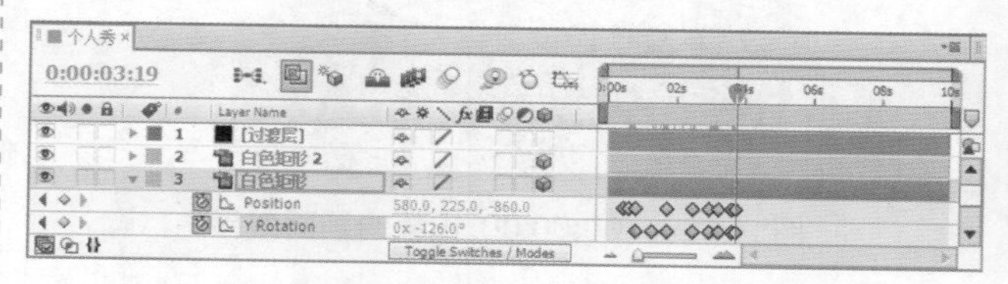

图11.141 00:00:03:19帧的关键帧

图11.142 00:00:03:19帧的画面效果

(12) 将时间调整到00:00:03:24帧的位置，展开“白色矩形2”素材层的Position(位置)和Rotation(旋转)属性，将位置值调整为(840，238，–45)，Y Rotation值调整为27，并为其位置属性和Y Rotation属性设置关键帧，如图11.143所示。此时，合成窗口中的画面效果如图11.144所示。

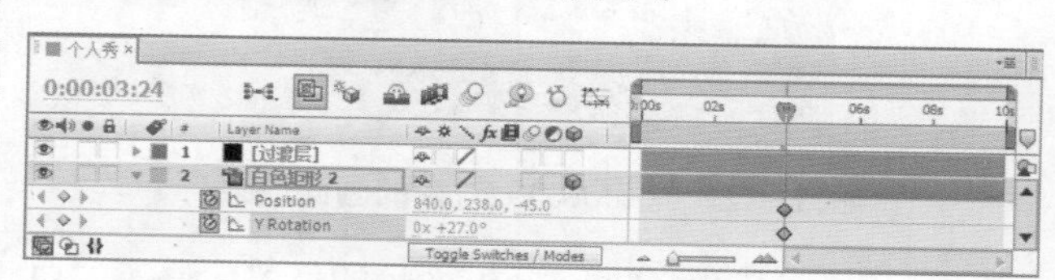

图11.143 00:00:03:24帧的关键帧

图11.144 00:00:03:24帧的画面效果

(13) 将时间调整到00:00:04:06帧的位置，修改“白色矩形2”素材层的Position(位置)值为(621，238，0)，Y Rotation值为–25，如图11.145所示。此时，合成窗口中的画面效果如图11.146所示。

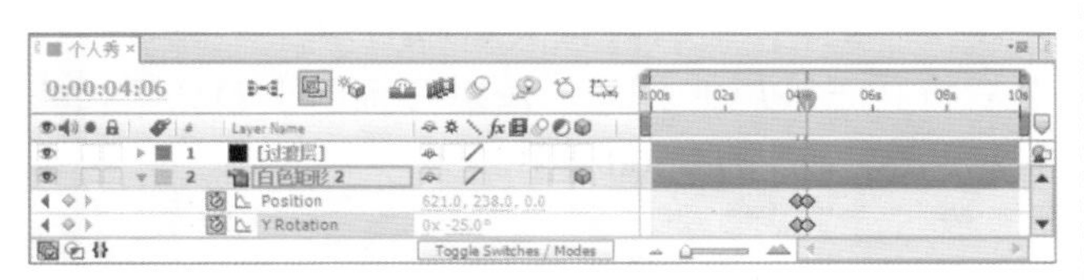

图11.145　00:00:04:06帧的关键帧

图11.146　00:00:04:06帧的画面效果

(14) 将时间调整到00:00:04:20帧，修改“白色矩形2”的Position(位置)值为(275，238，–80)，Y Rotation值为–38，如图11.147所示。此时，合成窗口中的画面效果如图11.148所示。

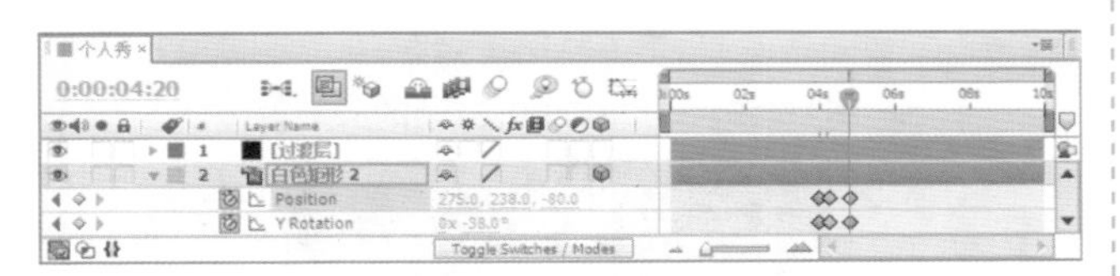

图11.147　00:00:04:20帧的关键帧

图11.148　00:00:04:20帧的画面效果

(15) 将时间调整到00:00:05:10帧的位置，为“白色矩形2”素材层的Position(位置)添加一个延时关键帧，并将其Y Rotation值修改为–30，如图11.149所示。此时，合成窗口中的画面效果如图11.150所示。

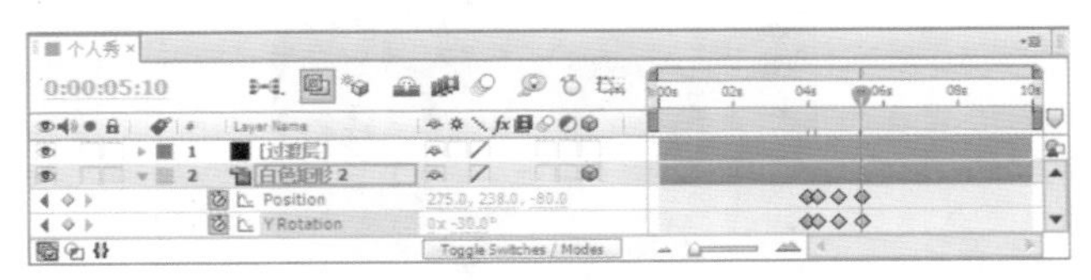

图11.149　00:00:05:10帧的关键帧

图11.150　00:00:05:10帧的画面效果

(16) 将时间调整到00:00:05:20帧的位置，修改“白色矩形2”的Position(位置)值为(265，238，–80)，如图11.151所示。此时，合成窗口中的画面效果如图11.152所示。

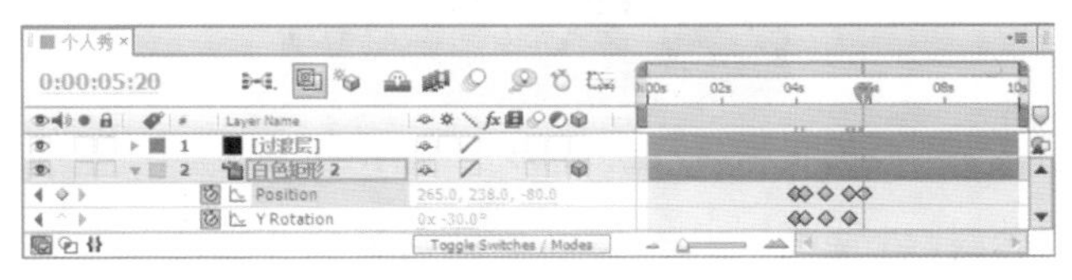

图11.151　00:00:05:20帧的关键帧

图11.152　00:00:05:20帧的画面效果

(17) 将时间调整到00:00:06:00帧的位置，修改“白色矩形2”的Position(位置)值为(265，238，–555)，并为其Opacity(透明度)设置关键帧，如图11.153所示。此时，合成窗口中的画面效果如图11.154所示。

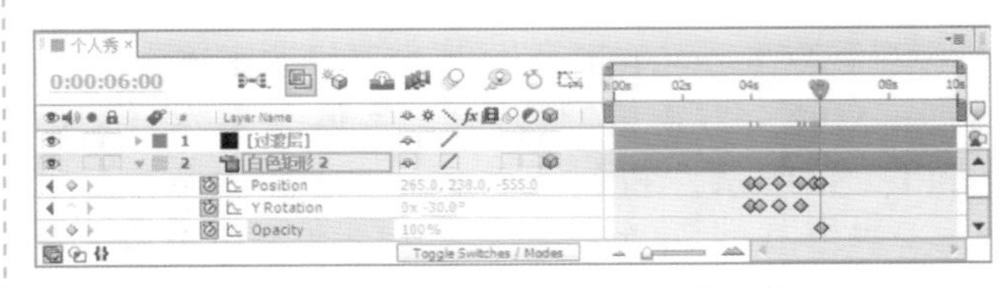

图11.153　00:00:06:00帧的关键帧

图11.154　00:00:06:00帧的画面效果

(18) 将时间调整为00:00:06:01帧，修改“白色矩形2”的Opacity(透明度)值为0，如图11.155所示。此时，合成窗口中的画面效果如图11.156所示。

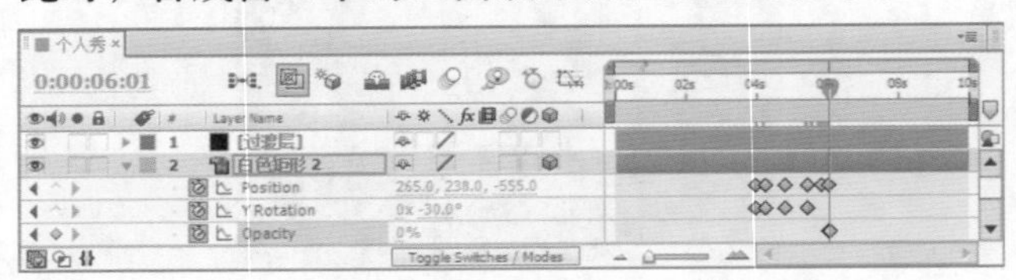

图11.155 00:00:06:01帧的关键帧

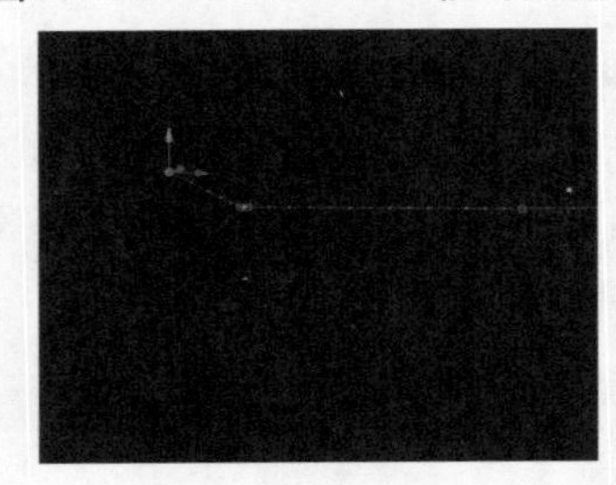

图11.156 00:00:06:01帧的画面效果

(19) 此时，白色矩形的动画就制作完成了，预览动画，从合成窗口中可以看到白色矩形的动画效果，其中几帧的画面效果如图11.157所示。

图11.157 画面效果

11.6 文字动画的制作

(1) 在Character(字符)面板中，修改字体为FZCuYuan-M03S(方正粗圆体简)，字体大小为35，如图11.158所示。执行菜单栏中的Layer(图层)|New(新建)|Text(文本)命令，在合成窗口中输入文字“Personal Show”，如图11.159所示。

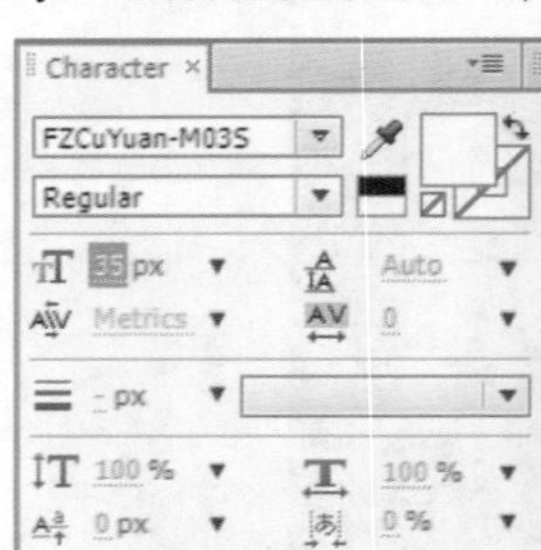

图11.158 字符面板

图11.159 文字效果

(2) 选择文字层，将其重命名为“文字01”，然后将其三维属性打开，按组合键Ctrl+D复制，共复制两次，如图11.160所示。

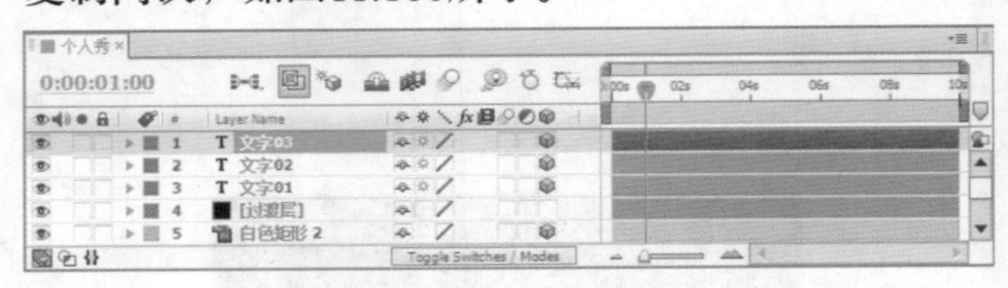

图11.160 复制图层

(3) 将“文字02”和“文字03”层的显示关闭，然后将时间调整到00:00:00:21帧的位置，展开“文字01”的Position(位置)属性和Rotation(旋转)属性，调整位置值为(170，374，–80)，Y Rotation值为–30，并为其Position和Y Rotation设置关键帧，如图11.161所示。此时，合成窗口中的画面效果如图11.162所示。

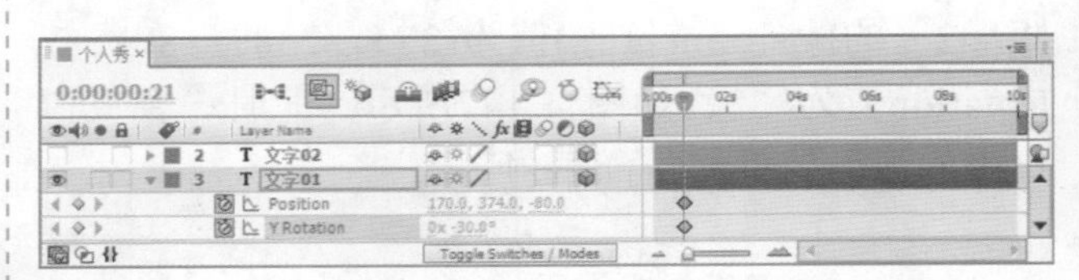

图11.161 00:00:00:21帧的关键帧

图11.162 00:00:00:21帧的画面效果

(4) 将时间调整到00:00:01:08帧的位置，修改“文字01”的Y Rotation值为–25，如图11.163所示。此时，合成窗口中的画面效果如图11.164所示。

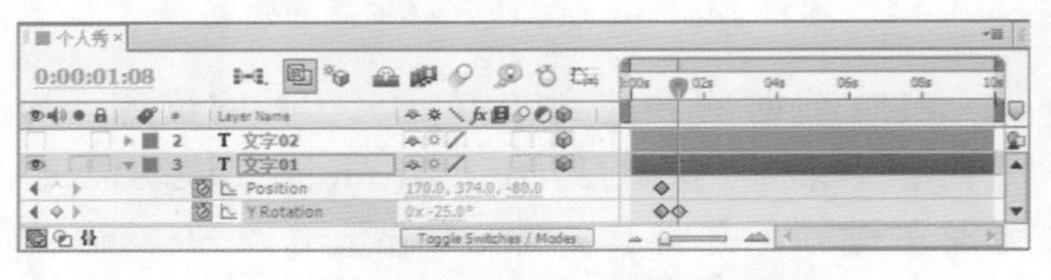

图11.163 00:00:01:08帧的关键帧

图11.164 00:00:01:08帧的画面效果

(5) 调整时间到00:00:01:18帧的位置，修改“文字01”的Position(位置)值为(170，374，–82)，Y Rotation值为–28，如图11.165所示。此时，从合成窗口中看到的画面效果如图11.166所示。

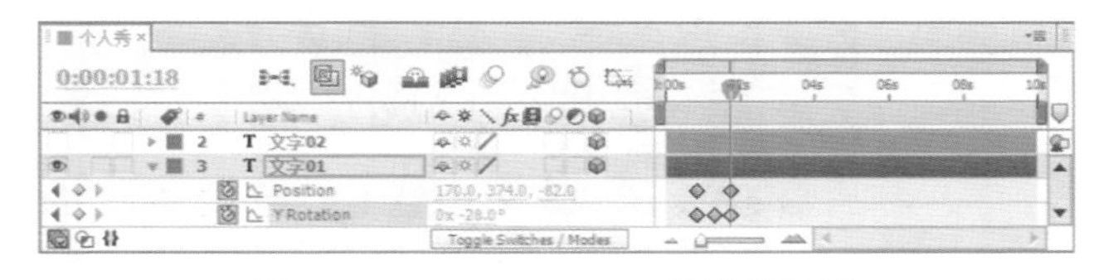

图11.165　00:00:01:18帧的关键帧

图11.166　00:00:01:18帧的画面效果

(6) 将时间调整到00:00:01:23帧的位置，为“文字01”的Opacity(透明度)设置关键帧，如图11.167所示。此时，合成窗口中的画面效果如图11.168所示。

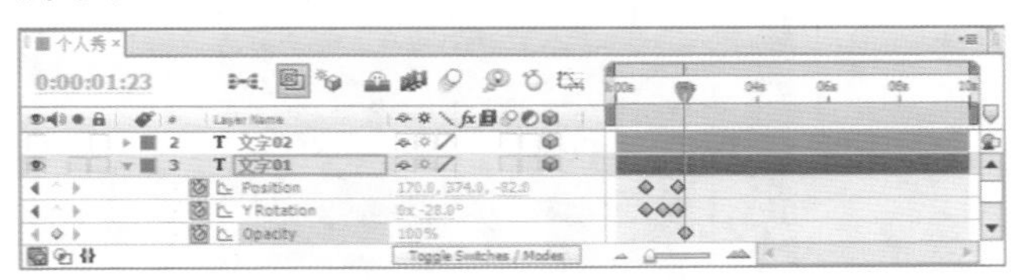

图11.167　00:00:01:23帧的关键帧

图11.168　00:00:01:23帧的画面效果

(7) 调整时间到00:00:02:01帧的位置，修改“文字01”的Opacity(透明度)值为0，如图11.169所示。此时，合成窗口中的画面效果如图11.170所示。

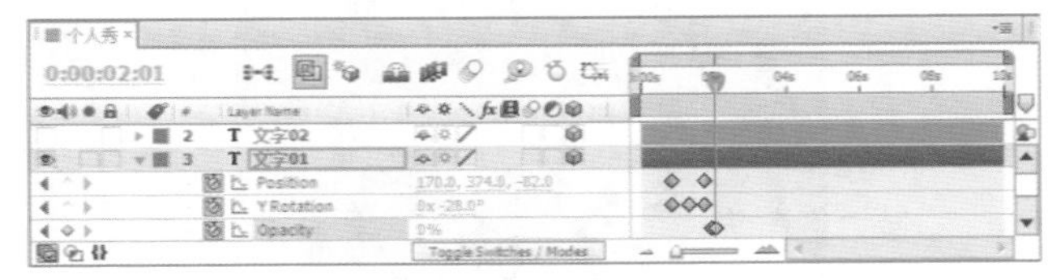

图11.169　00:00:02:01帧的关键帧

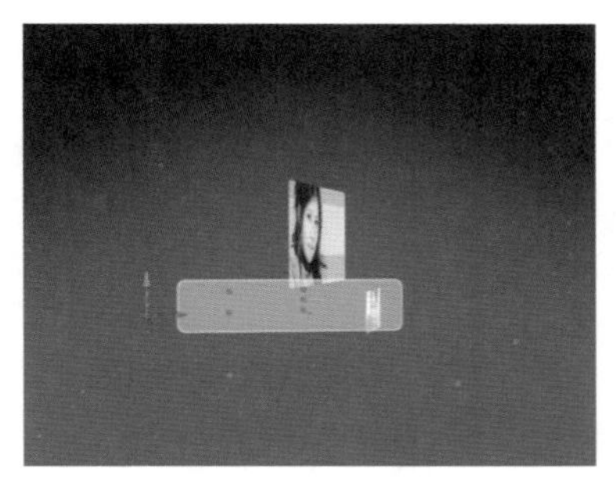

图11.170　00:00:02:01帧的画面效果

(8) 调整时间为00:00:02:12帧的位置，修改“文字01”的Position(位置)值为(315，374，–60)，Y Rotation值为25，如图11.171所示。此时，从合成窗口中看到的画面效果如图11.172所示。

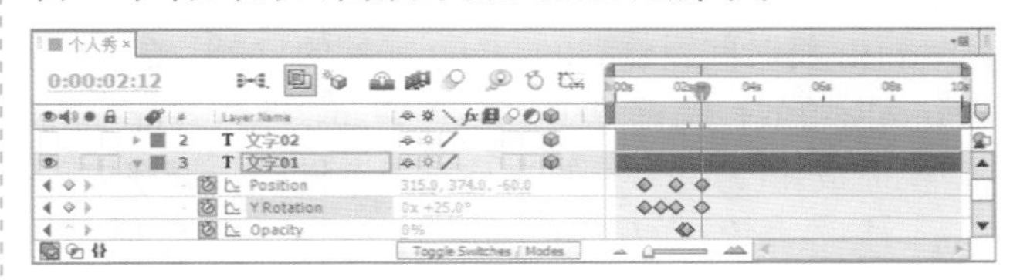

图11.171　00:00:02:12帧的关键帧

图11.172　00:00:02:12帧的画面效果

(9) 选择“文字01”层，在Effects & Presets(效果和预置)面板中，展开Transition(过渡)特效，双击Linear Wipe(线性擦除)特效，如图11.173所示。然后选择Effect Controls(特效控制)面板中的Linear Wipe(线性擦除)特效，按组合键Ctrl+C复制，然后选择“文字02”，按组合键Ctrl+V粘贴，如图11.174所示。然后选择“文字03”，按组合键Ctrl+V粘贴特效，如图11.175所示。

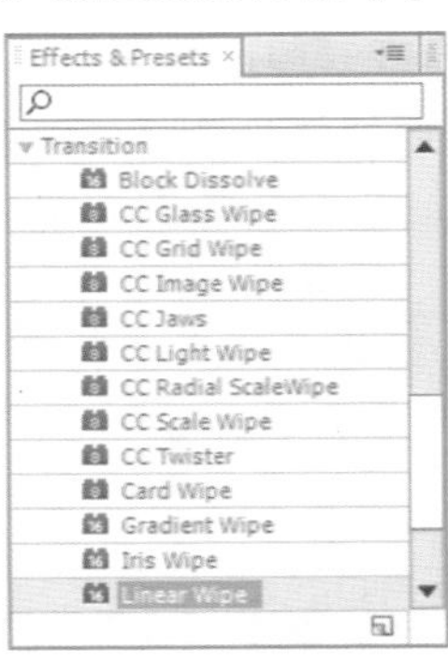

图11.173　特效面板

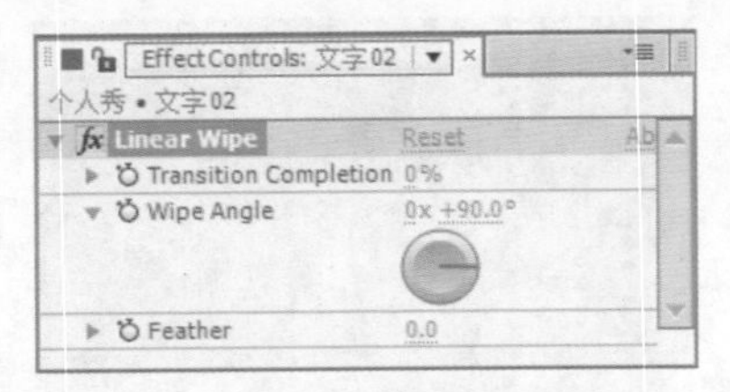

图11.174　粘贴线性擦除特效(1)

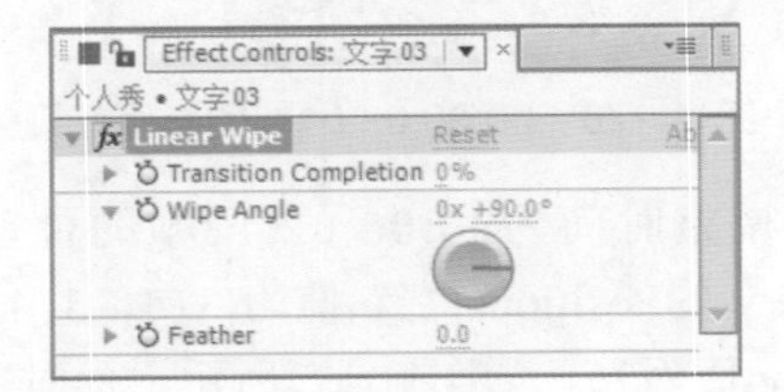

图11.175　粘贴线性擦除特效(2)

(10) 将时间调整到00:00:00:20帧的位置，在Effect Controls(特效控制)面板中，调整Transition Completion (切换完成)值为79%，并为其设置关键帧，调整Wipe Angle(擦除角度)值为270，如图11.176所示。此时，合成窗口中的画面效果如图11.177所示。

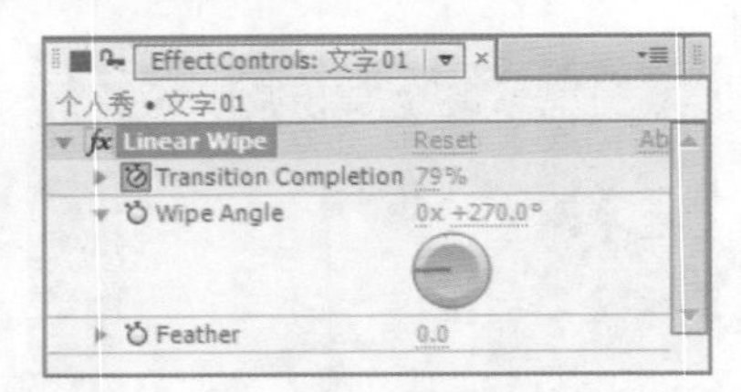

图11.176　设置关键帧

图11.177　00:00:00:20帧的画面效果

(11) 调整时间到00:00:01:18帧的位置，修改Linear Wipe(线性擦除)特效中的Transition Completion(切换完成)值为48%，如图11.178所示。此时，合成窗口中的画面效果如图11.179所示。

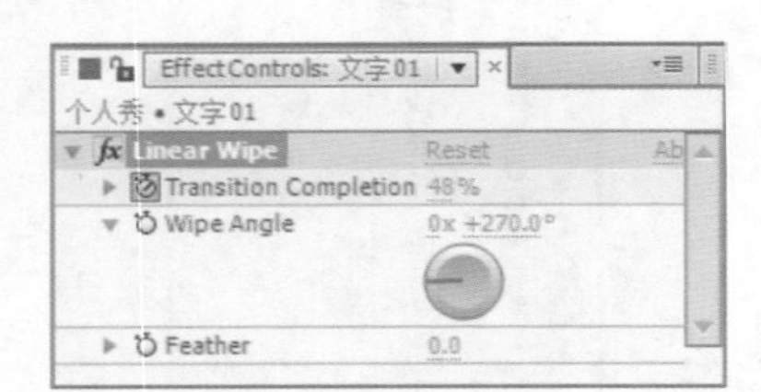

图11.178　修改切换完成关键帧

图11.179　00:00:01:18帧的画面效果

(12) 将时间调整到00:00:02:00帧的位置，修改Linear Wipe(线性擦除)特效中的Transition Completion(切换完成)值为39%，如图11.180所示。此时，从合成窗口中看到的画面效果如图11.181所示。

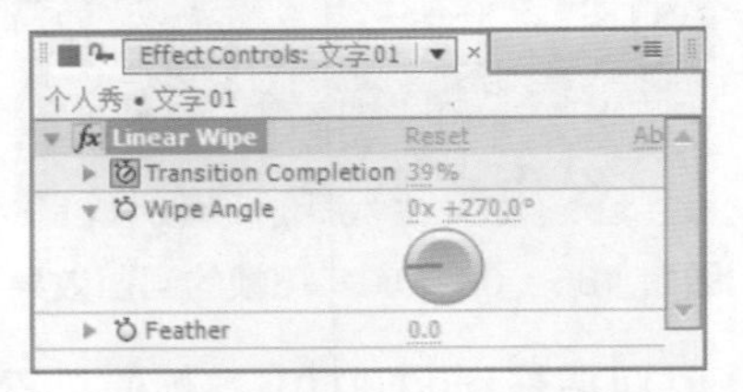

图11.180　修改线性擦除关键帧

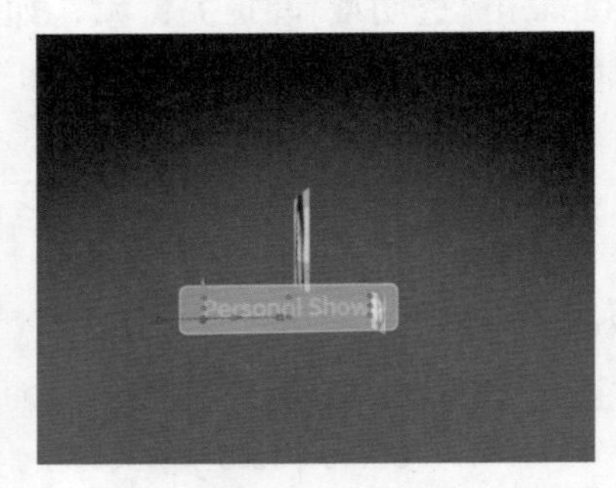

图11.181　00:00:02:00帧的画面效果

(13) 选择“文字02”，打开其显示，如图11.182所示。此时，从合成窗口中看到的画面效果如图11.183所示。

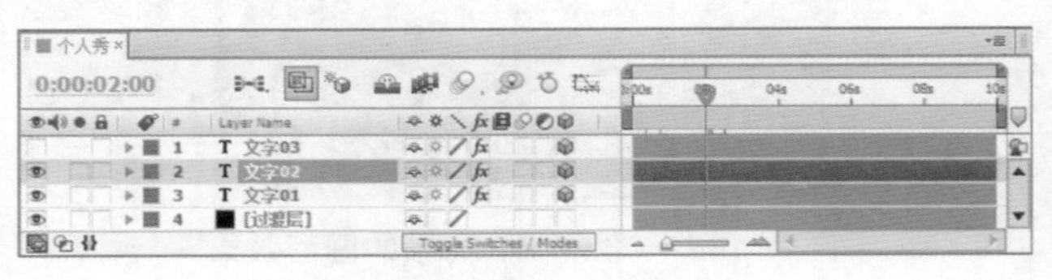

图11.182　显示“文字02”

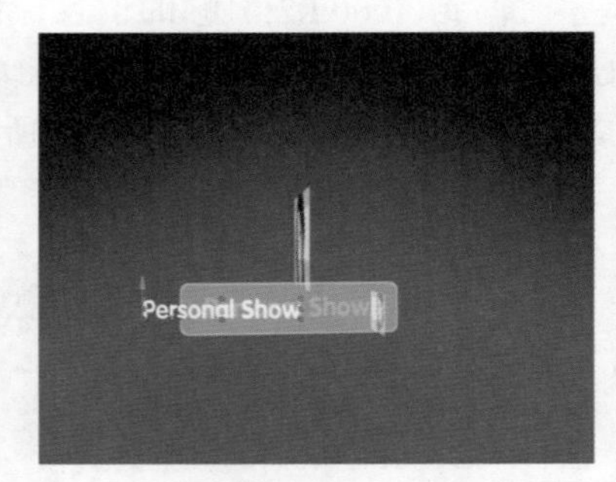

图11.183　显示“文字02”后的画面效果

(14) 将时间调整到00:00:02:11帧的位置，选择“文字02”，在Effect Controls(特效控制)面板中，调整Linear Wipe(线性擦除)特效中的Transition Completion(切换完成)值为56%，并为其设置关键帧，调整Wipe Angle(擦除角度)值为270，如图11.184所示。此时，合成窗口中的画面效果如图11.185所示。

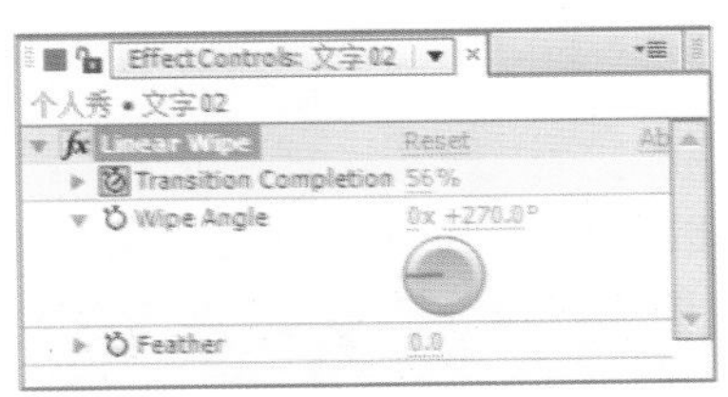

图11.184 设置线性擦除关键帧

图11.185 00:00:02:11帧的画面效果

(15) 将时间调整到00:00:02:12帧的位置，展开“文字02”的Position(位置)属性，将其调整为(320，375，0)，并为其设置关键帧，如图11.186所示。此时，合成窗口中的画面效果如图11.187所示。

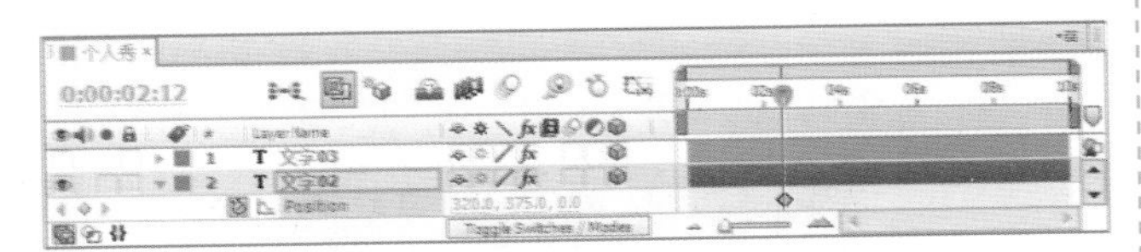

图11.186 00:00:02:12帧的关键帧

图11.187 00:00:02:12帧的画面效果

(16) 将时间调整到00:00:02:17帧的位置，修改Position(位置)值为(346，375，0)，并调整Y Rotation属性值为25，如图11.188所示。此时，合成窗口中的画面效果如图11.189所示。

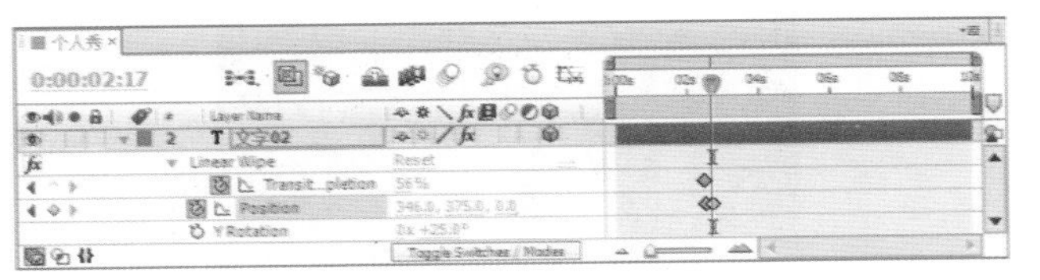

图11.188 00:00:02:17帧的关键帧

图11.189 00:00:02:17帧的画面效果

(17) 调整时间到00:00:02:24帧的位置，修改Position(位置)值为(395，375，0)，Transition Completion(切换完成)值为12%，并为Y Rotation属性设置关键帧，如图11.190所示。此时，合成窗口中的画面效果如图11.191所示。

图11.190 00:00:02:24帧的关键帧

图11.191 00:00:02:24帧的画面效果

11.7 文字02的制作

(1) 将时间调整到00:00:03:06帧的位置，修改“文字02”的Position(位置)值为(225，375，-80)，Y Rotation值为-25，如图11.192所示。此时，合成窗口中的画面效果如图11.193所示。

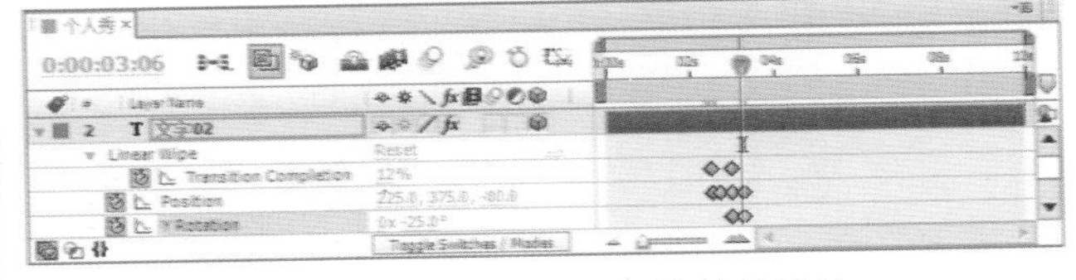

图11.192 00:00:03:06帧的关键帧

图11.193　00:00:03:06帧的画面效果

(2) 将时间调整到00:00:03:16帧的位置，修改Position(位置)值为(245，375，–718)，修改Y Rotation值为–99，如图11.194所示。此时，从合成窗口中看到的画面效果如图11.195所示。

图11.194　00:00:03:16帧的关键帧

图11.195　00:00:03:16帧的画面效果

(3) 调整时间到00:00:03:17帧的位置，修改Position(位置)值为(390，375，–809)，修改Y Rotation值为–108，如图11.196所示。此时，合成窗口中的画面效果如图11.197所示。

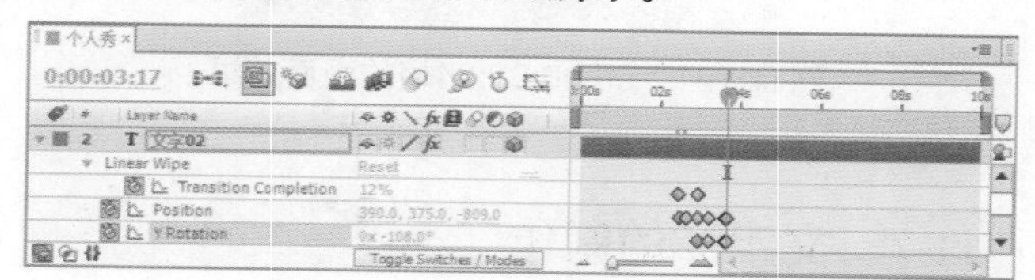
图11.196　00:00:03:17帧的关键帧

图11.197　00:00:03:17帧的画面效果

(4) 调整时间为00:00:03:18帧的位置，修改Transition Completion(切换完成)值为0，修改Position(位置)值为(534，375，–846)，修改Y Rotation值为–126，如图11.198所示。此时，合成窗口中的画面效果如图11.199所示。

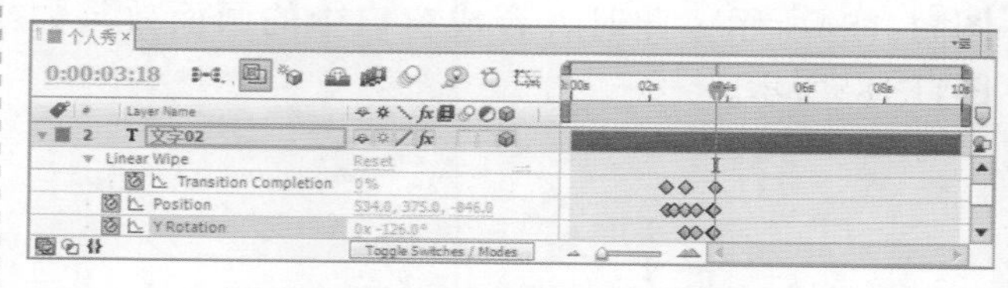
图11.198　00:00:03:18帧的关键帧

图11.199　00:00:03:18帧的画面效果

(5) 将时间调整到00:00:03:19帧的位置，修改Position(位置)值为(588，375，–1011)，如图11.200所示。此时，从合成窗口中看到的画面效果如图11.201所示。

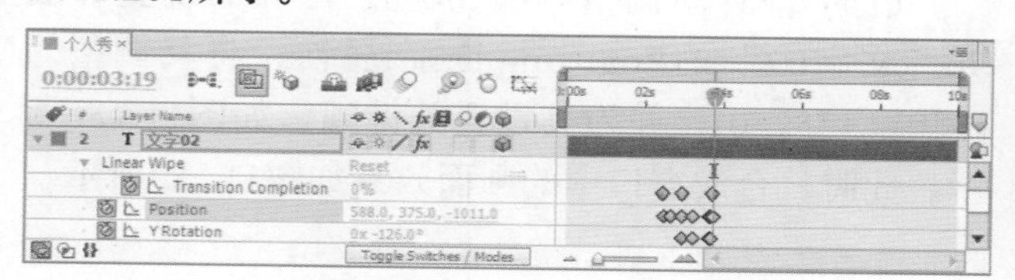
图11.200　00:00:03:19帧的关键帧

图11.201　00:00:03:19帧的画面效果

(6) 选择“文字03”，将其显示打开，如图11.202所示。此时，从合成窗口中看到的画面效果如图11.203所示。

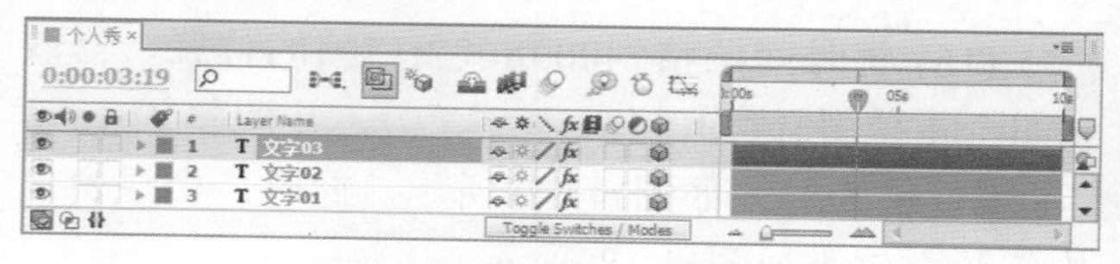
图11.202　显示“文字03”

图11.203　显示“文字03”后的画面效果

(7) 将时间调整到00:00:04:06帧的位置，展开“文字03”的Position(位置)属性和Rotation(旋转)属性，将其位置值调整为(537，390，0)，Y Rotation值为–25，并为其Position属性和Y Rotation属性设置关键帧，如图11.204所示。此时，合成窗口中的画面效果如图11.205所示。

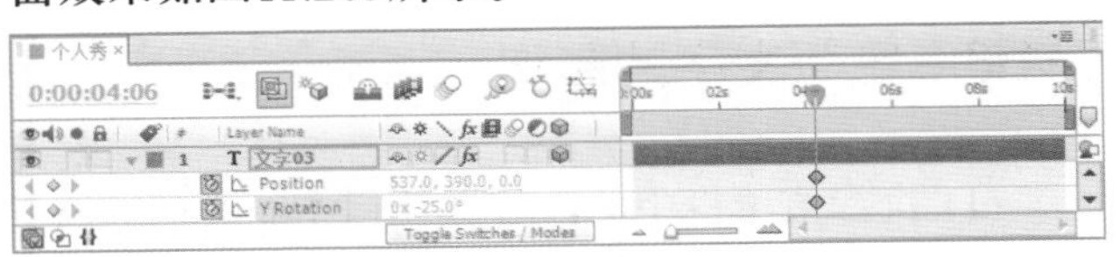

图11.204　00:00:04:06帧的关键帧

图11.205　00:00:04:06帧的画面效果

(8) 在Effect Controls(特效控制)面板中，调整Linear Wipe(线性擦除)特效中的Transition Completion(切换完成)值为26%，Wipe Angle(擦除角度)值为270，如图11.206所示。此时，合成窗口中的画面效果如图11.207所示。

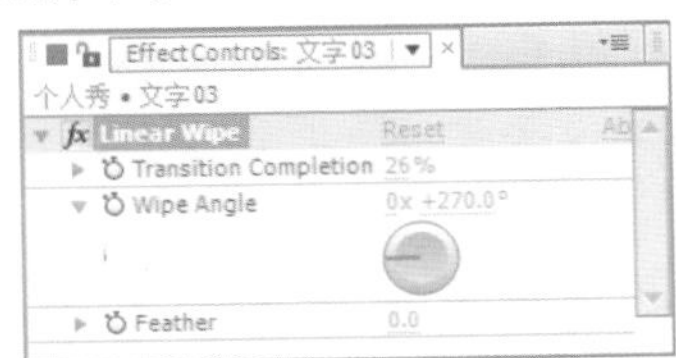

图11.206　特效控制面板

图11.207　调整特效后的画面效果

(9) 将时间调整到00:00:04:20帧的位置，修改Position(位置)值为(190，390，–96)，修改Y Rotation值为–38，如图11.208所示。此时，合成窗口中的画面效果如图11.209所示。

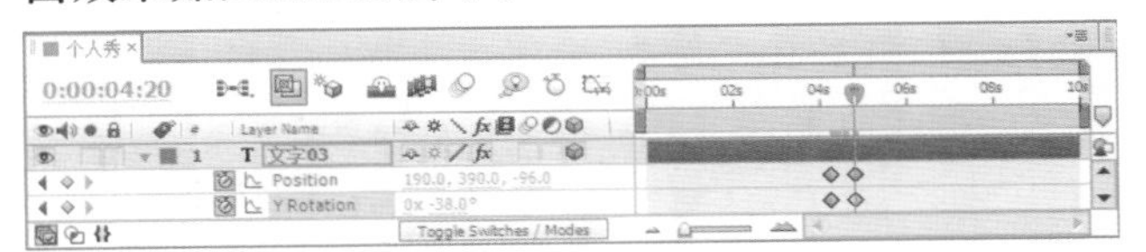

图11.208　00:00:04:20帧的关键帧

图11.209　00:00:04:20帧的画面效果

(10) 调整时间到00:00:05:10帧的位置，修改Position(位置)值为(181，390，–96)，修改Y Rotation值为–30，如图11.210所示。此时，合成窗口中的画面效果如图11.211所示。

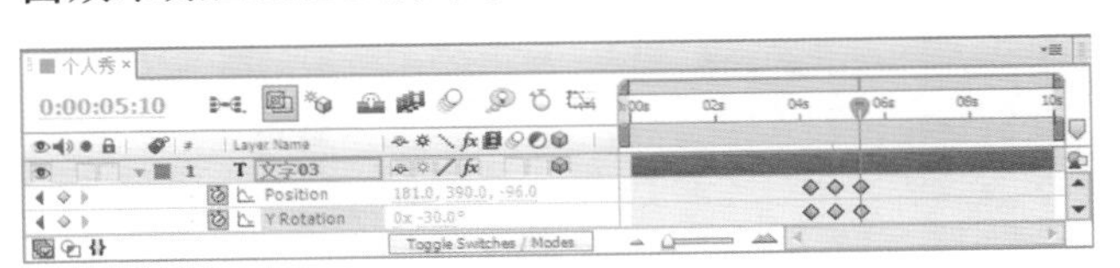

图11.210　00:00:05:10帧的关键帧

图11.211　00:00:05:10帧的画面效果

(11) 将时间调整到00:00:05:20帧的位置，修改Position(位置)值为(172，390，–96)，如图11.212所示。此时，合成窗口中的画面效果如图11.213所示。

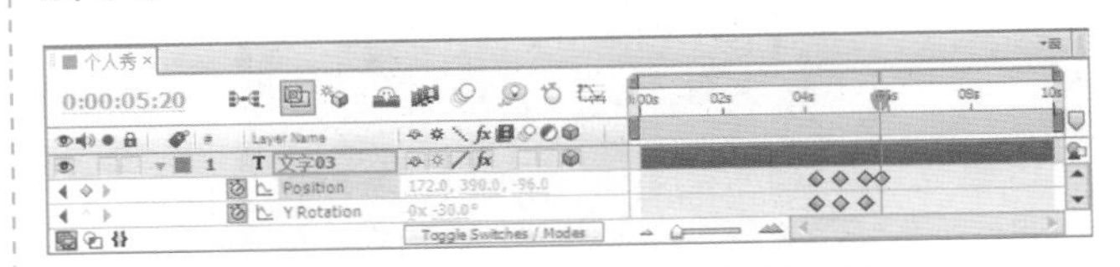

图11.212　00:00:05:20帧的关键帧

图11.213　00:00:05:20帧的画面效果

(12) 调整时间到00:00:06:00帧的位置，修改Position(位置)值为(150，390，-600)，并为其Opacity(透明度)设置关键帧，如图11.214所示。此时，合成窗口中的画面效果如图11.215所示。

图11.214　00:00:06:00帧的关键帧

图11.215　00:00:06:00帧的画面效果

(13) 将时间调整到00:00:06:01帧的位置，修改Opacity(透明度)值为0，如图11.216所示。此时，从合成窗口中看到的画面效果如图11.217所示。

图11.216　00:00:06:01帧的关键帧

图11.217　00:00:06:01帧的画面效果

(14) 此时，文字动画就制作完成了，预览动画，从合成窗口中可以看到文字的动画效果，其中几帧的画面效果如图11.218所示。

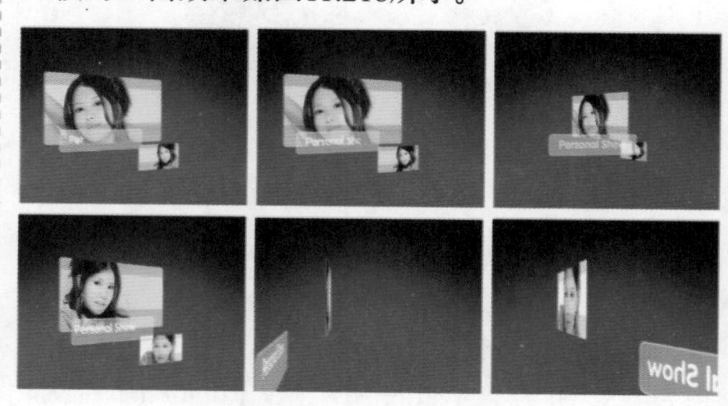

图11.218　画面效果

11.8　定版文字的制作

(1) 执行菜单栏中的File(文件)｜Import(导入)｜File(文件)命令，打开Import File(导入文件)对话框，选择配书光盘中的“工程文件\第11章\个人秀\定版文字.psd”素材，如图11.219所示。

图11.219　导入文件对话框

(2) 单击“打开”按钮，在弹出的文件名称对话框中，单击Import Kind(导入类型)下拉列表框，选择Footage(素材)，选中Choose Layer(选择图层)单选按钮，在其右侧的下拉列表中选择“白色条”，单击OK按钮，导入素材，如图11.220所示。

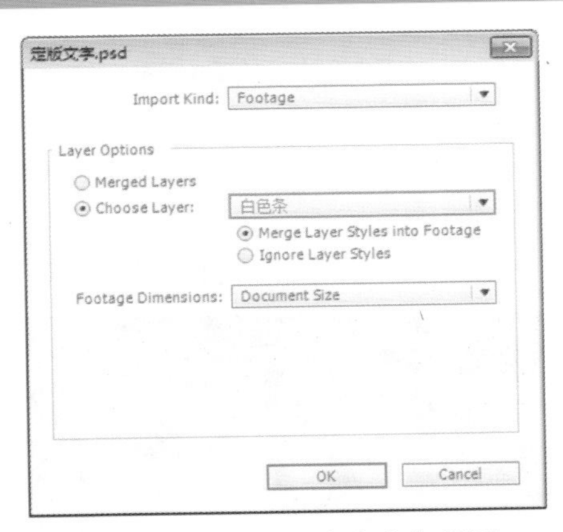

图11.220　导入“白色条”设置

(3) 同样的，将“定版文字.psd”素材中的“文字”层导入，如图11.221所示。然后在Project(项目)面板中，分别将刚导入的两个素材层重命名为“白色条”和“文字”，如图11.222所示。

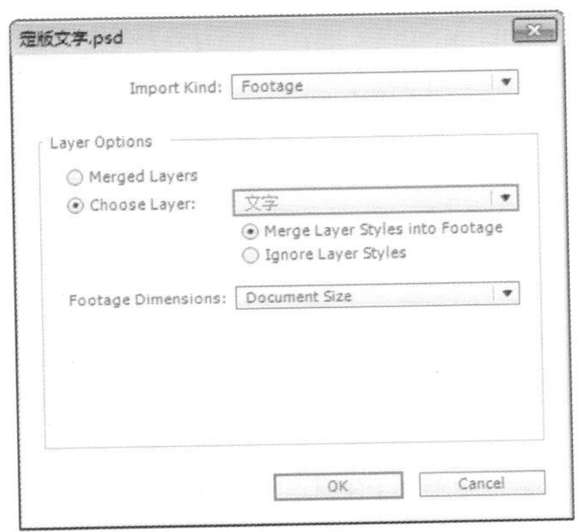

图11.221　导入“文字”设置

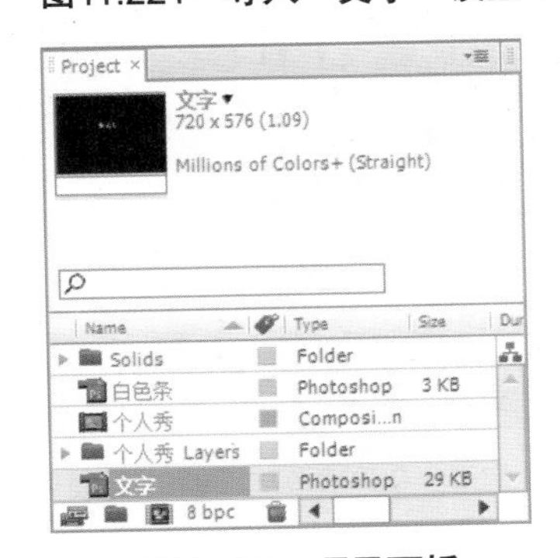

图11.222　项目面板

(4) 选择项目面板中的“白色条”和“文字”素材层，将其移动到时间线面板中，如图11.223所示。此时，合成窗口中的00:00:09:00帧的画面效果如图11.224所示。

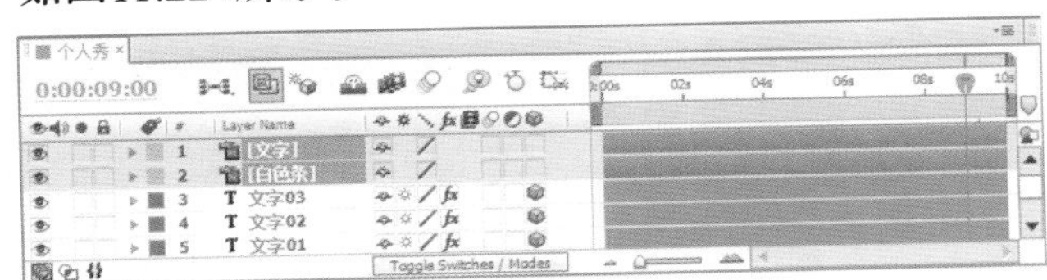

图11.223　时间线面板

图11.224　00:00:09:00帧的画面效果

(5) 在Character(字符)面板中，调整字体为FZShuiZhu-M08S，如图11.225所示。执行菜单栏中的Layer(图层)|New(新建)|Text(文本)命令，在合成窗口中输入文字“Personal Show”，如图11.226所示。

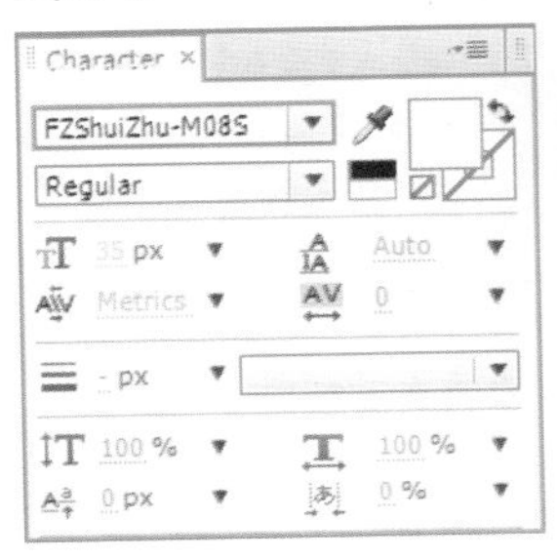

图11.225　字符面板　　图11.226　输入文字

(6)将文字层重命名为“定版文字”，然后展开“定版文字”、“文字”和“白色条”的Position(位置)属性，调整“定版文字”的位置值为(242，396)，“文字”的位置值为(370，388)，“白色条”的位置值为(358，382)，如图11.227所示。此时，合成窗口中的画面效果如图11.228所示。

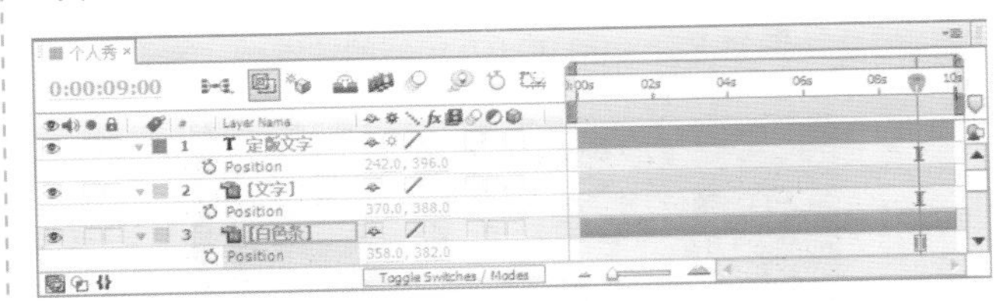

图11.227　设置位置参数

图11.228　调整位置属性后的画面效果

(7) 将时间调整到00:00:07:02帧的位置，展开“白色条”素材层的Scale(缩放)和Opacity(透明度)属性，调整缩放值为(140，100)，透明度值为0，并为其缩放和透明度设置关键帧，如图11.229所示。此时，合成窗口中的画面效果如图11.230所示。

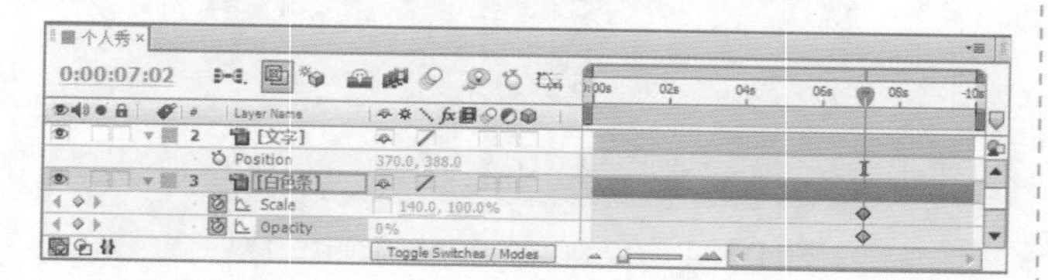

图11.229 00:00:07:02帧的关键帧

图11.230 00:00:07:02帧的画面效果

(8) 将时间调整到00:00:07:10帧的位置，展开“文字”素材层的Opacity(透明度)属性，将其调整为0，并为其设置关键帧，如图11.231所示。此时，合成窗口中的画面效果如图11.232所示。

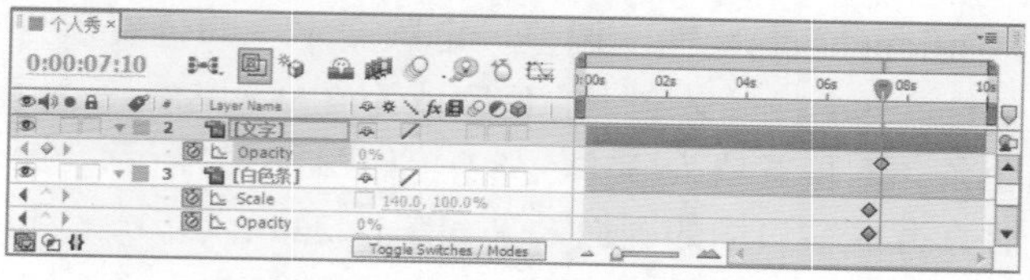

图11.231 00:00:07:10帧的关键帧

图11.232 00:00:07:10帧的画面效果

(9) 调整时间到00:00:07:12帧的位置，修改“白色条”的Scale(缩放)值为(65，100)，修改Opacity(透明度)值为80，如图11.233所示。此时，合成窗口中的画面效果如图11.234所示。

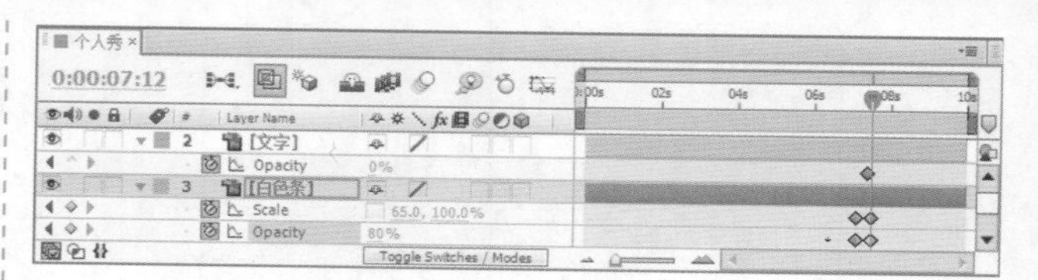

图11.233 00:00:07:12帧的关键帧

图11.234 00:00:07:12帧的画面效果

(10) 将时间调整到00:00:07:15帧的位置，修改“文字”素材层的Opacity(透明度)值为100，如图11.235所示。此时，从合成窗口中看到的画面效果如图11.236所示。

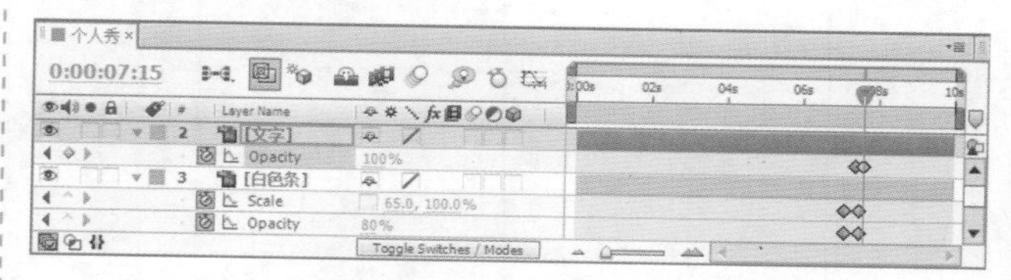

图11.235 00:00:07:15帧的关键帧

图11.236 00:00:07:15帧的画面效果

(11) 在Timeline(时间线)面板中展开“定版文字”，然后单击Text(文本)右侧的动画按钮 Animate:，在弹出的菜单中选择Tracking(跟踪)命令，为其添加动画，如图11.237所示。

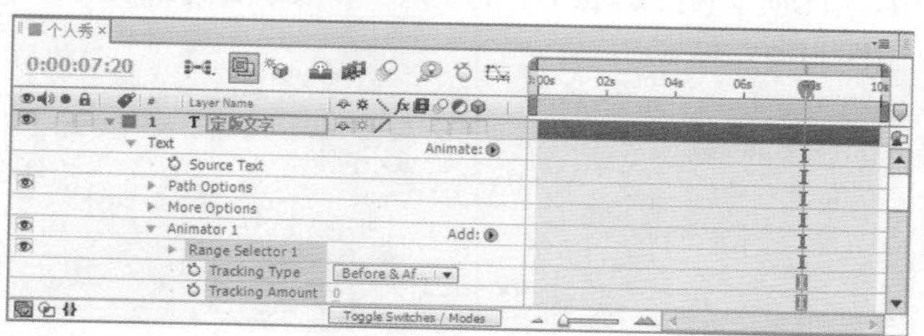

图11.237 添加跟踪

(12) 将时间调整到00:00:07:20帧的位置，调整Tracking Amount(跟踪数量)值为120，并为其设置关键帧，如图11.238所示。此时，合成窗口中的画面效果如图11.239所示。

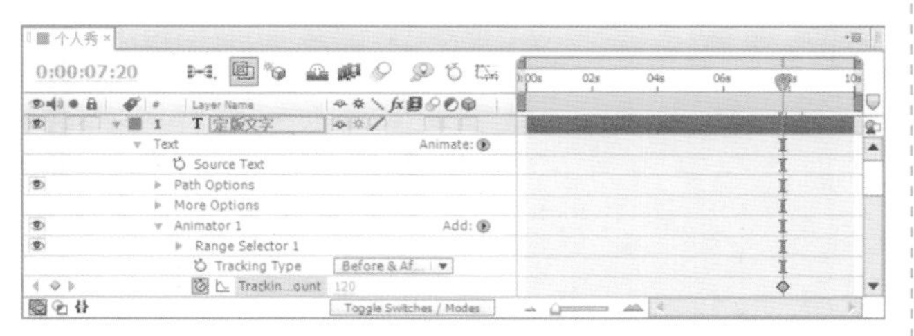

图11.238　设置跟踪数量关键帧

图11.239　00:00:07:20帧的画面效果

(13) 将时间调整到00:00:08:10帧的位置，修改Tracking Amount(跟踪数量)值为0，如图11.240所示。此时，从合成窗口中看到的画面效果如图11.241所示。

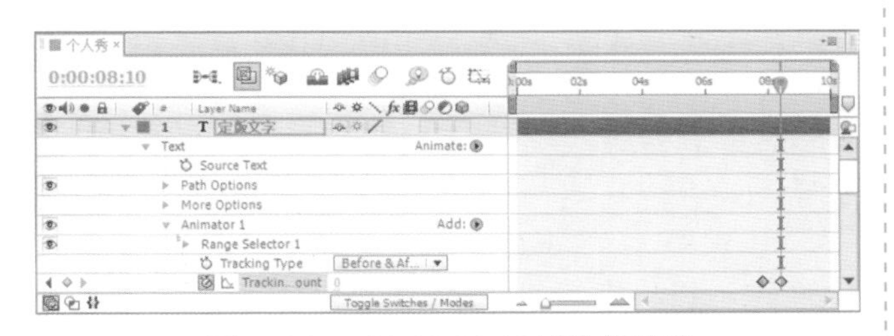

图11.240　00:00:08:10帧的关键帧

图11.241　00:00:08:10帧的画面效果

(14) 展开“定版文字”的Opacity(透明度)和Position(位置)属性，将时间调整到00:00:07:20帧的位置，调整其位置值为(–375，396)，透明度值为0，并为其位置属性和透明度属性设置关键帧，如图11.242所示。此时，合成窗口中的画面效果如图11.243所示。

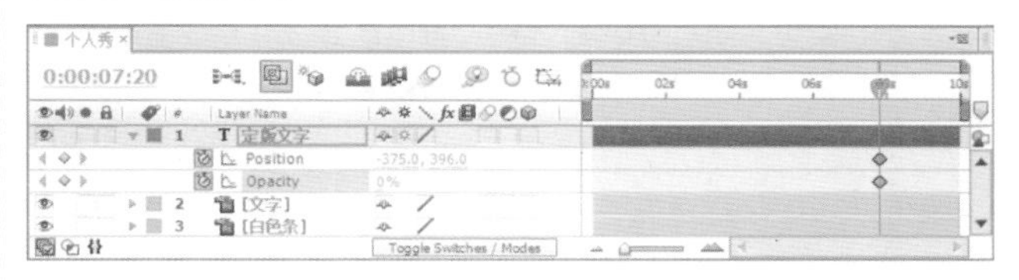

图11.242　00:00:07:20帧的关键帧

图11.243　00:00:07:20帧的画面效果

(15) 将时间调整到00:00:08:10帧的位置，修改Opacity(透明度)值为100，Position(位置)属性值为(242，396)，如图11.244所示。此时，合成窗口中的画面效果如图11.245所示。

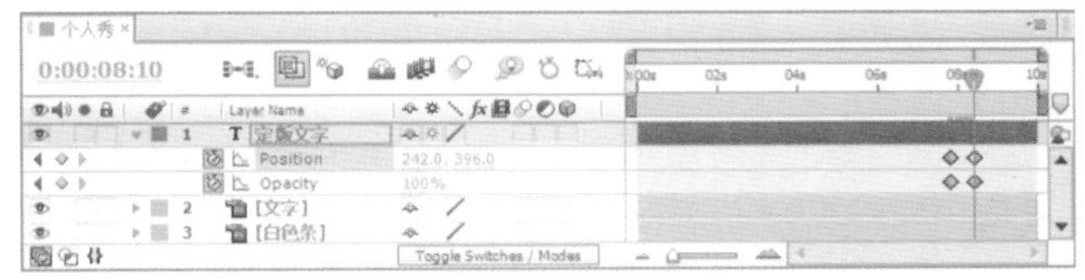

图11.244　00:00:08:10帧的关键帧

图11.245　00:00:08:10帧的画面效果

(16) 此时，定版文字就制作完成了，预览动画，从合成窗口中可以看到定版文字的动画效果，其中几帧的画面效果如图11.246所示。

图11.246　动画效果

(17) 这样就完成了个人写真表现的整体制作，按小键盘上的“0”键，即可在合成窗口中预览动画。

AE

第12章 公司形象演绎艺术表现

内容摘要

公司形象即公司的公众形象，包括其产品和活动。本章主要介绍与公司形象表现有关的案例，即通过Fractal Noise(分形噪波)、Bevel and Emboss(斜面和浮雕)和Lens Flare(镜头光晕)特效制作ID表现以及logo演绎等效果。

教学目标

- “adidas” ID表现
- “Apple” logo 演绎

12.1 “adidas”ID表现

实例说明

本例主要讲解利用Fractal Noise(分形噪波)及CC particle World(CC粒子仿真世界)特效制作“adidas”ID表现效果的操作。完成的动画流程画面如图12.1所示。

图12.1 动画流程画面

学习目标

1. **学习Fractal Noise(分形噪波)特效的使用。**
2. **学习CC particle World(CC粒子仿真世界)特效的使用。**
3. **学习Bevel and Emboss(斜面和浮雕)特效的使用。**

操作步骤

12.1.1 制作ID定版

(1) 执行菜单栏中的File(文件) | Import(导入) | File(文件)命令，打开Import File(导入文件)对话框，选择配书光盘中“工程文件\第12章\“adidas”ID表现\纹理图01.jpg，纹理图02.jpg”素材，单击“打开”按钮，导入Project(项目)面板中。

(2) 执行菜单栏中的File(文件) | Import(导入)按 | File(文件)命令，打开Import File(导入文件)对话框，选择配书光盘中“工程文件\第12章\“adidas”ID表现\logo.psd”素材，单击“打开”按钮，将打开一个对话框，从Import Kind(导入类型)下拉列表中选择Composition(合成)，如图12.2所示。单击OK(确定)按钮，在项目面板中观察导入后的效果，如图12.3所示。

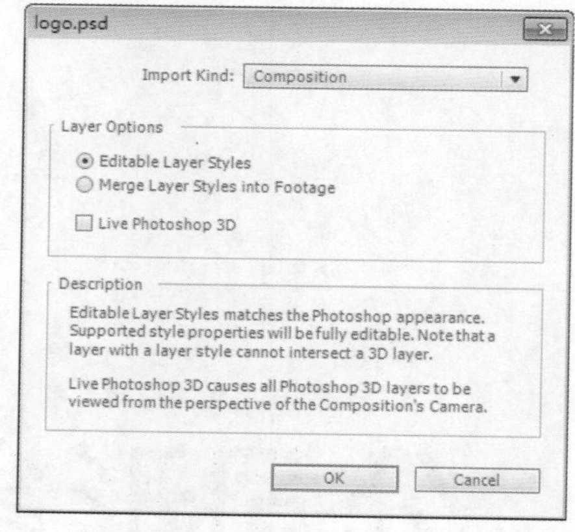

图12.2 “logo.psd”对话框

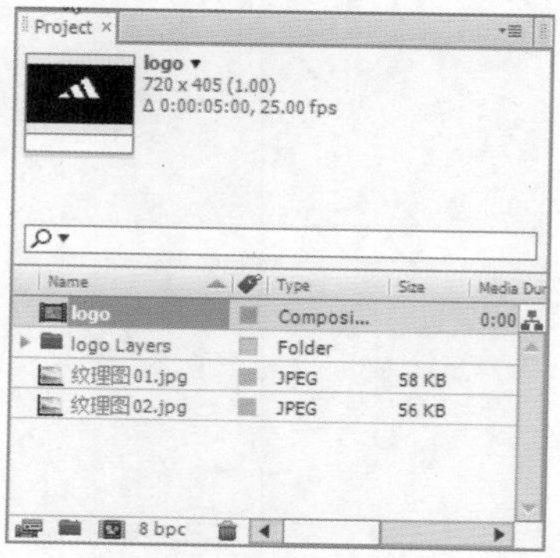

图12.3 素材导入后的效果

(3) 在项目面板中选择logo合成，按Ctrl+K组合键，打开“合成设置”对话框，设置Duration(持续时间)为00:00:05:00秒，如图12.4所示。

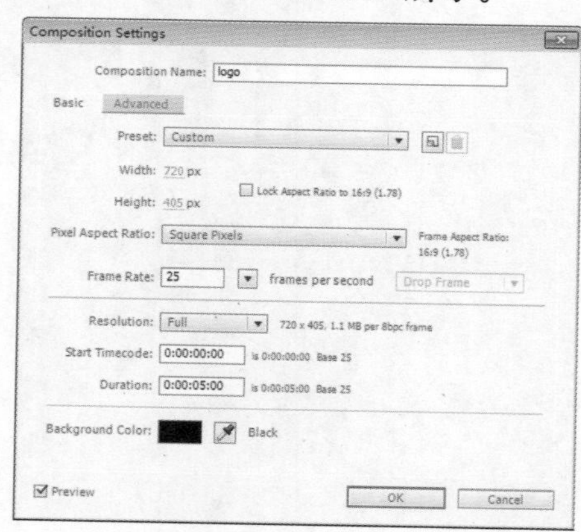

图12.4 “合成设置”对话框

(4) 双击“logo”合成将其打开，执行菜单栏中的Layer(图层) | New(新建) | Text(文本)命令，创建文字层，在合成窗口中输入“ADIDAS”，设置字体为Bitsumishi，字体大小为90，字体颜色为白色，如图12.5所示。

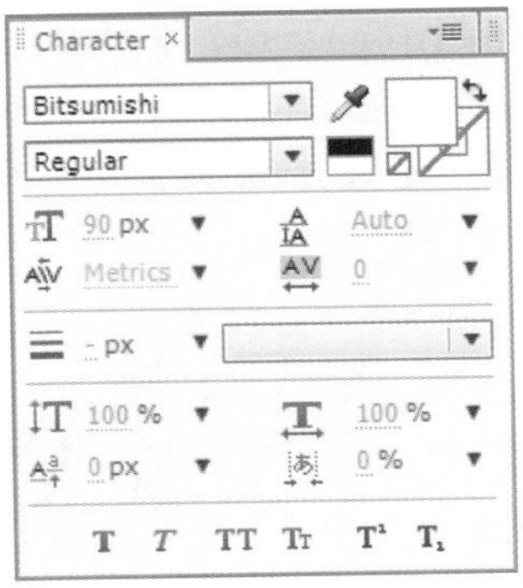

图12.5　字符面板

(5) 按P键，展开文字层的Position(位置)选项，设置Position(位置)的值为(213，298)，如图12.6所示。合成窗口中一帧的效果如图12.7所示。

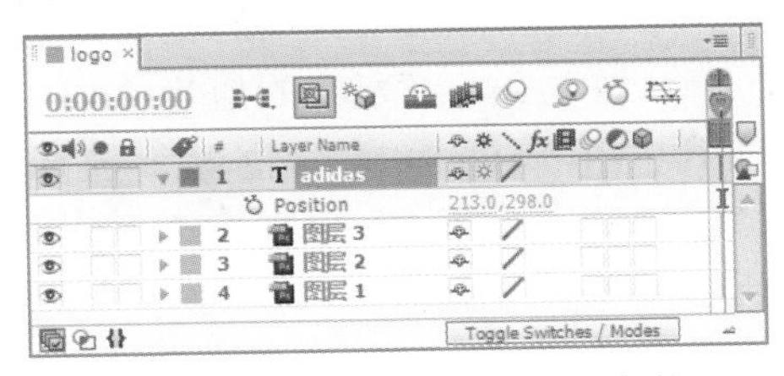

图12.6　设置Position(位置)参数

图12.7　合成窗口中一帧的效果

12.1.2　制作定版动画

(1) 在时间线面板中展开文字层，单击Text(文本)右侧的“动画”按钮 Animate:，在弹出的菜单中选择Scale(缩放)，此时在Text中会出现一个Animator1(动画1)选项组，然后单击Animator1(动画1)右侧的 Add: 按钮，在弹出的菜单中分别执行Property(特性) | Rotation(旋转)及Property(特性) | Opacity(透明度)命令，如图12.8所示。

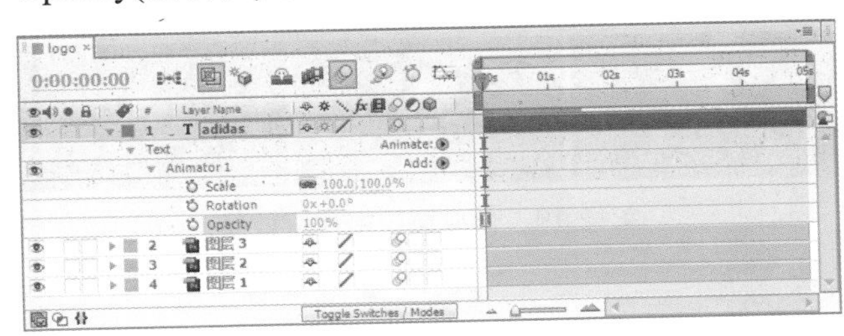

图12.8　添加旋转和透明度命令

(2) 展开Animator1(动画1)选项，设置Scale(缩放)的值为(0，0)，Rotation(旋转)的值为0，Opacity(透明度)的值为0，如图12.9所示。

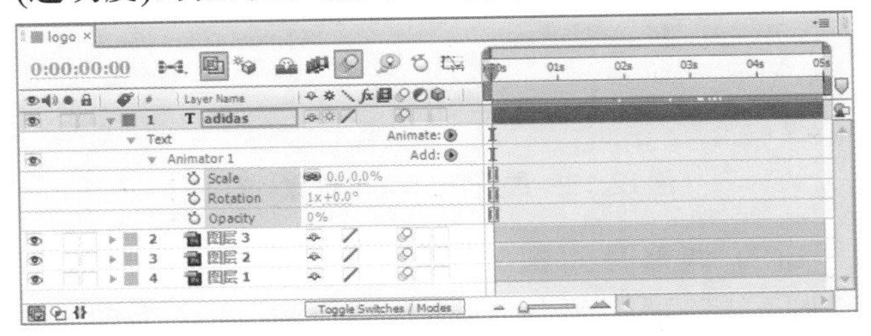

图12.9　设置缩放、旋转和透明度参数

(3) 展开Text(文本) | More Options(更多选项)选项组，从Anchor Point Grouping(定位点编组)右侧的下拉列表中选择Word(词语)，设置Grouping Alignment(编组对齐)的值为(–100，0%)，如图12.10所示。

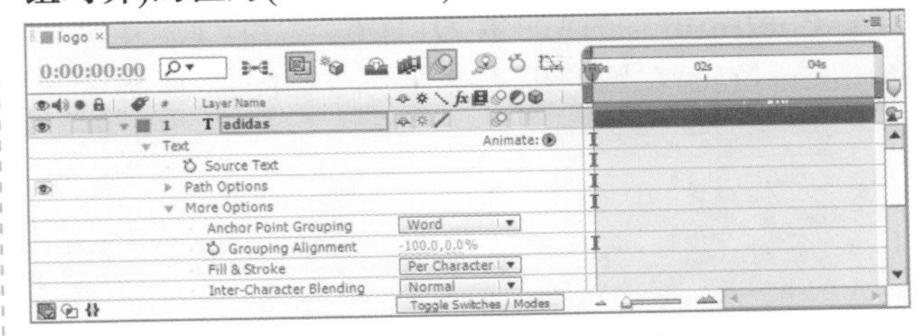

图12.10　设置更多选项参数

(4) 调整时间到00:00:02:13帧的位置，展开Range Selector 1(范围选择器1)选项，单击Offset(偏移)选项左侧的码表按钮，并修改Offset(偏移)的值为0，在此位置设置关键帧，如图12.11所示。

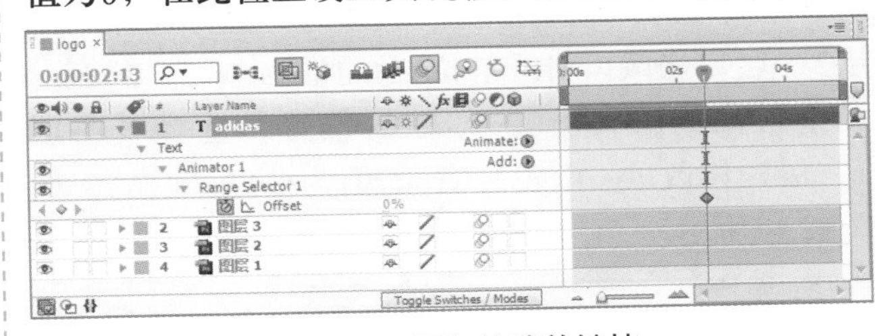

图12.11　添加偏移关键帧

(5) 调整时间到00:00:03:13帧的位置，修改Offset(偏移)的值为100%，如图12.12所示。

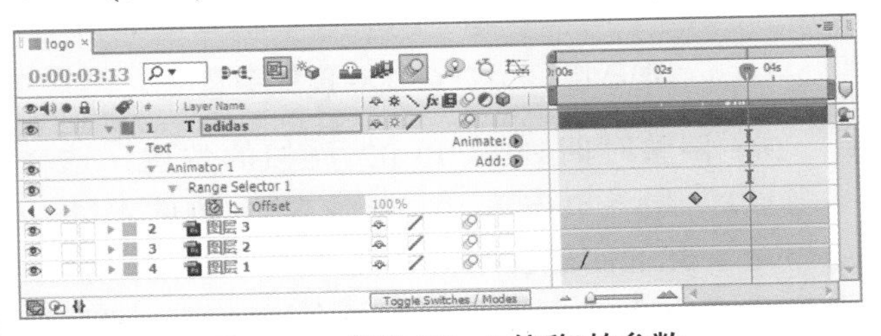

图12.12　修改Offset(偏移)的参数

(6) 在时间线面板中，选择“图层1、图层2、图层3”层，按P键，展开Position(位置)选项，如图12.13所示。

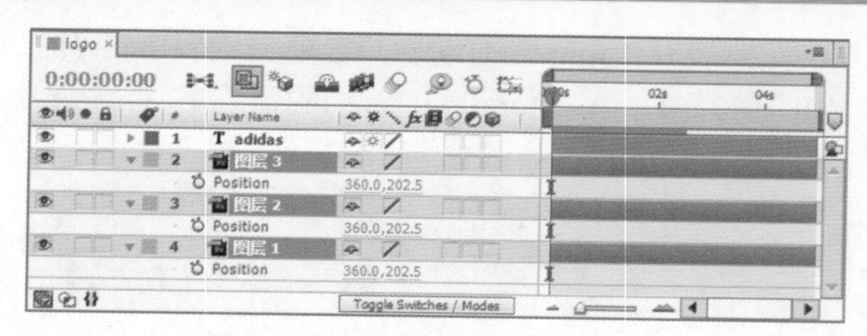

图12.13　展开Position(位置)选项

(7) 调整时间到00:00:01:13帧的位置，选择“图层1”层，设置Position(位置)的值为(22，–160)，并单击Position(位置)左侧的码表按钮；调整时间到00:00:01:20帧的位置，选择“图层2”层，设置Position(位置)的值为(86，–91)，并单击Position(位置)左侧的码表按钮；调整时间到00:00:02:01帧的位置，选择“图层3”层，设置Position(位置)的值为(106，–212)，并单击Position(位置)左侧的码表按钮，如图12.14所示。

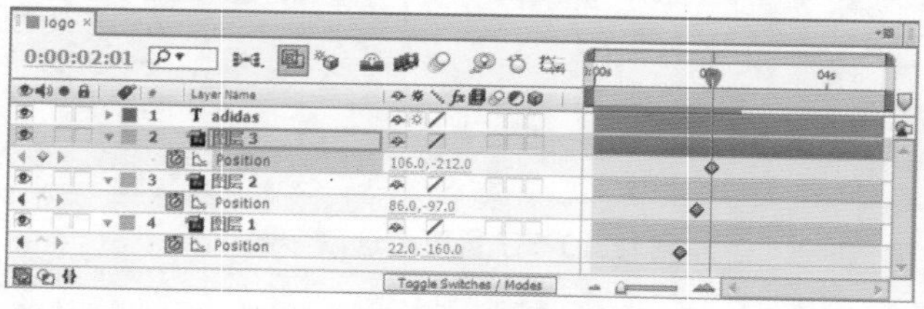

图12.14　添加位置关键帧

(8) 调整时间到00:00:02:01帧的位置，选择“图层1”层，修改Position(位置)的值为(362，217)；调整时间到00:00:02:07帧的位置，选择“图层2”层，修改Position(位置)的值为(362，217)；调整时间到00:00:02:13帧的位置，选择“图层3”层，修改Position(位置)的值为(362，217)，如图12.15所示。

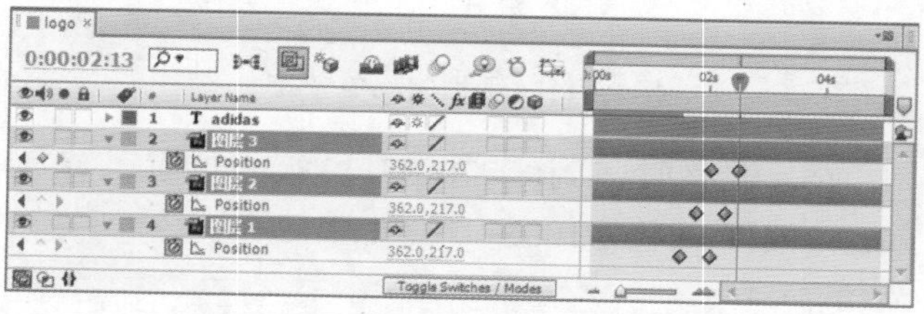

图12.15　修改Position(位置)参数

(9) 调整时间到00:00:02:16帧的位置，选择“图层1”层，单击Position(位置)左侧的Add or remove keyframe at current time(在当前时间添加/删除关键帧)按钮，为其添加一个延时帧；调整时间到00:00:03:00帧的位置，选择“图层2”层，单击Position(位置)左侧的Add or remove keyframe at current time(在当前时间添加/删除关键帧)按钮，为其添加一个延时帧；调整时间到00:00:03:08帧的位置，选择“图层3”层，单击Position(位置)左侧的Add or remove keyframe at current time(在当前时间添加/删除关键帧)按钮，为其添加一个延时帧，如图12.16所示。

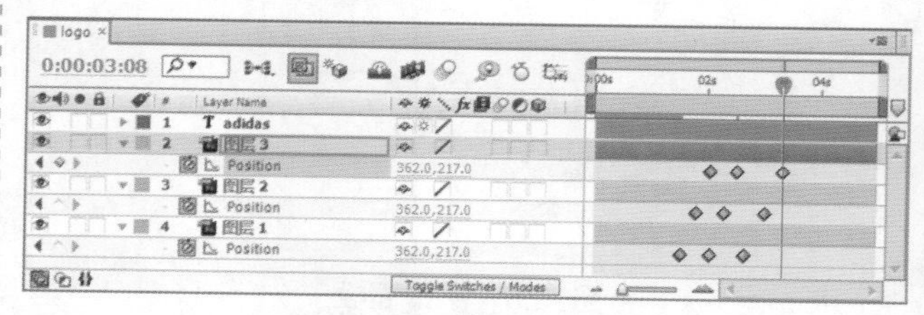

图12.16　添加位置关键帧

(10) 调整时间到00:00:02:17帧的位置，选择“图层1”层，修改Position(位置)的值为(360，202)；调整时间到00:00:03:01帧的位置，选择“图层2”层，修改Position(位置)的值为(360，202)；调整时间到00:00:03:09帧的位置，选择“图层3”层，修改Position(位置)的值为(360，202)，如图12.17所示。

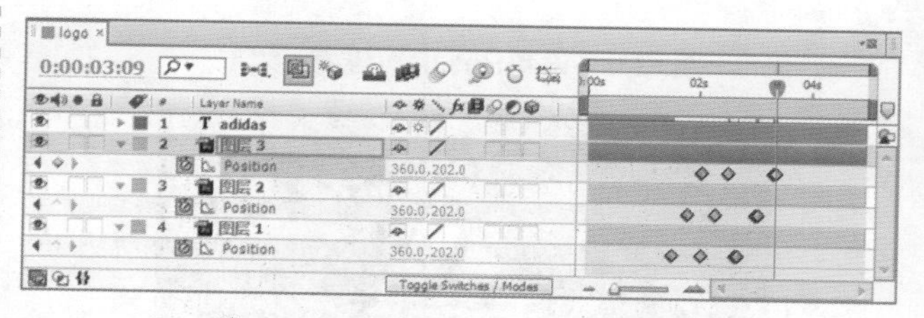

图12.17　修改Position(位置)参数

(11) 在时间线面板中单击Motion Blur(运动模糊)按钮，并启用所有图层Motion Blur(运动模糊)，如图12.18所示。

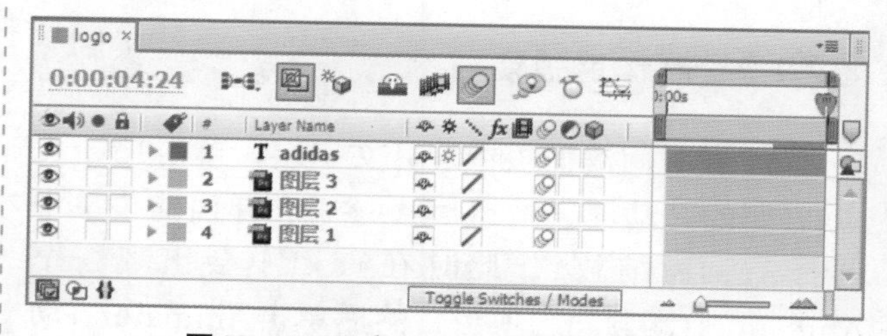

图12.18　开启Motion Blur(运动模糊)

(12) 这样“adidas”ID定版动画就完成了，在合成窗口中预览效果，如图12.19所示。

图12.19　合成窗口中预览效果

12.1.3　制作背景动画

(1) 执行菜单栏中的Composition(合成)｜New Composition(新建合成)命令，打开Composition Settings(合成设置)对话框，设置Composition Name(合成名称)为“adidas”ID表现，Width(宽)为“720”，Height(高)为“405”，Frame Rate(帧率)为“25”，并设置Duration(持续时间)为00:00:05:00秒，如图12.20所示。

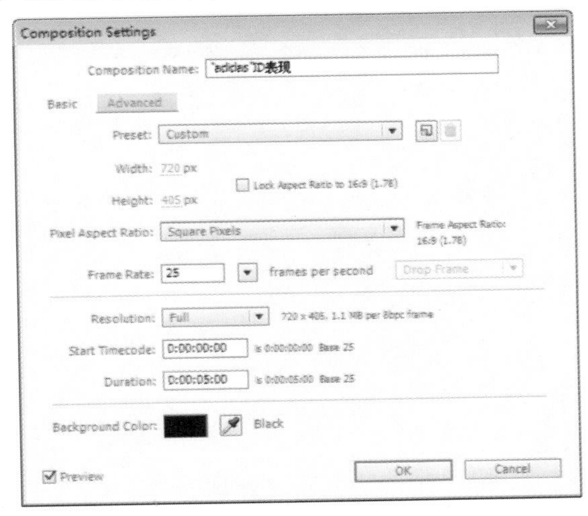

图12.20　“合成设置”对话框

(2) 在项目面板中选择“纹理图01”素材并拖动到“adidas”ID表现合成窗口中。选择“纹理图01”层，在Effects & Presets(效果和预置)面板中展开Color Correction(色彩校正)特效组，双击Curves(曲线)特效，如图12.21所示。

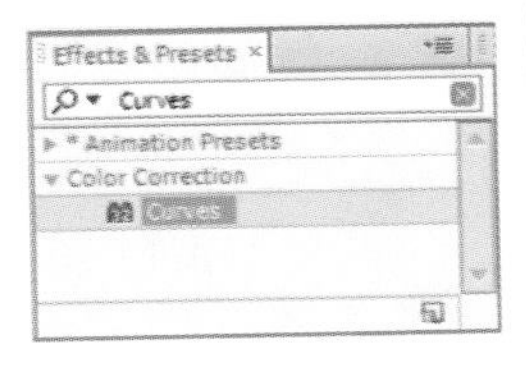

图12.21　添加Curves(曲线)特效

(3)在Effect Controls(特效控制)面板中修改Curves(曲线)特效参数，从Channel(通道)的右侧下拉列表中分别设置通道参数，具体如图12.22所示所示。

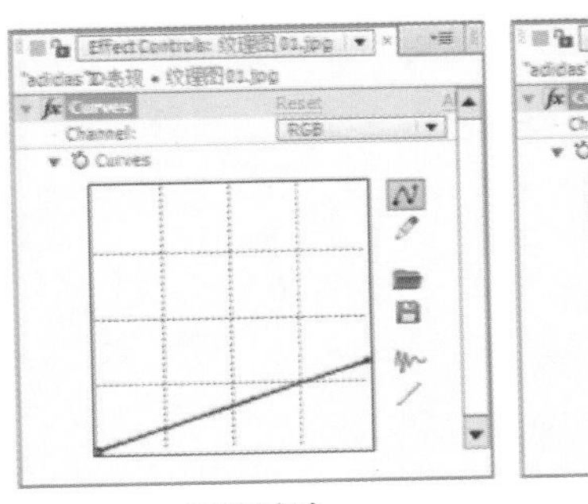

RGB通道

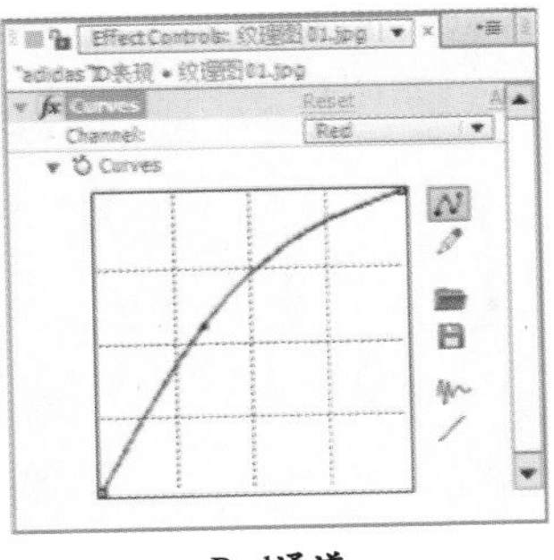

Red通道

图12.22　各通道曲线调整效果

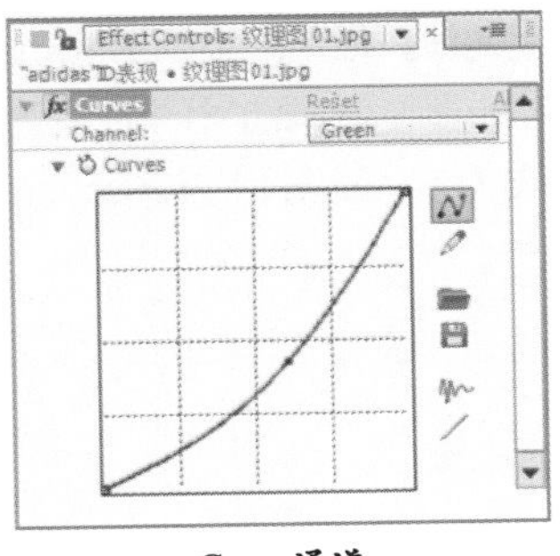

Green通道

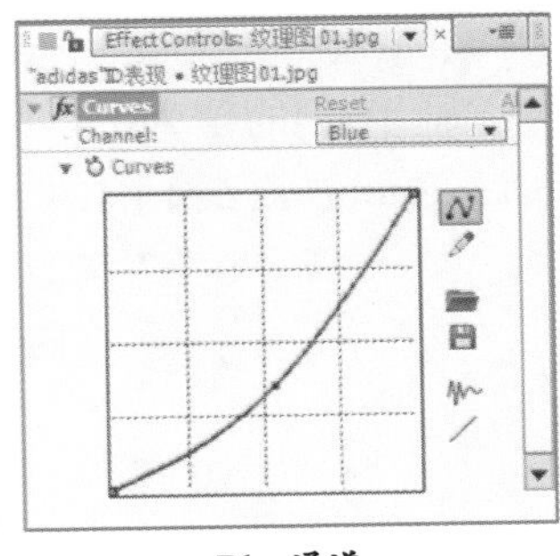

Blue通道

图12.22　各通道曲线调整效果(续)

(4) 在时间线面板中按Ctrl+Y组合键，打开Solid Settings(固态层设置)对话框，设置固态层Name(名称)为“背景纹理”，Color(颜色)为白色，如图12.23所示。

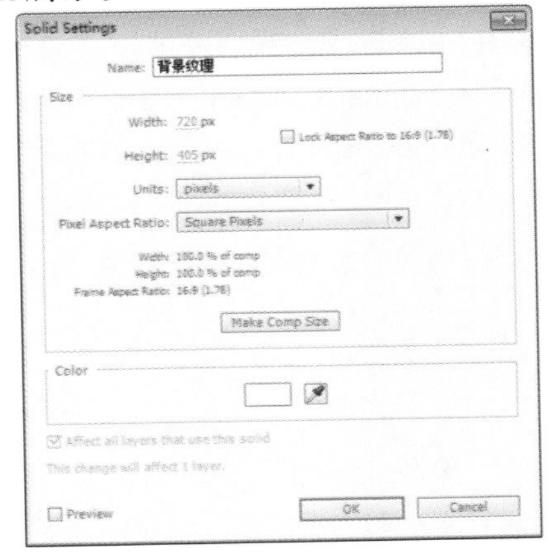

图12.23　“固态层设置”对话框

(5) 选择“背景纹理”层，在Effects & Presets(效果和预置)面板中展开Simulation(模拟仿真)特效组，双击CC particle World(CC粒子仿真世界)特效，如图12.24所示。

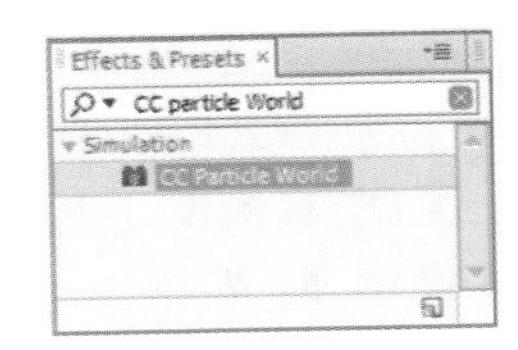

图12.24　添加CC Particle World

(6) 在Effect Controls(特效控制)面板中修改CC particle World(CC粒子仿真世界)特效参数，展开Grid & Guides(网格与参考线)选项组，选中Grid(网格)复选框，取消网格显示，如图12.25所示。

图12.25　选中Grid(网格)复选框

(7) 展开Producer(产生点)选项组，设置Radius X(X轴半径)的值为0.8，Radius Y(Y轴半径)的值为0.7，Radius Z(Z轴半径)的值为2，如图12.26所示。

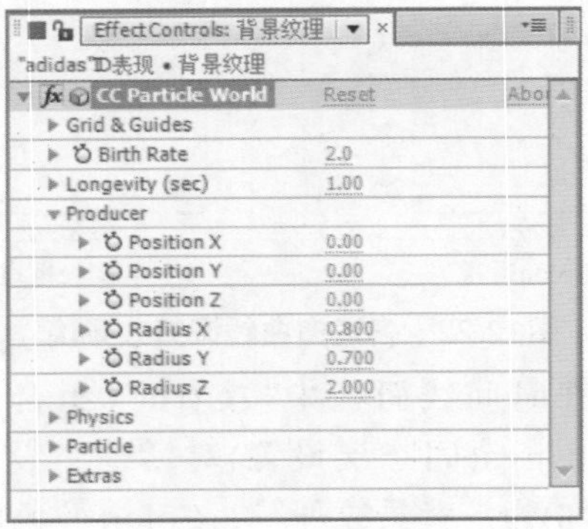

图12.26 设置Producer(产生点)选项组中的参数

(8) 展开Physics(物理性)选项组，设置Velocity(速度)的值为0，Inherit Velocity%(继承速率)的值为0，Gravity(重力)的值为0，如图12.27所示。

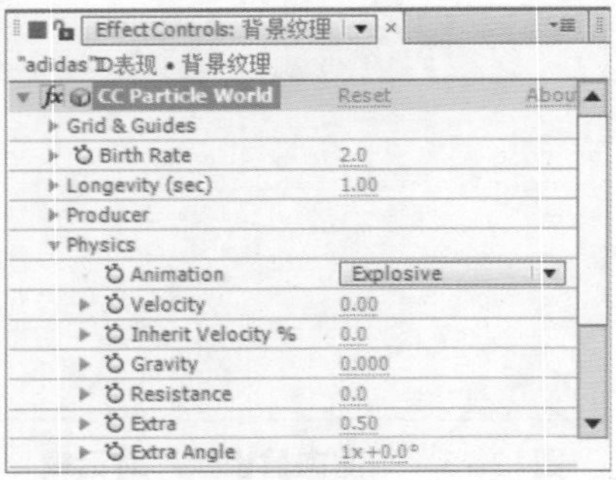

图12.27 设置Physics(物理性)选项组中的参数

(9) 展开Particle(粒子)选项组，从Particle Type(粒子类型)右侧的下拉列表中选择Faded Sphere(衰减球状)，设置Birth Size(生长大小)的值为3，Death Size(消亡大小)的值为5，Birth Color(生长色)为黄色(R:255，G:190，B:51)，Death Color(消亡色)为土黄色(R:154，G:110，B:15)，如图12.28所示。

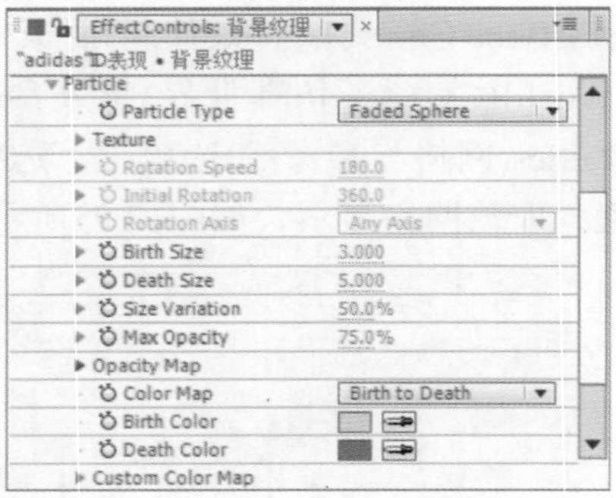

图12.28 设置particle(粒子)选项组中的参数

(10) 选择“背景纹理”层，按T键，打开Opacity(透明度)选项，设置Opacity(透明度)的值为30%，如图12.29所示。

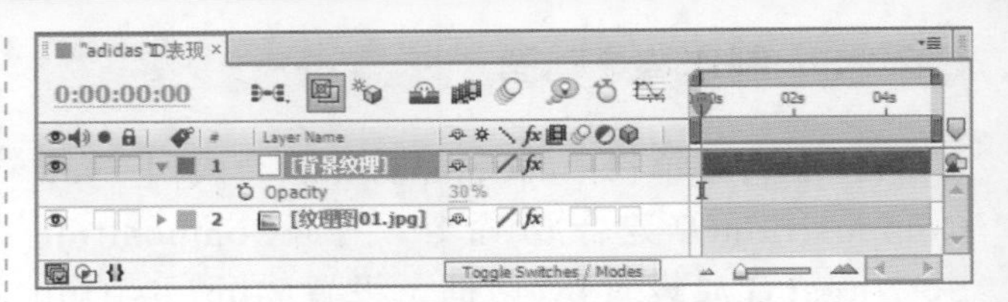

图12.29 设置Opacity(透明度)值

(11) 在时间线面板中按Ctrl+Y组合键，打开Solid Settings(固态层设置)对话框，设置固态层Name(名称)为“粒子”，如图12.30所示。

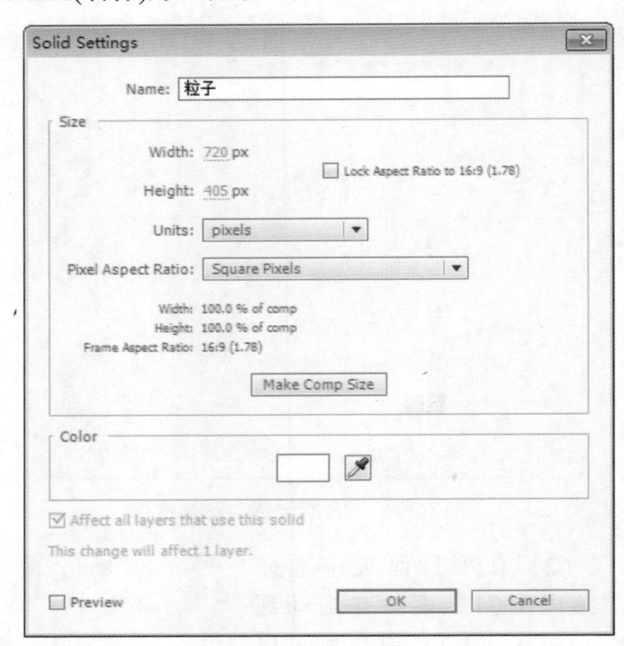

图12.30 “固态层设置”对话框

(12) 在Effects & Presets(效果和预置)面板中展开Simulation(模拟仿真)特效组，双击CC Particle World(CC粒子仿真世界)特效，如图12.31所示。

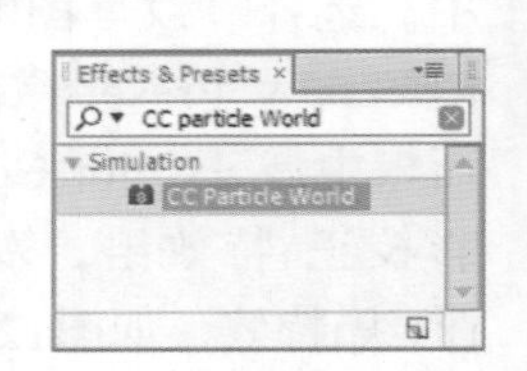

图12.31 添加CC Particle World特效

(13) 在Effect Controls(特效控制)面板中修改CC Particle World(CC粒子仿真世界)特效参数，展开Grid & Guides(网格与参考线)选项组，选中Grid(网格)复选框，如图12.32所示。

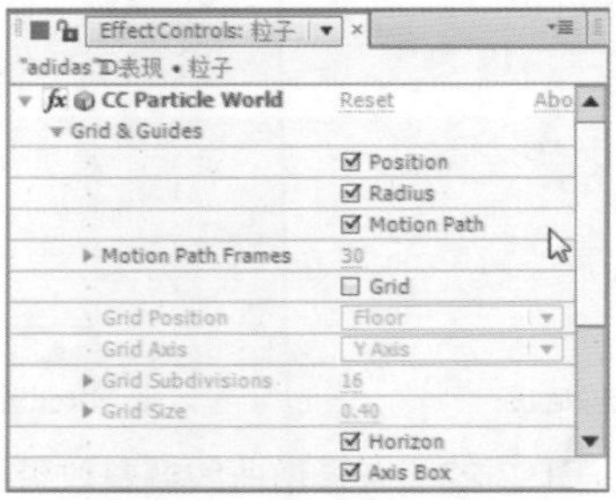

图12.32 选Grid(网格)复选框

(14) 设置Birth Rate(生长速率)的值为6，展开Producer(产生点)选项组，设置Radius X(X轴半径)的值为0.7，Radius Y(Y轴半径)的值为0.7，Radius Z(Z轴半径)的值为1.5，如图12.33所示。

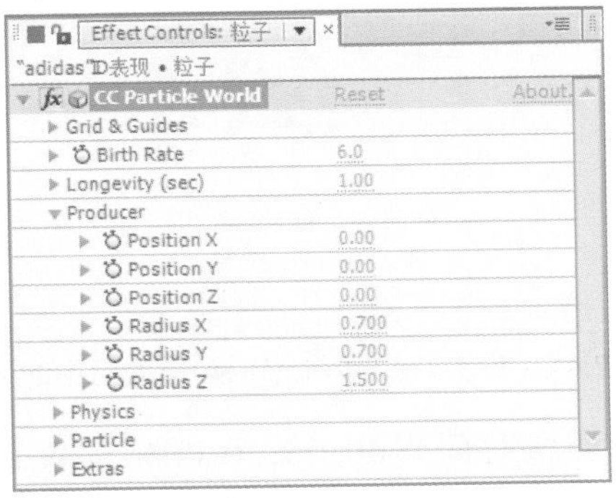

图12.33　设置Producer(产生点)选项组中的参数

(15) 展开Physics(物理性)选项组，设置Velocity(速度)的值为0，Inherit Velocity%(继承速率)的值为0，Gravity(重力)的值为0，如图12.34所示。

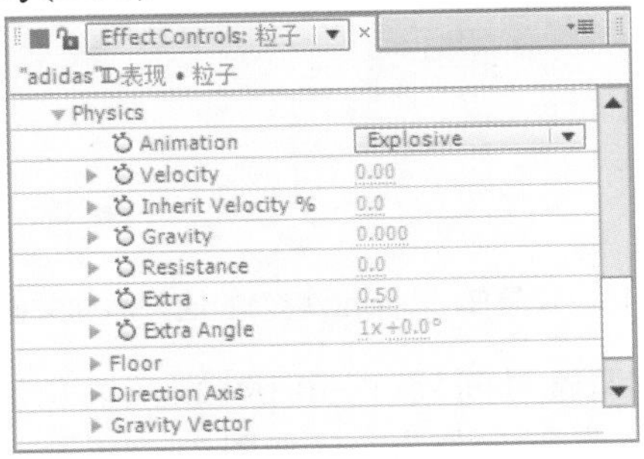

图12.34　设置Physics(物理性)选项组中的参数

(16) 展开particle(粒子)选项组，从Particle Type(粒子类型)右侧的下拉列表中选择Faded Sphere(衰减球状)，设置Birth Size(生长大小)的值为0.1，Death Size(消亡大小)的值为0.2，如图12.35所示。

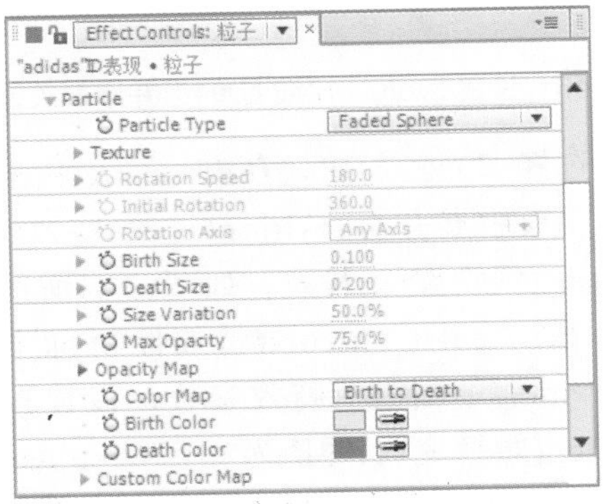

图12.35　设置Particle(粒子)选项组中的参数

(18) 在时间线面板中按Ctrl+Alt+Y组合键，创建Adjustment Layer(调整层)，重命名Adjustment Layer(调整层)为“调色”，在Effects & Presets(效果和预置)面板中展开Color Correction(色彩校正)特效组，双击Curves(曲线)特效，如图12.36所示。

(19) 在Effect Controls(特效控制)面板中修改Curves(曲线)特效参数，具体如图12.37所示。

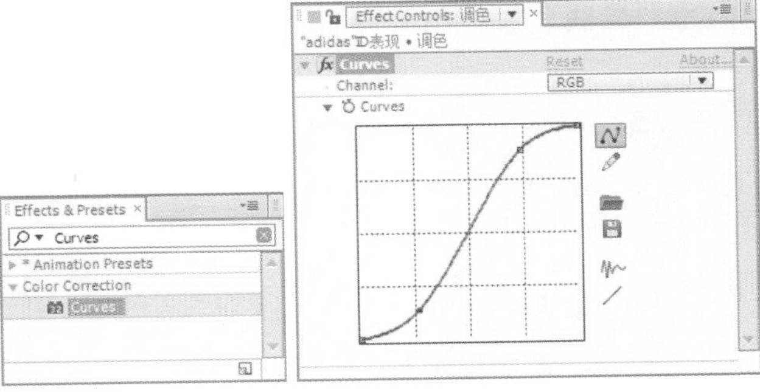

图12.36　添加Curves(曲线)特效　　图12.37　设置Curves(曲线)特效参数

(20) 此时在合成窗口中预览效果如图12.38所示。

图12.38　合成窗口中预览效果

12.1.4　制作光线特效

(1) 在项目面板中选择“纹理图02.jpg”素材，拖动到时间线面板中，按T键，展开Opacity(透明度)选项，设置Opacity(透明度)的值为50%，如图12.39所示。并设置图层混合模式为Overlay(叠加)模式，如图12.40所示。

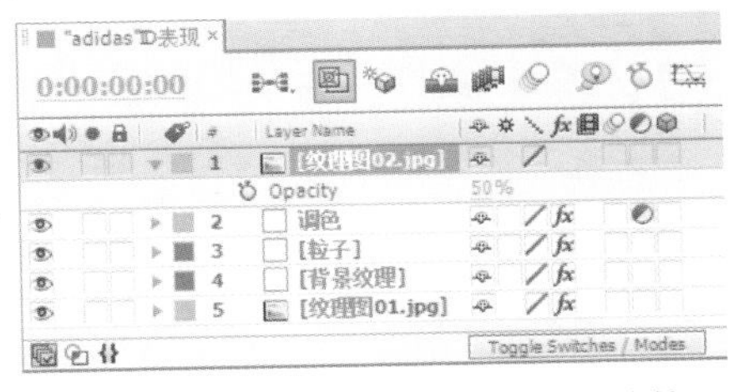

图12.39　设置Opacity(透明度)的值

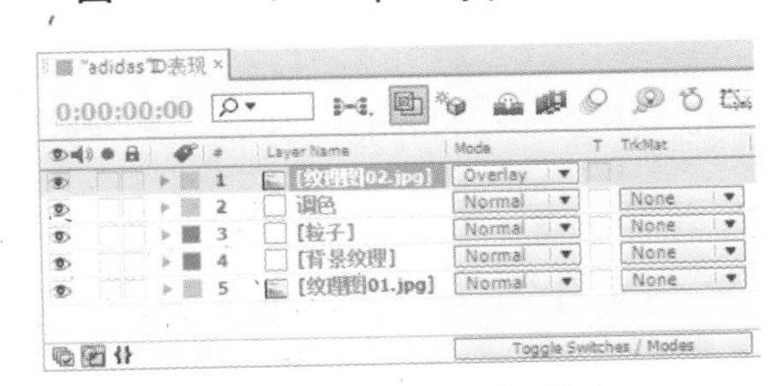

图12.40　设置混合模式

(2) 在时间线面板中按Ctrl+Y组合键，打开Solid Settings(固态层设置)对话框，设置固态层Name(名称)为“光线”，Color(颜色)为白色，如图12.41所示。

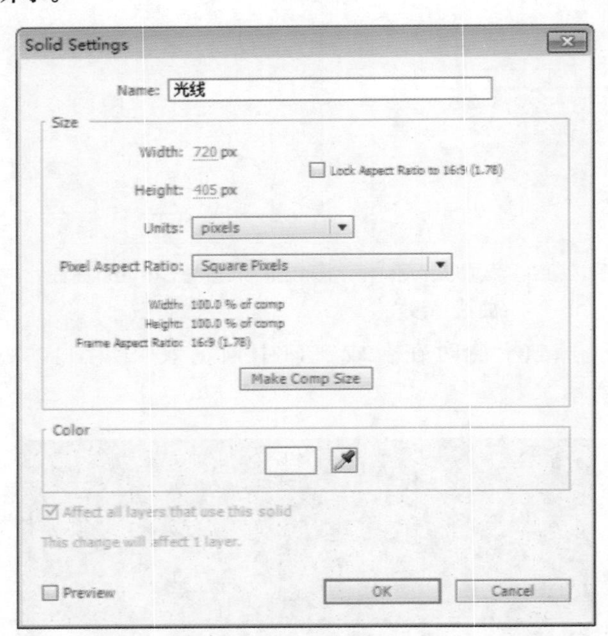

图12.41　“固态层”对话框

(3) 选择“光线”层，在Effects & Presets(效果和预置)面板中展开Noise & Grain(杂波与颗粒)特效组，双击Fractal Noise(分形杂波)特效，如图12.42所示。

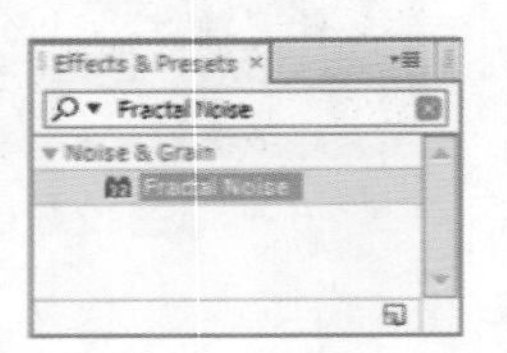

图12.42　添加Fractal Noise(分形杂波)特效

(4) 在Effect Controls(特效控制)面板中修改Fractal Noise(分形杂波)特效参数，设置Brightness(亮度)的值为–38，如图12.43所示。

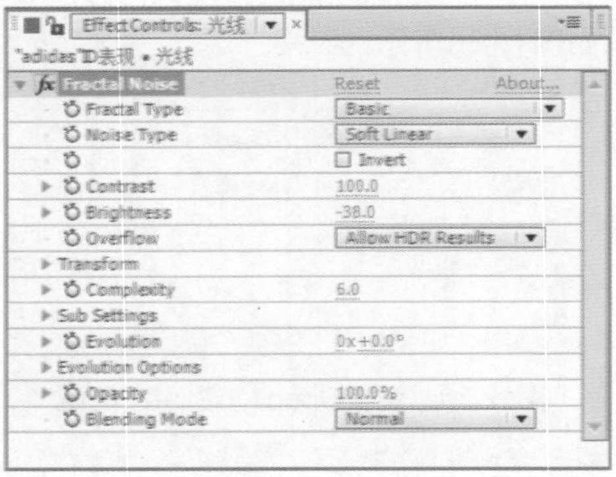

图12.43　设置Fractal Noise(分形杂波)特效参数

(5)展开Transform(转换)选项组，取消选中Uniform Scaling(等比缩放)复选框，设置Scale Width(缩放宽度)的值为60，Scale Height(缩放高度)的值为2400，如图12.44所示。

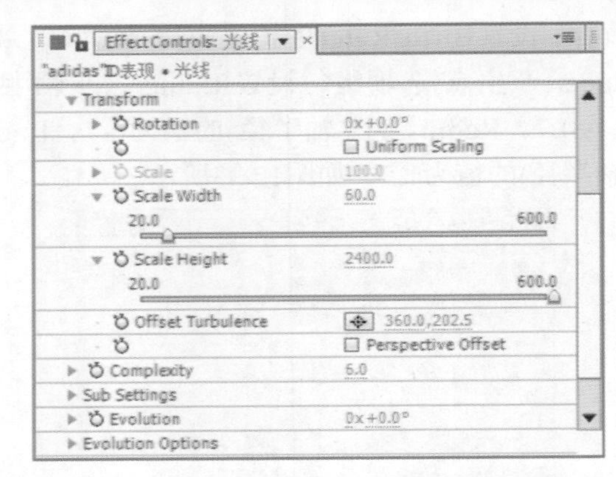

图12.44　设置Transform(转换)选项组中的参数

(6) 调整时间到00:00:00:00帧的位置，修改Fractal Noise(分形杂波)特效参数，设置Evolution(演变)的值为0，并单击Evolution(演变)左侧的码表按钮，在此位置设置关键帧，如图12.45所示。

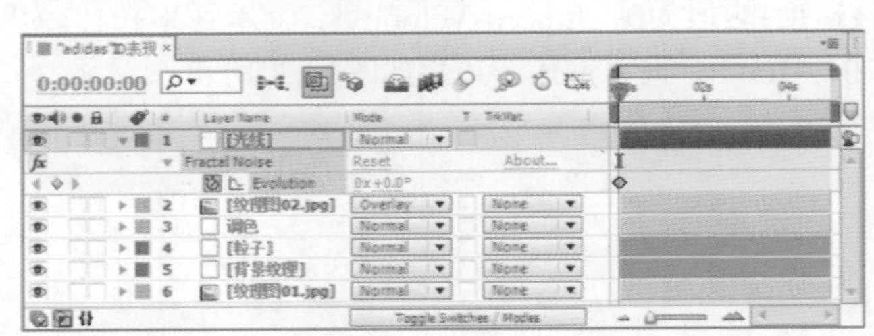

图12.45　设置Evolution(演变)的值并添加关键帧(1)

(7) 调整时间到00:00:04:24帧的位置，修改Evolution(演变)的值为3x，如图12.46所示。

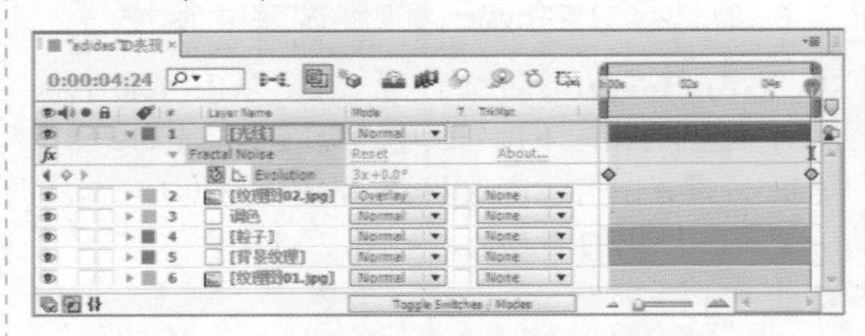

图12.46　设置Evolution(演变)的值并添加关键帧(2)

(8) 选择“光线”层，在Effects & Presets(效果和预置)面板中展开Transition(过渡)特效组，双击Linear Wipe(线性擦除)特效，如图12.47所示。

(9) 在Effect Controls(特效控制)面板中修改Linear Wipe(线性擦除)特效参数，设置Transition Completion(转换完成)的值为34，Wipe Angle(擦除角度)的值为0，Feather(羽化)的值为150，如图12.48所示。

(10) 选择“光线“层，设置图层混合模式为Add(相加)模式，如图12.49所示。在合成窗口中预览效果，如图12.50所示。

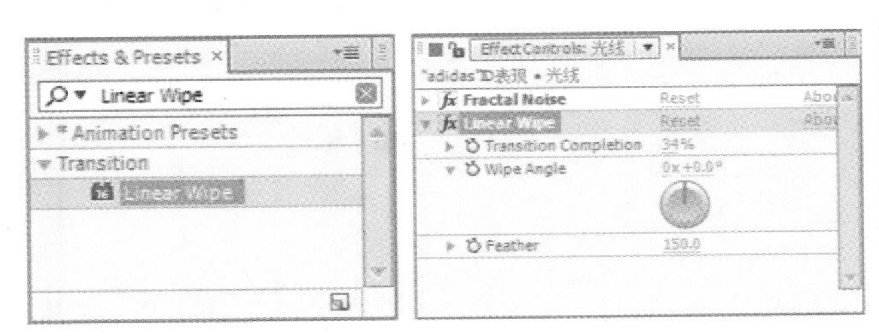

图12.47　添加Linear Wipe(线性擦除)特效　图12.48　设置Linear Wipe(线性擦除)特效参数

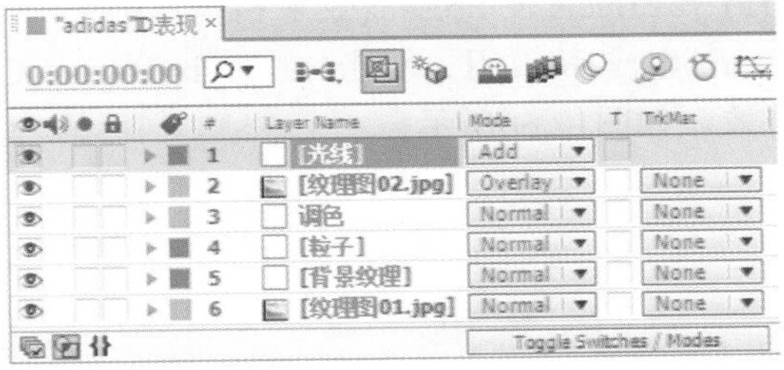

图12.49　设置图层混合模式为Add(相加)模式

图12.50　合成窗口中预览效果

(11) 选择“光线”层，按Ctrl+D组合键复制一层“光线”层，重命名为“光线蒙版”，拖动到“粒子”层上面，选择“粒子”层，设置“粒子”层的Track Matte(轨道蒙版)为Alpha Matte(光线蒙版)，如图12.51所示。

图12.51　设置Alpha Matte(Alpha 蒙版)

(12) 选择“光线”层，开启“光线”层的三维层开关，按S键展开Scale(缩放)选项，设置Scale(缩放)的值为200，按R键，展开Rotation(旋转)选项，设置X Rotation(X轴旋转)的值为–40，如图12.52所示。

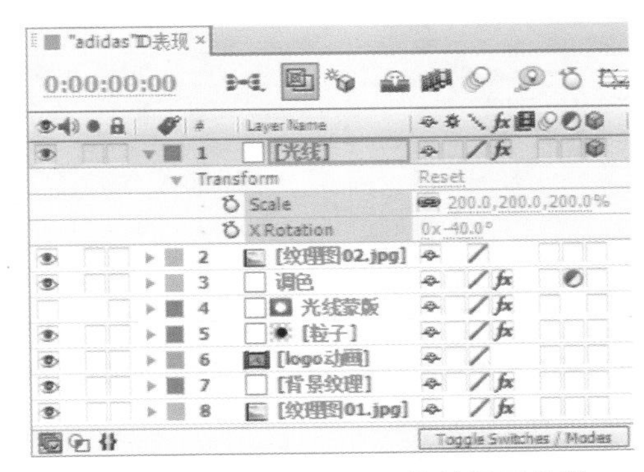

图12.52　开启三维层开关并设置参数

12.1.5　制作ID立体和扫光效果

(1) 在项目面板中选择“logo”合成，将其拖动到“adidas”ID表现合成时间线面板中的“背景纹理”层上方，如图12.53所示，合成窗口中一帧的效果如图12.54所示。

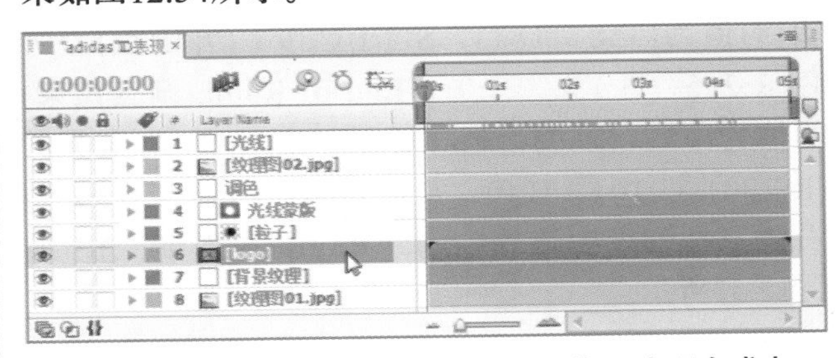

图12.53　将“logo”拖动到“adidas”ID表现合成中

图12.54　合成窗口中一帧的效果

(2) 选择“logo”合成层，执行菜单栏中的Layer(图层)｜Layer Styles(图层样式)｜Bevel and Emboss(斜面和浮雕)命令，在时间线面板中展开Layer Styles(图层样式)｜Bevel and Emboss(斜面和浮雕)，设置Size(尺寸)的值为3，Altitude(高度)的值为40，Highlight Opacity(高光透明度)的值为100%，如图12.55所示。

(3) 选择“logo”合成层，在Effects & Presets(效果和预置)面板中展开Generate(生成)特效组，双击Ramp(渐变)特效，如图12.56所示。

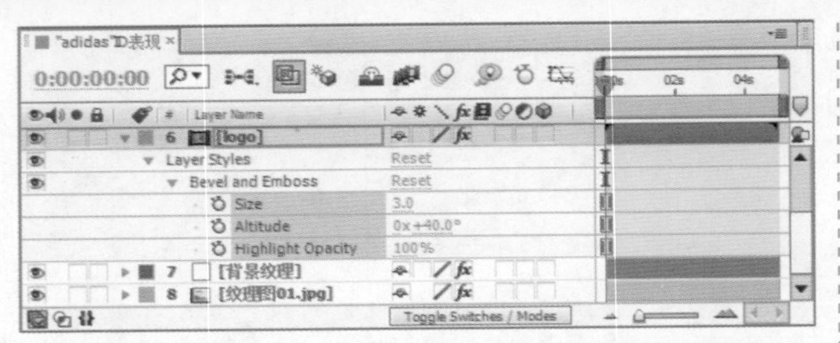

图12.55　添加Bevel and Emboss(斜面和浮雕)命令并设置参数

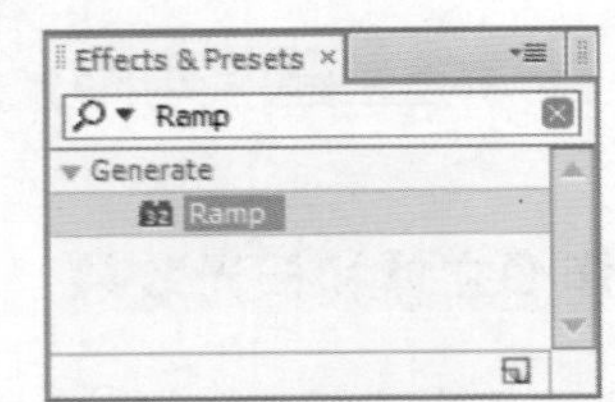

图12.56　添加Ramp(渐变)特效

(4) 在Effect Controls(特效控制)面板中修改Ramp(渐变)特效参数，设置Start of Ramp(渐变开始)的值为(358，161)，Start Color (开始色)为黄色(R:255，G:156，B:0)，End of Ramp(渐变结束)的值为(457，267)，End Color (结束色)为土黄色(R:200，G:104，B:0)，从Ramp Shatter(渐变形状)右侧下拉列表中选择Radial Ramp(放射渐变)，如图12.57所示。

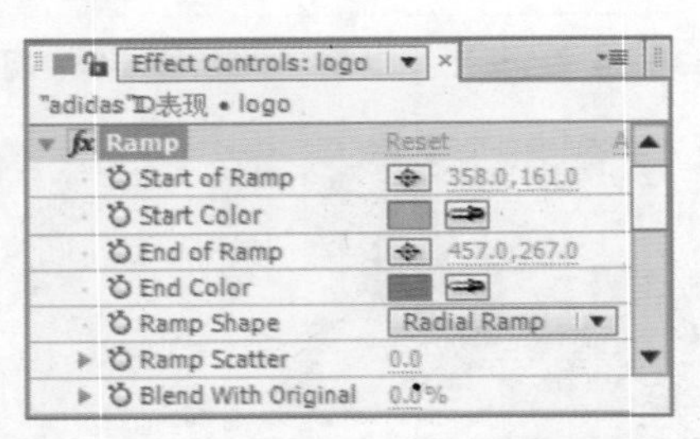

图12.57　设置Ramp(渐变)特效参数

(5) 在Effects & Presets(效果和预置)面板中展开Perspective(透视)特效组，双击Drop Shadow(投影)特效，如图12.58所示。

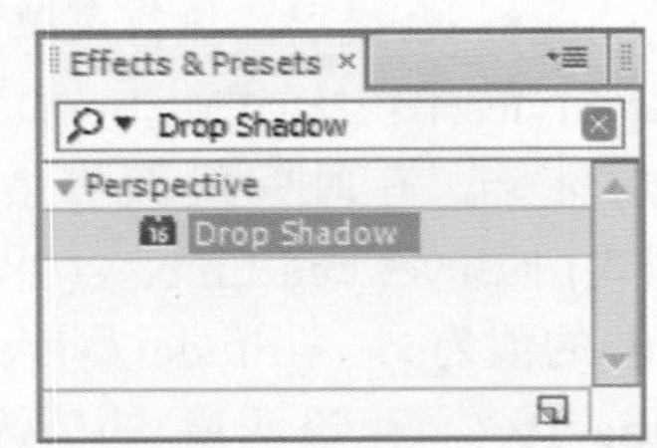

图12.58　添加Drop Shadow(投影)特效

(6) 在Effect Controls(特效控制)面板中修改Drop Shadow(投影)特效参数，设置Distance(方向)的值为180，Distance(距离)的值为10，Softness(柔化)的值为30，如图12.59所示。

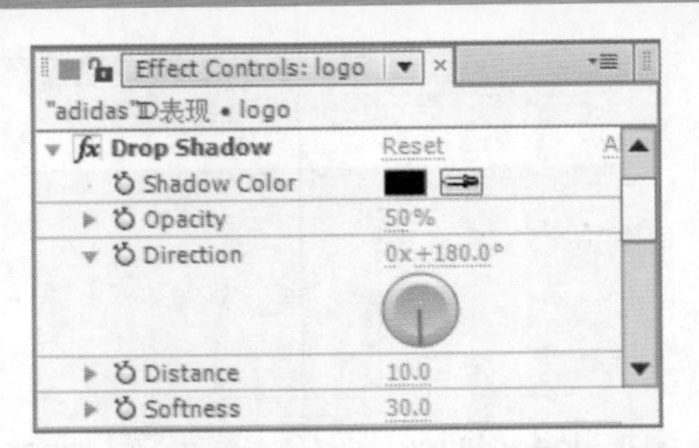

图12.59　设置Drop Shadow(投影)特效参数

(5) 在Effects & Presets(效果和预置)面板中展开Generate(生成)特效组，双击CC Light Sweep(CC扫光)特效，如图12.60所示。

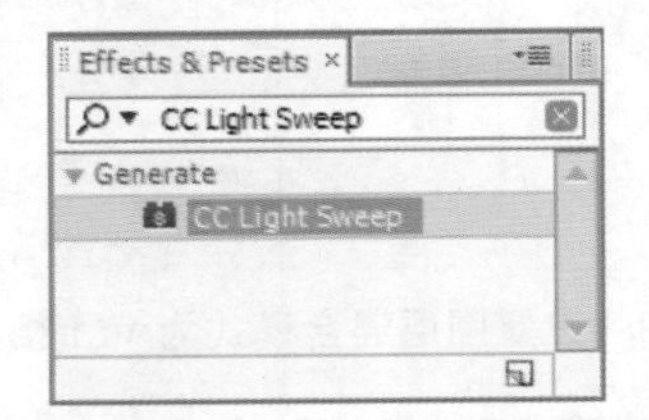

图12.60　添加CC扫光效果特效

(6) 在Effect Controls(特效控制)面板中修改CC Light Sweep(CC扫光)特效参数，设置Width(宽度)的值为30，Sweep Intensity(扫光强度)的值为200，如图12.61所示。

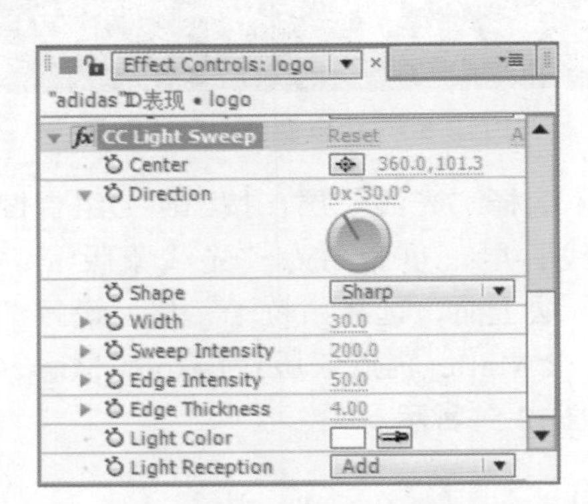

图12.61　设置CC扫光效果特效参数

(7) 调整时间到00:00:04:00帧的位置，在Effects & Presets(效果和预置)面板中修改CC Light Sweep(CC扫光)特效参数，设置Center(中心点)的值为(220，281)，并单击Center(中心点)左侧的码表按钮，在此位置设置关键帧，如图12.62所示。

图12.62　设置Center(中心点)参数并添加关键帧(1)

(8) 调整时间到00:00:04:18帧的位置，设置Center(中心点)的值为(550，190)，系统自动添加关键帧，如图12.63所示。

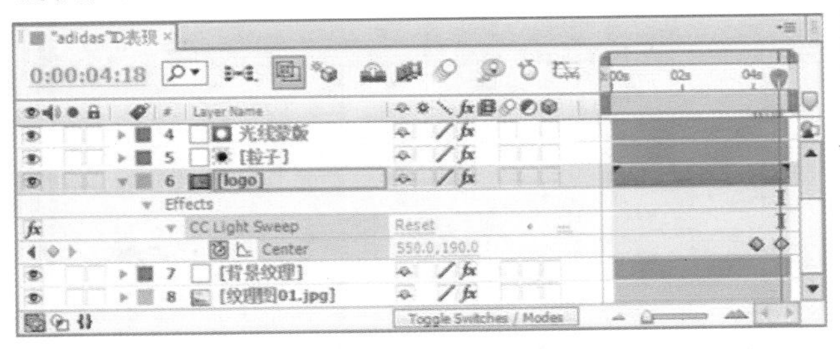

图12.63　设置Center(中心点)参数并添加关键帧(2)

(9) 至此“ID立体文字和扫光效果”就完成了，按小键盘上的“0”键，在合成窗口预览动画，其中几帧的效果如图12.64所示。

图12.64　在合成窗口中预览动画

12.1.6　制作摄像机镜头动画

(1) 执行菜单栏中的Layer(图层) | New(新建) | Camera(摄像机)命令，打开Camera Settings(摄像机设置)对话框，设置Preset(预置)为28mm，如图12.65所示。

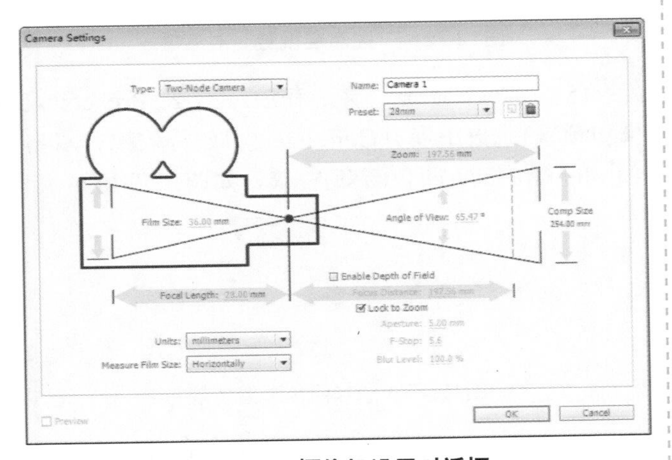

图12.65　摄像机设置对话框

(2) 选择“logo”合成层，开启“logo”合成层的三维层，选择摄像机层，调整时间到00:00:01:00帧的位置，按P键，展开Position(位置)选项，设置Position(位置)的值为(360，202，–170)，单击Position(位置)左侧的码表按钮，在此位置设置关键帧，如图12.66所示。

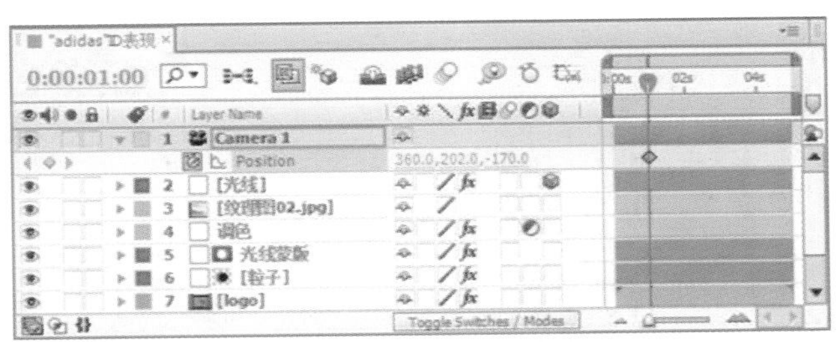

图12.66　设置Position(位置)参数并添加关键帧(1)

(3) 调整时间到00:00:04:00帧的位置，设置Position(位置)的值为(360，202，–600)，系统自动添加关键帧，如图12.67所示。

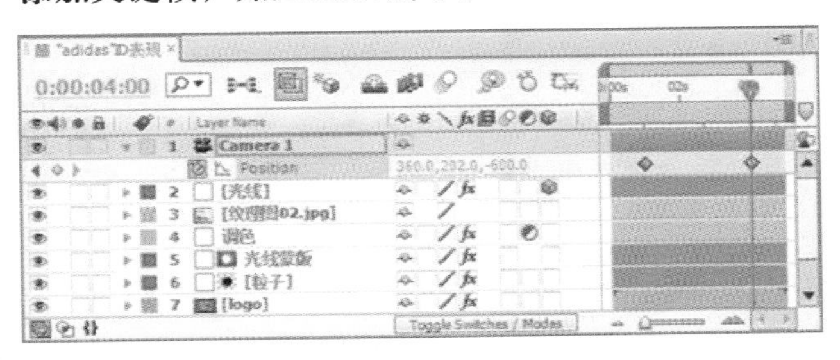

图12.67　设置Position(位置)参数并添加关键帧(2)

(4) 这样就完成了“adidas”ID表现的整体制作，按小键盘上的“0”键，在合成窗口预览动画。

12.2　“Apple” logo 演绎

实例说明

本例主要讲解“Apple” logo 演绎动画的制作，完成的动画流程画面如图12.68所示。

图12.68　动画流程画面

学习目标

1．学习4-Color Gradient(四色渐变)特效的使用。

2．学习Ramp(渐变)特效的使用。

3．学习Drop Shadow(投影)特效的使用。

操作步骤

12.2.1 制作背景

(1) 执行菜单栏中的Composition(合成) | New Composition(新建合成)命令，打开Composition Settings(合成设置)对话框，设置Composition Name(合成名称)为“背景”，Width(宽)为“720”，Height(高)为“405”，Frame Rate(帧率)为“25”，并设置Duration(持续时间)为00:00:05:00秒，如图12.69所示。

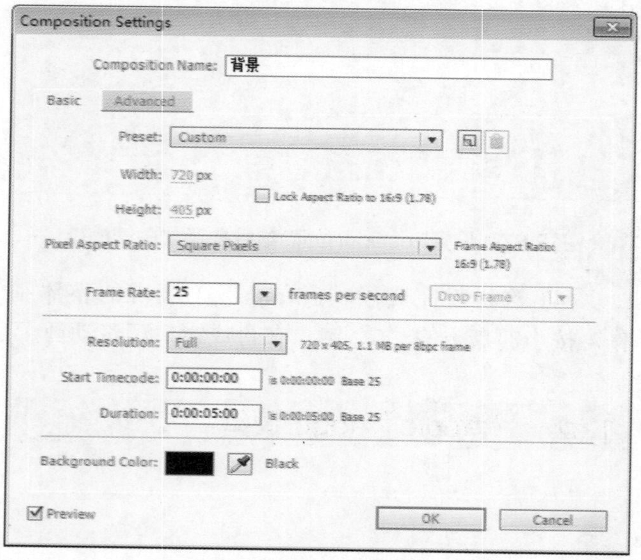

图12.69 “合成设置”对话框

(2) 执行菜单栏中的File(文件) | Import(导入) | File(文件)命令，打开Import File(导入文件)对话框，选择配书光盘中的“工程文件\第12章\“Apple”logo演绎\苹果.tga”素材，单击“打开”按钮，用同样的方法将“文字.tga、纹理.jpg、宣纸.jpg”导入Project(项目)面板中，如图12.70所示。

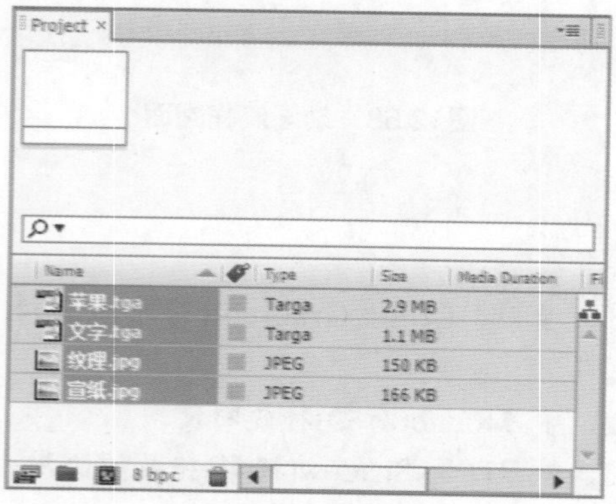

图12.70 项目面板

(3) 在Project(项目)面板中选择“纹理.jpg”和“宣纸.jpg”素材，将其拖动到“背景”合成的时间线面板中，如图12.71所示。

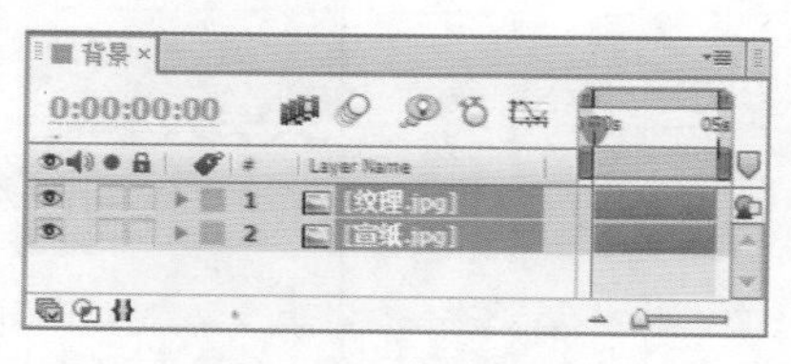

图12.71 添加素材

(4) 按Ctrl+Y组合键，打开Solid Settings(固态层设置)对话框，设置固态层Name(名称)为“背景”，Color(颜色)为黑色，如图12.72所示。

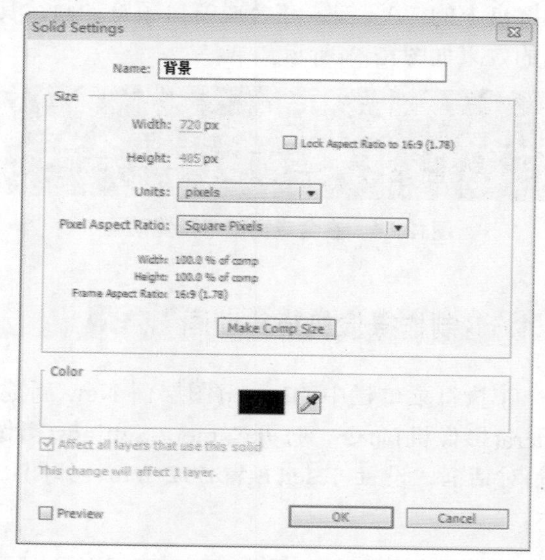

图12.72 “固态层设置”对话框

(5) 选择“背景”层，在Effects & Presets(效果和预置)面板中展开Generate(生成)特效组，双击4-Color Gradient(四色渐变)特效，如图12.73所示。

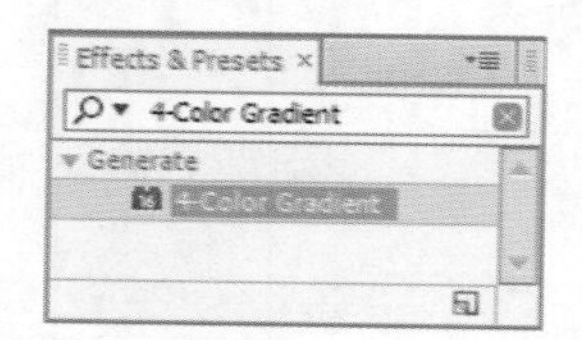

图12.73 添加四色渐变特效

(6) 在Effect Controls(特效控制)面板中修改4-Color Gradient(四色渐变)特效参数，展开Positions & Colors(位置和颜色)选项组，设置Point1(中心点1)的值为(380，-86)，Color1(颜色1)为白色，Point2(中心点2)的值为(796，242)，Color2(颜色2)为黄色(R:226，G:221，B:179)，Point3(中心点3)的值为(355，441)，Color3的值为白色，point4的值为(-92，192)，Color的值为黄色(R:226，G:224，B:206)，如图12.74所示。

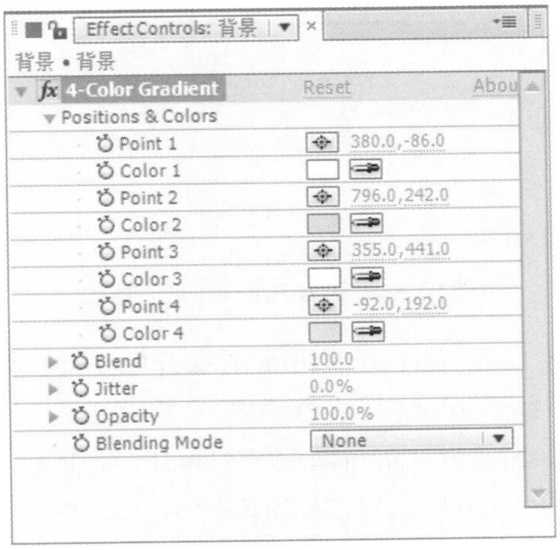

图12.74　设置四色渐变参数值

(7) 选择“宣纸”层，设置层混合模式为Multiply(正片叠底)，按T键展开“宣纸.jpg”层Opacity(透明度)选项，设置透明度的值为30%，如图12.75所示。

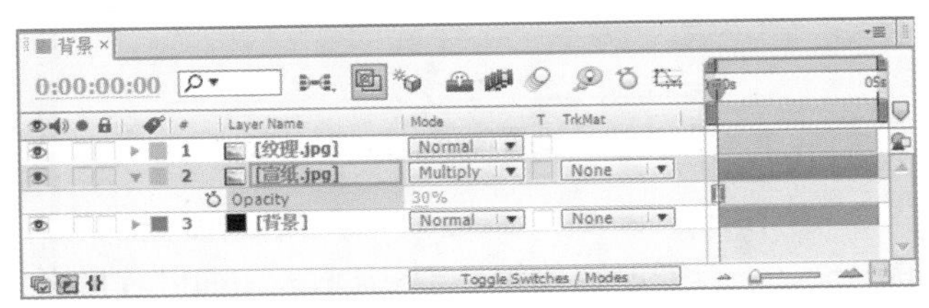

图12.75　添加层混合模式并设置透明度的参数

(8) 选择“纹理.jpg”层，按Ctrl+Alt+F组合键，让“纹理.jpg”层匹配合成窗口大小，为其添加Classic Color Burn(典型颜色加深)层混合模式，如图12.76所示。

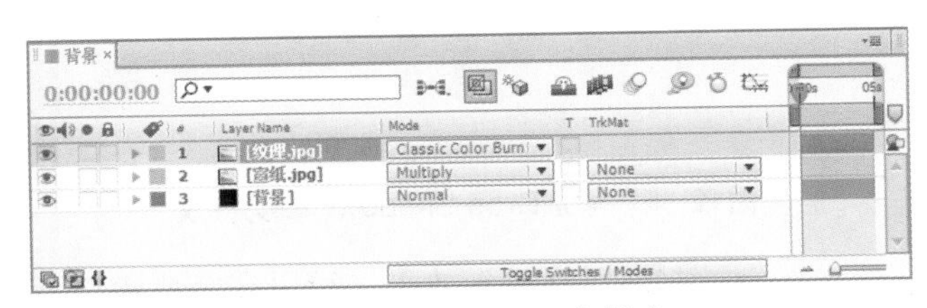

图12.76　添加层混合模式

(9) 选择“背景”层，在Effects & Presets(效果和预置)面板中展开Color Correction(色彩校正)特效组，双击Black & White(黑&白)和Curves(曲线)特效。

(10) 在Effect Controls(特效控制)面板中修改Curves(曲线)特效参数，具体设置如图12.77所示。这样就完成了背景的制作，在合成窗口预览效果如图12.78所示。

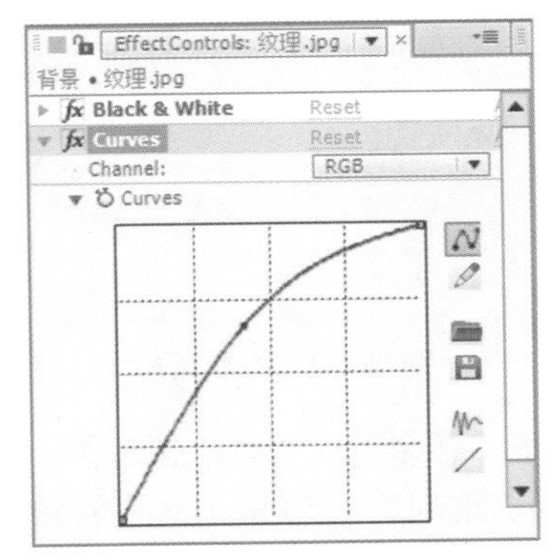

图12.77　调整曲线

图12.78　合成窗口中一帧的效果

12.2.2　制作文字和logo定版

(1) 执行菜单栏中的Composition(合成)|New Composition(新建合成)命令，打开Composition Settings(合成设置)对话框，设置Composition Name(合成名称)为“文字和logo”，Width(宽)为“720”，Height(高)为“405”，Frame Rate(帧率)为“25”，并设置Duration(持续时间)为00:00:05:00秒，如图12.79所示。

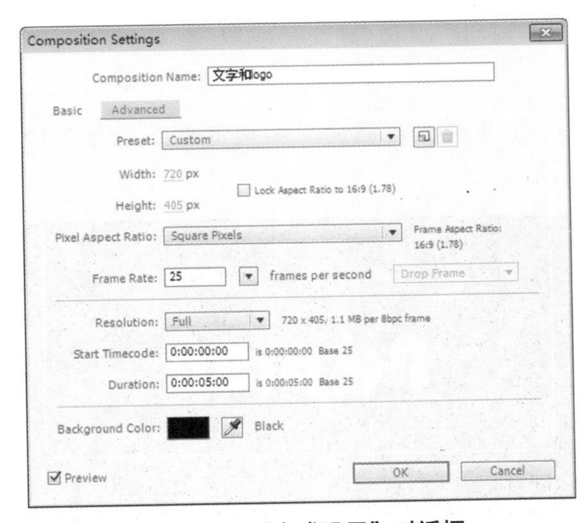

图12.79　“合成设置”对话框

(2) 在Project(项目)面板中选择“文字.tga”和“苹果.tga”素材，将其拖动到“文字和logo”合成的时间线面板中，如图12.80所示。

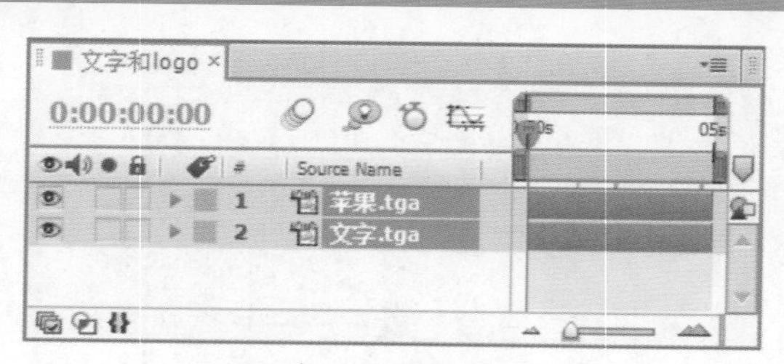

图12.80 添加素材

(3) 选择“苹果.tga”层，按S键，展开文字层的Scale(缩放)选项，设置Scale(缩放)的值为(12，12)，如图12.81所示。

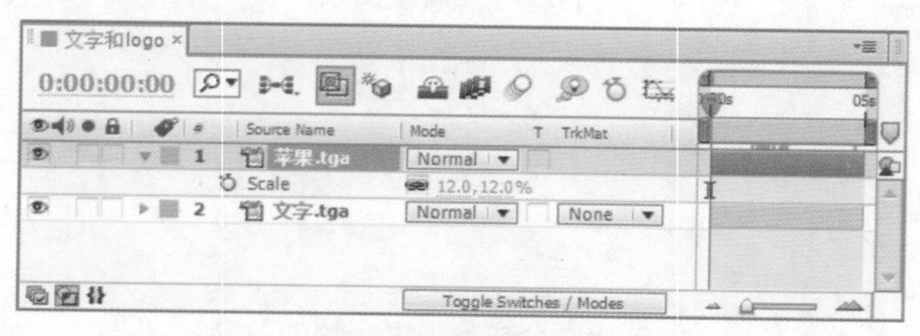

图12.81 文字层Scale(缩放)的参数值

(4) 选择“苹果.tga”层，按P键，展开Position(位置)选项，设置Position(位置)的值为(286，196)；选择“文字.tga”层，按P键，展开Position(位置)选项，设置Position(位置)的值为(360，202)，如图12.82所示。

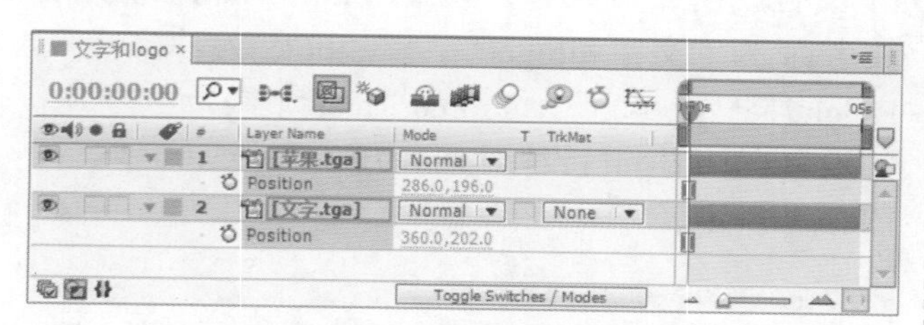

图12.82 设置Position(位置)的参数值

(5) 此时在合成窗口中预览效果，如图12.83所示。

图12.83 合成窗口中一帧的效果

(6) 选择“文字.tga”层，在Effects & Presets(效果和预置)面板中展开Generate(生成)特效组，双击Ramp(渐变)特效，如图12.84所示。

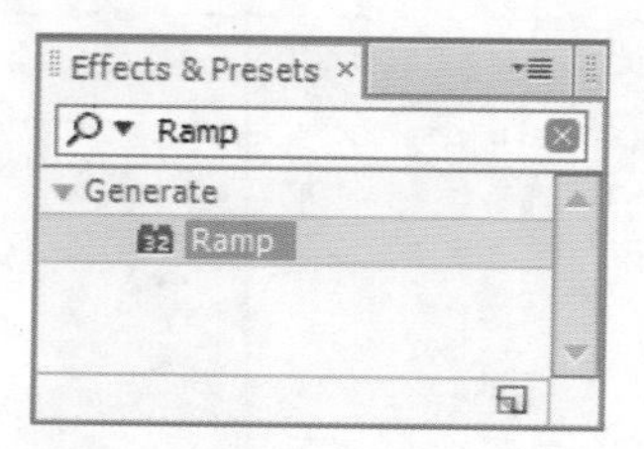

图12.84 添加Ramp(渐变)特效

(7) 设置Start of Ramp(渐变开始)的值为(356，198)，Start Color (开始色)为浅绿色(R:214，G:234，B:180)，End of Ramp(渐变结束)的值为(354，246)，End Color (结束色)为绿色(R:176，G:208，B:95)，如图12.85所示。

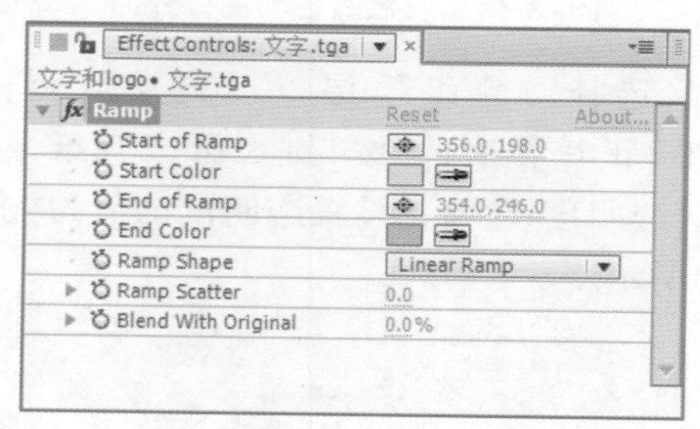

图12.85 设置Ramp(渐变)参数值

(8) 在Effects & Presets(效果和预置)面板中展开Perspective(透视)特效组，双击Drop Shadow(投影)特效两次，如图12.86所示。在Effects & Presets(效果和预置)面板中会出现Drop Shadow(投影)和Drop Shadow 2(投影2)。

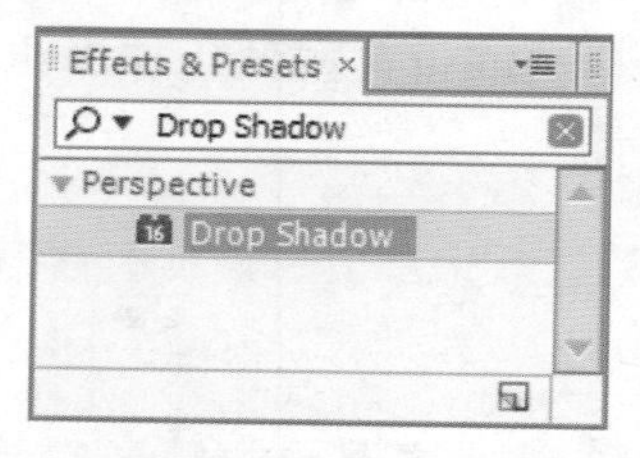

图12.86 添加Drop Shadow(投影)特效

(9) 为了方便观察投影效果，可以在合成窗口下单击Toggle Transparency Grid(透明栅格开关)按钮，如图12.87所示。

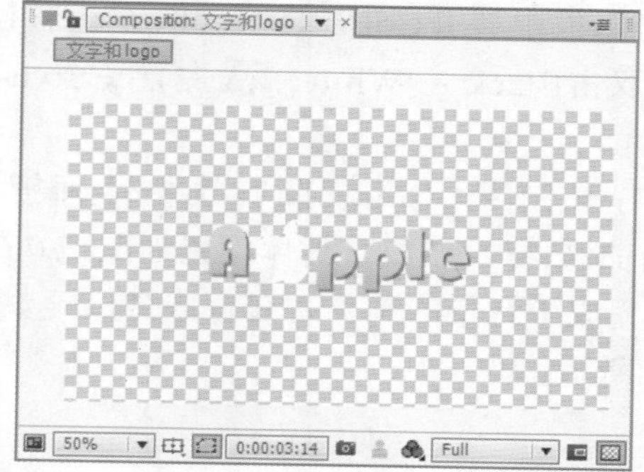

图12.87 Toggle Transparency Grid(透明栅格开关)

(10) 在Effect Controls(特效控制)面板中修改Drop Shadow(投影)特效参数，设置Shadow Color(投影颜色)为深绿色(R:46，G:73，B:3)，Direction(方向)的值为88，Distance(距离)的值为3，如图12.88所示。

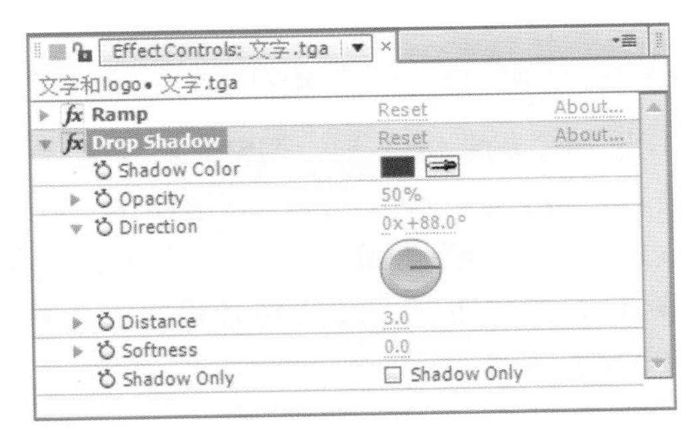

图12.88 设置Drop Shadow(投影)特效参数值

(11) 修改Drop Shadow2(投影2)特效参数，设置Shadow Color(投影颜色)的值为绿色(R:84，G:122，B:24)，Direction(方向)的值为82，Distance(距离)的值为2，Softness(柔化)的值为27，如图12.89所示。

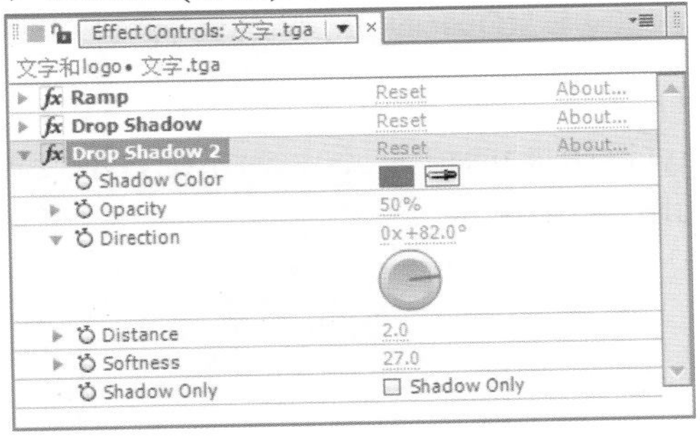

图12.89 设置Drop Shadow2(投影2)特效参数

(12) 选择“苹果.tga”层，在Effects & Presets(效果和预置)面板中展开Perspective(透视)特效组，双击Drop Shadow(投影)特效两次，如图12.90所示。在Effects & Presets(效果和预置)面板中会出现Drop Shadow(投影)和Drop Shadow 2(投影2)。

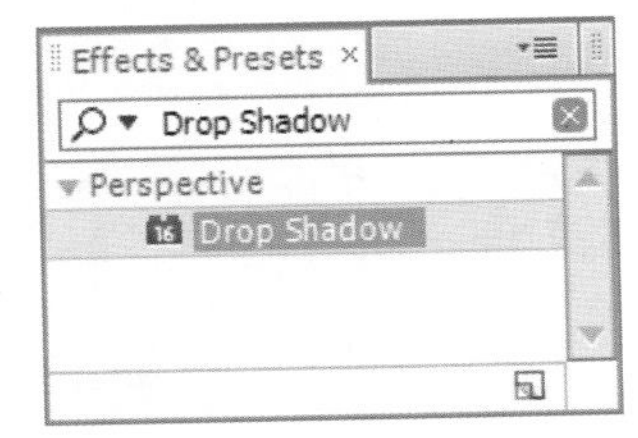

图12.90 添加Drop Shadow特效

(13) 在Effect Controls(特效控制)面板中修改Drop Shadow(投影)特效参数，设置Shadow Color(投影颜色)为黑褐色(R:53，G:45，B:55)，Direction(方向)的值为85，Distance(距离)的值为32，如图12.91所示。

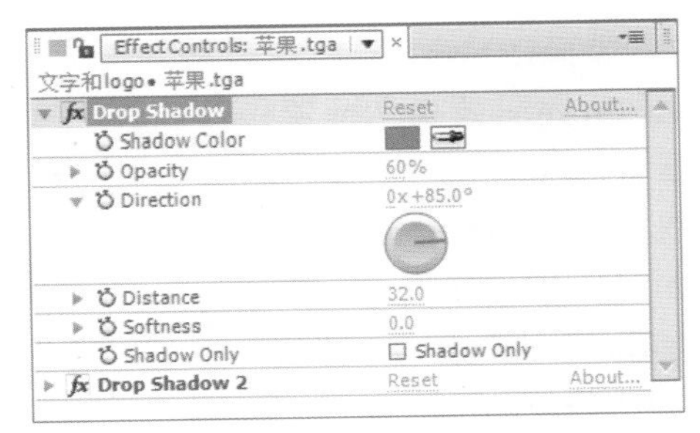

图12.91 设置Drop Shadow(投影)特效参数值

(14) 修改Drop Shadow2(投影2)特效参数，设置Shadow Color(投影颜色)为土黄色(R:139，G:132，B:77)，Direction(方向)的值为179，Distance(距离)的值为19，Softness(柔化)的值为395，如图12.92所示。

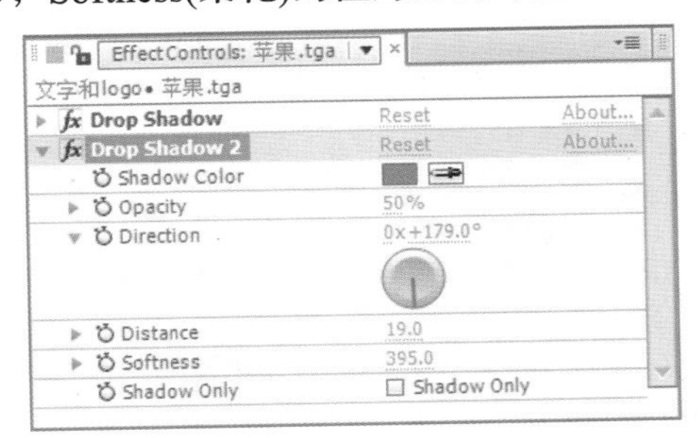

图12.92 设置Drop Shadow2(投影2)特效参数

(15) 执行菜单栏中的Layer(图层) | New(新建) | Text(文本)命令，创建文字层，在合成窗口中输入“iPhone”，设置字体为Arial，字体大小为33，字体颜色为白色，如图12.93所示。

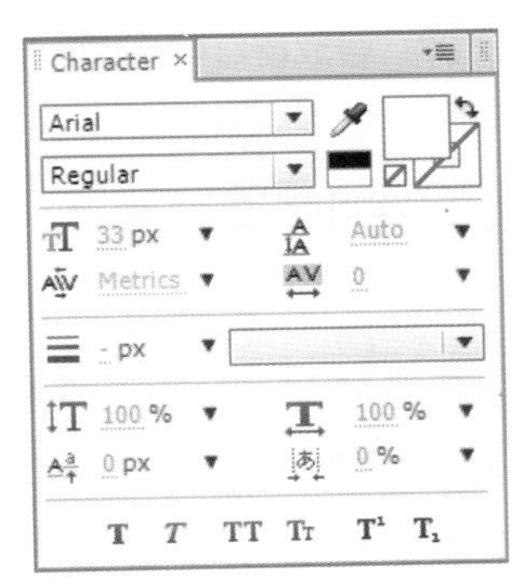

图12.93 字符面板

(16) 按P键，展开iPhone层的Position(位置)选项，设置Position(位置)的值为(424，269)，如图12.94所示。

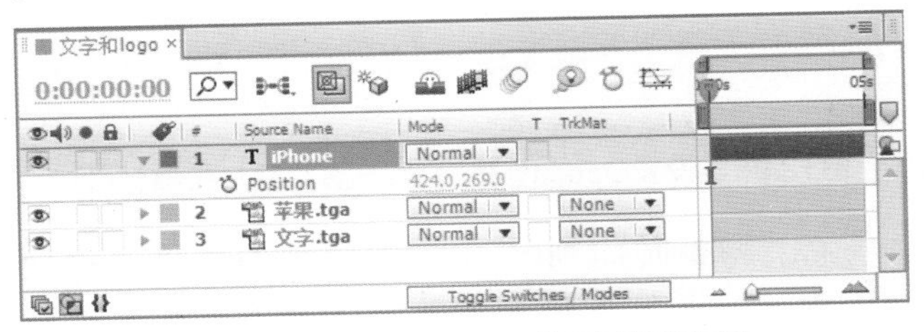

图12.94 设置Position(位置)选项参数

(17) 选择iPhone层，在Effects & Presets(效果和预置)面板中展开Perspective(透视)特效组，双击Drop Shadow(投影)特效，如图12.95所示。

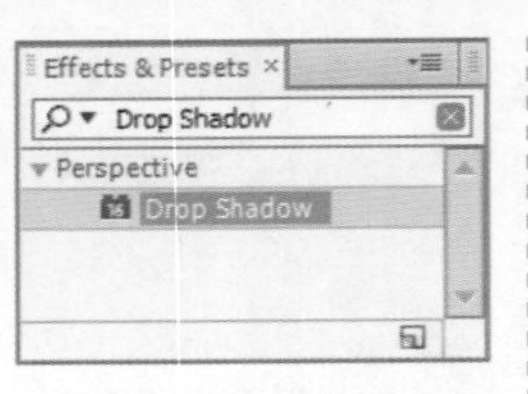

图12.95 添加Drop Shadow(投影)特效

(18) 在Effect Controls(特效控制)面板中修改Drop Shadow(投影)特效参数，设置Shadow Color(投影颜色)为深绿色(R:46，G:73，B:3)，Direction(方向)的值为88，Distance(距离)的值为2，如图12.96所示。

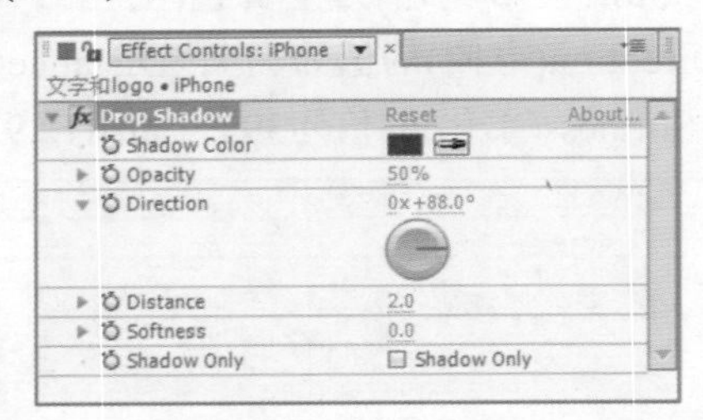

图12.96 设置Drop Shadow(投影)特效参数值

(19) 这样就完成了文字和logo定版的制作，在合成窗口中的效果如图12.97所示。

图12.97 合成窗口中一帧的效果

12.2.3 制作文字和logo动画

(1) 选择“文字.tga”层，调整时间到00:00:01:13帧的位置，按T键，展开Opacity(透明度)选项，设置Opacity(透明度)的值为0%，并单击Opacity(透明度)左侧的码表按钮，在此位置设置关键帧，如图12.98所示。

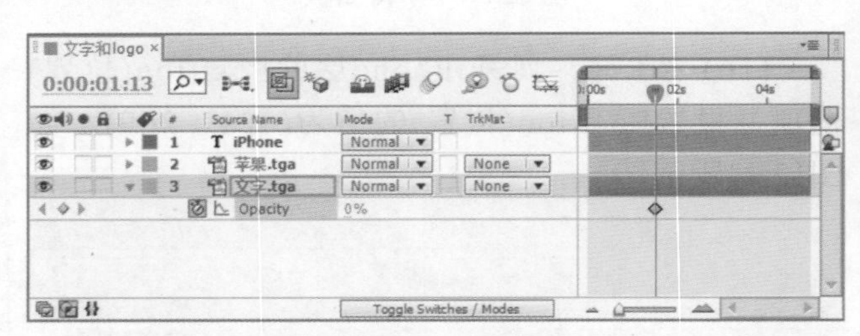

图12.98 设置Opacity(透明度)的值并添加关键帧(1)

(2) 调整时间到00:00:02:13帧的位置，设置Opacity(透明度)的值为100%，系统自动设置关键帧，如图12.99所示。

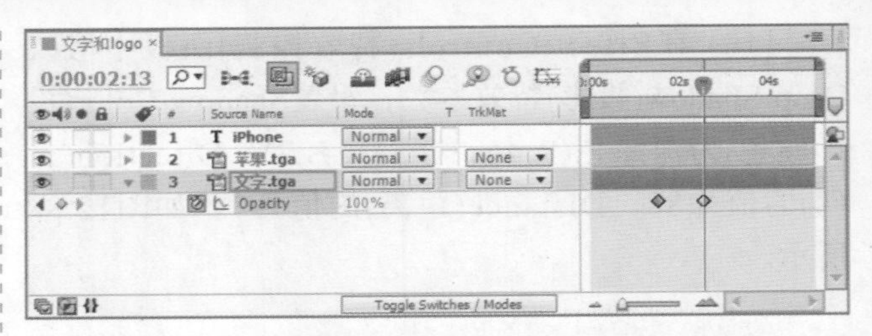

图12.99 设置Opacity(透明度)的值并添加关键帧(2)

(3) 选择“苹果.tga”层，调整时间到00:00:00:00帧的位置，按T键，展开Opacity(透明度)选项，设置Opacity(透明度)的值为0%，并单击Opacity(透明度)左侧的码表按钮，在此位置设置关键帧，如图12.100所示。

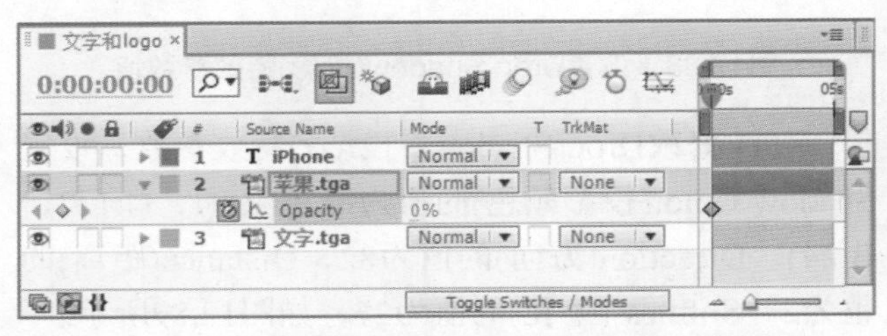

图12.100 设置Opacity(透明度)的值并添加关键帧(3)

(4) 调整时间到00:00:01:13帧的位置，设置Opacity(透明度)的值为100%，系统自动设置关键帧，如图12.101所示。

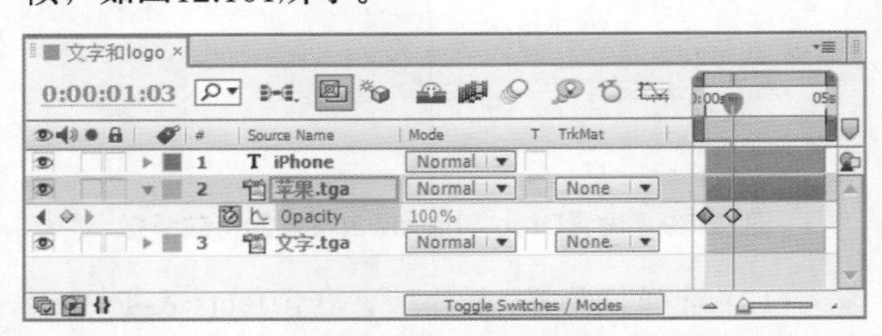

图12.101 设置Opacity(透明度)的值并添加关键帧(4)

(5) 选择“苹果.tga”层，按Ctrl+D组合键，将其复制一层，重命名为“苹果发光”，并取消Opacity(透明度)关键帧，如图12.102所示。

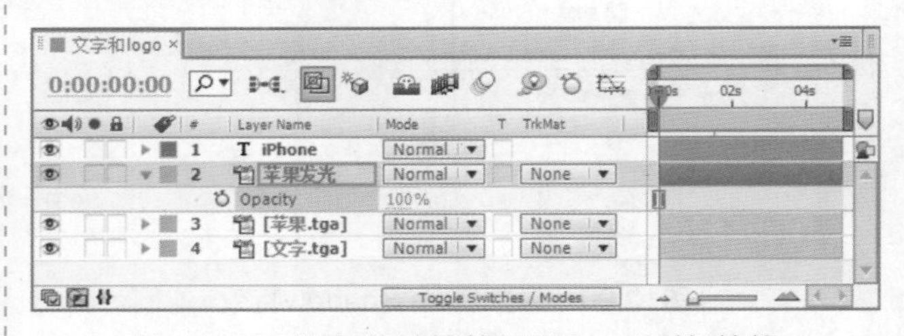

图12.102 添加关键帧并设置Start(开始)的值

(6) 调整时间到00:00:02:21帧的位置，按Alt+“[”组合键，为“苹果发光”层设置入点，如图12.103所示。

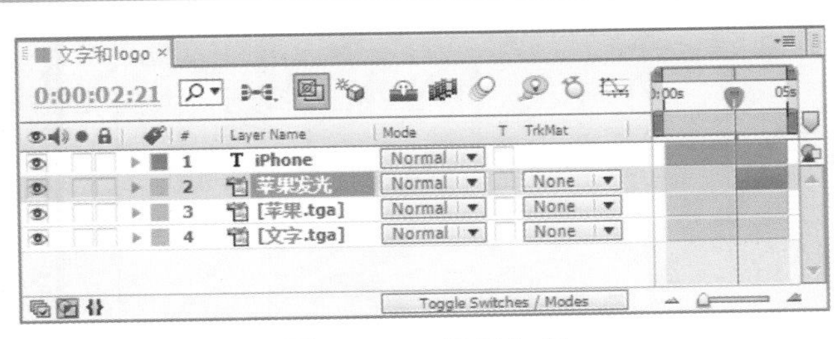

图12.103　设置入点

(7) 调整时间到00:00:03:00帧的位置，按Alt+“]”组合键，为“苹果发光”层设置出点，如图12.104所示。

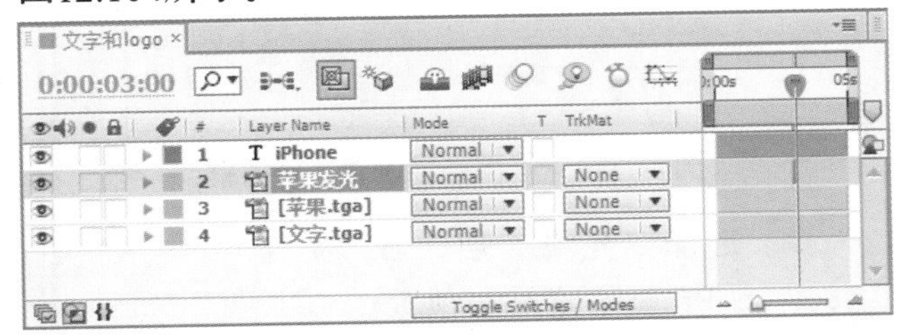

图12.104　设置出点

(8) 选择“苹果发光”层，在Effects & Presets(效果和预置)面板中展开Stylize(风格化)特效组，双击Glow(辉光)特效，如图12.105所示。

图12.105　添加Glow(辉光)特效

(9) 在Effect Controls(特效控制)面板中修改Glow(辉光)特效参数，设置Glow Threshold(辉光阈值)的值为100%，Glow Radius(辉光半径)的值为400，Glow Intensity(辉光强度)的值为4，如图12.106所示。

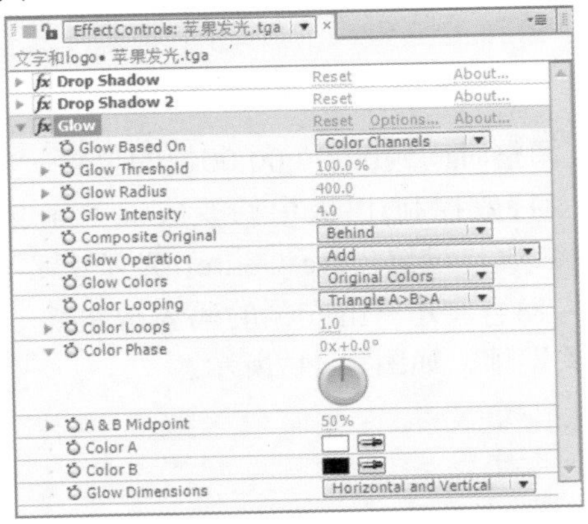

图12.106　设置Glow(辉光)特效参数

(10) 选择iPhone层，在时间线面板中展开文字层，单击Text(文本)右侧的“动画”按钮 Animate: ，在弹出的菜单中选择Opacity(透明度)，此时在Text(文本)选项组中会出现一个Animator1(动画1)的选项组，将该列表下的Opacity(透明度)的值设置为0，如图12.107所示。

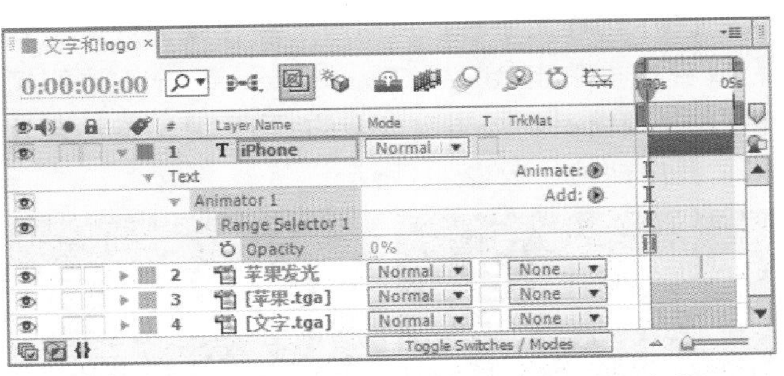

图12.107　执行Opacity命令并设置Opacity参数

(11) 单击Animator1(动画1)选项组右侧的Add(相加)按钮 Add: ，在弹出的菜单中选择Property(特性) | Scale(缩放)，在Animator1(动画1)选项组的列表下设置Scale(缩放)的值为(700，700)，如图12.108所示。

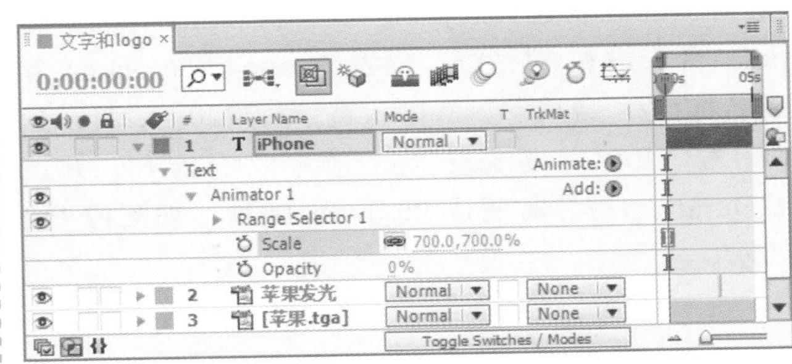

图12.108　执行Scale命令并设置Scale参数

(12) 调整时间到00:00:03:13帧的位置，展开Animator1(动画1)选项组中的Range Selector1(范围选择器1)选项，单击Start(开始)选项左侧的码表按钮 ，添加关键帧，并设置Start(开始)的值为0，如图12.109所示。

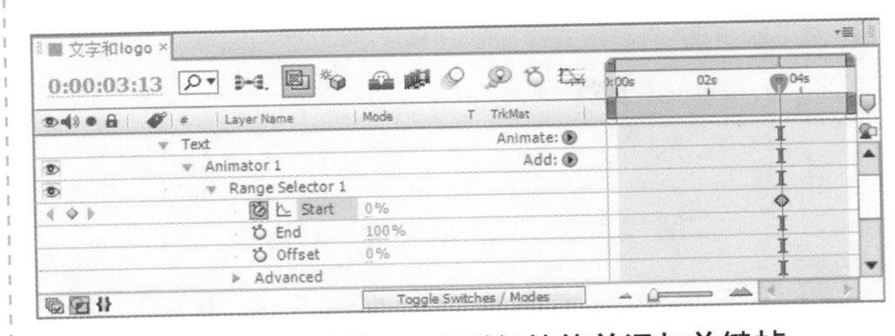

图12.109　设置Start(开始)的值并添加关键帧

(13) 调整时间到00:00:04:12帧的位置，设置Start(开始)的值为100%，系统自动添加关键帧，如图12.110所示。

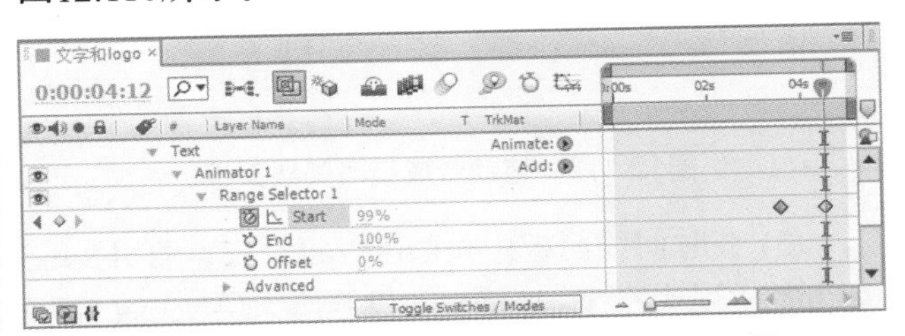

图12.110　设置Start(开始)的值并添加关键帧

(10) 这样文字和logo动画的制作就完成了，在合成窗口下单击Toggle Transparency Grid(透明栅格开关)按钮，按小键盘上的“0”键预览动画效果，其中两帧如图12.111所示。

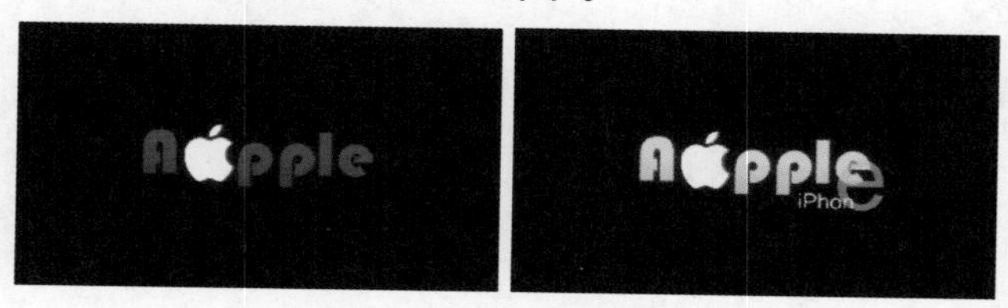

图12.111　其中两帧效果

12.2.4　制作光晕特效

(1) 执行菜单栏中的Composition(合成)|New Composition(新建合成)命令，打开Composition Settings(合成设置)对话框，设置Composition Name(合成名称)为“合成”，Width(宽)为“720”，Height(高)为“405”，Frame Rate(帧率)为“25”，并设置Duration(持续时间)为00:00:05:00秒，如图12.112所示。

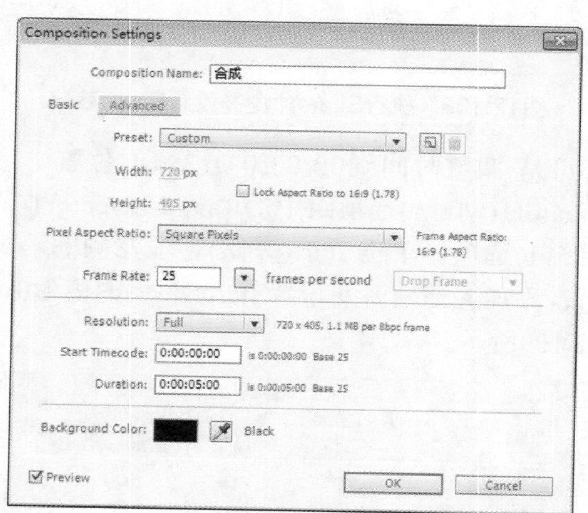

图12.112　“合成设置”对话框

(2) 在项目面板中选择“背景”合成和“文字和logo”合成，将其拖动到“合成”时间线面板中，如图12.113所示。

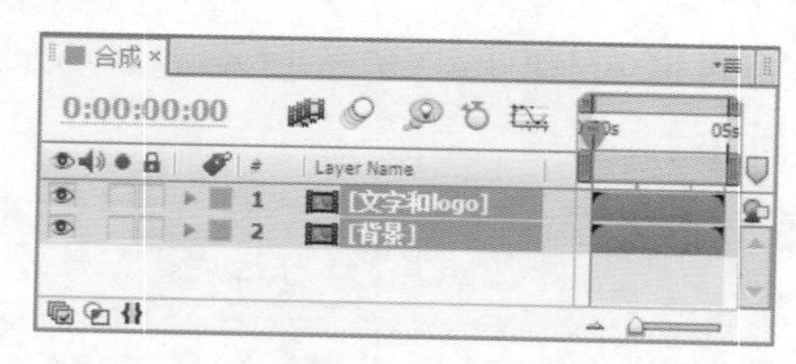

图12.113　拖动合成到时间线面板

(3) 在时间线面板中按Ctrl+Y组合键，打开Solid Settings(固态层设置)对话框，设置固态层Name(名称)为“光晕”，Color(颜色)为黑色，如图12.114所示。

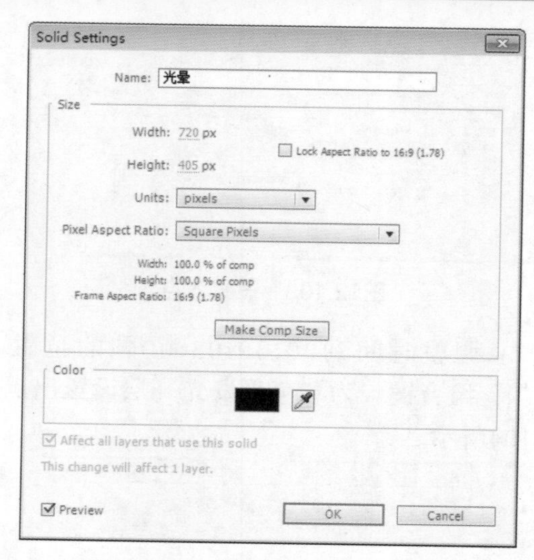

图12.114　“固态层设置”对话框

(4) 选择“光晕”层，在Effects & Presets(效果和预置)面板中展开Generate(生成)特效组，双击添加Lens Flare(镜头光晕)特效，如图12.115所示。

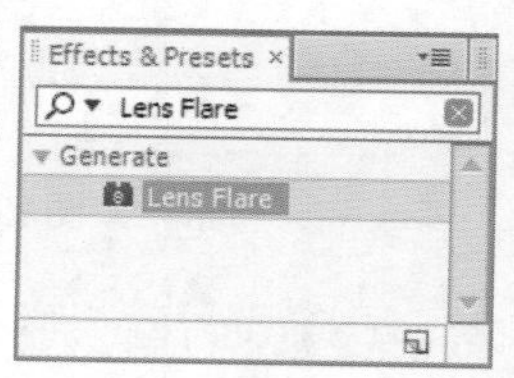

图12.115　添加Lens Flare(镜头光晕)特效

(5) 选择“光晕”层，设置“光晕”层混合模式为Add(相加)模式，如图12.116所示。

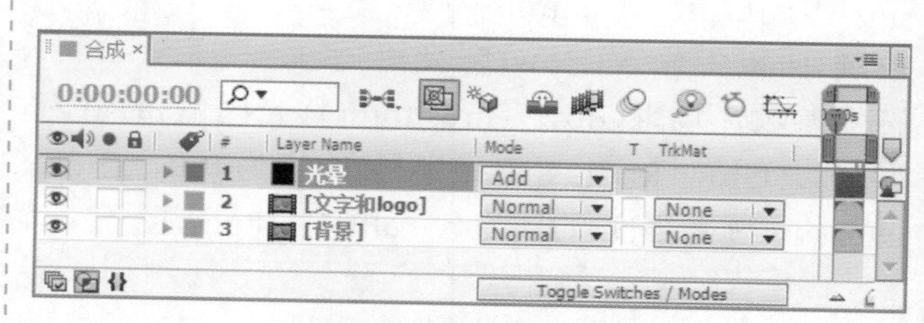

图12.116　添加混合模式

(6) 调整时间到00:00:00:00帧的位置，在Effect Controls(特效控制)面板中修改Lens Flare(镜头光晕)特效参数，设置Flare Center(光晕中心)的值为(−182，−134)，并单击左侧的码表按钮，在此位置设置关键帧，如图12.117所示。

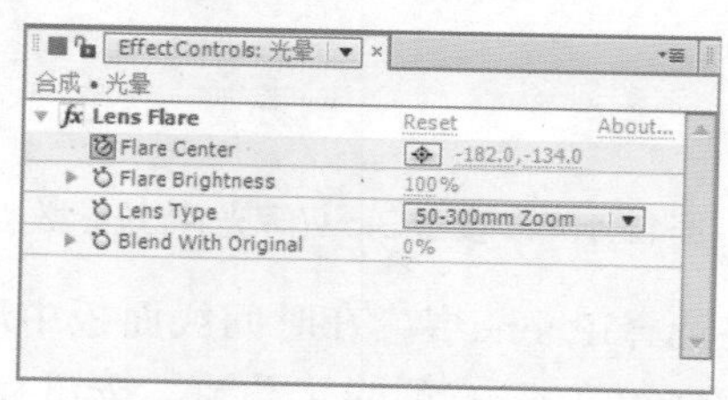

图12.117　设置Flare Center(光晕中心)的值并添加关键帧

(7) 调整时间到00:00:04:24帧的位置，在Effect Controls(特效控制)面板中修改Lens Flare(镜头光晕)特效参数，设置Flare Center(光晕中心)的值为(956，−190)，系统自动建立一个关键帧，如图12.118所示。

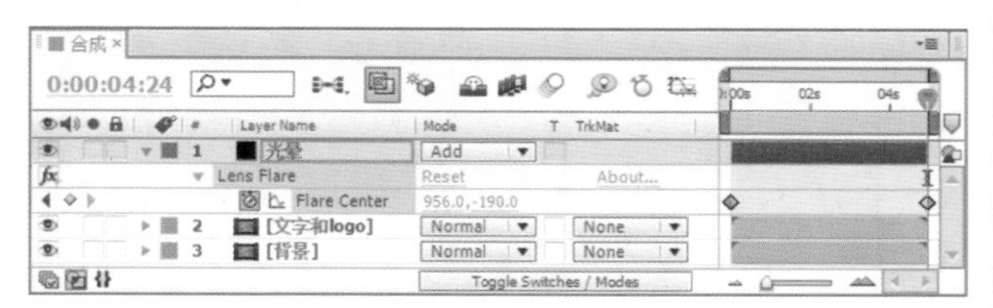

图12.118　设置Flare Center(光晕中心)的值

(8) 选择“光晕”层，在Effects & Presets(效果和预置)面板中展开Color Correction(色彩校正)特效组，双击Hue/Saturation(色相/饱和度)特效，如图12.119所示。

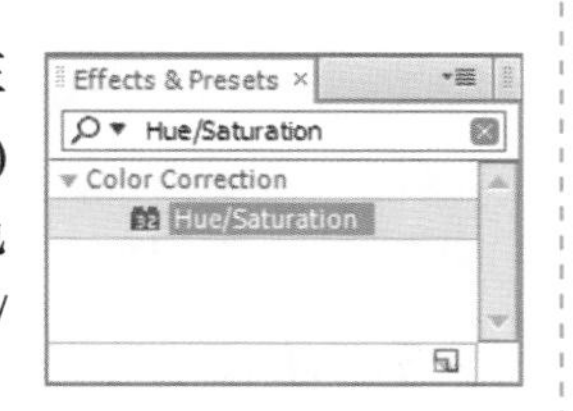

图12.119　添加Hue/Saturation特效

(9) 在Effect Controls(特效控制)面板中修改Hue/Saturation(色相/饱和度)特效参数，选中Colorize(彩色化)复选框，设置Colorize Hue(色调)的值为70，Colorize Saturation (饱和度)的值为100，如图12.120所示。

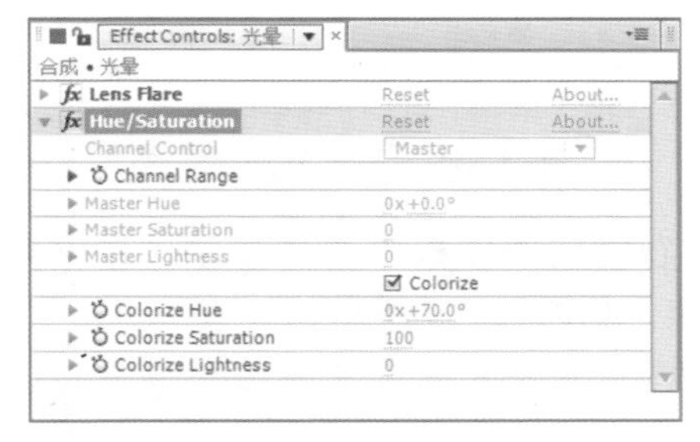

图12.120　设置Hue/Saturation特效参数

(10) 这样合成动画的制作就完成了，按小键盘上的“0”键预览动画效果，其中两帧如图12.121所示。

图12.121　其中两帧效果

12.2.5　制作摄像机动画

(1) 执行菜单栏中的Composition(合成)｜New Composition(新建合成)命令，打开Composition Settings(合成设置)对话框，设置Composition Name(合成名称)为“总合成”，Width(宽)为“720”，Height(高)为“405”，Frame Rate(帧率)为“25”，并设置Duration(持续时间)为00:00:05:00秒，如图12.122所示。

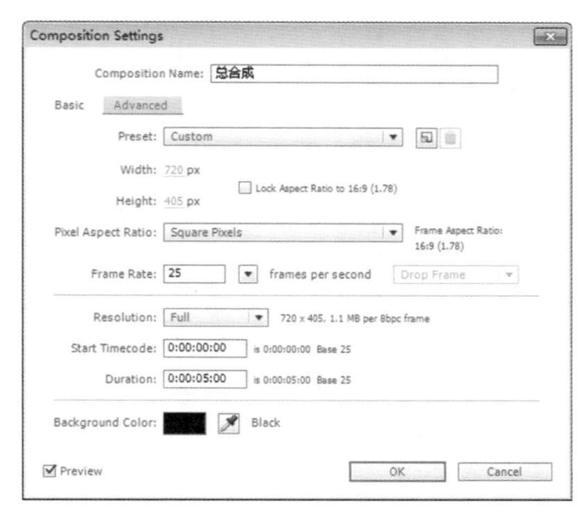

图12.122　“合成设置”对话框

(2) 在项目面板中选择“合成”合成，将其拖动到“总合成”时间线面板中，如图12.123所示。

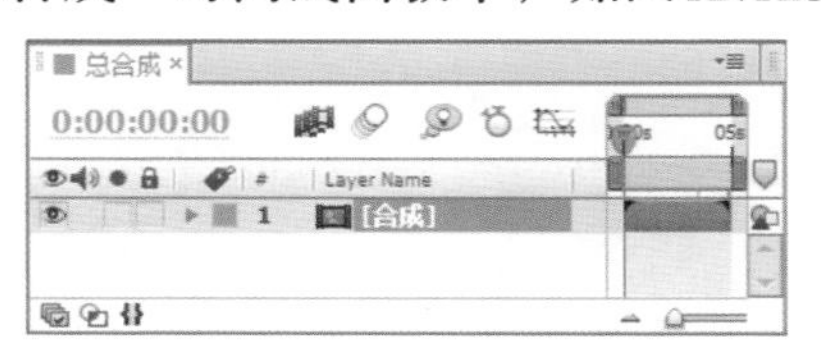

图12.123　拖动合成到时间线面板

(3) 在时间线面板中按Ctrl+Y组合键，打开Solid Settings(固态层设置)对话框，设置固态层Name(名称)为“粒子”，Color(颜色)为白色，如图12.124所示。

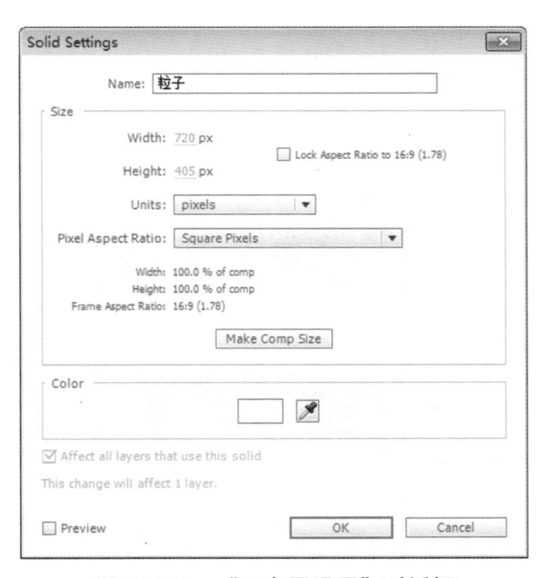

图12.124　“固态层设置”对话框

(4) 选择“粒子”层，在Effects & Presets(效果和预置)面板中展开Trapcode特效组，双击Particular(粒子)特效，如图12.125所示。

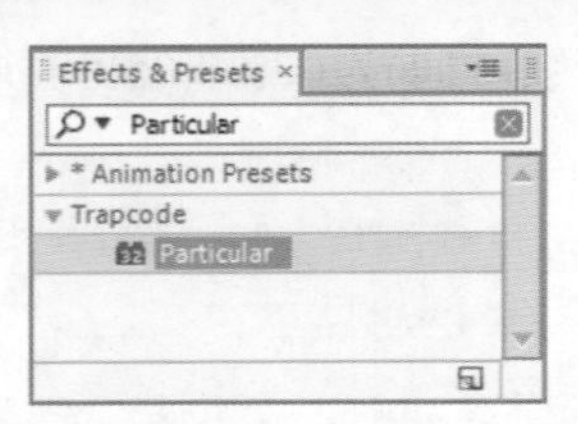

图12.125　添加Particular(粒子)特效

(5) 在Effect Controls(特效控制)面板中修改Particular(粒子)特效参数，从Emitter Type(发射器类型)右侧下拉列表中选择Box(盒子)选项，设置Position Z(Z轴位置)的值为–300，具体设置如图12.126所示。

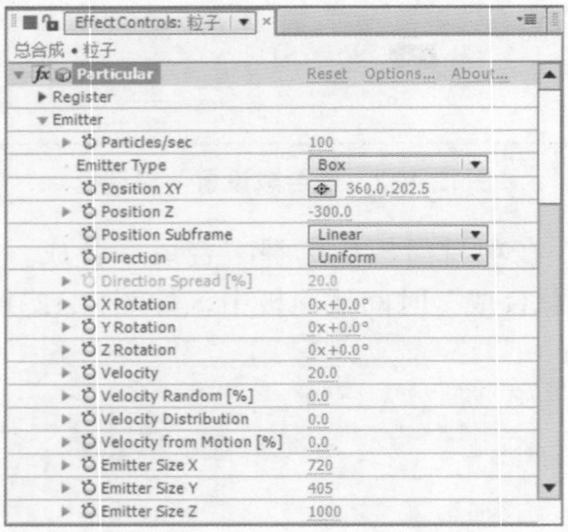

图12.126　设置Emitter(发射器)选项组中的参数

(6) 展开Particle(粒子)选项组，设置Life(生命)的值为10，Size(尺寸)的值为4，具体设置如图12.127所示。

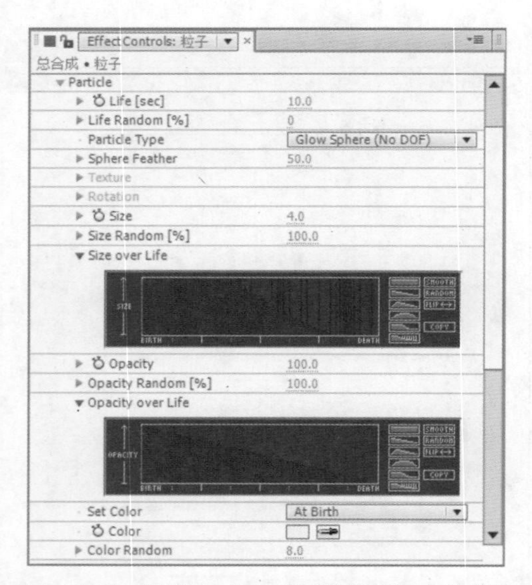

图12.127　设置Particle(粒子)选项组中的参数

(7) 执行菜单栏中的Layer(图层)｜New(新建)｜Camera(摄像机)命令，打开Camera Settings(摄像机设置)对话框，设置Preset(预置)为28mm，如图12.128所示。

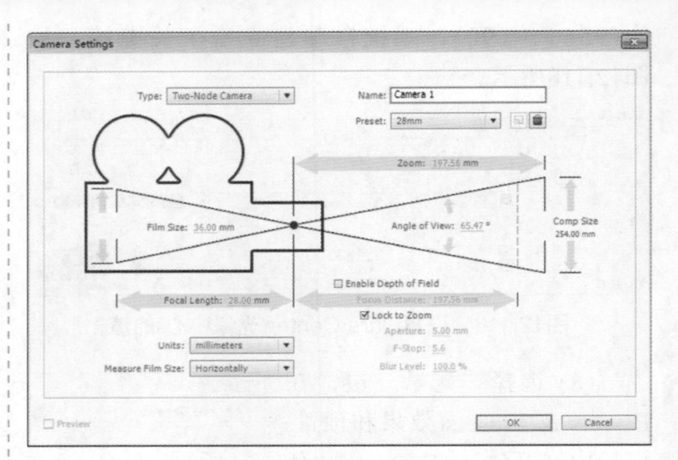

图12.128　摄像机对话框

(8) 执行菜单栏中的Layer(图层)｜New(新建)｜Null Object(虚拟物体)命令，开启Null Object(虚拟物体)层和“合成”合成层的三维层开关，如图12.129所示。

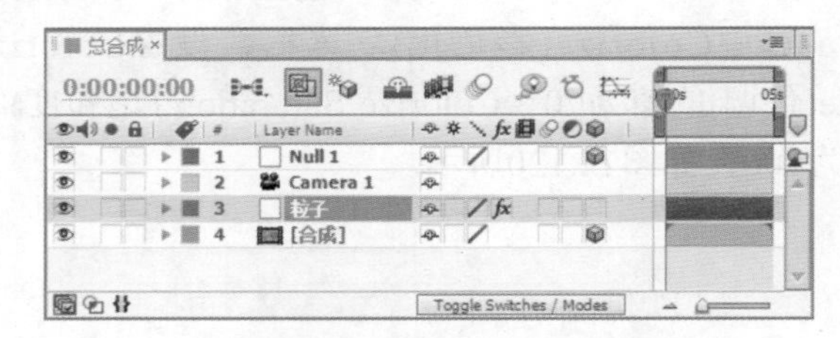

图12.129　开启三维层开关

(9) 在时间线面板中选择摄像机作虚拟物体层的子连接，如图12.130所示。

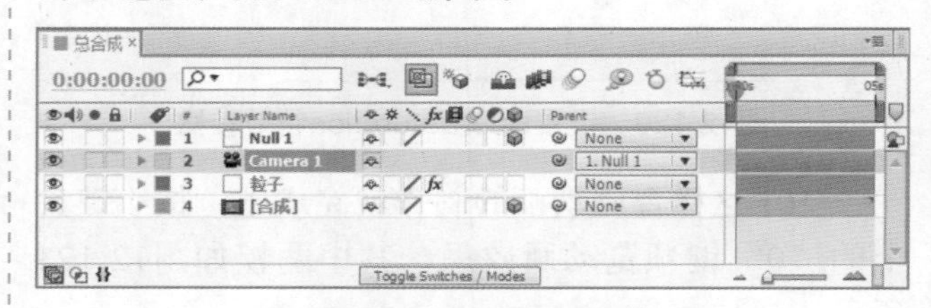

图12.130　设置子物体链接

(10) 选择虚拟物体层，调整时间到00:00:01:01帧的位置，按P键，展开Position(位置)选项，设置Position(位置)的值为(304，202，207)，在此位置设置关键帧，如图12.131所示。

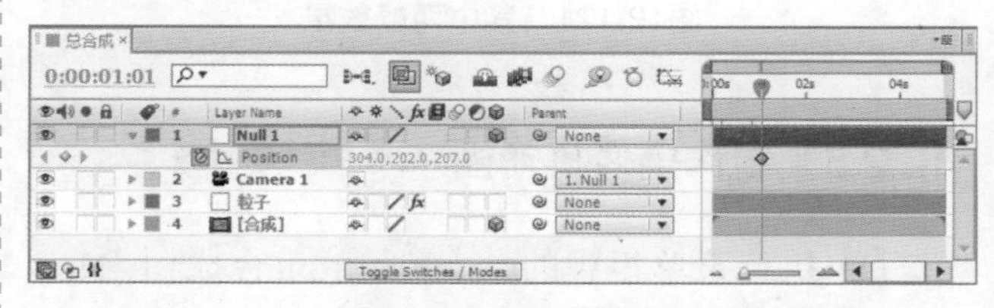

图12.131　设置Position(位置)的值并设置关键帧

(11) 调整时间到00:00:01:01帧的位置，按R键，展开Rotation(旋转)选项，设置Z Rotation(Z轴

旋转)的值为90，在此位置设置关键帧，如图12.132所示。

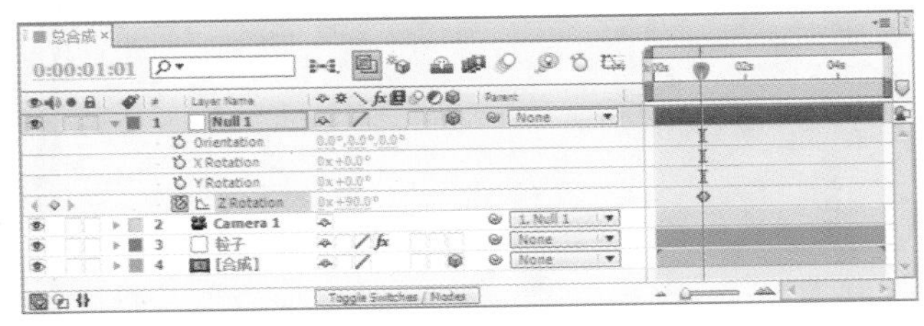

图12.132　设置Rotation(旋转)的值并设置关键帧

(12) 按U键，展开所有关键帧，调整时间到00:00:01:13帧的位置，设置Position(位置)的值为(350，203，209)，Z Rotation(旋转)的值为0，如图12.133所示。

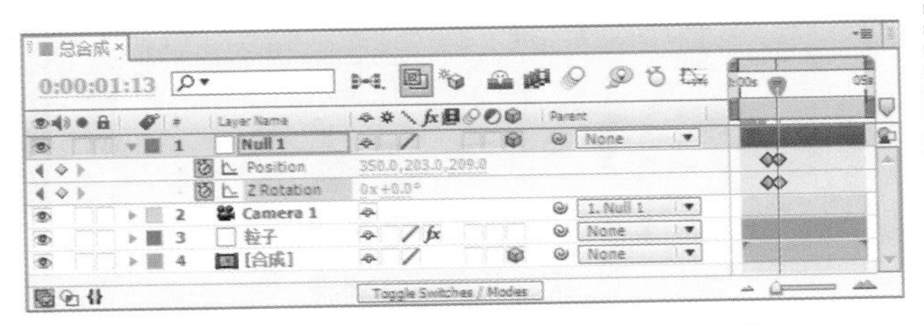

图12.133　在00:00:01:13帧设置关键帧

(13) 调整时间到00:00:04:24帧的位置，设置Position(位置)的值为(350，202，–70)，如图12.134所示。

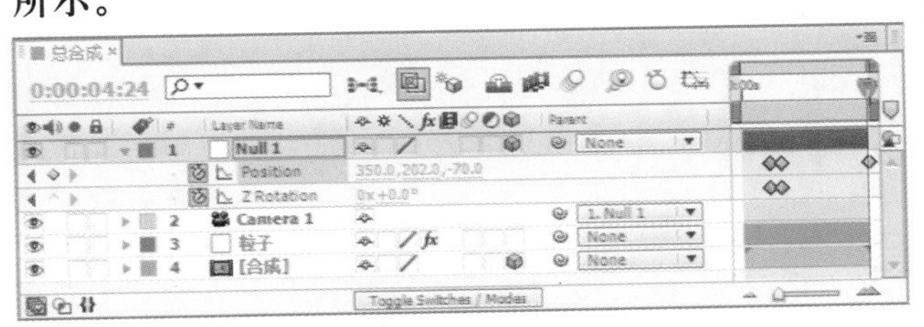

图12.134　在00:00:04:24帧设置关键帧

(14) 选择“合成”合成，按S键，展开Scale(缩放)选项，设置Scale(缩放)的值为(110，110，110%)。

(15) 执行菜单栏中的Layer(图层)|New(新建)|Adjustment Layer(调节层)命令，重命名为调节层，选择调节层，在Effects & Presets(效果和预置)面板中展开Color Correction(色彩校正)特效组，双击Curves(曲线)特效，如图12.135所示。

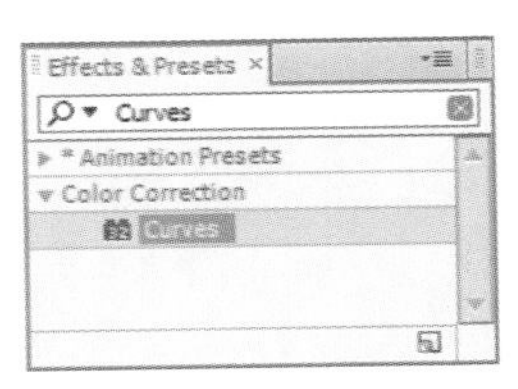

图12.135　添加Curves(曲线)特效

(16) 在Effect Controls(特效控制)面板中修改Curves(曲线)特效参数，具体设置如图12.136所示。

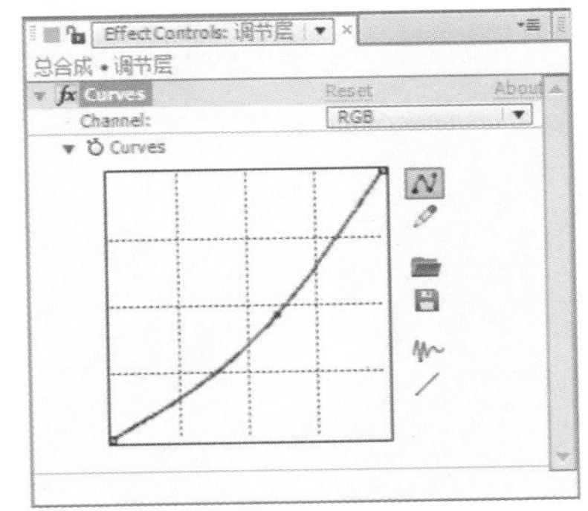

图12.136　设置Curves(曲线)参数

(17) 这样就完成了“Apple”logo演绎的整体制作，按小键盘上的“0”键，在合成窗口中预览动画。

AE

第13章

主题宣传片艺术表现

内容摘要

宣传片是目前宣传企业形象的最好手段之一。它能非常有效地把企业形象提升到一个新的层次，更好地把企业的产品和服务展示给大众，能非常详细地说明产品的功能、用途及其优点，诠译企业的文化理念，所以宣传片已经成为企业必不可少的企业形象宣传工具之一。本章通过两个具体的实例，详细讲解宣传片的制作方法与技巧，让读者可以快速掌握宣传片的制作精髓。

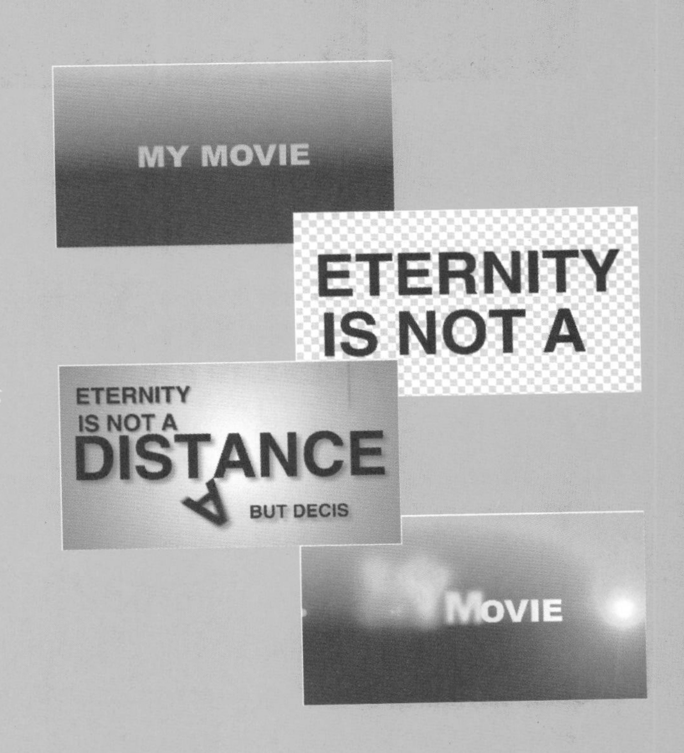

教学目标

- 掌握影视镜头的表现手法
- 掌握Lens Flare(镜头光晕)特效的使用
- 掌握Ripple(波纹)特效的使用
- 掌握Blur(模糊)特效的使用

13.1 “My Movie”炫丽片头

实例说明

本例首先利用Ramp(渐变)特效制作冷色背景效果，然后通过文本独有的动画功能为文字制作动画效果，并通过Lens Flare(镜头光晕)特效为文字添加光效，最后完善细节部分，完成“My Movie”炫丽片头效果的制作。完成的动画流程画面如图13.1所示。

图13.1 动画流程画面

学习目标

1．渐变背景的制作。

2．文本动画属性的使用。

3．利用Lens Flare(镜头光晕)制作高光。

4．模糊效果的处理及缩放应用。

操作步骤

13.1.1 背景制作

(1) 执行菜单栏中的Composition(合成)｜New Composition(新建合成)命令，打开Composition Settings(合成设置)对话框，设置Composition Name(合成名称)为“My Movie”炫丽片头，Width(宽)为“720”，Height(高)为“405”，Frame Rate(帧率)为“25”，并设置Duration(持续时间)为00:00:02:00秒，如图13.2所示。

(2) 按Ctrl+Y组合键，打开Solid Settings(固态层设置)对话框，设置固态层Name(名称)为“背景”，Color(颜色)为黑色，如图13.3所示。

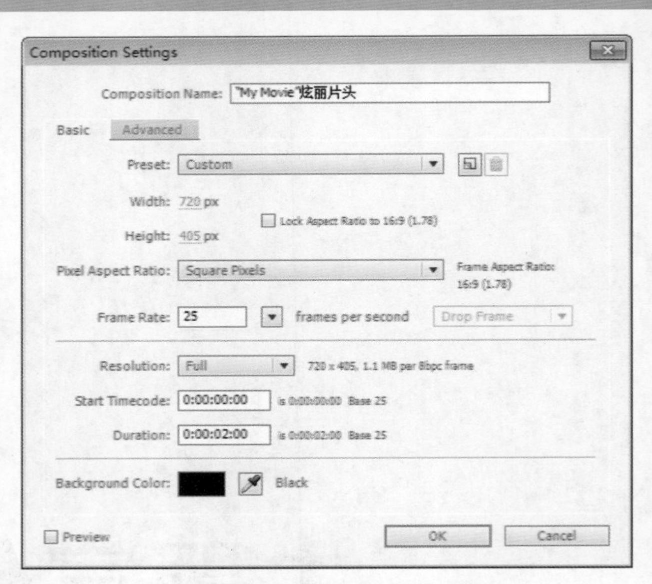

图13.2 “合成设置”对话框

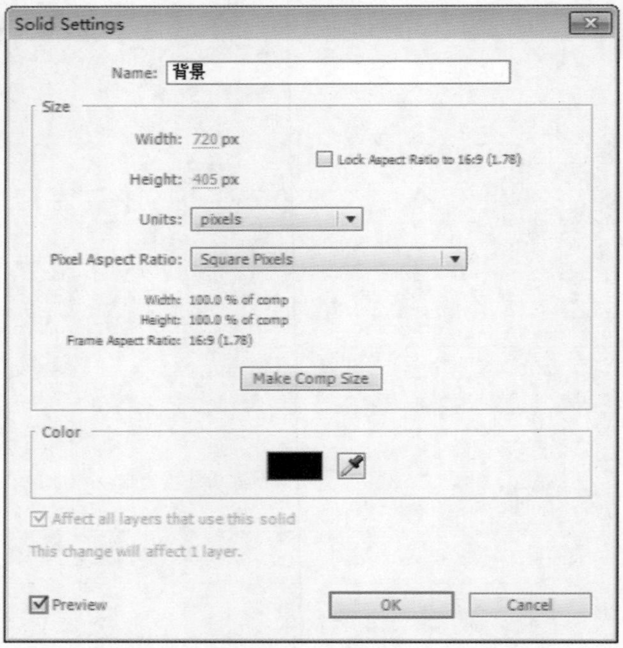

图13.3 “固态层设置”对话框

(3) 选择“背景”层，在Effects & Presets(效果和预置)面板中展开Generate(生成)特效组，双击Ramp(渐变)特效，如图13.4所示。

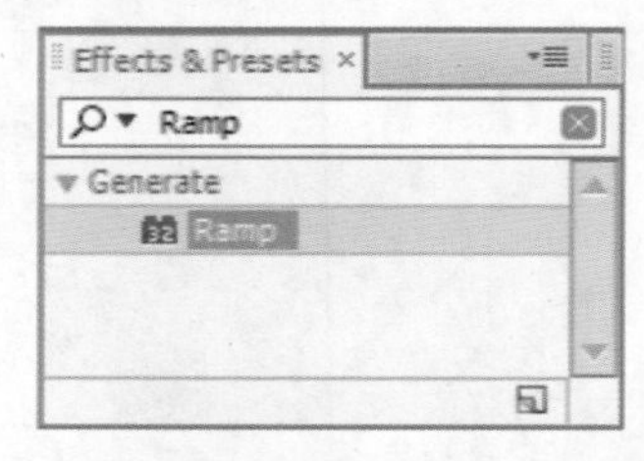

图13.4 添加Ramp(渐变)特效

(4) 在Effect Controls(特效控制)面板中修改Ramp(渐变)特效参数，设置Start of Ramp(渐变开始)的值为(360，242)，Start Color (开始色)为深蓝色(R:13，G:58，B:75)，End of Ramp(渐变结束)的值为(360，–1)，End Color (结束色)为蓝色(R:7，G:200，B:255)，Ramp Shape(渐变形状)为Linear Ramp(线性渐变)，如图13.5所示。

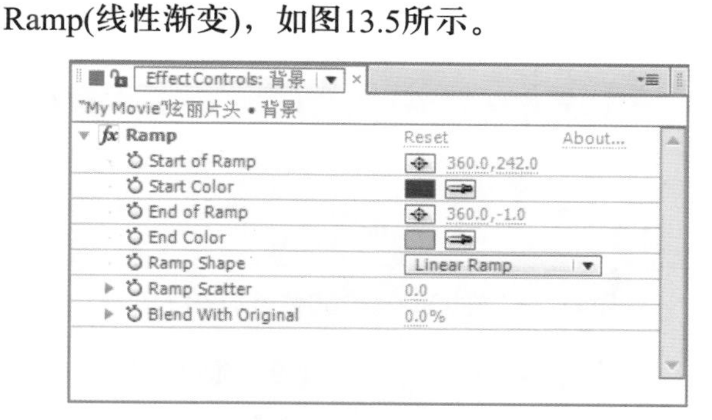

图13.5　设置Ramp(渐变)参数值

13.1.2　制作文字动画

(1) 执行菜单栏中的Layer(图层)｜New(新建)｜Text(文本)命令，创建文字层，在合成窗口输入“MY MOVIE”，设置字体为Arial，字体大小为65，字体颜色为灰色(R:179，G:179，B:179)，如图13.6所示。合成窗口中的效果如图13.7所示。

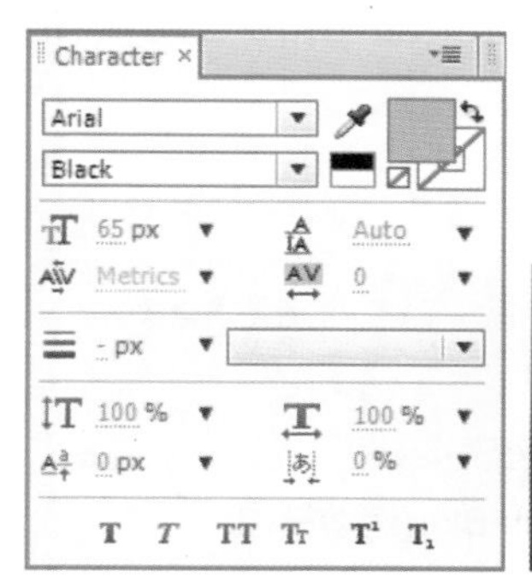

图13.6　字符面板　　图13.7　合成窗口中的效果

(2) 选择文字层，按P键，展开文字层的Position(位置)选项，设置Position(位置)的值为(360，228)，如图13.8所示。

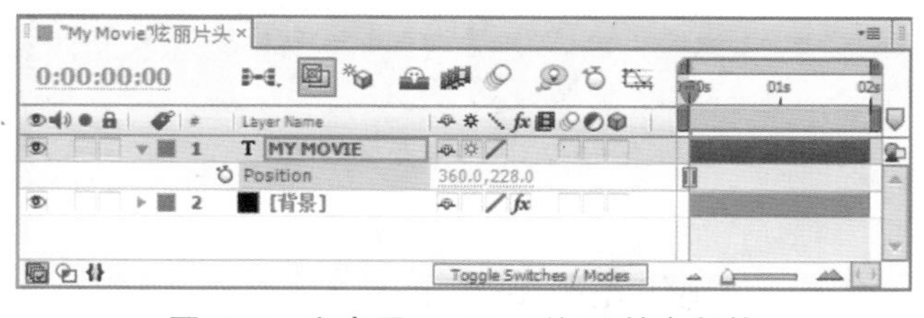

图13.8　文字层Position(位置)的参数值

(3) 在时间线面板中展开文字层，单击Text(文本)右侧的“动画”按钮 Animate:◉，在弹出的菜单中选择Blur(模糊)命令，如图13.9所示。

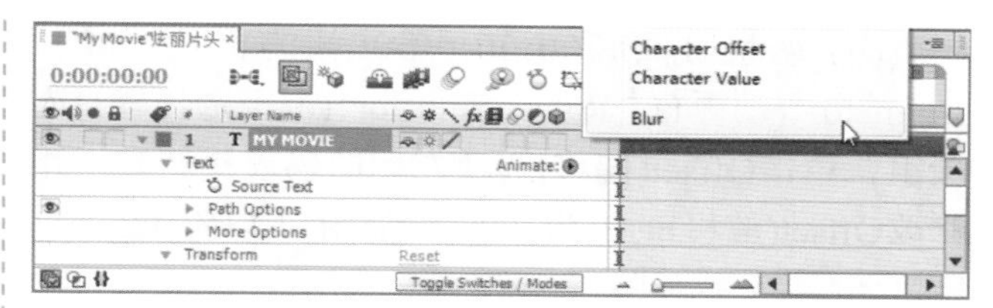

图13.9　执行Blur(模糊)命令

(3) 此时在Text选择组中出现一个Animator1(动画1)选项组，单击Animator1(动画1)右侧的“相加”按钮 Add:◉，在弹出的菜单中分别执行Property(特性)｜Scale(缩放)、Property(特性)｜Opacity(透明度)和Property(特性)｜Fill Color(填充颜色)｜RGB，如图13.10所示。

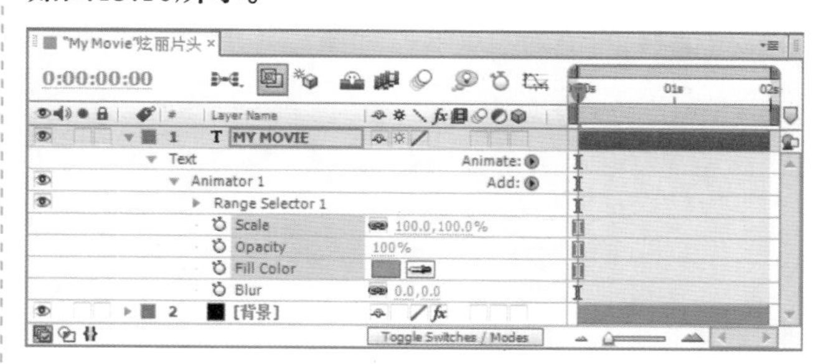

图13.10　添加属性

(4) 设置Scale(缩放)的值为(500，500)，Opacity(透明度)的值为0，Fill Color(填充颜色)的值为(R:165，G:218，B:255)，Blur(模糊)的值为(100，100)，如图13.11所示。

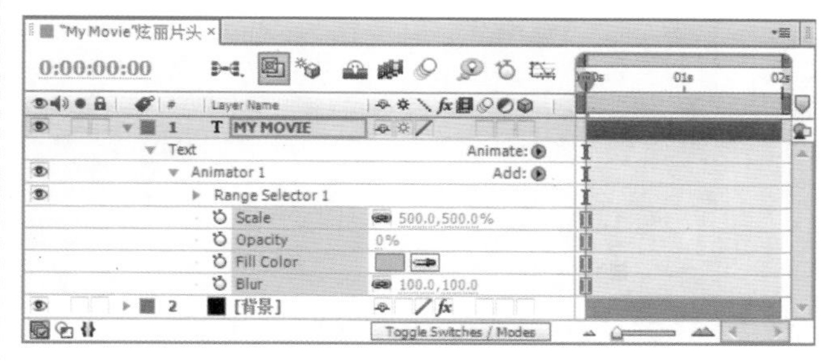

图13.11　设置参数

(5) 展开Animator1(动画1)｜Range Selector1(范围选择器1)｜Advanced(高级)选项组，从Shape(形状)右侧的下拉列表中选择Ramp Down(下倾斜)，如图13.12所示。

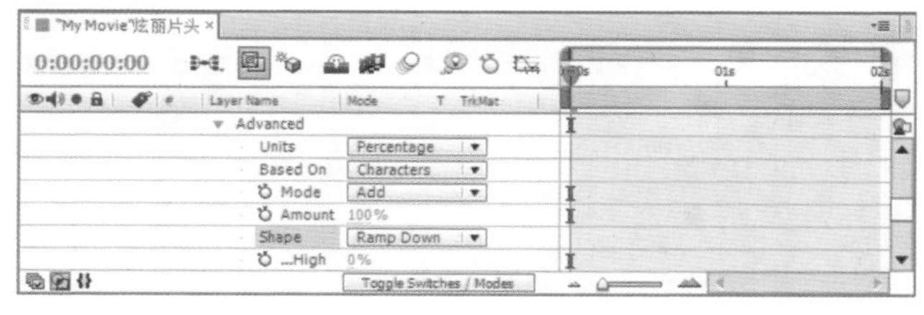

图13.12　选择Ramp Down选项

(6) 调整时间到00:00:00:00帧的位置，展开Animator1(动画1) | Range Selector1(范围选择器1)选项组，单击Offset(偏移)选项左侧的码表按钮，并修改Offset(偏移)的值为100%，如图13.13所示。

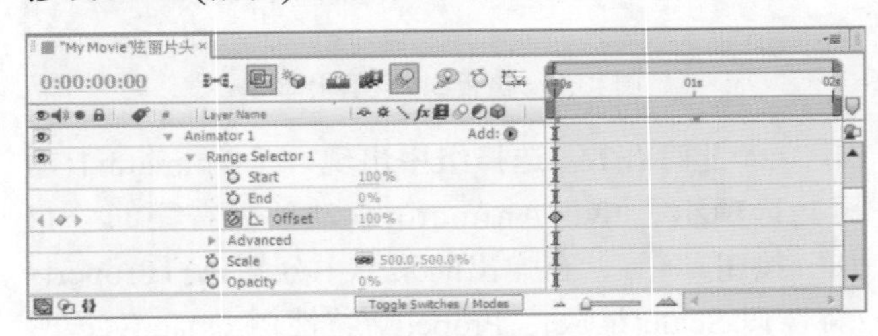

图13.13 添加关键帧

(7) 调整时间到00:00:01:00帧的位置，修改Offset(偏移)的值为–100%，如图13.14所示。

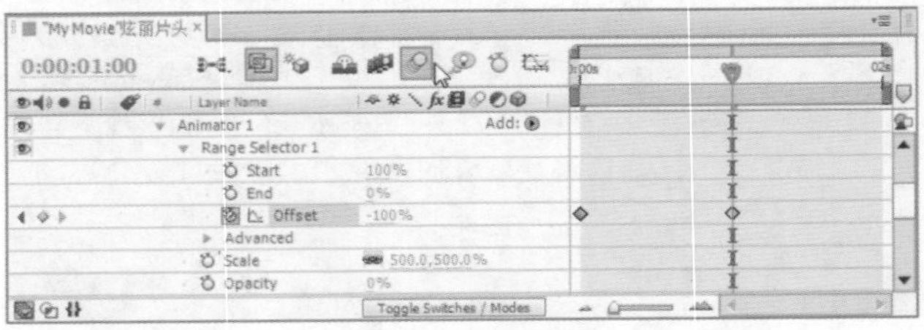

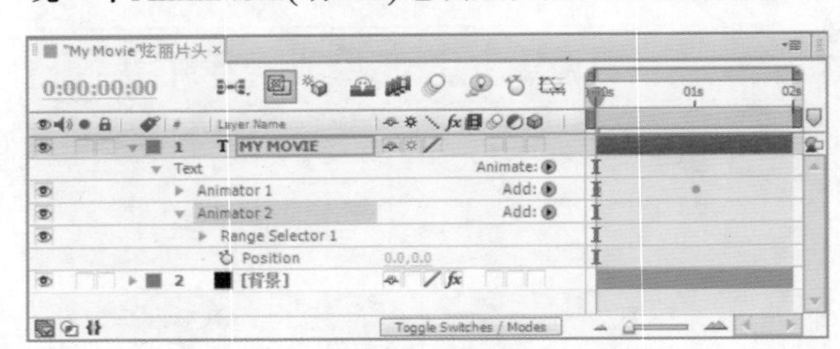

图13.14 修改Offset(偏移)的参数

(8) 在时间线面板中展开文字层，单击Text(文本)右侧的“动画”按钮 Animate:，在弹出的菜单中选择Position(位置)，此时在Text(文本)选项组中会出现一个Animator2(动画2)选项组，如图13.15所示。

图13.15 添加Animator2(动画2)

(9) 在时间线面板中展开Animator2(动画2)选项组，设置Position(位置)的值为(545，0)，如图13.16所示。

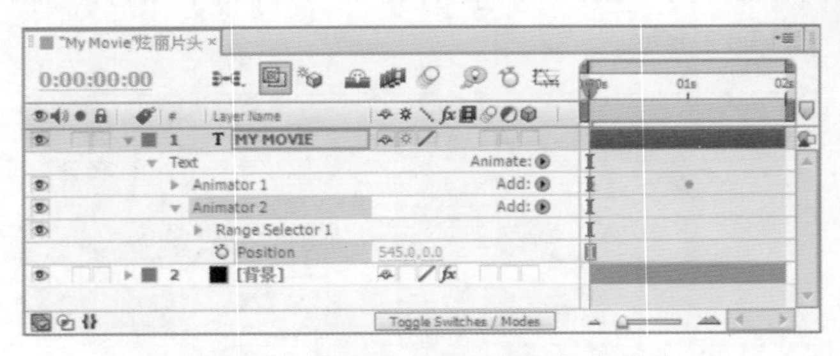

图13.16 设置Position(位置)的参数值

(10) 调整时间到00:00:01:00帧的位置，展开Animator2(动画2)选项组中的Range Selector1(范围选择器1)选项组，单击Start(开始)选项左侧的码表按钮，并修改Start(开始)的值为100%，如图13.17所示。

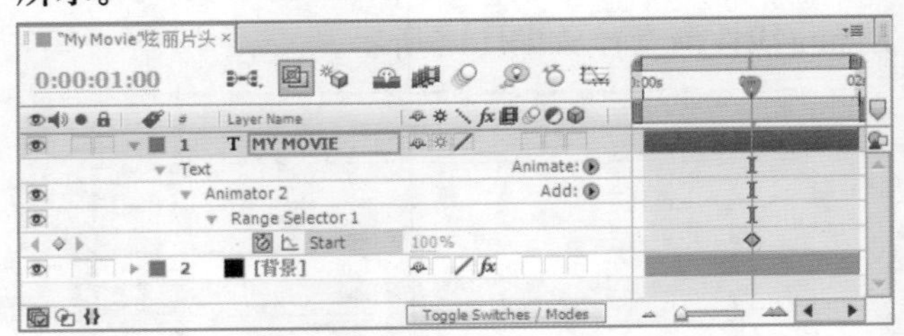

图13.17 在00:00:01:00帧添加关键帧

(11) 调整时间到00:00:01:24帧的位置，修改Start(开始)的值为0%，如图13.18所示。

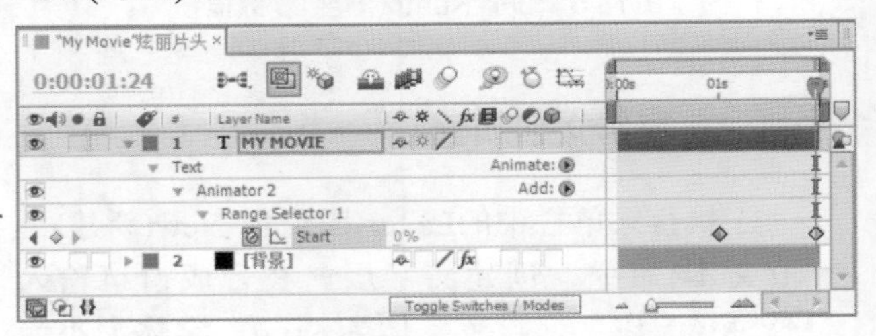

图13.18 在00:00:01:24帧添加关键帧

(12) 在时间线面板中单击Motion Blur(运动模糊)按钮，并启用文字层的Motion Blur(运动模糊)，如图13.19所示。

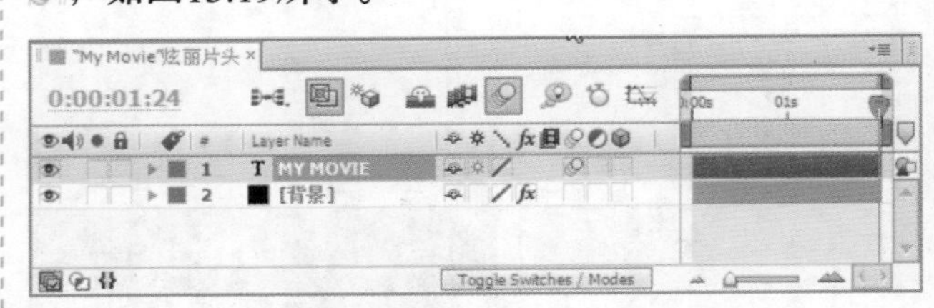

图13.19 开启Motion Blur(运动模糊)

(13) 这样文字动画的制作就完成了，按小键盘上的“0”键预览动画效果，其中两帧如图13.20所示。

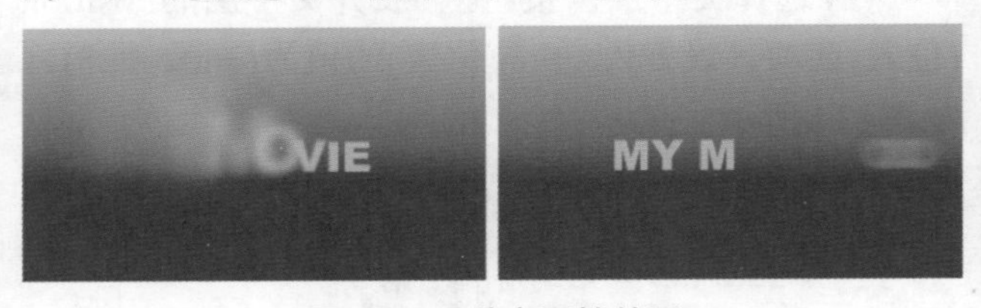

图13.20 其中两帧效果

13.1.3 制作光晕特效

(1) 在时间线面板中按Ctrl+Y组合键，打开Solid Settings(固态层设置)对话框，设置固态层Name(名称)为“光晕”，Color(颜色)为黑色，如图13.21所示。

图13.21　“固态层设置”对话框

(2) 选择“光晕”层，在Effects & Presets(效果和预置)面板中展开Generate(生成)特效组，双击Lens Flare(镜头光晕)特效，如图13.22所示。

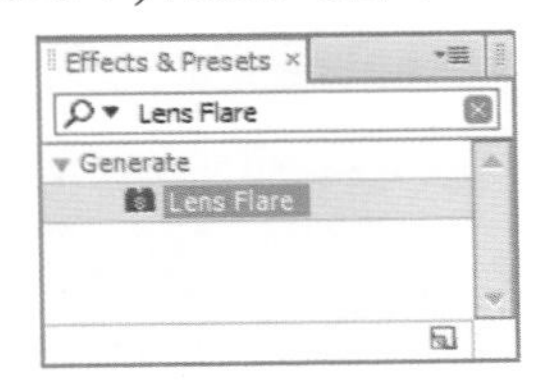

图13.22　添加Lens Flare(镜头光晕)特效

(3) 选择文字层和“光晕”层，单击时间线面板左下角的按钮，打开层混合模式属性，单击右侧的Normal按钮，从弹出的下拉列表中选择Add(相加)模式，如图13.23所示。

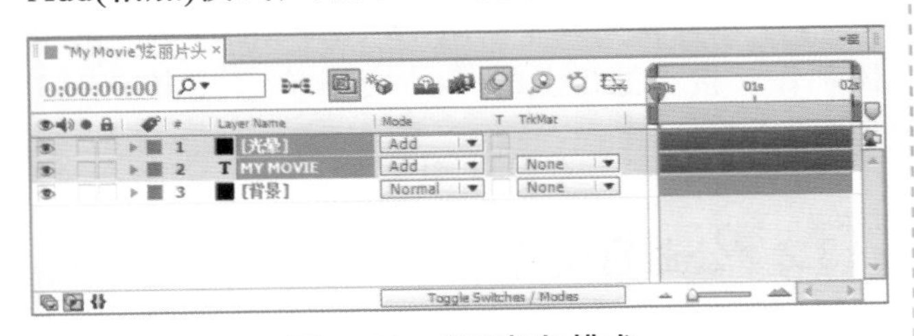

图13.23　设置相加模式

(4) 在Effect Controls(特效控制)面板中修改Lens Flare(镜头光晕)特效参数，从Lens Type(镜头类型)右侧的下拉列表中选择105mm Prime(105毫米变焦)选项，如图13.24所示。

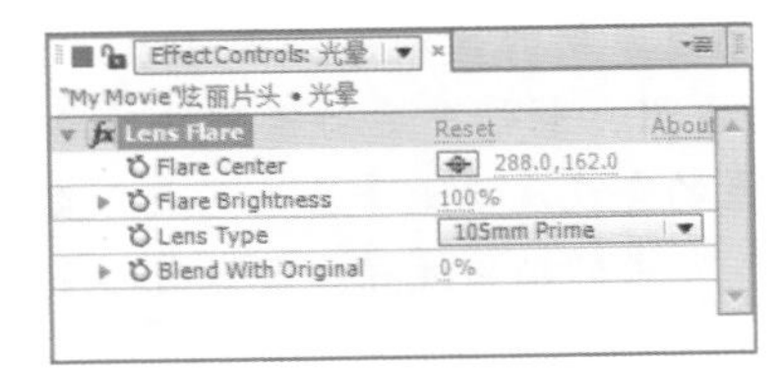

图13.24　设置Lens Flare(镜头光晕)特效参数

(5) 调整时间到00:00:00:09帧的位置，在Effect Controls(特效控制)面板中修改Lens Flare(镜头光晕)特效参数，设置Flare Center(光晕中心)的值为(–100，204)，并单击Flare Center(光晕中心)左侧的码表按钮，在此位置设置关键帧，如图13.25所示。

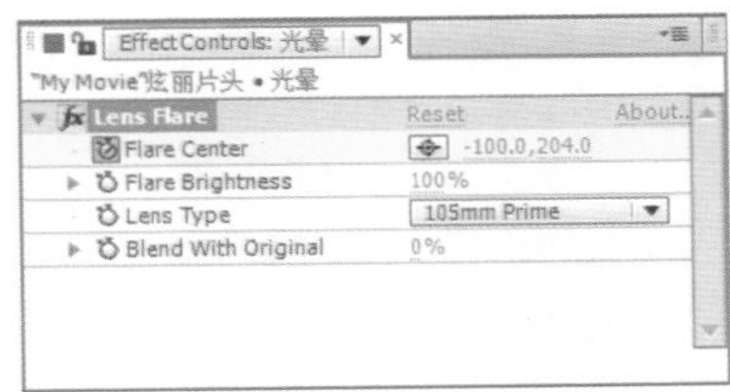

图13.25　设置Flare Center(光晕中心)的值并添加关键帧

(6) 调整时间到00:00:00:20帧的位置，在Effect Controls(特效控制)面板中修改Lens Flare(镜头光晕)特效参数，设置Flare Center(光晕中心)的值为(839，204)，系统自动建立一个关键帧，如图13.26所示。

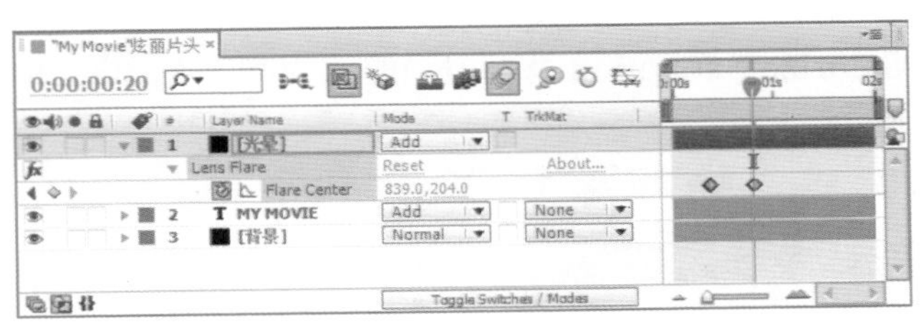

图13.26　设置Flare Center(光晕中心)的值

(7) 这样光晕动画的制作就完成了，按小键盘上的“0”键预览动画效果，其中两帧如图13.27所示。

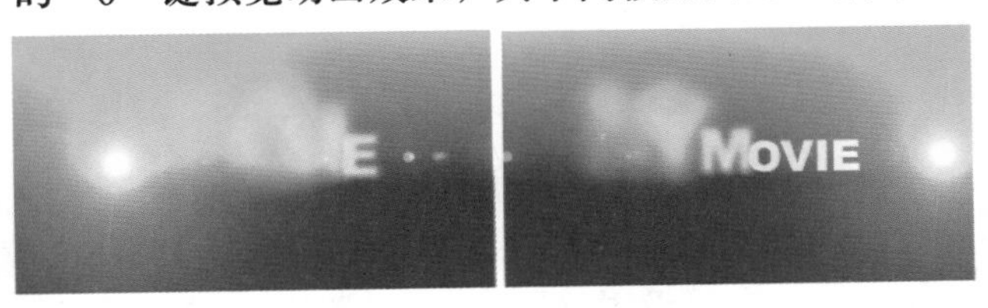

图13.27　其中两帧效果

13.1.4　制作细节

(1) 在时间线面板中选择文字层，按Ctrl+D组合键，复制出文字层“My Movie 2”，展开Transform(转换)选项，设置Position(位置)的值为(360，232)，取消选中Scale(缩放)比例，设置Scale(缩放)的值为(100，–100)，Opacity(透明度)的值为13%，如图13.28所示。

(2) 选择“光晕”层，在Effects & Presets(效果和预置)面板中展开Color Correction(色彩校正)特效组，双击Hue/Saturation(色相/饱和度)特效，如图13.29所示。

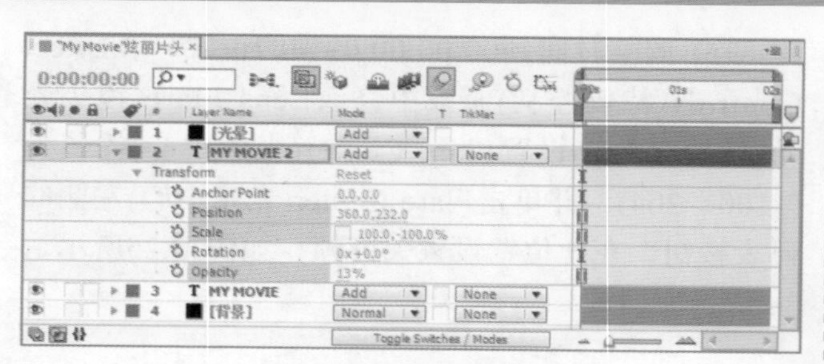

图13.28　设置参数

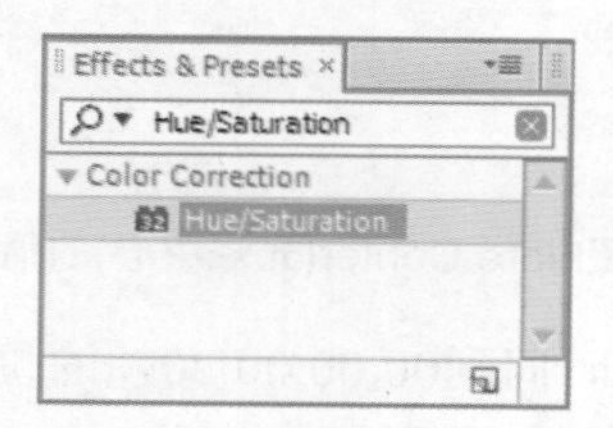

图13.29　添加Hue/Saturation特效

(3) 在Effect Controls(特效控制)面板中修改Hue/Saturation(色相/饱和度)特效参数，选中Colorize(彩色化)复选框，设置Colorize Hue(色调)的值为196，Colorize Saturation (饱和度)的值为43，如图13.30所示。

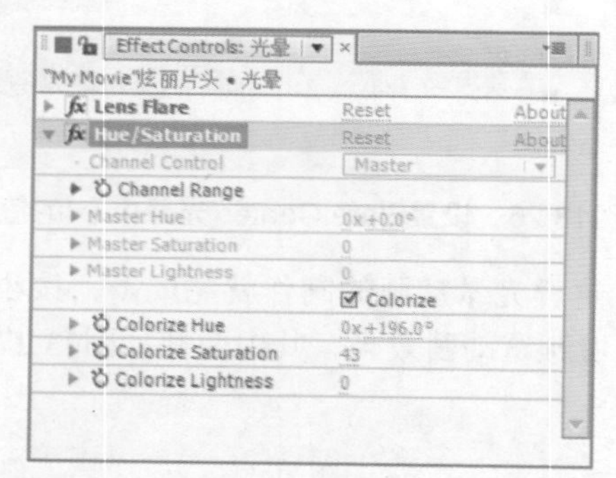

图13.30　设置Hue/Saturation特效参数

(4) 在时间线面板中按Ctrl+Y组合键，打开Solid Settings(固态层设置)对话框，设置固态层Name(名称)为“压角”，Color(颜色)为黑色，如图13.31所示。

图13.31　“固态层设置”对话框

(5) 选择“压角”层，单击工具栏中的Ellipse Tool(椭圆工具)按钮，在“压角”层绘制一个椭圆蒙版，如图13.32所示。

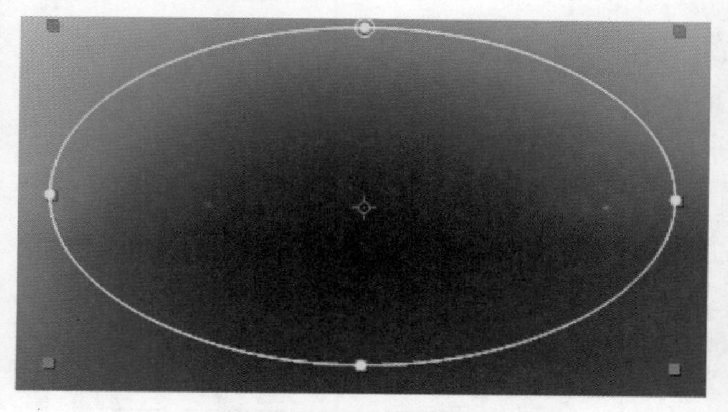

图13.32　绘制椭圆蒙版

(6) 将“压角”层拖动到“背景”层上面，并展开Masks(遮罩)选项组，选中Inverted(反向)复选框，设置Mask Feather(遮罩羽化)的值为(400，400)，如图13.33所示。

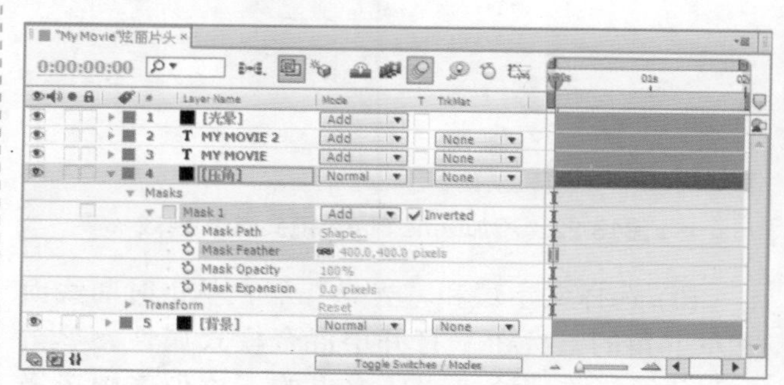

图13.33　设置Mask(遮罩)参数

(7) 这样就完成了“My Movie炫丽片头”的整体制作，按小键盘上的“0”键，在合成窗口预览动画。

13.2　公益宣传片

实例说明

本例首先利用文本的Animator(动画)属性及More Options(更多选项)制作不同的文字动画效果，然后通过不同的切换手法及Motion Blur(运动模糊)的应用，制作出运动模糊的动画效果，最后通过场景的合成及蒙版手法，完成公益宣传片效果的制作。完成的动画流程画面如图13.34所示。

图13.34　动画流程画面

学习目标

1．学习文本Animator(动画)属性的使用。

2．学习文本More Options(更多选项)属性的使用。

3．掌握Motion Blur(运动模糊)特效的使用。

4．掌握Drop Shadow(投影)特效的使用。

操作步骤

13.2.1　制作合成场景一动画

(1) 执行菜单栏中的Composition(合成) | New Composition(新建合成)命令，打开Composition Settings(合成设置)对话框，设置Composition Name(合成名称)为“合成场景一”，Width(宽)为“720”，Height(高)为“405”，Frame Rate(帧率)为“25”，并设置Duration(持续时间)为00:00:04:00秒，如图13.35所示。

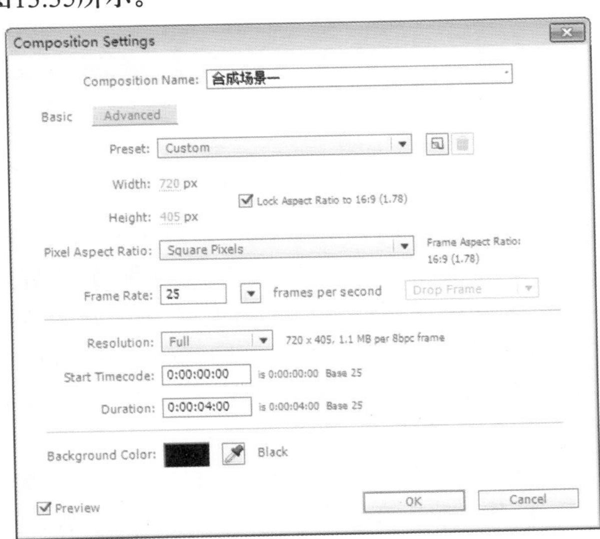

图13.35　“合成设置”对话框

(2) 执行菜单栏中的Layer(图层) | New(新建) | Text(文本)命令，创建文字层，在合成窗口中分别创建文字“ETERNITY”，“IS”，“NOT”，“A”，设置字体为JQCuHeiJT，字体大小为130，字体颜色为墨绿色(R:0，G:50，B:50)，如图13.36所示。

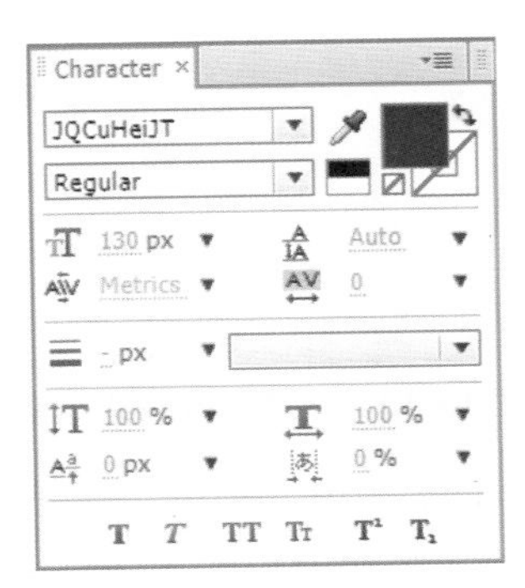

图13.36　字符面板

(3) 选择所有文字层，按P键，展开Position(位置)选项，设置ETERNITY层的Position(位置)的值为(40，185)，IS层的Position(位置)的值为(52，314)，NOT层的Position(位置)的值为(208，314)，A层的Position(位置)的值为(514，314)，如图13.37所示。

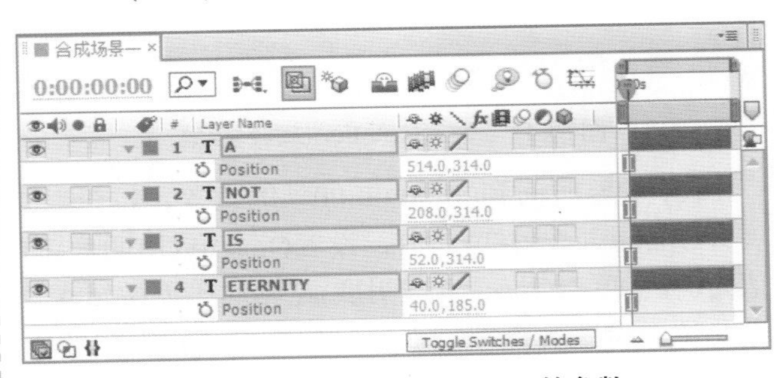

图13.37　设置Position(位置)的参数

(4) 为了方便观察，在合成窗口下单击Toggle Transparency Grid(透明栅格开关)按钮，在合成窗口中预览效果，如图13.38所示。

(5) 在时间线面板中选择IS、NOT、A层并单击眼睛按钮，将其隐藏，以便制作动画，如图13.39所示。

ETERNITY
IS NOT A

图13.38　文字效果　　图13.39　隐藏层

(6) 选择ETERNITY层，在时间线面板中展开文字层，单击Text(文本)右侧的Animate:(动画)按钮，在弹出的菜单中选择Rotation(旋转)命令，设置Rotation(旋转)的值为4x+0.0，调整时间到00:00:00:00帧的位置，单击Rotation(旋转)左侧的码表按钮，在此位置设置关键帧，如图13.40所示。

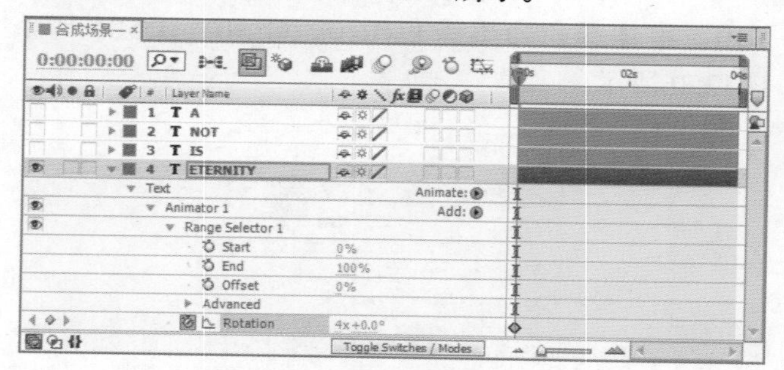

图13.40　设置参数和关键帧

(7) 调整时间到00:00:00:12帧的位置，设置Rotation(旋转)的值为0x+0.0，系统自动添加关键帧，如图13.41所示。

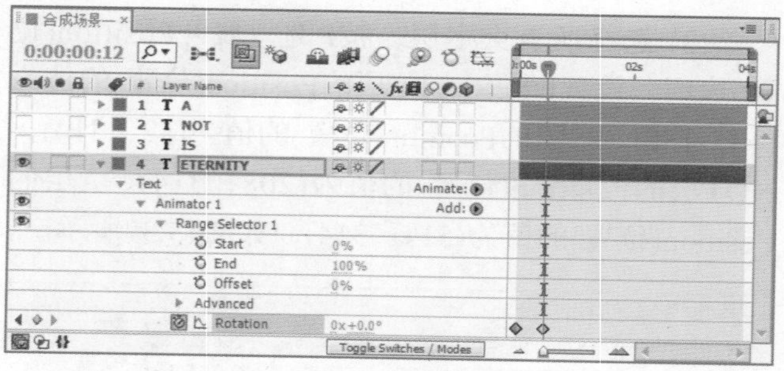

图13.41　设置Rotation(旋转)参数

(8) 调整时间到00:00:00:00帧的位置，按T键，展开Opacity(透明度)选项，设置Opacity(透明度)的值为0%，单击Opacity(透明度)左侧的码表按钮，在此位置设置关键帧，调整时间到00:00:00:12帧的位置，设置Opacity(透明度)的值为100%，系统自动添加关键帧，如图13.42所示。

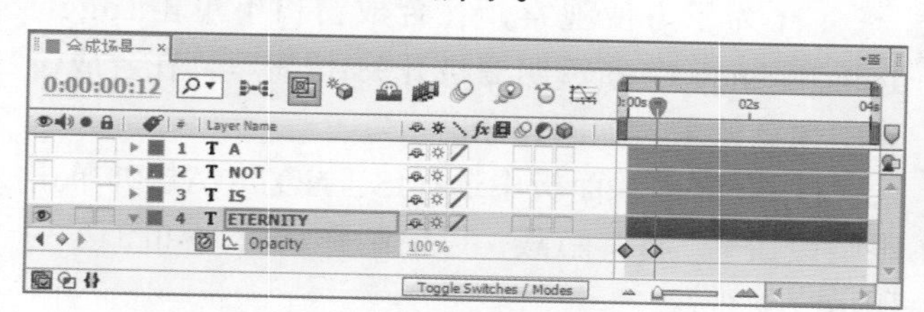

图13.42　设置Opacity(透明度)

(9) 选择ETERNITY层，在时间线面板中展开Text(文本) | More Options(更多选项)选项组，从Anchor Point Grouping(定位点编组)下拉列表中选择All(全部)，如图13.43所示。

(10) 选择ETERNITY层，在时间线面板中展开Text(文本) | Animator1(动画1) | Range Selector1(范围选择器1) | Advanced(高级)选项组，在Shape(形状)下拉列表中选择Triangle(三角形)，如图13.44所示。

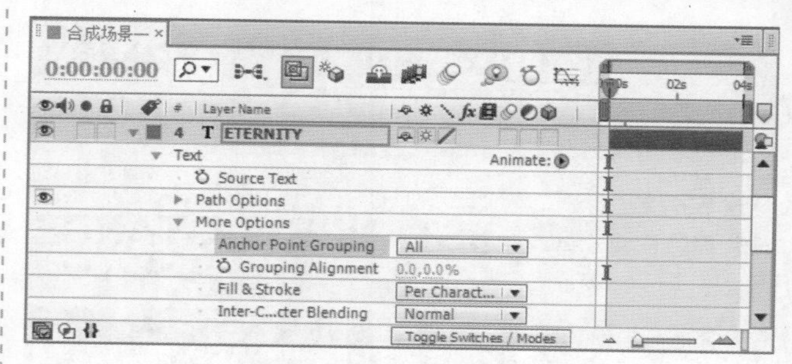

图13.43　选择All(全部)

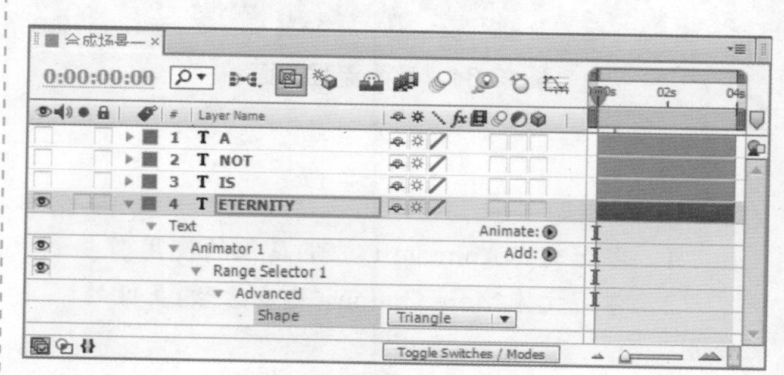

图13.44　选择Triangle(三角形)

(11) 这样就完成了ETERNITY层的动画效果制作，在合成窗口按小键盘上的“0”键预览效果，如图13.45所示。

图13.45　在合成窗口预览效果

(12) 在时间线面板中选择IS层，单击眼睛按钮，将其显示，按A键展开Anchor Point(定位点)，设置Anchor Point(定位点)的值为(40，-41)，如图13.46所示。

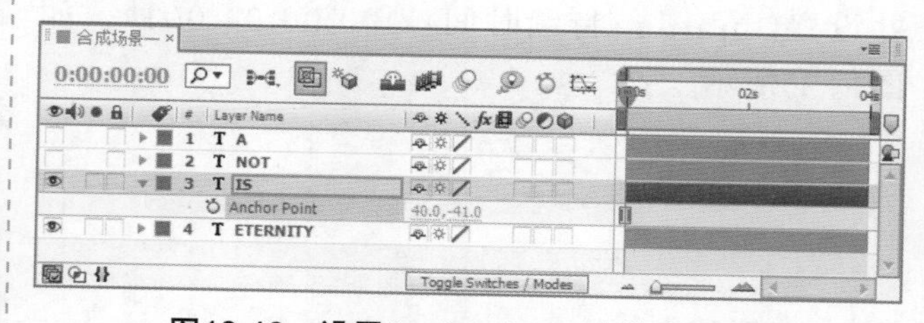

图13.46　设置Anchor Point(定位点)参数

(13) 调整时间到00:00:00:12帧的位置，按S键，展开Scale(缩放)选项，设置Scale(缩放)的值为(5000，5000)，并单击Scale(缩放)左侧的码表按钮，在此位置设置关键帧，调整时间到00:00:00:24帧的位置，设置Scale(缩放)的值为(100，100)，系统自动添加关键帧，如图13.47所示。

(14) 在时间线面板，选择NOT层，单击眼睛按钮，将其显示，在时间线面板中展开文字层，单击Text(文本)右侧的“动画”按钮 Animate:，在弹出

的菜单中选择Opacity(透明度)命令，设置Opacity(透明度)的值为0%，单击Animator1(动画1)右侧的“添加”按钮 Add:◉，在弹出的菜单中选择Property(特性) | Character Offset(字符偏移)命令，设置Character Offset(字符偏移)的值为20，如图13.48所示。

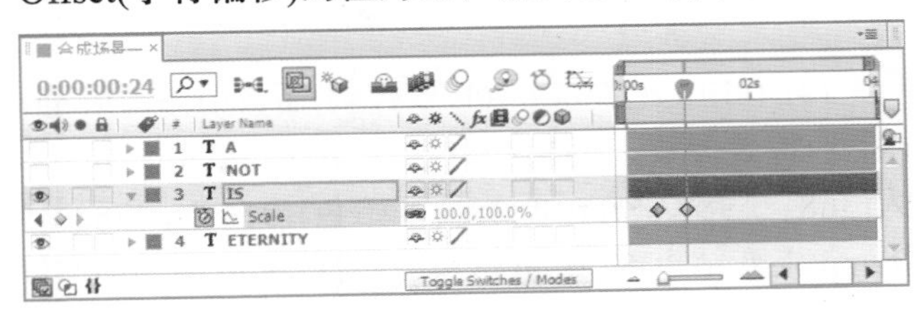

图13.47 设置Scale(缩放)参数

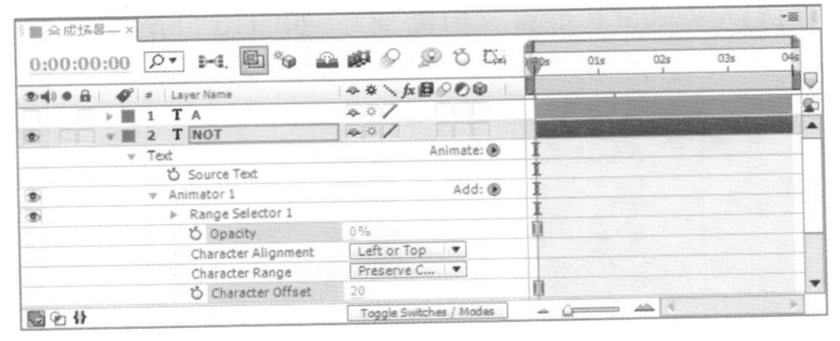

图13.48 设置字符偏移

(15) 调整时间到00:00:00:24帧的位置，展开Range Selector1 (范围选择器1)，设置Start(开始)的值为0%，单击Start(开始)码表按钮，在此位置设置关键帧，调整时间到00:00:01:17帧的位置，设置Start(开始)的值为100%，系统自动添加关键帧，如图13.49所示。

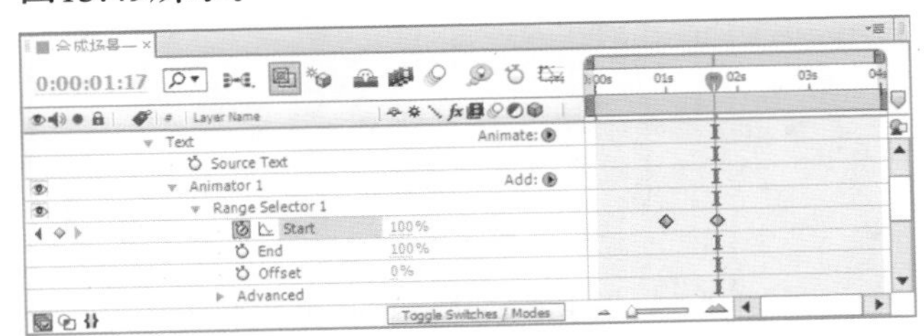

图13.49 设置Start(开始)的值

(16) 调整时间到00:00:01:19帧的位置，按P键，展开Position(位置)选项，设置Position(位置)的值为(308，314)，单击Position(位置)的码表按钮，在此位置设置关键帧，按R键，展开Rotation(旋转)选项，单击Rotation(旋转)码表按钮，在此位置设置关键帧，按U键展开所有关键帧，如图13.50所示。

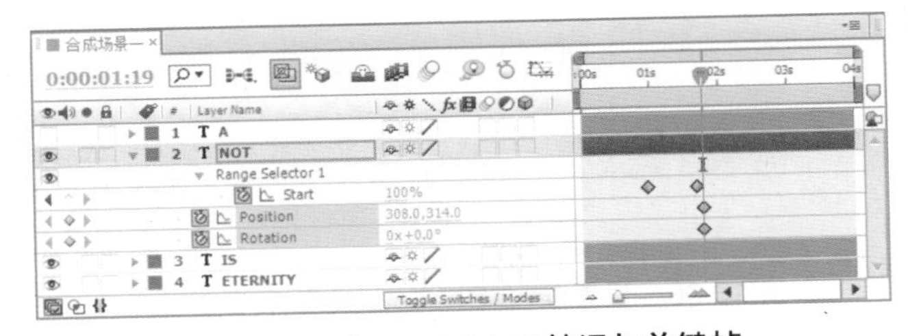

图13.50 在00:00:01:19帧添加关键帧

(17) 调整时间到00:00:01:23帧的位置，设置Rotation(旋转)的值为–6，系统自动添加关键帧，调整时间到00:00:02:00帧的位置，设置Position(位置)的值为(208，314)，设置Rotation(旋转)的值为0，系统自动添加关键帧，如图13.51所示。

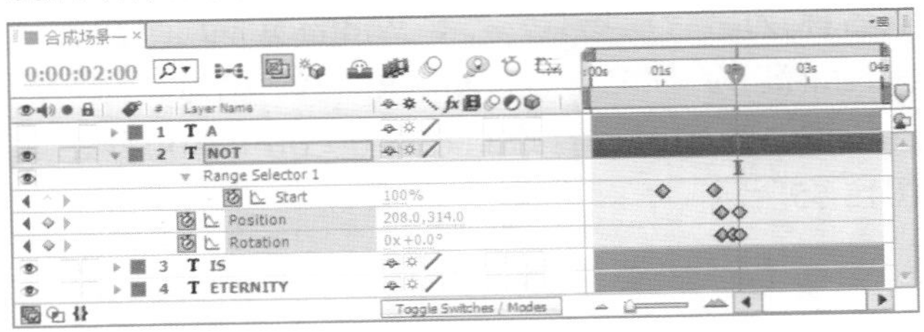

图13.51 在00:00:01:25帧添加关键帧

(18) 在时间线面板中选择A层，单击眼睛按钮，将其显示，调整时间到00:00:01:20帧的位置，按P键，展开Position(位置)选项，单击Position(位置)码表按钮，在此位置设置关键帧，如图13.52所示；调整时间到00:00:01:17帧的位置，设置Position(位置)的值为(738，314)。

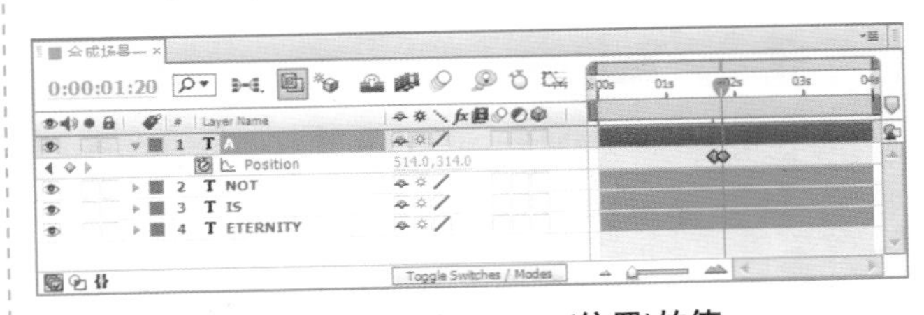

图13.52 设置Position(位置)的值

(19) 在时间线面板中单击Motion Blur(运动模糊)按钮，启用所有图层的Motion Blur(运动模糊)，如图13.53所示。

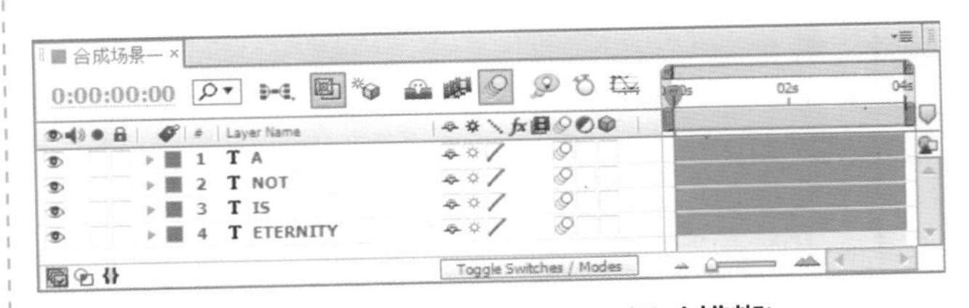

图13.53 开启Motion Blur(运动模糊)

(20) 这样“合成场景一”动画就完成了，按小键盘上的“0”键，在合成窗口中预览动画效果，如图13.54所示。

图13.54 合成窗口中预览效果

13.2.2 制作合成场景二动画

(1) 执行菜单栏中的Composition(合成)｜New Composition(新建合成)命令，打开Composition Settings(合成设置)对话框，设置Composition Name(合成名称)为“合成场景二”，Width(宽)为“720”，Height(高)为“405”，Frame Rate(帧率)为“25”，并设置Duration(持续时间)为00:00:04:00秒，如图13.55所示。

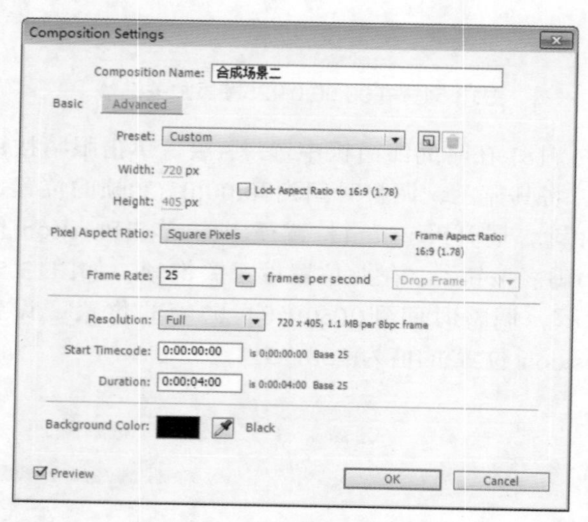

图13.55 “合成设置”对话框

(2) 按Ctrl+Y组合键，打开Solid Settings(固态层设置)对话框，设置固态层Name(名称)为“背景”，Color(颜色)为黑色，如图13.56所示。

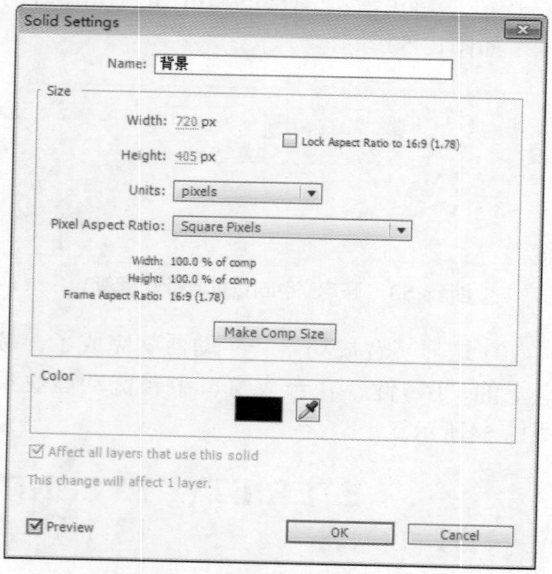

图13.56 “固态层设置”对话框

(3) 选择“背景”层，在Effects & Presets(效果和预置)面板中展开Generate(生成)特效组，双击Ramp(渐变)特效，如图13.57所示。

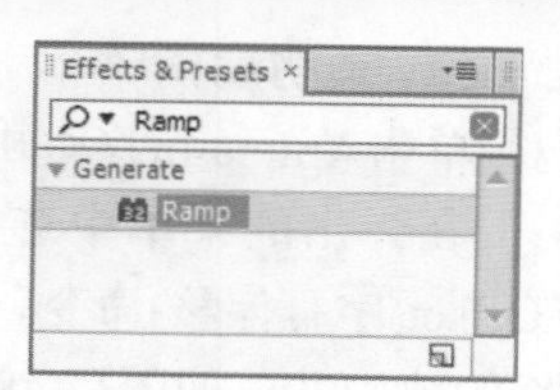

图13.57 添加Ramp(渐变)特效

(4) 在Effect Controls(特效控制)面板中修改Ramp(渐变)特效参数，设置Start of Ramp(渐变开始)的值为(368，198)，Start Color (开始色)为白色，End of Ramp(渐变结束)的值为(–124，522)，End Color(结束色)为墨绿色(R:0，G:68，B:68)，Ramp Shape(渐变形状)为Radial Ramp(放射渐变)，如图13.58所示。

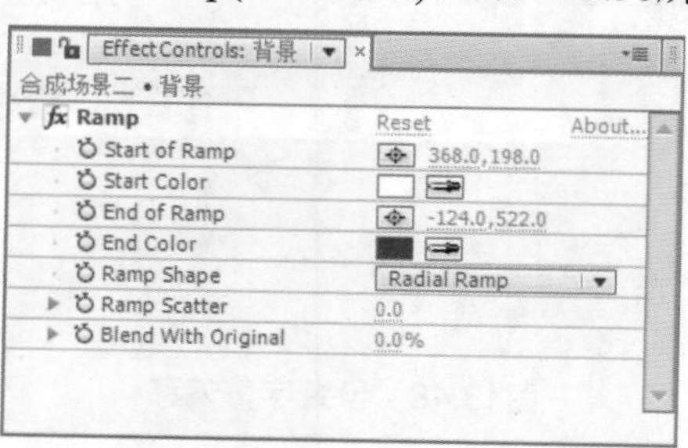

图13.58 设置Ramp(渐变)参数值

(5) 在项目面板中选择“合成场景一”合成，拖动到“合成场景二”合成中，在Effects & Presets(效果和预置)面板中展开Perspective(透视)特效组，双击Drop Shadow(投影)特效，如图13.59所示。

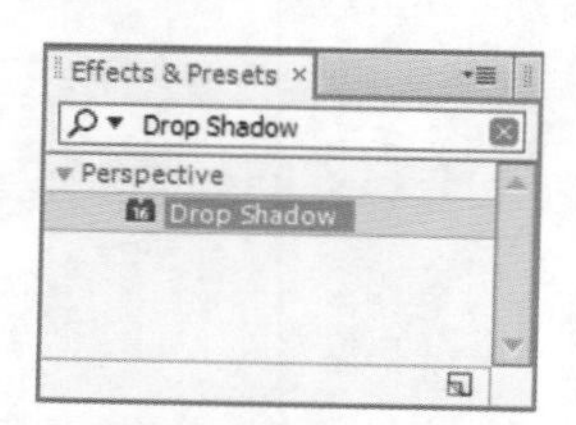

图13.59 添加Drop Shadow(投影)特效

(6) 在Effect Controls(特效控制)面板中修改Drop Shadow(投影)特效参数，设置Shadow Color(投影颜色)的值为墨绿色(R:0，G:50，B:50)，Distance(距离)的值为11，Softness(柔化)的值为18，如图13.60所示。

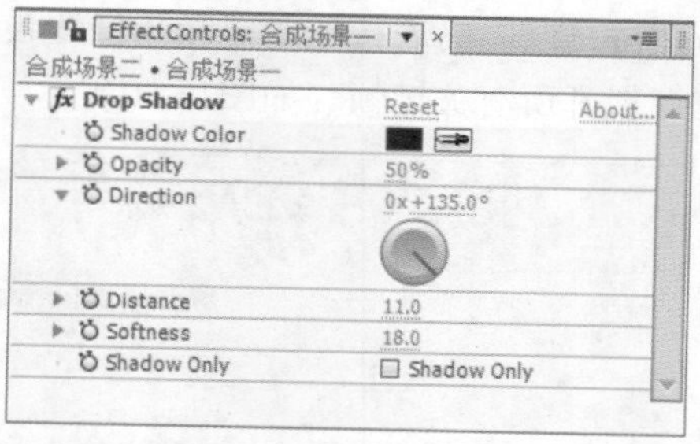

图13.60 设置Drop Shadow(投影)特效参数

(7) 调整时间到00:00:02:00帧的位置，按P键，展开Position(位置)选项，单击Position(位置)的码表按钮，在此位置设置关键帧，按S键，展开Scale(缩放)选项，单击Scale(缩放)的码表按钮，在此位置设置关键帧，按U键，展开所有关键帧，如图13.61所示。

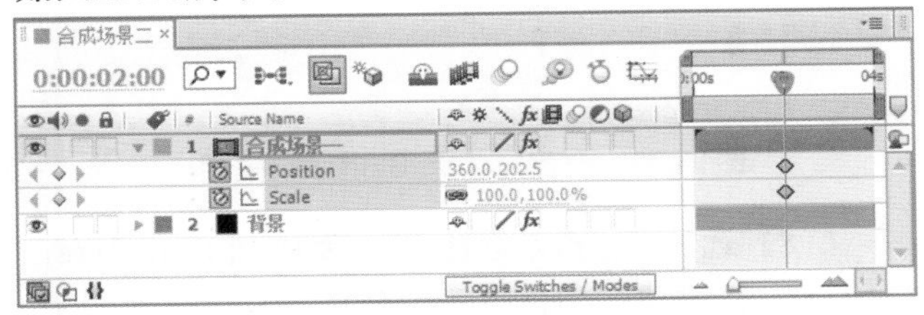

图13.61 添加关键帧

(8) 调整时间到00:00:02:04帧的位置，设置Position(位置)的值为(162，102.5)，系统自动添加关键帧，设置Scale(缩放)的值为(38，38)，系统自动添加关键帧，如图13.62所示。

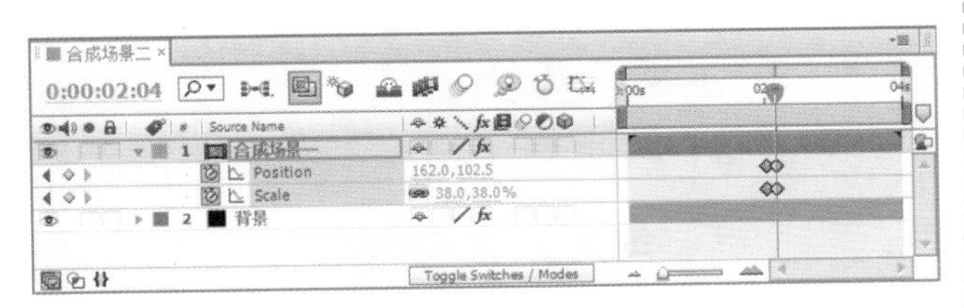

图13.62 设置参数

(9) 执行菜单栏中的Layer(图层) | New(新建) | Text(文本)命令，创建文字层，在合成窗口中分别创建文字“DISTANCE”、“A”，设置字体为JQ CuHeiJT，字体大小为130，字体颜色为墨绿色(R:0，G:50，B:50)；再创建文字“BUT DECISION”，设置字体为JQCuHeiJT，字体大小为39，字体颜色为墨绿色(R:0，G:50，B:50)，如图13.63所示。

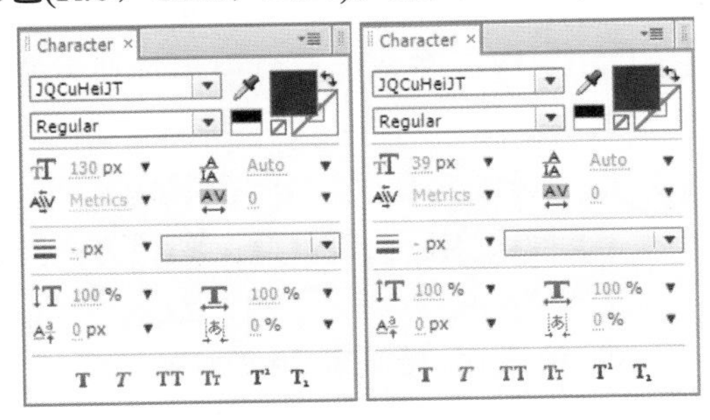

图13.63 字符面板

(10) 选择所有文字层，按P键，展开Position(位置)选项，设置DISTANCE层的Position(位置)的值为(30，248)，A层的Position(位置)的值为(328，248)，BUT DECISION层的Position(位置)的值为(402，338)，如图13.64所示。

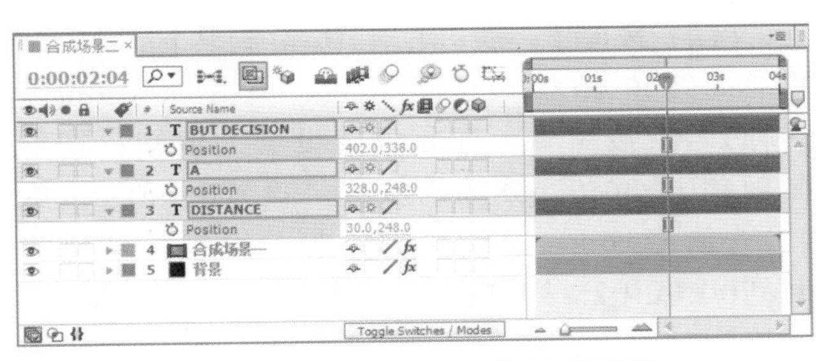

图13.64 设置Position(位置)的参数

(11) 调整时间到00:00:02:04帧的位置，选择DISTANCE层，单击Position(位置)的码表按钮，在此位置设置关键帧，调整时间到00:00:02:00帧的位置，设置Position(位置)的值为(716，248)，系统自动添加关键帧，如图13.65所示。

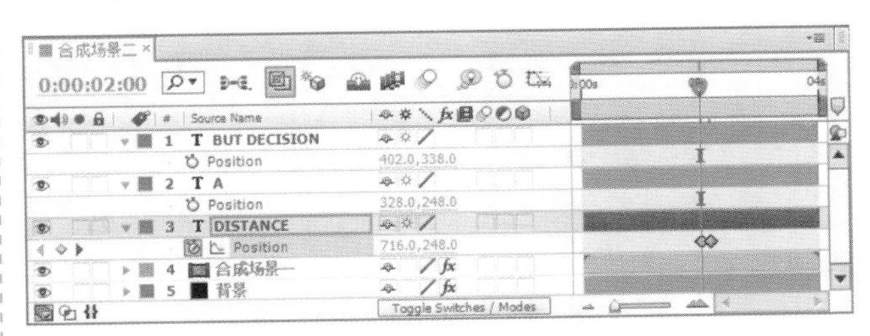

图13.65 设置Position(位置)关键帧

(12) 调整时间到00:00:02:04帧的位置，选择A层，按T键，展开Opacity(透明度)选项，设置Opacity(透明度)的值为0%，单击Opacity(透明度)的码表按钮，在此位置设置关键帧，调整时间到00:00:02:05帧的位置，设置Opacity(透明度)的值为100%，系统自动添加关键帧，如图13.66所示。

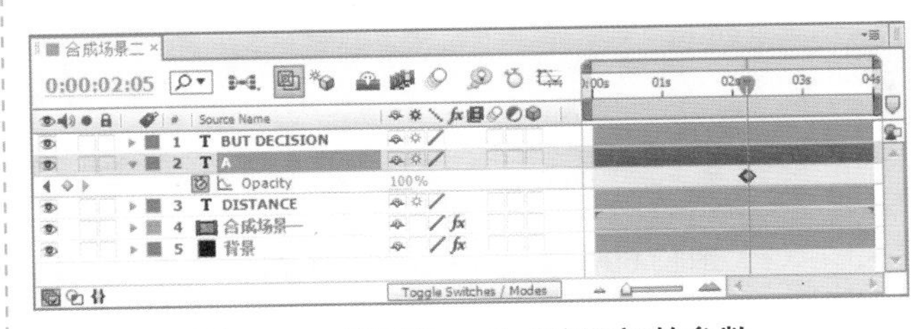

图13.66 设置Opacity(透明度)的参数

(13) 按A键，展开Anchor Point(定位点)选项，设置Anchor Point(定位点)的值为(3，0)，如图13.67所示。

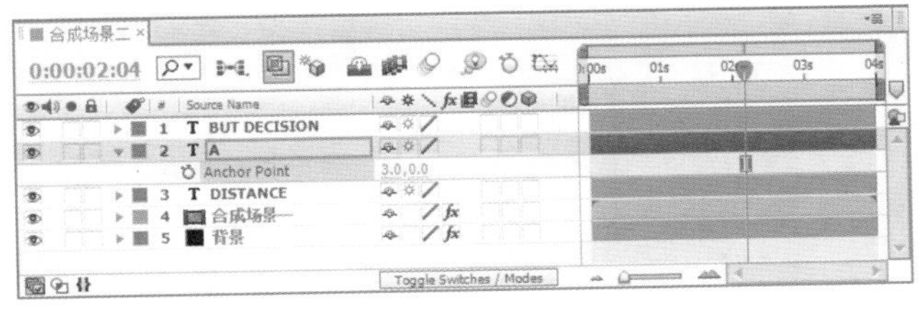

图13.67 中心点设置

(14) 按R键，展开Rotation(旋转)选项，调整时间到00:00:02:05帧的位置，单击Rotation(旋转)的码表按钮，在此位置设置关键帧；调整时间到00:00:02:08帧的位置，设置Rotation(旋转)的值为163，系统自动添加关键帧；调整时间到00:00:02:11帧的位置，设置Rotation(旋转)的值为100，系统自动添加关键帧；调整时间到00:00:02:15帧的位置，设置Rotation(旋转)的值为159；调整时间到00:00:02:17帧的位置，设置Rotation(旋转)的值为121；调整时间到00:00:02:19帧的位置，设置Rotation(旋转)的值为147；调整时间到00:00:02:20帧的位置，设置Rotation(旋转)的值为139，系统自动添加关键帧，如图13.68所示。

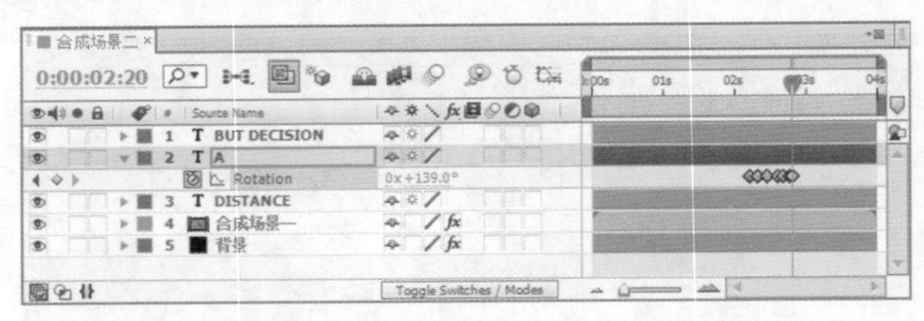

图13.68　设置Rotation(旋转)的值

(15) 选择BUT DECISION层，在时间线面板中展开文字层，单击Text(文本)右侧的动画按钮Animate:，在弹出的菜单中选择Position(位置)命令，设置Position(位置)的值为(0，–355)，如图13.69所示。

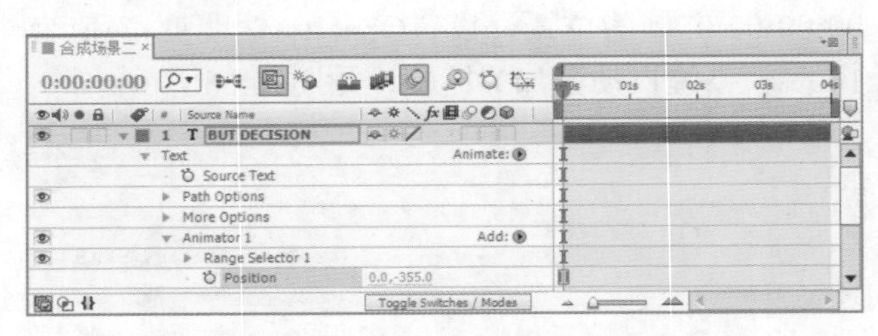

图13.69　添加Position(位置)命令

(16) 展开Range Selector1(范围选择器1)，调整时间到00:00:02:07帧的位置，单击Start(开始)的码表按钮，在此位置添加关键帧；调整时间到00:00:02:23帧的位置，设置Start(开始)的值为100%，系统自动添加关键帧，如图13.70所示。

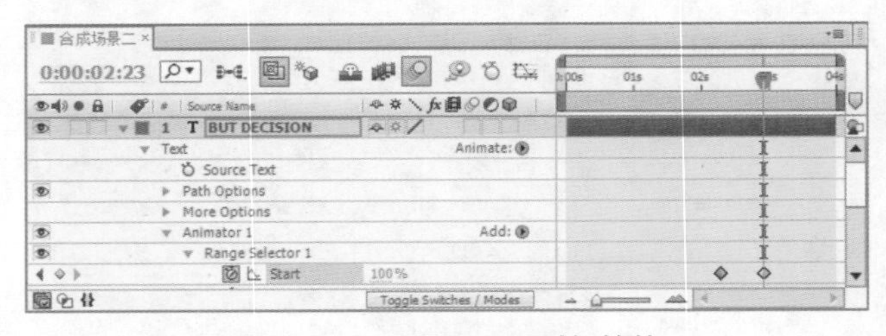

图13.70　设置Start(开始)的值

(17) 在时间线面板中单击Motion Blur(运动模糊)按钮，启用“背景”层以外图层的Motion Blur(运动模糊)，如图13.71所示。

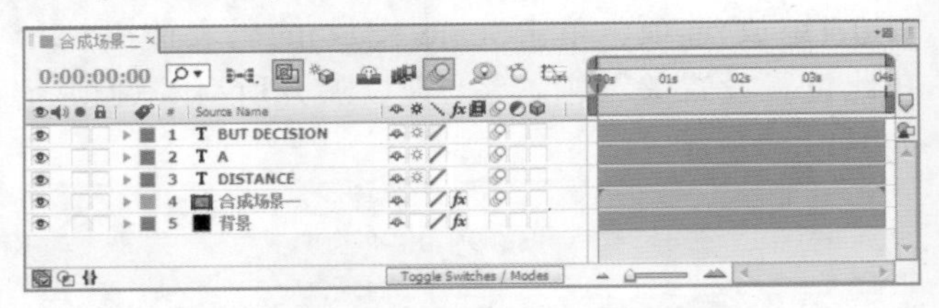

图13.71　开启Motion Blur(运动模糊)

(18) 选择“合成场景一”合成层，在Effect Controls(特效控制)面板中选择Drop Shadow(投影)特效，按Ctrl+C组合键，复制Drop Shadow(投影)特效，选择文字层，如图13.72所示，按Ctrl+V组合键将Drop Shadow(投影)特效粘贴到文字层，如图13.173所示。

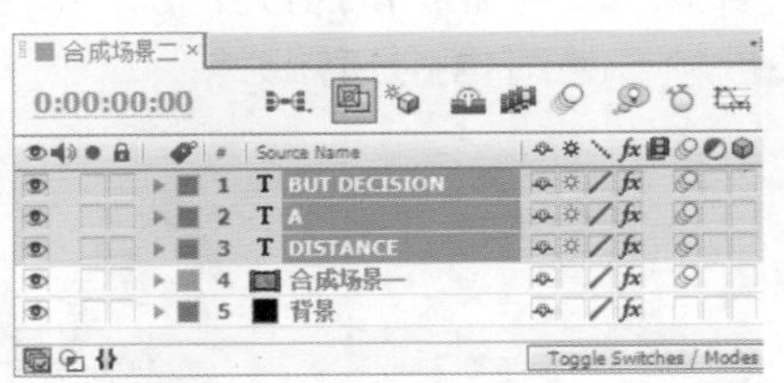

图13.72　选择文字层

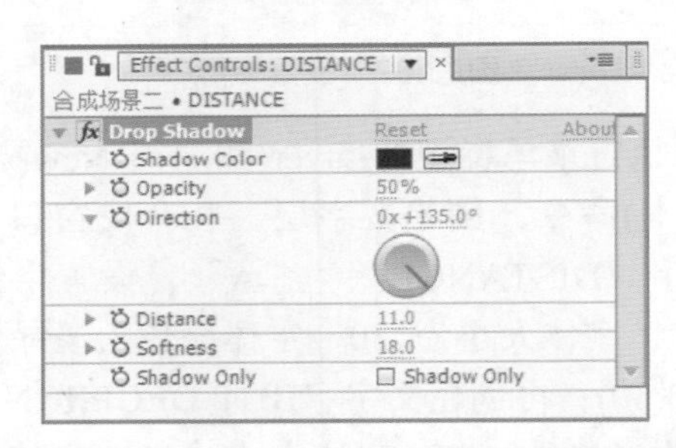

图13.73　将Drop Shadow(投影)特效粘贴在文字层

(19) 这样“合成场景二”动画就完成了，按小键盘上的“0”键，在合成窗口中预览动画效果，如图13.74所示。

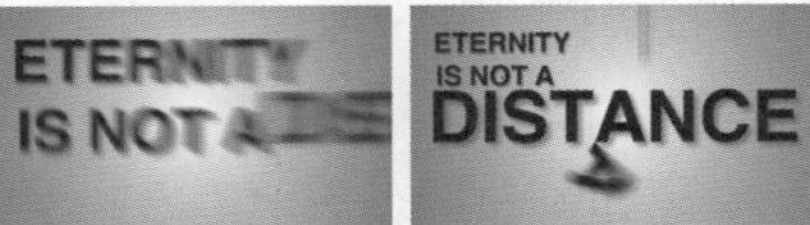

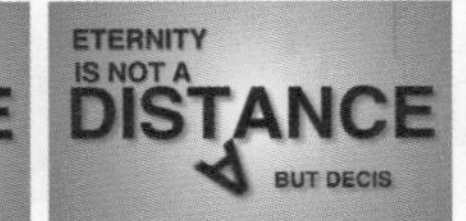

图13.74　合成窗口中的效果

13.2.3　最终合成场景动画

(1) 执行菜单栏中的Composition(合成)｜New Composition(新建合成)命令，打开Composition Settings(合成设置)对话框，设置Composition Name(合成名称)为“最终合成场景”，Width(宽)为“720”，

Height(高)为“405”，Frame Rate(帧率)为“25”，并设置Duration(持续时间)为00:00:04:00秒，如图13.75所示。

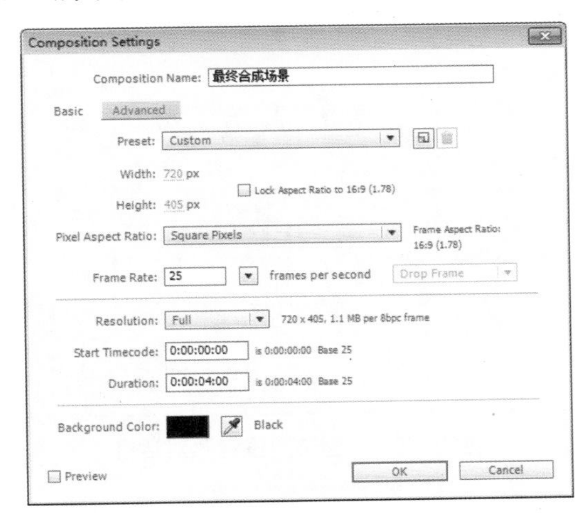

图13.75　“合成设置”对话框

(2) 打开“合成场景二”合成，将“合成场景二”合成中的背景，复制粘贴到“最终合成场景”合成中，如图13.76所示。

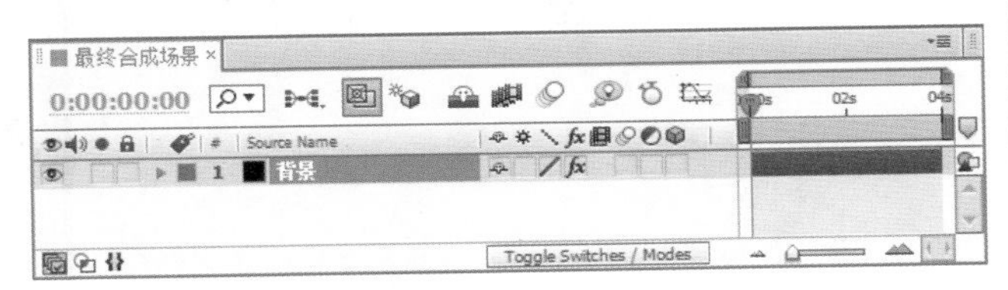

图13.76　复制背景

(3) 在项目面板中，选择“合成场景二”合成，将其拖动到“最终合成场景”合成中，如图13.77所示。

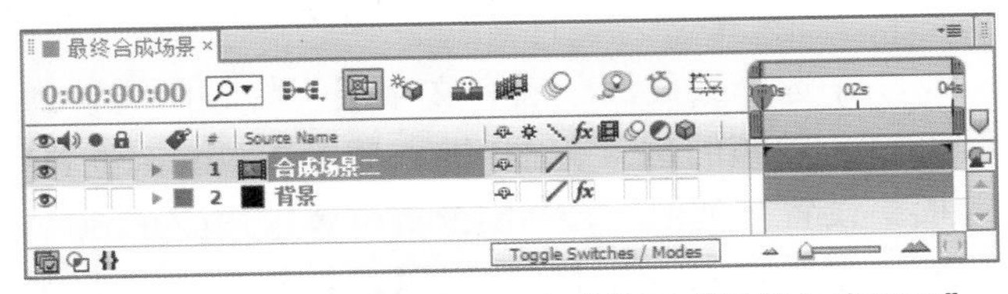

图13.77　将“合成场景二”合成拖至“最终合成场景”合成中

(4) 在时间线面板中按Ctrl+Y组合键，打开Solid Settings(固态层设置)对话框，设置固态层Name(名称)为“字框”，Color(颜色)为墨绿色(R:0，G:80，B:80)，如图13.78所示。

(5) 选择“字框”层，双击工具栏中的Rectangle Tool(矩形工具)按钮，连按两次M键，展开Mask1(遮罩1)选项组，设置Mask Expansion(遮罩扩展)的值为-33，如图13.79所示。

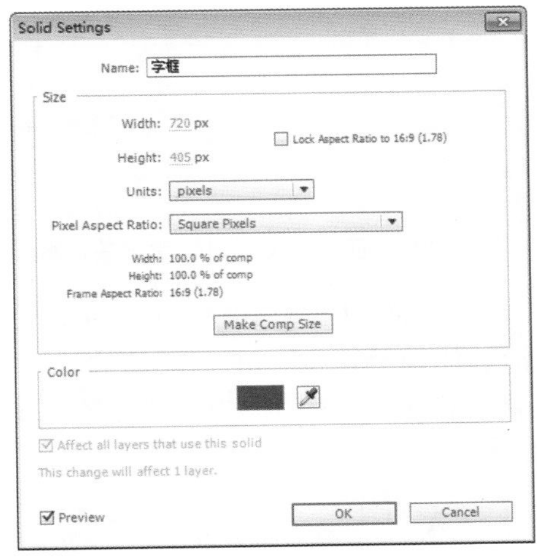

图13.78　“固态层设置”对话框

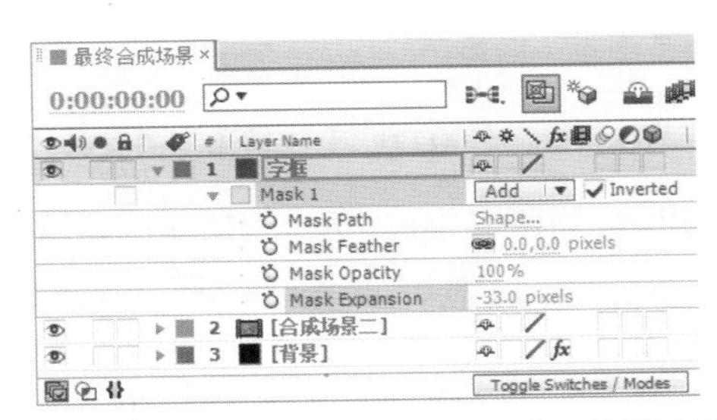

图13.79　设置Mask Expansion(遮罩扩展)的值

(6) 按S键，展开“字框”层的Scale(缩放)选项，设置Scale(缩放)的值为(110，120)，如图13.80所示。

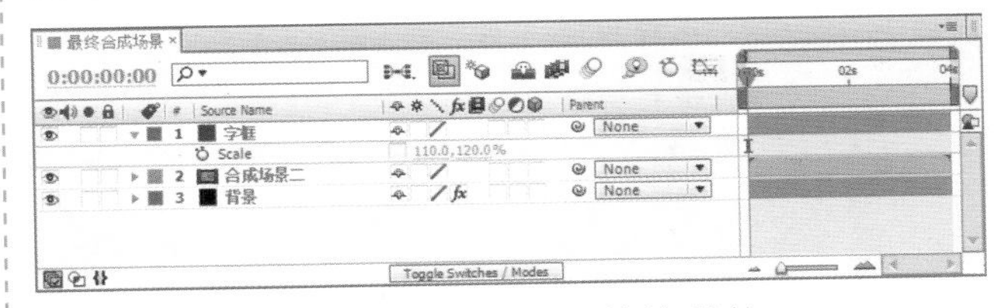

图13.80　设置Scale(缩放)的值

(7) 选择“字框”层，做“合成场景二”合成层的子物体链接，如图13.81所示。

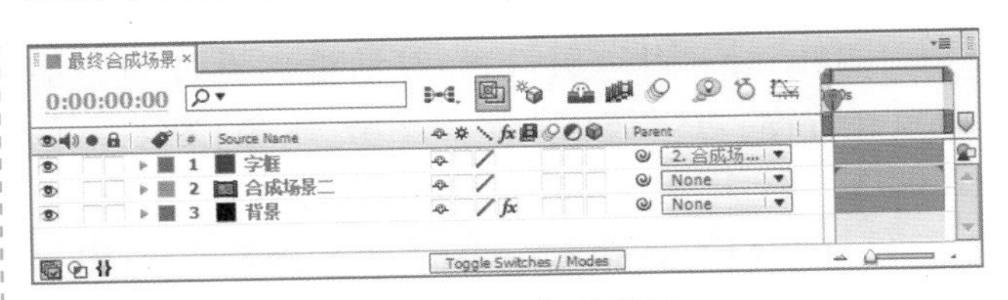

图13.81　子物体链接

(8) 选择“合成场景二”合成调整时间到00:00:03:04帧的位置，按S键，展开Scale(缩放)选项，单击Scale(缩放)选项的码表按钮，在此添加关键帧，按R键，展开Rotation(旋转)选项，单击Rotation(旋转)选项的码表按钮，在此添加关键帧，按U键，展开所有关键帧，如图13.82所示。

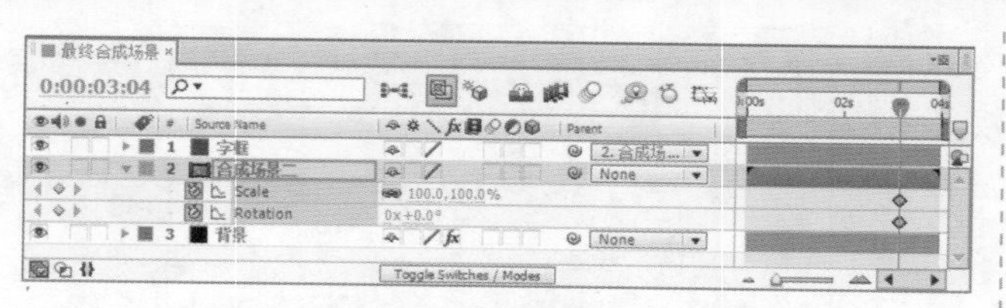

图13.82　在00:00:03:04帧添加关键帧

(9) 调整时间到00:00:03:12帧的位置，设置Scale(缩放)的值为(50，50)，系统自动添加关键帧，设置Rotation(旋转)的值为1x，系统自动添加关键帧，如图13.83所示。

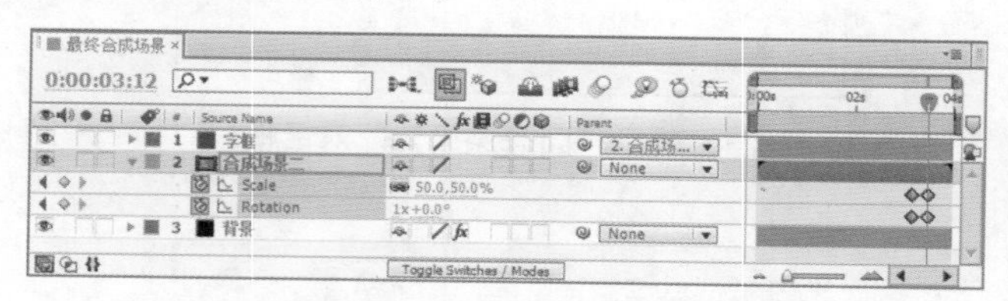

图13.83　在00:00:03:12帧添加关键帧

(10) 执行菜单栏中的Layer(图层)｜New(新建)｜Text(文本)命令，创建文字层，在合成窗口输入“DECISION”，设置字体为“金桥简粗黑”，字体大小为318，字体颜色为墨绿色(R:0，G:46，B:46)，如图13.84所示。

(11) 选择DECISION层，按R键，展开Rotation(旋转)选项，设置Rotation(旋转)的值为–12，如图13.85所示。

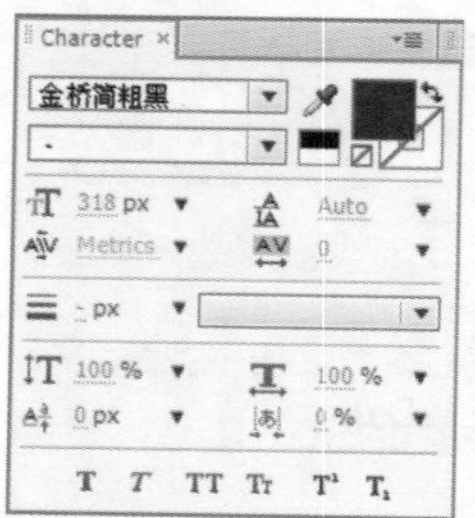

图13.84　字符面板　　图13.85　设置Rotation(旋转)的值

(12) 在时间线面板中按Ctrl+Y组合键，打开Solid Settings(固态层设置)对话框，设置固态层Name(名称)为“波浪”，Color(颜色)为墨绿色(R:0，G:68，B:68)，如图13.86所示。

(13) 在Effects & Presets(效果和预置)面板中展开Distort(扭曲)特效组，双击Ripple(波纹)特效，如图13.87所示。

(14) 在Effect Controls(特效控制)面板中修改Ripple(波纹)特效参数，设置Radius(半径)的值为100，Center of Conversion(波纹中心)的值为(360，160)，Wave Speed(波速)的值为2，Wave Width(波幅)的值为49，Wave Height(波长)的值为46，如图13.88所示。

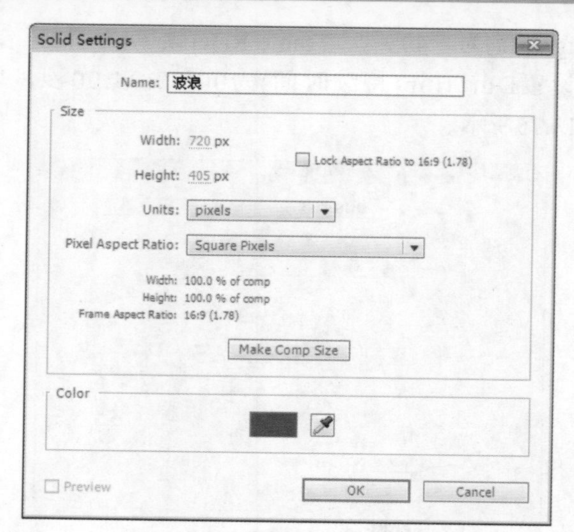

图13.86　“固态层设置”对话框

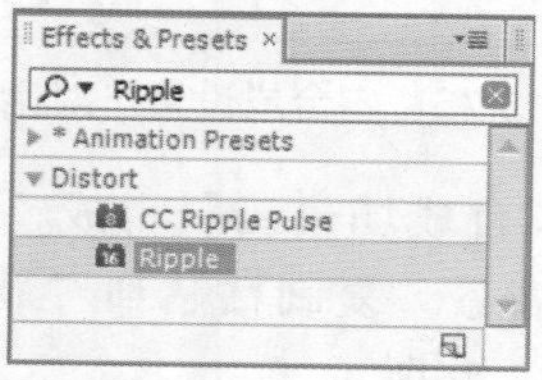

图13.87　添加Ripple(波纹)特效

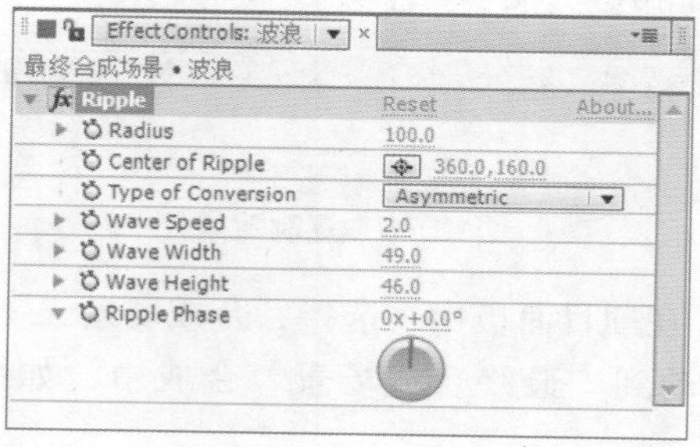

图13.88　设置Ripple(波纹)特效参数

(15) 选择“波浪”层和文字层，将时间调整到00:00:03:12帧的位置，按P键，展开Position(位置)选项，设置“波浪”层Position(位置)的值为(360，636)，单击Position(位置)的码表按钮，在此添加关键帧，设置文字层Position(位置)的值为(27，–39)，单击Position(位置)的码表按钮，在此添加关键帧，如图13.89所示。

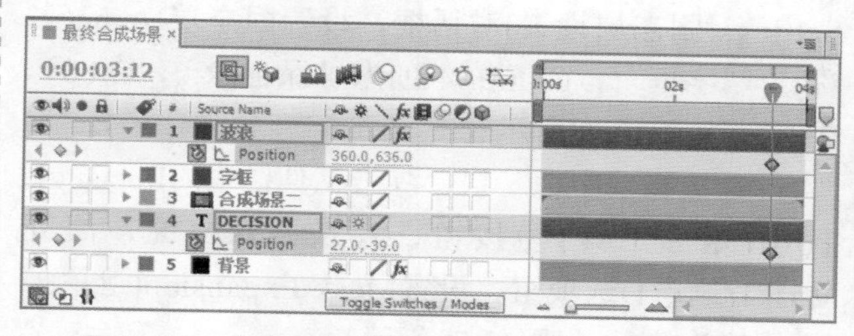

图13.89　在00:00:03:12帧设置Position(位置)的值

(16) 调整时间到00:00:03:13帧的位置，设置"波浪"层Position(位置)的值为(360，471)，设置文字层Position(位置)的值为(27，348)，系统自动添加关键帧，如图13.90所示。

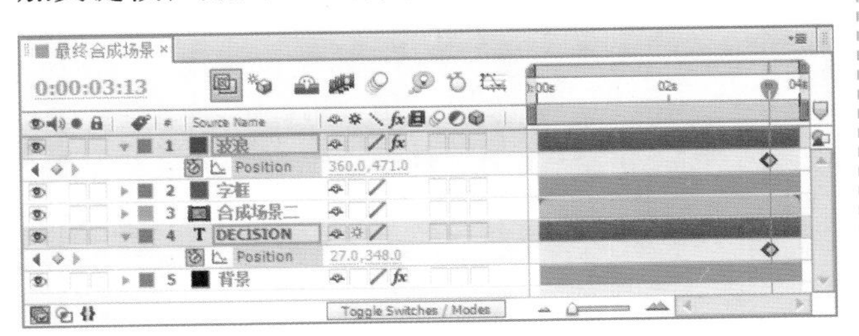

图13.90　在00:00:03:13帧设置Position(位置)的值

(17) 在时间线面板中单击Motion Blur(运动模糊)按钮，启用"背景"以外图层的Motion Blur(运动模糊)，如图13.91所示。

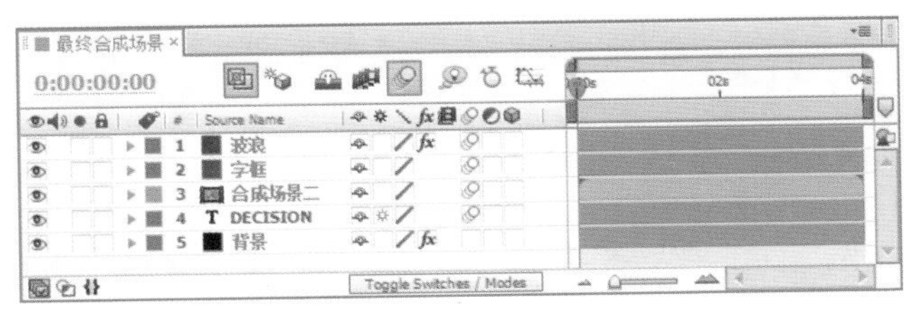

图13.91　开启Motion Blur(运动模糊)

(18) 这样就完成了"公益宣传片"的整体制作，按小键盘上的"0"键，在合成窗口预览动画。

第14章 电视栏目包装表现

内容摘要

本章通过电视台标艺术表现和财富生活频道两个大型专业动画，全面细致地讲解了电视栏目包装的制作过程，再现全程制作技法。通过本章的学习，读者不仅可以看到成品的栏目包装效果，而且可以学习到栏目包装的制作方法和技巧。

教学目标

- 电视台标艺术表现
- 财富生活频道动画制作

14.1 电视台标艺术表现

实例说明

本例首先为台标花瓣制作动画，然后通过Null Object(空物体)进行绑定处理，将所有花瓣动画和谐统一起来，最后通过图层蒙版为文字制作渐显效果，并添加光效，完成电视台标艺术表现效果。完成的动画流程画面如图14.1所示。

图14.1　动画流程画面

学习目标

1. 学习Anchor Point(定位点)的处理。
2. 学习基本位移动画的制作。
3. 掌握Null Object(空物体)绑定的设置。
4. 掌握矩形蒙版制作文字渐显动画的方法。

操作步骤

14.1.1 导入素材

(1) 执行菜单栏中的File(文件) | Import(导入) | File(文件)命令，打开Import File(导入文件)对话框，选择配书光盘中的“工程文件\第14章\电视台标艺术表现\Logo.psd”素材，如图14.2所示。

(2) 单击“打开”按钮，将打开Logo.psd对话框，在Import Kind(导入类型)下拉列表中选择Composition(合成)选项，将素材以合成的方式导入，如图14.3所示。单击OK(确定)按钮，素材将导入到Project(项目)面板中。

(3) 执行菜单栏中的File(文件) | Import(导入) | File(文件)命令，打开Import File(导入文件)对话框，选择配书光盘中的“工程文件\第14章\电视台标艺术表现\光线.jpg”素材，单击“打开”按钮，将“光线.jpg”导入Project(项目)面板中。

图14.2　Import File(导入文件)对话框

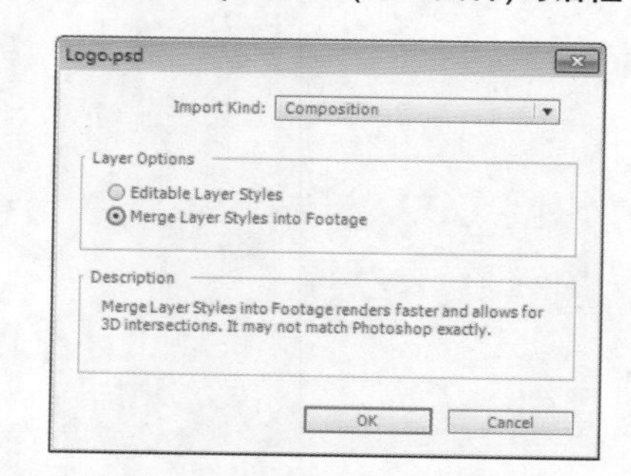

图14.3　以合成的方式导入素材

14.1.2 制作花瓣旋转动画

(1) 在Project(项目)面板中选择Logo合成的时间线面板，按Ctrl + K组合键，打开Composition Settings(合成设置)对话框，设置Duration(持续时间)为00:00:03:00秒，如图14.4所示，单击OK(确定)按钮。双击打开Logo合成，此时合成窗口中的画面效果如图14.5所示。

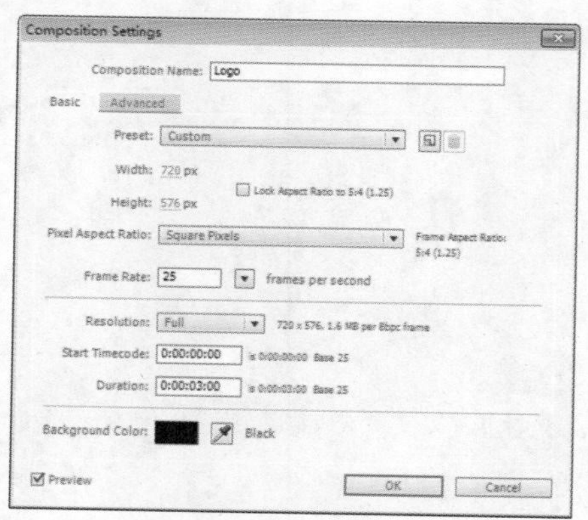

图14.4　设置持续时间为3秒

图14.5 合成窗口中的画面效果

(2) 在时间线面板中，选择“花瓣”、“花瓣 副本”、“花瓣 副本2”、“花瓣 副本3”、“花瓣 副本4”、“花瓣 副本5”、“花瓣 副本6”、“花瓣 副本7”8个素材层，按A键，打开所选层的Anchor Point(定位点)选项，设置Anchor Point(定位点)的值为(360，188)，如图14.6所示，此时的画面效果如图14.7所示。

#	Layer Name	
1	旅游卫视	
2	花瓣 副本 7	
	Anchor Point	360.0, 188.0
3	花瓣 副本 6	
	Anchor Point	360.0, 188.0
4	花瓣 副本 5	
	Anchor Point	360.0, 188.0
5	花瓣 副本 4	
	Anchor Point	360.0, 188.0
6	花瓣 副本 3	
	Anchor Point	360.0, 188.0
7	花瓣 副本 2	
	Anchor Point	360.0, 188.0
8	花瓣 副本	
	Anchor Point	360.0, 188.0
9	花瓣	
	Anchor Point	360.0, 188.0

图14.6 设置Anchor Point的值为(360，188)

图14.7 合成窗口中定位点的位置

(3) 按P键，打开所选层的Position(位置)选项，设置Position(位置)的值为(360，188)，如图14.8所示。画面效果如图14.9所示。

图14.8 设置位置参数

图14.9 定位点的位置

(4) 将时间调整到00:00:01:00帧的位置，单击Position(位置)左侧的码表按钮，在当前位置设置关键帧，如图14.10所示。

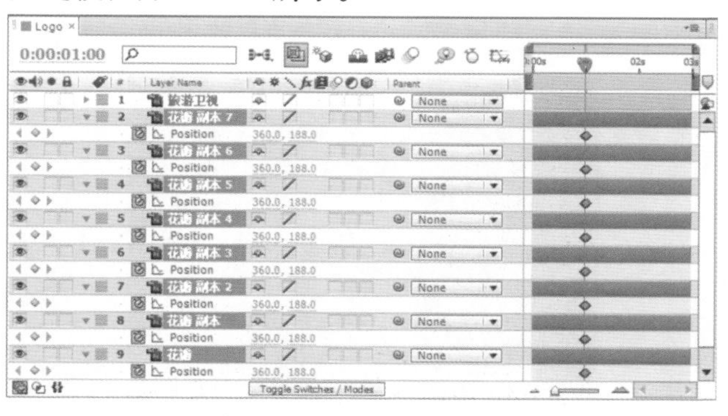

图14.10 在00:00:01:00帧的位置设置关键帧

(5) 将时间调整到00:00:00:00帧的位置，在时间线面板的空白处单击，取消选择。然后分别修改“花瓣”层Position(位置)的值为(–413，397)，“花瓣 副本”层Position(位置)的值为(432，–317)，“花瓣 副本2”层Position(位置)的值为(–306，16)，“花瓣 副本3”层Position(位置)的值为(–150，863)，

“花瓣 副本4”层Position(位置)的值为(607，910)，“花瓣 副本5”层Position(位置)的值为(58，–443)，“花瓣 副本6”层Position(位置)的值为(457，945)，“花瓣 副本7”层Position(位置)的值为(660，–32)，如图14.11所示。

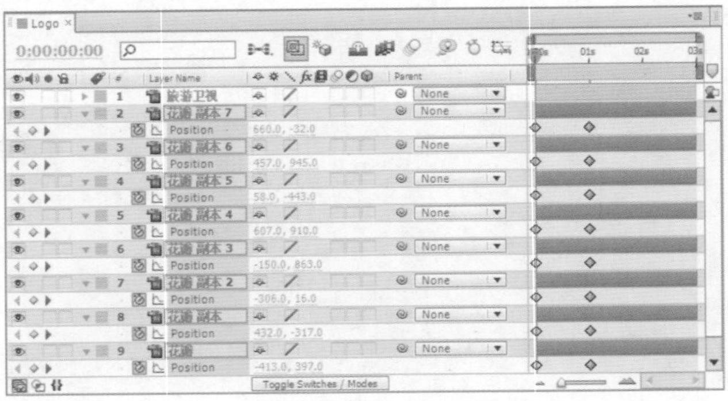

图14.11 修改Position(位置)的值

(6) 执行菜单栏中的Layer(层)|New(新建)|Null Object(虚拟物体)命令，在时间线面板中将会创建一个Null 1层，按A键，打开该层的Anchor Point(定位点)选项，设置Anchor Point(定位点)的值为(50，50)，如图14.12所示。画面效果如图14.13所示。

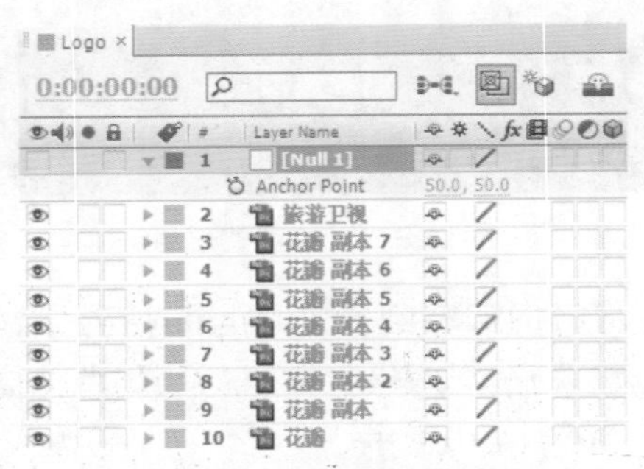

图14.12 设置定位点参数

图14.13 虚拟物体定位点的位置

提示

默认情况下，Null Object(虚拟物体)的定位点在左上角，如果需要其围绕中心点旋转，必须调整定位点的位置。

(7) 按P键，打开该层的Position(位置)选项，设置Position(位置)的值为(360，188)，如图14.14所示。此时虚拟物体的位置如图14.15所示。

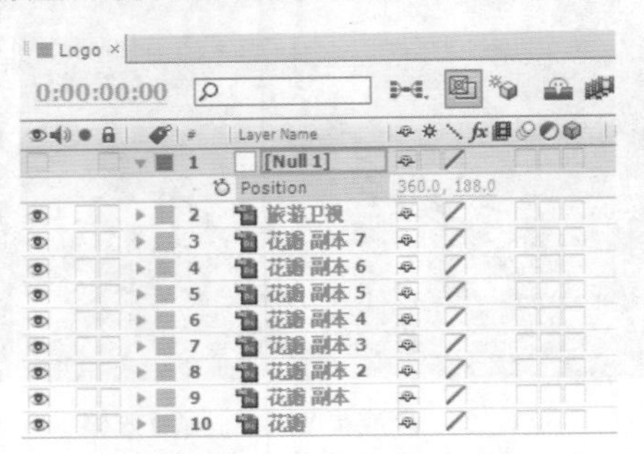

图14.14 设置位置参数

图14.15 虚拟物体的位置

(8) 选择“花瓣”、“花瓣 副本”、“花瓣 副本2”、“花瓣 副本3”、“花瓣 副本4”、“花瓣 副本5”、“花瓣 副本6”、“花瓣 副本7”8个素材层，在所选层右侧的Parent(父级)属性栏中选择“1.Null 1”选项，建立父子关系。选择“Null 1”层，按R键，打开该层的Rotation(旋转)选项，将时间调整到00:00:00:00帧的位置，单击Rotation(旋转)左侧的码表按钮，在当前位置设置关键帧，如图14.16所示。

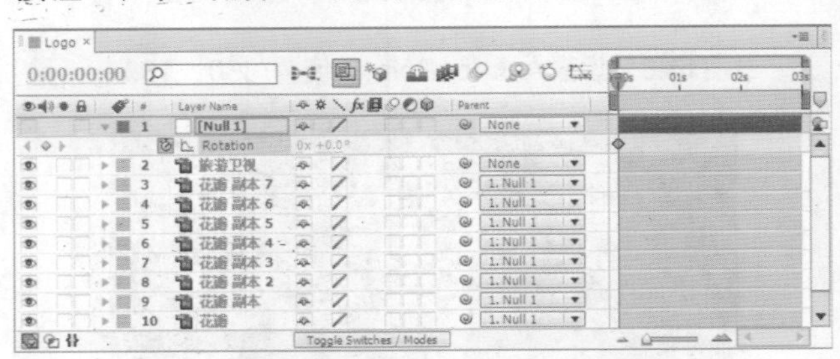

图14.16 在00:00:00:00帧的位置设置关键帧

提示

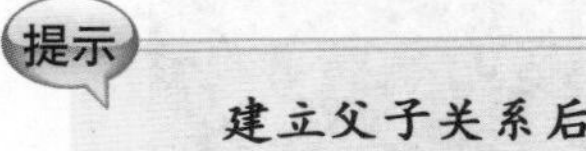

建立父子关系后，为Null 1层调整参数，设置关键帧，可以带动子物体层一起运动。

(9) 将时间调整到00:00:02:00帧的位置，设置Rotation(旋转)的值为1x +0.0，并将Null 1层隐藏，如图14.17所示。

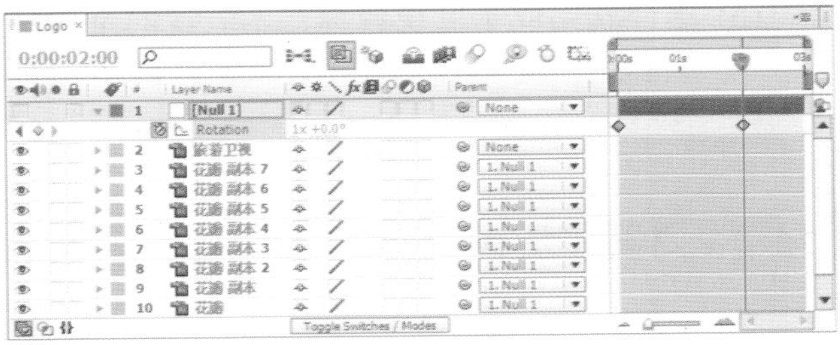

图14.17　设置Rotation(旋转)的值为1x +0.0

14.1.3　制作Logo定版

(1) 在Project(项目)面板中，选择“光线.jpg”素材，将其拖动到时间线面板“旅游卫视”的上一层，并修改“光线.jpg”层的Mode(模式)为Add(相加)，如图14.18所示。此时的画面效果如图14.19所示。

在图层背景是黑色的前提下，修改图层的Mode(模式)，可以将黑色背景抠像，只留下非黑色的图像。

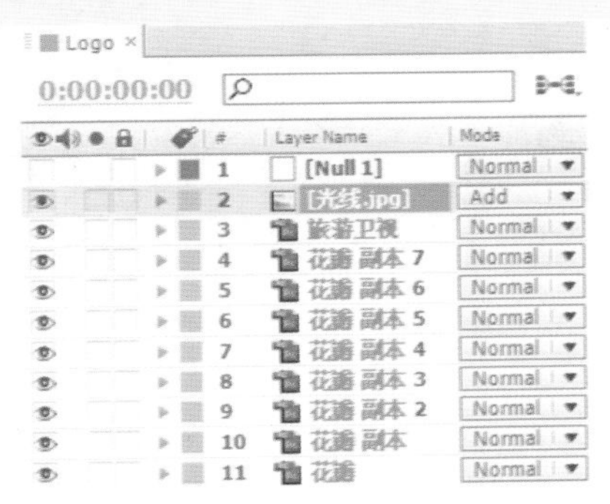

图14.18　添加“光线.jpg”素材

图14.19　画面中的光线效果

(2) 按S键，打开该层的Scale(缩放)选项，单击Scale(缩放)右侧的Constrain Proportions(约束比例)按钮，取消约束，并设置Scale(缩放)的值为(100，50)，如图14.20所示。将时间调整到00:00:01:00帧的位置，按P键，打开该层的Position(位置)选项，单击Position(位置)左侧的码表按钮，在当前位置设置关键帧，并设置Position(位置)的值为(–421，366)，如图14.21所示。

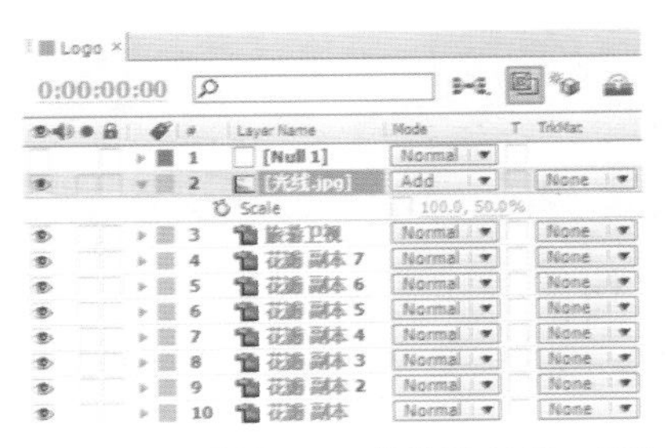

图14.20　设置Scale的值为(100，50)

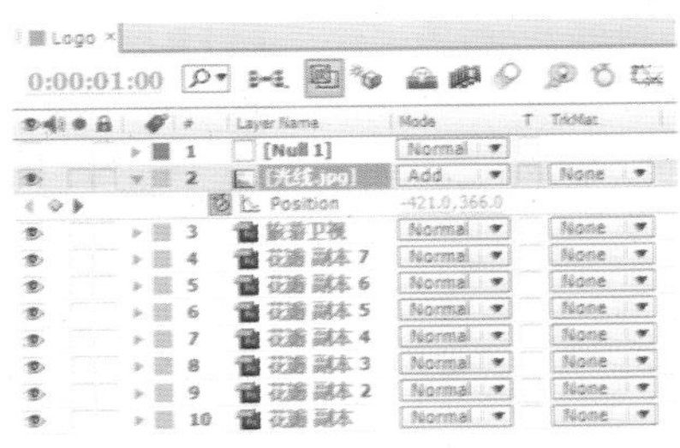

图14.21　设置Position的值为(–421，366)

(3) 将时间调整到00:00:01:16帧的位置，设置Position(位置)的值为(1057，366)，如图14.22所示。拖动时间滑块，其中一帧的画面效果如图14.23所示。

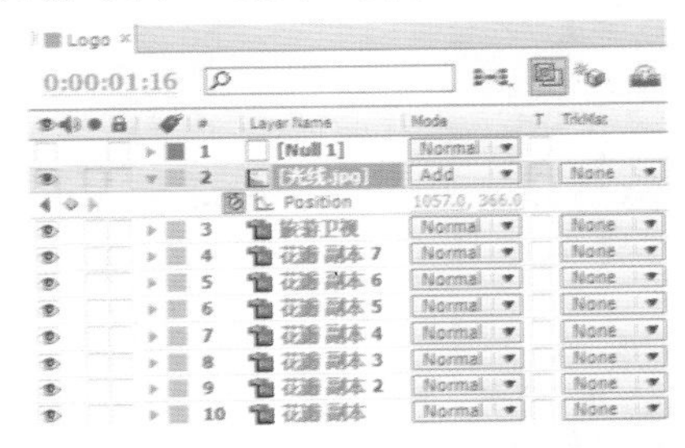

图14.22　设置Position(位置)的值为(1057，366)

图14.23　其中一帧的画面效果

(4) 选择“旅游卫视”层，单击工具栏中的Rectangle(矩形工具)按钮，在合成窗口中绘制一个蒙版，如图14.24所示。将时间调整到00:00:01:04帧的位置，按M键，打开“旅游卫视”层的Mask Path(遮罩形状)选项，单击Mask Path(遮罩形状)左侧的码表按钮，在当前位置设置关键帧，如图14.25所示。

图14.24 绘制蒙版

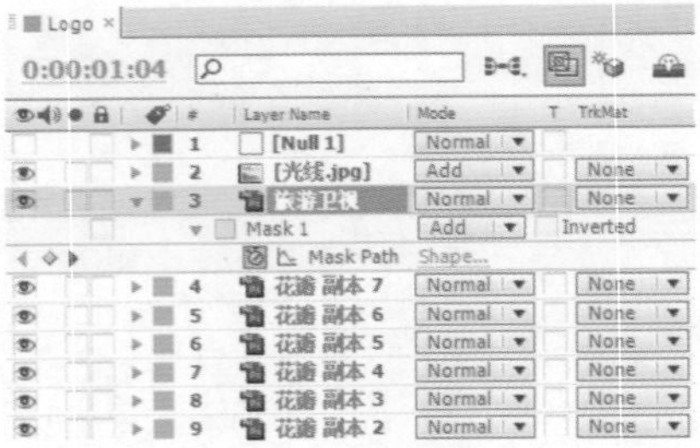

图14.25 设置关键帧

(5) 将时间调整到00:00:01:04帧的位置，修改Mask Path(遮罩路径)的形状，如图14.26所示。拖动时间滑块，其中一帧的画面效果如图14.27所示。

图14.26 修改遮罩形状的形状

图14.27 其中一帧的画面效果

提示

在修改矩形蒙版的形状时，可以使用Selection Tool(选择工具)，在蒙版的边框上双击，使其出现选框，然后拖动选框的控制点，修改矩形蒙版的形状。

(6) 这样就完成了电视台标艺术表现的整体制作，按小键盘上的“0”键，在合成窗口中预览动画。

14.2 财富生活频道

实例说明

本例首先通过Ramp(渐变)特效制作渐变背景，然后创建固态层并利用Card Wipe(卡片擦除)特效制作动态翻转条，并通过(星光)特效添加光斑效果，最后输入文字，通过Card Wipe(卡片擦除)特效添加翻转文字动画，完成财富生活频道效果的制作。完成的动画流程画面如图14.28所示。

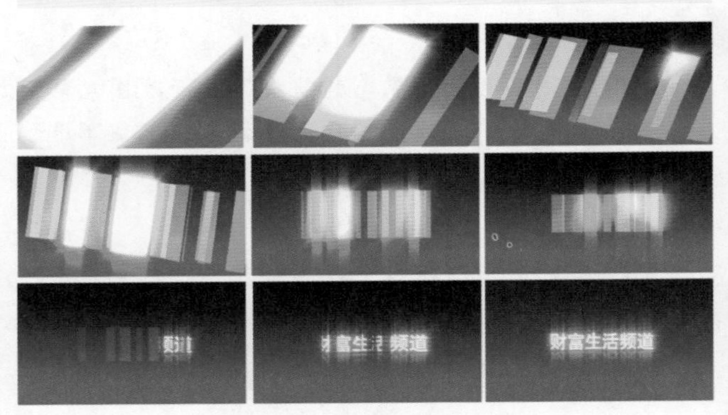

图14.28 动画流程画面

学习目标

1. 学习渐变背景的处理。
2. 学习条状翻转效果的处理。
3. 掌握星光的添加方法。
4. 掌握翻转文字的效果制作。

操作步骤

14.2.1 制作背景

(1) 执行菜单栏中的Composition(合成) | New Composition(新建合成)命令，打开Composition Settings(合成设置)对话框，设置Composition Name(合成名称)为“财富生活频道”，Width(宽)为“720”，Height(高)为“405”，Frame Rate(帧率)为“25”，并设置Duration(持续时间)为00:00:05:00秒，如图14.29所示。

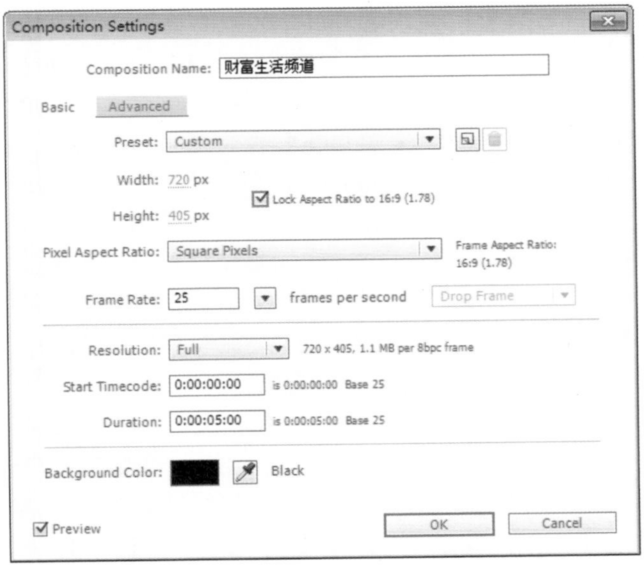

图14.29　“合成设置”对话框

(2) 按Ctrl+Y组合键，打开Solid Settings(固态层设置)对话框，设置固态层Name(名称)为“背景”，Color(颜色)为黑色，如图14.30所示。

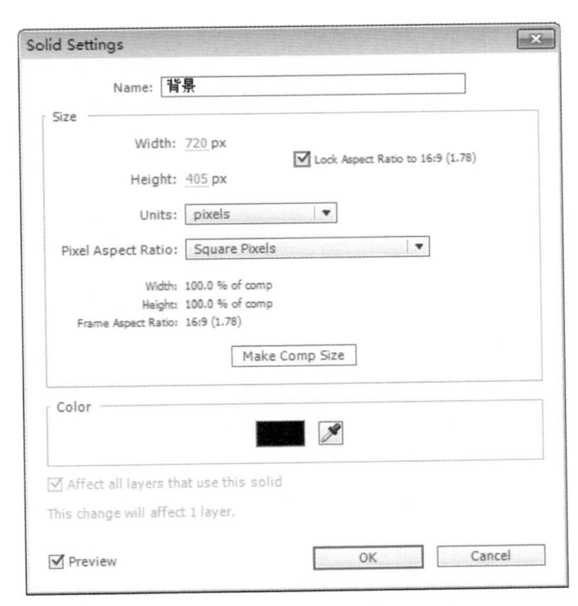

图14.30　“固态层设置”对话框

(3) 选择“背景”层，在Effects & Presets(效果和预置)面板中展开Generate(生成)特效组，双击Ramp(渐变)特效，如图14.31所示。

(4) 选择“背景”层，在Effect Controls(特效控制)面板中修改Ramp(渐变)特效参数，设置Ramp Shape(渐变形状)为Linear Ramp(线性渐变)，Start of Ramp(渐变开始)的值为(362，328)，Start Color (开始色)为红色(R:200，G:0，B:0)，End of Ramp(渐变结束)的值为(366，5)，End Color(结束色)为黑色，如图14.32所示。

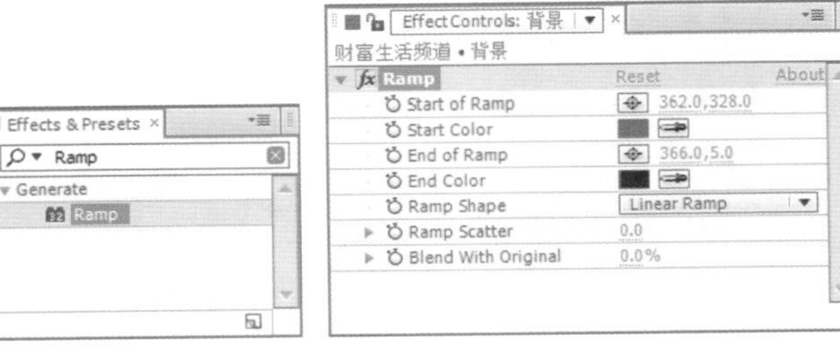

图14.31　添加Ramp(渐变)特效

图14.32　设置Ramp(渐变)特效参数值

14.2.2　制作光条动画

(1) 在时间线面板中按Ctrl+Y组合键，打开Solid Settings(固态层设置)对话框，设置固态层Name(名称)为“黄条”，Color(颜色)为黄色(R:204，G:140，B:0)，如图14.33所示。

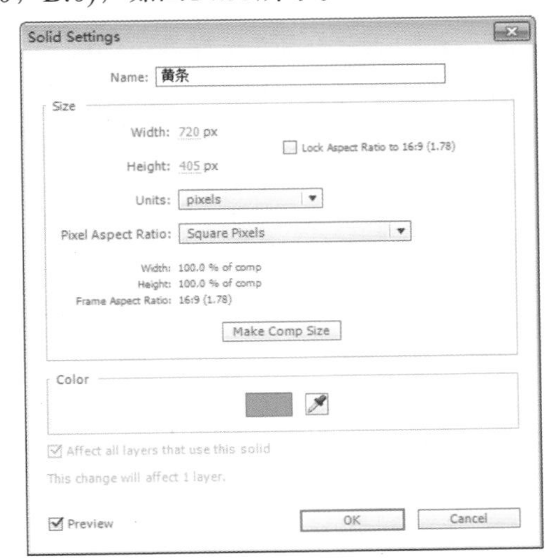

图14.33　新建“黄条”固态层

(2) 选择“黄条”层，在Effects & Presets(效果和预置)面板中展开Transition(过渡)特效组，双击Card Wipe(卡片擦除)特效，如图14.34所示。

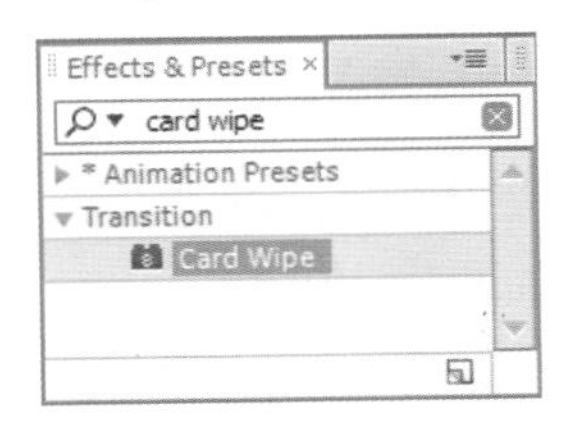

图14.34　添加特效

(3) 在Effect Controls(特效控制)面板中修改Card Wipe(卡片擦除)特效参数，从Back Layer(背面层)右侧的下拉列表框中选择“黄光”选项，设置Rows(行)的值为1，Columns(列)的值为10，Card Scale(卡片缩放)的值为0.8，从Flip Axis(翻转轴)右侧的下拉列表框中选择Y选项，具体参数如图14.35所示。

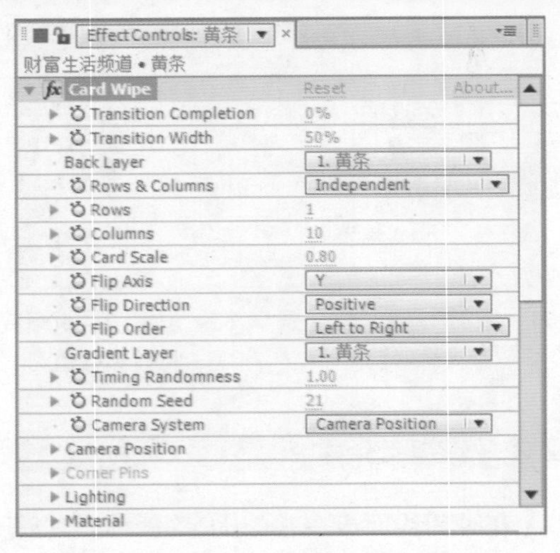

图14.35　Card Wipe(卡片擦除)特效参数

(4) 展开Lighting(灯光)选项组，从Light Type(灯光类型)右侧的下拉列表框中选择Point Source(点光源)，设置Light Intensity(灯光亮度)的值为2，Light Color(灯光颜色)为白色，Light Position(灯光位置)的值为(360，–70)，Ambient Light(环境光)的值为0.2，如图14.36所示。

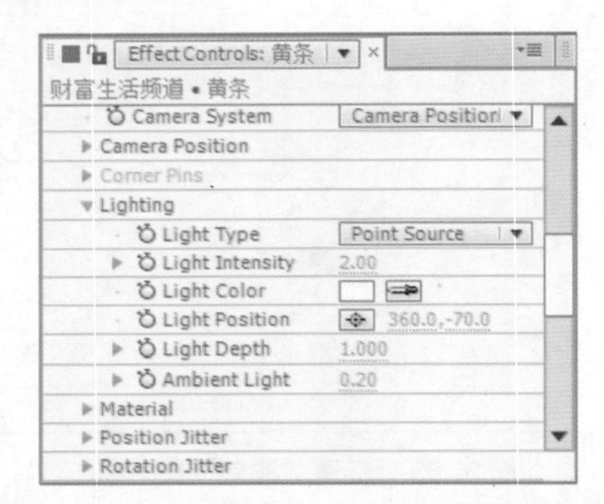

图14.36　设置Lighting(灯光)选项组中的参数值

(5) 选择“黄条”层，在Effects & Presets(效果和预置)面板中展开Trapcode特效组，双击Starglow(星光)特效，如图14.37所示。

(6) 在Effect Controls(特效控制)面板中修改Starglow(星光)特效参数，设置Streak Length(闪光长度)的值为18，如图14.38所示。

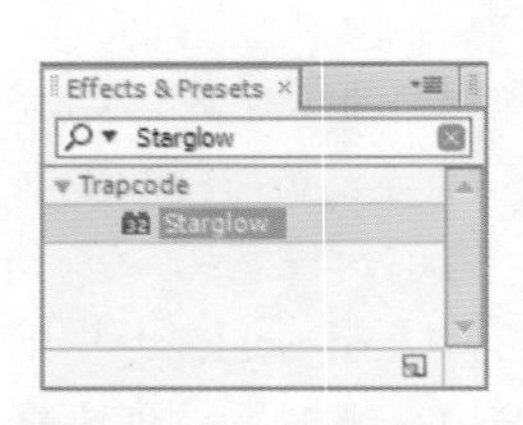

图14.37　添加Starglow(星光)特效

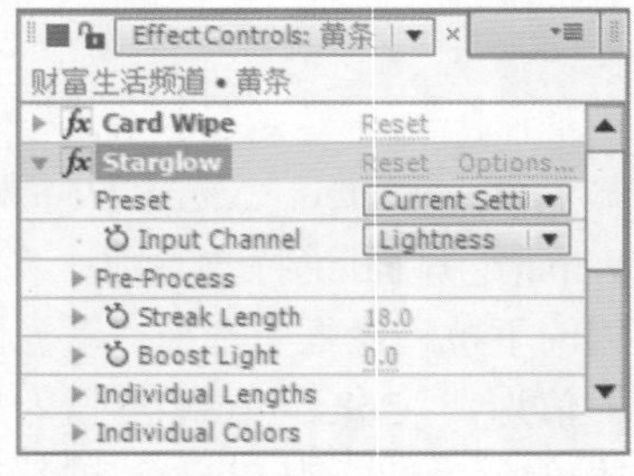

图14.38　设置Starglow(星光)特效的参数值

(7) 调整时间到00:00:00:00帧的位置，在Effect Controls(特效控制)面板中修改Card Wipe(卡片翻转)特效参数，设置Transition Completion(转换程度)的值为0%，Transition Width(转换宽度)的值为50%，并单击Transition Completion(转换程度)和Transition Width(转换宽度)左侧的码表按钮，在此位置设置关键帧；展开Camera Position(摄像机位置)选项组，设置Y Rotation(Y轴旋转)的值为–30，Z Rotation(Z轴旋转)的值为–60，Z Position(Z轴位移)的值为–2，并分别单击Y Rotation(Y轴旋转)、Z Rotation(Z轴旋转)、Z Position(Z轴位移)左侧的码表按钮，在此位置设置关键帧；展开Position Jitter(位置抖动)选项组，设置X Jitter Amount(X轴位置抖动量)的值为5，Z Jitter Amount(Z轴位置抖动量)的值为25，并分别单击X Jitter Amount(X轴位置抖动量)，Z Jitter Amount(Z轴位置抖动量)左侧的码表按钮，在此位置设置关键帧，如图14.39所示。

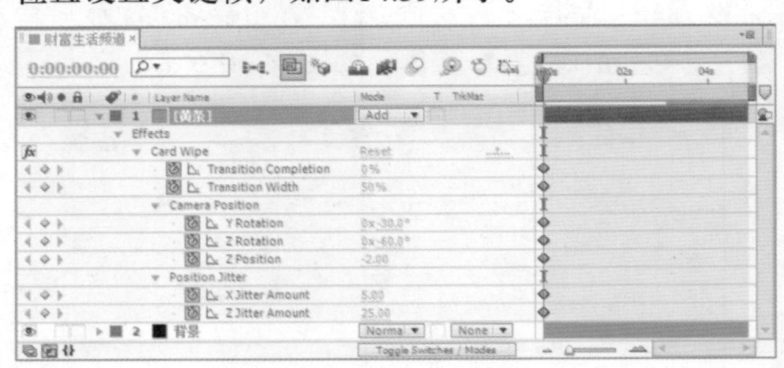

图14.39　添加关键帧

(8) 将时间调整到00:00:02:00帧的位置，设置Transition Completion(转换程度)的值为100%，Timing Randomness(随机时间)为1，并为其设置关键帧，Y Rotation(Y轴旋转)的值为0、Z Rotation(Z轴旋转)的值为0、Z Position(Z轴位置)的值为6、X Jitter Amount(X轴位置抖动量)的值为0、Z Jitter Amount(Z轴位置抖动量)的值为0，系统自动记录关键帧，展开Rotation Jitter(旋转抖动)，设置Y Rot Jitter Amount(Y轴旋转抖动量)的值为360，并为其设置关键帧，如图14.40所示。

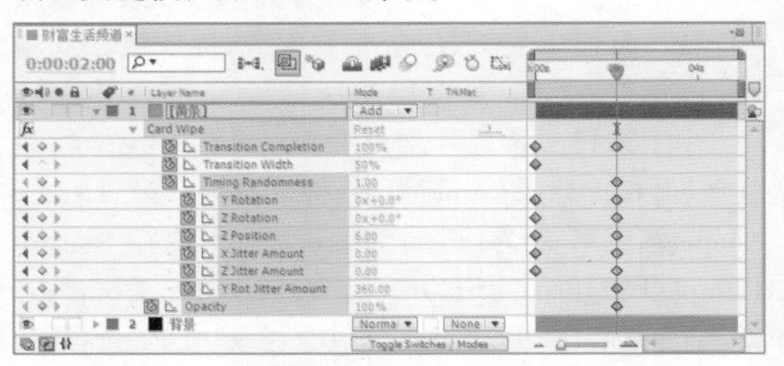

图14.40　在00:00:02:00帧添加关键帧

(9) 选择“黄条”层，调整时间到00:00:02:00帧的位置，展开Transform(转换)选项，设置Opacity(透明度)的值为100%，单击Opacity(透明度)左侧的码表按钮，在此位置设置关键帧，如图14.41所示。

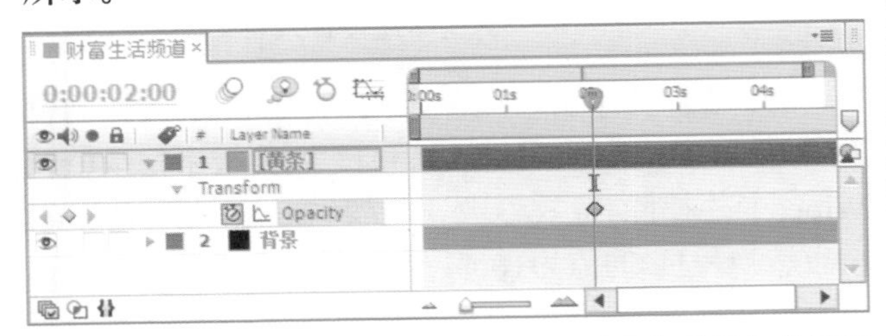

图14.41　在00:00:02:00帧设置Opacity(透明度)并添加关键帧

(10) 将时间调整到00:00:03:00帧位置，修改Opacity(透明度)的值为0%，Transition Width(转换宽度)的值为100%，Timing Randomness(随机时间)的值为0，Y Rot Jitter Amount(Y轴旋转抖动量)的值为0，系统自动记录关键帧，如图14.42所示。

图14.42　在00:00:03:00帧设置Opacity(透明度)并添加关键帧

(11) 选择“黄条”层，按Ctrl+D组合键，复制出“黄条2”，按Ctrl+Shift+Y组合键，打开Solid Settings(固态层设置)对话框，设置固态层Name(名称)为“绿条”，Color(颜色)为绿色(R:119，G:205，B:0)，如图14.43所示。

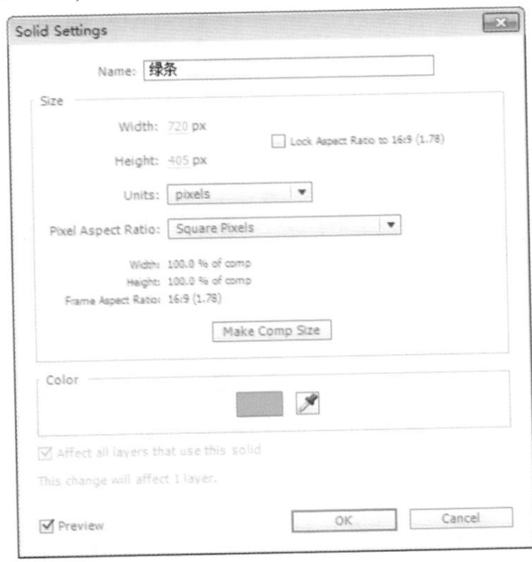

图14.43　“固态层设置”对话框

(12) 选择“绿条”层，在Effect Controls(特效控制)面板中修改Card Wipe(卡片擦除)特效参数，设置Columns(列)的值为5，如图14.44所示。

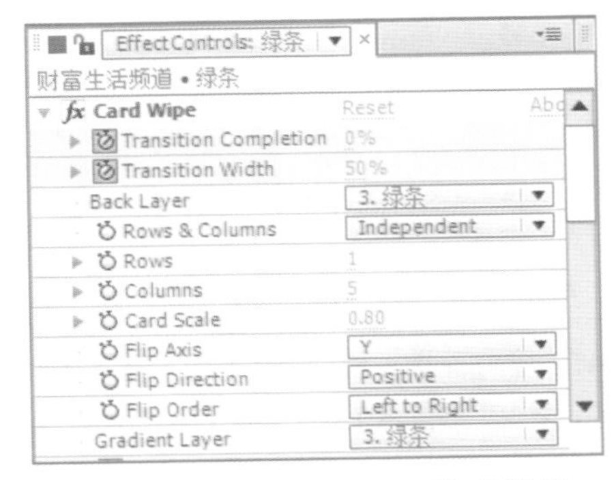

图14.44　设置Columns(列)参数值

(13) 在时间线面板中选择“绿条”层和“黄条”层，单击时间线面板左下角的按钮，打开层混合模式属性，单击右侧的Normal按钮，从弹出的下拉列表中选择Add(相加)模式，如图14.45所示。

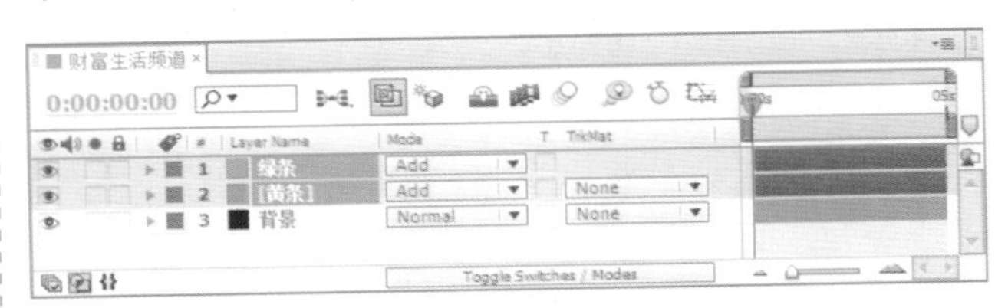

图14.45　层混合模式的设置

(14) 拖动时间针，在合成窗口中观看动画。其中两帧的画面效果如图14.46所示。

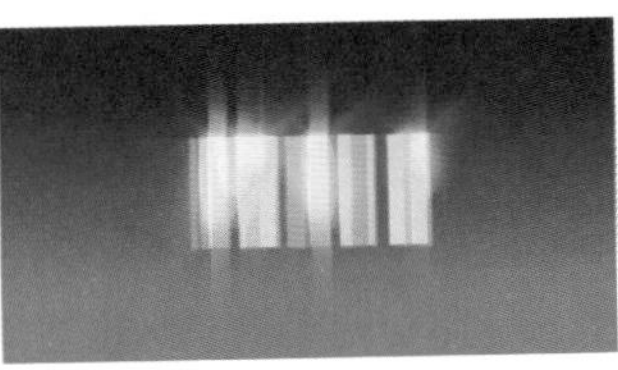

图14.46　其中两帧的画面效果

14.2.3　制作文字动画

(1) 执行菜单栏中Layer(图层)｜New(新建)｜Text(文本)命令，新建文字层，此时，Composition(合成)窗口中将出现一个闪动的光标，在时间线面板中将出现一个文字层，然后输入“财富生活频道”，设置字体为“文鼎CS大黑”，字体大小为60，文字颜色为白色，如图14.47所示。

(2) 选择文字层，在Effects & Presets(效果和预置)面板中展开Transition(过渡)特效组，双击Card Wipe(卡片擦除)特效，如图14.48所示。

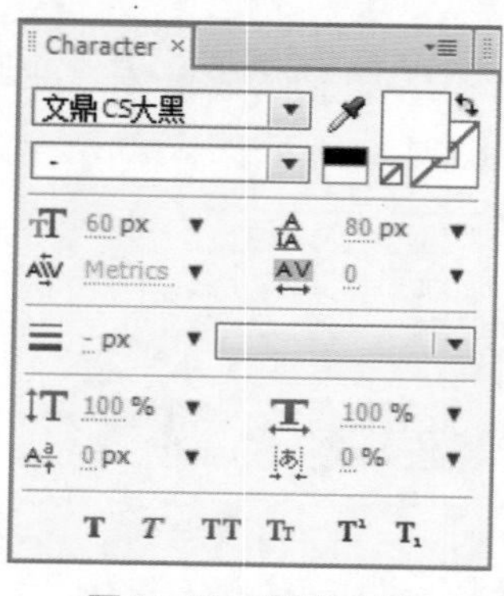

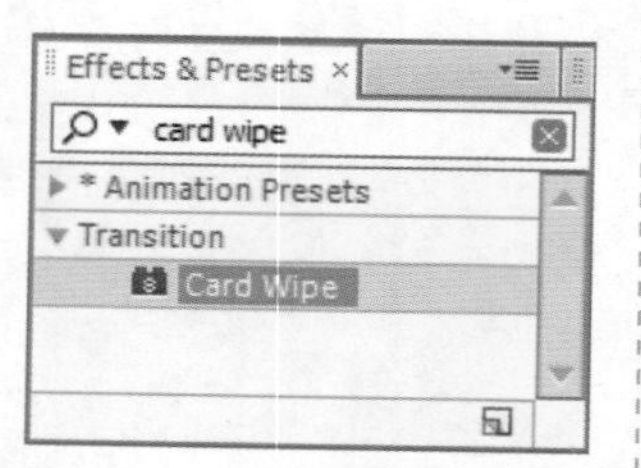

图14.47 字符面板　　图14.48 添加卡片擦除特效

(3) 选择文字层，在Effect Controls(特效控制)面板中修改Card Wipe(卡片擦除)特效参数，设置Rows(行)的值为1，Columns(列)的值为30，Card Scale(卡片缩放)的值为1，从Flip Axis(翻转轴)右侧的下拉列表框中选择Y选项，如图14.49所示。

(4) 选择文字层，在Effects & Presets(效果和预置)面板中展开Trapcode特效组，双击Starglow(星光)特效，如图14.50所示。

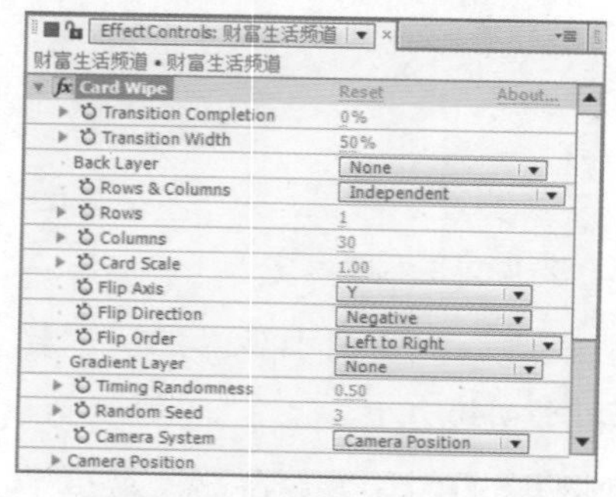

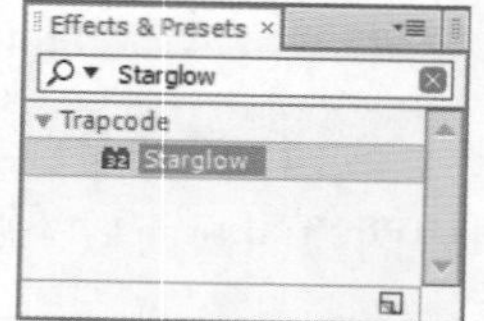

图14.49 设置Card Wipe(卡片擦除)特效参数　　图14.50 添加Starglow特效

(5) 在Effect Controls(特效控制)面板中修改Starglow(星光)特效参数，设置Preset(预设)为Warm Star 2(暖色星2)，Streak Length的值为12，如图14.51所示。

图14.51 设置Starglow特效的参数值

(6) 调整时间到00:00:02:00帧的位置，选择文字层，按Alt+“[”组合键，为文字层设置入点，如图14.52所示。

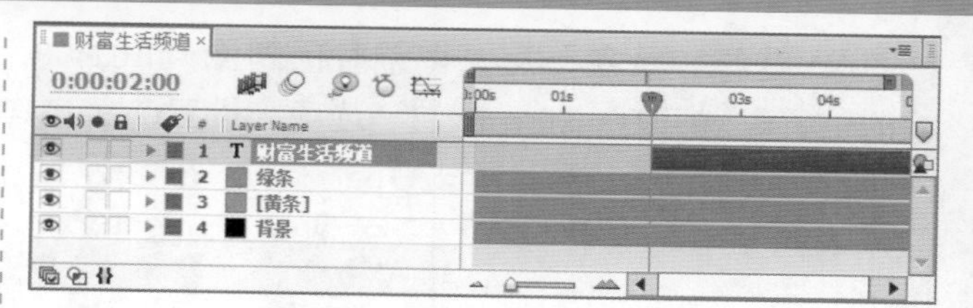

图14.52 为文字层设置入点

(7) 选择文字层，调整时间到00:00:02:00帧的位置，在Effects & Presets(效果和预置)面板中修改Card Wipe(卡片擦除)特效参数，设置Transition Completion(转换程度)的值为100%，并单击Transition Completion(转换程度)左侧的码表按钮，在此位置设置关键帧，如图14.53所示。

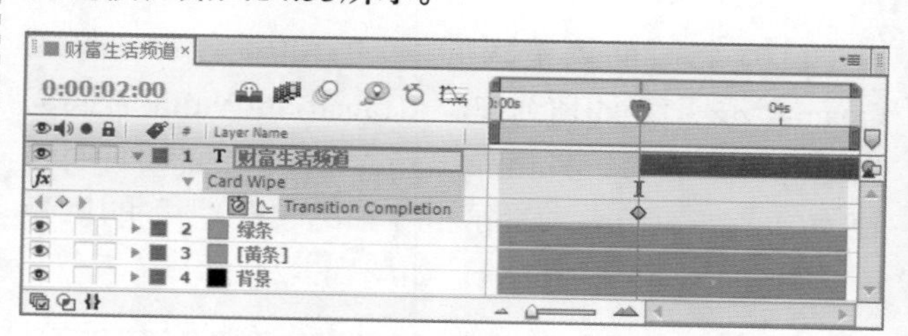

图14.53 在00:00:02:00帧添加关键帧

(8) 将时间调整到00:00:03:12帧位置，修改Transition Completion(转换程度)的值为0%，系统自动记录关键帧，如图14.54所示。

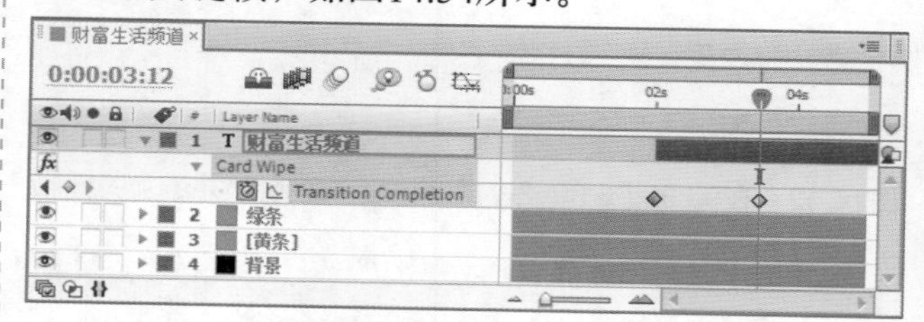

图14.54 在00:00:03:12帧添加关键帧

(9) 选择文字层，按Ctrl+D组合键，复制出文字层，重命名为“文字倒影”，展开Transform(转换)选项，取消缩放比例，设置Scale(缩放)的值为(100，–100%)、Opacity(透明度)的值为50%，如图14.55所示。

图14.55 设置Transform(转换)选项中的参数值

(10) 选择“文字倒影”层，单击工具栏中的Rectangle Tool(矩形工具)按钮，在“文字倒影”层绘制一个矩形蒙版，如图14.56所示。

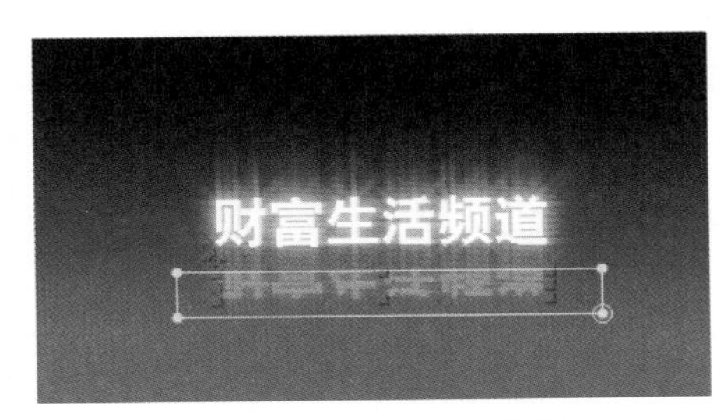

图14.56　绘制矩形蒙版

(11) 在时间线面板中展开“文字倒影”层下的Masks(遮罩)选项组，选中Inverted(反转)复选框，设置Mask Feather(遮罩羽化)的值为(33，33)，如图14.57所示。

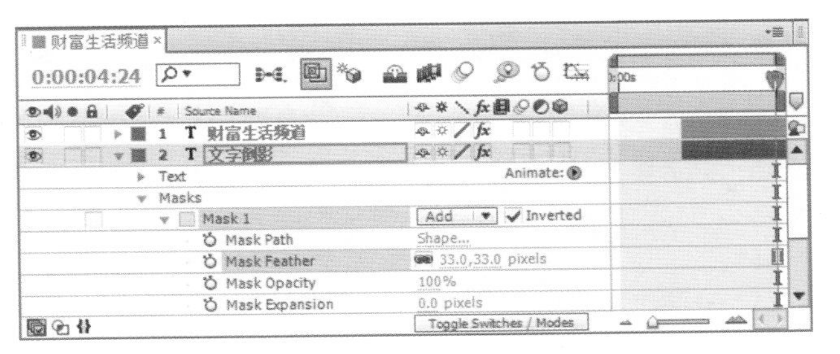

图14.57　遮罩羽化

(12) 这样就完成了财富生活频道的整体制作，按小键盘上的“0”键，在合成窗口预览动画。

AE

第15章 视频的渲染与输出设置

内容摘要

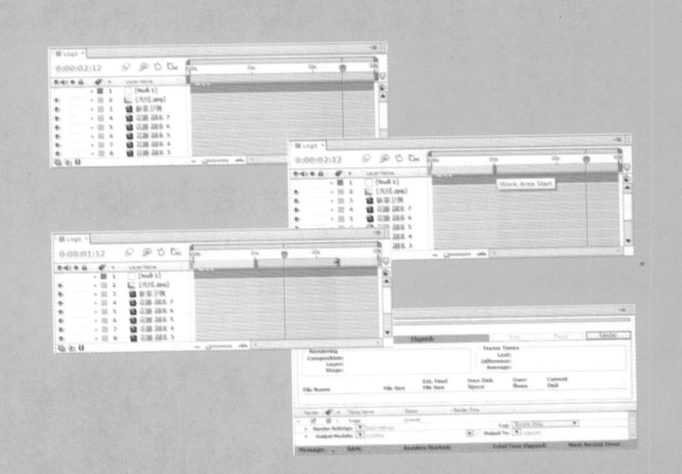

在影视动画的制作过程中，渲染是经常要用到的。一部制作完成的动画，要按照需要的格式渲染输出，制作成电影成品。渲染及输出的时间长度与影片的长度、内容的复杂程度、画面的大小等因素有关，不同的影片输出所需要的时间相差很大。本章就来讲解影片渲染和输出的相关设置。

教学目标

- 了解视频压缩的类别和方式
- 了解常见图像格式和音频格式的含义
- 学习渲染队列窗口的参数含义及使用
- 学习渲染模板和输出模块的创建
- 掌握常见动画及图像格式的输出

15.1 数字视频压缩

15.1.1 压缩的类别

视频压缩是视频输出工作中不可缺少的一部分，由于计算机硬件和网络传输速率的限制，在存储或传输视频时会出现文件过大的情况，为了避免这种情况，在输出文件的时候就会选择合适的方式对文件进行压缩，这样才能很好地解决传输和存储时出现的问题。压缩就是将视频文件的数据信息通过特殊的方式进行重组或删除，来达到减小文件大小的过程。压缩可以分为以下四种。

- 软件压缩：通过电脑安装的压缩软件来压缩，这是使用较为普遍的一种压缩方式。
- 硬件压缩：通过安装一些配套的硬件压缩卡来完成，它具有比软件压缩更高的效率，但成本较高。
- 有损压缩：在压缩的过程中，为了达到更小的空间，会丢失一部分数据或画面色彩。这种压缩可以更小地压缩文件，但会牺牲更多的文件信息。
- 无损压缩：它与有损压缩相反，在压缩过程中，不会丢失数据，但一般压缩的程度较小。

15.1.2 压缩的方式

压缩不是单纯地为了减小文件的大小，不能只管压缩而不计损失，要根据文件的类别来选择合适的压缩方式，这样才能更好地达到压缩的目的，常用的视频和音频压缩方式有以下几种。

- Microsoft Video 1：这种方式针对模拟视频信号进行压缩，是一种有损压缩方式。支持8位或16位的影像深度，适用于Windows平台。
- Intellndeo(R)Video R3.2：这种方式适合制作在CD-ROM中播放的24位的数字电影，和Microsoft Video 1相比，它能得到更高的压缩比和质量以及更快的回放速度。
- DivX MPEG-4(Fast-Motion) 和DivX MPEG-4(Low-Motion)：这两种压缩方式是After Effects增加的算法，它们压缩基于DivX播放的视频文件。
- Cinepak Codec by Radius：这种压缩方式可以压缩彩色或黑白图像，适合压缩24位的视频信号，制作用于CD-ROM播放或网上发布的文件。和其他压缩方式相比，利用它可以获得更高的压缩比和更快的回放速度，但压缩速度较慢，而且只适用于Windows平台。
- Microsoft RLE：这种方式适合压缩具有大面积色块的影像素材，例如动画或计算机合成图像等。它使用RLE(Spatial 8-bit run-length encoding)方式进行压缩，是一种无损压缩方案，适用于Windows平台。
- Intel Indeo5.10：这种方式适合于所有基于MMX技术或Pentium II以上处理器的计算机。它具有快速的压缩选项，并可以灵活设置关键帧，具有很好的回放效果。适用于Windows平台，作品适于网上发布。
- MPEG：在非线性编辑中最常用的是MJPEG算法，即Motion JPEG。它将视频信号50场/秒(PAL制式)变为25帧/秒，然后按照25帧/秒的速度使用JPEG算法对每一帧进行压缩。通常压缩倍数在3.5～5倍时可以达到Betacam的图像质量。MPEG算法是适用于动态视频的压缩算法，它除了对单幅图像进行编码外，还会利用图像序列中的相关原则，将冗余去掉，这样可以大大提高视频的压缩比。目前MPEG-I用于VCD节目中，MPEG-II用于 VOD、DVD节目中。

其他方式还有Planar RGB、Cinepak、Graphics、Motion JPEG A和 Motion JPEG B、DV NTSC和DV PAL、Sorenson、Photo-JPEG、H.263、Animation、None等。

15.2 图像格式

图像格式是指计算机表示、存储图像信息的格式，常用的格式有十多种。同一幅图像可以使用不同的格式来存储，不同的格式之间所包含的图像信息并不完全相同，文件大小也有很大的差别。用户在使用时可以根据自己的需要选用适当的格式。下面介绍常见的几种图像格式。

15.2.1 静态图像格式

1. PSD格式

Photoshop Document(PSD)是著名的Adobe公司

图像处理软件Photoshop的专用格式。PSD其实是Photoshop进行平面设计的一张"草稿图"，它里面包含图层、通道、遮罩等多种设计的样稿，以方便下次打开时修改上一次的设计。在Photoshop支持的各种图像格式中，PSD的存取速度比其他格式快很多，功能也很强大。由于Photoshop的应用越来越广泛，所以我们有理由相信，这种格式也会逐步流行起来。

2．BMP格式

BMP是标准的Windows和OS｜2的图像文件格式，是英文Bitmap(位图)的缩写。Microsoft的BMP格式是专门为"画笔"和"画图"程序建立的。这种格式支持1~24位颜色深度，使用的颜色模式有RGB、索引颜色、灰度和位图等，且与设备无关。但因为这种格式的特点是包含的图像信息较丰富，几乎不对图像进行压缩，所以导致了它与生俱来的缺点，即占用磁盘空间过大。正因为如此，目前BMP在单机上比较流行。

3．GIF格式

这种格式是由CompuServe提供的一种图像格式。由于GIF格式可以使用LZW方式进行压缩，所以被广泛用于通信领域和HTML网页文档中。不过，这种格式只支持8位图像文件。当选用该格式保存文件时，会自动转换成索引颜色模式。

4．JPEG格式

JPEG是一种带压缩的文件格式，其压缩率是目前各种图像文件格式中最高的。但是，JPEG在压缩时存在一定程度的失真，因此，在制作印刷品的时候最好不要用这种格式。JPEG格式支持RGB、CMYK和灰度颜色模式，但不支持Alpha通道。它主要用于图像预览和制作HTML网页。

5．TIFF

TIFF是Aldus公司专门为苹果电脑设计的一种图像文件格式，可以跨平台操作。TIFF格式的出现是为了方便应用软件之间进行图像数据的交换，其全名是"Tagged 图像 文件 格式"(标志图像文件格式)。TIFF格式支持RGB、CMYK、Lab、Indexed-颜色、位图模式和灰度的色彩模式，并且在RGB、CMYK和灰度三种色彩模式中还支持使用Alpha通道。TIFF格式独立于操作系统和文件，它对PC机和Mac机一视同仁，大多数扫描仪都输出TIFF格式的图像文件。

6．PCX

PCX文件格式是由Zsoft公司于20世纪80年代初期设计的，当时专用于存储该公司开发的PC Paintbrush绘图软件所生成的图像画面数据，后来成为MS－DOS平台下常用的格式。在DOS系统时代，这一平台下的绘图、排版软件都用PCX格式。进入Windows操作系统后，它已经成为PC机上较为流行的图像文件格式。

15.2.2　视频格式

1．AVI格式

AVI是Video for Windows视频文件的存储格式，它播放的视频文件的分辨率不高，帧频率小于25帧/秒(PAL制)或者30帧/秒(NTSC制)。

2．MOV

MOV原来是苹果公司开发的专用视频格式，后来移植到PC机上使用。MOV和AVI一样属于网络上的视频格式之一，在PC机上没有AVI普及，因为播放它需要专门的软件QuickTime。

3．RM

RM属于网络实时播放软件，其压缩比较大，视频和声音都可以压缩进RM文件里，并可用RealPlay播放。

4．MPG

MPG是压缩视频的基本格式，如VCD碟片，其压缩方法是将视频信号分段取样，然后忽略相邻各帧不变的画面，而只记录变化了的内容，因此其压缩比很大。这可以从VCD和CD的容量看出来。

5．DV文件

Premiere Pro支持DV格式的视频文件。

15.2.3　音频格式

1．MP3格式

MP3是现在非常流行的音频格式之一。它是将WAV文件以MPEG2的多媒体标准进行压缩，压缩后的体积只有原来的1/10甚至1/15，而音质基本保持不变。

2．WAV格式

WAV是Windows记录声音所用的文件格式。

3．MP4格式

MP4是在MP3的基础上发展起来的，其压缩比高于MP3。

4．MID格式

这种文件又叫MIDI文件，它们的体积都很小，一首十多分钟的音乐只有几十字节。

5．RA格式

RA的压缩比大于MP3，而且音质较好，可用RealPlay播放RA文件。

15.3 渲染工作区的设置

一部影片制作完成后需要将其渲染，而有些渲染的影片并不一定是整个工作区的影片，有时只需要渲染出其中的一部分，这就需要设置渲染工作区。

渲染工作区位于Timeline(时间线)面板，由Work Area Start(开始工作区)和Work Area End(结束工作区)两点控制渲染区域，如图15.1所示。

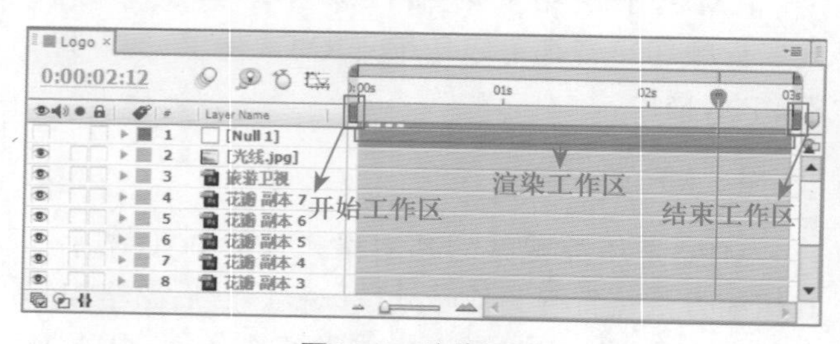

图15.1　渲染区域

15.3.1 手动调整渲染工作区

手动调整渲染工作区的操作很简单，只需要将开始和结束工作区的位置进行调整，就可以改变渲染工作区，具体操作如下。

(1) 在Timeline(时间线)面板中，将鼠标放在Work Area Start(开始工作区)位置，当鼠标指针变成双箭头时按住鼠标左键向左或向右拖动，即可修改开始工作区的位置，操作方法如图15.2所示。

(2) 用同样的方法，将鼠标放在Work Area End(结束工作区)位置，当鼠标指针变成双箭头时按住鼠标左键向左或向右拖动，即可修改结束工作区的位置，如图15.3所示。调整完成后，渲染工作区即被修改。

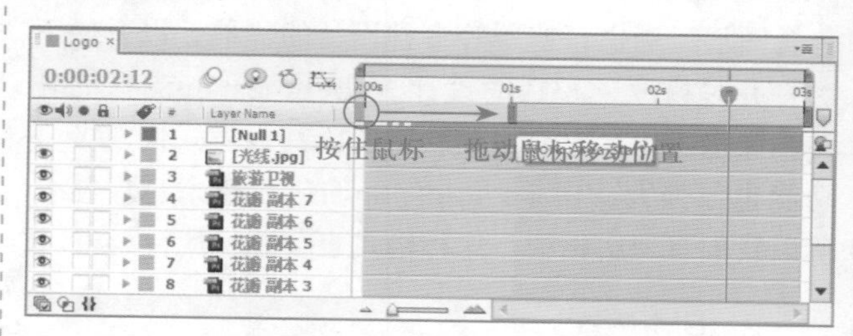

图15.2　调整开始工作区

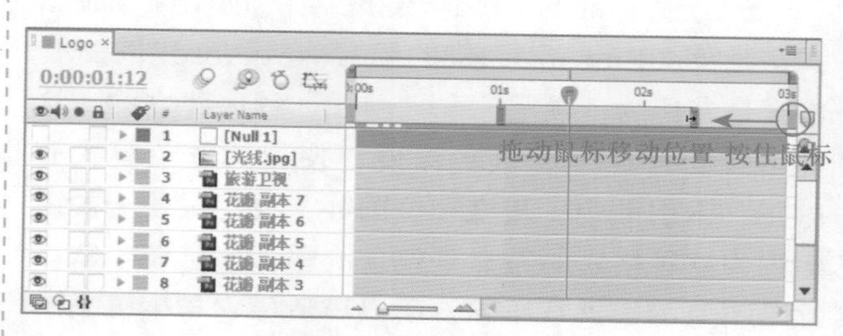

图15.3　调整结束工作区

在手动调整开始和结束工作区时，要想精确地控制开始或结束工作区的时间帧位置，可以先将时间设置到需要的位置，即将时间滑块调整到相应的位置，然后按住Shift键同时拖动开始或结束工作区，便可以以吸附的形式将其调整到时间滑块位置。

15.3.2 利用快捷键调整渲染工作区

除了前面讲过的手动调整渲染工作区的方法外，还可以利用快捷键来调整渲染工具区，具体操作如下。

(1) 在Timeline(时间线)面板中，拖动时间滑块到需要的时间位置，确定开始工作区时间位置，然后按B键，即可将开始工作区调整到当前位置。

(2) 在Timeline(时间线)面板中，拖动时间滑块到需要的时间位置，确定结束工作区时间位置，然后按N键，即可将结束工作区调整到当前位置。

在利用快捷键调整工作区时，要想精确地控制开始或结束工作区的时间帧位置，可以在时间编码位置单击，或按Alt + Shift + J快捷键，打开Go to Time对话框，在该对话框中输入相应的时间帧位置，然后再使用快捷键。

15.4　渲染队列窗口的启用

要进行影片的渲染，首先要启动渲染队列面板，启动后的Render Queue(渲染队列)面板如图15.4所示。可以通过以下两种方法来快速启动渲染队列面板。

- 选择某个合成文件，然后执行菜单栏中的File(文件)｜Export(输出)｜ Add to Render Queue(添加到渲染队列)命令，打开Render Queue(渲染队列)面板，设置好相关的参数后渲染输出即可。

技巧

按Ctrl + M组合键，可以快速执行Add to Render Queue(添加到渲染队列)命令。

- 选择某个合成文件，然后执行菜单栏中的Composition(合成)｜Add To Render Queue(添加到渲染队列)命令，或按Ctrl+M组合键，即可启动渲染队列面板。

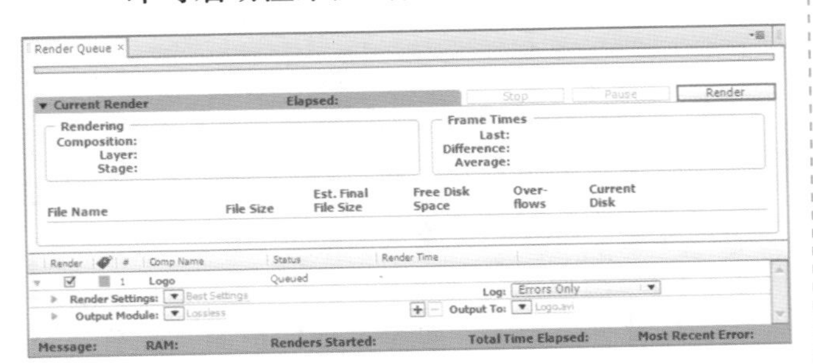

图15.4　Render Queue(渲染队列)面板

15.5　渲染队列面板参数详解

渲染队列面板可细分为3个部分：Current Render(当前渲染)、渲染组和All Renders(所有渲染)。下面详细讲述渲染队列面板中各参数的含义。

15.5.1　Current Render(当前渲染)

Current Renders(当前渲染)区显示了当前渲染的影片信息，包括队列的数量、内存使用量、渲染的时间和日志文件的位置等信息，如图15.5所示。

图15.5　Current Render(当前渲染)区

Current Render(当前渲染)区中各参数的含义如下。

- Rendering“Logo”：显示当前渲染的影片名称。
- Elapsed(用时)：显示渲染影片已经使用的时间。
- Est.Remain(估计剩余时间)：显示渲染整个影片估计使用的时间长度。
- 0:00:00:00(1)：该时间码“0:00:00:00”部分表示影片从第0帧开始渲染；“(1)”部分表示00帧作为输出影片的开始帧。
- 0:00:01:15(41)：该时间码“0:00:01:15”部分表示影片已经渲染1秒15帧；“(41)”中的41表示影片正在渲染第41帧。
- 0:00:02:24(75)：该时间表示渲染整个影片所用的时间。
- Render(渲染按钮)：单击该按钮，即可进行影片的渲染。
- Pause(暂停按钮)：在影片渲染过程中，单击该按钮，可以暂停渲染。
- Continue(继续按钮)：单击该按钮，可以继续渲染影片。
- Stop(停止按钮)：在影片渲染过程中，单击该按钮，将结束影片的渲染。

提示

在渲染过程中，可以单击Pause(暂停)按钮和Continue(继续)按钮转换。

展开Current Render(当前渲染)左侧的灰色三角形按钮，会显示Current Render(当前渲染)的详细资料，包括正在渲染的合成名称、正在渲染的层、影片的大小、输出影片所在的磁盘位置等资料，如图15.6所示。

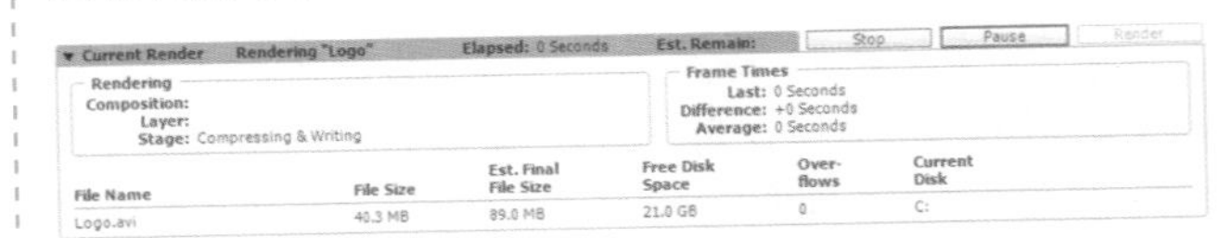

图15.6　Current Render Details(当前渲染详细资料)

Current Render Details(当前渲染详细资料)区各参数的含义如下。

- Composition(合成)：显示当前正在渲染的合成项目名称。
- Layer(层)：显示当前合成项目中，正在渲染的层。

- Stage(渲染进程)：显示正在渲染的内容，如特效、合成等。
- Last(最近的)：显示剩余时间。
- Difference(差异)：显示最近几秒时间中的差异。
- Average(平均值)：显示渲染时间的平均值。
- File Name(文件名)：显示影片输出的名称及文件格式。如“Logo.avi”，其中，“Logo”为文件名；“.avi”为文件格式。
- File Size(文件大小)：显示当前已经输出影片的文件大小。
- Est.Final File Size(估计最终文件大小)：显示估计完成影片的最终文件大小。
- Free Disk Space(空闲磁盘空间)：显示当前输出影片所在磁盘的剩余空间大小。
- OverFlows(溢出)：显示溢出磁盘的大小。当最终文件大于磁盘剩余空间时，这里将显示溢出大小。
- Current Disk(当前磁盘)：显示当前渲染影片所在的磁盘分区位置。

15.5.2 渲染组

渲染组显示了要进行渲染的合成列表，渲染的合成名称、状态、渲染时间等信息，并可通过参数修改渲染的相关设置，如图15.7所示。

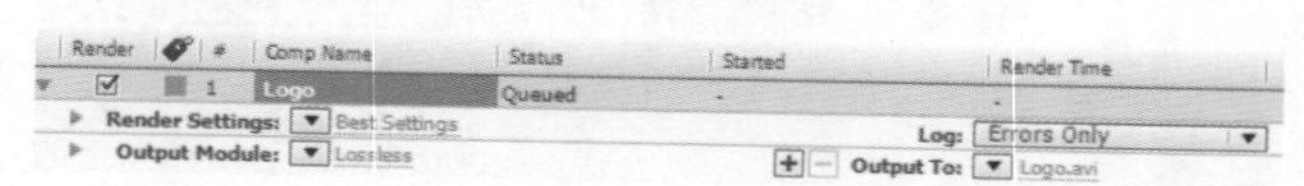

图15.7 渲染组

1. 渲染组合成项目的添加

要想进行多影片的渲染，就需要将影片添加到渲染组中，具体的操作方法有以下三种。

- 选择一个合成文件，然后执行菜单栏中的File(文件)｜Export(输出)｜ Add to Render Queue(添加到渲染队列)命令，或按Ctrl + M组合键。
- 选择一个或多个合成文件，然后执行菜单栏中的Composition(合成)｜ Add To Render Queue(添加到渲染队列)命令。
- 在Project(项目)面板中，选择一个或多个合成文件直接拖动到渲染组队列中。

2. 渲染组合成项目的删除

渲染组队列中，可以删除不再需要的合成项目。合成项目的删除有两种方法，具体操作如下。

- 在渲染组中，选择一个或多个要删除的合成项目(这里可以使用Shift和Ctrl键来多选)，然后执行菜单栏中的Edit(编辑)｜ Clear(清除)命令。
- 在渲染组中，选择一个或多个要删除的合成项目，然后按Delete键。

3. 修改渲染顺序

如果有多个渲染合成项目，系统默认是从上向下依次渲染影片，如果想修改渲染的顺序，可以将影片进行位置的移动，移动方法如下。

(1) 在渲染组中，选择一个或多个合成项目。

(2) 按住鼠标左键拖动合成到需要的位置，当有一条粗黑的长线出现时，释放鼠标即可移动合成位置。操作方法如图15.8所示。

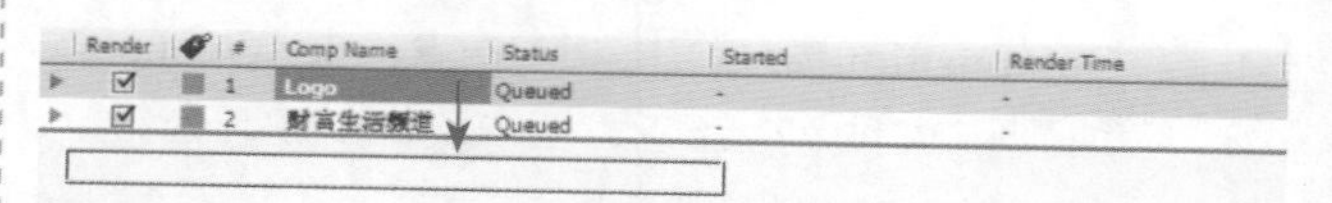

图15.8 移动合成位置

4. 渲染组标题的参数含义

渲染组标题中包括渲染、标签、序号、合成名称和状态等，对应的参数含义如下。

- Render(渲染)：设置影片是否参与渲染。在影片没有渲染前，每个合成的前面，都有一个复选框标记，选中该复选框☑，表示该影片参与渲染，在单击Render(渲染)按钮后，影片会按从上向下的顺序逐一进行渲染。如果某个影片没有选中，则不进行渲染。
- (标签)：对应灰色的方块，用来为影片设置不同的标签颜色，单击某个影片前面的土黄色方块■，将打开一个菜单，可以为标签选择不同的颜色，包括Sunset(晚霞色)、Yellow(黄色)、Aqua(浅绿色)、Pink(粉红色)、Lavender(淡紫色)、Peach(桃色)、Sea Foam(海澡色)、Blue(蓝色)、Green(绿色)、Purple(紫色)、Orange(橙色)、Brown(棕色)、Fuchsia(紫红色)、Cyan(青绿色)和Sandstone(土黄色)，如图15.9所示。
- #(序号)：对应渲染队列的排序，如1、2等。

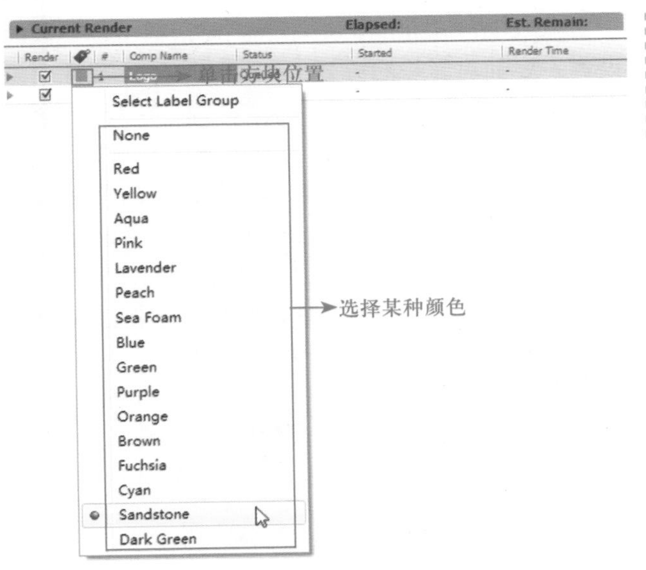

图15.9 标签颜色菜单

- Comp Name(合成名称)：显示渲染影片的合成名称。
- Status(状态)：显示影片的渲染状态。一般包括5种，Unqueued(不在队列中)，表示渲染时忽略该合成，只有选中其前面的复选框，才可以渲染；User Stopped(用户停止)，表示在渲染过程中单击Stop按钮即停止渲染；Done(完成)，表示已经完成渲染；Rendering(渲染中)，表示影片正在渲染中；Queued(队列)，表示选中了合成前面的复选框，正在等待渲染的影片。
- Started(开始)：显示影片渲染的开始时间。
- Render Time(渲染时间)：显示影片已经渲染的时间。

15.5.3 渲染信息

All Renders(所有渲染)区显示了当前渲染的影片信息，包括队列的数量、内存使用量、渲染的时间和日志文件的位置等信息，如图15.10所示。

Message: Renderi... RAM: 14% used of 2.0 GB Renders Started: 2010/5/26, 10:05:38 Total Time Elapsed: 1 Seconds Most Recent Error: C:\U...

图15.10 All Renders(所有渲染)区

All Renders(所有渲染)区中各参数的含义如下。

- Message(信息)：显示渲染影片的任务及当前渲染的影片。如图中的“Rendering 1 of 1”表示当前渲染的任务影片有1个，正在渲染第1个影片。
- RAM(内存)：显示当前渲染影片的内存使用量。如图中“14% used of 2GB”表示渲染影片2GB内存使用14%。
- Renders Started(开始渲染)：显示开始渲染影片的时间。
- Total Time Elapsed(已用时间)：显示渲染影片已经使用的时间。
- Most Resent Error(更多渲染错误)：显示出现错误的次数。

15.6 设置渲染模板

在应用渲染队列面板渲染影片时，可以对渲染影片应用软件提供的渲染模板，这样可以更快捷地渲染出需要的影片效果。

15.6.1 更改渲染模板

在渲染组中，提供了几种常用的渲染模板，可以根据自己的需要，直接使用现有模板来渲染影片。

在渲染组中，展开合成文件，单击Render Settings(渲染设置)右侧的▼按钮，将打开渲染设置菜单，并在展开区域中显示当前模板的相关设置，如图15.11所示。

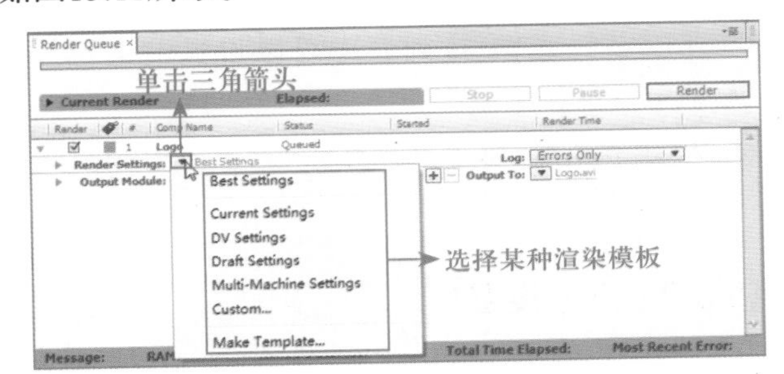

图15.11 渲染菜单

在渲染菜单中显示了几种常用的模板，通过移动鼠标并单击，可以选择需要的渲染模板，各模板的含义如下。

- Best Settings(最佳设置)：以最好质量渲染当前影片。
- Current Settings(当前设置)：使用在合成窗口中的参数设置。
- DV Settings(DV设置)：以符合DV文件的设置渲染当前影片。
- Draft Settings(草图设置)：以草稿质量渲染影片，一般为了测试观察影片的最终效果时用。
- Multi-Machine Setting(多机器联合设置)：可以在多机联合渲染时，各机分工协作进行渲染设置。

- Custom(自定)：自定义渲染设置。选择该项将打开Render Settings(渲染设置)对话框。
- Make Template(制作模板)：用户可以制作自己的模板。选择该项，可以打开Render Settings Templates(渲染模板设置)对话框。

单击Output Module(输出模块)右侧的按钮，可以选择不同的输出模块，如图15.12所示。

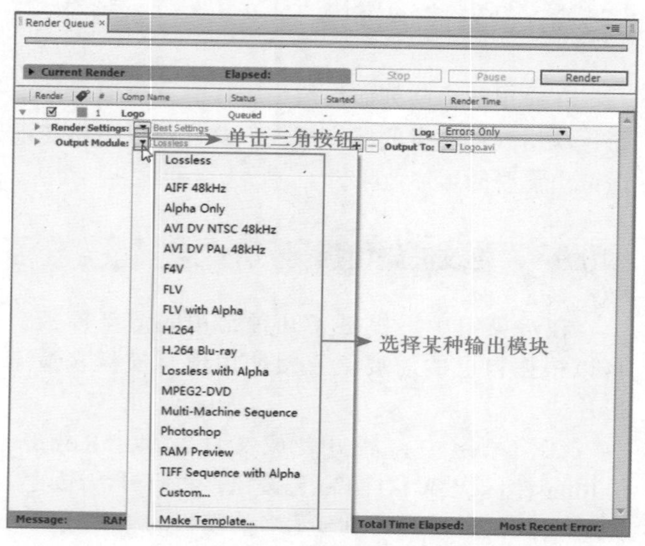

图15.12　输出模块菜单

在Log(日志)下拉列表中可以设置渲染影片的日志显示信息。

在Output To(输出到)下拉列表中可以设置输出影片的位置和名称。

15.6.2　渲染设置

在渲染组中，单击Render Settings(渲染设置)右侧的按钮，打开渲染设置菜单，然后选择Custom(自定)命令，或直接单击右侧的蓝色文字，将打开Render Settings(渲染设置)对话框，如图15.13所示。

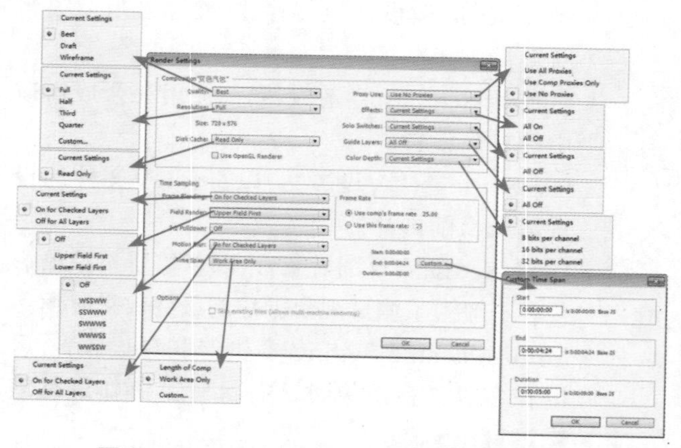

图15.13　Render Settings(渲染设置)对话框

在Render Settings(渲染设置)对话框中，参数的设置主要针对影片的质量、解析度、影片尺寸、磁盘缓存、音频特效、时间采样等方面，具体的含义如下。

- Quality(质量)：设置影片的渲染质量，包括Best(最佳质量)、Draft(草图质量)和Wireframe(线框质量)3个选项。对应层中的设置。
- Resolution(分辨率)：设置渲染影片的分辨率，包括Full(全尺寸)、Half(半尺寸)、Third(三分之一尺寸)、Quarter(四分之一尺寸)、Custom(自定义尺寸)5个选项。
- Size(尺寸)：显示当前合成项目的尺寸大小。
- Disk Cache(磁盘缓存)：设置是否使用缓存设置，如果选择Read Only(只读)选项，表示采用缓存设置。Disk Cache(磁盘缓存)可以通过选择Edit(编辑)｜Preferences(参数设置)｜Memory & Cache(内存与缓存)来设置，前面的章节中已经讲述过，这里不再赘述。
- Proxy Use(使用代理)：设置影片渲染的代理。包括Use All Proxies(使用所有代理)、Use Comp Proxies Only(只使用合成项目中的代理)、Use No Proxies(不使用代理)3个选项。
- Effects(特效)：设置渲染影片时是否关闭特效，包括All On(渲染所有特效)、All Off(关闭所有的特效)。对应层中的设置。
- Solo Switches(独奏开关)：设置渲染影片时是否关闭独奏。选择All Off(关闭所有)将关闭所有独奏。对应层中的设置。
- Guide Layers(辅助层)：设置渲染影片是否关闭所有辅助层。选择All Off(关闭所有)将关闭所有辅助层。
- Color Depth(颜色深度)：设置渲染影片的每一个通道颜色深度为多少位色彩深度，包括8 bits per Channel(8位每通道)、16 bits per Channel(16位每通道)、32 bits per Channel(32位每通道)3个选项。
- Frame Blending(帧融合)：设置帧融合开关，包括On For Checked Layers(打开选中帧融合层)和Off For All Layers(关闭所有帧融合层)两个选项。对应层中的设置。
- Field Render(场渲染)：设置渲染影片时，是否使用场渲染，包括Off(不加场渲染)、

Upper Field First(上场优先渲染)、Lower Field First(下场优先渲染)3个选项。如果渲染非交错场影片，选择Off选项；如果渲染交错场影片，选择上场或下场优先渲染。

- 3:2 Pulldown(3:2折叠)：设置3:2下拉的引导相位法。
- Motion Blur(运动模糊)：设置渲染影片运动模糊是否使用。包括On For Checked Layers(打开选中运动模糊层)和Off For All Layers(关闭所有运动模糊层)两个选项。对应层中的◎设置。
- Time Span(时间范围)：设置有效的渲染片段，包括Length Of Comp(整个合成时间长度)、Work Area Only(只渲染工作时间段)和Custom(自定义)3个选项。如果选择Custom(自定义)选项，也可以单击右侧的Custom按钮，打开Custom Time Span(自定义时间范围)对话框，设置渲染的时间范围。
- Use Comp's Frame rate：使用合成影片中的帧速率，即创建影片时设置的合成帧速率。
- Use this frame rate(使用指定帧速率)：可以在右侧的文本框中输入一个新的帧速率，渲染影片将按这个新指定的帧速率进行渲染输出。
- Use Storage overflow(使用存储溢出)：选中该复选框，可以使用AE的溢出存储功能。当AE渲染的文件使磁盘剩余空间达到一个指定限度时，After Effects 将视该磁盘已满，这时，可以利用溢出存储功能，将剩余的文件继续渲染到另一个指定的磁盘中。存储溢出可以通过选择Edit(编辑)｜Preferences(参数设置)｜Output(输出)命令设置。
- Skip Existing Files(跳过现有文件)：在渲染影片时，只渲染丢失的文件，不再渲染以前渲染过的文件。

15.6.3　创建渲染模板

如果现有模板不能满足用户的需要，可以自定义渲染模板，并将其保存起来，在以后的应用中，就可以直接调用了。

执行菜单栏中的Edit(编辑)｜Templates(模板)｜Render Settings(渲染设置)命令，或单击Render Settings(渲染设置)右侧的▼按钮，打开渲染设置菜单，选择Make Template(制作模板)命令，打开Render Setting Templates(渲染模板设置)对话框，如图15.14所示。

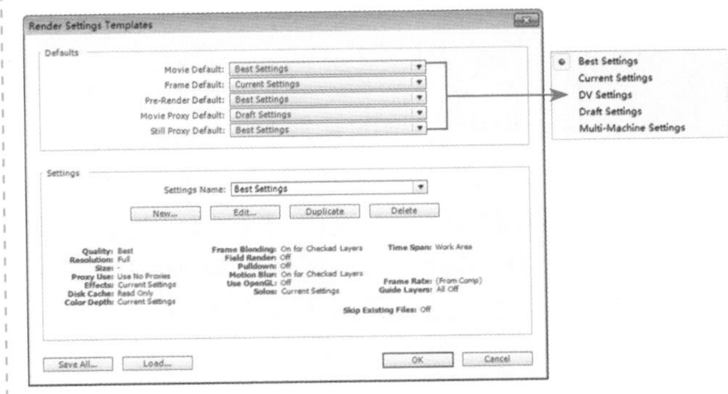

图15.14　Render Setting Templates对话框

Render Setting Templates(渲染模板设置)对话框中各参数的含义如下。

- Movie Default(默认影片)：可以从右侧的下拉列表中，选择一种默认的影片模板。
- Frame Default(默认帧)：可以从右侧的下拉列表中，选择一种默认的帧模板。
- Pre-Render Default(默认预览)：可以从右侧的下拉菜单中，选择一种默认的预览模板。
- Movie Proxy Default(默认影片代理)：可以从右侧的下拉列表中，选择一种默认的影片代理模板。
- Still Proxy Default(默认静态代理)：可以从右侧的下拉列表中，选择一种默认的静态图片模板。
- Settings Name(设置名称)：可以在右侧的文本框中，输入设置名称，也可以通过单击右侧的▼按钮，从打开的菜单中选择一个名称。
- New...(新建按钮)：单击该按钮，将打开Render Settings(渲染设置)对话框，创建一个新的模板并设置新模板的相关参数。
- Edit...(编辑按钮)：通过Settings Name(设置名称)选项，选择一个要修改的模板名称，然后单击该按钮，可以对当前的模板进行再次修改。
- Duplicate(复制按钮)：单击该按钮，可以将当前选择的模板复制出一个副本。
- Delete(删除按钮)：单击该按钮，可以将当前选择的模板删除。
- Save All...(保存全部)：单击该按钮，可以将模板存储为一个后缀为.ars的文件，便于以后的使用。

- Load...(载入按钮)：将后缀为.ars的模板载入使用。

15.6.4 创建输出模块模板

执行菜单栏中的Edit(编辑) | Templates(模板) | Output Module(输出模块)命令，或单击Output Module(输出模块)右侧的▼按钮，打开输出模块菜单，选择Make Template(制作模板)命令，打开Output Module Templates(输出模块模板)对话框，如图15.15所示。

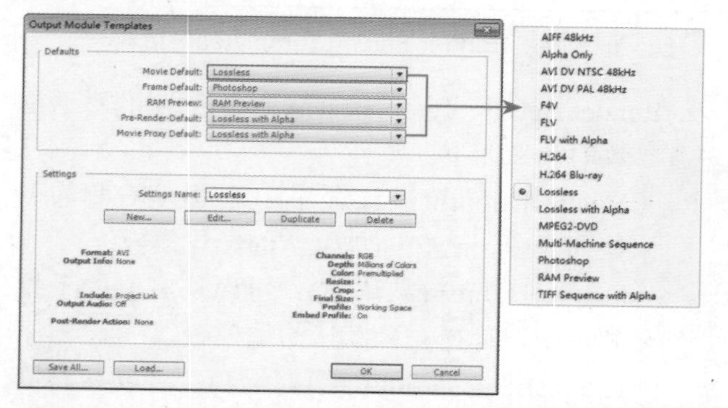

图15.15 Output Module Templates(输出模块模板)对话框

在Output Module Templates(输出模块模板)对话框中，参数的设置主要针对影片的默认影片、默认帧、模板的名称、编辑、删除等方面，具体的含义与模板的使用方法相同，这里只讲解几种格式的含义。

- AIFF 48kHz：输出AIFF格式的音频文件，本格式不能输出图像。
- Alpha Only(仅Alpha通道)：只输出Alpha通道。
- Lossless(无损的)：输出的影片为无损压缩。
- Lossless with Alpha(带Alpha通道的无损压缩)：输出带有Alpha通道的无损压缩影片。
- Multi-Machine Sequence(多机器联合序列)：在多机联合的情况下输出多机序列文件。
- Photoshop(Photoshop 序列)：输出Photoshop的PSD格式序列文件。
- RAM Preview(内存预览)：输出内存预览模板。

15.7 影片的输出

当一个视频或音频文件制作完成后，就要将最终的结果输出。After Effects CS6提供了多种输出方式，可以通过不同的设置，快速输出需要的影片。

执行菜单栏中的File(文件) | Export(输出)命令，将打开Export(输出)子菜单，从中选择需要的格式，即可输出影片。其中几种常用格式的含义如下。

- Add to Render Queue(添加到渲染队列)：可以将影片添加到渲染队列中。
- Adobe Flash Player(SWF)：输出SWF格式的Flash动画文件。
- Adobe Flash Professional(XFL)：可以直接将其输入成网页动画。
- Adobe Premiere Pro Project：该项可以输出用于Adobe Premiere Pro软件打开并编辑的项目文件，这样，After Effects与Adobe Premiere Pro之间便可以更好地转换使用。

15.7.1 SWF格式文件输出设置

SWF是网页中较常用的一种文件格式，一般由Flash软件制作，这里来讲解利用After Effects 软件输出SWF格式动画的方法。

(1) 确认选择要输出的合成项目。

(2) 执行菜单栏中的File(文件) | Export(输出) | Macromedia Flash(SWF)命令，打开“另存为”对话框，如图15.16所示。

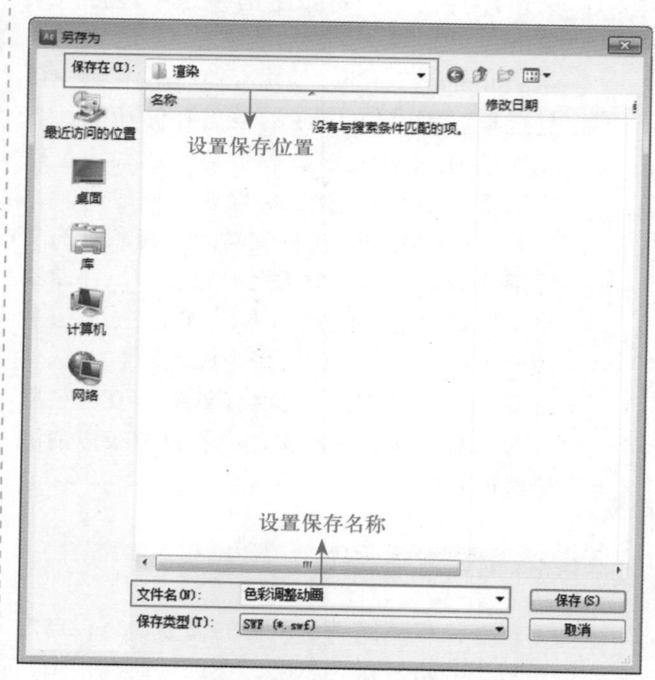

图15.16 “另存为”对话框

(3) 在“另存为”对话框中，设置合适的文件名称及保存位置，然后单击“保存”按钮，打开SWF Settings(SWF设置)对话框，如图15.17所示，其中各参数的含义如下。

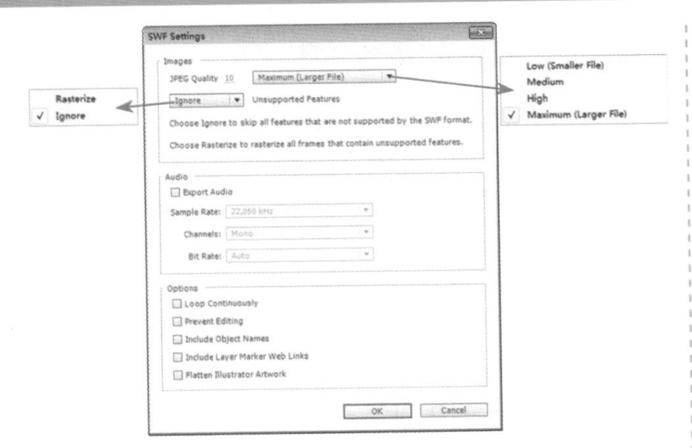

图15.17　SWF Settings(SWF设置)对话框

- JPEG Quality(图像质量)：设置SWF动画的质量。可以通过直接输入数值来修改图像质量，值越大，质量也就越好。还可以直接通过选项来设置图像质量，包括Low(低)、Medium(中)、High(高)和Maximum(最佳)4个选项。
- Unsupported Features(不支持特性)：该项是对SWF格式文件不支持的调整方式。包括Ignore(忽略)，表示忽略不支持的效果；Rasterize(栅格化)，表示将不支持的效果栅格化，保留特效。
- Audio(音频)：该选项组主要对输出的SWF格式文件的音频质量进行设置。
- Loop Continuously(循环播放)：选中该复选框，可以将输出的SWF文件连续热循环播放。
- Prevent Editing(防止编辑)：选中该复选框，可以防止编辑程序文件。
- Include Object Names(包含对象名称)：选中该复选框，可以保留输出的对象名称。
- Include Layer Marker Web Links(包含层链接信息)：选中该复选框，将保留层中标记的网页链接信息，可以直接将文件输出到互联网上。
- Flatten Illustrator Artwork：如果合成项目中有固态层或Illustrator素材，建议选中该复选框。

(4) 参数设置完成后，单击OK(确定)按钮，将打开Exporting对话框，表示影片正在输出中，输出完成后即完成SWF格式文件的输出。从输出的文件位置，可以看到.htm和.swf两个文件。

15.7.2　输出SWF格式文件

前面讲解了输出SWF格式的基础知识，下面通过实例将位移跟踪动画输出成SWF格式文件，操作方法如下。

(1) 打开工程文件。运行After Effects CS6软件，执行菜单栏中的File(文件)｜Open Project(打开项目)命令，弹出“打开”对话框，选择配书光盘中的“工程文件＼第14章\电视台标艺术表现\电视台台标艺术表现.aep”文件，如图15.18所示。

图15.18　打开工程文件

(2) 执行菜单栏中的File(文件)｜Export(输出)｜Adobe Flash Player(SWF)命令，打开“另存为”对话框，如图15.19所示。

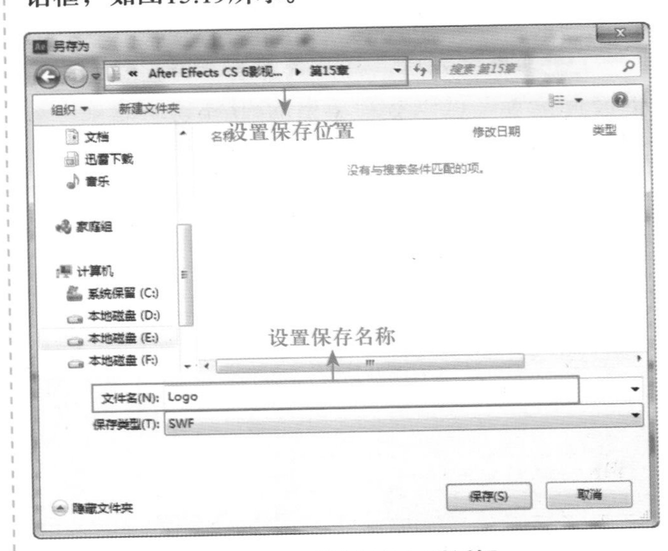

图15.19　“另存为”对话框

(3) 设置合适的文件名称及保存位置，然后单击“保存”按钮，打开SWF Settings(SWF设置)对话框。一般在网页中，动画都是循环播放的，所以这里要选中Loop Continuously(循环播放)复选框，如图15.20所示。

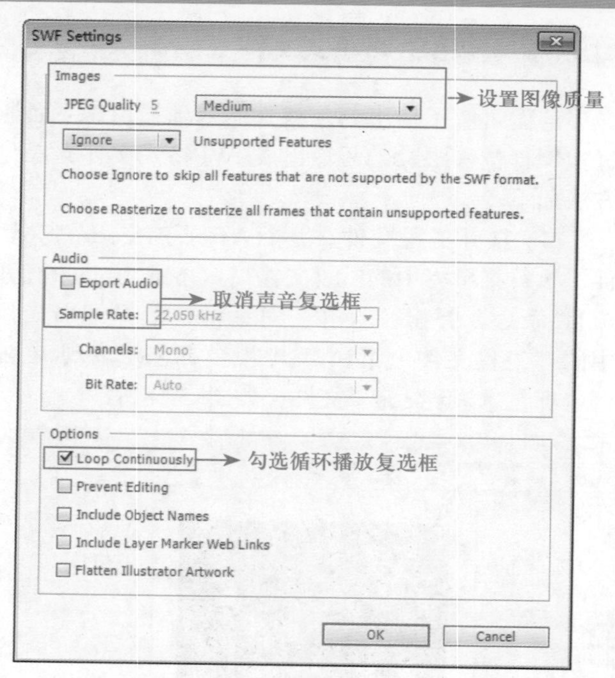

图15.20　SWF Settings(SWF设置)对话框

(4) 参数设置完成后，单击OK(确定)按钮，完成输出设置，此时，会弹出一个输出对话框，显示输出的进程信息，如图15.21所示。

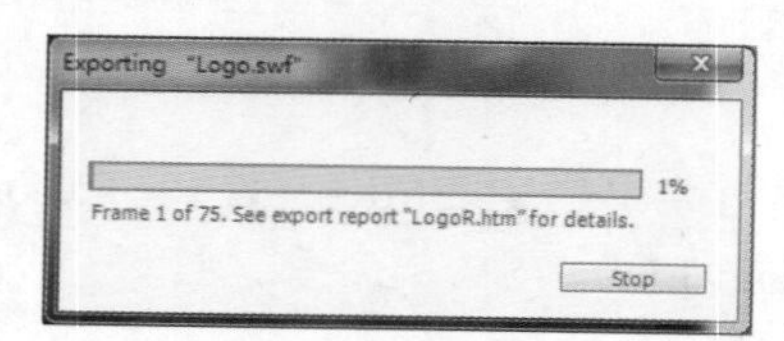

图15.21　输出进程

(5) 输出完成后，打开资源管理器，找到输出的文件位置，可以看到输出的Flash动画效果，如图15.22所示。

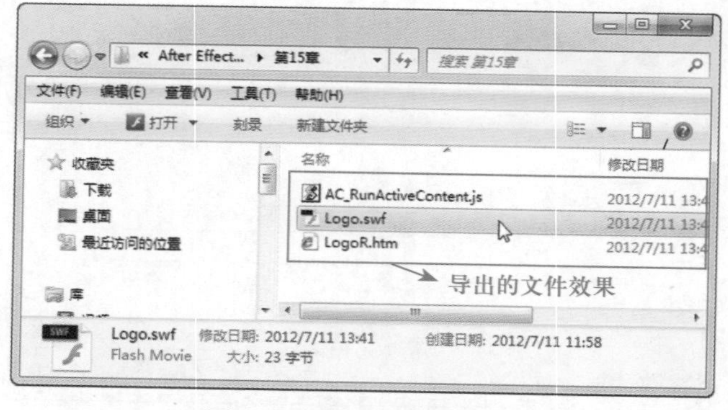

图15.22　输出的文件效果

提示

在双击“运动的足球.swf”文件后，如果读者本身电脑中没有安装Flash播放器，将不能打开该文件，可以安装一个播放器后再进行浏览。

15.7.3　输出AVI格式文件

前面讲解了SWF文件格式的输出方法，下面来讲解另一种常见的AVI格式文件的输出方法。

(1) 打开工程文件。运行After Effects CS6软件，执行菜单栏中的File(文件)｜Open Project(打开项目)命令，弹出“打开”对话框，选择配书光盘中的“工程文件\第14章\财富生活频道\财富生活频道.aep”文件。

(2) 选择时间线面板，执行菜单栏中的Composition(合成)｜Add to Render Queue(添加到渲染队列)命令，打开Render Queue(渲染队列)面板，如图15.23所示。

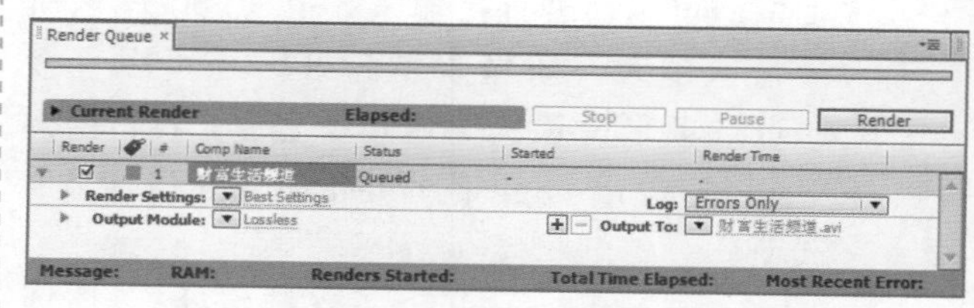

图15.23　Render Queue(渲染队列)面板

(3) 单击Output Module(输出模块)右侧lossless(无损)的文字部分，打开Output Module Settings(输出模块设置)对话框，在Format(格式)右侧的下拉列表中，选择AVI格式，单击OK(确定)按钮，如图15.24所示。

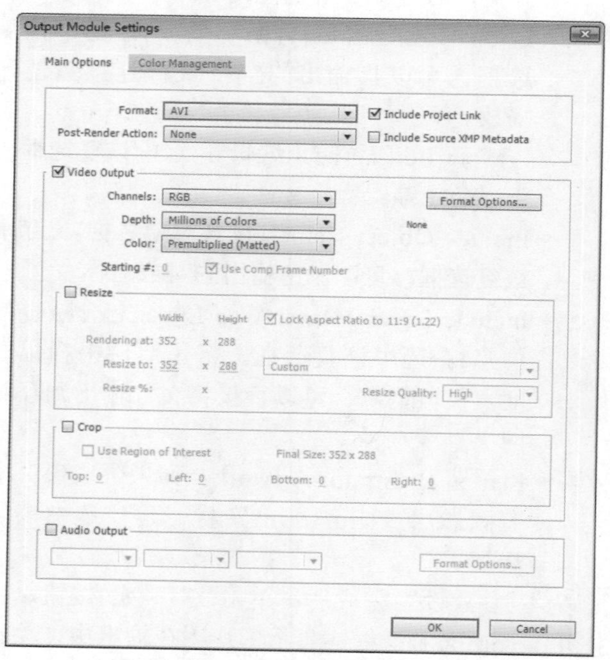

图15.24　“输出模块设置”对话框

(4) 单击Output To(输出到)右侧的文件名称，打开Output Movie To(输出影片到)对话框，选择输出文件放置的位置，如图15.25所示。

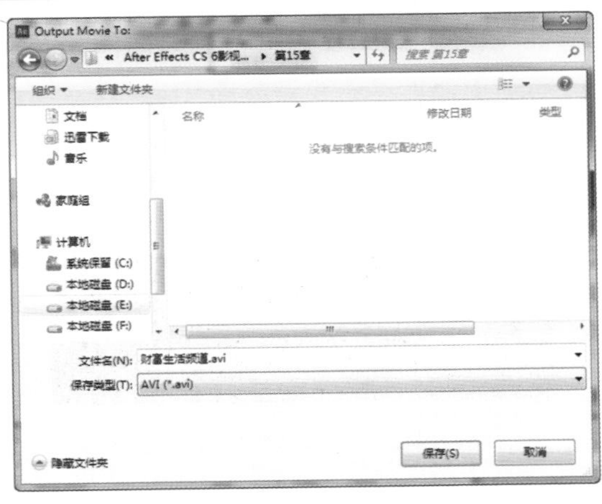

图15.25　“输出影片到”对话框

(5) 输出的路径设置好后，单击Render(渲染)按钮，开始渲染影片，渲染过程中Render Queue(渲染队列)面板上方的进度条会有进度显示，渲染完毕后会有声音提示，如图15.26所示。

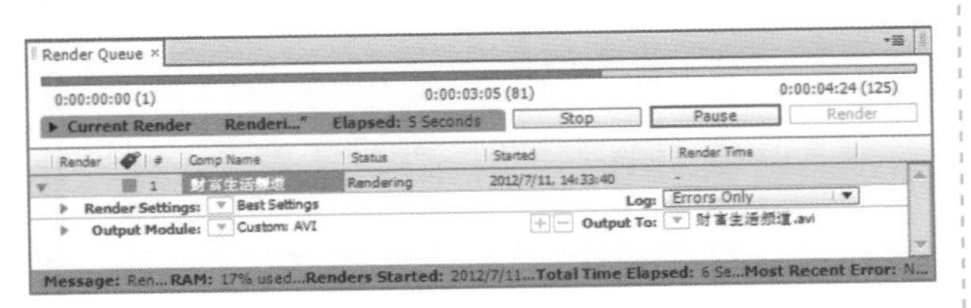

图15.26　影片渲染中

(6) 渲染完毕后，在路径设置的文件夹里可找到AVI格式文件，如图15.27所示。双击该文件，可在播放器中打开影片，如图15.28所示。

图15.27　输出的文件效果

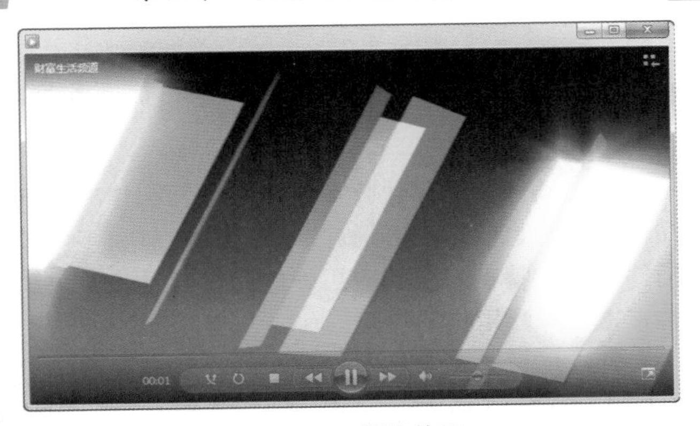

图15.28　播放效果

15.7.4　输出单帧静态图像

整个影片中，有时可能需要输出其中某一帧的图像，这时，就可以应用单帧输出图像的方法来操作。

(1) 在Timeline(时间线)面板中，确认选择要输出的合成项目。

(2) 执行菜单栏中的Composition(合成)｜Save Frame As(单帧另存为)｜File(文件)命令，在渲染队列中设置相应的名称和存储路径。

(3) 单击Render(渲染)按钮，如图15.29所示。

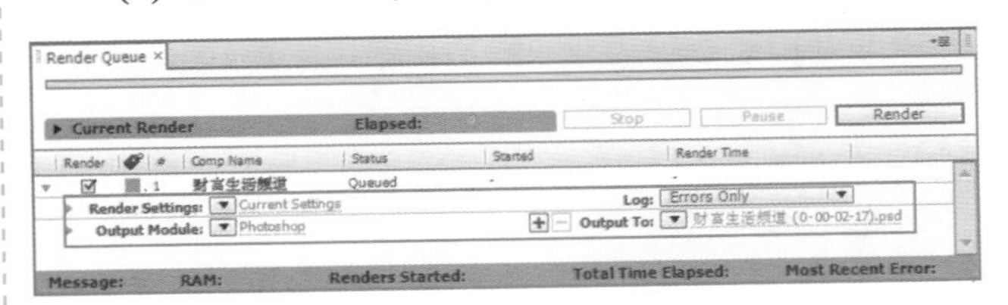

图15.29　渲染单帧

附录A After Effects CS6 外挂插件的安装

外挂插件就是其他公司或个人开发制作的特效插件，有时也叫第三方插件。外挂插件有很多内置插件没有的特点，它的应用一般比较容易，效果比较丰富，深受用户的喜爱。

外挂插件不是软件本身自带的，它需要用户自行购买。After Effects CS6有众多的外挂插件，正是有了这些神奇的外挂插件，使得该软件的非线性编辑功能更加强大。

在After Effects CS6的安装目录下，有一个名为Plug-ins的文件夹，这个文件夹就是用来放置插件的。插件的安装分为两种，下面分别进行介绍。

1．后缀为.aex

有些插件本身不带安装程序，只是一个后缀为.aex的文件，这样的插件，只需要将其复制、粘贴到After Effects CS6安装目录下的Plugins文件夹中，然后重新启动软件，即可在Effects & Presets(效果和预置)面板中找到该插件特效。

如果安装软件时，使用的是默认安装方法，Plug-ins文件夹的位置应该是C:\Program Files\Adobe\Adobe After Effects CS6\Support Files\Plug-ins。

2．后缀为.exe

这样的插件为安装程序文件，可以将其按照安装软件的方法进行安装，这里以安装Shine(光)插件为例，详解插件的安装方法。

(1) 双击安装程序，即双击后缀为.exe的Shine文件，如图A-1所示。

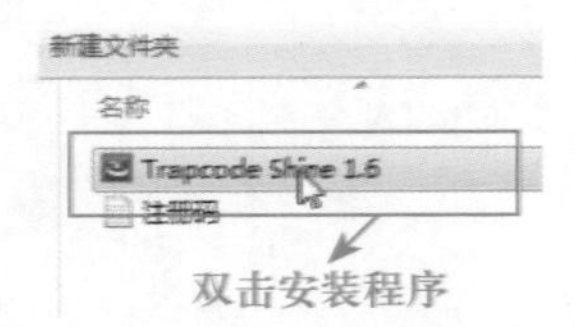

图A-1 双击安装程序

(2) 双击安装程序后，会弹出安装对话框，单击Next(下一步)按钮，弹出确认接受信息，单击OK(确定)按钮，进入如图A-2所示的注册码输入或试用对话框，在该对话框中，选中Install Demo Version单选按钮，将安装试用版；选中Enter Serial Number单选按钮将激活下方的文本框，在其中输入注册码后，Done按钮将自动变成可用状态，单击该按钮后，将进入如图A-3所示的选择安装类型对话框。

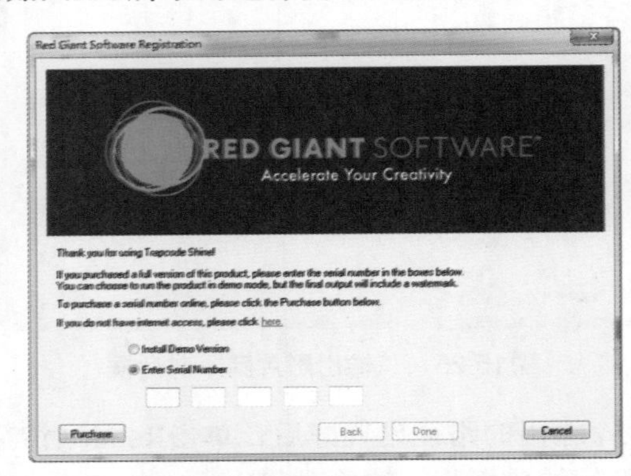

图A-2 试用或输入注册码

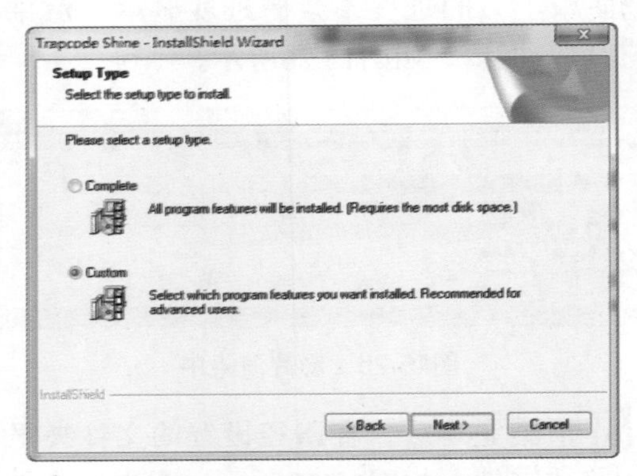

图A-3 选择安装类型对话框

(3) 在选择安装类型对话框中有两个单选按钮，Complete单选按钮表示电脑默认安装，不过为了安装的位置不会出错，一般选中Custom单选按钮，以自定义的方式进行安装。

(4) 选中Custom单选按钮后，单击Next(下一步)按钮进入图A-4所示的选择安装路径对话框，在该对话框中单击Browse按钮，将打开如图A-5所示的Choose Folder对话框，可以从下方的位置选择要安装的路径位置。

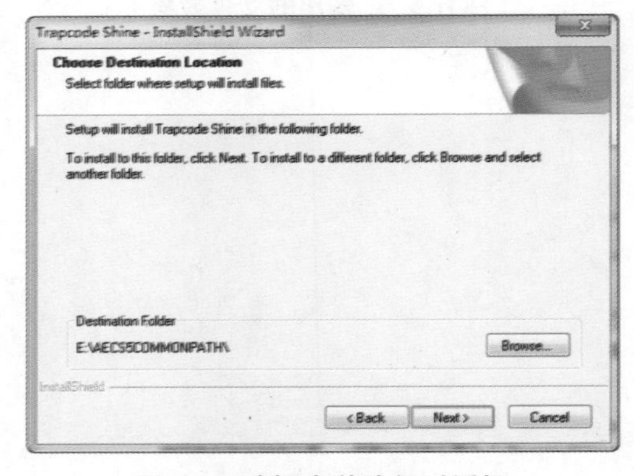

图A-4 选择安装路径对话框

图A-5 Choose Folder对话框

(3) 依次单击“确定”、Next(下一步)按钮，插件会自动完成安装。

(4) 安装完插件后，重新启动After Effects CS6软件，在Effects & Presets(效果和预置)面板中展开Trapcode选项，即可看到Shine(光)特效，如图A-6所示。

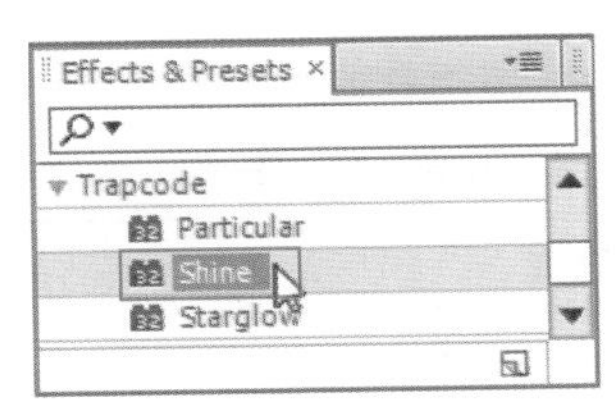

图A-6 Shine(光)特效

3．外挂插件的注册

如果安装时没有输入注册码，而是使用的试用版，则只能试用不能输出，可以在安装后再对其注册，注册的方法很简单，下面还是以Shine(光)特效为例进行讲解。

(1) 安装完特效后，在Effects & Presets(效果和预置)面板中展开Trapcode选项，然后双击Shine(光)特效，为某个层应用该特效。

(2) 应用完该特效后，在Effect Controls(特效控制)面板中即可看到Shine(光)特效，单击该特效名称右侧的Options选项，如图A-7所示。

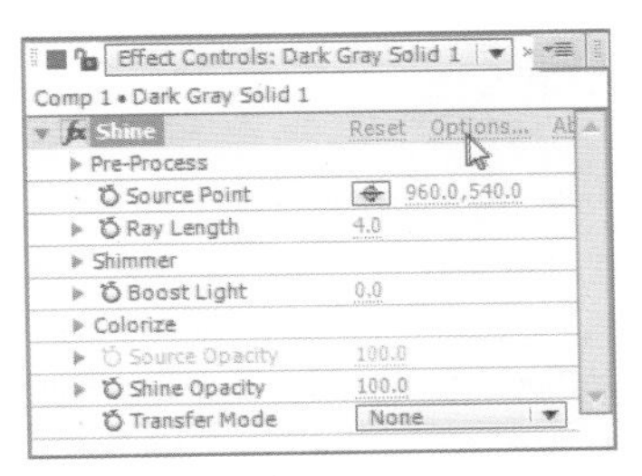

图A-7 单击Options选项

(3) 这时，将打开如图A-8所示的对话框。在ENTER SERIAL NUMBER右侧的文本框中输入注册码，然后单击Done按钮即可完成注册。

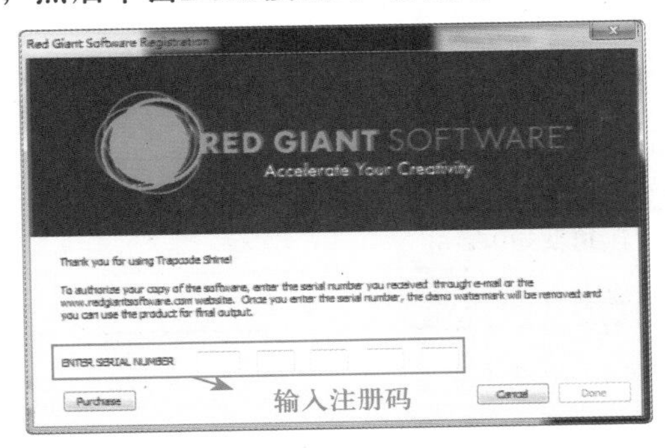

图A-8 输入注册码

附录B After Effects CS6 快捷键

表B-1 工具栏

操 作	Windows 快捷键
选择工具	V
抓手工具	H
缩放工具	Z (使用Alt键缩小)
旋转工具	W
摄像机工具(Unified、Orbit、Track XY、Track Z)	C (连续按C键切换)
Pan Behind工具	Y
遮罩工具(矩形、椭圆)	Q (连续按Q键切换)
钢笔工具(添加节点、删除节点、转换点)	G (连续按G键切换)
文字工具(横排文字、竖排文字)	Ctrl + T (连续按Ctrl + T组合键切换)
画笔、克隆图章、橡皮擦工具	Ctrl + B (连续按Ctrl + B组合键切换)
暂时切换某工具	按住该工具的快捷键
钢笔工具与选择工具临时互换	按住Ctrl
在信息面板显示文件名	Ctrl + Alt + E
复位旋转角度为0度	双击旋转工具
复位缩放率为100%	双击缩放工具

表B-2 项目窗口

操 作	Windows 快捷键
新项目	Ctrl + Alt + N
新文件夹	Ctrl + Alt + Shift + N
打开项目	Ctrl + O
打开项目时只打开项目窗口	利用打开命令时按住Shift键
打开上次打开的项目	Ctrl + Alt + Shift + P
保存项目	Ctrl + S
打开项目设置对话框	Ctrl + Alt + Shift + K
选择上一子项	上箭头
选择下一子项	下箭头
打开选择的素材项或合成图像	双击
激活最近打开的合成图像	\
增加选择的子项到最近打开的合成窗口中	Ctrl + /
显示所选合成图像的设置	Ctrl + K
在合成窗口中显示所选素材	Ctrl + Alt + /
删除素材项目时不显示提示信息框	Ctrl + Backspace
导入素材文件	Ctrl + I

续表

操 作	Windows 快捷键
替换素材文件	Ctrl + H
打开解释素材选项	Ctrl+ F
重新导入素材	Ctrl + Alt + L
退出	Ctrl + Q

表B-3 合成窗口

操 作	Windows 快捷键
显示/隐藏标题和动作安全区域	'
显示/隐藏网格	Ctrl + '
显示/隐藏对称网格	Alt + '
显示/隐藏参考线	Ctrl + ;
锁定/释放参考线	Ctrl + Alt + Shift + ;
显示/隐藏标尺	Ctrl + R
改变背景颜色	Ctrl + Shift + B
设置合成图像解析度为full	Ctrl + J
设置合成图像解析度为Half	Ctrl + Shift + J
设置合成图像解析度为Quarter	Ctrl + Alt + Shift + J
设置合成图像解析度为Custom	Ctrl + Alt + J
快照(最多4个)	Ctrl + F5，F6，F7，F8
显示快照	F5，F6，F7，F8
清除快照	Ctrl + Alt + F5，F6，F7，F8
显示通道(RGBA)	Alt + 1，2，3，4
带颜色显示通道(RGBA)	Alt + Shift + 1，2，3，4
关闭当前窗口	Ctrl + W

表B-4 文字操作

操 作	Windows 快捷键
左、居中或右对齐	横排文字工具+ Ctrl + Shift + L、C或R
上、居中或底对齐	直排文字工具+ Ctrl + Shift + L、C或R
选择光标位置和鼠标单击处的字符	Shift + 单击鼠标
光标向左 / 向右移动一个字符	左箭头 / 右箭头
光标向上 / 向下移动一个字符	上箭头 / 下箭头
向左 / 向右选择一个字符	Shift + 左箭头 / 右箭头
向上 / 向下选择一个字符	Shift + 上箭头 / 下箭头
选择字符、一行、一段或全部	双击、三击、四击或五击
以2为单位增大 / 减小文字字号	Ctrl + Shift + < / >
以10为单位增大 / 减小文字字号	Ctrl + Shift + Alt < / >
以2为单位增大 / 减小行间距	Alt + 下箭头 / 上箭头

续表

操　作	Windows 快捷键
以10为单位增大 / 减小行间距	Ctrl + Alt + 下箭头 / 上箭头
自动设置行间距	Ctrl + Shift + Alt + A
以2为单位增大 / 减小文字基线	Shift + Alt + 下箭头 / 上箭头
以10为单位增大 / 减小文字基线	Ctrl + Shift + Alt + 下箭头 / 上箭头
大写字母切换	Ctrl + Shift + K
小型大写字母切换	Ctrl + Shift + Alt + K
文字上标开关	Ctrl + Shift + =
文字下标开关	Ctrl + Shift + Alt + =
以20为单位增大 / 减小字间距	Alt + 左箭头 / 右箭头
以100为单位增大 / 减小字间距	Ctrl + Alt + 左箭头 / 右箭头
设置字间距为0	Ctrl + Shift + Q
水平缩放文字为100%	Ctrl + Shift + X
垂直缩放文字为100%	Ctrl + Shift + Alt + X

表B-5　预览设置(时间线面板)

操　作	Windows 快捷键
开始/停止播放	空格
从当前时间点试听音频	.(数字键盘)
RAM预览	0(数字键盘)
每隔一帧的RAM预览	Shift+0(数字键盘)
保存RAM预览	Ctrl+0(数字键盘)
快速视频预览	拖动时间滑块
快速音频试听	Ctrl + 拖动时间滑块
线框预览	Alt+0(数字键盘)
线框预览时保留合成内容	Shift+Alt+0(数字键盘)
线框预览时用矩形替代Alpha轮廓	Ctrl+Alt+0(数字键盘)

表B-6　层操作(合成面板和时间线面板)

操　作	Windows 快捷键
拷贝	Ctrl + C
复制	Ctrl + D
剪切	Ctrl + X
粘贴	Ctrl + V
撤销	Ctrl + Z
重做	Ctrl + Shift + Z
选择全部	Ctrl + A
取消全部选择	Ctrl + Shift + A 或 F2
向前一层	Shift +]

续表

操　作	Windows 快捷键
向后一层	Shift+ [
移到最前面	Ctrl + Shift +]
移到最后面	Ctrl + Shift + [
选择上一层	Ctrl + 上箭头
选择下一层	Ctrl + 下箭头
通过层号选择层	1～9(数字键盘)
选择相邻图层	单击选择一个层后再按住Shift键单击其他层
选择不相邻的层	按Ctrl键并单击选择层
取消所有层选择	Ctrl + Shift + A 或F2
锁定所选层	Ctrl + L
释放所有层的选定	Ctrl + Shift + L
分裂所选层	Ctrl + Shift + D
激活选择层所在的合成窗口	\
为选择层重命名	按Enter键(主键盘)
在层窗口中显示选择的层	Enter(数字键盘)
显示隐藏图像	Ctrl + Shift + Alt + V
隐藏其他图像	Ctrl + Shift + V
显示选择层的特效控制窗口	Ctrl + Shift + T 或 F3
在合成窗口和时间线窗口中转换	\
打开素材层	双击该层
拉伸层适合合成窗口	Ctrl + Alt + F
保持宽高比拉伸层适应水平尺寸	Ctrl + Alt + Shift + H
保持宽高比拉伸层适应垂直尺寸	Ctrl + Alt + Shift + G
反向播放层动画	Ctrl + Alt + R
设置入点	[
设置出点	]
剪辑层的入点	Alt + [
剪辑层的出点	Alt +]
在时间滑块位置设置入点	Ctrl + Shift + ,
在时间滑块位置设置出点	Ctrl + Alt + ,
将入点移动到开始位置	Alt + Home
将出点移动到结束位置	Alt + End
素材层质量为最好	Ctrl + U
素材层质量为草稿	Ctrl + Shift + U
素材层质量为线框	Ctrl + Alt + Shift + U
创建新的固态层	Ctrl + Y
显示固态层设置	Ctrl + Shift + Y
合并层	Ctrl + Shift + C

续表

操　作	Windows 快捷键
约束旋转的增量为45度	Shift + 拖动旋转工具
约束沿X轴、Y 轴或Z轴移动	Shift + 拖动层
等比缩放素材	按Shift 键拖动控制手柄
显示或关闭所选层的特效窗口	Ctrl + Shift + T
添加或删除表达式	在属性区按住Alt键单击属性旁的小时钟按钮
以10为单位改变属性值	按Shift键在层属性中拖动相关数值
以0.1为单位改变属性值	按Ctrl 键在层属性中拖动相关数值

表B-7　查看层属性(时间线面板)

操　作	Windows 快捷键
显示Anchor Point	A
显示Position	P
显示Scale	S
显示Rotation	R
显示Audio Levels	L
显示Audio Waveform	LL
显示Effects	E
显示Mask Feather	F
显示Mask Shape	M
显示Mask Opacity	TT
显示Opacity	T
显示Mask Properties	MM
显示Time Remapping	RR
显示所有动画值	U
显示在对话框中设置层属性值(与P，S，R，F，M一起)	Ctrl + Shift + 属性快捷键
显示Paint Effects	PP
显示时间窗口中选中的属性	SS
显示修改过的属性	UU
隐藏属性或类别	Alt + Shift + 单击属性或类别
添加或删除属性	Shift + 属性快捷键
显示或隐藏Parent栏	Shift + F4
Switches / Modes开关	F4
放大时间显示	+
缩小时间显示	-
打开不透明对话框	Ctrl + Shift + O
打开定位点对话框	Ctrl + Shift + Alt + A

表B-8　工作区设置(时间线面板)

操　作	Windows 快捷键
设置当前时间标记为工作区开始	B
设置当前时间标记为工作区结束	N

续表

操 作	Windows 快捷键
设置工作区为选择的层	Ctrl + Alt + B
未选择层时，设置工作区为合成图像长度	Ctrl + Alt + B

表B-9 时间和关键帧设置(时间线面板)

操 作	Windows 快捷键
设置关键帧速度	Ctrl + Shift + K
设置关键帧插值法	Ctrl + Alt + K
增加或删除关键帧	Alt + Shift + 属性快捷键
选择一个属性的所有关键帧	单击属性名
拖动关键帧到当前时间	Shift + 拖动关键帧
向前移动关键帧1帧	Alt +右 箭头
向后移动关键帧1帧	Alt + 左箭头
向前移动关键帧10帧	Shift + Alt + 右箭头
向后移动关键帧10帧	Shift + Alt + 左箭头
选择所有可见关键帧	Ctrl + Alt + A
到前一可见关键帧	J
到后一可见关键帧	K
线性插值法和自动Bezer插值法间转换	Ctrl + 单击关键帧
改变自动Bezer插值法为连续Bezer插值法	拖动关键帧
Hold关键帧转换	Ctrl + Alt + H或Ctrl + Alt + 单击关键帧
连续Bezer插值法与Bezer插值法间转换	Ctrl + 拖动关键帧
Easy easy	F9
Easy easy In	Shift + F9
Easy easy out	Ctrl + Shift + F9
到工作区开始	Home或Ctrl + Alt + 左箭头
到工作区结束	End或Ctrl + Alt + 右箭头
到前一可见关键帧或层标记	J
到后一可见关键帧或层标记	K
到合成图像时间标记	主键盘上的0～9
到指定时间	Alt + Shift + J
向前1帧	Page Up或Ctrl + 左箭头
向后1帧	Page Down或Ctrl + 右箭头
向前10帧	Shift + Page Down或Ctrl + Shift + 左箭头
向后10帧	Shift + Page Up或Ctrl + Shift + 右箭头
到层的入点	I
到层的出点	o
拖动素材时吸附关键帧、时间标记和出入点	按住 Shift 键并拖动

表B-10　精确操作(合成窗口和时间线面板)

操　作	Windows 快捷键
向指定方向移动一个像素	按相应的箭头
旋转层1度	+ (数字键盘)
旋转层–1度	– (数字键盘)
放大层1%	Ctrl + + (数字键盘)
缩小层1%	Ctrl + – (数字键盘)
Easy easy	F9
Easy easy In	Shift + F9
Easy easy out	Ctrl + Shift + F9

表B-11　特效控制面板

操　作	Windows 快捷键
选择上一个效果	上箭头
选择下一个效果	下箭头
扩展/收缩特效控制	~
清除所有特效	Ctrl + Shift + E
增加特效控制的关键帧	Alt + 单击效果属性名
激活包含层的合成图像窗口	\
应用上一个特效	Ctrl + Alt + Shift + E
在时间线窗口中添加表达式	按Alt键单击属性旁的小时钟按钮

表B-12　遮罩操作(合成面板和层)

操　作	Windows 快捷键
椭圆遮罩填充整个窗口	双击椭圆工具
矩形遮罩填充整个窗口	双击矩形工具
新遮罩	Ctrl + Shift + N
选择遮罩上的所有点	Alt + 单击遮罩
自由变换遮罩	双击遮罩
对所选遮罩建立关键帧	Shift + Alt + M
定义遮罩形状	Ctrl + Shift + M
定义遮罩羽化	Ctrl + Shift + F
设置遮罩反向	Ctrl + Shift + I

表B-13　显示窗口和面板

操　作	Windows 快捷键
项目窗口	Ctrl + 0
项目流程视图	Ctrl + F11
渲染队列窗口	Ctrl + Alt + 0
工具箱	Ctrl + 1
信息面板	Ctrl + 2

续表

操　作	Windows 快捷键
时间控制面板	Ctrl + 3
音频面板	Ctrl + 4
字符面板	Ctrl + 6
段落面板	Ctrl + 7
绘画面板	Ctrl + 8
笔刷面板	Ctrl + 9
关闭激活的面板或窗口	Ctrl + W